国家科学技术学术著作出版基金资助出版

现代物理基础丛书 90

驻 极 体

（第二版）

夏钟福 张晓青 江 键 著

科学出版社

北 京

内 容 简 介

本书是一本介绍驻极体物理原理、形成方法、性能表征和应用的著作。全书分 11 章。第 1 章介绍驻极体的发展历史，第 2、3 章分别阐述驻极体的物理原理和形成方法，第 4、5 章是驻极体的性能表征方法，第 6~9 章则讨论各种空间电荷驻极体材料，第 10 章是驻极体的应用，第 11 章是压电、铁电和热释电聚合物驻极体。

本书可作为从事电介质物理与功能材料研究的教师和科研人员的参考书，也可作为相关专业的研究生和高年级本科生教材。

图书在版编目(CIP)数据

驻极体/夏钟福，张晓青，江键著. —2 版.—北京：科学出版社，2020.6
（现代物理基础丛书；90）
ISBN 978-7-03-065310-9

Ⅰ. ①驻… Ⅱ. ①夏… ②张… ④江… Ⅲ. ①驻极体-研究 Ⅳ. ①TU998.1

中国版本图书馆 CIP 数据核字 (2020) 第 092516 号

责任编辑：刘凤娟 孔晓慧／责任校对：彭珍珍
责任印制：赵 博／封面设计：无极书装

科 学 出 版 社 出版
北京东黄城根北街 16 号
邮政编码：100717
http://www.sciencep.com
北京虎彩文化传播有限公司印刷
科学出版社发行 各地新华书店经销
*
2001 年 11 月第 一 版 开本：720 × 1000 B5
2020 年 6 月第 二 版 印张：37 1/4 插页：1
2024 年 4 月第三次印刷 字数：725 000
定价：268.00 元
(如有印装质量问题，我社负责调换)

前　言

本书是以国内首部中文版专著《驻极体》(夏钟福著,科学出版社,北京,2001年;系吴自勤和杨国桢主编的"应用物理学丛书")为基础,对近年来驻极体研究和发展中的生物驻极体和压电驻极体两个热点方向进行扩容改编后再版。本书保留了 2001 年版《驻极体》在驻极体物理原理、形成方法、测量手段、不同类型驻极体的材料性能及各种功能效应等方面的论述;不仅系统地描述了驻极体的基本内容、发展趋势和实际应用,而且增添了自 21 世纪以来国内外在该研究领域的新进展和新成果。

本书的第 1~8 章和第 10 章由夏钟福撰写。夏钟福、张晓青、江键和方鹏承担了对全书各章节的校对和修订工作。第 9 章和第 11 章分别由江键和张晓青撰写,在 2001 年版内容基础上汇集了近年来驻极体在生物医学方面的应用及孔洞聚合物的压电效应两个热点研究方向的国内外的一些重要成果。崔黎丽和方鹏也分别为上述两章内容的撰写分担了一定的工作量。此外,本书在撰写过程中还得到了博士研究生薛远和马星晨等的支持和帮助。

本书由雷清泉院士等进行主审,感谢他们对本书撰写的支持鼓励和建设性的建议。

本书出版得到了国家科学技术学术著作出版基金委员会的支持。书中的部分研究成果是在国家自然科学基金委员会、德国大众汽车基金会、德国国家科技部、中德科学中心等支持的科研项目中取得的。科学出版社刘凤娟对本书的出版给予了热情的帮助和支持。作者借此机会一并向他们致以衷心的感谢。

由于学识疏漏、水平有限,书中缺点在所难免,恳请各方专家学者及广大读者予以批评指正,以期本书出版达到预期的目的。

夏钟福　张晓青　江　键
2019 年 2 月

目　录

彩图

第1章 绪 论

　　驻极体 (electret) 是一种呈现 "准永久" 电荷的电介质材料。"准永久" 意味着表征驻极体电荷衰减的时间常数要远比研究驻极体的周期长。驻极体的电荷可以是 "真实" 电荷,例如,储存在材料表面的表面电荷和储存在材料体内的空间电荷;也可以是偶极电荷,即取向偶极子 (或位移电荷);或两者共有之。图 1.1 是一个驻极体中电荷分布的示意图。极化通常是指 "冻结" 的取向偶极子,而真实电荷通常是指被捕获在电介质的表面或体内的正负载流子。驻极体内的电荷还可能是由电介质中分子或畴结构内部载流子的迁移而形成的极化,若电荷迁移到畴的边界上就被称为 Maxwell-Wagner 极化。对带有电极的驻极体,电极上存在补偿电荷。由于金属电极和电介质间存在势垒,补偿电荷通常不能跨越势垒与电介质体内的电荷复合。

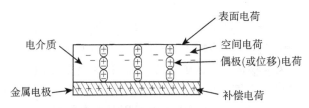

图 1.1　单面带金属电极驻极体的电荷分布示意图

　　对没有覆盖电极的驻极体,如果偶极电荷和空间电荷在介质中没有完全抵消,那么这个驻极体在周围空间激发持久稳定的静电场。因此,可以把这个静电场与永磁体在周围空间激发的持久稳定的磁场作类比,将驻极体称为 "永电体"。两者的区别在于,驻极体的静电场由取向偶极子或者单极性电荷引起,而永磁体激发的稳恒磁场仅源于磁偶极子。

　　最早的驻极体是用巴西棕榈蜡或类似物制成的块状物体,而随后出现的驻极体主要有两大类:一类是聚合物薄膜,另一类是非晶态无机薄膜。聚合物薄膜驻极体包括聚四氟乙烯 (PTFE)、氟化乙烯丙烯共聚物 (FEP)、聚丙烯 (PP)、聚乙烯 (PE)、聚碳酸酯 (PC)、环烯烃共聚物 (COC)、聚对苯二甲酸乙二醇酯 (PET)、聚甲基丙烯酸甲酯 (PMMA)、聚酰亚胺 (PI) 和聚偏氟乙烯 (PVDF) 等。非晶态无机薄膜驻极体包括二氧化硅 (SiO_2)、氮化硅 (Si_3N_4)、氧化铝 (Al_2O_3) 等。聚合物薄膜驻极体的典型厚度在 $10\sim50\mu m$ 范围内,而非晶态无机薄膜驻极体的典型厚度小于或等于 $1\mu m$。两种类型驻极体的面电荷密度一般在 $0.1\sim10mC/m^2$。PTFE、FEP、SiO_2

和 Si_3N_4 等非极性材料中储存的仅是空间电荷，而 PVDF 等极性材料除了主要的取向偶极电荷外，还同时沉积部分空间电荷。由于材料电导率的存在，极性驻极体材料中的偶极电荷有可能被空间电荷部分或完全补偿。

图 1.2 所示的是不同类型驻极体截面电荷分布示意图。一般情况下，对一面带电极或不带电极的驻极体而言，同时存在内电场和外电场。双面带电极的驻极体，其电场被局限在电介质内部。

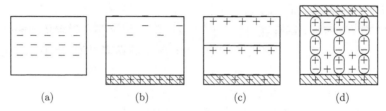

(a)　　　　　　　　(b)　　　　　　　　(c)　　　　　　　　(d)

图 1.2　不同类型驻极体截面电荷分布示意图

1.1　历史的回顾

早在 1839 年 Faraday 就构建了关于驻极体性质的理论，指出当外电场减小至零后，电介质中仍然保持一定的剩余电 (偶极) 矩[1]。1892 年英国科学家 Heaviside 把上述电介质命名为驻极体 [2]。1919 年 Eguchi 利用天然蜡、树脂和牛黄的共混体通过热极化研制成世界上第一块人工驻极体，从此人们开始了对驻极体性质的系统研究 [3,4]。1928 年 Selenyi[5] 利用电子束或离子束注入方法极化电介质，由此开发出了粉末静电记录技术[6]。之后，Carlson 进行了光电导成像的研究[6]，使 20 世纪 40 年代静电复印技术得到了发展和完善。1938 年 Nadjakov 发现了光驻极体的形成方法，该方法是向光电材料同时施加电场和光照，从而使电介质内电荷产生分离[7]。此后，Kallmann 等[8]、Freeman 等[9]、Fridkin 等 [10] 较系统地研究了光电导率对内部极化的影响。

20 世纪 50 年代，与高能离子辐照相关的若干种充电方法逐渐得到发展，其中最简单但重要的方法是非穿透性的低能电子束辐照充电方法[11,12]。这种充电方法为后来的各类驻极体的形成及驻极体的基础研究作出了突出的贡献。用 γ 射线或电子束对电介质辐照的同时，可以利用高能离子辐照提供的电场来诱发电介质中的电荷分离[13]。Gross 指出：由于介质中 Compton 电流的存在，即使不加电场，γ 辐照也能使电介质充电。

随着静电复印技术的发展，电晕充电方法得到了应用[13,14]，这一技术后来发展成工业和实验室中驻极体形成的基本方法之一[15]。其他的充电方法还包括通过在加热电介质的同时提供磁场对样品充电[16]，以及通过液体接触法对薄膜进行充电。

在早期，虽然已经积累了相当多的实验数据，但缺乏对电荷的储存和衰减的理解。1925 年 Mikola 发现，当向无电极 (双面裸露) 的样品施加电压时，可以观察到两类相反的电荷，这是迈向理解电荷的储存和衰减机制的第一步 [17]。为了解释这一现象，他假定一类电荷是由离子位移引起的内部极化，而另一类是样品表面的沉积电荷。Adams[18] 在 1927 年试图从理论上解释驻极体的电荷衰减时，再次假定样品存在两类电荷：材料体内极化产生的偶极电荷和表面的沉积电荷。Adams 同时指出沉积电荷是由偶极电荷诱导产生的；由于沉积电荷的衰减速度大于体内极化的衰减速度，所以宏观上表现为驻极体表面电势的符号的反转和电荷的最终衰减。1935 年 Gemant[19] 进一步证实 Eguchi 提出的 "异号电荷"(heterocharge) 的存在，即极性驻极体材料的体内存在着 "异号电荷" 和邻近电极沉积的 "同号电荷"(homocharge)，它们的极性相反。

20 世纪 40 年代，Gross 的一系列基础性研究工作[20,21] 为两类电荷的客观存在提供了有力的证据。通过垂直于极化方向切割充电样品、测量不同温区内的极化和退极化电流证明了异号电荷与极性材料中的偶极子或其他离子电荷的介电吸收相关，而同号电荷是由电介质与电极间的界面充电引起的。Gross 还导出了电场与介质中的电荷、相邻气隙以及电极的许多基本关系式。Swann[22] 和 Gubkin[23] 后来把两类电荷理论应用到开路和短路电荷衰减的唯象理论之中。

1937 年 Gross[24] 首次将 Boltzmann-Hopkinson 叠加原理应用到线性电介质中，提出用一组数学公式来描述覆盖在整个电介质上部的电极中的电荷放电规律，以及电介质内部极化的衰减规律。1957 年 Wiseman 和 Feaster[25] 等进一步证实了这个理论。Perlman 和 Meunier[26] 将上述原理应用到非屏蔽电介质的开路热刺激放电 (thermally stimulated discharge, TSD) 衰减，成功地解释了巴西棕榈蜡驻极体的电荷衰减行为。Gerson 和 Rohrbaugh[27] 研究发现，载流子的捕获在驻极体中起着重要的作用。

Randall 和 Wilkins[28] 首次提出了利用热退极化来研究驻极体，这是一个重要的进展。1964 年 Bucci 等将上述方法应用于驻极体的偶极子取向研究中，并定义为离子热导率 (ionic thermal conductivity, ITC)。他们在线性升温条件下测量驻极体的退极化电流，确定了活化能和偶极弛豫时间；并利用 ITC 方法和相关的 TSD 电流技术研究了偶极电荷和空间电荷现象[29-34]。这些研究成果被收集在 van Turnhout 的专著[35] 中。

同样重要的研究还包括：把过剩电荷电流的捕获效应考虑在内的绝缘体的等温电荷输运 [36-42]。这一工作被拓展到受辐照材料和具有非均匀电导率材料的研究中[39]。更多的信息还可以从低电导率材料的直流和交流电导率的测量数据中获得 [40-44]。20 世纪 70 年代中期，利用随机输运模型[45] 对非晶态固体电介质的电荷输运进行了讨论。该模型描述了在电场内具有较宽跳跃时间分布的一组载流子在跳跃过程中的电荷动力学特征。考虑到是否存在明显的再捕获效应时对电荷输运特性进行了分析,从而得到了几个重要结论。

在 20 世纪五六十年代,Fukada[46] 及其他一些学者研究了生物和聚合物材料的压电性质。尤其重要的是,Kawai[47] 于 1969 年发现了 PVDF 的强压电效应,Bergman 等[48] 在 1971 年发现了 PVDF 的强热释电效应。由于压电聚合物材料潜在的应用价值,以 PVDF 及其共聚物 P(VDF/TrFE) 为代表的压电聚合物的压电和热释电性的研究已成为一个十分有活力的研究领域[49-53]。

驻极体最重要的应用是聚合物薄膜驻极体声电传感器。1962 年 Sessler 和 West 在美国 Bell 实验室研制出第一只聚合物薄膜驻极体麦克风[54], 这种麦克风在 1968 年由日本 Sony 公司投放市场。此外,驻极体的应用还包括各种压电传感器、热释电检测器、开关器件、静电复印、辐射计量仪、空气过滤器、人工器官及其他一些功能元器件[55-60]。近些年来,随着人们对绿色可再生能源的重视和低功耗电子器件的发展,基于驻极体的微能量采集器成了驻极体另一个非常重要的应用。

20 世纪 80 年代初由 Sessler 等[61] 首先倡导开始了现代无机驻极体材料的研究。以非晶态 SiO_2, Si_3N_4 为代表的无机驻极体薄膜不仅具有较长的电荷储存寿命,而且与微机械加工工艺相兼容,可制成微型化和集成化的换能器件,是驻极体领域的研究热点之一[61,62]。

有机非线性光学的研究始于 20 世纪 60 年代中期,80 年代开始迅速发展[63,64],尤其是 20 世纪 90 年代初在驻极体领域掀起了从驻极体材料的制备到偶极与空间电荷相互作用的电荷动力学规律等方面研究有机非线性光学材料的热潮。例如,1991 年巴黎 ISE 8 会议的七篇邀请报告中,有关非线性光学 (NLO) 驻极体的报告占了 3 篇。

1990 年前后,芬兰科学家 Kari Kirjavainen 及其合作者在芬兰坦佩雷工业大学 (Tampere University of Technology) 和芬兰技术研究中心 (Technical Research Centre of Finland, VTT) 发现微孔结构 PP 薄膜经过适当的极化处理后显示强压电效应。随后,这一发现引起了国际学术界的广泛关注。1996 年出现了第一篇关于这一新材料的学术文章。与传统的压电材料不同,PP 微孔结构薄膜不存在固有偶极子,其压电效应源于材料内部有序排列的等值异号空间电荷和特殊的微孔洞结构。在极化过程中,孔洞的两固体介质壁因气隙放电而沉积等值和极性相反的空间电荷,形成微米量级的取向排列的 "宏观电偶极子"。由于这类材料同时具有压电材料和驻极体的特点,因而被命名为压电驻极体 (piezoelectret) 或铁电驻极体 (ferroelectret),是一类新型人工微结构机电转换功能材料[65-69]。压电驻极体结合了压电陶瓷 (强压电效应) 和铁电聚合物 (柔韧性) 各自的优势,具有柔韧、薄膜型、可生产大面积薄膜产品、低成本、低电容率以及低声阻抗等特点,在柔性电子、空气耦合超声成像、物联网、可穿戴设备、可再生能源等领域有广阔的应用前景。目前, 压电驻极体的理论和应用研究是驻极体及相关领域的研究热点之一。

此外, 作为驻极体基本组成部分的生物驻极体及复合材料驻极体近年来也取得了瞩目的进展, 本书将分章作扼要的介绍。

1.2 驻极体基本性质的概述

在驻极体研究中最重要的物理参量是电导率 G、迁移率 μ、偶极子的弛豫时间 τ、压电及热释电系数等。为了解释不同驻极体材料间的差异, 以及驻极体与其他电介质材料间的区别, 有必要讨论一下驻极体的基本性质。

如果电介质存在可移动的本征电荷载流子, 则它具有本征电导率。本征电导对驻极体材料中过剩电荷的衰减起主导作用。最简单的情况, 在开路状态下, 如果位于样品表面的过剩电荷穿过介质而衰减, 且在这个过程中没有引起空间电荷效应, 那么这个驻极体的电荷衰减时间常数是 $\tau = \varepsilon_{\rm r}\varepsilon_0/G$。即使对非导电材料 (除去本征载流子), 过剩电荷的衰减也归因于载流子的迁移率。对于一个单面带电极且电荷的初始位置在自由面上的样品, 自由面上的电荷在电场作用下穿越样品的输运时间为 $t_{0\lambda} = s^2/(\mu V_0)$。这里的 V_0 是样品的初始表面电势, s 是样品的厚度。显然, 迁移率可能受到载流子输运过程中的捕获效应的影响。

在无内电场条件下 (如短路电介质), 对于只有单一弛豫时间的取向偶极子驻极体, 它的衰减由弛豫时间 $\tau_2=1/\alpha$ 控制 (α 为弛豫频率)。但是对大多数实际的驻极体材料而言, 弛豫时间通常表现为多个分立值, 甚至是频率谱。

对传统的材料而言, 只有那些具有非对称中心的晶体 (32 类结晶点群中的 20 类) 才表现出压电性。在这 20 类晶体中有 10 类是极性晶体, 具有热释电性。压电性 (某些情况下存在热释电性) 发生在单晶 (如石英)、多晶体材料 (如锆钛酸铅 (PZT)), 以及半晶态材料 (如 PVDF 及其共聚物) 中。如果铁电晶体能显示自发极化, 而多晶或半晶态压电材料必须在一定高温下施加外电场才能实现极化。如果材料是力学各向异性或发生非均匀应变, 那么空间电荷驻极体也能呈现出压电和热释电效应 [70], 1996 年开始有学术报道的压电驻极体就是这类材料的典型代表[65-69]。某些压电聚合物在分子基团间显示出协同现象, 这种协同现象在 PVDF 的极化弛豫中得到了证实[71], 同时, 关于 PVDF 的 X 射线衍射研究也证明了这一假设是正确的, 证实了它是一种铁电材料。

所有传统的压电材料均表现出十分缓慢的偶极弛豫。由于这类材料具有较高的电导率, 所以它们的极化受到本征电荷的静电屏蔽。这种屏蔽效应对于某些材料是发生在极化过程中, 而对于另外一些材料则发生在冷却后 (如某些具有强热释电效应的材料)。经典驻极体材料在开路时偶极电荷和空间电荷的衰减较快, 因此, 当它们用作驻极体时通常以短路的方式储存。由于在短路状态下不存在内电场,所以不仅空间电荷的衰减较慢,而且也可以避免环境中电荷的补偿效应。虽然某些结晶性光驻极体表现出弱的压电性 ($d \approx 10^{-13}$C/N),但无任何应用价值。非极性聚合物具有较低的电导率,数值在 $10^{-14} \sim 10^{-19}\Omega^{-1} \cdot m^{-1}$ 范围内。电导率的最小值可能受环境辐照的限制,其数值只能通过延拓电荷衰减时间常数来估计。这类材料中的电荷输运通常是由过剩电荷的电流引起的。对某些具有非常低的陷阱调制迁移率 ($\mu=10^{-17}$cm^2/(V·s),见 5.1.1 节) 的聚合物而言,由于载流子的暂态时间很长,所以在开路和短路条件下,真实电荷的储存时间很久,往往长达数十年或数百年。一般认为这类材料不存在偶极电荷,因此,在通常条件下它们没有压电性。

1.3　内容的安排和说明

本书以电介质材料的驻极态的形成及驻极体的电荷动力学特征 (包括电荷 (或极化) 的建立、储存、脱阱 (或弛豫)、输运及复合的电荷动力学过程) 为线索,按照驻极体的基本物理原理、实验方法 (驻极体的形成方法和测量方法)、材料的分类和属性、不同类型驻极体的基本特性,以及驻极体的基本应用等分章讨论,较系统地描述了驻极体的基本内容、研究现状和发展趋势,力求层次分明、内容完整。

聚合物驻极体具有强电荷储存能力、高柔韧性、薄膜型等特点,它们始终是国内外驻极体基础研究和应用开发的主体,因此我们将在本书中对聚合物驻极体作重点描述。20 世纪 60 年代开始人们把主要注意力集中于高绝缘性驻极体材料的研究,是因为它们具有深捕获能级,从而显示出极好的真实电荷储存寿命。从 20 世纪 70 年代前后开始,被誉为 "超级功能电介质",具有强压电及热释电性能的 PVDF 及其共聚物薄膜驻极体的报道引起了物理、化学、材料及相关工程技术界的广泛关注,人们对它们的物理、化学性质及应用开展了大量卓有成效的研究。迄今,成百种 PVDF 及其共聚物的功能元器件已经或正在推向市场。目前这两类聚合物材料的性能和应用研究正在向纵深发展。自 1990 年前后发现了空间电荷驻极体微孔膜具有强压电效应以来,各国科学家和工程技术人员对聚合物压电驻极体膜的形成方法、物理模型和应用开展了广泛和深入的研究,目前压电驻极体仍旧是驻极体领域的研究热点,因此,我们在本书中将对压电驻极体作重点介绍。

由于在一定条件下无机驻极体表现出更优异的电荷储存寿命,并且可制备成微型化、集成化和机敏化的 Si 基驻极体传感器,所以从 20 世纪 80 年代开始无机驻极体材料已成为异军突起的研究对象,本书以相当篇幅纳入了无机驻极体的相关内容。

从内容安排上,本书第 2 章介绍了电介质的极化及驻极体的物理原理,它包含极化现象的宏观特性及微观描述,驻极体的电场、电场力和电流的分析,并引入了零电场平面的基本概念。第 3 章较系统地介绍了驻极体的形成方法 (充电和极化)，描述了不同充电方法的适用范围、基本原理，以及由相应方法形成的驻极体的相关性质，并对各种方法进行对比性评估。第 4 章汇集了驻极体的各种测量方法，书中以较大的篇幅描述了测量电荷分布的多种技术，并侧重介绍了 TSD 法的测量原理、实验技术，以及这种方法的优势和应用。TSD 法在驻极体研究中具有重要的特殊意义，是因为它能快速高效地揭示各类电荷的衰减规律，操作方便，设备廉价，具有高分辨率及高灵敏度。第 5 章论述了驻极体的偶极电荷和空间电荷的储存和等温衰减；分别描述了偶极电荷驻极体和空间电荷驻极体，以及非均匀系统驻极体的 TSD 行为 (包括理论描述、实验测量及结果分析)；导出了计算与驻极体电荷动态特性相关的微观特征参量的公式和方法；讨论了热老化等物理改性对驻极体电荷稳定性改善的重要作用及其唯象机制。第 6 章介绍了传统驻极体材料和空间电荷驻极体材料 (非极性驻极体材料)，对那些有商业价值的材料加大了描写力度。

由于陶瓷/聚合物复合材料、非线性光学效应材料及生物驻极体材料等新兴方向在近 10~20 年中发展迅猛，这些领域是驻极体和功能材料，尤其是功能陶瓷、光学及生命科学等学科间新兴的交叉研究领域。为了顺应研究潮流，作者已将上述几部分内容进行分章讨论 (第 7~9 章)，力图反映近年来的研究和发展现状。

由于驻极体是电介质物理、电子材料、传感器工程、生命科学和生物医学工程等领域的交叉学科，近年来在传感器、环境净化、新型电子材料、生物医学、能源、有机非线性光学和辐射剂量测量等方面已经或正在显示出巨大的应用潜力和竞争优势。为了使本学科能更好地为我国国民经济建设和国防现代化服务，本书在编写时适当加大了驻极体应用的比重 (第 10 章)。

压电驻极体是一类新型的人工微结构聚合物压电材料，其压电效应的起源不同于传统的聚合物压电材料 (如 PVDF)，为了详细阐述这类新材料并与传统的聚合物压电材料作比较，我们特意将这两类聚合物压电材料单独编写在第 11 章。

在撰写内容上，本书还试图兼顾到多层次读者的要求 (如适应学术研究、技术开发、学校教育和知识普及)。例如，为了适应工程技术人员的需求，本书在材料与应用等相关章节中介绍了商业化及发展中的重要驻极体材料的研究成果和相关数据。常用的驻极体材料的结构、名称已列表于书中。

参 考 文 献

[1] Faraday M. Experimental Researcher in Electricity. London: Richard and John Edward Taylor, 1839.

[2] Heaviside O. New York: Eleetricai Papers Chelsea, 1892: 488.

[3] Eguchi M. Proc. Phys. Math. Soc. Jpn., 1919, 1: 326.

[4] Eguchi M. Philos. Mag., 1925, 49: 178.

[5] Selenyi P. Z. Tech. Phys., 1928, 9: 451.

[6] Selenyi P. J. Appl. Phys., 1938, 9: 637.

[7] Nadjakov G. C R. Acad. Sci., 1938, 204: 1865.

[8] Kallmann H, Rosenberg B. Phys. Rev., 1955, 97: 1596.

[9] Freeman J R, Kallmann H P, Silver M. Rev. Mod. Phys., 1961, 33: 533.

[10] Fridkin V M, Zheludov I S. Photoelectrets and the Electrophotographic Process. New York: Consultants Bureau, 1961.

[11] Brazier L G. Engineer, 1953, 196: 637.

[12] Gross B. J. Polym. Sci., 1958, 27: 135.

[13] Murphy P V, Ribeira S C, Milanez F, et al. J. Chem. Phys., 1963, 38: 2400.

[14] Tyler R W, Webb J H, York W C. J. Appl. Phys., 1955, 26: 61.

[15] Greswell R A, Perlman M M. J. Appl. Phys., 1970, 41: 2365.

[16] Bhatnagar C S. Indian J. Pure Appl., 1964, 2: 331.

[17] Mikola S. Z. Phys., 1925, 32: 476.

[18] Adams E P. J. Franklin Inst., 1927, 204: 469.

[19] Gemant A. Philos. Mag., 1935, 20: 929.

[20] Gross B. J. Chem. Phys., 1949, 17: 886.

[21] Gross B. An. Acad. Bras., 1945, 17: 219; Phys. Rev., 1944, 66: 26.

[22] Swann W F G. J. Franklin Inst., 1955, 255: 513.

[23] Gubkin A N. Sov. Phys. Tech. Phys., 1958, 2: 1813.

[24] Gross B. Z. Phys., 1937, 107: 217.

[25] Wiseman G G, Feaster G R. J. Chem. Phys., 1957, 26: 521.

[26] Perlman M M, Meunier J L. J. Appl. Phys., 1965, 36: 420.

[27] Gerson R, Rohrbaugh J H. J. Chem. Phys., 1955, 23: 2381.

[28] Randall T J, Wilkins M H F. Proc. R. Soc. London, A, 1945, 184: 347, 366, 390.

[29] Januzzi N, Mascarenhas S. J. Electrochem. Soc., 1968, 115: 382.

[30] Creswell R A, Perlman M M, Kabayama M A//Karasz F E. Dielectric Properties of Solid. New York: Plenum, 1972: 295.

[31] van Turnhout J. Polym. J., 1971, 2: 173.

[32] Gross B. J. Electrochem. Soc., 1972, 119: 855.

[33] Podgorsak E B, Moran P R. Appl. Phys. Lett., 1974, 24: 580.

[34] Sessler G M, West J E. Phys. Rev., 1974, 10: 4488.

[35] van Turnhout J. Thermally, Stimulated, Discharge of Polymer Electrets. Amsterdan: Elsevier, 1975.

[36] Jonscher A K. Thin Solid Film, 1967, 1: 213.

[37] Lampert M A, Mark P. Current Injection in Solid. New York: Academic Press, 1970.

[38] Seki H, Batra I P. J. Appl. Phys., 1971, 42: 2407.

[39] Wintle H J. J. Appl. Phys., 1972, 43: 2927; Thin Solid Films, 1974, 21: 83.

[40] Hill R M. Thin Solid Films, 1973, 15: 369.

[41] Hill R M. J. Phys. C, 1975, 8: 2488.

[42] de Oliveira L N, Ferreira G F L. J. Electrostat., 1975, 1: 371.

[43] Lewis T J. Annu. Rep. Conf. Electr. Insul. Dielectr. Phenon., NAS, Washington, D. C. (1977); IEE Conf. Publ., 1975, 129: 261.

[44] Jonscher A K. Thin Solid Films, 1976, 36: 1; The Universal Dielectric Response, London: Chelsea, 1978.

[45] Scher H, Montroll E W. Phys., Rev., 1975, B12: 2455. Pfister G, Scher H. Phys. Rev., 1977, B15: 2026.

[46] Fukada E. J. Phys. Soc. Jpn., 1955, 10: 149; Ultrosonics, 1968, 6: 229.

[47] Kawai H. Jpn. J. Appl. Phys., 1969, 8: 975.

[48] Bergman J B, Mcfee J H, Grane G R. Appl. Phys. Lett., 1971, 18: 203.

[49] Mascarenhas S. Electrets//Perlman M M. Charge Storage and Transport in Dielectrics. Princeton: Electrochemical Society, 1973: 650.

[50] Pfister G, Abkovitz M, Crystal R G. J. Appl. Phys., 1973, 44: 2064; Pfister G, Abkovitz M A. J. Appl. Phys., 1974, 45: 1001. Burkhard H, Pfister G. J. Appl. Phys., 1974, 45: 3360.

[51] Hayakawa R, Wada Y. Adv. Polym. Sci., 1973, 11: 1; Jpn. J. Appl. Phys., 1976, 15: 2041.

[52] Fukada E. Adv. Biophys., 1974, 6: 121; Jpn. J. Appl. Phys., 1976, 15: 43.

[53] Mopsik F I, Broadhurst M G. J. Appl. Phys., 1975, 46: 4204. Broadhurst M G, Davis G T, Mckinney J E. J. Appl. Phys., 1978, 49: 4992.

[54] Sessler G M, West J E, Accoust J. Soc. Am., 1962, 34: 1787.

[55] Fabel G W, Henisch H K. Phys. Stat. Sol., 1971, 6: 535.

[56] McFee J H, Bergman J G, Crane G R. IEEE Trans., 1972, SU-19: 305.

[57] Tamura M, Yamaguchi T, Oyaba T, et al. J. Audio Eng. Soc., 1975, 23: 21.

[58] Sessler G M, West J E. J. Acoust. Soc. Am., 1973, 53: 1589.

[59] Bruneel J L, Micheron F. Appl. Phys. Lett., 1977, 30: 382.

[60] van Turnhout J. J. Electrostat., 1975, 1: 147.

[61] Kressmann R, Sessler G M, Guenther P. IEEE Trans. D-EI, 1996, 3(5): 607; Hohm D, Sessler G M. Proc. 11th Intern. Congr. on Acoust., 1983, 6: 29.

[62] Guenther P, Xia Z F. J. Appl. Phys., 1993, 74: 7269.

[63] Broussoux D, Micheron F. J. Appl. Phys., 1980, 51: 2020.

[64] Chemla D S, Zyss J. Nonliner Optical Properties of Organic Molecules and Crystals. New York: Academic Press, 1987.

[65] Lekkala J, et al. Med. Biol. Eng. Comput., 1996, 34: 67.

[66] Bauer S, Gerhard-Multhaupt R, Sessler G M. Phys. Today, 2004, 57(2): 37.

[67]　Gerhard-Multhaupt R. IEEE Trans. Dielectr. Electr. Insul., 2002, 9: 850.

[68]　Bauer S. IEEE Trans. Dielectr. Electr. Insul., 2006, 13: 953.

[69]　Mohebbi A, Mighri F, Ajji A, et al. Advances in Polymer Technol., 2016, 9: 21686.

[70]　Nakamura K, Wada Y. J. Polym. Sci., Part A, 1971, 2: 9, 161.

[71]　Kepeler R G, Anderson R A. J. Appl. Phys., 1978, 49: 1232.

第 2 章 电介质的极化和驻极体的物理原理

2.1 电介质极化的宏观特性[1]

2.1.1 稳态电场中的电介质

在充满电介质的平行板电容器两电极间施加一恒定直流电压, 通电之初产生较强的脉冲电流, 随后出现与时间弱相关的、较弱的稳态电流 (图 2.1)。前者与电介质的极化相关, 后者归因于材料的电导。由于驻极体均属低电导率材料, 可认为这两种效应彼此独立。当我们讨论静态电介质的极化时, 直流电导的影响予以忽略。

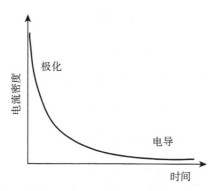

图 2.1 充满电介质的电容器充电电流密度随时间的变化

在外电场作用下, 考虑到电介质对极化的贡献, 充满电介质的电容器的充电电荷 Q 是真空中同一电容器充电电荷 Q_0 的 ε_r 倍:

$$Q = \varepsilon_r Q_0 \tag{2.1}$$

其中, ε_r 是电容器内电介质的相对电容率 (量纲一); 真空电容率 $\varepsilon_0 = 8.85 \times 10^{-12}$ F/m。虽然充满电介质的电容器极板上的电荷量已经增加, 但两极板之间的电势差仍保持不变:

$$V = Q_0/C_0 = Q/C = Q/(\varepsilon_r C_0) \tag{2.2}$$

其中, Q_0 称为自由电荷。剩余电荷 $Q - Q_0 = (\varepsilon_r - 1)Q_0$ 称为束缚电荷, 它们被电介质中的极化电荷中和。因此, 初始各向同性的电介质在外电场作用下被极化并获得一定的电矩。

图 2.2 是电介质内的偶极子沿电场取向的链状排列示意图。极化后, 在电介质的两电极上形成了等值异号的面电荷层。这些偶极子可看成一对等值异号的点电荷, 并由于某种原因而相互束缚于非零距离 l 上。如果点电荷的电量为 q, 则其矢量定义为从负电荷到正电荷的电偶极矩:

$$\mu = ql \tag{2.3}$$

为了使待讨论的问题与电容器的尺寸无关, 这里分别以面电荷密度 σ_0 和 σ 代替 Q_0 和 Q, 即 $\sigma_0 = Q_0/A$ 和 $\sigma = Q/A$, 其中, A 是电极的面积。则电位移矢量 D 和面电荷密度 σ 间有如下关系:

$$\boldsymbol{D} \cdot \boldsymbol{n} = \sigma \tag{2.4}$$

其中, n 是垂直于电极表面的单位矢并指向电介质内。同时, 电场强度 E 和自由面电荷密度 σ_0、极化强度 P 和束缚面电荷密度 $\sigma - \sigma_0$ 间的关系如下:

$$\varepsilon_0 \boldsymbol{E} \cdot \boldsymbol{n} = \sigma_0 \tag{2.5}$$

$$\boldsymbol{P} \cdot \boldsymbol{n} = \sigma - \sigma_0 \tag{2.6}$$

于是由 $Q - Q_0 = (\varepsilon_{\mathrm{r}} - 1)Q_0$ 和式 (2.4)~ 式 (2.6) 可得

$$\boldsymbol{D} = \boldsymbol{P} + \varepsilon_0 \boldsymbol{E} = \varepsilon_{\mathrm{r}} \varepsilon_0 \boldsymbol{E} \tag{2.7}$$

$$\boldsymbol{P} = (\varepsilon_{\mathrm{r}} - 1)\varepsilon_0 \boldsymbol{E} = \chi \varepsilon_0 \boldsymbol{E} \tag{2.8}$$

$$\chi = \varepsilon_{\mathrm{r}} - 1 = \boldsymbol{P}/(\varepsilon_0 \boldsymbol{E}) \tag{2.9}$$

其中, χ 称为电介质的电极化率。极化强度 P 的量纲与面电荷密度 σ 的量纲相同 (式 (2.6)), 其方向和电场 E 的方向一致 (式 (2.8))。P 的量值等于电介质内单位体积的电矩, 单位为 $\mathrm{C/m^2}$。显然, 电矩和电介质表面的感应电荷相关。

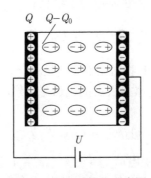

图 2.2   电介质极化示意图

值得注意的是，如果电介质的两表面具有等值异号的面电荷密度 σ，那么电介质的驻极态能通过极化强度 $\boldsymbol{P}$ 和 σ 来描述，从式 (2.6) 可见，这两种处理是完全等效的。本书在讨论驻极体的不同行为时将经常利用它们的等效性。

如果局限于各向同性电介质，则相对电容率 ε_r 和电极化率 χ 是标量，这时式 (2.9) 中 $\boldsymbol{P}/\boldsymbol{E}$ 应理解为 $\boldsymbol{P}$ 和 $\boldsymbol{E}$ 绝对值的商，或是相关分量的商。然而电介质晶体经常呈现某些各向异性，这时 ε_r 和 χ 必须以二阶对称张量形式表征，且它们的分量分别满足

$$\varepsilon_{ij} = \varepsilon_{ji} 和 \chi_{ij} = \chi_{ji}$$

在一般情况下，式 (2.9) 必须将所有的分量表达为

$$\chi_{ij} = \varepsilon_{ij} - 1 = \frac{P_j}{\varepsilon_0 E_i} \tag{2.10}$$

考虑到张量 χ 和 ε 的对称性，式 (2.10) 通常可简化至沿主轴方向，因此式 (2.10) 可简化为三个关系式。

在式 (2.7)~ 式 (2.9) 的讨论中，假定了相对电容率是独立于电场的材料常数。事实上，许多驻极体都不能很好地满足这一假设，尤其是在外加强电场时。现代测量技术已发现，在强电场下许多驻极体存在 $P(E)$ 的非线性关系。这时式 (2.9) 需用下述微分关系表述：

$$\chi = \frac{1}{\varepsilon_0} \frac{\mathrm{d}P}{\mathrm{d}E} \tag{2.11}$$

显然，对于线性电介质，式 (2.11) 和式 (2.9) 等效。

在自然界中存在两类材料。一类是液晶，它们的电容率与电场间表现出强关联性 $\varepsilon(E)$，即 $P(E)$ 是非线性的。液晶一方面类似于晶体，表现出明显的分子长程有序性，但由于缺乏刚性，又表现出液态特征。由于液晶的广泛应用前景，人们已对其开展了系统的研究。另一类电容率与强电场呈现强关联性的是铁电晶体，这是一类极性电介质，即使在无外场作用时也显示非零极化 (自发极化)，热释电晶体就是其中的一类。铁电晶体的重要特征是其极化能被外电场所反转，其结果是外场和晶格间的相对弱的作用就可能改变其晶型，引起电性能的差异。用较低的活化能就能分离两平衡态，说明了这类晶体的极化、电容率以及许多其他物性，与温度、电场和压力间存在强关联性。从在足够高的电场下呈现的电滞回线以及在一定温度下铁电效应的衰减，人们能观察到许多物理量的反常行为。由于它们表现出许多异常特性，铁电晶体是材料科学和电介质物理学界公认的一类重要晶体。

2.1.2 交变电场中的电介质

1. 复数电容率

将一正弦交变电压 $V = V_0 \exp(\mathrm{j}\omega t)$ 加到前述电容器两极板上，真空中电容器

C 的交变电流密度 i_0 与电场 E 之间存在 $\pi/2$ 的相位差 (V 与 E 同相位):

$$i_0 = \frac{\mathrm{d}\sigma_0}{\mathrm{d}t} = \varepsilon_0 \frac{\mathrm{d}E}{\mathrm{d}t} = \mathrm{j}\omega\varepsilon_0 E_0 \exp\left[\mathrm{j}\left(\omega t + \pi/2\right)\right] \tag{2.12}$$

这里, $\mathrm{j} = \sqrt{-1}$; $\omega = 2\pi f$ 表示圆频率, f 为电场的频率。若两极板间充满电容率为 ε_{r} 的电介质, 其电容量增加至之前的 ε_{r} 倍。由于含电介质的电容器周期性地充放电, 电流密度从 i_0 增加至 i_{d}:

$$i_{\mathrm{d}} = \mathrm{j}\omega\varepsilon_0\varepsilon_{\mathrm{r}} E_0 \exp\left[\mathrm{j}\left(\omega t + \pi/2\right)\right] = \mathrm{j}\omega\varepsilon_0\varepsilon_{\mathrm{r}} E \tag{2.13}$$

由于位移电流密度 i_{d} 对信号电压 V 相移 $\pi/2$, 显然 i_{d} 产生的功率为 0。然而当电容器中填充实际电介质材料后, 通常存在损耗 (如欧姆电导引起的热耗), 从而出现和电场 (或电压) 同相位的另一个电流密度分量 i_{c}, 称为传导电流 (损耗电流) 密度:

$$i_{\mathrm{c}} = GE \tag{2.14}$$

其中, G 是材料的电导率, 它等效于电容器两端并联数值为 R 的电阻。这时观察到的总电流与电场 E 的相位差总是小于 $\pi/2$。因此通过充满电介质电容器的总电流密度为

$$i = i_{\mathrm{d}} + i_{\mathrm{c}} = \left(\mathrm{j}\omega\varepsilon_0\varepsilon_{\mathrm{r}} + G\right) E \tag{2.15}$$

其中, 位移电流密度 i_{d} 和传导电流密度 i_{c} 之间的相位差为 $\pi/2$, 总电流密度 i 和位移电流密度 i_{d} 间的相位角称为损耗角。损耗角的正切值

$$\tan\delta = \frac{i}{i_{\mathrm{d}}} = \frac{1}{\omega RC} \tag{2.16}$$

是电介质研究中的重要特征参量。在交变电场中电介质的实际行为和简单的 RC 电路有明显的差异, 除上述欧姆电导外, 交变电场中的实际介电损耗还与其他能量损耗效应相关。因此将相对电容率定义为复数能较客观地描述电介质的实际介电行为:

$$\varepsilon_{\mathrm{r}}^* = \varepsilon_{\mathrm{r}}' - \mathrm{j}\varepsilon_{\mathrm{r}}'' \tag{2.17}$$

其中, $\varepsilon_{\mathrm{r}}'$ 是复数电容率的实部; $\varepsilon_{\mathrm{r}}''$ 是复数电容率的虚部。后者和材料的能量损耗相关, 又称为介质损耗因数。复数电容率的绝对值及其分量是将真空中的电容率 ε_0 乘以一个适当量值得到的。虚部采用负号是为了使实际观察到的 $\varepsilon_{\mathrm{r}}''$ 为正值。$\varepsilon_{\mathrm{r}}''$ 和电导率的关系定义为

$$G = \omega\varepsilon_0\varepsilon_{\mathrm{r}}'' \tag{2.18}$$

由式 (2.15), 总电流密度 i 可改写为

$$i = \left(\mathrm{j}\varepsilon_{\mathrm{r}}' + \varepsilon_{\mathrm{r}}''\right)\varepsilon_0\omega E = \mathrm{j}\varepsilon_{\mathrm{r}}^*\varepsilon_0\omega E = \varepsilon_{\mathrm{r}}^*\varepsilon_0 \frac{\mathrm{d}E}{\mathrm{d}t} \tag{2.19}$$

则

$$\tan\delta = \frac{\varepsilon_r''}{\varepsilon_r'} \tag{2.20}$$

图 2.3 提供了利用元件 R 和 C 以不同组合方式形成的几种等效电路及 ε_r' 和 ε_r'' 随频率变化的特征曲线。利用式 (2.13)、式 (2.14)、式 (2.18) 和式 (2.20) 可确定 ε_r' 和 ε_r'' 与频率 ω 的依赖关系。通过比较观察的结果和计算出的频率特性即可选择适当的等效线路。图 2.3(a) 和 (b) 描述了两种不同损耗机制的等效电路:并联等效电路说明了由介质的漏电流引起的损耗,介质的电导犹如电容器并联一个纯电阻;串联等效电路说明了电介质在交流电压下反复极化形成的损耗,好像极化中存在某种摩擦。但这两种电路难以反映实际电介质电容器的等效电路,当两种损耗机制都起作用时,需要更复杂的串并联电路描述。图 2.3(c) 所示电路相当好地表示出单一弛豫过程中无电导介质的介电行为。当频率满足小于弛豫过程的特征频率时,图 2.3(d) 所示电路可看作包含有较高欧姆电导率电介质的电容器等效电路。在光频区域内,电介质呈现谐振吸收,这一效应和电容率 ε_r' 的异常色散相关,这时的等效电路可在 RC 元件基础上附加一电感元件,以产生一个相对于信号电压延迟 $\pi/2$ 相位的电流分量。

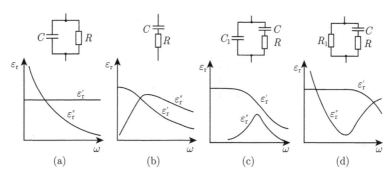

图 2.3 由 R 和 C 组成的实际电介质电容器的等效电路

ω-ε_r 图表示相应电路的 $\varepsilon_r'(\omega)$, $\varepsilon_r''(\omega)$ 特征曲线

2. 介电色散的宏观理论

在电场作用下,电介质极化的建立需要经过一定的时间才能达到稳定状态。稳恒电场下的电容率称为静态电容率。如果对电介质施加一交变电场,如瞬变电场,极化的建立则往往跟不上电场的变化。这时在变化电场下的动态电容率不同于静态情况,并引起实际电介质的极化损耗。根据极化建立所需的时间,可将极化分为瞬时极化 (或感应极化) 强度 P_∞ 和弛豫极化强度 P_r(形成了准永久极化) 两类。前者包括建立电子位移极化和离子位移极化,其达到稳态值的时间为 $10^{-16}\sim 10^{-12}$s,属于快响应极化,这类极化建立的时间一般可以忽略。后者主要包括偶极子转向极

化或微观电荷的位移 (如热离子极化和界面极化), 在电场作用下要经过较长的时间 ($10^{-8} \sim 10^{-2}$s 或更长) 才能达到稳定状态, 属于慢响应极化。

定义在稳态电场中的极化为 P_s, 当一阶跃电压作用于实际电介质电容器时, 电介质极化随时间的变化如图 2.4 所示。则在简单情况下, 在极化过程中弛豫极化强度 $P_\mathrm{r}(t)$ 随时间的变化可表示为

$$\frac{\mathrm{d}P_\mathrm{r}(t)}{\mathrm{d}t} = (P_\mathrm{s} - P_\infty - P_\mathrm{r})\,\alpha = \frac{P_\mathrm{s} - P_\infty - P_\mathrm{r}}{\tau} \tag{2.21}$$

其中, α, τ 分别称为极化弛豫频率和弛豫时间。假定电介质被置于圆频率为 $\omega = 2\pi f$ 的交变电场

$$E = E_0 \exp(\mathrm{j}\omega t) \tag{2.22}$$

中, 则可区分两个平衡态: 在稳恒电场中 ($\omega \to 0$) 极化最终达到 P_s, 对应静态电容率 ε_s; 在光频交变电场下 $\omega \to \infty$, 极化强度为 P_∞, 对应于光频电容率 ε_∞。事实上, 在光频区可观察到与谐振吸收相关的电容率异常色散的诸多区域。为了求得 ε_∞ 值, 需要选择那些远离异常色散区的光频段。利用式 (2.8), 可建立 P_s 与 ε_s 及 P_∞ 与 ε_∞ 的关系:

$$\begin{aligned} P_\mathrm{s} &= [\varepsilon_\mathrm{r}(0) - 1]\,\varepsilon_0 E = (\varepsilon_\mathrm{s} - 1)\,\varepsilon_0 E, \quad \omega \to 0 \\ P_\infty &= [\varepsilon_\mathrm{r}(\infty) - 1]\,\varepsilon_0 E = (\varepsilon_\infty - 1)\,\varepsilon_0 E, \quad \omega \to \infty \end{aligned} \tag{2.23}$$

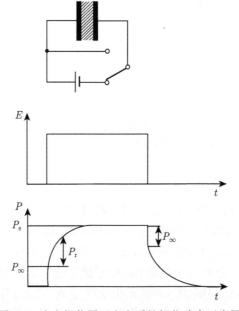

图 2.4   在电场作用下电介质的极化响应示意图

根据式 (2.21) 和式 (2.23)，偶极极化强度的变化率为

$$\frac{\mathrm{d}P_\mathrm{r}}{\mathrm{d}t} = \frac{\varepsilon_\mathrm{s} - \varepsilon_\infty}{\tau}\varepsilon_0 E - \frac{P_\mathrm{r}}{\tau} \tag{2.24}$$

假定式 (2.24) 的解为

$$P_\mathrm{r}\left(\omega\right) = C\exp\left(\mathrm{j}\omega t\right)$$

通过求出微分子方程 (2.24) 的解，即可确定常数 C：

$$P_\mathrm{r}\left(\omega\right) = \frac{\varepsilon_\mathrm{s} - \varepsilon_\infty}{1 + \mathrm{j}\omega\tau}\varepsilon_0 E \tag{2.25}$$

方程 (2.25) 中的比值 P_r/E 是一个复数。由于 P_r 已比 E 滞后一定的相位角，因此总极化也是一个复数：

$$P^*\left(\omega\right) = P' - \mathrm{j}P'' = P_\infty + P_\mathrm{r} = \left(\varepsilon_\infty - 1\right)\varepsilon_0 E + \frac{\varepsilon_\mathrm{s} - \varepsilon_\infty}{1 + \mathrm{j}\omega\tau}\varepsilon_0 E$$

则复数电容率：

$$\varepsilon_\mathrm{r}^*\left(\omega\right) = \varepsilon_\mathrm{r}' - \mathrm{j}\varepsilon_\mathrm{r}'' = 1 + \frac{P' - \mathrm{j}P''}{\varepsilon_0 E} = \varepsilon_\infty + \frac{\varepsilon_\mathrm{s} - \varepsilon_\infty}{1 + \mathrm{j}\omega\tau} \tag{2.26}$$

或

$$\varepsilon_\mathrm{r}^*\left(\omega\right) = \varepsilon_\infty + \frac{\varepsilon_\mathrm{s} - \varepsilon_\infty}{1 + \omega^2\tau^2} - \mathrm{j}\frac{\left(\varepsilon_\mathrm{s} - \varepsilon_\infty\right)\omega\tau}{1 + \omega^2\tau^2} \tag{2.27}$$

该方程组定义出复数电容率与频率的依赖关系，称为 Debye 色散方程。由式 (2.27) 可分别表示出复数电容率 ε_r^* 的实部 ε_r'、虚部 ε_r'' 和损耗角正切 $\tan\delta$ 的表示式：

$$\varepsilon_\mathrm{r}'\left(\omega\right) = \varepsilon_\infty + \frac{\varepsilon_\mathrm{s} - \varepsilon_\infty}{1 + \omega^2\tau^2} \tag{2.28}$$

$$\varepsilon_\mathrm{r}''\left(\omega\right) = \frac{\left(\varepsilon_\mathrm{s} - \varepsilon_\infty\right)\omega\tau}{1 + \omega^2\tau^2} \tag{2.29}$$

$$\tan\delta\left(\omega\right) = \frac{\varepsilon_\mathrm{r}''\left(\omega\right)}{\varepsilon_\mathrm{r}'\left(\omega\right)} = \frac{\left(\varepsilon_\mathrm{s} - \varepsilon_\infty\right)\omega\tau}{\varepsilon_\mathrm{s} + \varepsilon_\infty\omega^2\tau^2} \tag{2.30}$$

式 (2.28)~ 式 (2.30) 称为 Debye 方程。

图 2.5 表示了相对电容率的实部 $\varepsilon_\mathrm{r}'\left(\omega\right)$ 和虚部 $\varepsilon_\mathrm{r}''\left(\omega\right)$ 对电场频率的对数依赖关系曲线。可见当 $\omega = 1/\tau$ 时，电介质的能量损耗最大，即

$$\varepsilon_\mathrm{r}''\left(\omega\right)\bigg|_{\omega=\frac{1}{\tau}} \to \varepsilon_\mathrm{max}'' = \frac{\varepsilon_\mathrm{s} - \varepsilon_\infty}{2}$$

如果 ω 比 $1/\tau$ 高 (或低) 一个数量级，其介电损耗已相当低。在电介质理论中，以 Debye 方程的标准式作为一种简单模型来研究介电弛豫过程起了重要作用。如果引入一个新的变量 $x = \ln\left(\omega\tau\right)$，则 Debye 方程的另一种形式为

$$\frac{\varepsilon_\mathrm{r}' - \varepsilon_\infty}{\varepsilon_\mathrm{s} - \varepsilon_\infty} = \frac{\mathrm{e}^{-x}}{\mathrm{e}^{-x} + \mathrm{e}^x} = \frac{1}{2}\left(1 - \tanh x\right) \tag{2.31}$$

和

$$\frac{\varepsilon_{\mathrm{r}}''}{\varepsilon_{\mathrm{s}} - \varepsilon_{\infty}} = \frac{1}{\mathrm{e}^{-x} + \mathrm{e}^{x}} = \frac{1}{2}\frac{1}{\cosh x} \tag{2.32}$$

利用式 (2.18)、公式 $x = \ln(\omega\tau)$ 和式 (2.31) 可得

$$\frac{G\tau}{\varepsilon_{0}(\varepsilon_{\mathrm{s}} - \varepsilon_{\infty})} = \frac{\mathrm{e}^{x}}{\mathrm{e}^{-x} + \mathrm{e}^{x}} = \frac{1}{2}(1 + \tanh x) \tag{2.33}$$

方程 (2.31)~ 方程 (2.33) 表示归一化的 Debye 方程，如图 2.6 所示。由图 2.6 可见，电导率曲线是 $\varepsilon_{\mathrm{r}}'$ 色散曲线的镜像图。弛豫区以上频段内的高电导率是由于反极性电荷的自由振荡，而在低频区则是由于耦合作用形成的分子偶极子。需要强调的是，这里的电导损耗仅代表偶极弛豫极化引起的损耗分量，而不是由真实传导载流子引起的损耗分量，因为后者在 $\omega < 10^{6}\mathrm{Hz}$ 时应与 ω 无关。

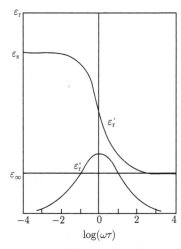

图 2.5　相对电容率的实部和虚部对电场频率的对数依赖关系曲线

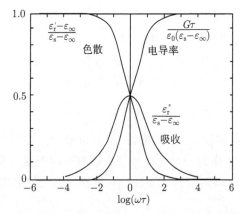

图 2.6　归一化的 Debye 方程的色散、吸收和电导率与频率的关系曲线

3. 复平面上的电容率

1) 线性相关性

从式 (2.28) 和式 (2.29) 可分别得到相对电容率的虚部 ε_r'' 和实部 ε_r' 间的线性依赖解析式：

$$\varepsilon_r'(\omega) = \varepsilon_\infty + \frac{\varepsilon_r''(\omega)}{\omega\tau} \tag{2.34}$$

$$\varepsilon_r'(\omega) = \varepsilon_s - \varepsilon_r''(\omega)\omega\tau \tag{2.35}$$

图 2.7 分别以复平面 $\varepsilon_r''/\omega \sim \varepsilon_r'$ 和 $\omega\varepsilon_r'' \sim \varepsilon_r'$ 描绘出方程 (2.34) 和方程 (2.35) 中相对电容率的虚、实部关系。显然，通过 $\varepsilon_r''/\omega \sim \varepsilon_r'$ 和 $\omega\varepsilon_r'' \sim \varepsilon_r'$ 关系曲线与横轴的交点可确定 ε_∞ 及 ε_s 值，而弛豫时间常数 τ 可通过曲线的斜率求出。

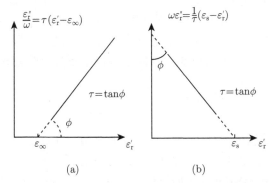

(a)   (b)

图 2.7 相对电容率虚部 ε_r'' 和实部 ε_r' 的线性依赖关系

2) Debye 半圆

Debye 方程常常在以 ε_r' 为实轴和 ε_r'' 为虚轴的复平面上以图示表征 (图 2.8)[1]。如果消去方程 (2.31) 和方程 (2.32) 中参数 x(即频率 ω)，可以得出描述 Debye 方程的圆的解析式：

$$\left(\varepsilon_r' - \frac{\varepsilon_s + \varepsilon_\infty}{2}\right)^2 + \varepsilon_r'' = \left(\frac{\varepsilon_s - \varepsilon_\infty}{2}\right)^2 \tag{2.36}$$

其中，圆心坐标 $\varepsilon_r''=0$；$\varepsilon_r' = (\varepsilon_s + \varepsilon_\infty)/2$；半径 $r = (\varepsilon_s - \varepsilon_\infty)/2$。

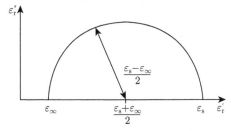

图 2.8 在 ε_r''-ε_r' 复平面内的 Debye 方程示意图 (Cole-Cole 图)

由图 2.8 可见, 仅存在半圆, 即仅当 ε_r'' 为正值时才有物理意义。严格地说, 由于 $\varepsilon_r^* = \varepsilon_r' - j\varepsilon_r''$, 半圆应位于 ε_r' 轴的下方。Debye 半圆又称为 Cole-Cole 图。遵从式 (2.26)~ 式 (2.30) 规律的弛豫现象称为 Debye 模型。Cole-Cole 图在处理实验数据时很有用, 例如, 在不同频率下测出复数电容率的实部和虚部, 将测量点标在复平面上, 若实验点组成一个半圆弧, 则表示该电介质属 Debye 型弛豫, 这种情况适合于许多简单的介电液体。个别实验点对圆弧的偏离程度表明了这些点的精度。它的另一个优点是, 即使只有少数实验点, 也可用其结果外推出 ε_∞, ε_s 和 τ 值。

3) Cole-Cole 图

对于驻极体的研究和应用中广泛使用的聚合物材料, 如果用简单的 Debye 理论分析会产生很大的偏差, 因此, 以这类电介质的弛豫效应为背景, 需要对 Debye 方程进行修正。与 Debye 方程式 (2.31) 和式 (2.32) 导出的结果相比, 最常见的偏差是弛豫区的拓宽和损耗峰的降低 (对比图 2.6 和图 2.9)。ε_r''-ε_r' 复平面的实验点在 Debye 半圆内 (图 2.10), 相应的圆心也迁移至横坐标之下。为了使 Debye 模型理论更接近于实际电介质的实验结果, Cole 等提出了下列经验公式[2]:

$$\varepsilon_r^*(\omega) = \varepsilon_\infty + \frac{\varepsilon_s - \varepsilon_\infty}{(1 + j\omega\tau)^{1-k}} \tag{2.37}$$

作为式 (2.26) 的一般表达式, 式中, k 为经验常数, 并位于 $0 \leqslant k \leqslant 1$ 内。如果 $k = 0$, 则式 (2.37) 恢复到 Debye 方程 (2.26)。为了求出参数 k, 将式 (2.37) 中电容率 ε_r^* 的实部和虚部分开表示。如果设定 $z = (1-k)\ln(\omega\tau)$, 联系 $x = \ln(\omega\tau)$ 并考虑

$$j^x = \exp(j\pi x/2)$$

可得到归一化的色散方程:

$$\frac{\varepsilon_r' - \varepsilon_\infty}{\varepsilon_s - \varepsilon_\infty} = \frac{1}{2}\left[1 - \frac{\sinh z}{\cosh z + \sin(\pi k/2)}\right] \tag{2.38}$$

和

$$\frac{\varepsilon_r''}{\varepsilon_s - \varepsilon_\infty} = \frac{1}{2}\frac{\cos(\pi k/2)}{\cosh z + \sin(\pi k/2)} \tag{2.39}$$

它们是 Debye 方程式 (2.31) 和式 (2.32) 的一般形式。由上述方程可解得

$$\sinh z = \frac{\varepsilon_s + \varepsilon_\infty - 2\varepsilon_r'}{2\varepsilon_r''}\cos(\pi k/2) \tag{2.40}$$

和

$$\cosh z = \frac{\varepsilon - \varepsilon_\infty}{2\varepsilon_r''}\cos(\pi k/2) - \sin(\pi k/2) \tag{2.41}$$

式 (2.38) 和式 (2.39) 是圆的参数方程, 消去 z 可得到与式 (2.36) 类似的圆方程:

$$\left(\varepsilon_{\mathrm{r}}' - \frac{\varepsilon_{\mathrm{s}} + \varepsilon_\infty}{2}\right)^2 + \left[\varepsilon_{\mathrm{r}}'' + \frac{\varepsilon_{\mathrm{s}} - \varepsilon_\infty}{2}\tan\left(\pi k/2\right)\right]^2 = \left(\frac{\varepsilon_{\mathrm{s}} - \varepsilon_\infty}{2}\right)^2 \sec^2\left(\pi k/2\right) \quad (2.42)$$

该圆方程的圆心坐标为 $\varepsilon_{\mathrm{r}}' = \dfrac{\varepsilon_{\mathrm{r}} + \varepsilon_\infty}{2}$, $\varepsilon_{\mathrm{r}}'' = -\dfrac{\varepsilon_{\mathrm{s}} - \varepsilon_\infty}{2}\tan(\pi k/2)$; 半径为 $r = \dfrac{\varepsilon_{\mathrm{s}} - \varepsilon_\infty}{2}\sec(\pi k/2)$。

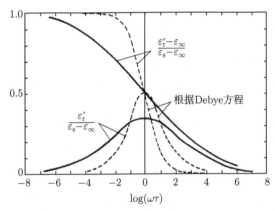

图 2.9 与 Debye 模型(虚线)相比较, 真实介质(实线)的介电色散和介电吸收是最常见的偏差

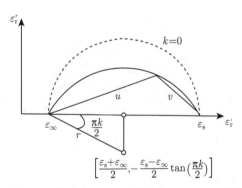

图 2.10 从方程 (2.37) 得到的 Cole-Cole 图

各参数的几何意义如图 2.10 所示。如果定义 Cole-Cole 图上任意一点和 ε_∞ 的间距为 u, 即 $u = \varepsilon_{\mathrm{r}}^* - \varepsilon_\infty$, 而 $v = (\varepsilon_{\mathrm{r}}^* - \varepsilon_\infty)(\omega\tau)^{1-k}$ 表示这一点与 ε_{s} 间的距离, 那么通过

$$\frac{v}{u} = (\omega\tau)^{1-k} \quad (2.43)$$

就可求出弛豫时间 τ。k 的实验值随分子自由度 (如分子的内旋转轴数) 增加而增加, 而温度降低也通常导致参数 k 增加。根据式 (2.37), 弛豫区内频率范围的拓宽

是由于其弛豫时间已由 Debye 方程的单一过程转换成弛豫时间分布，由此使参数 k 成为描述弛豫区拓宽的分布常数。因此在处理实际问题时，通常将弛豫时间看作时间常数对称分布中心的平均弛豫时间。

4) Davidson-Cole 方程

Cole-Cole 图相对平行于 ε_r''(虚) 轴的直线是对称的，然而由实际材料测得的实验点却排列成非对称的弧。N-辛基碘化物提供的研究结果就是例子之一[2]。Davidson 和 Cole[3] 建议 ε_r^* 和 ω 关系曲线的经验方程为

$$\varepsilon_r^* = \varepsilon_\infty + \frac{\varepsilon_s - \varepsilon_\infty}{(1 + j\omega\tau)^\alpha} \tag{2.44}$$

其中，α 是类似于 k 的经验参数，其值为 $0 < \alpha \leqslant 1$。当 $\alpha=1$ 时，式 (2.44) 也回到式 (2.26) 的 Debye 方程。图 2.11 给出了当参数 α 为不同值时的 Davidson-Cole 图。类似于 Debye 方程式 (2.31) 和式 (2.32)，将 $\tan\varphi = \omega\tau$ 代入式 (2.44) 即可分别导出归一化的电容率 ε_r^* 的实部和虚部与色散相关的表达式：

$$\frac{\varepsilon_r' - \varepsilon_\infty}{\varepsilon_s - \varepsilon_\infty} = \cos^\alpha \varphi \cos \alpha\varphi \tag{2.45}$$

$$\frac{\varepsilon_r''}{\varepsilon_s - \varepsilon_\infty} = \cos^\alpha \varphi \cos \alpha\varphi \tag{2.46}$$

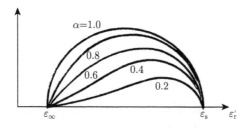

图 2.11 根据方程 (2.44) 得到的 Davidson-Cole 图 (α 是参数)

4. Kramers-Kronig 方程

在讨论式 (2.37) 的 Cole-Cole 方程时，我们引入了弛豫时间分布的概念，如果下述条件：$\displaystyle\int_0^\infty f(\tau)\,\mathrm{d}(\ln\tau) = 1 \left(\text{或} \int_0^\infty f(\alpha)\,\mathrm{d}(\ln\alpha) = 1\right)$ 能满足，则函数 $f(\tau)$ 就能作为弛豫时间分布 (或弛豫频率分布 $f(\alpha)$) 的一般表达式。这样 $f(\tau)\,\mathrm{d}(\ln\tau)$ 就代表了在 $\tau \sim \tau + \mathrm{d}\tau$ 间隔内的那部分极化强度 P_r。类似于方程 (2.25)，在频率 ω 处的极化强度 P_r 为

$$P_r = (\varepsilon_s - \varepsilon_\infty)\,\varepsilon_0 E \int_0^\infty \frac{f(\tau)}{1 + j\omega\tau}\,\mathrm{d}(\ln\tau)$$

因此，一般的色散依赖关系是

$$\frac{\varepsilon_{\mathrm{r}}' - \varepsilon_\infty}{\varepsilon_{\mathrm{s}} - \varepsilon_\infty} = \int_0^\infty \frac{f(\tau)\,\mathrm{d}(\ln\tau)}{1 + \omega^2\tau^2} \tag{2.47}$$

和

$$\frac{\varepsilon_{\mathrm{r}}''}{\varepsilon_{\mathrm{s}} - \varepsilon_\infty} = \int_0^\infty \frac{f(\tau)\,\omega\tau\mathrm{d}(\ln\tau)}{1 + \omega^2\tau^2} \tag{2.48}$$

上述方程仅在 $f(\tau)$ 是十分简单的函数形式的少数情况下才能应用。一般地说，即使对相当简单的分布，如高斯分布，也会导出 $\varepsilon_{\mathrm{r}}'$ 和 $\varepsilon_{\mathrm{r}}''$ 十分复杂的表达式；反之，十分简单的经验方程，如 Cole-Cole 或 Davidson-Cole 方程，也会引出十分复杂的分布函数。从 $\varepsilon_{\mathrm{r}}'(\omega)$(式 (2.47)) 或者 $\varepsilon_{\mathrm{r}}''(\omega)$(式 (2.48)) 可独立地确定函数 $f(\tau)$，再从式 (2.47) 和式 (2.48) 可求出 $\varepsilon_{\mathrm{r}}'$ 和 $\varepsilon_{\mathrm{r}}''$ 间的关系。对能量色散系统，下述的 Kramers-Kronig 方程 (简称 K-K 方程或 K-K 关系) 给出了 $\varepsilon_{\mathrm{r}}'$ 和 $\varepsilon_{\mathrm{r}}''$ 间的一般关系：

$$\varepsilon_{\mathrm{r}}'(\omega) - \varepsilon_\infty = \frac{2}{\pi}\int_0^\infty \varepsilon_{\mathrm{r}}''(\omega)\frac{\omega'}{\omega'^2 - \omega^2}\mathrm{d}\omega' \tag{2.49}$$

$$\varepsilon_{\mathrm{r}}''(\omega) = \frac{2}{\pi}\int_0^\infty [\varepsilon_{\mathrm{r}}'(\omega) - \varepsilon_\infty]\frac{\omega}{\omega^2 - \omega'^2}\mathrm{d}\omega' \tag{2.50}$$

这里，ω' 是以频率为单位的积分变量。这个方程组对任何类型的弛豫极化都成立，Kramers-Kronig 方程的求解可参阅 Fröhlich[4] 和 Chelkowski[5] 的专著。在通常情况下，对一给定频率 ω，$\varepsilon_{\mathrm{r}}'$ 值与 $\varepsilon_{\mathrm{r}}''$ 的全域吸收谱 $(0,\infty)$ 相关；类似地，在频率 ω 时的 $\varepsilon_{\mathrm{r}}''$ 也在整个色散区域内是 $\varepsilon_{\mathrm{r}}'$ 的函数。仅在简单的弛豫机制情况下，即 Debye 模型时，在频率为 ω 时的 $\varepsilon_{\mathrm{r}}'$ 和 $\varepsilon_{\mathrm{r}}''$ 才在同一频率时相关。因此，它们不是式 (2.49) 和式 (2.50) 所描述的情况。

如果在某一频率区域内，$\varepsilon(\omega)$ 中某一分量的测量非常困难，例如，某些材料在低频时的电导电流湮没了损耗的测量，则可用 K-K 色散关系来确定与实验相关的介电参数；在测量介电谱时，只要在全频域内测出实部 $\varepsilon_{\mathrm{r}}'(\omega)$ 或虚部 $\varepsilon''(\omega)$ 中的一个谱，另一个谱即可用 K-K 关系求出。

5. 非均匀电介质的弛豫

固体电介质材料，尤其是聚合物，常常由两相或多相非均匀系统组成。如果一相呈现一定的电导率 G，那么就可利用 Debye 方程描述测定值 $\varepsilon_{\mathrm{r}}^*$ 和频率 ω 间的关系。假定一个平行板电容器中充满电容率为 ε(与频率无关) 的电介质，其稳态电流的电导率为 G，根据式 (2.15)，当作用一交变电场 $E = E_0\exp(\mathrm{j}\omega t)$ 时的电流密度为

$$i = \mathrm{j}\omega\varepsilon_0\left(\varepsilon_{\mathrm{r}}' - \frac{\mathrm{j}G}{\omega\varepsilon_0}\right)E$$

那么，根据式 (2.19)，假定电导材料具有复数电容率：

$$\varepsilon_{\mathrm{r}}^* = \varepsilon_{\mathrm{r}} - \frac{\mathrm{j}G}{\omega\varepsilon_0}$$

若表面积为 A、厚度分别为 s_1 和 s_2 的两种不同电介质构成的平板电容器，其中一层介质具有电容率 ε_1、电导率 G，另一层呈现无损耗的电容率 ε_2(图 2.12)，则组成该系统的两个串联电容器的量值分别为

$$C_1 = \left(\varepsilon_{\mathrm{r}1}' - \frac{\mathrm{j}G}{\omega\varepsilon_0}\right)\frac{\varepsilon_0}{s_1}A, \quad C_2 = \frac{\varepsilon_{\mathrm{r}2}'\varepsilon_0}{s_2}A$$

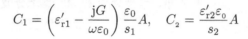

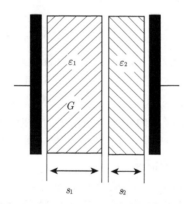

图 2.12　两种不同电介质组成的平行板电容器 (非均匀电介质系统)

对于串联的非均匀电介质，它们的总电容为

$$C = \frac{C_1 C_2}{C_1 + C_2} = \frac{\left(\varepsilon_{\mathrm{r}1}' - \dfrac{\mathrm{j}G}{\omega\varepsilon_0}\right)\varepsilon_{\mathrm{r}2}'\,(s_1 + s_2)}{\left(\varepsilon_{\mathrm{r}1}' - \dfrac{\mathrm{j}G}{\omega\varepsilon_0}\right)s_2 + \varepsilon_{\mathrm{r}2}'s_1}\frac{\varepsilon_0 A}{s_1 + s_2}$$

则两相电介质系统的等效复数电容率 $\varepsilon_{\mathrm{r}}^*$ 是

$$\varepsilon_{\mathrm{r}}^* = \left(\varepsilon_{\mathrm{r}1}' - \frac{\mathrm{j}G}{\omega\varepsilon_0}\right)\varepsilon_{\mathrm{r}2}' \left/ \left[\left(\varepsilon_{\mathrm{r}1}' - \frac{\mathrm{j}G}{\omega\varepsilon_0}\right)\psi_2 + \varepsilon_2'\psi_1\right]\right. \tag{2.51}$$

这里, $\psi_i = s_i/(s_1 + s_2)$ 表示两种材料的体积系数; ε_r^* 是频率的函数, 其区间为 $(0, \infty)$:

$$\varepsilon_r^* = \begin{cases} \varepsilon_s = \varepsilon_{r2}'/\psi_2, & \omega \to 0 \\ \varepsilon_\infty = \dfrac{\varepsilon_{r1}'\varepsilon_{r2}'}{\varepsilon_{r1}'\psi_2 + \varepsilon_{r2}'\psi_1}, & \omega \to \infty \end{cases}$$

如果

$$\tau = \frac{\varepsilon_0 \left(\varepsilon_{r1}'\psi_2 + \varepsilon_{r2}'\psi_1\right)}{G\psi_2} \tag{2.52}$$

上述 ε_r^* 式经过简单的变换, 表示为

$$\frac{\varepsilon_r^* - \varepsilon_\infty}{\varepsilon_s - \varepsilon_\infty} = \frac{-jG\psi_2/(\omega\varepsilon_0)}{\varepsilon_{r1}'\psi_2 + \varepsilon_{r2}'\psi_1 - jG\psi_2/(\omega\varepsilon_0)} = \frac{1}{1 + j\omega\tau} \tag{2.53}$$

即可取作式 (2.26) 的 Debye 方程形式。虽然这里定义了两相的 ε_{r1}', ε_{r2}' 和 G 不随 ω 变化, 以图 2.12 表示的非均匀系统的介电性质仍然类似于极性电介质。这个系统的弛豫时间 τ 随电导率 G 的增加而减少 (式 (2.52))。这种类型的弛豫效应也适用于当电导相以微粒形式分散在非电导的基体内的情况。Wagner[6] 研究了包含导电球形粒子的类似系统。介电吸收与色散与材料的非均匀性相关, 称为 Maxwell-Wagner 效应[7]。Sillars[8] 说明了, 如果粒子的体积系数相同, 分散在介电相中的导电粒子的形状起重要作用, 即拉长粒子比球形粒子对介电性质有更大影响 (参见第 8 章)。聚合物材料的介电函数特性将在 2.2.4 节讨论。

2.2 电介质极化的微观描述

2.2.1 静态极化的分子机制 [1]

宏观物体是含有分子、离子团、离子和原子的巨系统。由于热运动, 这些粒子处于随机取向状态。因此, 无论粒子本身是否具有电矩, 它们对宏观极化的总贡献是零。只有在外场作用下, 才有可能显示宏观极化。一般地说, 宏观外电场的作用比组成物质的粒子内部的相互作用要弱得多。各种结构粒子由于受局域电场 E_e 作用极化而产生的电偶极矩 μ 存在如下线性关系:

$$\mu = \alpha E_e \tag{2.54}$$

其中, α 为微观极化率 (polarizability), 它反映电场内粒子承受形变的能力。单一粒子的极化率 α 可来自不同方面。在电场作用下由电子云畸变引起的负电荷重心位移为 α_e(电子极化率), 离子位移贡献为 α_i(离子极化率)(α_e 和 α_i 统称为形变极化率 α_{de}, 或称位移极化); 固有电偶极矩取向的贡献为 α_d, 则微观总极化率为

$$\alpha = \alpha_e + \alpha_i + \alpha_d = \alpha_{de} + \alpha_d \tag{2.55}$$

此外, 在聚合物和凝聚态物质中, 尚存在着更复杂的极化机制。

由一般强度的宏观电场产生的电子云畸变极化是相当弱的, 而由分子内离子电荷非对称分布和在外场下引起离子间相对位置迁移的离子极化对电介质极化的贡献更弱。与上述两种极化相比, 偶极子取向极化对极性电介质总极化的贡献具有重要作用。外加电场使分子偶极矩趋向沿电场的电力线方向排列, 与此同时分子热运动则施加一扰动效应于取向偶极子, 最终达到某种动态平衡。投影在电场 E 方向的分子偶极矩的平均值 (合电矩) 称偶极极化, 并由电极化率 α_d 表征。

当外场取消后, 由于分子热运动, 合电矩将逐渐衰减。一般地说, 经过弛豫时间 τ 后, 取向偶极子趋于混乱。然而, 如果在电场取消前, 取向偶极子被冻结在低于熔点或更低温度 (如玻璃相变温度 T_g 之下), 那么上述电矩可能长时间地保存。这是由于, 温度的降低和向固相的转变都会明显地减小使偶极取向变化的概率。值得强调的是, 从历史上看, 冻结偶极极化理论的建立直接导致 "驻极体" 作为一门独立学科的形成[9]。

空间电荷极化对驻极体具有特殊重要意义。除了原子和分子束缚电荷外, 电介质材料通常还包含某些真实电荷, 这类电荷在电介质中的储存产生了自身电场。如果在电容器极板上附加一定量的空间电荷, 将导致电容量的上升。由空间电荷对极化率的贡献被定义为 α_r。

类似于偶极极化, 对空间电荷的冻结可降低电荷载流子的迁移率; 而热激发可使空间电荷跳跃至新的平衡态。因此, 仅当空间电荷被捕获在深能级的陷阱中才能形成 "永久" 介电极化。由这类极化效应形成的充电电介质已广泛地应用于多种驻极体元器件。据此, 电介质的总极化率应由四个分量、三个部分组成:

$$\alpha = \alpha_e + \alpha_i + \alpha_d + \alpha_r = \alpha_{de} + \alpha_d + \alpha_r \tag{2.56}$$

1. Clausius-Mossotti 方程

方程 (2.8) 定义出电场中单位体积电介质中的总电矩, 它等于由式 (2.54) 表示的单位体积中结构粒子的电矩和。如果单位体积中含 N_0 个分子, 则

$$P = (\varepsilon_r - 1)\varepsilon_0 E = N_0 \alpha E_e \tag{2.57}$$

其中, α 和 E_e 是该方程中两个分子参数。为了能确定微观极化率 α, 我们试图用宏观项来表示局域电场 E_e。通过合理简化, 可直接建立局域电场 E_e 和外场 E 间的近似关系。如低密度气体的弥散系统, 由于分子间的平均距离很大, 分子内部作用比分子间的相互作用要强得多, 这时可将每个分子近似地看成是一个独立体系, 因此这时的局域电场近似等于外场。然而随着密度增加, 分子除受到外场作用外, 还受到周围相关分子感应电矩的电场作用, 使局域电场上升。因而气体、液体、

固体电介质等不同类型材料的介电微观参量和宏观极化参量间存在不同的依赖关系。Lorentz 和 Mossotti 经对宏观球形介质电场的研究，导出了下列关系：

$$E_e = E + \frac{P}{3\varepsilon_0} = \frac{\varepsilon_r + 2}{3} E \qquad (2.58)$$

称 Clausius-Mossotti 公式[5,10]，第二项 $P/(3\varepsilon_0)$ 称 Lorentz 修正项。Lorentz 等引出式 (2.58) 的基本假设是：由介质球内分子产生的电场在其球心处相互抵消。这个假设大大地限制了 Lorentz 局域场的可应用性，使式 (2.58) 仅适用于气体、非极性电介质及结构高度对称的立方晶体等电介质，而不适用于极性液体和偶极分子相互作用较强的固体电介质。

将表示 Lorentz 局域场的式 (2.58) 代入式 (2.57)，得到

$$\frac{N_0 \alpha}{3\varepsilon_0} = \frac{\varepsilon_r - 1}{\varepsilon_r + 2} \qquad (2.59)$$

这是在采用 Lorentz 有效场的条件下得出的联系电介质极化的宏观与微观参量关系式。式 (2.59) 的左端 N_0 是单位体积内的偶极粒子数。如果以摩尔体积 M/d (M,d 分别是电介质的摩尔质量和密度) 代替单位体积，则 $M/d = N_0' = 6.02 \times 10^{23} \mathrm{mol}^{-1}$ 就是 Avogadro 常量，则导出 Clausius-Mossotti 方程：

$$[P] = \frac{N_0' \alpha}{3\varepsilon_0} = \frac{\varepsilon_r - 1}{\varepsilon_r + 2} \frac{M}{d} \qquad (2.60)$$

其中，$[P]$ 称为摩尔极化。对一定的电介质，当 α 有确定值，并与 d 无关时，$[P]$ 为一常数，而且 $\frac{\varepsilon_r - 1}{\varepsilon_r + 2}$ 与密度 d 成正比。通常 ε_r 随 d 呈线性变化。如将式 (2.60) 应用于光频区，按照 Maxwell 关系，电容率 ε_r 等于光折射率 n 的平方，则摩尔折射率为

$$R = \frac{N_0' \alpha_{de}}{3\varepsilon_0} = \frac{n^2 - 1}{n^2 + 2} \frac{M}{d} \qquad (2.61)$$

显然，式 (2.61) 中的极化率 α_{de} 仅仅是总极化率 α 的一部分，即在光频区内的剩余极化率，这是具有较小惯性的形变极化率 α_{de}。

2. 偶极子取向极化和 Debye 方程

如果从电学观点考虑，极性材料是指那些由具有永久偶极矩 μ 的刚性电荷系统的分子组成的大多数电介质。这类物质的分子的平均偶极矩应该是在电场作用下偶极子取向效应和形变效应的总和[10]：

$$\langle \mu \rangle = \alpha_{de} E_e + \langle \mu_{0E} \rangle$$

如果忽略了偶极分子间、偶极子之间的相互作用，以及材料结构间的相关指向力，即把自由偶极子的聚集态看作极性气体的情况，若分子或分子链节的偶极矩为 μ_0，

偶极子与电场间夹角为 θ, 则它的电势能为

$$U = -\mu_0 E_e \cos\theta$$

当电介质在热运动和电场的共同作用下处于新的动态平衡时, 所有分子偶极子的偶极矩沿电场方向的统计平均值为

$$\langle \mu_{0E} \rangle = \mu_0 \langle \cos\theta \rangle \tag{2.62}$$

根据 Boltzmann 定律, 其方向在绕角 θ 的立体角元 $\mathrm{d}\omega$ 内的偶极矩概率是

$$\frac{\exp\left[\mu_0 E_e \cos\theta/(kT)\right]\mathrm{d}\omega}{\int \exp\left[\mu_0 E_e \cos\theta/(kT)\right]\mathrm{d}\omega}$$

$\cos\theta$ 的平均值是

$$\langle \cos\theta \rangle = \frac{\displaystyle\int_0^\pi \cos\theta \exp\left[\mu_0 E_e \cos\theta/(kT)\right]\sin\theta\mathrm{d}\theta}{\displaystyle\int_0^\pi \exp\left[\mu_0 E_e \cos\theta/(kT)\right]\sin\theta\mathrm{d}\theta} \tag{2.63}$$

这里, k 是 Boltzmann 常量, 在式 (2.63) 中, 令 $x = \cos\theta, y = \mu_0 E_e/(kT)$, 即得到

$$\langle \cos\theta \rangle = \frac{\displaystyle\int_{+1}^{-1} x \exp\left(yx\right)\mathrm{d}x}{\displaystyle\int_{+1}^{-1} \exp\left(yx\right)\mathrm{d}x} = \coth y - \frac{1}{y} = L\left(y\right) \tag{2.64}$$

$L\left(y\right)$ 是用幂级数表示的 Langevin 函数:

$$L\left(y\right) = \frac{\langle \mu_{0E} \rangle}{\mu_0} = \langle \cos\theta \rangle = \frac{y}{3} - \frac{y^2}{45} + \cdots$$

图 2.13 给出了 $L(\mu_0 E_e/(kT))$ 函数图, 显然, 随着 $y = \mu_0 E_e/(kT)$ 的增加, 即随着 E_e/T 的增加, $\langle \cos\theta \rangle$ 从 $0 \to 1$, $\langle \mu_{0E} \rangle$ 从 $0 \to \mu_0$。这表明, 电场很高或温度很低时, 函数达到饱和, 这时的偶极子已完全沿电场方向取向, 也就是说, 随着 E_e/T 的增加, 电场取向效应迅速压倒热运动的消取向效应。从上式可见, 在弱电场中, 电场和分子偶极矩间相互作用比热动能要小得多 (即 $y \ll 1$), 上述级数可简化为仅含第一项的近似方程:

$$\langle \mu_{0E} \rangle = \frac{\mu_0^2 E_e}{3kT}, \quad \alpha = \alpha_{de} + \alpha_d = \alpha_{de} + \frac{\mu_0^2}{3kT}$$

综合上述结果，Clausius-Mossotti 方程取作 Debye 方程的形式为

$$[P] = \frac{\varepsilon_r - 1}{\varepsilon_r + 2} \frac{M}{d} = \frac{N_0'}{3\varepsilon_0} \left(\alpha_{de} + \frac{\mu_0^2}{3kT} \right) \tag{2.65}$$

该方程给出了极性材料的静态摩尔极化率定义。如上所述，实际电介质的偶极转向极化率比电子位移及离子位移极化率大得多。

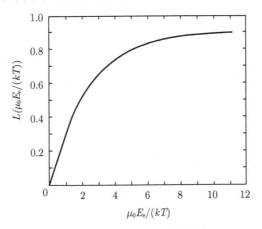

图 2.13 Langevin 函数图

推导 Debye 方程 (2.65) 的两点假设大大地限制了它的应用。其一是使用了 Clausius-Mossotti 有效场式 (2.58) 的结果，其二是忽略了邻近分子诱导的局域取向力。事实上邻近分子的诱导力通过改变 $\langle \cos\theta \rangle$ 可能影响偶极子的分布。尽管如此，Debye 方程对确定分子偶极矩仍有重要作用。例如，对气相物质和以非极性溶剂稀释的极性材料溶液，由于分子间距拉开，上述两种限制已不太重要。

3. Onsager 有效场

为了避免由于采用 Clausius-Mossotti 有效场式 (2.58) 对 Debye 方程应用的限制，Onsager 提出了在极性液体中使分子极化的有效场计算方法，但这种方法仍不适用于极性固体电介质。为了计算有效电场 E_e，根据 Bell 模型，Onsager[11] 把具有电偶极矩 μ_0 的液体分子看作置于一半径为 a 的球腔内可极化的点偶极子:

$$\frac{4\pi N_0 a^3}{3} = 1 \tag{2.66}$$

而球外看成电容率为 ε 的连续介质。作用在分子点偶极子上的球腔内电场分成两个分量，即外场 E 形成的球腔电场 E_g:

$$E_g = \frac{3\varepsilon_r}{2\varepsilon_r + 1} E \tag{2.67}$$

和在球腔内由电偶极子对周围介质极化形成的感应电荷所产生的作用于分子上的反作用电场 E_r：

$$E_r = \frac{2(\varepsilon_r - 1)}{2\varepsilon_r + 1} \frac{\mu}{4\pi\varepsilon_0 a^3} \tag{2.68}$$

式 (2.66) 和式 (2.67) 可以从静电场理论导出[4]。而偶极矩 μ 则是由感应分量和永久偶极矩 μ_0 组成：

$$\mu = \alpha_d (E_r + E_g) + \mu_0 = \alpha_d E_e + \mu_0 \tag{2.69}$$

这里，E_e 是我们要计算的使分子极化的总有效电场。E_e 可分别表示为平行于外电场 E 和平行于分子永久电偶极矩 μ_0 的两个分量之和：

$$E_e = E_g + E_r = \beta E + \gamma\mu_0 \tag{2.70}$$

从式 (2.66)～式 (2.70) 及式 (2.65) 可得

$$\beta = \frac{\varepsilon_r(\varepsilon_\infty + 2)}{2\varepsilon_r + \varepsilon_\infty} \tag{2.71}$$

$$\gamma = \frac{2(\varepsilon_r - 1)(\varepsilon_\infty - 1)}{3(2\varepsilon_r + \varepsilon_\infty)\alpha_d} \tag{2.72}$$

式 (2.70)～式 (2.72) 称 Onsager 有效场。利用这些方程可导出 Onsager 方程。这个重要方程定义出分子永久偶极矩和静态电容率间的关系[4,11]：

$$\frac{N\mu_0^2}{9\varepsilon_0 kT} = \frac{(\varepsilon_r - \varepsilon_\infty)(2\varepsilon_r + \varepsilon_\infty)M}{\varepsilon_r(\varepsilon_\infty + 2)^2 d} \tag{2.73}$$

Onsager 分子模型用被考察的偶极分子的反作用电场对该分子的作用来表征周围电介质对被考察偶极子的影响，它把周围电介质宏观处理为电容率为 ε 的连续均匀介质。

　　Onsager 方程适用于分子间距较小，而单位体积中包含大量偶极子的系统。与 Debye 方程相比，这是一个明显的进步。然而该模型没有从电介质的微观结构来考虑，在计算 $\cos\theta$ 平均值时（式 (2.64)）忽略了极性分子与邻近分子的强作用引起的各种复杂的指向关系，故将理论结果用于实际计算后会引起较大的误差。当 Onsager 方程用于对分子间具有强相互作用系统时，需要谨慎对待。利用极化率的统计理论可以回避上述困难，Kirkwood[12] 和 Fröhlich[4] 的统计理论已较成功地解决了这一问题，然而统计处理中包含的平均量却难以甚至无法进行计算。为此通常采用半经验量代替，但这种代替结果又影响了结果的可靠性及实用性。

2.2.2 介电弛豫的微观描述

一般地说，介电弛豫必须考虑在外场作用下分子转动的可能性。Debye[10] 的扩散假设首先成功地解释了介电弛豫过程。他认为，在电场作用下分子的转向不断地受到邻近分子碰撞的扰动。这一理论适用于液体；对气体，由外场作用导致的分子取向仅受到偶发的热运动影响；对固体，多数情况下是属于突发性的分段再取向。从 Debye 理论导出的结论和从宏观理论导出的下述公式一样反映出电容率 ε^* 与频率 ω 间的依赖关系：

$$\varepsilon_{\mathrm{r}}^* = \varepsilon_\infty + \frac{\varepsilon_{\mathrm{s}} - \varepsilon_\infty}{1 + \mathrm{j}\omega \dfrac{\varepsilon_{\mathrm{s}} + 2}{\varepsilon_\infty + 2}\tau_{\mathrm{m}}} \tag{2.74}$$

然而，上述结果在与式 (2.26) 比较后发现，在所有情况下宏观实验的弛豫时间 τ 都比分子 (微观) 弛豫时间 τ_{m} 要长，因为

$$\tau = \frac{\varepsilon_{\mathrm{s}} + 2}{\varepsilon_\infty + 2}\tau_{\mathrm{m}} \tag{2.75}$$

τ_{m} 常常被称为偶极子关联时间。

如上述分析，Debye 理论中 Lorentz 电场的假设限制了这一理论在电介质系统中的应用。对液体，Onsager 有效场可获得极好的结果。然而，如果把 Onsager 有效场应用于 Debye 扩散理论，则情况较为复杂。这是因为，反作用电场的方向和外场方向不同，以及有效场的瞬时变化既与外场变化相关又与空腔内电偶极子的热运动相关。Collie、Hasted、Ritson[13] 成功地解决了这一难题，他们导出了下列方程：

$$\begin{aligned}
\varepsilon_{\mathrm{r}}^* - \varepsilon_\infty &= \frac{(\varepsilon_\infty + 2)^2 (2\varepsilon_{\mathrm{s}} + 1)}{2\varepsilon_{\mathrm{s}} + \varepsilon_\infty} \frac{N_0 \mu_0^2}{18kT\varepsilon_0} \frac{1}{1 + \mathrm{j}\omega\tau_m} \frac{\varepsilon_{\mathrm{r}}^*}{\varepsilon_{\mathrm{r}}^* + \dfrac{1}{2}} \\
&= \frac{A}{1 + \mathrm{j}\omega\tau_{\mathrm{m}}} \frac{\varepsilon_{\mathrm{r}}^*}{\varepsilon_{\mathrm{r}}^* + \dfrac{1}{2}}
\end{aligned}$$

如果将 A 看作与频率无关的常数，而系数 $\varepsilon_{\mathrm{r}}^*/(\varepsilon_{\mathrm{r}}^* + 1/2)$ 接近于 1，那么该方程在形式上类似于 Debye 方程式 (2.26)。利用连续近似的方法，通过将 $\varepsilon_{\mathrm{r}}^*$ 表示为 $\omega\tau_{\mathrm{m}}$ 的函数，可解出此方程。经过适当的简化和与式 (2.75) 类比，Powles[14] 和 Cole[15] 得出了适合于 Onsager 有效场的关系式：

$$\tau = \frac{3\varepsilon_{\mathrm{s}}}{2\varepsilon_{\mathrm{s}} + \varepsilon_\infty}\tau_{\mathrm{m}} \tag{2.76}$$

该式给出了样品电极化的弛豫时间 τ 和偶极子关联时间 (即微观弛豫时间)τ_{m} 间的关系 [12,14]。

1. 以电势势垒表征的分子弛豫模型

在 Debye 扩散模型中, 电场作用下的分子取向通过一系列微小而频繁的变化而趋向于其取向轴。这种模型适合于大多数的液体。对固体物质, 分子被完全定位在晶格结构的相邻分子间强作用的周期场内, 从而形成了许多平衡位置。对应这些平衡位置, 由不同势垒把它们彼此隔离形成最小的能级。电场中的固体分子通常围绕其平衡位置振动, 但如果从外界获得足够的活化能, 它们就可能越过势垒而进入新的平衡态。Fröhlich[4] 发展了 Debye 的分子取向模型, 他假定每一个分子仅存在两个平衡态 1 和 2(图 2.14)。ω_{12} 和 ω_{21} 分别表示偶极子从 1 到 2 和从 2 到 1 取向变化的概率。外场 E 取消后, 位置 1 和 2 间的取向变化率 (即消取向) 导出了和方程 (2.21) 完全同解的极化衰减表达式:

$$P = P_{\mathrm{r}} \exp\left(-\frac{t}{\tau_{\mathrm{m}}}\right) \tag{2.77}$$

这里,

$$\tau_{\mathrm{m}} = \frac{1}{\omega_{12} + \omega_{21}} \tag{2.78}$$

表示分子弛豫时间, 它与穿越势垒的概率相关。在 Arrhenius 理论基础上, Eyring 等导出了 τ_{m} 和势垒高度间的依赖关系, 指出分子弛豫时间与热活化能密切相关, 并提出以宏观测量的实验数据确定势垒高度。Eyring 理论建立了下述公式:

$$\alpha = \frac{kT}{\hbar} \exp\left(-\frac{A}{kT}\right)$$

这里, $\hbar$ 是 Planck 常量; K 是 Boltzmann 常量; A 是对应于势垒高度的自由活化能。将这一理论应用到偶极子弛豫过程中, Eyring 导出了单位时间内越过势垒的偶极子数, 其弛豫时间为

$$\tau_{\mathrm{m}} = \frac{1}{\alpha} = \frac{\hbar}{kT} \exp\left(\frac{A}{kT}\right) = \frac{\hbar}{kT} \exp\left(\frac{-S}{k}\right) \exp\left(\frac{H}{kT}\right) \tag{2.79}$$

其中, S 和 H 分别表示对激发态 (图 2.14 中的位置 3) 活化的熵和焓。如果 S 和 H 与温度无关, 从式 (2.79) 导出的 $\ln(T\tau_{\mathrm{m}})$ 是 $1/T$ 的线性函数, 且斜率的正切是

$$H/k = \frac{\mathrm{d}\,(\ln \tau_m)}{\mathrm{d}\left(\dfrac{1}{T}\right)} - T$$

值得强调的是, Eyring 理论具有普适意义, 它适用于描述通过热激发穿越势垒的各种过程, 对于驻极体, 我们的兴趣是应用这一理论去描述电介质的极化衰减及驻极体内捕获的空间电荷受激脱阱过程 (参见第 5 章)。

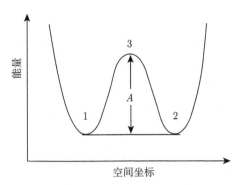

图 2.14　双阱模型的势垒示意图

2. 弛豫时间分布的微观描述

事实上, 由完全相同分子组成的样品大多都存在多个弛豫时间, 甚至其弛豫时间呈连续分布。其或因分子的非刚性, 或因实际材料分子中局域条件的差异。实际材料中的大多数分子包含了可转动基团, 例如, 当两个原子间是单键连接时, 这个分子链就可看成具有一定自由度的转动轴。如果轴上连接着一些偶极基团, 则在电场作用下, 若暂不考虑整个分子的取向, 也会发生极性基团取向, 且分子的整体取向和基团取向这两个过程往往可能彼此独立发生。显然, 整个分子的总体取向强烈依赖于周围介质的黏滞性, 而分子内的转动则与分子自身性质相关, 尤其是与偶极基团必须克服的势垒高度相关。由于分子内旋转与周围介质无关, 据此既可区分上述两种不同的过程, 又可确定这类基团的转动电势势垒。

对仅含单一转动自由度的极性基团分子的简单情况[16], 由交变电场 $E_0 \exp(\mathrm{j}\omega t)$ 诱导的平均电矩为

$$\langle \mu_E \rangle = \frac{E_0 \exp(\mathrm{j}\omega t)}{3kT} \left(\frac{\mu_a^2}{1 + \mathrm{j}\omega\tau_a} + \frac{\mu_b^2}{1 + \mathrm{j}\omega\tau_b} + \frac{\mu_c^2}{1 + \mathrm{j}\omega\tau_c} \right)$$

这里, μ_a 表示沿转轴方向的电矩分量; μ_b 和 μ_c 分别表示转动基团和分子剩余部分垂直于轴的电矩分量。由此可见, 即使对十分简单的分子模型, 仍需要三个弛豫时间描述其弛豫过程:

$$\frac{1}{\tau_a} = \frac{2kT}{\xi}, \quad \frac{1}{\tau_b} = kT\left(\frac{1}{\xi} + \frac{1}{\xi'}\right), \quad \frac{1}{\tau_c} = kT\left(\frac{1}{\xi} + \frac{1}{\xi''}\right)$$

其中, ξ 是整个分子转动的摩擦系数; ξ' 是不包含转动基团时的分子转动摩擦系数; ξ'' 是分子剩余部分相关基团的转动摩擦系数。如果上述分子中还隐含某些其他转动, 弛豫时间可能增加至无限个, 这时上述系统就变得十分复杂。

与其他材料相比, 聚合物分子的内旋转对描述其电荷动态特性特别重要。这类材料通常包含有 β, α 和 ρ 等弛豫区 (图 2.15), 由于聚合物链的 Brownian 运动产

生的 α 弛豫位于较低频率区内，β 弛豫仅微弱地依赖于温度，而主要取决于分子的内部作用。不论 α 或 β 弛豫，它们都是由偶极基团的转动引起的。然而发生在低频区和较高温度下的 ρ 弛豫则与聚合物的自身结构紧密相关，即与聚合物内空间电荷密切相关的介电吸收效应。

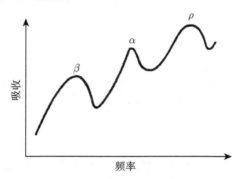

图 2.15   聚合物的吸收谱

根据 Debye 理论，聚合物弛豫区扩展的另一个基本原因是分子取向时必须克服高度不尽相同的势垒约束。众所周知，势垒的差异与这些运动分子所处位置的局域介质的结构相关，由此形成的弛豫时间分布需要用一分布函数 $f(\tau)$ 来描述。对弛豫时间分布函数的描述，需要一颇为复杂的数学关系表征。Fröhlich[4] 讨论了一个十分简单的情况，在 $A_0 \sim A_0 + \Delta A$ 间隔内任意高度的势垒具有相等的概率。根据方程 (2.79)，弛豫时间通常可表示为

$$\tau = B \exp\left[(A_0 + \Delta A)/(kT)\right] = \tau_0 \exp\left[\Delta A/(kT)\right]$$

这个公式包含的区间从 $\tau_0 = B \exp[A_0/(kT)]$ 到 $\tau_1 = \tau_0 \exp[\Delta A/(kT)]$，则弛豫时间间隔的相对宽度为

$$(\tau_1 - \tau_0)/\tau_0 = \exp\left[\Delta A/(kT)\right] - 1$$

即使当 ΔA 是常数时，弛豫时间也是温度的函数。温度升高，间隔变窄。在定性上和实际观察到的材料相关性质一致。若一个弛豫时间的分布函数定义为

$$f(\tau) = \begin{cases} kT/\Delta A, & \tau_0 \leqslant \tau \leqslant \tau_1 \\ 0, & \text{间隔外} \end{cases}$$

如图 2.16 所示，上式中分布函数 $f(\tau)$ 既满足在给定间隔内保持恒定的电势势垒，又满足条件 $\int_0^\infty f(\tau)\mathrm{d}(\ln\tau) = 1$。利用一般的色散关系式 (2.47) 和式 (2.48)，并在 $\tau_0 \sim \tau_1$ 内积分，即得到

$$\frac{\varepsilon'_r - \varepsilon_\infty}{\varepsilon_s - \varepsilon_\infty} = 1 - \frac{kT}{\Delta A}\ln\frac{1 + \omega^2 \tau_1^2}{1 + \omega^2 \tau_0^2} \tag{2.80}$$

和

$$\frac{\varepsilon_r''}{\varepsilon_s - \varepsilon_\infty} = \frac{kT}{\Delta A} \left[\arctan\left(\omega\tau_1\right) - \arctan\left(\omega\tau_0\right) \right] \tag{2.81}$$

因此，根据 Fröhlich 理论，电介质色散和弛豫现象可用 τ_0 和 τ_1 两个参数描述，或借助于势垒高度 A_0 和 ΔA 描述，如果 $\Delta A/(kT) = 0$，就得到具有单一弛豫时间 τ_0 的 Debye 方程。这种情况只有在高温 $(T \to \infty)$ 和当势垒高度能被精确定义时才满足。Fuoss 和 Kirdwood[17] 提出了一个对聚合物电介质有特殊意义的经验公式，如果以 $\operatorname{arcosh}(\varepsilon_{r\,max}''/\varepsilon_r'')$ 为纵坐标和以频率的对数 $\ln\omega$ 为横坐标 (图 2.17)，对聚合物可得到一条与横坐标的截距为 $\omega = \omega_{max}$、斜率为 β 的直线，这里的斜率 β 与电容率相关：

$$\beta = 2\varepsilon_{r\,max}'' / \left(\varepsilon_s - \varepsilon_\infty\right) \tag{2.82}$$

如前所述，为了确定给定分子的偶极矩，必须首先确定 $\varepsilon_s - \varepsilon_\infty$ 值。这种方法对那些在测定静态电容率的频区内电介质的介电色散效应显著时 (如聚合物) 尤其重要。上述介电色散和弛豫理论虽然没有解释在固体电介质中宽频区，尤其是低频区内的效应，但对介质极化是由大量带电分子间相互作用引起的物理过程十分重要。Jonscher[18] 首先在无须导出弛豫时间分布参数或内场的条件下，研究了一平坦和十分宽弛豫区的普适过程。这一理论对电场作用下电介质发生的相关效应的研究具有重要作用。

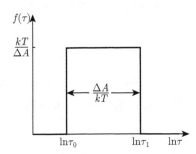

图 2.16 弛豫时间分布函数 (Fröhlich 方法)

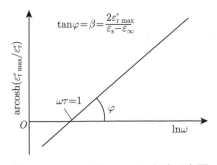

图 2.17 Fuoss-Kirkwood 方法示意图

2.2.3　极化弛豫的普适关系和多体模型[18,19]

理想的 Debye 弛豫响应是很少见的，在频域中大部分电介质的损耗峰都比 Debye 响应的宽，且不对称。极化弛豫可用弛豫时间的分布来描述，在 2.2.2 节引入了弛豫时间分布函数 $f(\tau)$。理论上说，任何电介质的极化弛豫响应总可找到一个与其对应的确定的分布函数。极化弛豫时间与介质中极化弛豫粒子所处的局域势阱的深度及其在势阱中的运动直接相关，也就是说，与极化弛豫粒子周围的微观结构及其近程和远程相互作用直接相关。一个成功的极化理论应能通过测量极化弛豫响应来确定其对应的微观机制，或在给定某种微观结构时，定性或定量地确定其极化弛豫响应。显然，前面几小节所讨论的极化弛豫理论与这一目标相距甚远。尽管极化弛豫的微观机制是复杂多样的，但试图建立某种普遍适用的极化弛豫理论的努力一直没有停止，并已取得了进展。由 Jonscher[18] 以及 Dissado 和 Hill 等提出的极化弛豫普适关系和多体模型便是其中比较成功的。

1. 极化弛豫的普适关系

Jonscher 等总结了成百种电介质的测量结果并对其极化弛豫过程作了深入分析，发现所有电介质材料的极化响应频谱都可用一种普适规律加以概括，其基本内容如下所述。

当高于损耗极值频率 ω_{m} 时，所有电介质电极化率的实部 $\chi'(\omega)$ 和虚部 $\chi''(\omega)$ 都满足以下普适关系：

$$\chi'(\omega) \propto \chi''(\omega) \propto \omega^{n-1} \tag{2.83}$$

这里，指数 n 取值在 $0 < n < 1$ 范围。由于实部 $\chi'(\omega)$ 和虚部 $\chi''(\omega)$ 与频率的关系遵循同一规律，并且两者之间还可通过 K-K 关系联系在一起，因此其比值是一与频率无关的量：

$$\chi''(\omega)/\chi'(\omega) = \cot(n\pi/2) \tag{2.84}$$

这一普适关系在不同条件下可应用于永久偶极子、电子、极化子和离子跳变电荷载流子。

当低于损耗极值频率 ω_{m} 时，这一规律可分成两种情况：

(1) 在偶极系统中有以下关系：

$$\chi'(\omega) = \chi(0) - \frac{1-n}{m}\frac{\omega}{\omega_{\mathrm{m}}}\cos\frac{\pi}{2}n = \chi(0) - g\chi''(\omega) \tag{2.85}$$

$$\chi'(\omega) \propto \omega^{m} \tag{2.86}$$

其中，指数 m 的取值范围为 $0 < m < 1$；g 为与 n, m 和 ω_{m} 相关的常数。

(2) 在含有大量电子和离子等电荷载流子系统中：

$$\chi'(\omega) \propto \chi''(\omega) \propto \omega^{-p} \tag{2.87}$$

其中, 指数 p 的取值范围为 $0 < p < 1$。

式 (2.83)~ 式 (2.87) 所表述的普遍规律, 其适用的频率范围包含了从载流子占主导地位的超低频色散区域到光子和量子效应占主导地位的红外区域之间的广阔频段 (10^{-6}~10^{12}Hz), 所涉及的材料结构类型包括单晶、多晶、非晶结构和玻璃体, 所涉及的化学键型包括共价键、离子键和 van der Waals 键, 所涉及的材料系统包括无机、有机和生物体, 所涉及的物体形态包括块状、厚膜、薄膜、纤维、分子膜及非连续的原子簇。总之, 利用这一普适定律处理问题, 无须考虑固体物理、化学和几何性质, 也无须考虑对极化起主导作用的带电粒子是偶极子、电子或离子, 可见其适用范围之广。

普适规律同样覆盖了指数 n 和 m 的全部区间, 其中两个极端情况是:

(1) $n = 0, m = 1$ 时, 为一理想的 Debye 弛豫响应。其中偶极子的分布是完全无序的, 偶极子间的相互作用可忽略, 其损耗极值在对数频率坐标上是对称的。

(2) $n = 1, m = 0$ 时, 为一理想的完全有序系统。没有任何极化弛豫响应, 极化率 χ' 和 χ'' 与频率无关。

一般情况下, n 和 m 在上述两个极端情况之间取值。

对载流子占主导地位的系统则还需考虑介质在低频下的强烈色散。在式 (2.87) 中, 当指数 $p = 0$ 时, χ' 和 χ'' 与频率无关, 即不存在由载流子引起的低频色散; 当 $p = 1$ 时, χ' 和 χ'' 随频率的降低呈反比上升, 产生强烈的低频色散。在低频下, 由于载流子和偶极子产生的极化弥散通常可以线性叠加, 从而给出更为普遍的极化响应。

综上可见, 极化弛豫的普适关系实际上就是把极化响应用两个幂函数表述, 其指数不是整数, 并且可正可负, 而这两个幂函数分别适用于高频端和低频端, 并通过一个由热活化支配的过渡频率——损耗极值频率联系在一起。这是因为, 当温度升高时, 极化的弛豫响应几乎没有什么变化, 只是整体地移向了较高的频率范围。这一事实在对实验结果进行归纳处理时有非常重要的意义。

相应的退极化电流的时域响应早已由方程 (2.82) 的 Fourier 变换给出 (Cuie-von Schweidler 定律):

$$i(t) \propto t^{-n} \tag{2.88}$$

2. 多体模型

介质弛豫的普适规律表明, 有可能采用一个统一的模型来描述在非常广阔的频区内出现在种类繁多的各类材料中的极化弛豫现象。介质极化弛豫的多体模型便是近年来比较成功的一个尝试。

Dissado 和 Hill 注意到，在凝聚态物质中不可避免地存在着近邻原子和分子之间的相互作用。许多研究提出了一系列有关局域电场的理论以及相关函数处理方法，然而所有这些理论都只是作为单体处理方法的一种修正，故只能解释对理想 Debye 响应偏离不大的情况。Jonscher 指出，多体相互作用实际上对介质的极化弛豫起非常重要的作用，它不仅仅是一种修正。Dissado 和 Hill 最终在统计力学和量子力学的基础上发展了比较完整的模型。

凝聚态电介质极化的另一个特征是介质中的偶极子或载流子从一个 "稳定" 的方向或位置向另一个方向或位置的转移是不连续的和突然发生的。这一特征与经典的 Debye 偶极子在黏滞介质中发生的平滑连续的转动是完全不同的。这个特征实际上也是自由载流子在晶体和非晶态材料中的运动方式。自由载流子在电场作用下发生无规则碰撞时，其速度和方向都会发生突然变化，然而在简化的模型中，认为自由载流子的平均速度是一个常数，其位置的变化仍然是连续的。这一特征对极化弛豫的重要意义在过去的理论中关注得很不够。

由于取向和位置发生突发性变化的粒子是带点的，因而它们在取向和位置突变时所形成的电势突变就能被邻近的其他粒子所感受。这就使得这些粒子相继地响应初始粒子所发生的改变。系统内部的这种相互作用表明，任何个别电荷或偶极子的突然变动将在系统内引起一系列的连锁响应，该响应在时间上或空间上都比初始变化广阔得多。上述粒子之间的多体相互作用和不连续跳变过程完全是普适的，对所考察材料的物理和化学本质无附加限制条件。

Dissado 和 Hill 在考察了多体相互作用后提出了相关态的概念，即由于多个粒子之间的相互作用，粒子在陷阱中的分裂能级展宽成能态密度非常高的准连续能带。当然，这种能带的宽度相当小，仅为 meV 数量级，远低于晶格的热振动能。相关态中粒子由基态向激发态的跳变仅仅发生在系统中单个粒子在 "稳态" 取向和位置之间的跳变，这种跳变可分为两类：一类是可与原子间距相比拟的大跳变，如空格点和填隙原子在晶格中的迁移等热跳变过程，这一过程通常需要较高的活化能以克服晶格势垒 (~eV)；另一类是相关态粒子间通过微小位移改变其相互之间的相对位形，即小跳变。每一单个粒子的小跳变通过长程相互作用的传递影响系统中其他粒子的位形，这一过程不需要与晶格振动交换声子，因此在较小的能量下就能活化 (~meV)。显然，许多小跳变的总体效应等效于一个大跳变。带电粒子的跳变活化能便覆盖了 meV~eV 的宽广能区，这解释了弛豫谱远宽于 Debye 模型的事实。图 2.18 便是相关态中两类跳变的示意图，其中，a 为传统的 Debye 热跳变过程，a' 为热激隧穿过程，因此 a 和 a' 为大跳变；b 为相关态内部通过隧穿过程的触发跳变，c 则为双稳跳变，b 和 c 都是小跳变[19]。

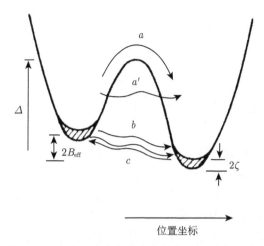

图 2.18 多体理论中相关态之间的可能跳变方式

2.2.4 聚合物的线性和非线性介电函数 (电容率)[20]

1. 非晶态聚合物的介电函数

一些学者深入开展了从唯象理论角度对非晶态聚合物的介电响应研究[20-22]。介电弛豫强度 $\Delta\varepsilon_1$ 和分子偶极子密度 N_0 及真空偶极矩 μ_0 间关系用 Kirkwood-Fröhlich 方程描述[21]:

$$\Delta\varepsilon_1 = \frac{3\varepsilon_s}{2\varepsilon_s + \varepsilon_\infty}\left(\frac{\varepsilon_\infty + 2}{3}\right)^2 \frac{gN_0\mu_0^2}{3\varepsilon_0 kT} \tag{2.89}$$

这里，g 是取向相关函数，由下式导出:

$$g = 1 + \sum_{j,j\neq i}\langle\cos\theta_{ij}\rangle \tag{2.90}$$

这里，θ_{ij} 是偶极子 i 和 j 间的夹角。当偶极子间表现取向的弱相关时，$g = 1$，它适合于诸如主客体掺杂型聚合物，但不能应用于支链和主链型结合的聚合物。当外加一强电场时，非晶聚合物介电响应表现为非线性特征，这时的电位移矢量 $\boldsymbol{D}$ 是电场 $\boldsymbol{E}$ 的幂级数，因此导出了非线性介电函数 ε_n[23]:

$$D = P + \varepsilon_0(\varepsilon_{r1}E + \varepsilon_{r2}E^2 + \varepsilon_{r3}E^3 + \cdots) \tag{2.91}$$

其中，P 是冻结极化。在玻璃相变温度 T_g 之下，材料在非对称状态时，将存在二次介电非线性。这时的 ε_{r2} 由聚合物的压电和电光系数确定。

在 T_g 之下，ε_{r3} 由聚合物的电致伸缩系数确定[24]:

$$\varepsilon_{r3} = \frac{1+\sigma}{2}s\varepsilon_{r1}^2 \tag{2.92}$$

式中，σ 是泊松比；s 是弹性顺度。

在 T_g 之上，除了电致伸缩效应外，由于分子偶极子可动，取向相关性消失，引出三次介电弛豫强度 $\Delta\varepsilon_3$：

$$\Delta\varepsilon_3 = \left(\frac{3\varepsilon_s}{2\varepsilon_s + \varepsilon_\infty}\right)^3 \left(\frac{\varepsilon_\infty + 2}{3}\right)^4 \frac{N_0 \mu_0^4}{45\varepsilon_0 (kT)^3} \tag{2.93}$$

测定 $\Delta\varepsilon_1$ 和 $\Delta\varepsilon_3$ 即可确定可动分子偶极子的密度 N_0 和偶极矩 μ_0。利用电学方法测出压电和电光系数即可确定 T_g 以下的 ε_{r2}。

线性和非线性介电函数 ε_n 与频率的关系能利用唯象弛豫函数 (phenomenological relaxation function, PRF) 描述[20,25]。PRF 考虑到了非晶态聚合的弛豫峰通常被拓宽以及非对称这些特性，在广泛使用了 Havriliak-Negami(HN) 函数[26](组合 Davidson-Cole[3] 和 Cole-Cole 函数) 后得到

$$\varepsilon^* = \varepsilon' - j\varepsilon'' = \varepsilon_\infty + \frac{\Delta\varepsilon}{[1 + (j\omega\tau(T))^p]^q} \tag{2.94}$$

这里，p 和 q 分别是描述介电损耗 ε'' 的宽度和非对称性的参数，其变化区间为 $0\sim1$。平均弛豫时间 τ 强烈地依赖于温度。

ε_{r3} 和频率间的关系没有像 ε_{r1} 和频率间的关系那样简单。例如，根据偶极子的自由转动模型[27]，HN 函数可对 ε_{r3} 与频率的关系给出一合理的描述，但参数 q 则在 $2\sim3$ 变化。图 2.19 说明了聚醋酸乙烯酯 (polyvinyl-acetate, PVAc) 在不同温度下[24] 的线性和三次非线性介电函数对频率的依赖关系，以及 HN 函数的模拟曲线。实验数据和模拟曲线的极好一致性显示出，以唯象理论描述的介电性质是相当成功的。

平均弛豫时间 $\tau(T)$ 与温度密切相关。在 T_g 之上，它能利用等效于 Williams-Landel-Ferry(WLF) 规律[28] 的 Volgel-Fulcher-Tamenn(VFT) 特性描述，即

$$\tau(T) = A\exp\left(\frac{B}{T - T_2}\right) \tag{2.95}$$

这里，A 是前置指数因子；B 和 T_2 是模拟参数。在 $T = T_2$ 时，平均弛豫时间 $\tau(T)$ 趋于无限大。因此这个温度常常称为热动态玻璃相变温度[22]。

在邻近和低于 T_g 时，$\tau(T)$ 大大地偏离 VFT 方程[29-33]。实验数据常常能通过假定 $\tau(T)$ 服从 Arrhenius 函数得以解释[33]。如前所述，聚合物处于热动态亚稳态，在趋于平衡态时发生的体积弛豫和致密效应，导致了 $\tau(T)$ 和样品热历史的相关性。

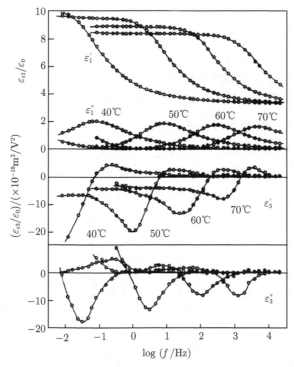

图 2.19　PVAc 在不同温度下的线性和三次非线性介电函数频率谱

　　类似于 2.2.2 节中对一般聚合物的讨论, 在非晶态聚合物中, 各种弛豫过程也是以 α, β, γ 等表征的。α 损耗峰对应于给定频率时最高温度所观察到的偶极子弛豫, 或给定温度时最低频率的弛豫。这种弛豫通常和玻璃相变温度相联系, 因此在聚合物的主链内发生大规模的分子运动; 二次弛豫过程 β 和 γ 通常出现在 T_g 以下。其弛豫过程与聚合物侧链段的极性基团的有限运动相关。在 T_g 以上, β 弛豫被 α 弛豫淹没[21]。在 T_g 以下, 分子偶极子在不同程度上处于冻结状态, α 过程的平均弛豫时间变得十分长。在大多数情况下以时间畴对 α 弛豫开展研究, 即在 T_g 之下取消外场, 并观察极化的弛豫规律。而时间畴通过 Fourier 变换和频率畴的测量加以联系。为了描述时间畴弛豫函数 $\phi(t)$, 仍需利用唯象弛豫函数。大多数情况下, 利用拉长指数或 Kohlrausch-Williams-Watt(KWW) 函数[34], 是因为它们可能利用简单的解析式:

$$\phi(t) = \exp\left[-\left(\frac{t}{\tau(T)}\right)^p\right] \tag{2.96}$$

这里, p 是从 0 到 1 的拉伸参数 (表征其和单一弛豫时间之间的偏差)。某些时候也利用二次或三次指数函数, 但需要附加适当的模拟参数。而二次指数函数则是根据分子偶极子是由那些表现出快、慢弛豫效应的大量且十分小的自由体积单元所包围的假设而建立的。

如果时间畴和频率畴的测量结果分别适合于 KWW 和 HN 函数, 则时间畴和频率畴的比较测量是有价值的。文献 [35] 广泛地比较了这两种函数, 并得出了从 HN 函数到 KWW 函数以适当参数的转换法则 (KWW 函数对 HN 函数的转换同样有效), 因此可能有利于比较分别由时间畴和频率畴测量的结果。

2. 半晶态聚合物的线性和非线性介电函数

由晶相和非晶相组成的非均匀系统的半晶态聚合物的介电响应是相当复杂的。在非晶区内, 其弛豫过程和一般的非晶态聚合物类似[22]。在铁电聚合物中, 铁电性与晶相相关, 铁电晶体的介电响应表现出强非线性效应, 电滞回线的存在就是证据, 图 2.20 表示的是铁电聚合物 PVDF 膜[36] 的电滞回线。

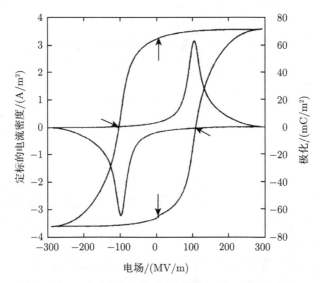

图 2.20　PVDF 的电流密度–电场和极化–电场电滞回线

铁电晶体的线性和非线性介电函数与温度的关系可通过 Landau 相变理论作唯象描述。在 Landau 理论框架内, 铁电晶体的自由能[37] 为

$$W = W_0 + \frac{1}{2}\alpha D^2 + \frac{1}{4}\gamma D^4 + \frac{1}{6}\delta D^6 \tag{2.97}$$

这里, α, γ 和 δ 是 Landau 参数。对大多数铁电晶体可通过 $\alpha = \beta(T - T_0)$ 表示 α 与温度的相关性, γ 与温度无关, $\delta > 0$。电场 E 和自由能 W 满足 $E = \left(\dfrac{\partial W}{\partial D}\right)_T$ 关系。因此, E 是 D 的幂级数:

$$E = \alpha(T)D + \gamma D^3 + \delta D^5 \tag{2.98}$$

在一定温度区内，当 $E=0$ 时，W 的最小值引发非零的自发极化 $\boldsymbol{D}=\boldsymbol{P}_{\mathrm{s}}$。$\gamma$ 的符号决定了铁电相对顺电相的转换级数。当 $\gamma<0$ 时，是一级相变，具有热滞后，且在其温区中它们的铁电相和顺电相共存；当 $\gamma>0$ 时，是二级相变。

为了求得介电函数 ε_n，我们必须将幂级数 $E(D)$ 展开，非线性的介电函数可表示为 Landau 参数的函数[38]。对顺电相：

$$\varepsilon_0\varepsilon_{\mathrm{r1}}=\frac{1}{\alpha},\quad \varepsilon_0\varepsilon_{\mathrm{r3}}=-\gamma/\alpha^4 \tag{2.99}$$

对铁电相，公式要复杂得多[38,39]。文献 [38,40] 给出了高达 5 次方的介电非线性测量结果及相应确定的 Landau 参数。相变的次数可以从居里温度 T_{c} 之上或之下的 $\varepsilon_{\mathrm{r3}}$ 的符号导出。

铁电聚合物中的居里相变并不明显。另外，铁电聚合物总是非均匀的，必须考虑非晶相的介电性质；它们的电容率必然与若干个尚未精确确认的材料参数相关。基于此，迄今仍然难以对这类材料进行深刻的理解和精确的描述。

图 2.21 表示了两种不同组分的 P(VDF/TrFE) 共聚物[40] 与温度相关的线性和三次非线性电容率，对 70/30 组分的共聚物，从加热及冷却产生的热滞后及 $\varepsilon_{\mathrm{r3}}$ 的符号 (正值) 可判定其为一次相变；而对 56/44 组分 P(VDF/TrFE)，从加热和

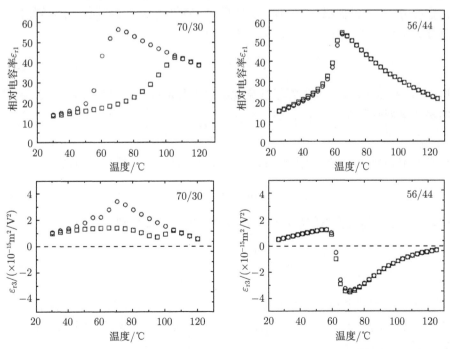

图 2.21　两种不同组分的 P(VDF/TrFE) 共聚物的线性和三次非线性电容率温度谱

致冷无滞后及 ε_{r3} 的符号 (T_c 时变号) 可确定为二次相变。Landau 理论是纯唯象的, 因此它不能提供对非线性介电响应物理机制的理解。和非晶态聚合物一样, 样品的尺寸效应在 T_c 以下对二次介电非线性 ε_{r2} 具有大的贡献。根据链间的相互作用, 已发展了若干种微观模型来说明铁电共聚物 P(VDF/TrFE)[38-40] 的居里相变温度。

在半晶态聚合物中显示出的偶极弛豫过程源于聚合物的晶相和非晶相特性, 两相的复杂多变性导致难以确定出合适的弛豫过程[22]。而且半晶聚合物的非均匀性质又直接引起了 Maxwell-Wagner 的低频色散。对半晶态聚合物, 十分简单而粗糙的方法则是可把它们的弛豫过程看作完全的非晶态。

2.3　驻极体的电场、电场力和电流[41]

研究由电介质中的电荷分布及其变化而形成的电场、电场力和电流的变化规律, 对理解驻极体的各种现象和性质十分重要。图 2.22 为两面和一定厚度的电介质 (或气隙) 相接触的片状充电电介质 (驻极体) 示意图。样品的横向尺寸 (平行于电极方向) 比厚度大得多 (如薄膜驻极体), 它的体内带有体密度为 $\rho_r(x)$ 或面电荷密度为 $\sigma_r(x)$ 的横向分布均匀的长寿命真实 (空间) 电荷, 同时还包含横向均匀的极化强度为 $\boldsymbol{P}(x)$ 的偶极电荷。如 2.1 节所述, 极化强度 $\boldsymbol{P}$ 由感应极化 (瞬时极化) 强度 $\boldsymbol{P}_\infty$ 和弛豫极化 ("永久" 极化) 强度 $\boldsymbol{P}_r$ 组成:

$$\boldsymbol{P} = \boldsymbol{P}_\infty + \boldsymbol{P}_r \tag{2.100}$$

这里, $\boldsymbol{P}_r$ 是由冻结的取向偶极子或微观位移电荷形成的准永久极化分量, 由它产生的极化电荷密度为

$$\rho_p = -\frac{d\boldsymbol{P}_r}{dx} \tag{2.101}$$

如果在一定界面上的 $\boldsymbol{P}_r$ 变化了 $\Delta\boldsymbol{P}_r$, 则在该界面上对应着面电荷密度:

$$\sigma_p = -\Delta\boldsymbol{P}_r \tag{2.102}$$

因此, 这个驻极体上稳态的总体电荷密度和面电荷密度分别为

$$\rho = \rho_r + \rho_p$$
$$\sigma = \sigma_r + \sigma_p \tag{2.103}$$

如果在驻极体的端电极上附加一直流电压 V_0, 并以一开关控制其电源的通断, 假定这个系统中的电压、电荷、电场及几何尺寸恒定, 或者仅随时间作缓慢的变化, 则可开展下面的讨论。

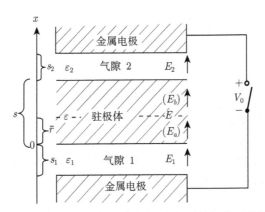

图 2.22 充电电介质 (驻极体)、气隙、电极及外加电压装置示意图

2.3.1 层状电荷的驻极体电场

如果在图 2.22 的电介质内平行于表面的一定深度沉积有面电荷密度为 σ 的电荷层，根据 Gauss 定律，在 $x = 0, \bar{r}$ 和 s 处的电位移方程分别为

$$
\begin{aligned}
-\varepsilon_{r1}E_1 + \varepsilon_r E_a &= 0 \\
-\varepsilon_r E_a + \varepsilon_r E_b &= \sigma/\varepsilon_0 \\
-\varepsilon_r E_b + \varepsilon_{r2}E_2 &= 0
\end{aligned}
\tag{2.104}
$$

其中，E_2 和 E_1 分别为上、下气隙电场，而 E_b 和 E_a 分别是由面电荷层隔离的介质内上、下两层的电场，根据 Kirchhoff 第二定律，可得

$$
V_0 + s_1 E_1 + \bar{r}E_a + (s - \bar{r})E_b + s_2 E_2 = 0 \tag{2.105}
$$

从式 (2.104) 和式 (2.105) 可导出

$$
SE_1 = -V_0/\varepsilon_{r1} - [\sigma/(\varepsilon_0\varepsilon_{r1}\varepsilon_r\varepsilon_{r2})][\varepsilon_{r2}(s - \bar{r}) + \varepsilon_r s_2] \tag{2.106}
$$

$$
SE_a = -V_0/\varepsilon_r - [\sigma/(\varepsilon_0\varepsilon_r^2\varepsilon_{r2})][\varepsilon_{r2}(s - \bar{r}) + \varepsilon_r s_2] \tag{2.107}
$$

其中，

$$
S = s_1/\varepsilon_{r1} + s/\varepsilon_r + s_2/\varepsilon_{r2}
$$

同理，我们也可导出 E_b 和 E_2 的类似表达式。

对双面镀电极含单层电荷的均匀片状电介质，电极与电介质之间不存在气隙，图 2.22 中的 $s_1 = 0$, $s_2 = 0$，结合式 (2.104) 和式 (2.105) 可得

$$
\begin{aligned}
-\varepsilon_r \cdot E_a + \varepsilon_r \cdot E_b &= \sigma/\varepsilon_0 \\
V_0 + r \cdot E_a + (s - r) \cdot E_b &= 0
\end{aligned}
$$

当 $V_0 = 0$ 时，由电荷层分隔的驻极体内两区域 a 和 b 的电场分别为

$$E_a = -[\sigma/(\varepsilon_0\varepsilon_r)](1 - \bar{r}/s) \tag{2.108}$$

$$E_b = [\sigma/(\varepsilon_0\varepsilon_r)](\bar{r}/s) \tag{2.109}$$

例如，在介质厚度中央处的层状电荷密度 $\sigma = 10^{-8}\text{C/cm}^2$，如果 $\varepsilon_r = 2$，则在 a, b 两区域内的电场分别为 $\pm28\text{kV/cm}$。

如果在样品两表面 $x = 0$ 和 $x = s$ 处分别沉积面电荷密度为 σ_1 和 σ_2，根据上述类似的处理方法可建立方程

$$
\begin{aligned}
-\varepsilon_{r1}E_1 + \varepsilon_r E &= \sigma_1/\varepsilon_0 \quad (x = 0) \\
-\varepsilon_r E + \varepsilon_{r2}E_2 &= \sigma_2/\varepsilon_0 \quad (x = s) \\
V_0 + s_1 E_1 + sE + s_2 E_2 &= 0
\end{aligned}
\tag{2.110}
$$

解上述方程组可得

$$SE_1 = -V_0/\varepsilon_{r1} - [s/(\varepsilon_0\varepsilon_{r1}\varepsilon_r)]\sigma_1 - [s_2/(\varepsilon_0\varepsilon_{r1}\varepsilon_{r2})](\sigma_1 + \sigma_2) \tag{2.111}$$

$$SE = -V_0/\varepsilon_r + [s_1/(\varepsilon_0\varepsilon_{r1}\varepsilon_r)]\sigma_1 - [s_2/(\varepsilon_0\varepsilon_{r1}\varepsilon_{r2})]\sigma_2 \tag{2.112}$$

$$SE_2 = -V_0/\varepsilon_{r2} + [s_1/(\varepsilon_0\varepsilon_{r1}\varepsilon_{r2})](\sigma_1 + \sigma_2) + [s/(\varepsilon_0\varepsilon_r\varepsilon_{r2})]\sigma_2 \tag{2.113}$$

这些方程常常被用于计算驻极体的电场。从方程 (2.111) 可见，如果 $s_2 \gg s$，单极性电荷层驻极体的外场比那些净电荷为零 (等值异号) 的两电荷层 $(\sigma_1 + \sigma_2 = 0)$ 驻极体的外场要强得多，单极性驻极体较高的外电场将吸附周围环境中异性带电粒子，这种补偿效应势必导致驻极体电荷的低稳定性。

在金属电极上的感应电荷 σ_{i1} 和 σ_{i2} 分别是

$$\sigma_{i1} = \varepsilon_0\varepsilon_{r1}E_1 \tag{2.114}$$

$$\sigma_{i2} = -\varepsilon_0\varepsilon_{r2}E_2 \tag{2.115}$$

并且满足

$$\sigma_{i1} + \sigma_{i2} = -(\sigma_1 + \sigma_2) \tag{2.116}$$

2.3.2　体电荷分布的驻极体电场

要计算式 (2.103) 中定义的体电荷分布 $\rho(x)$ 的电场，根据式 (2.106)，可将样品沿厚度方向分成无限小的元电荷层 $\rho(x)\mathrm{d}x$，并对全部电荷层积分[42]：

$$SE_1 = -V_0/\varepsilon_{r1} - \int_0^s [(s-x)/(\varepsilon_0\varepsilon_{r1}\varepsilon_r) + s_2/(\varepsilon_0\varepsilon_{r1}\varepsilon_{r2})]\rho(x)\mathrm{d}x \tag{2.117}$$

为了方便处理，我们将整个电介质电荷分布的积分定义为下列算符：

$$\hat{\sigma} = \int_0^s \rho(x)\mathrm{d}x \tag{2.118}$$

$$\hat{\sigma}_1 = \frac{1}{s} \int_0^s (s-x)\rho(x)\mathrm{d}x \tag{2.119}$$

$$\hat{\sigma}_2 = \frac{1}{s} \int_0^s x\rho(x)\mathrm{d}x \tag{2.120}$$

这里，$\hat{\sigma} = \hat{\sigma}_1 + \hat{\sigma}_2$。

利用式 (2.119) 和式 (2.120) 将式 (2.117) 改写为

$$SE_1 = -V_0/\varepsilon_{r1} - [s/(\varepsilon_0\varepsilon_{r1}\varepsilon_r)]\hat{\sigma}_1 - [s_2/(\varepsilon_0\varepsilon_{r1}\varepsilon_{r2})](\hat{\sigma}_1 + \hat{\sigma}_2) \tag{2.121}$$

显然，通过利用算符 $\hat{\sigma}_1$ 和 $\hat{\sigma}_2$ 代替体电荷分布的变换，式 (2.111) 和式 (2.121) 在数学形式上完全一致。类比式 (2.113)，对体电荷分布的驻极体的上气隙电场同样可表达为

$$SE_2 = -V_0/\varepsilon_{r2} + [s_1/(\varepsilon_0\varepsilon_{r1}\varepsilon_{r2})](\hat{\sigma}_1 + \hat{\sigma}_2) + [s/(\varepsilon_0\varepsilon_r\varepsilon_{r2})]\hat{\sigma}_2 \tag{2.122}$$

将式 (2.121)、式 (2.122) 分别和式 (2.111)、式 (2.113) 进行比较，就其产生的外电场等效性而言，由体电荷 $\rho(x)$ 形成的驻极体可等效为面电荷密度为 $\hat{\sigma}_1$ 和 $\hat{\sigma}_2$ 的驻极体。$\hat{\sigma}_1$ 和 $\hat{\sigma}_2$ 通常称为投影面电荷密度或等效面电荷密度。按照式 (2.119)，$\hat{\sigma}_1$ 是将所有体电荷投影到 $x=0$ 面上，并由相应比例 $(s-x)/s$ 的权重决定。如果 $s_2 = 0$ 和 $V_0 = 0$，从方程 (2.114) 和方程 (2.121) 导出的感应电荷密度 $\hat{\sigma}_{i1}$ 为

$$\hat{\sigma}_{i1} = -\hat{\sigma}_1/[1 + S_1\varepsilon_r/(S\varepsilon_{r1})] \tag{2.123}$$

显然，$\hat{\sigma}_{i2}$ 也有对应的关系。

当 $s_1 = 0$ 时，式 (2.123) 简化为

$$\hat{\sigma}_{i1} = -\hat{\sigma}_1 \tag{2.124}$$

可见，在接触电极上的感应电荷密度 $\hat{\sigma}_{i1}$ 等于 $-\hat{\sigma}_1$，即和相应面上等效面电荷密度等值反向。显然，驻极体内的电场与空间位置相关。当 $x = x'(0 < x' < s)$，将 Gauss 定律应用到驻极体界面 $x = 0$ 和 $x = x'$ 时，

$$\varepsilon_r E(x') - \varepsilon_{r1} E_1 = \frac{1}{\varepsilon_0} \int_0^{x'} \rho(x)\mathrm{d}x \tag{2.125}$$

再将式 (2.121) 中的 E_1 代入式 (2.125) 得

$$SE(x') = -V_0/\varepsilon_r + [s_1/(\varepsilon_0\varepsilon_{r1}\varepsilon_r)]\hat{\sigma}_1 - [s_2/(\varepsilon_0\varepsilon_r\varepsilon_{r2})]\hat{\sigma}_2$$
$$- [S/(\varepsilon_0\varepsilon_r)]\left(\hat{\sigma}_1 - \int_0^{x'} \rho(x)\mathrm{d}x\right) \tag{2.126}$$

这个方程和式 (2.112) 对应。

为方便起见，常用式 (2.125) 的微分形式 (Poisson 方程)：

$$\varepsilon_0 \varepsilon_r \mathrm{d}E/\mathrm{d}x = \rho(x) \tag{2.127}$$

单面镀金属电极 ($s_2 = 0$) 的样品的自由面 $x=0$ 处的电势 $V = -s_1 E_1$。如果两电极短路 ($V_0 = 0$)，从式 (2.121) 可导出

$$V = \frac{\hat{\sigma}_1}{\varepsilon_0(\varepsilon_{r1}/s_1 + \varepsilon_r/s)} \tag{2.128}$$

而当 $s_1 \gg s$ 时，式 (2.128) 简化为

$$V \approx s\hat{\sigma}_1/(\varepsilon_0\varepsilon_r) \tag{2.129}$$

2.3.3　电场力

为了计算电场力，这里假定驻极体系统的气隙不存在电致伸缩效应并忽略了驻极体相对于电极的任何运动。由外加 DC 或 AC 电压 V_0，以及由驻极体电荷而作用在驻极体上的力可计算如下。

当横向电场均匀时，由驻极体作用在上、下电极单位面积上的力分别为

$$F_2 = -\frac{1}{2}\varepsilon_0\varepsilon_{r2}E_2^2$$

和

$$F_1 = \frac{1}{2}\varepsilon_0\varepsilon_{r1}E_1^2$$

显然，由电极作用在驻极体上的力为

$$F = -(F_1 + F_2) = \frac{1}{2}\varepsilon_0(-\varepsilon_{r1}E_1^2 + \varepsilon_{r2}E_2^2) \tag{2.130}$$

对含层状电荷的驻极体，如果将式 (2.111) 和式 (2.113) 中 E_1, E_2 代入式 (2.130) 可得[42]

$$\begin{aligned} F =&[1/(2S)](\sigma_1 + \sigma_2)\\ &\times \{-2(V_0/\varepsilon_{r1}) - [s/(\varepsilon_0\varepsilon_{r1}\varepsilon_r)](\sigma_1 - \sigma_2) + (s_1 - s_2)(\sigma_1 + \sigma_2)/(\varepsilon_0\varepsilon_{r1}^2)\} \end{aligned} \tag{2.131}$$

对含体电荷分布的驻极体，可将式 (2.131) 中面电荷密度 σ_1 和 σ_2 分别用等效面电荷密度 $\hat{\sigma}_1$ 和 $\hat{\sigma}_2$ 取代。由式 (2.131) 可见：①作用于驻极体上的力 F 与外加电压呈线性依赖关系；②如果驻极体的净电荷为零 ($\sigma_1 = -\sigma_2$) 或系统的几何形状及电荷分布对称，并且外加电压 V_0 为零 (即 $\sigma_1 = \sigma_2, s_1 = s_2$ 和 $V_0 = 0$)，则驻极体受力为零。

然而一般来说, 式 (2.131) 不能表征系统的力学稳定条件。仅当驻极体与其中任一电极接触, 并使 V_0 满足一定条件时, 才能实现系统的力学平衡[43]。

如果驻极体样品单面镀电极 $(s_2 = 0)$, 则另一个电极对样品的作用力为

$$F = -\frac{1}{2}\varepsilon_0\varepsilon_{r1}E_1^2 \tag{2.132}$$

当驻极体样品含有单一电荷层 $(\sigma_2 = 0)$ 并且 σ_1 为有限值, 由式 (2.108) 可求出作用到样品上的力为

$$F = -\frac{\varepsilon_0}{2\varepsilon_{r1}S^2}\left(V_0 + \frac{s\sigma_1}{\varepsilon_0\varepsilon_r}\right)^2 \tag{2.133}$$

当驻极体含体电荷分布时, 式 (2.133) 中的 σ_1 以 $\hat{\sigma}_1$ 代替。

驻极体的电场力还可以从系统中的能量关系导出:

$$F\mathrm{d}x = \mathrm{d}W - \mathrm{d}U$$

这里, $\mathrm{d}x$ 表示驻极体的微位移; $\mathrm{d}W$ 表示外电路提供的能量; $\mathrm{d}U$ 表示系统内能的变化[44]。上述两种方法已广泛用于计算各类驻极体装置上的作用力。

2.3.4 电流

有多种原因能引起驻极体中的电流, 例如, 电场的存在、电场的瞬时变化或随时间变化的电荷。一般地说, 驻极体的电流包含传导电流和位移电流两个分量, 前者表示通过电介质给定截面的电荷实际运动, 后者包含感应效应。

传导电流密度 $i_c(x,t)$ 和真实电荷密度 $\rho_r(x,t)$ 的关系可借助连续方程导出:

$$\partial\rho_r(x,t)/\partial t = -\partial i_c(x,t)/\partial x \tag{2.134}$$

联系 Poisson 方程 (2.127), 利用式 (2.103) 及式 (2.101), 将式 (2.134) 中 $\rho_r(x)$ 消去, 并对 x 积分, 可得到独立于空间坐标的总电流密度 $i(t)$:

$$i(t) = \varepsilon_0\varepsilon_r\frac{\partial E(x,t)}{\partial t} + \frac{\partial P_r(x,t)}{\partial t} + i_c(x,t) \tag{2.135}$$

式 (2.135) 右边各项依次代表位移电流密度、极化电流密度和传导电流密度。而传导电流密度常用其物理分量表示为

$$i_c(x,t) = [G + \mu_+\rho_{r+}(x,t) + \mu_-\rho_{r-}(x,t)]E(x,t) \tag{2.136}$$

这里, $G = e(n_+\mu_+ + n_-\mu_-)$ 代表电介质的电导率; μ_+ 和 μ_- 分别表示正负电荷受陷阱调制的迁移率; 正负电荷密度 $en_+ + \rho_{r+}$ 和 $en_- + \rho_{r-}$ 是由与空间坐标无关的本征量 $(en_+$ 和 $en_-)$ 和与空间坐标相关的过剩电荷密度分量 $(\rho_{r+}$ 和 $\rho_{r-})$ 组成的。式 (2.136) 右边中括号内代表正负载流子的欧姆电流和过剩电荷电流。

除了驻极体电流与空间坐标无关外，气隙与外电路的总电流也处处相等。众所周知，气隙电流是纯位移电流，即

$$i(t) = \varepsilon_0 \varepsilon_{r1} \frac{dE_1(t)}{dt} \tag{2.137}$$

将式 (2.135) 应用于驻极体–气隙的某一界面处，则在 $x = 0$ 处的 Gauss 定律可写为

$$\varepsilon_0 \varepsilon_r E(0, t) - \varepsilon_0 \varepsilon_{r1} E_1(t) = \sigma_r(0, t) - P_r(0, t) \tag{2.138}$$

式中假定在这一界面处同时存在空间电荷和极化电荷 σ_r 和 P_r，将式 (2.138) 中的 E 代入式 (2.135)，则在 $x = 0$ 处得到

$$i(t) = \varepsilon_0 \varepsilon_{r1} \frac{dE_1(t)}{dt} + \frac{d\sigma_r(0, t)}{dt} + i_c(0, t) \tag{2.139}$$

联系式 (2.137) 可得

$$i_c(0, t) = -d\sigma_r(0, t)/dt \tag{2.140}$$

说明驻极体表面层电流的存在是导致驻极体面电荷衰减的原因。

如果样品双面蒸镀金属电极 ($s_1 = s_2 = 0$)，则在 $x = 0$ 处不可能存在空间电荷。从式 (2.126) 中在 $x' = x + \Delta x$ 处

$$\int_0^{\Delta x} \rho(x, t) dx = -P_r(0, t)$$

并且

$$\varepsilon_0 \varepsilon_r E(0, t) = -\hat{\sigma}_1(t) - P_r(0, t)$$

将上式在 $x = 0$ 处代入式 (2.135)[45]，并利用式 (2.124) 的 $\sigma_{i1}(t) = -\sigma_1(t)$，得

$$i(t) = \frac{d\sigma_{i1}(t)}{dt} + i_c(0, t) \tag{2.141}$$

方程 (2.141) 对研究驻极体的电荷动态特性十分重要。

2.4　驻极体内的零电场平面及其迁移

对载流子运动的研究提供了关于电介质中电导现象的基本信息，对加深理解电介质中的电荷储存及研究长寿命驻极体具有重要意义。捕获于薄膜驻极体中的电荷形成了初始的空间电荷分布 $\rho(x)$，并产生了自身电场 $E(x)$。如果驻极体的两电极短路，那么由于热激发从陷阱中释放的全部电荷将在空间电荷自身电场中运动。然而，描述电荷载流子的运动方程为非线性的，故难以获得解析解。因此，对

储电电介质需要根据体内电场的分布特征设定准确的通用条件, 在这种条件控制下讨论由载流子的运动和空间电荷云的扩散而导致的外电路上的电流。

　　假定一双面镀电极和外电路短路的薄膜驻极体 (图 2.23), 在驻极体内沿样品厚度至少有一个面 $x = x^*_{(i)}$ 处的电场满足 $E(x^*_{(i)}) = 0$, 这个面称为零电场平面 (zero field plane, ZFP)。驻极体内 ZFP 对电荷的传输和扩散起重要作用。

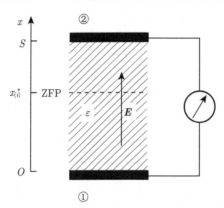

图 2.23　ZFP 和驻极体内电流流动示意图

　　回到图 2.22, 在更一般的条件下, 利用方程 (2.126)[46], 在零电场坐标 $x = x^*_{(i)}$ 处, 由于 $E(x^*_{(i)}) = 0$, 应满足

$$SE(x^*_{(i)}) = 0 = -V_0/\varepsilon_r + [s_1/(\varepsilon_0\varepsilon_{r1}\varepsilon_r)]\hat{\sigma}_1$$
$$- [s_2/(\varepsilon_0\varepsilon_r\varepsilon_{r2})]\hat{\sigma}_2 - [S/(\varepsilon_0\varepsilon_r)]\left(\hat{\sigma}_1 - \int_0^{x'}\rho(x)\mathrm{d}x\right)$$

并简化为

$$\varepsilon_r\varepsilon_{r2}S\int_0^{x^*_{(i)}}\rho(x)\mathrm{d}x = V_0/\varepsilon_{r1} + \varepsilon_{r2}s\hat{\sigma}_1 + \varepsilon_r s_2\hat{\sigma} \tag{2.142}$$

从电荷分布 $\rho(x)$, 利用式 (2.142) 可确定 ZFP 的坐标 $x = x^*_{(i)}$ 的位置。这里 $i = 1, 2, \cdots$, 和电荷分布 $\rho(x)$ 是单极性、双极性或多极性相关。根据式 (2.142), 且满足图 2.23 的条件 $(V_0 = 0, s_1 = s_2 = 0)$ 时, 式 (2.142) 可简化为

$$\int_0^{x^*_{(i)}}\rho(x)\mathrm{d}x = \hat{\sigma}_1 = \frac{1}{s}\int_0^s(s-x)\rho(x)\mathrm{d}x \tag{2.143}$$

当电介质内的电荷分布随时间变化, 即产生电流时, 函数 ρ 及 ZFP 坐标两者都是时间的函数 $(x^*_{(i)} = x^*_{(i)}(t))$。流过任意 ZFP $x^*_{(i)}$ 的传导电流可通过将方程 (2.143) 对时间微分得到[47]

$$\rho[x^*_{(i)}(t), t]\frac{\mathrm{d}x^*_{(i)}(t)}{\mathrm{d}t} + \int_0^{x^*_{(i)}}\frac{\partial\rho(x,t)}{\partial t}\mathrm{d}x = \int_0^s\frac{\partial\rho(x,t)}{\partial t}\left(1-\frac{x}{s}\right)\mathrm{d}x \tag{2.144}$$

进而从连续方程可得到

$$\frac{\partial \rho(x,t)}{\partial t} = -\frac{\partial i_{\mathrm{c}}(x,t)}{\partial x} \tag{2.145}$$

将式 (2.144) 代入式 (2.143)：

$$\rho[x_{(i)}^*(t),t]\frac{\mathrm{d}x_{(i)}^*(t)}{\mathrm{d}t} - \int_0^{x_{(i)}^*} \frac{\partial i_{\mathrm{c}}(x,t)}{\partial x}\mathrm{d}x = -\int_0^s \frac{\partial i_{\mathrm{c}}(x,t)}{\partial x}\left(1-\frac{x}{s}\right)\mathrm{d}x \tag{2.146}$$

由式 (2.146) 积分可得

$$i_{\mathrm{c}}[x_{(i)}^*(t),t] = \rho[x_{(i)}^*(t),t]\frac{\mathrm{d}x_{(i)}^*(t)}{\mathrm{d}t} + \frac{1}{s}\int_0^s i_{\mathrm{c}}(x,t)\mathrm{d}x \tag{2.147}$$

$i_{\mathrm{c}}[x_{(i)}^*(t),(t)]$ 表示通过 ZFP $x_{(i)}^*$ 的传导电流密度，$\rho[x_{(i)}^*(t),t]$ 是在 ZFP 内的空间电荷密度，而 $\mathrm{d}x_{(i)}^*(t)/\mathrm{d}t$ 表示 ZFP 的运动速率。

在任意截面位置 x 的总电流密度 (位移电流密度和传导电流密度之和) 为

$$i(t) = \frac{\varepsilon_0\varepsilon_{\mathrm{r}}\partial E(x,t)}{\partial t} + i_{\mathrm{c}}(x,t) \tag{2.148}$$

当两电极短路时 (图 2.23)，有

$$\int_0^x E(x,t)\mathrm{d}x = 0$$

在 $(0,s)$ 区间内将 $i(t)$ 对 x 积分可得总电流密度：

$$i(t) = \frac{1}{s}\int_0^s i_{\mathrm{c}}(x,t)\mathrm{d}x \tag{2.149}$$

即总电流仅仅包含传导电流。由式 (2.146) 和式 (2.149)，通过 ZFP $x_{(i)}^*$ 的总电流密度[48] 为

$$i(t) = -\rho[x_{(i)}^*(t),t]\frac{\mathrm{d}x_{(i)}^*(t)}{\mathrm{d}t} + i_{\mathrm{c}}[x_{(i)}^*(t),t] \tag{2.150}$$

式 (2.150) 仅当充电电介质在两电极短路时才成立。因此一般条件下的总电流密度 $i(t)$ 应是三项电流之和：①空间电荷场内载流子的运动；②载流子的扩散运动 (浓度梯度的变化)；③带电粒子注入电介质形成的电流，例如，由于离子辐照效应等。然而对大多数固体电介质，由于浓度梯度引起的扩散分量较小，通常予以忽略。这时，如果从电介质外部无载流子注入，则总电流仅包括由空间电荷场产生的传导电流分量。如果空间电荷产生的电场为零，则由这类电场引起的电流分量也为零。即对任意的 ZFP：

$$i_{\mathrm{c}}[x_{(i)}^*(t),t] = 0$$

由上述条件导出了描述在 ZFP 上驻极体放电电流密度的表达式[48]：

$$i(t) = -\rho[x_{(i)}^*(t),t]\frac{\mathrm{d}x_{(i)}^*(t)}{\mathrm{d}t}, \quad i=1,2,\cdots \tag{2.151}$$

并满足

$$\rho[x^*_{(0)}, t] \frac{\mathrm{d}x^*_{(0)}}{\mathrm{d}t} = \rho[x^*_{(1)}, t] \frac{\mathrm{d}x^*_{(1)}}{\mathrm{d}t} = \cdots \tag{2.152}$$

式 (2.151) 称为 ZFP 的运动方程[49,50]。而方程 (2.152) 说明了各个 ZFP 的运动都是彼此相关的。利用式 (2.151), Lindmayer[50] 指出, 在短路状态时, 非零的外电路电流总是和 ZFP 的运动相联系。如果不存在二次捕获效应, 单一捕获能级对外电流无贡献。仅当局域捕获态明显地超过电流载流子浓度和对不同的局域捕获能级捕获电荷的空间分布不同时, 这样的电流才会出现。利用同样的方程, Monteith 等[49] 也指出, 外电路非零电流的存在与捕获载流子的空间分布变化相关, 而这些捕获载流子分布的变化是由电介质内的电荷释放或载流子再捕获效应产生的。

方程 (2.148) 还包括位移电流密度分量, 说明该方程也能用于描述包含一个或多个 ZFP 的任意类型的电荷分布。这个通式还可以描述伴随电荷载流子注入形成的空间电荷云分布的电荷动态特性。

对一种特殊情况, 即函数 $\rho(x, t)$ 能以分离变量法形成两个函数的乘积, 即它们分别与时间或空间坐标相关, $\rho(x, t) = f(x) \cdot h(t)$。因此由式 (2.143) 可导出与时间无关的 $x^*_{(i)}$。在这种情况下, 依据式 (2.151), 总电流密度 i 等于 0[50]。这个结果也能从 Maxwell 电磁场理论导出, 如果扩散效应可忽略, 在电导率具有欧姆特性, 即当 $i_c = GE$ 时, 空间电荷云的弥散不会导致总电流的形成。如果在离子束的辐照过程中测量电介质的电流, 并假定注入电流密度 $i_i(x)$ 与时间无关, 则总传导电流密度为

$$i_c(x, t) = i^*_c(x, t) + i_i(x)$$

这里, $i^*_c(x, t)$ 表示电场诱导的传导电流密度, 如果仍然忽略扩散效应, 则总电流密度:

$$i(t) = -\rho[x^*_{(i)}(t), t] \frac{\mathrm{d}x^*_{(i)}(t)}{\mathrm{d}t} + i_i[x^*_{(i)}(x), t] \tag{2.153}$$

而稳恒电流密度是

$$i = i_i(x^*_{(i)}) \tag{2.154}$$

由于我们通常已知辐照吸收曲线的数据, 通过同一标记 $i_i(x)$ 函数, 就可用于所讨论的问题, 确定 ZFP 的坐标 $x^*_{(i)}$。因此在无须了解传导机理细节时就可求得 $x^*_{(i)}$ 的极限值。

如果注入或受激载流子都被陷阱捕获, 并可忽略电介质中的传导效应, 这时空间电荷密度随时间线性增加 (式 (2.145))。对较高欧姆电导率, 可得[51]

$$\rho(x, t) = \frac{\varepsilon_r}{G} \left[1 - \exp\left(\frac{Gt}{\varepsilon_r}\right)\right] \frac{\mathrm{d}i_i(x)}{\mathrm{d}x} \tag{2.155}$$

从式 (2.155) 可见，$\rho(x,t)$ 能分成两个函数的乘积，即分别与时间和空间坐标相关，这意味着 $x^*_{(0)}$ 保持常数。将 $i_c(x^*_{(0)}) = i_i(x^*_{(0)})$ 代入方程 (2.147) 可得到

$$i_i(x^{*'}_{(0)}) = \frac{1}{s} \int_0^s i_c(x) \mathrm{d}x \tag{2.156}$$

满足上述方程的 $x^{*'}_{(0)}$ 值定义为方程 (2.154) 中给出电流密度 i 的最大值。这是从电流载流子恒定捕获的假设中得出的结果。然而实际上，因为存在一定内部电导，不是所有载流子都被陷阱捕获，例如，必须考虑辐射感应电导率 (RIC) 以及在空间电荷场中未捕获电荷载流子的运动，其结果是电荷分布的非对称性消失。而在极端情况下，实现了位于电介质中心位置的 ZFP 上的总体对称性，即

$$x^{*''}_{(0)} = \frac{1}{2}s$$

上述关系式定义出最小电流密度值。通过这种途径可定义出在稳恒条件下的电流密度的极限区间[47]：

$$\frac{1}{s} \int_0^s i_i(x) \mathrm{d}x > i > i_i\left(\frac{1}{2}s\right) \tag{2.157}$$

由 Gross 和 Perlman 所建立的方程 (2.151) 指出，短路驻极体的放电电流密度依赖于空间电荷场作用下的载流子运动。对薄膜驻极体 (图 2.23)，它的电流是由 ZFP 的电荷密度和运动速率的乘积定义。方程 (2.151) 也考虑到位移电流。如果电介质受离子辐照，则必须应用一般表达式 (2.150) 处理。

参 考 文 献

[1] Hilczer B, Malecki J. Electrets. New York, Oxford: PWN-Polish Scientific Publisher Warszawa, 1986: 19.

[2] Cole K S, Cole R H. J. Chem. Phys., 1941, 9: 341. Cole R H, Mopsik F J. J. Chem Phys., 1966, 44: 1015.

[3] Davidson D W, Cole R H. J. Chem. Phys., 1950, 18: 1417.

[4] Fröhlich H. Theory of Dielectrics. Oxford: Oxford University Press, 1958.

[5] Chelkowski A. Dielectic Physics. Amsterdam, Oxford, New York, Warszawa: Elsevier-PWN, 1980.

[6] Wagner K E. Arch Electrotech., 1914, 2: 371.

[7] Maxwell J C. Electricity and Magnetism. Oxford: Oxford University Press, 1892.

[8] Sillars R W. Inst. Electr. Engrs., 1937, 80: 378.

[9] Heaviside O. Electrical Papers. London: Macmillan, 1892, 1: 488.

[10] Debye P. Polar Molecules. New York: Chemical Catalog. Co., 1929.

[11] Onsager L. J. Am. Chem. Soc., 1936, 58: 1486.

[12] Kirkwood J G. J. Chem. Phys., 1939, 7: 911.

[13] Collie C H, Hasted J B, Ritson D M. Proc. Phys. Soc., 1948, 60: 145.

[14] Powles J G. J. Chem. Phys., 1953, 21: 633.

[15] Cole R H. J. Chem. Phys., 1965, 42: 637.

[16] Budo A. Phys. Z., 1938, 39: 706.

[17] Fuoss R M, Kirkwood J G. J. Am. Chem. Soc., 1941, 63: 385.

[18] Jonscher A K. The Universal Dielectric Response: A Review of Data and Their Interpretation. Chelsea Dielectrics Group, 1978.

[19] Negai K L, Jonscher A K, White C T. Nature, 1979, 277(18): 185.

[20] Jonscher A K. Dielectxi Relaxation in Solids. London: Chelsea Dielectric Press, 1983.

[21] McCrum N G, Read B E, Williams G. Anelastic and Dielectric Effects in Polymeric Silids. London: Wiley, 1967.

[22] Williams G, Booth C, Price C. Comprehensive Polymer Science. 1989.

[23] FuruKawa T, Tada M, Nakajima K, et al. J. Appl. Phys., 1988, 27: 200.

[24] Furukawa T, Matsumoto K. Jpn. J. Appl. Phys., 1992, 31: 840.

[25] Hill R M. Phys. Status Solidi B, 1981, 103: 319.

[26] Havriliak S, Negami S. Polymer, 1967, 8: 161.

[27] Kimura Y, Hayakawa R. Jpn. J. Appl. Phys., 1992, 131: 3387.

[28] Williams M L, Landel R F, Ferry J D. J. Am. Chem. Soc., 1955, 77: 3701.

[29] Stahelin M, Burland D M, Ebert M, et al. Appl. Phys. Lett., 1992, 61: 1626.

[30] Rush K, Macromol J. Sci. Phys., 1968, 2: 179.

[31] Man H T, Yoon H N. Adv. Mater., 1992, 4: 159.

[32] Kaatz P, Bohren A, Günter P, et al. Macromo Lecules, 1994, 27: 5476.

[33] Dhinojwala A, Wong G W, Torkelson J M. J. Chem. Phys., 1994, 100: 6046.

[34] Willams G, Watts D C. Trans. Faraday Soc., 1970, 66: 80.

[35] Alarez F, Alegria A, Colmenero J. Phys. Rev. B, 1991, 44: 7306.

[36] Dickens B, Balizer E, DeRegggi A S, et al. J. Appl. Phys., 1992, 72: 4258.

[37] Lines M E, Glass A M. Priciple and Applications of Ferroelectrics and Related Materials. Oxford: Clarendon, 1977.

[38] Ikeda S, Kominami H, Koyama K, et al. J. Appl. Phys., 1987, 62: 3339.

[39] Zhang R, Taylor P L. J. Appl. Phys., 1993, 73: 1395.

[40] Heiler B, Ploss B. Proc. 8th Intern Symp on Electrets, Paris, 1994: 662.

[41] Sessler G M. Electrets. 2nd. Berlin: Springer-Verlag, 1987; Gubkin A N. Sov. Phys. Tech. Phys., 1958, 2: 1813.

[42] Sessler G M. J. Appl. Phys., 1972, 43: 405.

[43] Dreyfus G, Lewiner J. J. Appl. Phys., 1975, 46: 4375.

[44] Morgenstern G. Appl. Phys., 1976, 11: 371.

[45] Gross B. J. Chem. Phys., 1949, 17: 866.

[46] Sessler G M. J. Appl. Phys., 1972, 43: 405.

[47] Gross B, Perlman M M. J. Appl. Phys., 1972, 43: 853.

[48] Creswell R A, Perlman M M, Kabayama M//Karasz F E. Dielectric Proprties of Polymers. New York: Plenum Press, 1972: 295.

[49] Monteith L K, Hauser J R. J. Appl. Phys., 1967, 38: 5355.

[50] Lindmayer J. J. Appl. Phys., 1965, 36: 196.

[51] Gross B. J. Appl. Phys., 1965, 36: 1635.

第3章 驻极体的形成方法

空间电荷驻极体和偶极电荷驻极体的形成方法一般是不同的。空间电荷驻极体几乎都是通过放电 (电晕放电或气隙击穿放电)、粒子束辐照、接触等方法或其他经由样品自由面直接注入载流子的工艺充电。如果外场足够高,也可将电荷通过穿透样品表面覆盖的金属电极注入。利用光、辐照、热刺激使电介质内部产生载流子,或通过外场诱导使电介质内的电荷分离,这些电荷载流子的一部分最终被材料中的陷阱捕获形成了空间电荷驻极体。这类驻极体由于沉积的电荷符号和电极电势的极性一致,称为同号电荷驻极体。

偶极性驻极体是在室温条件下对电介质施加电场,使体内偶极电荷沿电场方向取向 (极化) 产生的。然而在大多数的情况下是将极性材料在较高的温度下极化,随之在维持电场的条件下将样品冷却至一定的低温成极。由于这类驻极体的面电荷符号和电极电势相反而称为异号电荷驻极体。极性驻极体的形成也能通过电晕放电实现[1]。这时的偶极子取向是由沉积在电介质中的空间电荷场诱导产生的。

驻极体充电的电荷密度受驻极体的内外击穿电场限制。内击穿效应取决于材料的介电强度。聚合物介电强度的数量级是几十至几百 MV/m。例如,12.5μm 和 100μm 厚的聚四氟乙烯的介电强度分别约为 220MV/m 和 130MV/m,这两种厚度的薄膜,即使储存的电荷密度分别高达 $4 \times 10^{-3} C/m^2$ 和 $2.4 \times 10^{-3} C/m^2$ 也不会引起击穿。

驻极体的外击穿取决于接近样品自由面的电极间气隙电场、电极的几何形状、气体的组成及气压等。外击穿现象称为 Paschen 击穿。Paschen 击穿曲线对驻极体各种充电和极化技术及电荷测量技术非常重要。

含单层金属电极的驻极体,如果在距离其自由面 s_1 处放置一平面电极,气隙电压 $V_1 = -E_1 s_1$,根据式 (2.128) 可导出

$$V_1 = s s_1 \hat{\sigma}_1 / [\varepsilon_0 (\varepsilon s_1 + \varepsilon_1 s)] \tag{3.1}$$

图 3.1 表示了以等效面电荷密度 $\hat{\sigma}_1$ 及样品厚度 s 为参数,气隙电压 V_1 与气隙厚度 s_1 的函数关系 (假定 $\varepsilon_1 = 1$,电介质的相对电容率 $\varepsilon_r = 2$)。图中还给出了在常压下空气中两平行电极间的击穿电压曲线 (Paschen 曲线)[2]。如果气隙电压超过 Paschen 曲线,则发生击穿[2]。驻极体厚度减小导致击穿的阈值电荷密度上升。图 3.2 表示如果不涉及由气隙厚度引起的击穿效应,驻极体的最大电荷密度与介质厚度间的函数关系。图 3.2 是从式 (3.1) 和 Paschen 曲线的解析式得到的结果[3]。

它表明, 对厚度约 1cm 的经典块状驻极体, 电荷密度上限约为 $10^{-5}\mathrm{C/m^2}$ 数量级, 而厚度 10μm 的薄膜驻极体, 电荷密度即使在高达约 $10^{-3}\mathrm{C/m^2}$ 数量级时也不会发生击穿。然而在充电过程中, 如果以一个电介质插入该气隙中, 则充电电荷密度甚至高达 $10^{-2}\mathrm{C/m^2}$ 数量级时也不致击穿。在上述情况下, 为了避免外击穿危险, 金属电极必须从驻极体的自由面上拿开。

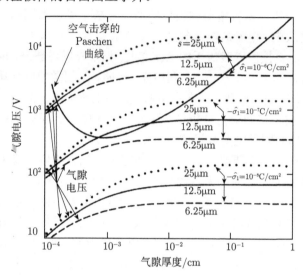

图 3.1　驻极体和电极间的气隙电压与气隙厚度的关系

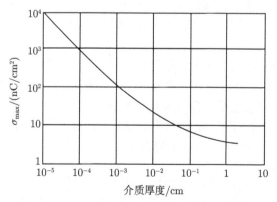

图 3.2　最大电荷密度与介质厚度间的函数关系

3.1　热极化方法和热驻极体

热极化是在一定的高温下对电介质材料施加一外电场, 使热活化的分子偶极

子沿电场方向取向 (或包括空间电荷注入), 并在维持电场时冷却到一低温值以冻结取向偶极子 (或促进空间电荷的捕获)。对蜡和树脂等经典驻极体材料, 极化温度常常选择在材料的软化点; 但对聚合物, 通常选定在玻璃相变温度 T_g 和熔点 T_m 之间。外电场可通过样品表面的蒸镀金属电极或外加电极作用于充电介质上。如果利用外加电极, 则电极和样品自由面间的气隙可能产生复杂的充电现象。热极化形成的驻极体称为热驻极体 (极性驻极体)[4,5]。

热极化呈现三类充电现象: ①偶极子取向, 或由电介质内介电吸收的电荷分离形成异号电荷的内部极化; ②由于气隙间的火花放电在样品内沉积的同号电荷; ③通过接触电极注入同号电荷。这些现象哪一个起主导作用, 与相关结构的几何形状、充电过程的温度、电场及电极与界面间的物理状况相关。

3.1.1 热驻极体的形成方法

人们利用热极化方法将某些极性有机电介质材料成极研制出最早的驻极体[6]。有机驻极体材料的偶极矩常常与分子中的羟基 (—OH)、羧基 (—COOH) 或碳氯基 (C—Cl) 相关。蜡和树脂中的偶极矩源于醇类的羟基和脂类的羧基, 或是它们的组合; PMMA 的偶极矩与 —CO—O—CH$_3$ 基团相关; 聚氯乙烯的偶极矩来源于 C—Cl 基团; PET 则是由于 —CO— 基团的贡献; 对非极性材料, 如 PE, 其偶极矩可能与非饱和羧基团相关。这种非饱和结构是由材料制作过程中产生的缺陷形成的。

图 3.3(a) 是偶极性电介质材料热极化的示意图。在 $t_0 \rightarrow t_1$ 时间内以升温率 $\beta = dT/dt$ 从室温 T_r 升到极化温度 T_p(偶极子可能取向的温度); 在 $t_1 \rightarrow t_2$ 时间内, 电场对样品等温极化; 在 $t_2 \rightarrow t_3$ 时间内维持 E_p 冷却到室温; 其后取消外场, 样品自发退极化。图 3.3(b) 和 (c) 分别表示了驻极体形成期间及形成后的极化和退极化过程, 以及分子偶极矩的取向示意图。如果电介质材料内仅存在单一类型的偶极子, T_g 以下在外场作用下偶极子的弛豫时间 (或弛豫频率) 服从 Arrhenius 方程:

$$\tau(T) = \tau_0 \exp\left(\frac{A}{kT}\right)$$

或

$$\alpha(T) = \alpha_0 \exp\left(\frac{-A}{kT}\right) \tag{3.2}$$

这里, τ_0, α_0 分别为偶极子的自然弛豫时间和自然弛豫频率; A 是偶极电荷活化能。温度 T_p 时和在外场 E_p 作用下, 除了形变极化外, 同时发生了沿 E_p 方向的偶极子取向极化。外场产生的极化包括瞬时极化强度 P_∞ 和弛豫极化强度 P_r。在温度 T_r 时, 当取消外场后, 瞬时极化 P_∞ 消失, 弛豫极化 P_r 被冻结, 构成电介质的 "永久" 极化。因此，在 T_{p} 时由 $\boldsymbol{E}_{\mathrm{p}}$ 导致极化的变化率由 Debye 方程 (2.24) 确定：

$$\frac{\mathrm{d}P_{\mathrm{r}}\left(t\right)}{\mathrm{d}t}=\varepsilon_0\left(\varepsilon_{\mathrm{s}}-\varepsilon_{\infty}\right)\alpha\left(T_{\mathrm{p}}\right)E_{\mathrm{p}}-\alpha\left(T_{\mathrm{p}}\right)P_{\mathrm{r}}\left(t\right) \tag{3.3}$$

如果 $P_{\mathrm{r}}(0)=0$，则方程 (3.3) 的解为

$$P_{\mathrm{r}}\left(t\right)=\varepsilon_0\left(\varepsilon_{\mathrm{s}}-\varepsilon_{\infty}\right)E_{\mathrm{p}}\left[1-\exp\left(-\int_{t_1}^{t_2}\alpha\left(T_{\mathrm{p}}\right)\mathrm{d}t\right)\right] \tag{3.4}$$

按照图 3.3(a) 的流程，在 $\boldsymbol{E}_{\mathrm{p}}$ 作用下，以冷却率 $\beta=-\mathrm{d}T/\mathrm{d}t$ 降温，从时间 $t_1 \to t_3$ 的偶极极化可表述为

$$P_{\mathrm{r}}=\varepsilon_0\left(\varepsilon_{\mathrm{s}}-\varepsilon_{\infty}\right)E_{\mathrm{p}}\left\{1-\exp\left[-\alpha\left(T_{\mathrm{p}}\right)\left(t_2-t_1\right)\right]-\frac{1}{\beta}\int_{T_{\mathrm{p}}}^{T_{\mathrm{r}}}\alpha\left(T\right)\mathrm{d}T\right\} \tag{3.5}$$

其中，$\varepsilon_{\mathrm{s}}-\varepsilon_{\infty}$ 对温度的依赖比 $\alpha\left(T\right)$ 随温度的变化要弱得多。因此，常忽略 $\varepsilon_{\mathrm{s}}-\varepsilon_{\infty}$ 与温度的相关性。对聚合物材料，当温度低于 T_{g} 时，下列关系近似成立[7]（见式 (2.65)）：

$$\varepsilon_{\mathrm{s}}-\varepsilon_{\infty}\approx\frac{N_0\mu^2}{3kT}\quad\left(T<T_{\mathrm{g}}\right) \tag{3.6}$$

从式 (3.5) 可见，等温极化时，偶极取向的贡献是主要的，因为在 T_{p} 时极化的递增与充电时间和弛豫频率乘积呈指数相关性。当样品冷却到软化点尤其是 T_{g} 以下时，偶极取向对极化贡献较小，一般予以忽略。极性驻极体的永久极化与极化电场 $\boldsymbol{E}_{\mathrm{p}}$ 及 $\varepsilon_{\mathrm{s}}-\varepsilon_{\infty}$ 线性相关，这意味着偶极矩越大，或单位体积中分子偶极子的数目越多，驻极体的面电荷密度越高。

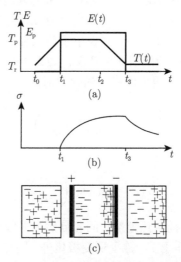

图 3.3　偶极性热驻极体极化示意图

上述讨论仅适用于由单一弛豫频率偶极子组成电介质的简单模型。对聚合物材料,弛豫区的拓宽,或由于偶极子具有不同的形状和大小,从而产生不同的自然弛豫频率 α_0;或虽然是完全相同的分子偶极子,但由邻近分子间不同的排列而导致不同的活化能。从方程 (3.2) 可见,给定温度时活化能的微小差异可能导致弛豫频率 α 的剧烈变化;而如果 α_0 存在一定的发散 $\Delta\alpha_0$,也会引起弛豫频率相同的发散 $\Delta\alpha$,由此引起弛豫区大大拓宽。当聚合物材料接近或高于 T_g 时,由于聚合物主链有序结构发生变化,以及不同形状和大小的分子基团松动,形成了偶极子的自然弛豫频率的分布和分子偶极子活化能的分布。因此,实际聚合物的热极化中发生的情况要比 Arrhenius 方程描述的规律复杂得多。

形成热驻极体常用的极化参数是极化电场约为 1MV/m,等温极化时间 $t_2 - t_1$ 取几十分钟。例如,150℃下 1MV/m 电场极化 2h 的 PMMA 热驻极体已显示出良好的驻极态稳定性,存放 20 年后的表面电势仍保持几百伏;在 70℃下 1MV/m 电场极化 2h 的巴西棕榈蜡驻极体在实验室条件下储存 20 年后的剩余表面电势仍高达 2500V[8]。

3.1.2 热驻极体的一般性质

热驻极体的形成和极化参数与 $\boldsymbol{E}_p$、T_p 和极化时间 t_p 密切相关。以巴西棕榈蜡为例,当电场低于 1MV/m 时,形成的驻极体表现为异号电荷特征,即极化期间和极化后驻极体的表面电荷极性与连接电极的极性相反,其电荷在 $10\sim20$ 天内较快地衰减到一个较低值,此后可在相当长时间内储存 (图 3.4 (a))。当 $E_p > 1$MV/m 时,形成的驻极体的表面异号电荷经一定时间 t^* 储存后衰减至 0,随后变成同号驻极体,并表现出长的电荷储存寿命 (图 3.4(b))。在较高极化电场下形成的热驻极体,由异号电荷变成同号电荷的周期与驻极体的储存温度密切相关。例如,相同条件下成极的 PMMA 驻极体,当它们的存放温度分别是 0℃,20℃,60℃和 80℃时,从异号电荷变成同号电荷的转换时间 t^* 的实验值分别是 8 个月、2h、20min 和 4min。极化电场 $\boldsymbol{E}_p$ 直接影响热驻极体内捕获电荷的活化能。PMMA 和巴西棕榈蜡热驻极体捕获电荷的活化能与驻极体热极化形成期间极化电场的关系曲线已证实了这一结论 (图 3.5)。这里的活化能是指极化期间沉积入电介质中同号电荷的活化能。这说明,在较高电场下注入的同号电荷相继被捕获在较浅的能阱中。巴西棕榈蜡驻极体由于含有大量的杂质,能带结构中呈现丰富的分立能级,甚至连续能谱,PMMA 也具有类似的性质。巴西棕榈蜡中冻结偶极子的束缚能约为 2eV[9]。

极化后异号电荷的出现,以及储存 (或老化) 过程中异号电荷向同号电荷的转换是热驻极体的基本特征。极化后经足够长时间的储存,热驻极体的异号或同号面电荷的密度已趋于稳态值,这时的热驻极体可长时期地维持其极化状态。

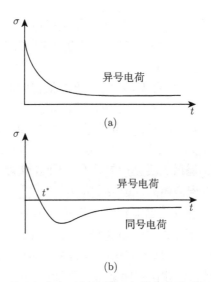

图 3.4   热驻极体在退极化期间电荷密度随时间的变化

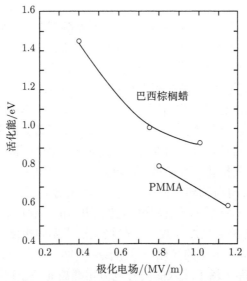

图 3.5   捕获电荷的活化能与热驻极体的极化电场之间的关系

以不同电介质材料形成的热驻极体的电荷密度在 $3 \times 10^{-6} \sim 1 \times 10^{-4} C/m^2$ 范围内。巴西棕榈蜡、蜂蜡及其固熔体的热驻极体具有较高的储存电荷密度和良好的电荷储存寿命[6,10]。热驻极体可储存的最大电荷密度也与形成参数 E_p、T_p、t_p,电极类型及材料性质相关[11]。另外,最大电荷密度还受空气的击穿电阻限制,即依赖于气压和相对湿度。Eguchi 指出，气压在 0~0.1MPa 时，注入电荷密度随气压的增加而上升；当气压为 0.3~0.4MPa 时，电荷密度已达饱和值[12]。随着湿度递增，驻极体的面电荷密度减小。

3.2 电荷注入法和空间电荷驻极体

具有广泛工业应用价值的高绝缘性薄膜驻极体由外界直接注入电荷载流子而形成。这些注入的空间电荷层可沉积于薄膜的近表面，也可沉积于薄膜的体内深层。这类从外界引入的空间电荷可通过非穿透性的单能电子束辐照、电晕放电或电极和电介质间的气隙击穿获得，也能通过外场控制下电极和样品自由面间的液体接触实现。

3.2.1 电晕充电法

在常压大气中，利用一个非均匀电场引起空气的局部击穿形成电晕放电，电晕放电产生的离子束轰击电介质，并使离子电荷沉积于电介质内。利用电晕充电可能形成横向均匀分布的高电荷密度驻极体。

1. 电晕充电技术

如果外加电场超过气隙击穿的阈值电场，电晕电场导致空气电离，产生的电晕放电能将过剩电荷注入电介质中。然而，由于电晕场只能激发十分有限的气隙离子束能 (离子撞击样品表面的能量仅等效于 2~3keV 的电子束能)，电晕充电的电荷仅能沉积于样品的表面与近表面[13,14]。图 3.6 为在大气中恒压电晕充电装置示意图。

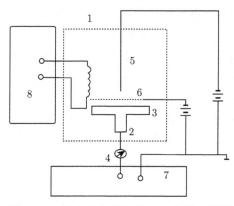

图 3.6　在大气中恒压电晕充电装置示意图

1. 烘箱; 2. 背电极; 3. 样品和样品夹具; 4. 静电计; 5. 电晕针; 6. 栅极; 7.X-Y 记录仪; 8. 控温装置

　　如果上电极加负电压 V_p(−12 ∼ −4kV)，则大气中由电晕电离形成的负离子被注入介质中。电晕充电可以使用单针点电晕，或针端位于同一水平面内以阵列分布的多针电晕，也可以使用刀口型、弦丝型线状电极的电晕。显然，多针、刀口或弦丝电极电晕扩大了充电范围，改善了充电效率，它们是工业驻极体生产中常用的极化模式。如果在电晕电极和样品间的气隙中附加一个平行于样品表面的平面金属栅网，并提供与电晕电压同极性的一定量值的电压 (称栅压，图 3.6)，就形成了栅控恒压电晕充电，使样品捕获电荷的横向分布均匀，同时有效地控制样品的注入电荷密度[15]。如果以无栅恒压电晕充电，则其表面电势分布极不均匀，沿样品径向呈钟形分布。表面电势这种钟形分布规律可由 Deutsch 导出的电晕场电流分布方程来描述[16]：

$$\frac{i}{i_{\max}} = \left(1 + \frac{r^2}{l^2}\right)^{-5/2} \tag{3.7}$$

其中，r 是样品上任一点到样品中心的距离；l 是针尖到样品的间距；i 是相应点的电流密度。样品各点的表面电势分别反映了对应点的电荷积累。样品表面电势横向的不均匀性是 "点"(针形电极) 对 "面"(平面样品) 间形成的空间不均匀电场的必然结果。

　　栅网的安置要求靠近样品而远离电晕针极[17]。由于栅极的箝位作用使栅–膜空间电场接近均匀，当载流子在电场场驱动下进入该空间时，在近似匀强电场的作用下发生趋于横向均匀的注入。充电时，沉积的等效面电荷密度与注入时间密切相关。注极一开始，随着时间增加，从栅网孔眼处 (图 3.7 中 B-B 间) 注入电荷慢慢积累，形成了图 3.7 所示的电势峰值和网丝投影位置的电势谷值 (注入载流子带正电，图中电晕场 **E** 方向向下)。这时，在表面电荷非均匀分布所形成的自身电场水平分量作用下，A 处 (针尖在样品表面的投影位置) 近膜空间的电荷将被推斥向网丝下电荷密度较低的 B 处，逐渐减小注极开始时所形成的电荷分布的不均匀性。同时，A 处也不断得到外来注入电荷的补充，使表面电势 V_s 不断升高，但 A 点注入电荷的速率低于 B 点。随着时间延长，A，B 两点的电势差逐渐减少，经过足够长的时间，A 点的 V_s 已接近或略高于栅压 V_G 而达到饱和值。由于电荷不断从 A 处近膜空间向 B 处输运，终究使 A，B 的 V_s 接近。但只要自身电场存在水平分量，输运过程就不会结束，直到 V_s 横向分布达到均匀，注入电荷密度达到饱和。饱和状态下 V_s 略高于 V_G 是由于在针–栅空间内被加速的载流子到达栅–膜空间仍具有一定的向下速度，虽然充电到 $V_s = V_G$ 时的栅–膜空间处于零电场，它们仍能利用自身动能注入样品表面，直到 V_s 略高于栅压后栅–膜间形成的反向电场足以抑制载流子的注入。

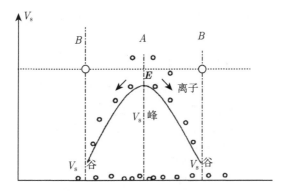

图 3.7 沉积电荷自身电场对进入栅膜空间电荷的作用示意图

电晕充电可调节其充电温度, 无须像低能电子束辐照那样必须在常温和真空中进行, 只要满足一定的条件就能有效地控制注极样品的电荷密度及横向均匀性。首先针-栅间的电场必须高于该区域内气体的临界击穿电场, 通过调节电晕电压可以在相当大的范围内改变栅压 V_G(几十伏到几千伏), 从而根据需要控制样品的注入电荷密度。短时间充电, 栅网孔径将影响电荷的横向均匀性, 然而只要充电时间大于 2min, 就可基本实现均匀充电。5~300 目的各种平面金属丝网都可用作栅极, 但以 20 目以上为好。栅网的平整性及网面与膜面的平行度也会影响充电电荷密度的横向均匀性。将栅膜间距合理地减小有利于提高充电效率, 降低极化薄膜电荷分布的边缘效应。

在驻极体的多种极化工艺中, 电晕充电技术在工业驻极体生产中应用最广泛, 具有设备简单、操作方便、充电效率高等优点。图 3.8 为利用电晕放电法大规模极化聚合物薄膜的装置示意图[18]。通过传送装置将未充电的带状薄膜输送至恒温箱内加热, 再用弦丝[19] 或刀口电极 (离薄膜约 5mm) 以负几千伏的电晕电压实施无栅电晕充电。镀金属膜面通过金属滚筒接地。充电期间样品的等效面电荷密度用表面电位计监测。充电后的驻极体薄膜收集待用。为了改善驻极体形成过程中注极参数的重复性, 必须控制充电环境的相对湿度和温度。

研究指出, 在电晕充电期间的光照和受激发的气体分子可能使注入负电荷从深能级的表面陷阱向浅能级的体阱转移[20], 这种效应对聚合物尤其显著[21-23]。Perlman 等指出, 负电晕充电时, 在常压下由电晕场产生的 CO_3^{2-} 对电介质的充电起了最重要的作用。当离子接触到介质的自由面时, 这些离子将电子传输到材料的导带, 这类负电荷首先被捕获在表面层的深阱内, 接着转移至浅阱, 继而浅阱电荷可能在电晕放电过程中被外激发释放, 在自身电场作用下进入体内并被捕获。研究指出, 经电晕充电的低密度聚乙烯的深能级电荷主要被局限在材料表面, 浅阱电荷分布于从表面到体内的广大区域内。利用电晕将聚乙烯充电至不同的等效面电荷密度, 可观察到表面电势衰减曲线的 "交越" 现象, 即充电至较高电势的聚乙烯的电荷衰减速率比较低电势的同类驻极体快。经过一段时间放电后, 初始电势较高的驻极体显示出比后者明显偏低的表面电势。

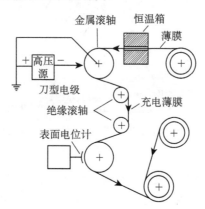

图 3.8　利用电晕放电法大规模极化聚合物薄膜的装置示意图

2. 电晕充电驻极体的性质

在常温常压下以电晕放电法形成的驻极体可实现高储存电荷密度 ($1.4 \times 10^{-3} \mathrm{C/m^2}$)。然而, 即使在相同的充电参数下 ($V_P$, T_p, t_p 等), 由于环境条件 (如气压及相对湿度) 的变化, 无栅电晕充电所沉积电荷的密度也会出现明显的离散性, 且电荷密度的横向均匀性低于电子束辐照充电, 而栅控恒压电晕充电则能使横向均匀性得到很大改善。对高绝缘性聚合物, 电晕极化后电荷层的相对平均深度 $\bar{r}/s$ 约为 0.05($\bar{r}$ 是从样品自由面算起的平均电荷重心), 即只有电击穿法形成的平均电荷重心的 1/4。图 3.9 是常温电晕充电和电子束充电的 FEP 驻极体在 150℃时储存电荷密度的衰减曲线。

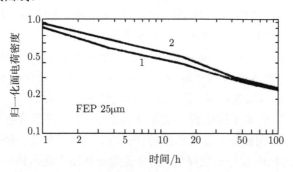

图 3.9　常温电晕充电 (曲线 1) 和电子束充电 (曲线 2) 的 FEP 驻极体在 150℃时储存
电荷密度随时间的变化曲线

基于热刺激放电 (TSD) 电荷和 TSD 电流的研究还提供了电晕充电沉积电荷的能阱信息。电晕充电形成驻极体的 TSD 电流谱比电子束充电及电击穿充电的电流谱复杂，这很可能是由于电晕充电在介质中产生了局域陷阱及充电期间在介质中引入了缺陷。人们已经证实，由于电晕充电，在聚合物中可能产生 C=C 双键、羧基 C=O 双键等，且这些双键构成了电荷载流子的附加陷阱[24]。

3.2.2 电击穿充电法

电击穿充电是指通过电介质和电极间气隙的大面积电击穿效应实现对电介质的充电。利用这一技术充电形成的驻极体，其电荷稳定性和电子束充电驻极体类似。

1. 电击穿充电技术

这是将外界电荷直接注入电介质的基本充电方法之一。在图 3.10 中，单面镀电极的待充电样品被安放在金属电极的底座上，样品的自由面向上，并和一块厚度为 1~3mm 的钠玻璃 (电阻率 $\rho = 10^{10}\Omega \cdot m$) 接触，其上再压一块金属电极。将 1~30kV 电压施加于两电极间使气隙在室温或高温条件下电击穿几分钟 (钠玻璃的引入是为了在极化期间维持一稳定的击穿过程)。为了避免充电后在取出夹心电介质时引起极化电介质的放电，当极化电场取消后，样品的镀膜电极必须和上电极短路，并在极化电压断开后几秒钟内从夹心电介质和接地电极间取走极化的驻极体。

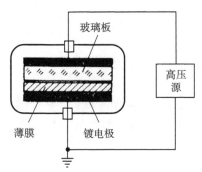

图 3.10 利用电击穿效应形成薄膜驻极体的装置示意图

如同局部电击穿的电晕放电那样，在邻近驻极体的空气隙内要实现全路放电，必须至少使气隙电压 V_1 超过气隙的临界击穿电压 V_T。当几何形状为平行面时，V_T 值由 Paschen 曲线 (图 3.1) 确定。在最简单的情况下 (如电晕放电)，放电产生的起始电流密度由下式决定[25]：

$$i = \gamma V_1 (V_1 - V_T) \tag{3.8}$$

其中，γ 是由实验装置的几何形状和离子迁移率确定的常数。在电压 V_1 刚刚超过

V_T 时，式 (3.8) 可近似表达为

$$i \approx \gamma V_T (V_1 - V_T) \tag{3.9}$$

假定在气隙内存在均匀电场 E_1，根据式 (2.111)，对单面镀电极样品 ($s_2 = 0$)，气隙电压 $V_1 = s_1 E_1$ 是驻极体的面电荷密度 σ_r 和外加电压 $|V_0|$ 的函数。将 V_1 代入式 (3.9)，并建立 $i = \mathrm{d}\sigma_r/\mathrm{d}t$(参见式 (2.141)，$i_c = -i$)，则

$$\frac{\mathrm{d}\sigma_r}{\mathrm{d}t} = -\gamma V_T \left(V_T - \frac{V_0 s_1}{\varepsilon_{r1} S} + \sigma_r \frac{s s_1}{\varepsilon_0 \varepsilon_{r1} \varepsilon_r S} \right) \tag{3.10}$$

该方程的解为

$$\sigma_r(t) = \sigma_m [1 - \exp(-t/\tau)] \tag{3.11}$$

其中，$\sigma_m = (\varepsilon_0 \varepsilon_r/s)(V_0 - \varepsilon_{r1} V_T S/s_1)$；时间常数 $\tau = \varepsilon_0 \varepsilon_{r1} \varepsilon_r S/(\gamma s s_1 V_T)$。

　　式 (3.11) 表示驻极体中空间电荷的沉积对电击穿充电时间的依赖关系，它类似于偶极子取向和内部电荷分离随时间的变化规律。而电荷的沉积对电压的依赖关系由外加电压的阈值 $\varepsilon_{r1} V_T S/s_1$ 控制，受温度影响较弱。如果利用高温条件下的电击穿充电，则可能发生从表面进入体内的电荷穿透效应。如果电极的接触是非阻断型的，则通过蒸发电极可能发生电荷的直接注入。在稳态条件下，注入电荷由 Schottky 发射控制，这时产生的电流密度为[25]

$$i = i_0 \exp \left(-\frac{\Delta\phi - \beta E^{1/2}}{kT} \right) \tag{3.12}$$

这里，E 是注入电极处的电场；$\Delta\phi$ 是电极和电介质间的功函数的差；$\beta = [e^3/(4\pi\varepsilon_r\varepsilon_0)]^{1/2}$ 是 Schottky 系数。

　　然而对那些具有强捕获效应的高绝缘材料，它们的电荷注入主要受界面或体内陷阱填满的限制，其注入电流与时间的关系由下式确定：

$$i \propto [E(t)]^m t^{-n} \tag{3.13}$$

其中，指数 n 通常小于 1，若捕获效应十分强则接近于 1；m 大于 1。对聚合物材料，n 的典型值为 0~1，m 为 1~3，并与温度相关。

　　在强捕获的情况下，外界空间电荷的注入使得注入电极附近形成一空间电荷层 (Schottky 层)，在忽略传导电流时，沉积电荷的增长最初正比于 $[E(0)]^m$ ($E(0)$ 是位于注入电极处的初始电场)。因此，与内部极化或体内空间电荷沉积相比，这种在近表面处的电荷沉积受初始电场的影响更强。在强场下，电荷的注入更加重要，当在注入电极附近捕获电荷层形成的电荷自身电场和外场等值反向时，即可确定电击穿法注入的最终电荷，这时

$$\sigma_{\mathrm{m}} = \frac{-\varepsilon_0 \varepsilon_{\mathrm{r}} V_0}{\bar{r}}$$

这里，V_0 是外加电压；$\bar{r}$ 是介质捕获电荷的平均深度。

2. 电击穿充电驻极体的性质

衡量驻极体质量的最重要特征量是其储存电荷密度及电荷储存寿命。利用电击穿法能使单面镀电极的薄膜驻极体储存的等效面电荷密度高达 $10^{-2}\mathrm{C/m^2}$ 数量级。沉积电荷量首先依赖于在驻极体充电时间内提供的极化电压 V_{p}，当 V_{p} 一定时，最大等效面电荷密度 $\sigma_{\max}$ 的近似关系式为

$$\sigma_{\max} = C V_{\mathrm{p}} \tag{3.14}$$

这里，C 是单位面积驻极体的电容量。图 3.11 表示了利用电击穿法负充电形成的 PET 驻极体的等效面电荷密度与极化电压的关系曲线[26]。它说明，PET 驻极体的 $\sigma_{\max}$ 受极化电压 V_{p} 及薄膜的击穿电场限制[27]，提供足够高的 V_{p}，经长时间极化，σ 已接近其极限值。表 3.1 列出了 $12.7\mu\mathrm{m}$ 和 $25.4\mu\mathrm{m}$ 的 PET 和 FEP 薄膜驻极体的最大等效面电荷密度[28]。同种材料以不同极性电击穿形成的驻极体的电荷衰减率不同，如图 3.12 所示[29]，以电击穿法形成的 FEP 驻极体储存于 25℃ 的干燥环境中，正充电 FEP 比负充电的同一材料电荷衰减要快得多。另一项研究表明，储存一年后，电击穿法 FEP 驻极体的剩余等效面电荷密度比电子束辐照充电或负电晕充电的同一材料高几倍。

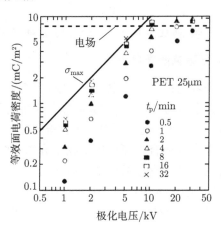

图 3.11 利用电击穿法负充电形成的 PET 驻极体的等效面电荷密度与极化电压的关系曲线

然而，比较经类似极化条件的电击穿法和电子束辐照法充电的 FEP 负极性驻极体的开路 TSD 电流谱发现[30]，电击穿法的负极性 FEP 驻极体的低温峰明显高

于电子束辐照充电的对应峰值，说明电击穿法形成的驻极体内沉积了较高浓度的浅阱电荷。另外，电击穿正充电 FEP 的 TSD 谱电流峰对应温度比负充电的低得多，并且呈现多个峰值。这不但说明正充电驻极体的低电荷稳定性，而且反映了材料内包含若干个分立的能容纳正电荷的浅阱能级。Sessler 等[29] 报道，FEP 用电击穿充电后经 4h 储存，其电荷的平均深度 $\bar{r}/s = 0.22$(相对于自由面)；而在 25℃经 140 天存放后的 $\bar{r}/s = 0.30$，即储存电荷明显地向背电极迁移。显然，与电晕法相比，电击穿法能将电荷注入较深的体内。

表 3.1   以电击穿法形成的单面镀电极驻极体的最大等效面电荷密度[28]

材料	膜厚/μm	最大等效面电荷密度/($\times 10^{-2}$C / m^2)
PET	12.7	$+1.0, -1.4$
	25.4	$+0.9, -0.9$
FEP	12.7	$+0.4, -0.5$
	25.4	$+0.5, -0.5$

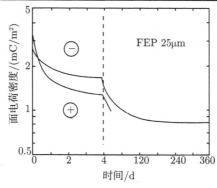

图 3.12   电击穿法形成的 FEP 驻极体不同极性电荷衰减的比较

3.2.3   非穿透性单能电子束辐照充电 [30]

用单能电子束作为外界电荷源辐照电介质薄膜，把空间电荷 (电子) 注入电介质中，是一种重要的驻极体形成方法。虽然其操作程序较为复杂，以致将这一方法推广至工业生产尚具有一定难度，但仍不失其在驻极体形成技术中的重要地位。这是因为，电子束辐照充电十分适合于研究电荷在电介质中的建立和老化过程中引起电荷分布的变化，尤其是利用它分析伴随这些效应的物理机制[31]。与其他充电方法相比，电子束辐照充电的重要优点是，通过控制电子束能量和注入的束电流能精确地控制沿厚度的电荷层平均深度及电荷密度，从而可能研究在受控条件下空间电荷的分布及其衰减规律。

1. 非穿透性单能电子束辐照法

经典驻极体的电子束辐照充电通常涉及较厚的样品 (如 1mm 或更厚)，在大气

中以辐照能区 $0.5\sim1\text{MeV}$ 的较高束能进行辐照充电。现代薄膜驻极体充电则利用非穿透性的单能电子束在真空系统中以较低束能对样品辐照充电。由于辐照区比电介质的厚度小,注入的电子就可能在电介质中被捕获并储存。最常用的充电模型是单面蒸镀 100nm 厚的铝电极薄膜,充电时薄膜被安放在 10^{-4}Pa 量级真空度的腔室内,以 $0\sim50\text{keV}$ 范围内的单能电子束辐照;可通过均匀扩束辐照或电子束扫描样品表面,以实现横向均匀充电。图 3.13 是电子束辐照充电的装置示意图。常用的束电流密度为 10^{-4}A/m^2 数量级,辐照时间从几秒到几十秒[32],膜厚 $1\sim50\mu\text{m}$。单面镀金属电极的 FEP, PP, PI 和 PET 是最常用的研究对象。受辐照样品可以是:①双面镀电极,以低于样品电阻且阻值为 R 的电流表分别将两电极接地,单面辐照 (图 3.14(a));②单面镀电极,从自由面辐照,背电极接地 (图 3.14(b)),用以上两种方法辐照介质,可形成储存过剩负电荷的驻极体;③双面镀电极,一面接地,另一面开路,在受照面电极上连接一确定的正 (或负) 偏压后进行辐照,可分别形成正 (或负) 充电驻极体 (图 3.14(c))。这是因为,电子穿透受辐照面,在受照面电极和电子所达到的平面层之间,辐射产生的载流子在这一高电导率区域内运动,同时外加正 (负) 偏压引起相应极性电荷从辐照区向非辐照区迁移,从而形成了正 (负) 极性的驻极体。

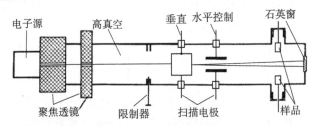

图 3.13　以单能电子束扫描充电形成薄膜驻极体的实验装置示意图

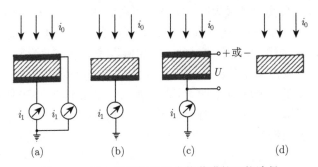

图 3.14　用电子束辐照聚合物薄膜的可能途径

如果驻极体的两边都无电极,当从高真空的腔室内取出充电介质并将样品放置在 100Pa 的低真空中时,会发生局部放电现象 (损失总电荷的百分之几)[33]。这种效应与驻极体内空间电荷及电极上的补偿电荷间存在高电场诱发出的电子发射相关。实验已证实，这类电荷的发射是由压力变化引起的[33]。如果驻极体薄膜的单面或双面未镀电极，注极后从真空室内取出样品，通过临界压力区时，驻极体的外场将引起空气的电离。在电离过程中，驻极体表面的部分电荷将被周围环境中的离子所补偿，由此引起驻极体部分电荷损失。

当电子束撞击到背电极接地的样品自由面时，一定束能的注入电子将从介质内释放出某些二次电子，同时遗留一些正电荷在表面层内。发射的二次电子与初级电子数之比为二次发射产率，它与电子束能及电介质的表面性质相关。当电子注入受辐照的电介质后，它们产生了较低能量的二次载流子，并很快被介质中的陷阱捕获，这些二次载流子产生了在数量级上比本征电导率高得多的辐射感应电导率 (参见 5.1.1 节)。

2. 电介质内的电子区

受辐照的电介质内，入射电子能量的消耗主要用于激发介质原子，并使它们电离；入射能量将用于电子和原子核库仑场间相互作用引起的轫致辐射，以及电子和晶格原子间的直接碰撞。因此，注入电子在单位路程上的总能量损耗 $-(\mathrm{d}W/\mathrm{d}x)_\mathrm{T}$ 分别是用于对原子的激发和电离能 $-(\mathrm{d}W/\mathrm{d}x)_\mathrm{i}$、用于轫致辐射 $-(\mathrm{d}W/\mathrm{d}x)_\mathrm{r}$ 及和原子的碰撞能 $-(\mathrm{d}W/\mathrm{d}x)_\mathrm{c}$ 的三者之和：

$$-\left(\frac{\mathrm{d}W}{\mathrm{d}x}\right)_\mathrm{T} = -\left(\frac{\mathrm{d}W}{\mathrm{d}x}\right)_\mathrm{i} + \left[-\left(\frac{\mathrm{d}W}{\mathrm{d}x}\right)_\mathrm{r} - \left(\frac{\mathrm{d}W}{\mathrm{d}x}\right)_\mathrm{c}\right] \tag{3.15}$$

当入射电子处于低能区时，对电介质内的原子激发及电离作用是主要的。从电子源发射来的平行单能电子束通过材料时，产生了非弹性和弹性散射，改变了入射电子的单能性和平行性。图 3.15 给出了单能电子束吸收示意图。入射束强度减至零时穿越样品的厚度称为电子最大区。文献中还用到图 3.15 中标注的电子外延区 (extrapolated range)。电子外延区和电子最大区稍有不同。电子外延区比电子在材料内通过的实际路径短，能量低于 100keV 的慢电子的差别尤为显著。

对给定材料，单能电子外延区 R 是由它们的束能严格定义的。电子外延区和电子束能量关系则由实验确定。图 3.16[34] 表示 Teflon FEP 电子外延区和电子束能的关系图 (双对数坐标)。电子外延区的位置和储存在电介质中电荷的平均深度 $\bar{r}$ 略有不同 (平均电荷深度是指其能量不足以穿透整个样品的辐照电子在体内被捕获的平均位置)。理论分析导出，比值 $\bar{r}/R$ 与载流子迁移率 μ 相关 (图 3.17)[35]。当电子束的电流密度 $i_0 = 0.75 \times 10^{-4} \mathrm{A/m}^2$ 和束能为 $-40\mathrm{keV}$ 时，Teflon FEP 的电子外延区为 $6.6\mu\mathrm{m}$，被辐照材料的电导率 $G = 2 \times 10^{-1}\Omega^{-1}\cdot\mathrm{m}^{-1}$。从图 3.17 可见，增加载流子的迁移率可使 $\bar{r}/R$ 值变化的最大值约为 33%。

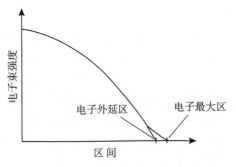

图 3.15 单能电子束吸收示意图

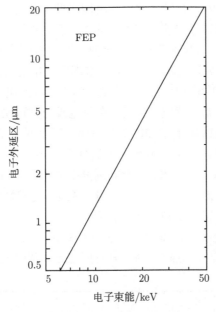

图 3.16 Teflon FEP 电子外延区和电子束能的关系图

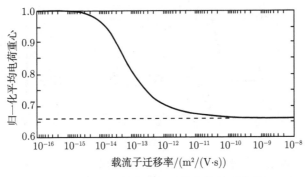

图 3.17 $\bar{r}/R$ 与载流子迁移率的关系曲线

3. 单能电子束辐照形成的驻极体性质

由单能电子束辐照而注入的电荷由驻极体形成过程中电子束电流密度及辐照时间确定。捕获电荷被局限在深度近似等于电子外延区的位置。在电介质内，电荷密度分布的实际轮廓沿膜厚呈钟形分布。但从宏观上看，总电荷可看作累积在位于深度为 $\bar{r}$ 的平面层。这一假设与驻极体的充、放电电流–时间关系的理论和实验结果相当一致[32]。电子束充电驻极体电荷密度的横向均匀性与电子束接触样品表面前的扩束以及束电流在薄膜表面扫描的均匀性密切相关。在面积为 $2.5\times10^{-3}\text{m}^2$ 区域内其等效面电荷密度的不均匀性不超过 5%[36]。驻极体的电荷稳定性取决于材料性质、充电方法、电荷分布状态和储存的环境。由于电子束充电能够通过调控束能将电荷注入体内，这对体内含有较高比例深阱能级的工业用驻极体材料 PTFE、FEP 等的电荷寿命提高具有重要意义。然而，对聚三氟氯乙烯 (PCTFE)、聚乙烯 (PE) 及环烯烃共聚物 (COC) 等表面和近表面含有较高比例深阱能级的材料则应避免使用电子束充电。实验研究还指出，电荷的衰减率随面电荷密度增加而加剧，但与电子束能无关。$25\mu\text{m}$ 的 Teflon FEP 驻极体在 40keV 束能、电流密度 $1.2\times10^{-4}\text{A/m}^2$ 条件下经短路辐照 24s 后，背电极接地，在前电极分别连接 ±300V 外加偏压后再次辐照 24s，其开路 TSD 电流谱如图 3.18 所示。它说明了正负空间电荷已分别沉积于两个驻极体内，但正充电的退极化电流比负充电的弱。在低温区，正负极性驻极体的峰温温位类似，分别来自相近能值的正负陷阱中的脱阱电荷。但在稍高温度时，在谱线上分别显现小量值的反向峰，这显然是异性电荷脱阱的贡献。而在更高温度时，各自又出现了峰值不大的正常峰。Sessler[37,38] 等认为，低温峰和位于局限在浅阱中激发脱阱的二次电子和空穴相联系，二次电流载流子是引起辐射感应电导率的基本原因。在辐照结束后，其感应电导率随时间逐渐衰减，并持续较长

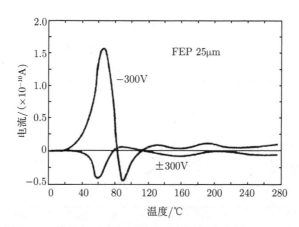

图 3.18　经 40keV 及外加正负偏压的电子束辐照充电的 Teflon FEP 驻极体开路 TSD 电流谱

时间。Suzuoki 等以 4~10keV 的电子脉冲辐照不同的电介质，仅历时 5μs，通过测量产生的感应电流估算出电子数为 2×10^9，最后计算出 PET，PEN 和 PS 的浅阱活化能约为 0.1eV；另一方面，他们利用 TSD 电流谱的分析估算出上述材料的活化能为 0.1~0.2eV，显然，两者结果具有合理的一致性。

3.2.4 液体接触法充电

液体接触法充电是一种把空间电荷从导电液体转移到待极化的电介质表面的充电方法。通过老化工艺还可把电荷从介质的表面导入体内，从而获得高电荷密度和长电荷储存寿命的驻极体。

1. 液体接触法充电工艺

液体接触法是通过导电液体进行电荷转移的方法[39]。如图 3.19 所示，经单面镀电极的高绝缘性电介质薄膜的自由面上放置一个覆盖潮湿棉织品 (或毡) 的电极，并在上下电极间施加量值为 100~1000V 的电压，作用在液层上的电场引起电荷的分离及离子迁移。如果在维持电场的条件下，将上电极抬起，并使液体蒸发，则样品注极成功。充电开始前，必须确保电介质表面无灰尘污染，以避免液滴沉积在介质表面。适合于接触法充电的液体包括乙醇、丙酮、去离子水 (电阻率约 $2 \times 10^4 \Omega \cdot m$) 和 0.1mol/L 的 HCl 或 NaOH 溶液。电介质表面的沉积电荷量由被极化电介质的表面与液体分离时液体和介质表面间的附着力以及液体间的内聚力比值确定，而这个比值则由自由液–气面与薄膜表面处于平衡态时的接触角决定。根据 Young 方程，克服附着力的功 W_{ad} 应等于从单位固体表面分离液体所做的功[40]：

$$W_{ad} = \gamma_{LY} \left(1 + \cos \Theta\right) \tag{3.16}$$

这里，γ_{LY} 表示液体自由面上的表面张力；Θ 是接触角。而克服液体间内聚力所做的功 W_{co} 等于分离单位面积上两液柱形成两自由面所做的功：

$$W_{co} = 2\gamma_{LY} \tag{3.17}$$

在给定温度下液体的表面张力是常数，附着力与内聚力之比的任何变化将导致接触角 Θ 的改变。人们已发现，在液–固两相接触的整个周期内，接触角都在变化。液–固相接触时间越长，固体变湿越明显。接触角还和外加电压相关。如果 Teflon FEP 和水接触，当 V_p=0V 时，Θ=106°；当 V_p=1000V 时，Θ=89°。如果 Teflon FEP 和乙醇接触，当 V_p=0V 时，Θ=48°；当 V_p=1000V 时，Θ=42°[41]。实验结果指出，当液体接触法充电的驻极体的等效表面电势 V_s 和外加电压 V_p 接近时，我们以 V_p 和 V_s 之差 $V_d = V_p - V_s$ 来描述电荷转移的特性。图 3.20 表示了以不同充电时间为参数时的 V_d 和外加电压 V_p 的关系曲线。它说明，在足够高的外

加电压 V_p 作用下，V_d 与极化电压 V_p 无关，同时，V_d 随极化时间的延长而减小。比较两种传导液体可见，当乙醇中含有 0.3% 的水时，以液体接触法充电可获得较高电荷密度的驻极体。一般地说，传导液体的类型对介质的沉积电荷量没有明显的影响。利用乙醇、去离子水、0.1mol/L 的 HCl 或 0.1mol/L 的 NaOH 溶液可能实现比外加电压略低的正负最高表面电势，其 V_s 量值为 50~200V。

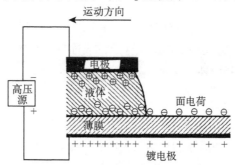

图 3.19　以液体接触法对聚合物充电的装置示意图

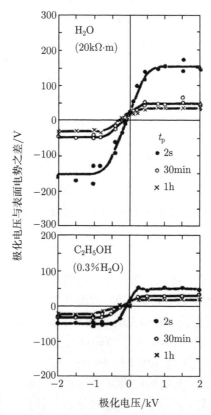

图 3.20　FEP 膜和不同传导液体间的电荷转移特征

如果接触电极可沿待极化电介质表面运动，则可实现大面积充电。要确保充电后的电荷能在电介质中长期储存，在取消外加极化电压前，必须移去电极并将接触液蒸发。液体接触法也可应用于具有疏水性液体–绝缘体的界面接触，并可记录高分辨率 (10μm) 的电荷分布图像[39]。

2. 液体接触法充电驻极体的性质

用液体接触法充电形成的驻极体的等效表面电势和等效面电荷密度分别可高达 ±1500V 及 ±10^{-3}C/m^2 数量级。在驻极体中储存的面电荷密度随时间而衰减，并与诸如空气湿度、极化液体类型、驻极体形成前样品的制备方法及电荷极性等相关。通常情况下正充电驻极体的电荷寿命比负充电的短[42]。图 3.21 中给出液体接触法形成的 FEP 驻极体在不同储存条件下的 $V_s(t)$ 曲线，在 60℃实验室条件下历时 3 个多月，其电荷密度几乎无衰减。但温度升高，衰减加剧，尤其在高温和高湿的条件下 (100℃和RH=100％时)。电荷分布测量结果指出，液体接触法充电形成的驻极体的电荷主要位于样品的近表面[43]。如果成极后对样品进行半小时的热处理，则大部分电荷已迁移至体内[44]。经过热处理的液体接触法充电驻极体的 V_s 值比初始表面电势 V_{s0} 低，这种减少既是由于总电荷的衰减，也是由于电荷从表面转移至体内。以液体接触法形成的 FEP 驻极体在特定温度时的等温衰减规律呈现指数型特征。这一衰减过程的有效时间常数 τ' 为

$$\frac{1}{\tau'} = -\frac{\mathrm{d}}{\mathrm{d}t}[\ln V_{s0}(t)] \tag{3.18}$$

这里，V_{s0} 是成极后驻极体的初始表面电势。图 3.22 说明经不同温度热处理的 FEP 驻极体的有效时间常数都能很好地满足 Arrhenius 型关系：$\tau' = \tau'_0 \exp\left(\dfrac{U}{kT}\right)$。

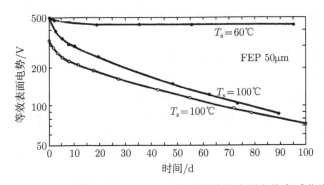

图 3.21　液体接触法形成的 FEP 驻极体等效表面电势衰减曲线

•实验室条件；。相对湿度 RH=100％

由实验数据确定经液体接触法充电形成的 FEP 负极性驻极体的主要陷阱电荷的活化能约为 1.9eV[42]，这个数据与用 TSD 电流谱估算出的结果相符[37]。值得强

调的是，液体接触法成极的驻极体表面电荷密度横向分布十分均匀，例如，表面积为 $1.8 \times 10^{-3} m^2$ 的驻极体的表面电势横向均匀性高达 98%。

液体接触法充电的基本优点是仪器设备结构简单，通过外加电压可有效地控制初始电荷密度，以及电荷密度横向分布均匀等。

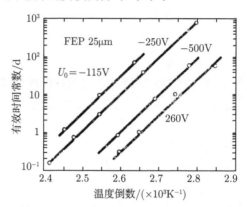

图 3.22 经不同温度热处理的 FEP 驻极体的有效时间常数对温度的依赖关系

3.2.5 穿透辐照充电

通过各类离子对电介质的完全穿透辐照形成电介质内载流子的位移充电称穿透辐照充电。在离子穿透辐照过程中，通过外加电场或离子穿透形成的内场使载流子产生位移。穿透粒子可以是 γ 射线、X 射线、β 射线及穿透性的单能电子束。在大多数情况下，通过上述多种粒子辐照形成的驻极体比其他方法形成的驻极体电荷稳定性要差。然而这种穿透辐照研究的主要意义在于揭示和推动关于粒子辐照对各种固体材料性质 (如辐照剂量、相互关系等) 影响的认识和理解，而不企求以这类方法形成长寿命的驻极体。

穿透辐照的基本工艺是在样品两边提供一直流电压，用粒子加速器、X 射线机或其他辐射源提供相关粒子束对样品进行穿透辐照，在 $1 \sim 10^6 rad$ 的总辐射剂量辐照后，停止辐照并移去外电场，辐照充电完成。电介质中被辐照充电产生的电子–空穴对在外场作用下分别向相反电极漂移而导致电荷电分离，最终被各类陷阱捕获，形成异号电荷驻极体。

研究指出，LiF 和 CaF_2 等热致发光材料也能通过上述方法实现充电[45,46]。在这些实验中，以较小剂量 $(1 \sim 10^3 rad)$ 的 X 射线辐照那些已施加外场或已存在内场的样品 (内场是由于早先一步的热极化形成)，由辐照再次产生二次电子和空穴，并相继被陷阱捕获，形成了可用 TSD 方法检测的空间电荷分布。在 CaF_2 内，每弧度的辐照产生的电荷量比 Teflon 盘状体经辐照形成的驻极体的电荷量高五个数量级，比 Teflon 薄膜高一个数量级[38]。这个结果为辐射剂量仪的研究提供了重要的信息。

不加外场也可实现对电介质的穿透辐照成极。利用高能 X 射线和 γ 射线产生的康普顿电子 [47] 在前进方向上被散射，从而在介质内产生了空间电荷极化。随着能量减少，电子散射角分布趋于各向同性。因此，利用较高能量 (约 1MeV) 的初级光子辐照引起的散射效应更加突出。在这种条件下，为了实现最佳极化，需要增加层厚。

无外场的穿透辐照充电的另一种方法是利用穿透电子束在未被绝缘底板吸收前实现充电。能实现充电的原因可能是在绝缘底板内电荷的建立及相关电场的作用，使电子从绝缘体内又漂移回样品中；也可能是气隙的火花放电引起的充电效应[48]。这一方法已用于聚合物驻极体薄膜的充电。

与穿透辐照相关的所有充电技术都使得受辐照介质产生辐射感应电导率 (RIC)。在辐照结束后，RIC 将缓慢衰减。RIC 的存在是导致穿透辐照形成驻极体低电荷储存稳定性的基本原因。

3.3 光致极化和光驻极体 [30]

在电场作用下，通过光辐照将电介质中的电子从常态或深捕获态激发至导带，进而形成准永久分布的空间电荷驻极体，称为光驻极体 (photoelectret)。

3.3.1 光驻极体的形成

只有呈现光电导率的电介质才能形成光驻极体。光成极的程序是：将光导电介质材料的单面或双面覆盖透明电极，在施加外电场 E_p 的同时，用紫外线或可见光辐照，将价带或深能级中的电子激发进入导带，并在外场作用下，使可动载流子捕获在局域陷阱中；光照使捕获电荷再次激发脱阱进入导带和在电场作用下迁移，最终漂移到达介质的外表面。它们中的一部分到达电极形成电流，另一部分在输运途中被捕获在邻近电极的介质陷阱内，形成空间电荷层。因此，光致极化的产生归因于光致载流子的形成和场致电荷的位移，并终究被电介质内的陷阱捕获。在光照结束并取消外电场后，这类电介质即储存了稳定的异号电荷，形成了光驻极体。

在室温下极化形成的光驻极体始终呈现异号电荷。如果在高温下成极，可形成单极性的光驻极体。Nadjakov 等[49] 指出，在 60kV/m 的外场作用下经 100℃高温光致极化 8h，能使单晶硫形成单极性的光驻极体，且光驻极体内的同号电荷密度随极化温度的升高而线性增加。高温极化形成的光驻极体的同号电荷是由于在电介质和电极间的电荷扩散而注入电介质内的。由于在低温下这种扩散效应十分微弱，这时的光驻极体仅存在异号电荷。

在极化形成和取消外场后的自发退极化期间，热激发使电荷从浅阱脱阱进入导带，并在驻极体内电场作用下运动而形成退极化电流 (暗电流)。这个电流和极化电流反向。当光驻极体在无外场的条件下受光照时，捕获电荷也将受激进入导带 (此时的深阱能级比热激发能量要高得多)；在光驻极体内电场作用下脱阱电荷的运动，经过足够长时间后，使光驻极体完全退极化。光驻极体材料中的陷阱能级及其分布，与样品中的杂质、材料结构成分及形貌特征相关。

光驻极体形成的基本参数是：电场为几百 kV/m，光强控制在几 W/m²，光照时间为几分钟。

3.3.2   光驻极体的一般性质

研究表明，不存在光致偶极子极化[50,51]。光驻极体材料中的载流子很容易被波长比光导体吸收边短的光激发。载流子的漂移能力则取决于外加电场、载流子迁移率和电介质–电极间的势垒高度。如果两种载流子的迁移率都较大，只要其中一类载流子势垒较高，则电荷必将在一个或两个电介质–电极的界面上形成电荷积累。这种现象称势垒极化。如果由于迁移率不同，仅一种类型的载流子产生明显的位移，或者沿样品的厚度提供均匀辐照，则会形成电介质内的体极化。显然，这种情况与势垒高度无关。

图 3.23[52] 表示了极化时间和光强对蒽光驻极体内空间电荷建立的影响 ($V_p = -300\text{V}$)。在十分低的光强下，电荷随极化时间线性增加，在较高的光强下，则呈现饱和状态。另外一些实验结果指出，电荷密度对时间的依赖关系服从式 (3.11) 的规律，式中的时间常数 τ 与光强相关。而对给定的材料，σ_m 仅是外加电压的函数，并且一般正比于外加电压，这说明对图 3.23 中曲线施加相同的极化电压，最终可达到相同的饱和电荷密度值。同时，电荷密度和光强是弱的对数关系。

如果在不加电场时用光对介质进行辐照，对某些材料显示出明显的"暗极化率"。这类暗极化率随时间的减少比前述的暗衰减更慢[50]。这是两种不同的行为。因为暗衰减是由于脱阱电荷在内场下漂移，而暗极化率的减少是由于辐照产生的正负载流子在无电场条件下的复合。由于后者存在于无电场环境中，所以减弱较慢。经 γ 辐照的 Teflon 样品在有电场和无电场作用下的电荷衰减的不同规律已有报道[18]。与其他驻极体一样，光驻极体实际应用的基本条件是极化的稳定性。光驻极体的性质同样依赖于材料的性质及形成和储存条件。在无光照的条件下，光驻极体应具有十分低的暗电导率。Kallmann 等已研究了各种光驻极体材料的自发退极化率 (暗退极化率)。图 3.24 为多晶蒽和 (Zn:Cd)S 光驻极体，以及电致发光体 ZnS 的自发退极化图。典型的光驻极体自发退极化过程可通过下列指数关系描述：

$$P(t) = P_0 \exp\left(-\frac{t}{\tau}\right) \tag{3.19}$$

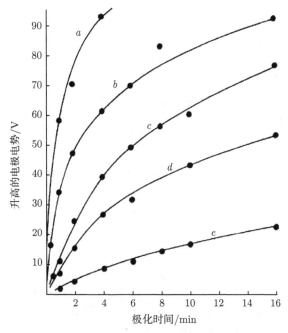

图 3.23 蒽光驻极体以紫外线辐照时的极化和极化时间关系

参变量为紫外光强: 如 $a = 2.2 \times 10^{-8} \mathrm{W/cm^2}$, $c = 7.3 \times 10^{-10} \mathrm{W/cm^2}$, $e = 1.4 \times 10^{-11} \mathrm{W/cm^2}$

其中, P_0 是光驻极体的初始极化强度; τ 是寿命。光驻极体的极化和寿命同时与退极化温度、形成条件 (极化电场 E_p、光强 I_p 及其能量) 密切相关, 此外还依赖于样品的结晶度。多晶材料形成的光驻极体比单晶光驻极体表现出长得多的寿命[53,54]。单晶硫光驻极体经 35h 后几乎完全退极化, 而同样条件下的多晶硫光驻极体仍保留初值的 40%, 其后衰减更慢。而极化期的光驻极体的极化以类似的指数规律随时间逐步递增至最大值:

$$P\left(t_{\mathrm{p}}\right) = P_0 \left[1 - \exp\left(\frac{-t}{\tau_{\mathrm{p}}}\right)\right] \tag{3.20}$$

这里, τ_{p} 与材料性质微弱相关, 但随光强减小而急剧增加。除了在强电场下出现的偏差外, 光驻极体的最大极化随极化电场 E_p 的增加而线性上升[52]。图 3.25[54] 表示单晶蒽光驻极体的最大面电荷密度和极化电场的关系曲线。在弱电场下, 极化随极化电场线性增加 (直至 $E_p=1\mathrm{MV/m}$); 如果 E_p 继续上升, 电荷密度反而减少。这种现象或许是因为, 强电场下电介质内同号电荷形成, 减弱了光驻极体内由异号电荷决定的等效面电荷密度。

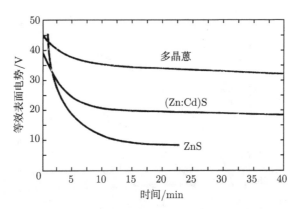

图 3.24　多晶蒽、(Zn:Cd)S 和活化的 ZnS 驻极体自发退极化图

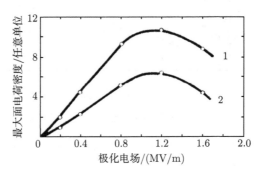

图 3.25　单晶蒽光驻极体的最大面电荷密度与极化电场的关系

曲线 2 的激励光强是曲线 1 的 1/2

　　光驻极体的极化与激励光强间的关系由互换定律 (mutual exchange law) 给出[52]。极化强度 P 和光强 I_p 间的关系类似于 P 与极化时间的关系[53]，其解析式为

$$P\left(I_{\mathrm{p}}\right)=P_{\mathrm{m}}\left[1-\exp\left(-kI_{\mathrm{p}}\right)\right] \tag{3.21}$$

极化 P 与曝光 (量)$I_{\mathrm{P}}t_{\mathrm{p}}$ 间存在类似的指数关系：

$$P=P_{\mathrm{m}}\left[1-\exp\left(-AI_{\mathrm{p}}t_{\mathrm{p}}\right)\right] \tag{3.22}$$

类似于照相过程[55]，通常定义出光驻极体的极化对曝光 (量)$I_{\mathrm{p}}t_{\mathrm{p}}$ 的函数关系为互换定律。当激励光能位于在各种光驻极体材料的特征区内时，互换定律适合于描述这些材料永久光极化的形成。例如，硫在可见光区、蒽在 γ 辐照区都可利用互换定律描述其光极化的形成过程。通过对单晶硫光驻极体在高达三个数量级变化区间内各种光强下退极化过程的研究发现[56]：光驻极体的退极化随退极化光强和退极化时间的乘积 $I_{\mathrm{p}}t_{\mathrm{p}}$ 呈指数型的减少，因此互换定律同样适用于描述光致衰减过程。

介质电性能的变化与辐照束能、辐照剂量及材料种类相关。若以 1MeV 的 γ 射线对介质辐照，可导致和 γ 辐照相当的具有最大能量的康普顿电子的内部辐照；如果以几 MeV 数量级的能值辐照则产生十分突出的正-负电子对。如果以能量超过 1MeV 的快中子辐照，中子和电介质间的弹性碰撞将产生大量凝聚的点缺陷[57]。因此，由于不同类型的辐照离子和不同的束能，以及电介质本征性能的差异，受辐照的电介质将引起电性能的不同变化。这种变化主要与由辐照产生的电子激发、自由原子团的形成、化学断键或分子断链密切相关。对聚合物，它们电性能的改变和由辐照引起分子断链或形成交联相关。如果辐照引起的电激发占优势，则材料的电导率将显著上升。即使由辐照诱导出电子-空穴复合的捕获效应存在，这种电导率变化也是可逆的。当辐照引起化学断键或大分子断链，则可能出现电导率的不可逆变化。在电介质内，电导率与小极化子运动相关。由快中子辐照电介质所产生的点缺陷通常会降低受照电介质的电导率[58]。

作为一种独立的充电方法，光致电极化应用较少。然而一个相反的效应——光导体光致极化放电却在静电复印技术中有重大应用。在这类应用中，充电是通过电晕放电完成的 (参见第 10 章)。

3.4 力驻极体和磁驻极体的形成及其性质

力驻极体及磁驻极体是通过高压或磁场作用而使电介质中的电偶极子取向或分子电荷分离，最后处于冻结状态。但迄今这两类驻极体仍未获得实际应用。

3.4.1 力驻极体

Kelvin 早在 19 世纪就发现[59]，聚合物 (如橡胶) 在塑性变形期间出现电荷积累。然而直到 20 世纪 50 年代，才有报道称某些聚合物在高温下经机械压缩，再将已形成的极化通过低温冻结而制成力驻极体[60-63]。力驻极体的形成工艺是将一块聚合物板或盘加热至接近玻璃相变温度 T_g 附近，施加一个数量级为 10MPa 的压力并持续一定时间，再在维持压力的条件下将样品冷却至室温；取消压力后，力驻极体形成。力驻极体可取材于极性材料和非极性材料，但不同类型材料的驻极体行为有明显的差异。极性材料 (如 PMMA、PVC 等) 形成的力驻极体表现出明显的多样性：在样品的表面呈现镶嵌状的电荷分布，即在同一表面上同时存在着正、负两类极性的充电区。这归因于由压力诱导引起聚合物中分子偶极基团的部分取向。在驻极体形成后的几分钟，样品的两边同时显示相反符号的等效面电荷，并随时间不断变化。图 3.26 给出了室温下力驻极体中等效面电荷密度随时间的变化曲线。力驻极体的面电荷密度约在 $10^{-5}C/m^2$ 数量级，它与驻极体的形变程度密切相关。材料形变速率的增加会导致等效面电荷密度的上升。

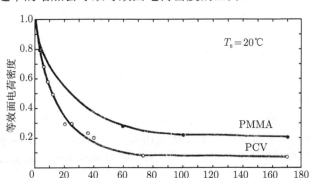

图 3.26 室温下力驻极体 PMMA 和 PVC 的等效面电荷密度随时间的变化曲线

利用非极性材料,如 PE 和 PP 也可研制力驻极体。这类力驻极体不但含有高面电荷密度,而且面电荷分布表现出良好的均匀性。然而,与极性聚合物力驻极体相比,其永久极化形成的机制不同:在邻近于压力传输层附近区域的电荷分离使得电荷在介质表面层积累;而另一方面,当施加压力时又导致黏附力的上升。

3.4.2 磁驻极体 [30]

当把某些电介质加热至软化温度或玻璃相变温度以上时,再在 0.1~1T 的强磁场下冷却至室温,即能实现永久介电极化。这类电介质称为磁驻极体[64]。利用巴西棕榈蜡已研制出了第一个人工磁驻极体[64,65]。其后基于各类电介质,如 PE、多晶硫[66]、多晶萘和 PMMA[67,68] 也相继研制出磁驻极体。与热驻极体的制备工艺相比较,除了用磁场代替电场外,其他工艺和热驻极体完全相同。磁驻极体内永久介电极化的形成机制仍不十分清楚。已取得的成果指出,在磁驻极体形成期间,介质内形成两类电荷,即由接触电极注入的空间电荷以及由外加磁场引起介质内偶极子有序取向形成的偶极取向极化电荷[69,70]。由于分子磁介质的各向异性,如果在 x 方向提供一个磁场,具有偶极矩的长链分子将在 yz 面上取向。由于热激发,在磁场作用下的这个系统使得聚合物的侧链产生顺磁性。由磁场诱导的长链分子侧基团有序取向的重新排列,已由 X 射线法的测量结果证实[71,72]。但这种有序化是否同时波及磁驻极体中空间电荷的分布尚不清楚。

磁驻极体的面电荷密度约达 $10^{-6}C/m^2$。在极化后的初始阶段随储存时间的延长而衰减。磁驻极体的两表面在极化后的初始阶段分别带有极性相反的异号电荷。但随后经老化,其中一个表面的电荷密度逐渐衰减至 0,并在该面上逐渐建立起异号的低密度的电荷层。而同时另一表面的电荷减少至类似值,但不改变符号。在图 3.27 中,面电荷密度的变化伴随着电容率的变化[68]。在 15kHz 时确定的磁驻极体的电容率比未极化的样品低。极化后，当两边的面电荷密度迅速衰减时，其电容率上升，此后变化甚微。

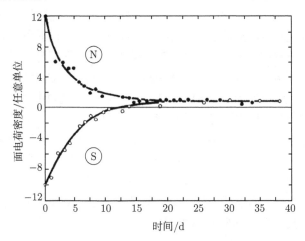

图 3.27 PMMA 磁驻极体的面电荷密度随时间的变化

3.5 充电结果的评述

当极化温度取在熔点至室温的范围内，将 0.1~5MV/m 或更强的电场提供到含气隙的块状蜡或树脂上充电时，可形成传统有机驻极体。通过分别测量充电电流和电极上感应电荷可研究它们在充电过程中的电荷建立的动态特性[73]。在较低的外场作用下 (几百 kV/m)，内部电荷的分离或偶极子取向形成的吸收电流与充电时间 t 间遵循 t^{-1} 关系，从而形成异号电荷驻极体。如果对样品提供中等强度的电场 (约 1MV/m)，则在异号电荷上叠加了部分由空气击穿沉积的密度较低但颇为稳定的同号电荷层，因此在小时数量级的周期内，驻极体呈现从异号向同号电荷的转换。若在较高的外场作用下，注入的高密度同号电荷将淹没较弱的异号电荷，从而形成了同号电荷驻极体。

除了压电材料外，聚合物薄膜驻极体通常是利用含气隙结构的充电系统成极。一般地说，其最高形成温度控制在 T_g 和 T_m 之间 (如 FEP 为 150~200℃)。在高充电温度下，注入电荷的大部分被捕获在深阱中，在这种条件下形成的驻极体具有良好的热稳定性。

压电聚合物的取向极化是通过接触电极 (在样品表面蒸镀金属膜)，在适当的高温下提供 80MV/m 的电场，或在室温下施加 100MV/m 以上的电场完成极化。对某些材料，在充电前需通过一定温度下的单轴拉伸以促进偶极子取向，从而明显地改善充电后的极化态[74]。

如果极化后的电介质既缺乏面电荷, 又没有外电荷的注入, 则这种材料的极化通常表现出可逆性。因此, 成极后在无偏置电场的退极化过程中所产生的放电电流和充电电流等值反向[75,76]。对含气隙结构的样品充电系统进行热充电时, 通过气隙能产生循环放电。初始提供的电场导致异号电荷增加, 同时气隙电场上升; 当气隙电场达到击穿电场时, 发生了离子电荷的电晕放电, 即同号电荷对样品注入; 由于注入电荷补偿了异号电荷, 气隙电场减弱, 放电停止; 随后异号充电再次出现, 介质内异号电荷密度再次上升, 循环往复······如果在气隙中插入一个介质层, 则放电频率增加, 最终沉积的同号电荷密度相应增加。用 PTFE 和 FEP 等非极性材料通过各种热充电方法形成的表面和空间电荷驻极体具有极好的电荷储存稳定性。这类方法, 加上电晕充电和非穿透性电子束辐照充电方法构成了工业驻极体形成工艺的三大支柱性极化技术。热极化技术尤其适用于压电和热释电驻极体材料的极化, 其缺点是表面与体电荷的横向分布欠均匀, 充电效率较低。表 3.2 综述了几种基本成极方法及其对应的驻极体类型。

表 3.2 几种驻极体的形成方法及相关信息[77]

	热驻极体 (极性驻极体)	空间电荷驻极体	光和辐照驻极体
成极类型	冻结的偶极极化; 和/或离子分离后的有序分布; 和注入的空间电荷	从外部注入介质中的空间电荷	由光或辐照激发出介质体内的空间电荷并由外场使空间电荷再分布
形成方法	热激发使偶极子松动; 外加电场使偶极子取向; 维持电场使偶极子冻结	电晕放电将空间电荷注入; 非穿透性电子束辐照充电; 在气隙中受控的电击穿充电; 液体接触法充电	通过光或离子辐照, 激发介质中的价带或陷阱中的电荷进入导带; 在外场作用下空间电荷再分布和被陷阱捕获
代表性材料	巴西棕榈蜡; PVDF 及其共聚物; 生物驻极体材料	PTFE, FEP, Teflon AF, SiO_2, Si_3N_4, COC	硒, 硫黄, 蒽
首次报道者	M. Eguchi, H. Kawai	B. Gross, G. M. Sessler	G. Nadjakov
重要应用	压电传感器, 热释电检测器	驻极体声传感器, 空气过滤器	电子照相, 静电复印

参 考 文 献

[1] Sessler G M. Electrets. Berlin: Springer-Vergag, 1987.
Southgate P D. Appl. Phys. Lett., 1976, 28: 250.
Das-Gupta D K, Doughty K. J. Phys. D, 1978, 11: 2415.

[2] Gross B. Br. J. Appl. Phys., 1950, 1: 259.

[3] Roos J. J. Appl. Phys., 1969, 40: 3135.

[4]   Fridkin V M, Zheludev I S. Photoelectrets and the Electrophotographic Process. New
      York: Consultants Bureau, 1961.
      Fridkin V M. Photoferroelectrics. Springer Series in Solid State Science, 1979.
[5]   Pillai P K C, Jain K, Jain V K. Phys. Status Solidi, 1972, 13: 341.
[6]   Eguchi M. Proc. Phys.-Math. Soc. Japan, 1919, 1: 320, 326.
[7]   van Turnhout J. Thermally Stimulated Discharge of Ploymer Elecrets. Amsterdam:
      Elsevier Sci. Publ. Co., 1975.
[8]   Hilczer B, Blaszczyk B, Goderska S. Fizyka Diel.i Radiosp., 1968, 4: 79.
[9]   Takamatsu T, Fukada E. Chage Storage, Charge Transport and Electrostatics with Their
      Applications//Wada Y, Perlman M M, Kokado H. Amsterdam: Elsevier Sci. Publishing
      Company, 1979: 292. Eledtric Charge in Thermal Electret of Carnauba Wax and Rosin
      Studied by Thermally Stimulated Currents.
[10] Gross B. An. Acad. Brasil. Cienc., 1948, 20: 247.
[11] Thiessen P A, Winkel A, Herrmann K. Physik Z., 1936, 37: 511.
[12] Sheppard G E, Stranathan J D. Phys. Rev., 1941, 60: 360.
[13] Creswell R A, Perlman M M. J. Appl. Phys., 1970, 41: 2365.
[14] Creswell R A, Perlman M M, Kabayama M, Karasz E. Dielectric Properties of Polymers.
      New York: Plenum Press, 1972.
[15] Gerhard-Multhaupt R. Proc. Inst. Phys. Conf. Sor., 1983, 66: 111.
[16] Deutsch W. Ann. Phys., 1933, 16: 588.
[17] 夏钟福, 丁亥. 同济大学学报, 1986, 14(2): 215.
[18] Collins R E. Proc. IREE, 1973: 381.
[19] 夏钟福, 丁亥. 电声技术, 1987, 2(总 50): 1.
[20] Baum E A, Lewis T J, Toomer R. J. Phys. D, 1977, 10: 487.
[21] Perlman M M, Kao K J, Bamji S, Wada Y, Perlman M M, Kokado H. Charge Storage,
      Charge Transport and Electronics with Their Applications. Amsterdam: Elsevier Sci.
      Publishing Company, 1979.
[22] Kao K J, Bamji S S, Perlman M M. J. Appl. Phys., 1979, 50: 8181.
[23] Toomer R, Lewis T J. J. Phys. D, 1980, 13: 1343.
[24] Carlson D, Wiles D. Canad. J. Chem., 1970, 48: 2397.
[25] Vyverberg R G, Dessauer J H, Clark H E. Charging Photoconduction Surfaces in Xe-
      rography and Related Processes. London: Focal Press, 1965.
[26] Sessler G M. J. Appl. Phys., 1972, 43: 405.
[27] Du pont de Nemours Co. Mylar and Teflon Technical lnformation Bulletins, Wilming-
      ton, 1964.
[28] Sessler G M, West J E. U. S. Patent, 1972, 1: 705, 312.
[29] Sessler G M, West J E. J. Appl. Phys., 1972, 43: 922.
[30] Sessler G M, West J E. J. Appl. Phys., 1976, 47: 3480.

[31] Gross B, de Oliveira L N. Proc. Intern. Symp. on Electrets and Dielectrics, Rio de Janeiro, 1977: 15.

[32] Gross B, Sessler G M, West J E. J. Appl. Phys., 1974, 45: 2841.

[33] Gross B, Sessler G M, West J E. J. Appl. Phys. Lett., 1974, 24: 351.

[34] Sessler G M, West J E. J. Electrostatics, 1975, 1: 111.

[35] Gross B, de Oliveira L N. J. Appl. Phys., 1974, 45: 4724.

[36] Sessler G M, West J E, Perlman M M. Electrets, Charge Storage and Transport in Dielectrics. The Electrochem. Soc. Princton, 1973.

[37] Sessler G M, West J E. Phys. Rev., 1974, 10: 4488.

[38] Gross B, Sessler G M, West J E. J. Appl. Phys., 1976, 47: 968.

[39] Englelbrecht R S. J. Appl. Phys., 1974, 45: 3421.

[40] Shaw J D. Introduction to Colloid and Surface Chemistry. London: Butterworths, 1970.

[41] Chudleigh P W. J. Appl. Phys., 1976, 47: 4475.

[42] Chudleigh P W, Collins R W, Hancock G D. Appl. Phys. Lett., 1973, 23: 211.

[43] Collins R E. Rev. Sci. Instr., 1997, 48: 83.

[44] Collins R E. Appl. Phys. Lett., 1975, 26: 675.

[45] Fields D E, Moran P R. Phys. Rev. Lett., 1972, 29: 721.

[46] Podgorsak E B, Moran P R. Appl. Phys. Lett., 1974, 24: 580.

[47] Gross B. Z. Phys., 1959, 155: 479; J. Appl. Phys., 1965, 36: 1635; IEEE Trans., NS-25, 1978: 1048.

[48] Sessler G M, West J E. Polym. Lett., 1969, 7: 367.

[49] Nadjakov G, Kashukeev N T. Izv. na Blgarskata Akademija na Naukite, Ser. Fiz., 1952, 3: 103.

[50] Freeman J R, Kallmann H P, Silver M. Rev. Mod. Phys., 1961, 33: 553.

[51] Pillai P K C, Arya S K. Solid State Electron., 1972, 15: 1245.

[52] Kallmann H, Rosenberg B. Phys. Rev., 1966, 97: 1596.

[53] Fridkin V M. Kristallografija, 1956, 1: 557.

[54] Belaev L M, Golovin B M, Zheludev S, et al. Trudy II Vsesojuznoj Konferentsii po Fizike Dielektrikov, Russian, 1983.

[55] Fridkin V M. Kristallografija, 1957, 2: 130.

[56] Fridkin V M. zh. Nauchnoj i Prikladnoj Fotografii i Kinematografii, 1959, 4: 2.

[57] Kellly B T. Lrradiation Damage to Solids. Oxford: Pergamon Press, 1966.

[58] Hilczer B, Kuleck J. Fizyka Diel. i Radiosp., 1976, 8: 199.

[59] Lushchejkin P A. Polymeric Electrets. Moskva: Izd. Khimija, 1976.

[60] Bazan C. Acta Phys. Polon., 1959, 18: 87.

[61] Miller M L. J. Polym. Sci., 1966, A-2, 4: 685.

[62] Miller M L, Murray J M. J. Polym. Sci., 1966, A-2, 4: 697.

[63] Novikov Y N, Polovikov F I. FTT, 1964, 8: 1565.

[64] Bhatnagar C S. Indian J. Pure Appl. Phys., 1964, 2: 331.

[65] Khare M L, Bhatnagar C S. Lndian J. Pure Appl. Phys., 1970, 8: 700.

[66] Sharma L N, Bhatnagar C S. Lndian J. Pure Appl. Phys., 1971, 9: 240.

[67] Agrawal B M, Bhatnagar C S. Lndian J. Pure Appl. Phys., 1973, 11: 413.

[68] Quershi M S, Bhatnagar C S. Lndian J. Pure Appl. Phys., 1972, 10: 220.

[69] Bhatnagar C S. Lndian J. Pure Appl. Phys., 1966, 4: 355.

[70] Bhatnagar C S, Khare M L, Qureshi M S. Wada Y, Perlman M M, Kokado H. Charge Storage, Charge Transport and Electrostatics with Their Applications. Amsterdam: Elsevier Sci. Publishing Company, 1979.

[71] Pan N R. lndian J. Pure Appl . Phys., 1975, 13: 806.

[72] Pan N R. lndian J. Pure Appl . Phys., 1976, 14: 800.

[73] Gross B. J. Chem. Phys., 1949, 17: 866.

[74] Fukada E, Sukarai T. Polym. J., 1971, 2: 656.

[75] Gross B, Denard L F. Phys. Rev., 1945, 67: 253.

[76] Das-Gupta D K, Joyner K. J. Phys. D, 1976, 9: 2041.

[77] Hilczer B, Malecki J. Electrets. Warszawa: PWN-Polish Scientific Publishers; New York: Elsevier, 1986.

第4章 驻极体的实验方法

驻极体材料以其优异的介电特性和电荷储存性能广泛应用于电声传感、生物医药、智能穿戴等领域。驻极体材料中电荷储存和电荷分布的测量是人们关注的重要科学问题。长期以来人们通过各种方法手段试图研究关于极化电荷和空间电荷的形成、传输、积累等性质。对极化和空间电荷的研究主要涉及两个方面: ①对极化电荷和空间电荷量的表征 (即电介质中存储电荷总量的多少); ②对极化电荷和空间电荷质的表征 (即研究电荷本身的稳定性)。本章主要介绍测量驻极体电荷密度和电荷分布的实验方法及其最新发展动态。

4.1 电荷密度的测量方法[1]

要测量一个充电电介质的净电荷 $\hat{\sigma} = \int_0^s \rho(x)\mathrm{d}x$, 可将这个驻极体置于 Faraday 杯中, 并测量从地流入杯中的感应电荷。由静电学知识可知, 该感应电荷和驻极体内的净电荷等值异号。然而在多数情况下, 我们希望测量得到的是驻极体的瞬时电荷分布, 而不是通常情况下相当微弱的净电荷。对双面裸露或单面带电极的驻极体, 可通过测量和驻极体表面平行的平面电极上的感应电荷来确定其储存的电荷密度。根据式 $\sigma_{i1} = -\hat{\sigma}_1/[1 + s_1\varepsilon_r/(s\varepsilon_{r1})]$, 由一个金属板支撑的驻极体所产生的感应电荷 σ_{i1} 正比于投影面电荷 (等效面电荷)$\hat{\sigma}_1$。对驻极体接触电极上的感应电荷密度 $\sigma_{i1} = -\hat{\sigma}_1$, 等效面电荷密度 $\hat{\sigma}_1$ 可形成与驻极体的实际电荷分布 $\rho(x)$ 完全相同的外电场。因此, 通过感应电荷的测量结果可以从数值上直接确定等效面电荷密度 $\hat{\sigma}_1$。尽管利用感应测量的方法对确定驻极体的实际储存电荷密度仍有一定的局限性, 然而由于这种方法十分简单, 它仍有广泛的应用前景[2,3]。

要测量带双面电极驻极体的电荷密度, 可通过测量在一定条件下的极化或退极化电流来实现。确定压电驻极体的极化电荷则要根据这类材料的压电和热释电性能进行实际估算[4]。与纯电学测量方法相比, 用粒子束偏转和作用在电极上的力来测量电荷密度的系统较为复杂, 且往往影响被测电荷的本征分布, 因此没有得到广泛的应用。根据测量双折射或二次谐波产生的相关参数来确定电荷密度的光学方法逐渐引起了驻极体及材料科学界的关注[5]。

4.1.1 可分解式电容器法

可分解式电容器 (dissectible capacitor) 法是一种确定驻极体等效面电荷密度

的经典方法。最简单的测量装置是由连接到冲击电流计 (或带旁路电容的静电计) 上的两个平行板电极组成的。当充电电介质置于两电极间并和电极接触时，会在电极上产生一感应电荷，这时再将其中一个电极从驻极体上举起，感应电荷就流入冲击电流计 (或电容器) 中 (图 4.1)。假如冲击电流计 (或电容器静电系统) 的时间常数比可动的上电极实际运动的时间长得多，则测定的感应电荷密度便可达到合理的精度。

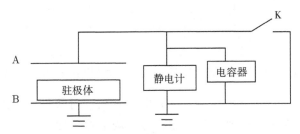

图 4.1 可分解式电容器法测量装置示意图

如果上电极和样品间含有气隙，则在电极上的感应电荷密度 σ_{i1} 比驻极体上的等效面电荷密度 $\hat{\sigma}_i$ 低。含有气隙和带单面电极的驻极体 σ_{i1} 和 $\hat{\sigma}_i$ 的关系由式 $\sigma_{i1} = -\hat{\sigma}_1/[1 + s_1\varepsilon_r/(s\varepsilon_{r1})]$ 确定。对块状驻极体，由于 $s_1/s \ll 1$，故 $\sigma_{i1} \approx -\hat{\sigma}_1$。然而对薄膜驻极体，实际的气隙厚度 s_1 和样品厚度常常处于同一个数量级，因此 s_1 需要被精确地确定。实际操作中往往通过分别测量驻极体薄膜样品和气隙的电容值以替代测量相应的厚度，从而最终确定驻极体的等效面电荷密度。

可分解式电容器法的优点是测量系统简单，测量程序方便。缺点是在测量过程中可能发生接触带电和气隙击穿。因此，可分解式电容器法不适用于那些分别带太高电荷密度或过低电荷密度驻极体的电荷密度测量。显然，电极和样品间存在气隙，以及气隙横向的非均匀性是影响薄膜驻极体电荷密度测量精度的两个基本因素。

4.1.2 电容探针法

电容探针 (capacitive probe) 法测量等效面电荷的原理与可分解式电容器法相似，为了克服可分解式电容器法的缺陷，在实验测量装置中增加了探针 (探测电极) 和驻极体上表面间的气隙厚度。表面积为 A 的探测电极一旦置于待测驻极体的电场中，则感应电荷 $A\sigma_{i1}$ 将从并联电容器 C 流到探针上 (图 4.2)。这时电荷 $A\sigma_{i1} = -CV$，其中，V 是电容器的端电压。只要 C 比探针的电容量大很多，σ_{i1} 即可近似地等于探测电极与样品表面在短路状态下的感应电荷密度。对仅带单面镀金属膜电极的驻极体而言，从式 $\sigma_{i1} = -\hat{\sigma}_1/[1 + s_1\varepsilon_r/(s\varepsilon_{r1})]$ 可得

$$\hat{\sigma}_1 = \left(1 + \frac{s_1\varepsilon_r}{s\varepsilon_{r1}}\right)\frac{CV}{A} \tag{4.1}$$

由于等式右边的所有物理量都可以精确地测定,因此,与可分解式电容器法相比,$\hat{\sigma}_1$ 值的测定精度可以大大地提高。

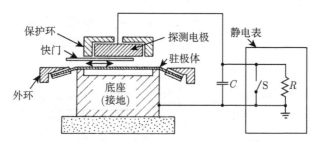

图 4.2　用于测量驻极体等效面电荷密度的电容探针法实验装置

图 4.2 给出了电容探针法测量装置的示意图。对薄膜驻极体电荷密度的测量而言,探针通常置于驻极体自由面上方几毫米处,允许测量的电荷密度高达 $10^{-2}\mathrm{C/m}^2$。利用一机械快门控制驻极体电场对探针电极的作用和屏蔽。C 上的电压由输入电阻为 R 的电压表测量。当驻极体的电场作用 (快门启闭) 的时间 $t \ll \tau = RC$ 时,据式 (4.1) 即可确定驻极体的等效面电荷密度。显然,不同尺寸的探测电极对应于不同的横向分辨率。利用一个微定位器即可测量驻极体表面各局部区域的横向电荷密度分布[2]。根据这一原理研制出具有高横向分辨率的全自动测量等效表面电荷分布的装置已广泛使用。

电容探针法的优点是:采用了非接触式测量技术对几何形状确定的驻极体等效面电荷密度具有良好的测量精度。这种方法特别适用于测量驻极体的局部区域平均电荷密度以及横向电荷分布,测量电荷密度范围已扩展到 $5\times10^{-7} \sim 10^{-2}\mathrm{C/m}^2$。

4.1.3　动态电容器法

动态电容器 (dynamic capacitor) 法是通过测量接近于驻极体一个电极上的感应交流电压来实现等效面电荷密度的测量。这个电压可以由电极 (也可以是驻极体自身) 的机械振动引起电场的变化产生,也可以通过移动快门对电极的周期性屏蔽引起电场的变化产生。无论上述哪一种情况都无须了解驻极体的电荷密度与测量电路产生的交流电压间的关系。动态电容器法的测量精度可通过完善交流电压的滤波、放大和自动记录电子系统的设计来改善。

与电容探针法相比较,动态电容器法的机械装置系统更复杂,从而限制了它的进一步推广。然而,如果充分发挥它允许应用信号处理系统的优势,选择足够高的工作频率 ω,使 $RC \gg 1/\omega$ 以确保在测量状态时线路的 RC 是常数,则动态电容器法可利用小探头实现横向高分辨率电荷密度分布的测量。

4.1.4 补偿法

补偿法 (compensation method) 是以一定频率振动的驻极体,或含气隙的电极振动使气隙中形成相应的交变电场,代替动态电容器法中测量感应的交流电压。其测量的基本思路是:在气隙中附加一振幅可调制的反相交流电压 V_0,用以补偿驻极体与电极间的气隙电场,直到气隙电场 E_1 为 0(实现完全补偿)[6,7]。由于这时 $E_1=0$ 和 $s_2 = 0$,根据式 (2.121),则单面镀电极的驻极体的等效面电荷密度为

$$\hat{\sigma}_1 = -\frac{\varepsilon_0\varepsilon_{\mathrm{r}}V_{\mathrm{s}}}{s} \tag{4.2}$$

这种方法也是非接触式测量。它的基本优点是:无须测量气隙厚度即可确定 $\hat{\sigma}_1$。根据这一原理设计出能自动测量薄膜驻极体的等效表面电势和等效面电荷密度及其横向分布规律的装置已经商品化 (例如, Isoprobe® Electrostatic Voltmeter,USA 就是其中一类的系列产品)。

4.1.5 热脉冲方法

热脉冲方法 (thermal pulse method) 是一种用于确定单面或双面镀金属电极驻极体内储存总净电荷密度的精确方法。这种方法已被广泛应用于测量薄膜驻极体的电荷重心和电荷分布 (参见 4.2.4 节)。如果用这种方法已经测定出驻极体样品的平均电荷重心 $\bar{r}$,并用补偿法测出了同一驻极体的等效表面电势 V_{s},则样品总等效面电荷密度可用式 $\hat{\sigma} = (\varepsilon_0\varepsilon_{\mathrm{r}}V_{\mathrm{s}})/\bar{r}$ 确定。热脉冲方法的物理原理、电荷重心及电荷分布的测量方法和热脉冲的实验技术将在 4.2.4 节中详细讨论。

4.1.6 极化和退极化电流法

前面讨论的几种测量驻极体等效面电荷密度的方法仅仅适用于至少包含一个表面未镀金属电极的系统。对双面蒸镀金属电极的驻极体的等效面电荷密度可从两电极上测量极化和退极化电流 (polarization and depolarization current) 来确定。方法之一是通过非穿透性的电子束充电,将空间电荷注入电介质内形成驻极体。这时从驻极体上表面注入的电荷,在数值上应等于从大地进入驻极体背电极的补偿电荷之和。另一种方法是将体内呈均匀极化分布的驻极体进行退极化测量。由于驻极体内每一个偶极电荷在电极上能感应出一个镜像电荷,因此驻极体内的极化在量值上应该等于从外电路上直接测得的退极化电流的积分[8]。然而,对驻极体内空间电荷释放的定量描述较为复杂,这是因为,在驻极体电场作用下,脱阱电荷向电极漂移通常不能释放出数值相等的镜像电荷。按式 (2.119) 和式 (2.124),如果一开始被捕获在一个电极附近的空间电荷漂移到该电极上,则接触电极上诱导的镜像电荷就十分少。例如,在这个驻极体内,在深度为 x_0 处的电荷密度为 σ_0,假如电荷是单向漂移的,对较远电极的释放电荷应该是 $\sigma_0 x_0/s$;如果漂移是双向的,则外

电路上实际总释放电荷就相当少。由于在均匀介质内较深电荷层的双向漂移效应突出，实际的释放电荷低于储存电荷总量的 15%[6]。然而对那些含有较高电导率区的驻极体 (用电子束辐照充电的驻极体)，漂移可能是单向的，这时释放的电荷总量可能接近于驻极体内实际电荷的储存量。例如，通过一个电介质表面注入载流子，它们被捕获在接近于另一个表面的体内，从而产生了几乎是完全穿透性的辐射感应电导率。在退极化时，电荷在高电导率区内，由驻极体的自身场激励而漂移到注入面，从而释放出大量的电极电荷。在单向漂移的情况下 (接近表面或导电区)，如果电荷的平均深度已知，由退极化所释放的电荷测量结果即能提供有关储存电荷密度的可靠量值。这类方法的缺点是：对测量样品是破坏性的。

4.2   电荷分布的测量方法[1]

驻极体中局域化未经补偿的电荷通常是以非均匀状态分布在材料体内。一般来说，电荷分布能以空间坐标 (x, y, z) 和时间 t 的函数予以精确描述。因此，驻极体中电荷分布和电荷平均深度的测量以及相关信息的研究，对理解驻极体形成期间的充电过程及驻极体储存期间缓慢的放电效应是十分重要的。另一方面，空间电荷和极化电荷分布，以及界面电场的测量，对了解介质的电击穿、理解电荷建立和衰减的机制也是十分重要的，它对工程绝缘材料在电气领域的应用，尤其是以聚乙烯为代表的直流和交流高压电缆材料的开发与应用方面具有重要意义。

在过去的 30 多年中，对电介质材料体内电荷分布的研究已取得了明显的进展。这应归功于能获得空间电荷及极化电荷分布详细信息的几种重要测量方法的建立、发展和完善。特别是以分辨率为 1μm 数量级的声和热方法的应用，大大加深了人们对聚合物薄膜驻极体中电荷的建立、积累、储存和输运现象的认识和理解。本节扼要介绍确定驻极体中空间电荷、极化电荷和电场分布的几种实验技术和方法，其中包括经典的和现代的方法。这里主要介绍几种可直接探测的非破坏性实验技术 (如热脉冲法和压力波法等)，并简述每一种方法的基本原理、典型的测量分辨率和各自的优缺点及其应用。

4.2.1   切片 (或刨削) 测量法

若一个块状驻极体足够厚，通过切片 (或刨削) 法 (sectioning and planing method) 可以将待测材料切成多个薄片，然后逐个测量每个薄片所带的电量可获得样品的极化电荷和真实电荷分布[9]。这种方法最初用于蜡驻极体 (由于这种材料质软易于切割) 的研究，后来人们把这种经典方法推广应用于聚合物驻极体。测量聚合物驻极体体内电荷分布的基本程序是，将一个驻极体沿垂直于极化方向的平面切割成若干个均匀的薄片。为了避免切割而发生的电荷损失，切割需要在低温下进行。此外, 切割过程还需避免额外电荷导入 (如接触充电或摩擦充电等), 以确保待测驻极体的本征驻极态。最后通过测量各切片的电荷量并积分, 以确定样品沿厚度方向的电荷分布。

要测量厚度为 s' 切片驻极体的静电荷, 可将它放入 Faraday 杯中或利用退极化方法确定其电荷量。由于极化电荷 (偶极子或微观位移电荷) 的净电荷是零, Faraday 杯法仅仅能确定净真实电荷量 $\hat{\sigma}_r = \int_0^s \rho(x)\mathrm{d}x$。如果在这个切片中仅存在单极性的真实电荷, 且 $s' \ll s(s$ 为块状驻极体的厚度), 则 $\hat{\sigma}_r$ 等于总的真实电荷。

假定一个薄膜驻极体切片含有量值为 $P_r(t)$ 的均匀极化强度和电荷密度为 $\rho_r(t)$ 的均匀分布空间电荷, 则通过测量短路退极化电流即可得到极化强度 P_r[10]。将式 (2.101)、式 (2.103) 和式 (2.119) 代入式 (2.141) 得到

$$i(t) = \frac{\mathrm{d}P_r(t)}{\mathrm{d}t} - \frac{\mathrm{d}}{\mathrm{d}t}\rho_r(t)\int_0^{s'}\left(1 - \frac{x}{s'}\right)\mathrm{d}x + i_c(0,t) \tag{4.3}$$

将上式对时间积分, 则表面积为 A 的片状驻极体释放的总电荷为

$$Q_\infty = AP_r(0) - \frac{1}{2}As'\rho(t) + A\int_0^\infty i_c(0,t)\mathrm{d}t \tag{4.4}$$

显然, 这个切片驻极体上的总电荷 Q_∞ 包含了极化电荷和空间电荷的贡献。可是随着 s' 的减小, 右式中的第二项趋于 0, 对第三项, 由于 $i_c \propto E(0,t)$(参看式 (2.136)), 在切片内它随着驻极体内储存的空间电荷的减少而减弱。切片驻极体的厚度不断变薄将使得退极化电流与厚度无关, 即仅仅取决于极化强度 P_r。因此最终测定的量是接近于具有均匀分布极化的 P_r。

利用切片工艺可能实现的切片厚度约为 5μm, 这个数值已限制了切片法的电流分辨率。此外, 这种方法最大的缺陷在于对测试样品具有完全的破坏性, 无法监测样品电荷分布随时间的变化规律。

4.2.2 组合感应退极化法

组合感应退极化 (polarization and depolarization current) 法利用测量在电极上的感应电荷密度和总退极化电流的方法也可确定驻极体的真实电荷的平均电荷重心[11]。这种方法适用于未镀电极或单面镀电极的样品, 且该样品仅仅存在单极性的电荷分布或是正负电荷云分布。其操作步骤如下: 首先用适当的方法测量出该驻极体自由面上的等效面电荷密度 σ_1, 再用外激发 (如热、离子辐照、光或其他手段) 使待测驻极体退极化, 同时通过接触电极测量其退极化电流, 确定单位面积上的总放电电荷 $q_\infty = \int_0^\infty i\mathrm{d}t$。对驻极体内仅存单极性的真实电荷, 从驻极体一个表面测得的平均电荷重心[11] 为

$$\frac{\bar{r}}{s} = \frac{1}{1 + \left| \dfrac{\sigma_1}{q_\infty} \right|} \tag{4.5}$$

上式已假设所有的电荷位于零电场平面同一侧，并相当靠近样品的一个电极，以致沉积电荷的大部分都漂移到一个表面。

对于由正负电荷云组成的空间电荷分布，式 (4.5) 也可用来测量平均电荷重心。但需要满足所有正电荷漂移到一个表面，而全部负电荷则迁移向另一个表面，$\bar{r}$ 仅仅表示正负电荷漂移距离的平均和。

在上述同样条件下，驻极体内储存的总电荷可表示为

$$\int_0^s |\rho_r(r)| \mathrm{d}x = |q_\infty| + |\sigma_1| \tag{4.6}$$

在实际应用中，我们经常碰到单极性载流子沿单一方向的漂移，尤其是在下面两种情况下：① 如果电荷储存在接近样品的一个表面 (通常定义为接近样品厚度的 20% 内)，并假定载流子呈现快再捕获效应[6]。对某些聚合物材料驻极体 (如利用电晕充电或液体接触法充电方法制备的 Teflon FEP 等驻极体) 就能满足这样的条件。② 用电子束辐照充电法将电荷沉积到任一深度并产生仅仅向一个确定电极漂移的电荷层。在这种情况下，辐照区的辐射感应电导率效应使载流子漂移返回到注入面，甚至当电子注入超过样品厚度的一半深度时，也会发生载流子反漂回入射面的电荷输运特性。

4.2.3　可分离式 Faraday 杯法

可分离式 Faraday 杯法 (split Faraday cup method) 用以测量经电子束充电的双面镀电极驻极体的空间电荷重心，也可用以研究充电期间电介质的电荷动态特性和由于辐射感应电导率影响的电荷储存和衰减[10,12]。图 4.3 给出了 Faraday 杯法测量装置示意图。待研究的聚合物薄膜被双面蒸镀金属电极，上电极十分薄从而忽略了电极对注入电子的吸收，每一个电极都通过一个远低于样品膜电阻的电流表接地。样品上表面以一定束能的电子束进行非穿透性辐照，辐照时间由一机械快门控制。辐照后的样品分成受照区和非受照区 (图 4.3)，则 Faraday 杯法的电流方程为

$$i_0 = i_1 + i_2 \tag{4.7}$$

其中，i_0 是注入电子束电流；i_2 和 i_1 分别是流入样品的上、下电极的电流。当快门打开并以短路辐照时，i_0、i_1 和 i_2 都不为 0，辐照停止时 $i_0 = 0$ 和 $i_1 = -i_2$。如果以非穿透性的电子束对样品进行开路辐照，则辐照流入背电极电流 i_1 等于注入电流 i_0，数值上等于样品内传导电流和位移电流之和，同时 $i_2 = 0$。如果注入样品

中的全部初始电子均被介质捕获, 则相对于上电极的 x 位置的 $\mathrm{d}x$ 层内捕获电荷密度为 $\rho(x)\mathrm{d}x$, 根据式 (2.126), 电介质的内电场为

$$E(x) = -\frac{1}{\varepsilon_0\varepsilon_\mathrm{r}} \left(\hat{\sigma}_1 - \int_0^x \rho(x') \right) \mathrm{d}x' \tag{4.8}$$

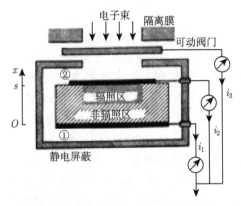

图 4.3 双面镀电极样品的 Faraday 杯法测量装置示意图

利用式 (2.119) 和式 (2.120), 则驻极体上电极 $(x=s)$ 和下电极 $(x=0)$ 上的电场分别为

$$E(s) - \frac{\hat{\sigma}_1 - \hat{\sigma}}{\varepsilon_0\varepsilon_\mathrm{r}} = \frac{\hat{\sigma}_2}{\varepsilon_0\varepsilon_\mathrm{r}} \tag{4.9}$$

$$E(0) = -\int_0^s \frac{\rho(x)}{\varepsilon_0\varepsilon_\mathrm{r}} \left(1 - \frac{x}{s} \right) \mathrm{d}x = \frac{\hat{\sigma}_2 - \hat{\sigma}}{\varepsilon_0\varepsilon_\mathrm{r}} \tag{4.10}$$

根据式 (4.23) 的平均电荷重心定义 (见 4.2.4 节):

$$\bar{r} = s\frac{\hat{\sigma} - \hat{\sigma}_2}{\hat{\sigma}} \tag{4.11}$$

在两电极处的电场 E_1 和 E_2 可表示为与 x 无关的量:

$$E_1 = -\frac{\bar{r}}{s}\frac{\hat{\sigma}}{\varepsilon_0\varepsilon_\mathrm{r}} \tag{4.12}$$

$$E_2 = -\left(\frac{\bar{r}}{s} - 1 \right) \frac{\hat{\sigma}}{\varepsilon_0\varepsilon_\mathrm{r}} \tag{4.13}$$

解式 (4.12) 和式 (4.13), 或根据式 (2.114)~ 式 (2.116) 并分别以上、下电极的感应电荷密度 $\sigma_{\mathrm{i}2}$ 和 $\sigma_{\mathrm{i}1}$ 表示 $\hat{\sigma}$ 和 $\bar{r}/s$, 则

$$\hat{\sigma} = \varepsilon_0\varepsilon_\mathrm{r}(E_2 - E_1) = -(\sigma_{\mathrm{i}1} + \sigma_{\mathrm{i}2}) \tag{4.14}$$

$$\frac{\bar{r}}{s} = \frac{E_1}{E_1 - E_2} = \frac{\sigma_{\mathrm{i}1}}{\sigma_{\mathrm{i}1} + \sigma_{\mathrm{i}2}} \tag{4.15}$$

如果以 A 表示电子束辐照样品的表面积，则下、上电极的总电荷分别为 $Q_1 = A\sigma_{i1}$ 和 $Q_2 = A\sigma_{i2}$，并定义

$$\hat{\sigma} = -\frac{Q_1 + Q_2}{A} \tag{4.16}$$

$$\frac{\bar{r}}{s} = \frac{Q_1}{Q_1 + Q_2} \tag{4.17}$$

图 4.4 给出了 Gross 等[12] 测量电极上感应电荷 Q_1 和 Q_2 的实验装置示意图。25μm 厚的盘状样品底部以 Al 覆盖，上电极仅中心部位被覆盖 Al 层。薄膜在真空中被非穿透的电子束辐照。电子束电流密度为 $7.5 \times 10^{-6}\text{A/m}^2$，束能在 10~50keV 范围内可调，上电极通过电容器 C_2 和电流表的附加系统相连并接地，或者保持开路状态。为了确定待测驻极体的平均电荷重心，样品在开路状态下 (图 4.4 中 A 相) 辐照几秒至几十秒，此时注入的电荷 Q_1 随时间线性上升。显然，由于上电极开路 $(i_2 = 0)$，C_2 上的压降为 0。在辐照结束时，驻极体被短路 (图 4.4 中 B 相)，C_2 上的电压 V_2 迅速上升，相应 C_1 上的 V_1 同步下降。根据式 (4.17) 即可确定充电样品的电荷重心 $\bar{r}$。然而，随着短路后的时间延长，V_1、V_2 和对应的 C_1、C_2 继续变化，这种变化或者是由于总电荷量的减少，或者是由于平均电荷重心向深层迁移。

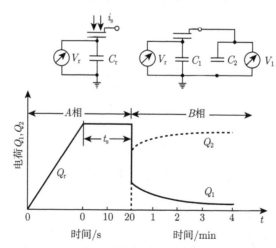

图 4.4　用 Faraday 杯法测量电极上感应电荷 Q_1 和 Q_2 的实验装置示意图

图 4.5 给出了驻极体经电子束辐照后保持开路 40min 后再短路的感应电荷随储存时间的变化规律。由于驻极体放电越来越慢，这时随着短路状态的引入，C_1 和 C_2 上的初始电压更容易确定。这是基于这时总电荷量几乎不再减少，以及在没有放电电流的条件下辐射感应电导率随时间的衰减。这个实验程序对研究辐照后电介质的辐射感应电导率特别有用。必须注意：可分解式 Faraday 杯法仅在电介质内

不存在偶极电荷时，才能给出精确的结果。这种方法还要求必须在驻极体充电期间测量部分数据，如果这一测量条件不能满足，可以利用感应退极化方法或者热脉冲技术进行测量。

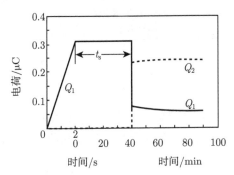

图 4.5 辐照结束经 40min 后测量 Q_1 和 Q_2 的结果

如果一个样品仅蒸镀背电极，通过测量电子束辐照结束时穿过背电极的电荷 Q_m 和充电后样品接触在前电极上的感应电荷 Q_i，则通过公式[13]

$$\frac{\bar{r}}{s} = \frac{Q_m - Q_i}{Q_m} \tag{4.18}$$

也可确定样品的平均电荷重心。

用单能电子束辐照材料后测量样品中电荷分布的方法是基于：在电子束辐照过程中，样品厚度方向上电子束辐照区的导电率比较高，原来储存的电荷被释放而被外电路测量到。因此，通过不断增加电子束辐照的能量就可以逐步测量样品厚度方向上不同位置的电荷量。但这种方法是建立在电子束辐照会明显改变样品载流子迁移率这一前提下的，因此它适用的测试材料范围有限。

4.2.4 热脉冲方法

热脉冲方法 (thermal pulse method) 首先由 Collins[14-18] 建议。该方法的基本原理是测量在热平衡过程中驻极体薄膜的等效表面电势变化，即将一闪光信号 (可见光或激光) 照射到驻极体镀金属膜的表面以提供一热信号。当该热信号在样品内扩散时，测量样品内的电响应随时间的变化。这种电响应的变化图像即可反映出空间电荷或极化电荷的分布规律，从而直接估算出驻极体沿厚度的平均电荷重心。不过相应的电荷分布需要通过消卷积法确定。

1. Collins 模型

(1) 带单面电极薄膜驻极体的平均电荷重心测量。在热绝缘聚合物薄膜表面上以周期约为 80μs 的强光脉冲辐照以实现对样品的加热 (图 4.6)[19]。辐照光被样品

表面上 $(x=0)$ 约 40nm 厚的蒸镀金属电极吸收，使金属层局部升温。随后热脉冲穿透金属电极进入驻极体内，并通过热扩散传递到另一边 $(x=d)$。由于非均匀的热膨胀和材料电容率的局部变化，驻极体受热区的空间电荷相对于未受热区的电荷产生位移，形成样品端面间电压随时间的变化 $\Delta V(t)$。这时与空间电荷和极化电荷分布，以及温度变化 $\Delta T(x,t)$ 相关的上述电压响应 $\Delta V(t)$ 由下式表示[14]：

$$\Delta V(t) = \frac{1}{\varepsilon_0 \varepsilon_r} \int_0^s \left\{ \left[(\alpha_x - \alpha_\varepsilon)\rho(x) - (\alpha_p - \alpha_x - \alpha_\varepsilon)\frac{\mathrm{d}P(x)}{\mathrm{d}x} \right] \times \int_0^x \Delta T(x',t)\mathrm{d}x' \right\} \mathrm{d}x \tag{4.19}$$

这里，$\rho(x)$ 和 $P(x)$ 分别表示驻极体空间电荷和极化电荷的分布；α_x、α_ε 和 α_p 分别表示热胀系数、电容率和"永久"极化强度的温度系数。对于非极性驻极体，$P(x)=0$，则方程 (4.19) 可简化为

$$\Delta V(t) = \frac{\alpha_x - \alpha_\varepsilon}{\varepsilon_0 \varepsilon_r} \int_0^s \left[\rho(x) \int_0^x \Delta T(x',t)\mathrm{d}x' \right] \mathrm{d}x \tag{4.20}$$

方程 (4.19) 和方程 (4.20) 是在理想的开路条件下导出的。

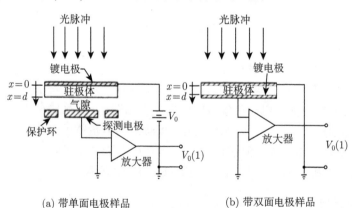

(a) 带单面电极样品　　　　　　(b) 带双面电极样品

图 4.6　热脉冲方法测量装置示意图

假定对一个无限短的光脉冲，如果忽略了金属层的热质量并对周围环境也是热绝缘的。为了利用热脉冲方法测量样品的平均电荷重心，需要考虑光脉冲辐照后驻极体的两个状态：① $t=0$，即光脉冲辐照结束的时刻；② $t \gg \tau$，即当热扩散至样品内的温度已达到均匀分布时。对非极性驻极体材料而言[19]：

$$\Delta V_0(t \gg \tau) = \frac{(\alpha_x - \alpha_\varepsilon)\Delta T_\tau}{\varepsilon_0 \varepsilon_x} \int_0^s x\rho(x)\mathrm{d}x \tag{4.21}$$

$$\Delta V_0(t = 0) = \frac{(\alpha_x - \alpha_\varepsilon)\Delta T_\tau s}{\varepsilon_0 \varepsilon_r} \int_0^s \rho(x)\mathrm{d}x \tag{4.22}$$

其中，ΔT_τ 是在 $t \gg \tau$ 时的温度增量；τ 是热扩散时间常数。从式 (4.21) 和式 (4.22) 可得

$$\frac{\bar{r}}{s} = \frac{\int_0^s x\rho(x)\mathrm{d}x}{s\int_0^s \rho(x)\mathrm{d}x} = \frac{\Delta V_0(t \gg \tau)}{\Delta V_0(t = 0)} \tag{4.23}$$

式中，$\bar{r}$ 描述了相对于背电极的薄膜驻极体内的平均电荷重心位置。

(2) 双面镀金属电极薄膜驻极体平均电荷重心测量[19]。对双面蒸镀金属电极薄膜的驻极体来说，在充电期间和充电后维持短路状态（$V_s = 0$，这时金属层内电荷补偿了驻极体内的电荷）。图 4.6(b) 给出测量带双面电极驻极体电荷重心的装置示意图。为实现实验的开路状态，前置放大器需具有高输入阻抗（$10^{14}\Omega$）。图中仍然定义 $x = 0$ 为前电极，$x = d$ 为后电极。如果从前电极 F 照光，则前电极上的电压响应 $\Delta V_\mathrm{F}(t)$ 是由驻极体体内电荷分布 $\rho(x)$ 和背电极上的补偿电荷 $\sigma_\mathrm{r}\delta(x - s)$ 之和产生的：

$$\Delta V_\mathrm{F}(t) = \frac{\alpha_x - \alpha_\varepsilon}{\varepsilon_0\varepsilon_\mathrm{r}} \int_0^s \left\{ [\rho(x) + \sigma_\mathrm{r}\delta(x - s)] \int_0^x \Delta T(x', t)\mathrm{d}x' \right\} \mathrm{d}x \tag{4.24}$$

其中，$\delta(x - s)$ 是 δ 函数；$\sigma_\mathrm{r} = -\dfrac{1}{s}\displaystyle\int_0^s x\rho(x)\mathrm{d}x$。将 σ_r 的表示式代入式 (4.24) 可得

$$\begin{aligned}
\Delta V_\mathrm{F}(t) = \frac{\alpha_x - \alpha_\varepsilon}{\varepsilon_0\varepsilon_\mathrm{r}} &\left\{ \int_0^s \left[\rho(x) \int_0^x \Delta T(x', t)\mathrm{d}x' \right] \mathrm{d}x \right. \\
&\left. - \int_0^s \left[\rho(x) \frac{x}{s} \int_0^s \Delta T(x', t)\mathrm{d}x' \right] \mathrm{d}x \right\}
\end{aligned} \tag{4.25}$$

方程 (4.25) 的右边第一项是对单面镀电极样品的开路响应，第二项是后电极金属层上补偿电荷的贡献。如果从后电极照光，利用同样的坐标系我们可以得到电势变化值 $\Delta V_\mathrm{R}(t)$ 为

$$\begin{aligned}
\Delta V_\mathrm{R}(t) = \frac{\alpha_x - \alpha_\varepsilon}{\varepsilon_0\varepsilon_\mathrm{r}} &\left\{ \int_0^s \left[\rho(x) \int_{s-x}^s \Delta T(x', t)\mathrm{d}x' \right. \right. \\
&\left. \left. - \int_0^s \rho(x) \left(1 - \frac{x}{s}\right) \int_0^s \Delta T(x', t)\mathrm{d}x' \right] \mathrm{d}x \right\}
\end{aligned} \tag{4.26}$$

假设以无限短的热脉冲 $\Delta T(x', 0) = \Delta T_\tau\mathrm{d}\delta(x' - s)$ 和 $\Delta T(x', 0) = \Delta T_\tau\mathrm{d}\delta(x')$ 分别从后电极和前电极照射，可求出在时间 $t = 0$ 时的两响应之和是

$$\Delta V_\mathrm{F}(0) + \Delta V_\mathrm{R}(0) = \frac{(\alpha_x - \alpha_\varepsilon)\Delta T_\tau s}{\varepsilon_0\varepsilon_\mathrm{r}} \int_0^s \rho(x)\mathrm{d}x \tag{4.27}$$

显然，两部分的响应正比于样品的总电荷。

在上述假设条件下，当 $t = 0$ 时，方程 (4.26) 为

$$\Delta V_\mathrm{R}(0) = \frac{(\alpha_x - \alpha_\varepsilon)\Delta T_\tau}{\varepsilon_0 \varepsilon_\mathrm{r}} \int_0^s x\rho(x)\mathrm{d}x \tag{4.28}$$

根据式 (4.27) 和式 (4.28) 可求出带双面电极驻极体储存电荷的平均重心：

$$\frac{\bar{r}}{s} = \frac{1}{1 + \Delta V_\mathrm{F}(0)/\Delta V_\mathrm{R}(0)} \tag{4.29}$$

2. 用热脉冲法测定驻极体的电荷分布[20]

(1) Collins 模型。Collins[14-18] 提出使用热脉冲照射样品表面产生瞬态热量，然后这一热量沿样品厚度方向逐渐扩散而在样品内达到热平衡。样品在温度变化时会发生热膨胀和介电常数的改变，从而引起样品电容的改变。如果样品内存储有一定量的电荷，那么在外电路中就会测量得到电信号的响应，经过反卷积运算就可以得到样品内部的电荷分布。

Collins 用一个模拟绝缘体来确定薄膜驻极体的实际电荷分布。他将方程 (4.20) 的积分由累加近似代替，即将电荷连续分布 $\rho(x)$ 以密度 ρ_i 和坐标 $x_i = \left(i - \dfrac{1}{2}\right)\dfrac{s}{N}$ $(i = 1, 2, 3, \cdots, N)$ 的 N 个电荷层的分立系统代替。方程 (4.20) 中温度函数的积分用若干层 x_i 的叠加，所有的求和都是通过模拟电路实现。由热脉冲实验测定的电压 $\Delta V(t)$ 是上面 N 个温度函数的加和，而每个温度函数都是由正比于特定层中的电荷量来估算的，即

$$\Delta V(t) = \sum_{i=1}^{N} \rho_i \left(\sum_{j=1}^{i} \Delta T_j\right) \tag{4.30}$$

因此消卷积过程是选定一种假定的分立电荷分布 $\rho_1, \rho_2, \cdots, \rho_N$ 组成和计算出由这种电荷分布产生的 $\Delta V(t)$ 函数，接着这个电荷分布以连续迭代和对 $\Delta V(t)$ 进行重复计算，直到实验数值和假设值吻合。

利用消卷积法确定驻极体电荷分布时面临的实际问题如下：如果实际的电荷密度产生了某种不同的分布轮廓，往往导出在误差允许范围内完全相同形状的 $\Delta V(t)$ 曲线。因此 Collins 指出以热脉冲方法无法求出电荷分布的唯一解。DeReggi 等[20,21] 建议：由于 Collins 模型分析应用了初始的几个空间电荷或极化电荷的 Fourier 系数，而不是 Collins 文章中建议的应该是空间和极化电荷自身，这是导致无法求出电荷分布唯一解的问题所在。

由于聚合物中热扩散相对比较慢，且对光频带宽度要求比较低，因此热脉冲方法比较适合测量较薄聚合物样品中的空间电荷分布，并可以达到非常高的测量分辨率。值得注意的是，由于热脉冲扰动是一个扩散过程，热脉冲方法的空间分辨率随着测量深度的增加快速下降。

(2) DeReggi 模型。DeReggi 和 von Seggern 利用对热脉冲 Fourier 分析所得到的结果有效地改善了 Collins 模型的精度和不确定性。DeReggi 发现: 如果 $\Delta V(t)$ 的测量结果仅有 1% 数量级的精度就不足以给出电荷分布的轮廓, 而仅能给出 10~15 个 Fourier 系数。根据理论模型和计算模拟, von Seggern 说明, 即使测量误差接近 1% 也仅可能得到初始的电荷瞬态分布和最初的几个 Fourier 系数。由 Collins 模型得到的非唯一解的电荷分布问题已由 DeReggi 等进行了详细的分析。DeReggi 和 von Seggern 的论文中提出[19,21,22], 通过双面镀金属膜样品, 从样品两面收集数据可以改善测量的分辨率。分辨率的改善是基于具有对称解的响应, 即具有数值相当的偶数和奇数时间项的延伸, 这时样品每一边都存在数值相当的奇数项和偶数项。

与 Collins 模型中以样品上空间电荷或极化电荷分布的 Fourier 系数解析的电响应相比较, DeReggi 等的模型分析要量化得多。Mopsik 和 DeReggi[22] 通过数值计算给出了相应的结果。利用 DeReggi 方法能获得极化分布最常规的 7~10 个 Fourier 系数, 例如, 对 25μm 厚的聚合物薄膜驻极体样品, 可得到极化轮廓的分辨率约为 2.5μm。DeReggi 等[21] 的分析如下: 如果在时间 t 时的温度 $T(x,t)$ 通过的样品看作为厚度 s 的无限长的棒, 则当周期为 t_r 的热脉冲照射到样品表面 $x=0$ 处时, 在热脉冲辐照结束时的初始温度 $T(x,0)$ 是

$$T(x,0) = T_1 + \Delta T(x,0) \tag{4.31}$$

这里, T_1 是热脉冲辐照前样品的均匀温度; $\Delta T(x,0)$ 是热脉冲辐照前后样品的温差。实际上 $\Delta T(x,0)$ 是从 $x=0$ 以宽度 $\xi \ll s$ 的一个典型局域化函数的扩展。$t > 0$ 时的温度 $T(x,t) = T_1 + \Delta T(x,t)$, 其中,

$$\Delta T(x,t) = a_0 + \sum_{n=1}^{\infty} a_n \cos\left(\frac{n\pi x}{s}\right) \exp\left(-\frac{n^2 t}{\tau_1}\right) \tag{4.32}$$

这里, $\tau_1 = s^2/(\pi^2 k)$, k 为热导率。而

$$a_0 = \frac{1}{s} \int_0^s \Delta T(x,0)\mathrm{d}x = \lim_{t\to\infty} \Delta T(x,t) \tag{4.33}$$

$$a_n = \frac{2}{s} \int_0^s \Delta T(x,0) \cos\left(\frac{n\pi x}{s}\right) \mathrm{d}x, \quad n = 1, 2, \cdots \tag{4.34}$$

对一般的 $\Delta T(x,0)$, 样品的表面温度是

$$\Delta T(0,t) = a_0 + \sum_{n=1}^{\infty} a_n \exp\left(-\frac{n^2 t}{\tau_1}\right) \tag{4.35}$$

$$\Delta T(s,t) = a_0 + \sum_{n=1}^{\infty} (-1)^n a_n \exp\left(-\frac{n^2 t}{\tau_1}\right) \tag{4.36}$$

通过测量单面或双面电极上的暂态电阻可得到量纲为一的量的 $\Delta T(0,t)/a_0$ 和 $\Delta T(s,t)/a_0$，那么在未知热脉冲形状时可确定 a_n/a_0 和 τ_1，将方程 (4.32) 代入方程 (4.20) 可得

$$\Delta V(t) = \frac{\alpha_x - \alpha_\varepsilon}{\varepsilon_0 \varepsilon_r} \left[a_0 A_0 + \frac{s}{n} \sum_{n=1}^\infty \frac{a_n A_n}{n} \exp \left(\frac{-n^2 t}{\tau_1} \right) \right] \tag{4.37}$$

这里，

$$A_0 = \int_0^s x \rho(x) \mathrm{d}x, \quad A_n = \int_0^s \rho(x) \sin \left(\frac{n\pi x}{s} \right) \mathrm{d}x, \quad n = 1, 2, \cdots \tag{4.38}$$

如果能分别展开成余弦和正弦级数，则 a_n 和 A_n 分别是对应 $\delta(x,0)$ 和 $\rho(x)$ 的 Fourier 级数的展开式系数。在这个模型中可测量出由电响应产生的 Fourier 系数组合式 $(a_n/a_0)(A_n/A_0)(s/\pi)$。当热脉冲周期足够短 (满足达最高值 n 时 $t_r \ll \tau_1/n^2$) 时，可得到 $a_n/a_0 \approx 2$。此外，通过分别测量两电极上的暂态电阻可得 a_n/a_0。因此电荷分布的 Fourier 系数 A_n/A_0 可通过序数 $N = (\tau_1/t_r)^{1/2}$ 项来确定。热脉冲实验的空间分辨率约为 s/N。

3. 热脉冲的实验描述[23]

利用热脉冲方法测量薄膜样品较合适的厚度是 $10 \sim 50\mu m$。待测的聚合物驻极体膜应首先安装在具有一定张力的两铜环之间，再用一个套环将样品膜进一步张紧，但不能超过其弹性限度 (图 4.7)。由此产生的横向张力是为了确保在热脉冲作用下由薄膜的热膨胀效应所产生的位移仅在膜厚方向发生。样品和测量电极的气隙间距为 0.5mm，光脉冲的宽度可取 $5\mu s \sim 2ms$ 数量级，光脉冲的能量可高达 40J(闪光灯或激光光源)，常用的光脉冲周期是 $80\mu s$，总吸收能量为 0.02J。从光源发出的光脉冲，通过一圆柱形 PMMA 导光玻璃投射到驻极体的金属膜面。为了避免在热平衡过程中测量端的电容放电，来自测量电极上的电信号被输入一个高输入阻抗的放大器 (图 4.6)。为了克服气隙间的静电场对 $\Delta V(t)$ 的影响，利用一外加声振动 (扬声器) 以激励驻极体薄膜，并通过补偿原理以抵消气隙间由驻极体形成的静电场。则从光脉冲辐射到样品镀金属膜电极，直到热扩散均匀后的输出信号 $\Delta V(t)$ 被输入记忆示波器的存储单元 (或输入计算机)，最终从示波器的荧光屏上通过照相记录 $\Delta V(t)$ 曲线。

图 4.8[17] 给出了通过热脉冲方法测量获得的经过不同的驻极体形成工艺的 Teflon FEP(充电后立即测量和经 180℃分别老化 24min 和 36min 后测量) 的 $\Delta V(t)$ 曲线 (图 4.8(a))，以及相应形成工艺下的电荷分布轮廓 (图 4.8(b))。这些数据给我们提供了十分重要的信息：随着老化时间的延长，负电荷重心逐渐向体内迁移直至背电极。即适当的高温热处理的 Teflon FEP 薄膜驻极体可获得高稳定性的空间电荷分布[17]。

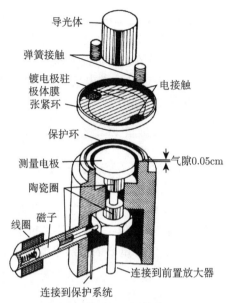

图 4.7 热脉冲装置样品夹具

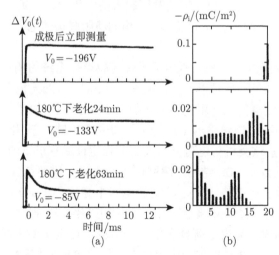

图 4.8 (a) 热脉冲照射后的等效电势 $\Delta V(t)$ 曲线；(b) 驻极体在 180°C老化的 3 个阶段的空间电荷分布

驻极体电荷的横向分布不均匀会导致在测量过程中气隙电场不能完全被补偿，从而引起声噪声的测量误差。研究指出：如果驻极体的等效面电荷密度的横向不均匀性超过百分之几，则引起的测量误差就相当大。电荷分布的横向不均匀性问题可通过减小测量电极面积和增加待测驻极体薄膜安装时的机械张力加以改善。

蒸镀在驻极体上金属电极层的膜应足够薄，以尽量减小热容，但又要确保金属

膜的面电阻 R_s 小于 5Ω，以避免入射光脉冲在穿透金属电极时的可能热损耗和保证良好的电接触。对真空镀铝电极，其厚度在 40nm 为宜。

测量结果说明：对 $10\sim50\mu m$ 厚的市售商品驻极体膜 (如 DuPont 公司产品)，其厚度的不均匀性约为 10%，这必然导致充电后驻极体的 V_s 横向不均匀。另外，热时间常数 τ 与膜厚 s 间存在平方关系[17]：

$$\tau = \frac{c_p s^2 d}{\sigma_T} \tag{4.39}$$

式中，c_p 为定压比热；d 为样品密度；σ_T 为热导率。因此，开展热脉冲实验时需要对薄膜进行筛选，并注意到膜厚均匀性的影响。

热脉冲方法的优点是：设备简单，操作较为方便。它较广泛地用于测量聚合物薄膜驻极体的平均电荷重心。如果辅以数学手段和计算技术，还可获得样品的电荷分布轮廓。用热脉冲方法测量出的电荷重心的分辨率约为 $\pm1\mu m$。

4.2.5　电容--电压分析法

电容–电压 (C-V) 分析法 (capacitance-voltage analyzer) 是建立在半导体技术 C-V 分析的基础上于 20 世纪 90 年代发展起来的，用以测量膜厚小于 $1\sim2\mu m$ 且具有 MIS (metal-insulatior-semiconductor) 结构的薄膜驻极体电荷重心及电荷密度的新方法[24]。

热脉冲方法及压力波法等只适用于柔性薄膜电极系统的测量，测量分辨率约在 $\pm1\mu m$ 或更低。Si 基 (硬质基片) 和膜厚仅 $1\mu m$ 左右的无机薄膜驻极体的电荷重心及电荷密度的测量无法利用上述的传统方法。近年来，以半导体为基的薄膜驻极体已成为驻极体和微型传感器工程的重要研究新领域，它们的电荷重心及储电能力的测量，是探索这类材料电荷分布及电荷稳定性微观机制的重要手段之一。

用 C-V 分析法确定 MIS 结构薄膜驻极体的 $\bar{r}$ 和 σ 需要包含：①确定在储电膜空气界面处的等效表面电势 V_s；②测定储电膜半导体 (如 SiO_2-Si) 界面上的电压漂移量 ΔV。对 V_s 的测量可根据式 (2.126)，利用补偿法原理通过静电电势计的非接触探测在无须知道样品内电荷分布规律的前提下可直接测定样品的 V_s。对 ΔV 而言，首先需在 Si 基驻极体的自由面上蒸发一层铝电极 (或放置一粒水银) 以形成 MIS 结构 (图 4.9)。该结构的电容即为 MIS 电容。

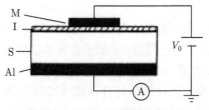

图 4.9　MIS 结构测量示意图

在上电极和半导体衬底间施加一直流偏压 V_0, 当偏压改变时 MIS 的电容 C(或电导 G) 随之改变。这种变化是由于外加可调偏压引起介质中储电层变迁导致了 Si 介质膜界面处电势的漂移 ΔV。图 4.10 给出了具有 MIS 结构的 SiO$_2$ 薄膜充电前后的 C-V 和 G-V 曲线的漂移示意图。充电 MIS 结构的介质层 (图 4.11) 可等效为带双面电极的驻极体。在无偏置的条件下,由于驻极体半导体界面处的电荷积累,或如果密度为 σ 的电荷层位于在离驻极体上表面的 $\bar{r}$ 处,则在驻极体内电荷层上下区域内的电场可分别表示为[25]

$$E_1 = \frac{\hat{\sigma}}{\varepsilon_0 \varepsilon_r} \left(\frac{s - \bar{r}}{s} \right) \tag{4.40}$$

$$E_2 = \frac{\hat{\sigma}}{\varepsilon_0 \varepsilon_r} \frac{\bar{r}}{s} \tag{4.41}$$

则等效表面电势 V_s 和电压漂移量 ΔV 间的关系为 $V_s = E_1 s$ 和 $V_s = E_2 s$。从自由面起算的平均电荷重心为

$$\bar{r} = \frac{\Delta V s}{V_s + \Delta V} \tag{4.42}$$

等效面电荷密度为

$$\hat{\sigma} = \frac{\varepsilon_0 \varepsilon_r V_s}{s - \bar{r}} \quad 或 \quad \hat{\sigma} = \frac{\varepsilon_0 \varepsilon_r \Delta V}{\bar{r}} \tag{4.43}$$

利用 C-V 分析仪 (如 Keithley 590, USA) 分别测量出含驻极体薄膜的 MIS 结构充电前后的 C-V(或 G-V) 曲线,可确定出充电前后两种状态下驻极体–半导体界面处的电压漂移量 ΔV(图 4.10);加上以补偿法测定的 V_s 后,$\bar{r}$ 和 $\hat{\sigma}$ 即可确定。

上述公式仅适用于含单层储电薄膜 (如 SiO$_2$) 的 Si 基 MIS 系统。对 Si 基双层储电介质薄膜的 MIS 系统,如 Si 基 Si$_3$N$_4$/SiO$_2$ 驻极体膜的电荷重心和电荷密度计算,则需要对式 (4.42) 和式 (4.43) 进行修正[26]。

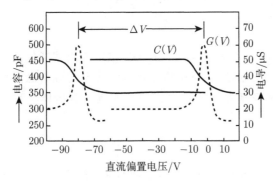

图 4.10 充电前后 MIS 结构的 C-V 和 G-V 特征曲线

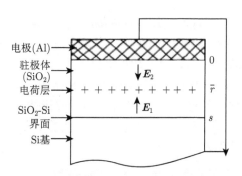

图 4.11　具有 MIS 结构的 SiO_2 短路驻极体电场示意图

在测定充电后的双层膜系统驻极体等效表面电势 V_s 和由外加可调偏压及注入空间电荷的极化效应导致电介质–半导体界面上的电压漂移 ΔV 后，根据下式确定 Si 基双层驻极体膜的电容 C_e：

$$\frac{1}{C_e} = \frac{s_1}{\varepsilon_0 \varepsilon_{r1}} + \frac{s_2}{\varepsilon_0 \varepsilon_{r2}}, \quad C_e = \frac{\varepsilon_0 \varepsilon_{r1}}{s_1 + \dfrac{\varepsilon_{r1}}{\varepsilon_{r2}} s_2} \tag{4.44}$$

其中，ε_{r1} 和 ε_{r2} 分别表示在常规极化条件下双层介质中储电层和非储电层的相对电容率，即 Si_3N_4 和 SiO_2 的相对电容率；s_1 和 s_2 是它们的厚度。则双层膜的等效厚度为

$$s = s_1 + \frac{\varepsilon_{r1}}{\varepsilon_{r2}} s_2 \tag{4.45}$$

从式 (4.42)∼ 式 (4.45) 可分别导出 Si 基双层膜驻极体系统的 $\bar{r}$ 和 $\hat{\sigma}$：

$$\bar{r} = \frac{\left(s_1 + \dfrac{\varepsilon_{r1}}{\varepsilon_{r2}} s_2\right) \Delta V}{\Delta V + V_s} \tag{4.46}$$

$$\hat{\sigma} = \frac{\varepsilon_0 \varepsilon_{r1} V_s}{s_1 + \dfrac{\varepsilon_{r1}}{\varepsilon_{r2}} s_2 - \bar{r}} \tag{4.47}$$

利用 Keithley 590 C-V 分析仪和 IEEE 488 接口控制智能化数字绘图仪可直接显示 C-V 和 G-V 曲线。通过计算机进行程控和内部定标参照源可确保测量结果的准确度。例如，测量膜厚为 1.1μm 的 Si 基无机薄膜驻极体 $\bar{r}$ 和 $\hat{\sigma}$ 的精度可控制在小于 1% 范围内。

4.2.6　虚电极法

虚电极法 (virtual electrode method) 是测量驻极体的空间电荷分布的另一种基本方法[27]。将一定能量的粒子束从前电极辐照双面蒸镀电极驻极体的一个面，从而在样品体内形成一个虚电极并在背电极上测量释放的电荷。在图 4.12 中驻极体

的两电极分别通过电流表接地,单能电子束从上电极辐照驻极体使受辐照区电离化,通过控制束能就能确定辐照区的深度 (电子区)。显然,虚电极位于电子束辐照最大区的前沿面上。因为电子区范围依赖于电子束的能量,即随着电子束能的增加,虚电极位置从驻极体的顶部逐渐迁移至它的底部。因此,通过测量不同虚电极位置对应从背电极上释放的电荷量,即可确定驻极体沿厚度的电荷分布。

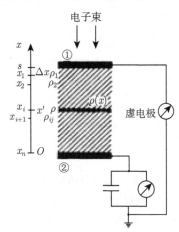

图 4.12 利用虚电极法测量驻极体电荷分布示意图

假定具有体电荷分布 $\rho(x)$ 的驻极体的等效面电荷密度横向分布均匀,且 $\rho(x) = \rho_r(x) + \rho_p(x) = \rho_r(x) - \mathrm{d}P/\mathrm{d}x$。当外电路短路 ($V_0 = 0$, $s_1 = s_2 = 0$) 时,从式 (2.114)、式 (2.115) 和式 (2.121) 得到背电极上的感应电荷密度:

$$\sigma_{i1} = -\frac{1}{x'} \int_0^{x'} (x' - x)\rho(x)\mathrm{d}x \tag{4.48}$$

由于受辐照区电导率的增加,驻极体的有效厚度应等于实际厚度扣除受照区的厚度,即从 s 减至 x',则 $x = x'$ 定义为虚电极的实际位置 (图 4.12)。根据 Leibniz 公式,从式 (4.48) 计算 $x'\hat{\sigma}$ 对 x' 的另一个导数,可得[27]

$$\int_0^{x'} \rho(x)\mathrm{d}x = -\frac{\mathrm{d}(x'\hat{\sigma})}{\mathrm{d}x'} \quad \text{和} \quad \rho(x') = -\frac{\mathrm{d}^2(x'\hat{\sigma})}{\mathrm{d}x'^2} \tag{4.49}$$

因此,驻极体内任意一点的电荷密度 $\rho(x')$ 可表示为相对于这个电极位置的 $x'\hat{\sigma}$ 的二阶导数。$\rho(x')$ 可用驻极体虚电极的位置来确定。实验中要确保虚电极的连续运动相当困难,因此在实际操作中假定虚电极每次迁移一个微小距离 Δx(图 4.12),并将式 (4.49) 中的导数以适当的微商取代,如用 $x_0, x_1, \cdots, x_n$ 分别表示用不同电子束能辐照形成的虚电极的相继位置,对应各虚电极在背电极上的感应电荷密度

为 $\sigma_0, \sigma_1, \cdots, \sigma_n$，因此可用下列近似式替代式 (4.49)：

$$\rho(x_i) \approx \rho_i = -\frac{1}{(\Delta x)^2}(\sigma_{i-1}x_{i-1} - 2\sigma_i x_i + \sigma_{i+1}x_{i+1}) \tag{4.50}$$

如果用 $\Delta\sigma_i = \sigma_{i-1} - \sigma_i$ 和 $\Delta x = x_{i-1} - x_i$ 可得

$$\rho_i = -\frac{x_{i+1}}{\Delta x^2}\left(\Delta\sigma_i - \Delta\sigma_{i+1} + \frac{2\Delta x}{x_{i+1}}\Delta\sigma_i\right) \tag{4.51}$$

因此，要求出第 i 层 $(x = x_i)$ 的电荷密度，可通过测量虚电极从 $x = x_{i-1}$ 到 x_i 和从 $x = x_i$ 到 x_{i+1} 运动期间从背电极上释放的电荷密度 $\Delta\sigma_i$ 和 $\Delta\sigma_{i+1}$ 来确定。当然，这里的 "虚电极" 仅看作能在驻极体薄膜内沿厚度运动的 "电极"。换句话说，仅当包含在 $x_i \leqslant x \leqslant x_{i+1}$ 层内的初始总电荷由于在第 i 步导入电子束的穿透，使它们或者全部离开驻极体，或者完全被补偿时，方程 (4.51) 才成立。根据式 (2.120)，在虚电极上的电荷密度 $\sigma_i = -\dfrac{1}{x_i}\displaystyle\int_0^{x_i} x\rho(x)\mathrm{d}x$ 对应于 $0 \leqslant x \leqslant x_i$ 的驻极体，其未辐照区内存在着初始电荷密度。这个条件不但等效于薄膜辐照区 $(x_i \leqslant x \leqslant s)$ 直至虚电极位置已成为良好的导电材料，而且电极已从 s 迁移至 x_i。然而在一般情况下，如 FEP 或其他非极性电介质薄膜，电子束的辐照并不能导致受照区中总电荷的全部损失 (尽管其电导率已激增至 $10^{-10}\Omega^{-1} \cdot \mathrm{m}^{-1}$，但相对于金属材料还低很多)。为了利用虚电极法获得符合要求的测量结果，我们通过以未充电的同样电介质薄膜对其定标来解决[27]。即以同样的束能在相同条件下辐照，这时的薄膜辐照区的电场虽然仍不等于 0，但是待测和定标样品实际相等。在实际操作时，利用图 4.12 所示的原理，采用能量在 5～55keV 区间的扫描电子显微镜的电子束作为电子源，以步进能量的方式对样品进行 7.6～30keV 的辐照，同时将电流密度控制在 2.3～7.4μA/m^2，测量不同电子束辐照下背电极所释放的电荷密度，进而获得电荷空间分布信息。图 4.13 给出了用 20keV 电子束从上表面对带单面电极 25μm 厚 FEP 样品充电以形成驻极体，经 100℃老化 1h 后在自由面上蒸镀铝电极，以虚电极法测得的电荷分布轮廓图。从非辐照区起算，在 1μm 和 5μm 处电荷分布出现了两个极值区。如预料的那样，20keV 电子束充电后，未老化前测得的虚电极位于 5μm 深度处，而在接近表面的 1μm 处出现的正电荷积累可能是由于在充电期间的二次发射效应形成的反极性正电荷层。老化期间正电荷位于表面，而负电荷形成一补偿层。在上表面蒸镀电极过程中，正电荷消失而补偿电荷仍然存在[17]。

用虚电极法测量电荷密度的分辨率可高达 1μm。虽然虚电极法在测量样品电荷密度的过程中伴随着样品的放电，并对样品具有破坏性，但这一方法为电荷分布和电荷动力学特性的研究，以及驻极体的实际应用都已提供了大量有价值的科学信息。此外，虚电极法与热脉冲技术对薄膜驻极体的电荷动态特性研究具有技术互补作用，使得长期以来它们都已作为薄膜驻极体的基本测量方法被广泛应用。

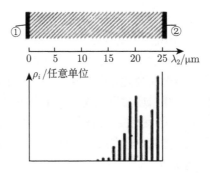

图 4.13 利用虚电极法测量 FEP 驻极体的空间电荷分布 (电子束充电和 100℃老化后)

4.2.7 压力脉冲法

近年来，人们对探测和理解聚合物薄膜内空间电荷和极化电荷形成的物理过程及其机制更加关注。在过去 40 多年中，对用于测量固体电介质中的电场、电势及电荷分布的有效方法开展了大量研究。1976 年 Lewiner 等开始利用压力波传播作为虚探针的方法测量介质中的空间电荷分布，后来这一方法被称为压力波传播 (pressure wave propagation, PWP) 法。为了提高产生压力波的质量，人们尝试了各种办法产生压力脉冲，如利用激波管[28]、压电传感器[29] 和脉冲激光[30,31] 等。虽然激波管产生的压力波幅值很大，但是由于其上升沿比较慢，得到的测量信号分辨率比较低，同时存在传播方向与样品平面不垂直和压力波自身重复性较差等问题，限制了其广泛应用。目前常用于分析极化过程的建立和电荷输运的重要方法之一是压力脉冲法 (pressure pulse method)[20]，其基本原理是利用超声脉冲在储电介质中传播的电响应来实现对电荷分布的测量 (图 4.14)。

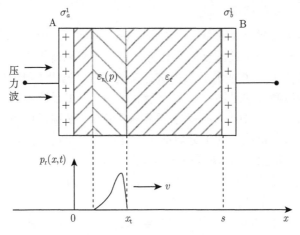

图 4.14 压力脉冲法的原理图

如果在 $t = 0$ 时，通过电极对样品表面施加一均匀压力，压力波的波前 x_f 以声速 v_a 在样品内传播，在这个机械力的作用下被压缩的原子结构产生了两种效应：偶极子和空间电荷局域浓度的变化使流过原子晶格的电荷产生位移及 ε_r 的变化，从而诱导出电极 A 和 B 上的电荷变化，这个变化与空间电荷的分布及介质中传播的压力波密切相关。例如，在开路或短路状态下，在电极上将分别产生开路压降或短路电流。电压或电流随时间的变化关系提供了空间电荷分布和压电活性等重要信息。当声速在待测样品中传播时，压力波的波前作为一种相当有效的灵敏探针足以确定介质中的电荷或电势分布。

利用静电学的基本定律和考虑边界条件以及上述假设后，可以建立测定样品内电响应和空间电荷分布的关系[20]。

如果样品内同时包含空间电荷 ρ_r 和 "永久" 极化强度 P_r，则其总电荷密度 $\rho(x) = \rho_r(x) - \mathrm{d}P_r/\mathrm{d}x$。在开路的条件下，当压力波在样品内传播时，如果电极 A 接地，相对于电极 B 上的电势差 $V(t)$ 为

$$V(t) = \beta G(\varepsilon_r) \int_0^{x_f} E(x,0)p(x,t)\mathrm{d}x \tag{4.52}$$

式中，$x_f = vt$ 是波前的横坐标位置；$p(x,t)$ 是压力波轮廓；β 是材料的压缩率；$G(\varepsilon_r)$ 是 ε_r 的函数 (ε_r 随压力变化)。而在短路时与电场分布相关的外电路电流为

$$I(t) = \beta C_0 G(\varepsilon_r) \int_0^{x_f} E(x,0)\frac{\partial}{\partial t}p(x,t)\mathrm{d}x \tag{4.53}$$

这里，$C_0 = (\varepsilon_0\varepsilon_r A)/s$ 是未受压样品的电容量 (静态电容)。上述关系式说明：如 $p(x,t)$ 已知，则通过测量 $V(t)$ 和 $I(t)$，并求解积分方程 (4.52) 和 (4.53) 即能求出驻极体内的电场分布。如果解 Poisson 方程即可进一步求得总电荷分布。

1. 激光感应压力脉冲法

激光感应压力脉冲 (laser induced pressure pulse, LIPP) 法是测量薄膜驻极体中空间和极化电荷分布最重要的现代方法之一。其测量原理是在 40 多年前由 Collins[15] 首先提出的，并在激波管内进行实验，它仅说明了测量的可行性，没有提供应用于驻极体测量的足够分辨率 (仅约 $100\mu m$)。由于压力脉冲波在聚合物介质内的波速是 $10^3 \sim 2 \times 10^3 \mathrm{m/s}$，为了提高测量精度，必须采用极短的激光脉冲以便在样品内激发出一持续时间十分短的压力脉冲，才能减少甚至避免耦合和传输时间的问题。为了满足聚合物薄膜驻极体体内空间电荷分布的测量，需利用光脉冲周期在 70~1200ps 范围，能量为 1~10mJ 和峰值功率为 1.4GW，且具有锁模和 Q 开关 (波长 $1.064\mu m$) 的 Nd:YAG 激光系统[30,32]。

LIPP 法测量空间电荷分布的基本测量原理[33] 是：大功率 Nd:YAG 激光器产生一个脉冲激光 (脉宽为几纳秒，能量为几百毫焦耳)，激光打在样品靶电极上产生

一个脉冲压力波,该压力波沿着靶电极厚度方向以声速向样品内部传播,压力波在传播过程中使材料局部微元产生位移并改变其介电常数,从而导致样品电极上感应电荷密度的变化,这样就在外电路中产生相应的测量信号,测量信号可以直观地反映样品内部空间电荷的分布。

LIPP 法的突出优点是:①测量信号幅值比较大、采样时间短和良好的声耦合;②对测试样品的非破坏性,无须利用消卷积法的数据处理即可直接测得具有 $1\sim2\mu m$ 高分辨率的电荷分布轮廓。但这种方法需要利用价格昂贵的设备,且还需解决脉冲激光对靶电极的损伤、靶电极上的热积累效应和脉冲能量的重复性等问题。

长期以来,人们对采用 LIPP 法获取的测量信号进行计算处理以获取空间电荷分布的精确信息等问题十分关注。Chen 等[34] 采用反卷积方法首先计算样品中的电场分布,然后根据 Poisson 方程得到了样品中空间电荷的分布。张冶文等[35] 使用基于 Tichonov 正则化方法的反卷积算法直接得到了空间电荷的分布,且分辨率进一步提高。

图 4.15 给出了 LIPP 法的测量系统示意图。单面或双面镀金属膜样品被安置在后电极的夹具上,样品的镀铝膜面是激光的辐照面,夹具的另一端直接插入高频 (3GHz) 的前置放大器以避免电缆损耗,再连接到频宽为 1GHz 的示波器上。为了显示在样品内传播的压力脉冲波在电极上产生的电信号,短路电流 (或开路电压) 被输入计算机并在其终端记录出要求的信号图像和基本测量参数。

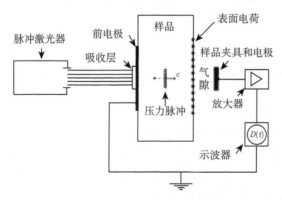

图 4.15 LIPP 法测量系统示意图

单面镀膜样品的自由面与前置放大器铜电极的气隙间距约 $10\mu m$。为了有效地吸收激光,在激光投射的样品膜面电极处涂敷厚约 $2\mu m$、面积约 $0.1cm^2$ 的石墨层,或蒸镀 $100\sim500nm$ 厚的 Zn,Cd,Pb 或 Bi 层。对大多数的测量,是将周期为 70ps、能量为一至十几毫焦耳的单束激光脉冲瞬时地投射到石墨层上,由于受照面极小,其功率高达 $0.14\sim0.16GW/cm^2$。因此辐照引起石墨层的局部消融至汽化产生的热弹效应对样品产生一反冲力，激发出激光感应压力脉冲。计算表明：若入射功率是 $0.5\mathrm{GW/cm^2}$，石墨层吸入的总能量大约是 3mJ，热平衡后能使石墨层平均升温 $70^\circ\mathrm{C}$。由此引起 $25\mu\mathrm{m}$ 厚的聚合物薄膜升温 $5^\circ\mathrm{C}$，使得位于注极样品自由面附近的电荷层处平均升温 $3^\circ\mathrm{C}$，由此可见它对驻极体膜及电荷层均是非破坏性的。

如果驻极体内同时含有空间电荷和极化电荷，并忽略压力波通过时电荷的损失，当压力脉冲在样品内以平均振幅 p 及声速 v_a 传播时，压力脉冲作用引起样品局部区域的绝热压缩和压缩区内 ε_r 改变，从而导致电极上感应电荷密度的瞬时变化，形成了流向电极的瞬时电流。如果再忽略压力波传播中薄膜的横向尺寸效应及能量的衰减和弥散，以及压力脉冲的持续时间 τ(70ps) 比压力波在样品内传播时间短得多 $(\tau \approx 1/30t \sim 1/50t)$，则该脉冲在通过位置 x、厚度为 Δx 的电荷层前后 (图 4.16) 在电极上的感应电荷密度分别为[36]

$$\sigma_{1-} = \frac{(s-x)/\varepsilon_\mathrm{r} + s_1}{(s - v_\mathrm{a}\tau)/\varepsilon_\mathrm{r} + (v_\mathrm{a}\tau)'/\varepsilon' + s_1} \rho(x)\Delta x \qquad (4.54)$$

$$\sigma_{1+} = \frac{(s - x - v_\mathrm{a}\tau)/\varepsilon_\mathrm{r} + (v_\mathrm{a}\tau)'/\varepsilon_\mathrm{r}' + s_1}{(s - v_\mathrm{a}\tau)/\varepsilon_\mathrm{r} + (v_\mathrm{a}\tau)'/\varepsilon_\mathrm{r}' + s_1} \rho(x)\Delta x \qquad (4.55)$$

这里，s_1 是样品自由面与电极间的气隙间距；$(v_\mathrm{a}\tau)' = v_\mathrm{a}\tau(1 + \beta p)$ 是压缩层的厚度；ε_r' 是压缩层的相对电容率。在位置 x、厚度 Δx 的电荷层处，压力脉冲通过引起电极上感应电荷密度的变化为

$$\Delta\sigma_1 = \sigma_{1+} - \sigma_{1-} = \frac{v_\mathrm{a}\tau/\varepsilon_\mathrm{r} - (v_\mathrm{a}\tau)'/\varepsilon_\mathrm{r}'}{s/\varepsilon_\mathrm{r} + s_1 - [v_\mathrm{a}\tau/\varepsilon_\mathrm{r} - (v_\mathrm{a}\tau)'/\varepsilon_\mathrm{r}']} \rho(x)\Delta x$$

$$\approx \frac{\dfrac{1}{\varepsilon_\mathrm{r}} - (1 + \beta p)/\varepsilon_\mathrm{r}'}{s/\varepsilon_\mathrm{r} + s_1} v_\mathrm{a}\tau\rho(x)\Delta x \approx \frac{v_\mathrm{a}\tau\delta_\mathrm{E}}{s/\varepsilon_\mathrm{r} + s_1}\rho(x)\Delta x \qquad (4.56)$$

当 $v_\mathrm{a}\tau \ll s$ 时上式成立，对一次近似 $v_\mathrm{a}\tau/\varepsilon_\mathrm{r} - (v_\mathrm{a}\tau)'/\varepsilon_\mathrm{r}'$ 可以忽略，这里，$\delta_\mathrm{E} = 1/\varepsilon_\mathrm{r} - (1 + \beta p)/\varepsilon_\mathrm{r}'$ 表示电介质厚度的相对变化。对极性驻极体材料仅瞬时极化服从 Clausius-Mossotti 方程[37]。因为在信号频率高达 $10^9\mathrm{Hz}$ 的压力脉冲作用下，永久偶极子不能随电场变化，仅瞬时极化对压力脉冲作用诱导的电流 (或电压) 信号有贡献。利用式 (2.60) 的 Clausius-Mossotti 方程来估算由脉冲波的压力作用导致样品厚度的相对变化 δ_E。由于实验中压力脉冲波通过样品层时 "永久" 偶极子对电容率贡献应保持常数，即

$$\varepsilon_\mathrm{r} - \varepsilon_\infty = \varepsilon_\mathrm{r}' - \varepsilon_\infty' \qquad (4.57)$$

利用式 (4.57) 和文献 [36] 忽略了 βp 中的高次项，得到

$$\delta_\mathrm{E} = -\left[1 + \frac{(\varepsilon_\infty - 1)(\varepsilon_\infty + 2)}{3\varepsilon_\mathrm{r}}\right]\frac{\beta p}{\varepsilon_\mathrm{r}} = \left[1 + \frac{(\varepsilon_\infty - 1)(\varepsilon_\infty + 2)}{3\varepsilon_\mathrm{r}}\right]\frac{p}{\varepsilon_\mathrm{r} d v_\mathrm{a}^2} \qquad (4.58)$$

这里，d 是介质的密度。当压力脉冲波传播通过样品时，在电极上感应电荷密度的瞬时变化形成流向电极的电流：

$$I = A\frac{\mathrm{d}\sigma_{\mathrm{i}}}{\mathrm{d}t} \tag{4.59}$$

将式 (4.56) 代入式 (4.59) 并微分可得

$$I = \frac{A\delta_{\mathrm{E}}}{s/\varepsilon_{\mathrm{r}} + s_1} v_{\mathrm{a}}^2 \tau \rho(x) \tag{4.60}$$

从式 (4.58) 和式 (4.60) 可导出极性驻极体的短路电流和开路电压[36]

$$I(t) = \frac{A}{s + \varepsilon_{\mathrm{r}} s_1} \left[1 + \frac{(\varepsilon_{\infty} + 2)(\varepsilon_{\infty} - 1)}{3\varepsilon_{\mathrm{r}}} \right] \frac{p\tau}{d} \rho(x) \tag{4.61}$$

$$V(t) = \left[1 + \frac{(\varepsilon_{\infty} + 2)(\varepsilon_{\infty} - 1)}{3\varepsilon_{\mathrm{r}}} \right] \frac{p\tau}{dv_{\mathrm{a}}} E(x) \tag{4.62}$$

对于非极性驻极体材料，其短路电流和开路电压分别为

$$I(t) = \frac{A}{s + \varepsilon_{\mathrm{r}} s_1} \left(\frac{4}{3} + \frac{\varepsilon_{\mathrm{r}}}{3} - \frac{2}{3\varepsilon_{\mathrm{r}}} \right) \frac{p\tau}{d} \rho(x) \tag{4.63}$$

$$V(t) = \left(\frac{4}{3} + \frac{\varepsilon_{\mathrm{r}}}{3} - \frac{2}{3\varepsilon_{\mathrm{r}}} \right) \frac{p\tau}{dv_{\mathrm{a}}} E(x) \tag{4.64}$$

从式 (4.61)~ 式 (4.64) 可见，利用 LIPP 法测得的短路电流 (或开路电压) 随时间的变化曲线可直接描述薄膜驻极体内沿厚度的电荷 (或电场) 分布轮廓。

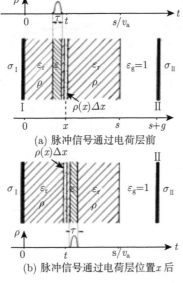

(a) 脉冲信号通过电荷层前

(b) 脉冲信号通过电荷层位置 x 后

图 4.16 压力脉冲信号分析示意图

图 4.17[38] 给出了用 LIPP 法测定经不同束能的电子束 (10keV、20keV 和 40keV) 对样品自由面辐照形成的可溶性聚四氟乙烯 (PFA) 薄膜驻极体的电荷分布轮廓图。图 4.17(a) 中位置①的正向峰表示样品电极上的补偿电荷轮廓；位置②的反向峰是靠近自由面的空间电荷层；位置③是另一个反向峰，是由压力脉冲经界面反射到达注入电荷层的电流响应。由于空间电荷层远离样品的背电极镀膜面，因此在金属层上的补偿电荷较弱，当压力脉冲传播到镀金属膜面及反射时没有明显的二次正向峰出现。由此可见，①和③的间距约等于样品宽度的三倍。据此可以估算出图 4.17(a) 曲线在束能 $E_e = 10$keV 时的空间电荷重心约在离样品自由面 3.1μm 的近表面位置。类似地，在图 4.17(b) 和图 4.17(c) 曲线上，束能 20keV 和 40keV 辐照样品的电荷重心分别位于离自由面约 6.8μm 和 15.0μm 处。而空间电荷沿厚度的分布轮廓已由各曲线的反向峰②的形状表征。

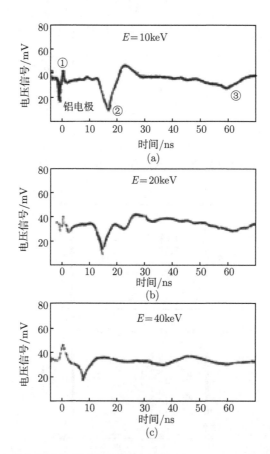

图 4.17　以不同的电子束能注极的 25μm Teflon PFA，以 LIPP 法测量的空间电荷密度分布曲线

2. 热弹激光感应压力脉冲

Anderson 和 Kurtz[39,40] 报道了利用热弹产生的激光感应压力脉冲技术测量介质薄膜中空间电荷的轮廓。该方法是利用待测样品吸收一束周期为亚纳秒的激光脉冲以产生一个应力波进行电荷轮廓的测量。当一弹性介质的局部区突然受热时，即产生热弹性波。在 Anderson 和 Kurtz 的实验装置中，以周期极短的激光脉冲进入到透明固体并遇到了埋在透明固体中的光吸收层，从而产生了正比于吸收能量分布的与空间坐标相关的温度突变。如果介质吸收一瞬变能量，因为电介质的热惯性而限制其热膨胀从而产生了正比于局域温度增量的压应力。此后在一对平面间重复初始应力分布的纵向声脉冲沿相反方向传播并引起应力的释放。

利用消卷积法对测得结果进行数据处理，即可求出相应的电荷分布。热弹 LIPP 法测量结果的分辨率高达 1μm。Anderson 和 Kurtz[40] 已将这种方法用于求出室温下由电应力产生在聚合物薄膜电容器内经电场注入的电荷分布轮廓。

3. 压力波传播法

压力波传播 (PWP) 法是由 Alquie 等[30] 提出并不断发展的。PWP 法中压力波是由充电电介质板上的金属靶吸收一短周期的激光脉冲而产生的，由极短激光脉冲的电响应直接给出电场和电荷密度的空间分布。显然，从原理上 PWP 法和 LIPP 法没有区别。这两种方法都是利用 Nd:YAG 激光器作为压力脉冲源。当一个短周期的压力脉冲在一个外电路短路的样品内传播时即可产生短路电流[41]

$$I(t) = \frac{A\beta}{s} \left\{ \int_0^s \varepsilon(a+1)E(x,0)\frac{\partial p(x,t)}{\partial t}\mathrm{d}x \right.$$
$$\left. + \int_0^s \left[\frac{\mathrm{d}p_r(x,0)}{\mathrm{d}s} - e_{33}(x) \right] \frac{\mathrm{d}p(x,t)}{\mathrm{d}t}\mathrm{d}x \right\} \tag{4.65}$$

这里，a 是电容率和压力间的相关系数，$p(x,t)$ 是压力波函数；s 是满足 $\mathrm{d}s = \beta p$ 的样品应变；e_{33} 是压电应力常数。方程右边的第一、二项分别对应于空间电荷和极化电荷分布的贡献。类似于式 (4.61) 和式 (4.63)，式 (4.65) 中表示了对一个短周期压力脉冲作用的电响应，从而直接给出沿样品厚度的电场和电荷密度的空间分布。

类似于 LIPP 法，在 PWP 法中，一个从 Nd:YAG 激光器中发出的周期为 35ps 的脉冲投射到覆盖 500μm 厚铝靶的样品电极上，便能产生一短周期 (典型值为纳秒级) 的压力波。PWP 法已广泛用于测量厚度为 50~200μm 的聚合物薄膜驻极体[42] 和高压电缆中的聚乙烯绝缘层[43] 的空间电荷分布，以及压电陶瓷中的电荷极化分布研究。PWP 法也可用于研究在高压应力作用周期内的极化过程中样品电荷分布的演变和外加电压极性反转时所发生的现象。PWP 法也已用于确定样品的面电荷分布[44]。

4. 非结构性声脉冲法

非结构性声脉冲法 (non-structured acoustic pulse method) 是利用一个非结构性声脉冲来局域地压缩电介质用以测量其电荷分布的方法[45,46]。所谓 "非结构性" 的声脉冲是指由一个导体和振膜间的高压火花产生的脉冲信号。测量系统由声脉冲发生器和声接收器，以及用作声耦合介质的油槽和数据采集系统组成。图 4.18 是 Migliori 和 Thompson[45] 设计的声脉冲发生器结构图。把 0.25mm 厚的 6060-T$_6$ 铝振膜安装在一个导电圆柱体的一端，加上一个中心位于管腔，离振膜 0.1mm 端部的铜质电极 (直径 10mm) 组成。电极和铜管之间连接一量值为 0.01μF、耐压 10kV 的电容器，而管的另一端连接在一个厚的铜螺帽上。当电容器充电至电极和振膜间电击穿时，充满变压器油的铜管将受激产生声脉冲。

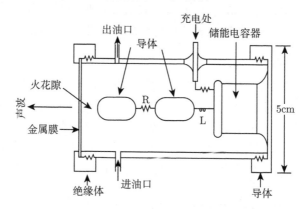

图 4.18   声脉冲发生器的结构示意图

非结构性声脉冲法已用于研究固体和液体内部的电场和空间电荷分布。研究对象包括电介质油类及 PMMA 等电介质材料，其测定参数的分辨率为 1mm，灵敏度为 10V/mm，可测材料的尺寸约 10cm[45]。非结构性声脉冲法的基本缺点是声脉冲源的重复性欠佳，脉冲的带宽较窄，以及低频能量与高频能量比极高。声脉冲的上述特性降低了该方法对电介质中空间电荷测量的灵敏度和分辨率。

5. 激光产生的声脉冲法

激光产生的声脉冲法 (laser-generated acoustic pulse method) 测量电介质电荷分布的原理与非结构性声脉冲法相似。Migliori 和 Holfler[46] 利用一台激光器作为脉冲发生器，通过一张薄的纸靶将辐射来的激光束转换成声脉冲。这种声脉冲法测量系统的主要结构如图 4.19 所示。一台红宝石激光器用于产生 15ns、1.5J 的激光脉冲，激光束直接通过平板玻璃窗口进入充满氟利昂 (Freon, 液态 C$_2$F$_3$Cl$_3$) 的铝槽，槽内包含一个能将激光脉冲转换成压电脉冲的激光束吸收器和压力换能器，以及待测样品和放大系统。吸收层由一张覆盖碳层的纸构成，碳覆盖层面对激光束并在吸收激光束后使碳纸加热，从而使氟利昂从纸纤维间泄漏，同时产生声脉冲。对于 3mm 厚的待测电介质，这种方法测量空间电荷分布的分辨率约为 50μm，灵敏度约为 50V/mm。

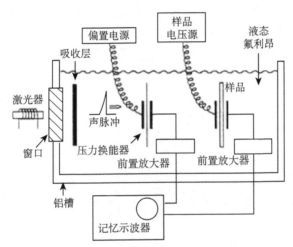

图 4.19　激光产生的声脉冲法的主要结构图

6. 声探针法

声探针法 (acoustic probe method) 的基本原理是利用对一个充电样品的机械激励以产生相应的电信号来测定材料中的电场和空间电荷分布[47-49]。机械激励信号产生一列纵波，形成一个窄的形变层并在样品内传播。由于介质中储电层形变产生的电响应正比于形变区的电荷密度和电场，因此利用这种方法可探测电介质中的 $E(x)$ 或 $\rho(x)$ 分布。声探针首先由 Rozno 及其同事建议[48]，他们将具有 30ns 周期、0.5J/cm^2 能流密度的激光脉冲从一台 Q 开关红宝石激光器投射到石墨盘上，石墨消融的热应力效应的辐射压力将光脉冲转换成周期为 100ns 的纵向压力波，其分辨率为 0.2mm[43]。

声探针法不仅可用于测量经各种粒子 (如电子、α 粒子和质子等) 辐照的电介质的电场和空间电荷轮廓[47]，而且可用于研究由放射性诱导的电介质体内电荷形成和分布，检测样品的厚度为 2~6mm。

7. 压电产生的压力阶跃法

压电产生的压力阶跃 (piezoelectrically generated pressure step, PPS) 法是另一种用于测量驻极体薄膜，尤其是极性驻极体薄膜空间电荷和极化电荷分布的基本方法。它是根据在压电石英晶片上施加一电激励信号而产生声阶跃波，声阶跃波在驻极体内传播而产生电响应的原理，实现对介质内电场或空间电荷和极化电荷分布的测量。

图 4.20 给出了压电产生的压力阶跃法实验装置示意图[50]。由一个同轴电缆继电器触发放电产生了振幅为 400~600V、周期为 100ns 的方波脉冲信号。所产生的正负电压方波信号用来激励 3mm 厚和直径 25mm 的压电石英晶片，从而产生了压力阶跃波。利用石英晶片和样品间 100~200nm 厚的硅油层将压力波耦合到样品上，样品另一面未镀电极的自由面和导电橡胶盘实现电接触，从而在橡胶电极和面对样品的接地石英电极面间直接检测驻极体上的电响应信号。

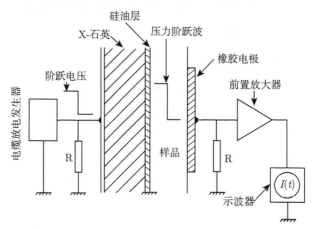

图 4.20　压电产生的压力阶跃法实验装置示意图

样品阶跃波的传播引起了这个阶跃波的波阵面的后部样品的体积压缩。对充电和短路样品，在电荷层和电极上感应电荷层间存在电场；然而对于外接短路，样品间的电压为 0。因此，由压力阶跃波传播产生的沿样品厚度方向的非均匀压缩，必然导致感应电荷瞬间再分布，从而在样品电极上产生电流。

4.2.8　脉冲电声法

脉冲电声 (pulsed electro-acoustic, PEA) 法又称电声应力脉冲法 (electro-acoustic stress pulse method)，是由 Takada 等[51] 提出的测量样品内部空间电荷分布的另外一种重要方法，它利用压力波传播的方法进行电荷信息的采集。与 PWP 法不同的地方在于，PEA 法是对样品施加一个高压脉冲，然后测量样品中电荷产生的压力波。PEA 法可看作是 PWP 法的逆转换。其基本原理是：将外加高压产生的脉冲电场 $E(t)$ 作用到待测储电介质电极上，从而改变作用到电荷上的电场力，由此打破了原来材料应力和电场力的平衡，诱导出一个扰动的力[51]。这个扰动力将产生一列源于充电介质的声波 $p(t)$ 并向两侧同时传播 (图 4.21)，这里的声波信号 (压力波) 是由含有空间电荷的待测样品内部产生的。在这种情况下安装或耦合在样品一侧电极上的压电传感器收到压力波时，就可以探测到该电荷的存在，并直接把介质内的声脉冲转换成电响应信号 $V_p(t)$[41]

$$p(t) = \frac{Z_{Al}}{Z_s + Z_{Al}} \left[\sigma_{i1}(0)E_p(t) + v_a \int_0^\infty \rho(\tau)E_p(t-\tau)\mathrm{d}\tau + \sigma_{i2}(s)E\left(t - \frac{s}{v}\right) \right] \quad (4.66)$$

这里，Z_{Al} 和 Z_s 分别是铝电极和样品的声阻抗；$E_p(t) = V_p(t)/s$ 是提供的脉冲电场。方程右边的第一、三项分别对应样品两面上的等效面电荷密度，第二项是充电介质内的电荷密度。电荷产生的压力波按照离表面的距离由近及远依次传播到压电传感器，这样就得到了厚度方向上空间电荷的分布。

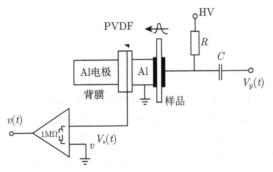

图 4.21　PEA 法装置示意图

　　Takada[51] 和 Cooke[52] 以及其他一些研究者利用 PEA 法估算了通过电子束辐照的若干种充电聚合物电介质板的空间电荷分布。Cooke[53] 还利用这种方法测量了气固界面上的积累电荷的规律。脉冲电声法的分辨率取决于电脉冲的周期及样品的厚度。如果应用周期为 90ns 的电脉冲，它们的分辨率约为 100μm。这种方法的局限性是难以确定当电介质中同时存在空间电荷和极化电荷时的复杂电荷分布及极化电荷轮廓。李瑛等[54] 指出：如果利用极宽频带和极短周期的薄膜聚合物传感器以提供一个极短的电脉冲，则无须利用消卷积法即可直接求得空间电荷分布图像。

4.2.9　激光强度调制法

　　激光强度调制法 (laser intensity modulation method, LIMM) 由 Lang 和 Das-Gupta[55-57] 首次建议应用，这种方法是通过对电介质样品进行正弦调制导致表面加热并产生沿样品厚度方向的非均匀温度分布。在 LIMM 技术中，由声光调制器或遮光器产生的正弦强度调制激光束照射样品 (大多数是薄膜)，样品的前电极吸收这一激光束。激光束的正弦调制引起前电极温度的正弦波动并在样品内传播。当它们通过样品时形成了温度波的衰减和相位的延迟，因此产生了一个非均匀分布的热压作用于样品上。

波动的温度和空间电荷及极化电荷的相互作用产生了正弦的热释电电流,这种电流是调制频率、极化电荷和空间电荷分布的唯一函数。类似于热脉冲方法,LIMM也要求以消卷积法从电流频率数据中计算极化和空间电荷分布。由 DeReggi 和 Mopsik 1978 年发展的 Fourier 级数消卷积技术也可用于解出极化电荷和空间电荷分布。LIMM 的分辨率大于或等于 2μm。

Lang 和 Das-Gupta[55-57] 已用 LIMM 确定出几种聚合物驻极体的极化电荷和空间电荷分布。用同样的方法他们还研究了聚乙烯驻极体的空间电荷分布。

4.2.10　测量空间电荷和极化电荷分布的其他方法

热阶跃法 (thermal step method) 首先由 Toureille 提出,这种方法是利用一个作用到待测绝缘体上的热阶跃信号导致样品热膨胀而产生电流响应[58]。它的实验操作程序是,维持样品一个电极在 −10℃左右,并注入暖液至另一电极使之加热到 20℃从而产生一个热阶跃信号。由于实验的最高温度仅接近室温,所以这种方法对待测样品是非破坏性的,它适用于 2∼20mm 厚绝缘样品的测量。

光电导率法 (photoconductivity method) 是根据在光电导层内吸收一束外来窄光束,由该入射光束的光激发导致介质内储存电荷的释放[59]。在实际测量中,当某些介质吸收微弱的可见单色光时,即可能释放出空间电荷,并在驻极体自身场或外加偏置场作用下运动形成光电流,从测得的在光照时间内产生的光电流时间谱,即可获得光驻极体内空间电荷轮廓的相关信息。由于光照周期十分短,因此这种方法也是非破坏性的。

电光场和空间电荷映像 (electro-optic field and space charge mapping) 法是电光效应的应用[60]。这种方法是根据偏振光和空间电荷场相互作用原理提出的。电光法已大量应用于透明介电液体的电荷分布测量[61] 和聚合物电荷分布的测量。

光谱测量 (spectroscopic measurement) 法通常是利用由电场作用下产生谱线的分裂或漂移来确定电场的大小。通过检测系统中光谱信号的空间分辨率能观察通过样品的电场变化。Stark 谱线和 Roman[62] 谱已用于以这种方法测定空间电荷的分布。

化学溶剂扩散法 (diffusing chemical sovents method) 是利用溶剂在某些充电介质内的扩散原理和溶剂在介质中扩散过程进行相应电响应的测量方法来测量样品内的空间电荷和极化电荷的分布[63]。假定材料的一个表面面对具有扩散效应的溶剂,溶剂扩散区呈现出较高的载流子迁移率,则在外电路上可检测出扩散区中电荷的移动。由于这种方法是以若干个假设条件为前提,所以仅在某些情况下可导出样品的电荷分布。

电荷总量衰减法由 Montanari 和 Mauanti 在 2003 年提出。该方法假设介质陷阱中的电荷在不同能级之间遵循费米−狄拉克 (Fermi-Dirac) 分布,陷阱电荷一旦脱阱，立即迁移到相应的样品电极上，并与电极电荷中和[64]。用电荷总量随时间的变化可推算出电荷的陷阱能级深度，而空间电荷分布可以用 PEA 法、PWP 法和热脉冲方法等测量。通过电荷总量衰减法，Montanari 等测得交联聚乙烯电缆的陷阱能级深度为 0.86~1.04eV。

4.2.11 对电荷分布测量方法的短评

Collins 提出的热脉冲方法是测量电介质体内电荷分布的第一种重要而有效的方法，其优点是设备简单、操作方便和测量快捷，但需要借助消卷积法处理测量数据从而限制了其测量分辨率。在 Collins 热脉冲方法的基础上，Lewiner 等建议，利用介质中压力波的传播代替热扩散过程，使待测电介质产生非均匀形变，实现对充电介质的电场分布、空间电荷和极化电荷轮廓的测量，这类方法相继以多种测试手段快速发展，并得到了广泛的应用。然而压力波方法仅仅适合于对厚度较薄材料电荷分布的测量。为了测量块状介质 (如电缆的绝缘层等) 中电荷的积累，Takada 等[51] 提出了脉冲电声法，这种技术是通过外界提供强脉冲电场在介质内诱导出声脉冲对样品内的电荷分布进行测量，然而这种技术的实际问题是难以提供一个符合测量要求的均匀电应力，且无法检测同时存在空间电荷和极化电荷分布的驻极体。Toureille 等[58] 提出的热阶跃法适用于测量棒状和类似于电缆结构的厚圆柱形绝缘材料 (2~20mm 厚的电缆绝缘层)，且这种方法也是非破坏性的。热弹 LIMM 和脉冲电声法等则特别适合于薄膜驻极体或稍厚片状带电介质空间电荷轮廓的测量。在这类样品中，电场的变化仅沿着垂直于膜面方向。然而要想确定二维方向的电场，或空间电荷和极化电荷的分布，通常是十分困难的。如果利用 Kerr 和 Pockels 效应 (即电光效应)，可对透明材料的上述变量的二维分布进行测量[60]。虽然 Kerr 和 Pockels 效应 (参阅非线性光学聚合物驻极体章节) 给出的结果既未反映出电荷的性质，也未给出电场的绝对值，但根据光干涉条纹图形可提供足够的信息以导出电荷 (或电场) 分布的确定值。除上述各类方法外，光谱测量法和光电导率法也已进入实用化。

由于组合感应退极化法、虚电极法、切片法和化学溶剂扩散法在电荷分布的测量过程中均导致样品的破坏，因此无法在同一样品中进行重复实验。因此这些方法均不能用于同一块样品驻极体或绝缘材料的电荷动态特性研究。

总之，用于电介质内空间电荷分布 (某些情况下包括极化电荷分布) 的非破坏性测量方法包括热脉冲方法、激光强度调制法、激光感应压力脉冲法、热弹激光感应压力脉冲法、压力波传播法、非结构性声脉冲法、激光产生的声脉冲法、声探针法、压电产生的压力阶跃法、脉冲电声法、光电导率法和光谱测量法。但本节介绍的大部分方法均需要利用消卷积技术方能最终获得空间电荷 (或极化电荷) 分布的图像。

值得强调的是：上述多种测量技术已成功用于驻极体和相关功能电介质材料的电荷分布测量，从而大大地扩展了对具有重要工业应用价值的氟聚合物 (如 FEP、PTFE、PVDF 和 PE 等) 驻极体极化现象的宏观规律和微观机制的理解，这些材料在信息工程及电力工程中的应用展示出诱人的前景。表 4.1 给出了驻极体及电绝缘材料空间电荷和极化电荷的主要测量方法。

4.3　热刺激放电法[65]

如果暂不考虑在通常条件下对驻极体自发退极化起主导作用的物理机制，则通过长时间测量等效面电荷密度或等效表面电势随时间的变化即可确定驻极体的寿命。众所周知，优秀的薄膜驻极体寿命 (有效时间常数) 可以从几十年至几百年甚至更长。利用升温导致偶极子的热弛豫、增加沉积电荷的脱阱率以及脱阱电荷的迁移率可能加速驻极体的退极化过程。据此可在合理的时间跨度内高效率地研究驻极体的退极化规律。热刺激放电 (TSD) 效应包括等温和非等温两种模式的驻极体退极化。

TSD 法是研究驻极体宏观规律及微观性质的基本方法之一，它能帮助和加深人们对驻极体、电介质及半导体和光导体中电荷储存和衰减过程的理解。作为一种研究手段，它不仅能有效地控制和改善现存的驻极体 (驻极体改性)，而且对研究和开发新型驻极体以及优化充电方法十分重要。

传统 TSD 的基本原理是以常热率加热一个驻极体以考察其电荷衰减。这里的电荷衰减过程是以温度为函数取代传统的以时间为函数，从而明显加速了揭示充电介质的各种衰减过程。操作方便、灵敏度高和分辨率高是 TSD 法的重要特点。目前，TSD 法已成为鉴别、分析和评价电介质内偶极子取向和弛豫，电荷的捕获、脱阱和复合过程的基本工具。这种方法的进一步完善和应用推广，不仅对储电功能电介质电荷捕获和输运现象的研究，而且对薄膜、光导体、电光材料及其元器件的研究和发展，都是十分重要的。

4.3.1　TSD 的概述

驻极体内电荷的形成机制各不相同，例如，在极性材料内偶极子的有序排列，材料内由结构缺陷和杂质中心引起的电荷捕获，靠近材料内非均匀区 (如非晶和晶区的界面 (半晶态聚合物) 处以及在多晶材料内晶粒和界面处) 的电荷积累等。在室温下测量长寿命驻极体的电荷衰减十分耗时，因为在这样的温度下偶极子和空间电荷实际上处于 "冻结" 状态。当驻极体被加热时，体内的偶极子和空间电荷的运动自由度将迅速增加。因此热刺激会明显地缩短驻极体的衰减时间。由热刺激放电产生的由若干个峰值组成的电流–温度谱中的峰值位置和形状能有效地反映驻极

表 4.1 电介质材料的电荷分布测量方法[20]

方法	激励信号	测量机理	检测信号	分辨率/μm	试样厚度/μm	备注
热脉冲方法	前电极吸收短光脉冲	按照热传导方程扩散	样品两表面间的电压变化	≥2	~200	消卷积法以实现值求解、消卷积法以实现高分辨率
激光强度调制法 (LIMM)	前电极调制光吸收	和频率相关的稳态热分布	样品两电极间的电流	≥2	~25	数值解、消卷积法
激光感应压力脉冲 (LIPP) 法	前电极吸收短激光脉冲	声波 (纵波) 的传播	样品两电极间的电流	1	10~1000	—
热弹 LIPP 法	吸收短激光脉冲 (在薄的填复层内)	声波 (纵波) 的传播	样品两电极间的电流或电压	1	50~70	消卷积法
压力波传播 (PWP) 法	金属靶吸收短激光脉冲	声波 (纵波) 的传播	样品两电极间的电流或电压	10	50~200	消卷积法或改善表面分辨率
非结构性声脉冲法	液体和金属膜间的高压火花	声波 (纵波) 的传播	样品电极间的电压	1000	≤10000	测量固体和液体介质，消卷积法改善分辨率
激光产生的声脉冲法	在薄纸靶上吸收激光脉冲	声波 (纵波) 的传播	样品电极间的电压	50	≤3000	消卷积法，靶和样品浸入液体介质内
声探针法	前电极吸收激光脉冲	声波 (纵波) 的传播	样品电极间的电压	200	2000~6000	—
压电产生的压力阶跃 (PPS) 法	压电石英片的电激励	声波 (纵波) 的传播	样品电极间的电流	1	25	消卷积法
热阶跃波法	样品两面的等温热源	样品的热膨胀	样品电极间的电流	150	2000~20000	消卷积法

续表

方法	激励信号	测量机理	检测信号	分辨率/μm	试样厚度/μm	备注
脉冲电声 (PEA) 法	样品内对电荷调制的电场力	声波 (纵波) 的传播	样品电极上的电压传感器	100	≤10000	消卷积法或表面电荷测量改善面分辨率
光电导率法	样品内吸收窄光束	光束外运动	样品电极间的电流	≥1.5	—	短辐照时间内属于非破坏性
空间电荷映像法	场致偏振光作用	光束或样品的运动	照相记录	200	—	多应用于透明介电液体
光谱测量法	样品内吸收辐照	样品或辐射源的外运动	观察谱的相对变化	≥50	—	应用较少
电场探针法	—	电容对电场的耦合	电流	1000	≤20000	样品属于破坏性

体内储存电荷的微观特性。分析 TSD 电流谱就能获得关于永久偶极子的相关参数 (偶极电荷密度、弛豫时间、活化能等) 和空间电荷的陷阱参数 (电荷密度、活化能、平均渡越时间、电荷捕获的平面深度和尝试逃逸频率等) 的详细信息。虽然这种方法的使用对待测样品是破坏性的 (导致电荷的损失甚至材料的熔融),然而它的应用对驻极体的机理分析、材料的研制和元器件制备是必不可少的。

20 世纪 70 年代,世界上若干个实验室相继报道了以常热率测量聚合物薄膜驻极体的 TSD 电流[66,67]。Bucci 等[68] 将 TSD 技术应用于研究偶极极化弛豫现象和与离子中晶格缺陷相关的空间电荷效应。在固体物理中类似于 TSD 技术的分析方法还包括热刺激电导率 (thermally stimulated conductivity, TSCo) 和热刺激磷光 (或称热致发光)(thermally stimulated phosphorescence 或 thermoluminescence, TL)[69,70]。利用上述方法,Fieschi 等研究了离子晶体内的杂质空穴偶极电荷络合物的介电弛豫,并称之为离子热电导率 (ionic thermoconductivity) 或离子热电流 (ionic thermal current)。实质上 Fieschi 的方法就是 TSD 技术。此外,TSD 技术还被称为驻极体热分析[71]、热刺激电流 (TSC)[72]、热刺激介电弛豫[73]、热辅助放电、热活化退极化[74] 和介电退极化谱[75] 等,这充分反映了人们对 TSD 技术作为储电电介质的重要研究手段具有广泛兴趣,同时也表明需要一个统一规范的专门术语。

TSD 实验系统如图 4.22 所示。两边镀金属膜的圆片状样品在高温下以直流电场充电后,维持电场冷却至室温 (充电阶段),再将样品以短路线性加热,并以静电电压表测量在放电过程中的电流–温度谱 (热刺激放电阶段)。图 4.23 给出了用图 4.22 装置测得的几种丙烯酸酯聚合物的电流-温度谱。所有曲线都出现了 3 个或 4 个电流峰,标注为 α,β 和 γ 峰的释放电流对应于不同弛豫时间的偶极子弛豫,而 ρ 峰是由于空间电荷脱陷的贡献。

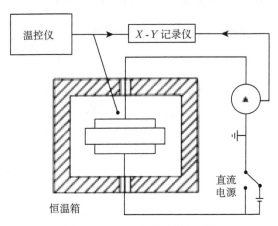

图 4.22 TSD 实验系统示意图

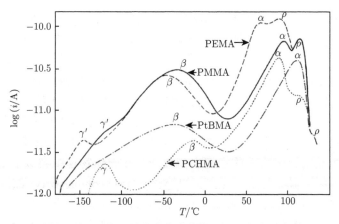

图 4.23　几种丙烯酸酯聚合物的 TSD 电流温度谱

　　如上所述，TSD 法已扩展到在线性升温过程中对材料的极化研究。如果是极性材料，在偶极子沿电场方向取向的同时伴随着空间电荷的注入[74]。必须注意的是，在 TSD 升温过程中呈现了一个稳定增加的传导电流，研究指出，电介质的传导电流强度是温度的敏感函数。对聚合物而言，传导电流呈指数型上升[1]，传导电流的存在是影响 TSD 过程的重要因素。这是因为，太强的传导电流使得热激发脱阱电荷可能在脱阱位置被中和掉，从而阻碍了脱阱电荷在 TSD 中的输运。

　　与 TSD 电流方法相关的另一种基本技术是热刺激电荷衰减测量 (称电荷 TSD)，利用这种方法，样品仅需单面蒸镀电极 (图 4.24 和图 4.26)。比较图 4.23 中给出的电流–温度谱 (TSD 电流) 和图 4.24 中给出的电荷–温度谱 (电荷 TSD) 曲线可见，电荷–温度曲线形状较为简单，它能直观地反映驻极体储存电荷的热稳定性。电荷–温度谱的实验结果是评价驻极体实用价值的重要依据。

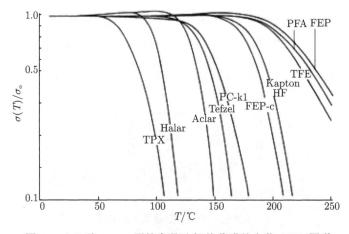

图 4.24　几种 25μm 厚的商品驻极体薄膜的电荷 TSD 图谱

由空间电荷注入而形成的同号电荷驻极体大多数是带单面镀电极的样品,对这类驻极体通常利用开路热刺激放电 (开路 TSD) 测量,即在测量电极和驻极体的自由面间导入一个空气隙,或在该气隙中插入一个绝缘体。开路 TSD 测量已广泛用于半导体的 TSD 研究[76]。

图 4.23 的实验结果说明,不同聚合物的电流峰值、位置和形状是有显著差异的。例如,聚甲基丙烯酸酯 (PMMA) 比聚乙烯丙烯酸酯 (PEMA) 呈现出更高的峰温。利用 TSD 图谱可确定待研究驻极体的电荷相关参数、揭示偶极电荷的分子起因以及空间电荷的动态特征。为了实现这个目标,需要和其他相关测量技术所得的结果进行对比分析,如介电和力学弛豫测量[75]。在对比过程中我们必须注意:TSD 是在超低频区以非等温技术测得的数据,而力学和介电动态测量通常在中频或高频范围内进行,力学和介电动态测量的结果与 TSD 测量的结果所处的测量条件是不同的[77]。

如果在电介质中的电荷能被光激发,我们通常以 TSCo 或 TL 方法研究它们的特性,并和 TSD 数据相比较[70]。TSCo 方法适用于研究光导体和半导体内电子或空穴的捕获和脱阱规律[78]。暗电导率-温度谱可揭示光驻极体中捕获态 (或杂质中心) 的特征。TSCo 方法还常常用于那些经粒子束辐照而储存非平衡载流子电介质驻极态的特性研究。

TL 方法测量适合于那些具有自然磷光效应或经掺杂活化剂 (受主) 和共活化剂 (施主) 杂质的磷光材料[79]。测量方法与 TSCo 方法类似,在 TL 方法中,首先需将被测样品置于非常低的环境中 ($< -180°C$),然后在低温下对样品进行单色光 (或粒子束) 辐照充电,待辐照足够长时间后载流子被填入陷阱。随后对样品进行线性升温加热,加热过程中脱阱的电子或空穴的全部或部分与相反极性电荷载流子在复合中心内复合引起发光,其发射光强度随温度的变化规律可通过光电倍增管测定,出现在发射光强度-温度曲线上的增长峰表征了磷光体内活化剂和共活化剂中心 (捕获或复合中心) 的特征及相关信息。

由于利用光照能有效地释放光驻极体中的电子或空穴,因此光激发也能作为陷阱能谱的诊断工具[80]。在光激发放电中加偏压的样品在常温下以波长可调 (从远红外到带隙波长) 的单色光照射,在一定波长时,光电流增长并形成峰值,测得的光电流-波长曲线的形状和位置能反映出材料内陷阱能级的量值及分布。另外,通过分析发射光的光谱信息,可以揭示与电荷复合过程相关的电荷迁移规律。光致退极化通常用在光导体及光驻极体的放电研究方面和诊断电介质内陷阱能谱的分布[69,81]。

4.3.2 TSD 的相关机理

驻极体放电的基本功能是恢复充电电介质的电中性。对极性驻极体而言,偶极

子的弛豫 (消取向) 对恢复电介质的电中性起主导作用, 这种弛豫效应破坏了偶极子的有序性而产生了随机再分布, 取向偶极子的弛豫还包含正负电荷耦合对的转动。对固体电介质, 要实现这样的转动每个偶极子往往需要几个电子伏特的能量。对实际驻极体, 热活化是偶极子弛豫的基本原因, 加热将加速偶极子的弛豫效应。引起偶极子热弛豫的活化能通常是不同的, 因此 TSD 电流谱上常常会出现几个峰 (图 4.23) 甚至是连续谱。具有低束缚能级的取向偶极子在较低的温度时发生消取向, 而需要高活化能取向偶极子的消取向应该对应较高的活化温度, 如果各个分立活化能之间差异甚微将形成活化能的连续分布, 此时所有的独立峰值彼此交叠并被淹没在一个宽峰中。许多聚合物驻极体经较低温度下的热激发, 引起极性基团的弛豫产生的电流-温度谱常常表现为宽的分布峰 (图 4.23 中的 β 峰), 同一种电介质中偶极子的不同转动质量是形成宽分布峰的另一个可能原因。

除了偶极子, 被陷阱捕获的空间电荷在驻极体内大多数是非均匀分布的, 例如, 电荷往往沉积在电极附近。样品受热期间, 脱阱电荷或者在电极附近被中和, 或者在样品内被异性电荷复合。电荷脱阱后和复合前, 或者在自身局部电场作用下迁移, 或者是由电荷分布的浓度梯度形成扩散。从图 4.23 可见, 与 α 或 β 峰相比, 由释放空间电荷形成的 ρ 峰出现在较高的温区。这是因为, 偶极子的消取向仅需要局域转动, 而空间电荷的中和却可能要求它们的运动跨越许多倍原子间的距离。

高温下空间电荷的自运动还伴随发生第二类中和机理, 即由热激发产生的电荷载流子的复合。这些载流子在整个样品中由中性单元分离而正、负成对地形成。它们的产生既与空间坐标无关, 也与时间无关[77], 它们对材料电导率的变化起主导作用, 这种电导率或者是电子型, 或者是离子型。在聚合物驻极体中对欧姆电导起主要贡献的是离子, 因为只有在 T_g 以上存在足够的自由体积空间时, 才使离子易动显示出明显的电导[82]。电导率的增加引起的热载流子复合效应所产生的空间电荷的损耗并不总是显著的。例如, 在短路 TSD 实验中这种复合效应就相当微弱, 因为样品的端电压为 0, 其净传导电流为 0。

类比于电介质中热致电导率的上升, 由光或粒子束辐照光导体也能诱导出大量的自由载流子, 引起电导的显著变化[69,83]。

关于脱阱空间电荷的自运动, 我们能以两种方式描述这个过程: 如果载流子是离子, 它们通常可看作以热活化迁移率的自由运动, 即从一个空位跨越量值等于电势势垒的活化能到达另一个空位的跳跃 (hoping) 运动; 如果载流子是电子或空穴, 则将它们看成捕获在局域陷阱内加热导致阱内电荷脱阱并进入导带中, 再自由扩散或者被新的能阱捕获, 或者到达驻极体的电极上。

对结晶固体电子的脱阱过程可用带隙模型来分析。然而大多数实际驻极体材料是非晶态或半晶态, 这类材料结构和组成上的高度无序性使禁带能隙内产生了许多局域态[84,85], 这些能态在数量和深度上各不相同, 无序性越高, 数目越少, 它们进入带隙越深的数目就越少。因此这些能隙被准 (伪) 能隙替代, 在该能隙内其态密度维持一定, 其结果是带边变得模糊以致很难标记出完全非局域化的载流子能量。

Mott 等[84,85] 根据载流子的迁移率给出了在非晶态材料中关于输运能带的定义。如图 4.25 所示: 在迁移率的边沿处 (这里的迁移率降低了 3 个数量级), 临界能 E_c 把局域态从非局域态分开。显然, 电子能量只有在 E_c 以上时才能无需热能地帮助自己运动, 通过固体。除了由无序化产生的带尾态 (这种带尾是从能带边沿单调的扩展) 外, 清晰可辨认的带隙态是由本征结构缺陷形成的。而在聚合物内, 本征结构的缺陷是由像分支链、链段、端基和悬挂基团等形成的[86]。迄今对大多数无序材料的实际研究仍然相当肤浅, 而传统的带隙模型仅能考虑作为一级近似。根据带隙模型, 电荷从陷阱中活化脱阱后可能碰到两个过程: 由自身场作用向电极迁移途中被其他的陷阱再次快速捕获 (fast retrapping effect); 由于热致电导率的增加, 在脱阱位置和异性电荷复合。在低温条件下, 在非晶态材料中, 大量的捕获态允许电子

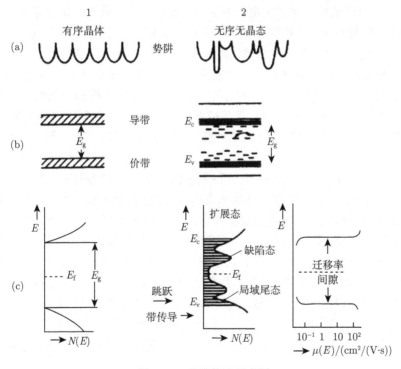

图 4.25 能带构造示意图

1. 晶体; 2. 非晶态绝缘体; (a) 位阱; (b) 能带结构; (c) 态密度 $N(E)$ 和迁移率宽

载流子在电场方向通过跨越局域化的带隙势垒代替沿扩展态的自由运动，并以这种跨越式跳跃运动而实现电荷的输运。根据这样的电荷输运分析，Scher 等[87] 却提了载流子在无规分布的局域态间做随机跳跃运动。为了解释载流子在 "颤动" 中发生了容易跳跃和难以跳跃的现象[88]，他们假定在跳跃事件之间存在着等候时间的分布，此后扩展成了包括捕获效应的随机走动理论[89]。稍后，Rudenko 等提出了一种 "受陷阱调制的能带输运模型"[90]，他们假定电荷的输运是在多重捕获效应下发生的[91]。

上面对电荷捕获的描述仅适用于结构均匀的电介质材料。对非均匀材料 (如半晶态聚合物) 则会发生界面捕获。界面电荷是由不同相间电导率的差异所引起的 (Maxwell-Wagner 效应)。当它们被充电时，接近界面上的电荷或者积累，或者耗散，这取决于流入局部传导电流和输出电流的对比。这种传导电流也明显地影响 TSD 过程中外电路上实际释放的电荷量。因为这类电流是以反方向流动的。电极的性质：中性电极、欧姆电极和阻断电极对电荷的中和过程有着重要的影响。在样品的 TSD 期间，中性电极不妨碍在电极界面上电荷的中和；欧姆电极除了具有与中性电极同样的作用外，还能将异性载流子引入充电样品中；然而阻断型电极则情况正好相反，它阻止任何电荷从电极的注入和中和作用，即如果利用阻断型电极，电荷的中和过程仅能在样品内进行。一般来说，电极是属于电荷注入型或电荷阻断型，仅取决于它们的功函数。与电介质的功函数对比，如果电极的功函数较大则形成 Schottky 载流子，这种 Schottky 势垒能帮助我们研究半导体和半绝缘体的 TSD。如果在样品和金属电极间插入一块高绝缘层 (空气或 PTFE 等) 则形成一个可靠的阻断层。

TSD 电流的大小取决于驻极体实际储存的电荷量。我们期望 TSD 电流对时间的积分等于 TSD 实验前储存于驻极体内的电荷量，可是不是所有的衰减过程都能将全部释放的电荷完整无缺地贡献至外电流中。如前所述，短路 TSD 中欧姆电导对脱阱电荷的中和作用使得脱阱电荷不能完全地提供到外电路中。此外，电荷的自漂移是一种无效的电流发生过程。如果驻极体包含两个欧姆电极且电荷的扩散又是对称向外的，则从外电路看这种扩散效应没有净电流的产生。当驻极体内电荷的衰减完全取决于偶极子的弛豫时，其对外电流贡献的效率才是 100%。

在含气隙 (开路) TSD 的情况下，因为驻极体内的电场不为 0，整个电荷衰减过程都对外部电流有贡献 (其中包含由电导引起的电荷中和作用电流对外部电流的贡献)。

4.3.3   TSD 的实验技术[65]

图 4.26 给出了测量 TSD 电流和电荷 TSD 的原理示意图。对短路 TSD 或开路 TSD 电流实验是将驻极体两面的上下电极短接 (图 4.26(a) 和 (b))；而电荷 TSD

的测量是在开路条件下进行的，当样品加热时测量驻极体自由面的等效表面电势 (或剩余面电荷密度)。表 4.2 列出了三种 TSD 方法的数学解析式。

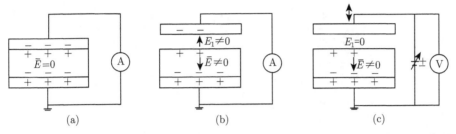

图 4.26 测量短路 TSD 电流 (a)、开路 TSD 电流 (b) 和电荷 TSD(c) 的原理示意图

表 4.2   三种 TSD 方法的数学解析式

短路驻极体的 TSD 电流	$\int_0^s E\mathrm{d}x = 0$	$i^* \neq 0$
含气隙 s_1 的驻极体开路 TSD 电流	$\int_0^{s+s_1} E\mathrm{d}x = 0, \int_0^s E\mathrm{d}x \neq 0$	$i^* \neq 0$
开路驻极体的 TSD 电流	$V^* = \int_0^{s+s_1} E\mathrm{d}x = \int_0^s E\mathrm{d}x$	$i = 0$

注: * 表示被测量的量。

为了测量 TSD 电流，将灵敏电流计和电极串联并接地 (图 4.26)。电荷 TSD 的测量则较为复杂，尤其是当记录电荷随温度的变化曲线时。对薄膜驻极体的剩余电荷密度 (或假定电荷重心恒定时的等效表面电势) 可通过补偿法测量。这里薄膜驻极体的外电场是与敏感电极上的反向电场抵消，从而直接测出等效表面电势。对较厚的块状驻极体的电荷 TSD 测量较为麻烦，需要利用可分解式电容器法或电容探针法 (参见 4.1 节)。

图 4.26 给出了测量开路 TSD 电流的基本原理，当上电极和样品自由面间存在一定气隙时，驻极体自由面上的等效面电荷密度在样品电极上感应出部分的镜像电荷 (感应电荷的损失随着气隙厚度的增加而上升)。由于驻极体内存在着非零电场，从而在高温下形成了驻极体内的净传导电流，因此利用开路 TSD 电流能够观察到由欧姆电导产生的空间电荷的中和效应[92]。开路 TSD 方法对揭示驻极体中是否存在异号电荷或同号电荷，或两者兼具十分有用。因为储存在驻极体内同号电荷的释放与同一材料中异号电荷的弛豫相比，通常出现在较高的温区。因此对极性驻极体材料 (如图 4.27 中聚酯驻极体)，开路 TSD 过程中的放电电流将改变符号。其中位于较低温位的正峰是由于偶极弛豫效应，而位于较高温度的负峰则是由于空间电荷的脱阱贡献。

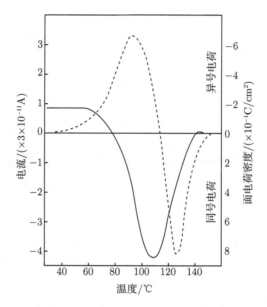

图 4.27　聚酯 PET 薄膜驻极体的开路 TSD 电流谱 (虚线)

在 TSD 实验中，使用块状驻极体样品的厚度约为 0.5mm；聚合物薄膜驻极体的厚度为 $10\sim50\mu m$；而 Si 基 SiO_2 或 Si_3N_4 薄膜的厚度为 $0.1\sim1\mu m$。有机薄膜驻极体的开路 TSD 气隙间距约为 5mm；Si 基无机薄膜驻极体的气隙厚度为 $1\sim2nm$。双面镀电极样品两面应具有相同材料结构的电极，但对开路 TSD 实验则仅要求一个接触电极 (背电极)。非对称的接触电极仅用在特殊目的的半导体或半绝缘体实验中，其中一个接触电极是阻断型，使样品形成一个高阻区[92]，接触电极通常采用真空镀膜法形成。如果样品对有机溶剂不灵敏，也可在样品表面均匀地涂上导电胶作为电极。提供作电极的金属层应该是抗氧化材料 (Au 或 Al)。电极的有效面积，对开路 TSD 实验在 $10\sim20cm^2$，而对短路 TSD 实验约在 $1cm^2$ 以上，其中一个电极需附加一个保护电极 (guard ring) 以减小电场的边缘效应和表面漏电，这种结构对进行沿样品表面或体内的电荷输运行为的比较测量是必不可少的。样品以恒热率加热的温控系统需要利用计算机 (或智能系统)，对聚合物薄膜最常用的升温率是 $1\sim3℃/min$，对无机材料则在 $3\sim5℃/min$。控制较低的升温率是为了阻止样品温度的滞后效应并确保 TSD 电流谱线上良好的峰值分辨率。

图 4.23 说明，许多驻极体材料的电流峰位于十分低的温区内，因此 TSD 的起始温度以液氮温度较为合适。但从驻极体的实际应用出发，绝大部分驻极体元器件的使用温度都在室温或室温以上，因此 TSD 实验从室温开始已可能满足实用性研究的基本需要。恒温箱应具有良好的隔热性和力求避免样品的热梯度，否则有可能产生寄生电流。对用作 TSCo 和 TL 实验的补充测量装置，样品应尽可能安装在靠

近辐照源和辐照检测系统附近。

电流测量应使用高灵敏度的安培表, 如 Keithley, Cary 和 Vibron 等静电表, 并要求具有低于 10^{-15}A 的电流量限。Keithley 公司研制出的对数标度 pA 表 (picoammeter) 可用于 TSD 电流实验中 (电流往往变化几个数量级)。

在 TSD 电流实验中, 如果将一台电压源连接到电极上就可对样品充电, 见图 4.22。充电前应将样品在材料制备、处理和输运过程中产生的寄生电荷 "清洗" 掉[93]。对某些材料, 如果忽略了热历史的影响, 可对未充电样品实施 "空转"TSD 实验。一个典型的结果如图 4.28 所示。如果暂不考虑 T_g 处的相变峰, 在 TSD 电流谱中 T_g 以上的电流随温升递增, 参考文献 [94] 和 [95] 以及本书著者的实验结果证实, 大多数驻极体材料都发生这种高温电流, 最大可能性是源于两电极与样品间的接触电势差, 从而在高温下诱导出传导电流。对未极化样品的化学降解也能产生附加电流[96]。利用微分技术已对 TSD 的实验方法进行了改善[97]。在这种方法中充电和未充电完全相同的样品被串联在同一个 TSD 线路中, 因此热膨胀和温度变化导致电容率变化等形成的寄生电流现象可能被消除, 从而改善了测量结果的重复性。

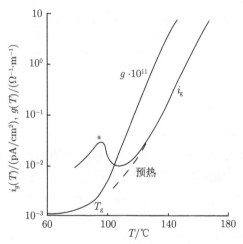

图 4.28　PET(未充电) 的寄生电流 i_g-T 谱

二次循环仅在 T_g 以上才观察到 i_g

4.3.4　TSD 的应用

TSD 法是一种用于发现性能优良驻极体的有力工具, 这是因为, 利用它可在短时间内揭示对驻极体电荷衰减起决定性作用的相关机理。TSD 也是高效地优化充电条件的重要手段。开路 TSD 电流和电荷 TSD 实验研究提供的测量结果特别适合于对静电充电样品的研究, 如摩擦起电或粉末喷涂带电样品的研究[98]。事实上，TSD 已经发展成研究和提供电介质和半导体内电荷载流子储存和输运信息的主要来源[69,70]。利用 TSD 法已阐明了具有陷阱功能的缺陷和杂质中心的基本性质。TSD 结果还提供了电极的接触性质、界面势垒的高度和多数载流子在电介质中的动力学行为[92]。TSD 也广泛地用于研究离子型晶体内杂质空穴偶极子的形成和凝聚，例如，对碱卤化物利用 TSD 法可检测出最低可能温度的弛豫峰值，从而避免了测量期间偶极子的凝聚[99]。

TSD 电流测量也可用于研究在固体和过冷液体中的低频弛豫现象[100,101]，这是因为，大多数固体的介电行为十分复杂，需要在尽可能宽的频区内加以研究。虽然上述介电研究要求覆盖的超低频区比 TSD 工作频率范围宽许多倍，但从低频区的角度考虑，TSD 具有以仅 10% 的活化能差来分离弛豫峰的能力，并且 TSD 电流峰上的交叠峰也可以通过分步极化和分步退极化加以分解。

如前所述，TSD 还具有区分偶极弛豫和空间电荷释放规律的能力，并能识别偶极弛豫分布是源于活化能分布的贡献还是自然频率分布的贡献。许多研究已经证实[102]，在十分低的频率范围内运用 TSD 测量得到的弛豫峰能用来确定聚合物的玻璃相变温度 (表 4.3)。

表 4.3   某些聚合物的玻璃相变温度区[23]

聚合物	TSD 对应 T_g 值/℃	文献值/℃
聚甲基丙烯酸甲酯 (PMMA)	105	105
聚碳酸酯 (PC)	152	148
聚对苯二甲酸乙二酯 (PET)	88	81
氟化乙丙烯共聚物 (FEP)	75	77
聚氯乙烯 (PVC)	75	74

TSD 法还可用来检测材料的纯度[103]。因为杂质的存在通常会增加离子型载流子的浓度从而显著增加瞬态电荷的储存。由于 TSD 法的高灵敏度，它还能用于检测由材料的化学降解、粒子束辐照、膨胀、湿度和其他因素作用而产生的性质变化[77]。TSD 技术广泛用来研究物理老化对非晶聚合物的影响[104]，这是因为，当材料被冷却到玻璃相变温度以下时，在储存和使用周期内，材料连续地玻璃化，导致分子运动可利用的自由体积空间减小。根据自由体积理论，其弛豫时间不断延长，即发生了老化。图 4.29 给出了随着老化时间的延长，弛豫时间的增加，TSD 电流响应发生了明显变化。例如，在 60℃ 下，PVC 样品经 120h 老化的取向偶极子浓度比老化 3h 的浓度要低，而比经淬火至 60℃ 立即测量的浓度更低。这种时间效应为 TSD 法在地质学和考古学中用于判断矿物及古生物年代的应用方面开辟了道路 [105,106]。

事实上 TL 早已用于此目的[107,108]，其实验方法是将样品暴露在周围环境中，环境辐照在磷光性杂质内引起不断增加的深陷阱对电荷的捕获，估算深阱已装填

电荷的程度 (通过与标样对比) 即可估算出待测物的储存时间, 即用人工产生已知剂量的 TL(如 X 射线) 的发射光与待测天然材料测得的发射光相对比, 即可确定样品的储存年代。年代= (天然 TL× 人工剂量) / (人工 TL× 自然剂量率), 其中自然剂量率可以独立地估算。

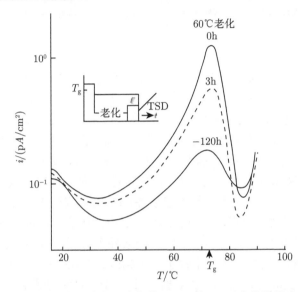

图 4.29 物理老化对未塑化 PVC 的 TSD 电流谱影响

TSD 在辐射剂量学方面的应用已经得到进一步的发展[109], 在这个领域中热激发外电子发射 (thermally stimulated exoelectron emission, TSEE) 尤其是 TL 已经建立得相当完善[110]。

近年来 TSD 法已广泛地用于研究晶体和生物材料中的点缺陷和驻极体效应。由于 TSD 工作在低频区, 它特别适合于观察那些缓慢变化的弛豫规律。如果能选择在尽可能低的温度条件下观察到这种缓慢变化的弛豫峰, 就可能避免待研究样品的热变性, 这一特性对生物驻极体材料的研究特别重要。

4.3.5 TSD 法和介电测量

我们已经强调了将介电测量的数据与 TSD 法测量的结果进行比较的重要性。由于介电损耗理论及对实验现象研究的发展先于 TSD 法, 这样的对比能帮助我们阐明 TSD 电流峰的来源。典型的 TSD 法是非等温测量, 其时间和温度都是待测量的变量。然而传统的介电测量, 或者是维持频率为常数, 或者是保持温度不变。测量条件的不同导致两类测量方法对比中弛豫峰值的强度和位置可能出现明显的差异。在诸多的介电测量方法中, 最基本的一种是在测量中对样品施加一正弦电压后的电流响应。作为一个基本原则, 响应电流总是滞后于电压, 这是因为, "永久"

偶极子的转向极化不能瞬时地响应于外加电压的变化, 慢效应偶极子呈现较大的相移, 而电流幅值则依赖于偶极子密度及其介电强度。如第 2 章所述, 介电响应可用复数电容率 ε 来描述 (见式 (2.17)), ε 的实部 ε' 和虚部 ε'' 分别是温度和频率的函数。对具有单一弛豫频率 α 的电介质, ε' 和 ε'' 关系可由 Debye 方程式 (2.28) 和式 (2.29) 表示, 如果式 (2.29) 相对于 ε 或 τ 微分, 其损耗峰值发生在如下位置:

$$\omega\tau = 1 \tag{4.67}$$

在恒温条件下估算损耗峰值通常必须在极宽的频区内改变其频率, 对如此宽的频率通常难以由单一技术测算。如果频率保持不变, 则允许温度变化的范围要小得多, 这是因为, 在热活化过程中弛豫时间随温度产生数量级的变化。

　　如同 TSD 一样, 介电测量也能在线性加热的条件下进行。自动平衡桥电路就是根据这一要求设计的, 显然, 以温度为函数, 使介电测量和 TSD 测量这两种方法间构成了十分紧密的联系。为了阐明它们间的关系, 我们可以比较 ε'' 最大值的条件式 (4.67) 和 TSD 电流的最大值条件: $\alpha(T_{\mathrm{m}})hkT_{\mathrm{m}}^2/A = 1$(参见式 (5.41))。这里, $h = 1/\beta$ 是线性升温率 β 的倒数; A 是活化能; k 是 Boltzmann 常量。如果测量 ε'' 是在角频率 $\omega = A/(hkT_{\mathrm{m}}^2)$ 的条件下进行, 则两个最大值将在同一温度点出现, 显然, 这个频率肯定位于超低频区。例如, 对 PMMA 的 β 峰, 当 $A = 0.8\mathrm{eV}$, $h=1\mathrm{min}/^{\circ}\mathrm{C}$ 和 $T_{\mathrm{m}}=225\mathrm{K}$ 时 (图 4.23), 对应的频率为 $10^{-4}\mathrm{Hz}$。比较 TSD 电流和 ε'' 的最大值可得到下列关系式:

$$\varepsilon_0\varepsilon''_{\mathrm{rm}}E \approx 1.36i_{\mathrm{m}}hkT_{\mathrm{m}}^2/A \tag{4.68}$$

　　如果将式 (4.68) 中的系数 1.36 以 1.47 取代, 这个简单的关系式对整个 TSD 峰值 (即每一组的 i 和 T) 都成立[77]。利用这样的修正我们就能把全部的 TSD 数据转换成 ε'' 的数据, 反之亦然。这样的转换不仅适用于单一的 Debye 峰值, 也适用于自然弛豫频率 α_0 或活化能 A 的分布极化。当活化能不是常数而是转变温度的函数时 (如果 α_0 已知), A 和 T 的依赖关系能从式 (5.42) 和图 5.19 中求出。在 van Turnhout 的专著中[77] 还给出了 TSD 数据和 ε'' 数据转换的详细讨论和描述。图 4.30 给出了根据 TSD 电流谱的测量结果和利用式 (4.68) 计算出在 0.1Hz 时的 $\varepsilon''(T)$ 数据。与在相同频率下直接测量的 $\varepsilon''(T)$ 数据进行比较, 说明它们的一致性是基本合理的。然而计算出的 $\varepsilon''(T)$ 出现在较低的温度是因为它们实际发生的频率比 0.1Hz 要低。这再次说明, 为了使它们间的比较具有实际意义, 这些介电数据也应该取在低频区。然而如果介电弛豫谱包含有不同活化能的几个峰值, 这些峰值常常产生不同的漂移, 并在高测量频率时趋于统一, 这时两者之间就难以进行比较。事实上只要在低频下测量, 两种方法的结果即表现出良好的可比性。这时的 TSD 法是一种研究介电性能的有力工具, 这是因为, 在超低频区, 由于变压器电桥已不能应用, 即已无法利用传统的方法测定 ε''。在超低频下进行介电测量的实用方法是利用直流阶跃响应法, 即当一个阶跃电压提供到样品上 (或从样品上移去) 时, 测量电流对时间的响应[75,111]。除了温度保持常数外, 这种测量方法十分类似于 TSD 测量。可是如果是在变温条件下测量, 则可在特定时间下收集直流阶跃数据并描绘出直流阶跃–温度曲线。将直流阶跃的瞬态过程以 Fourier 变换转变成频率畴, 则可能用低频交流数据与 TSD 的结果比较。这种转换能通过数值法求解[77]。由于直流低频测量早已实现, 利用直流阶跃作为实现低频交流测量的手段已没有必要。

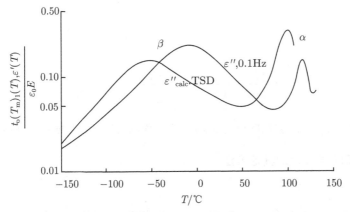

图 4.30   PMMA 驻极体 TSD 电流谱中 α 和 β 峰在 0.1Hz 的 $\varepsilon''(T)$ 数据和实测值

   TSD 数据分析和弛豫时间分布密切相关, 据此将 ε'' 数据转换成电流数据, 用修正的 Ninomiya Ferry 方法从分布函数的数目可计算出 TSD 的响应[106]。这里的讨论仅局限于对偶极峰的转化, 由于在介电测量中很少碰到欧姆电导损耗, 因此由空间电荷形成的电流峰很少展开讨论。以 PMMA 为例 (图 4.31), TSD 电流谱上的 ρ 峰被看成是替代 ε'' 曲线上呈指数性增加的电导损耗。应该注意到, 对 TSD 数据现在是在未经变换时的直接比较, 结果说明, 在 TSD 电流谱和 ε'' 曲线上对应的 β, α 最大值分别产生了较大的差别, 这是因为两个峰值的活化能差别很大, 可以说在 TSD 曲线上较大的 α 值是由于这个峰的高活化能使峰形凸起。

   Hino[112] 和 Perlman 等[113] 也讨论了将 TSD 转换成 ε'' 数据。他们首先利用 TSD 电流谱的数据计算出 $\varepsilon_{\mathrm{s}} - \varepsilon_{\infty}$ 和 τ, 再根据式 (2.29) 计算出对应于不同 ω 的 ε''。这种方法的不足之处是, 只有当交叠峰值能分解成相应的单元分量时才能实现交叠的 TSD 电流谱上峰值的转换, 否则所有单独的 ε'' 响应都无法被正确地估算。

   图 4.31 中除了 TSD 电流谱外还给出了 $\varepsilon''(T)$ 谱和在 1Hz 时的力学量 $G''(T)$ 谱, 这里出现的仅仅是 α 和 β 峰, 显然, α 峰是由玻璃相变温度导出的, 因为在 T_{g} 时这个模量的实部下降太快而没有表现出来。由于较低的活化能, 从峰值的位

置看，β 峰值漂移最大。由上述讨论可见：通过 TSD 数据和介电及力学测量的相关数据比较可能提供丰富而有价值的信息[111]。

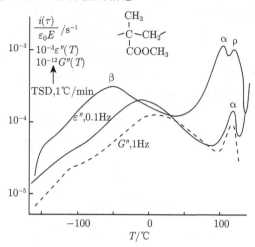

图 4.31   PMMA 的 TSD 电流谱及介电和力学测量量 $\varepsilon''(T)$ 与 $G''(T)$ 谱比较图

4.3.6   电荷脱阱分析的其他方法

1. 热致发光 (TL)

在电介质内的缺陷能级还能通过与 TSD 相关的一些技术进行研究。用于对磷光体的 TL 研究是最传统的方法[70]。这是一种纯光学方法，因此无需电接触。长期以来利用 TL 方法研究的材料仅涉及无机晶体。近年来人们力图把它应用到聚合物[114] 和生物驻极体材料的研究中[115]。

代替 TSD 技术中用电学方法将电荷填入陷阱，TL 方法是在低温时通过对样品的光照或以一定粒子束对样品辐照[116]，当入射光的光子能量高于带隙能量时产生了电子空穴对的分离，最终它们被捕获在导带和价带间的陷阱能级中。在后继的加热过程中，电子和空穴各自从能阱中逐步释放，并在光照时被复合中心的相反载流子捕获 (注意：在无光照时，复合也可能发生)。用高灵敏度的光电倍增管测量出作为温度函数的光发射峰 (或发光峰)，从而提供了关于捕获和复合中心的相关信息。另外，通过测量发射光的光谱分布也可揭示关于电荷复合过程的相关规律。图 4.32 给出了 TL 的热增长曲线，它表示被 X 射线激发的 $CaSO_4$ 晶体的 TL 效应。

在 Schoen-Klasens 的简单带隙理论中阐明了 TL 的转换过程 (图 4.33)。这里假定电子存在着一个捕获能级和一个复合能级。α 表示释放，β 表示再捕获，γ 表示电子的复合并发光。从复合系数 $R = \beta/\gamma$ 可辨别是单分子 $(R = 0)$ 或双分子复合。由热激发从陷阱中释放的电子扩散通过导带，直到遇到排空的复合中心并被中

和掉。由中和过程中产生的自由能形成了光发射, 其光强服从[117]

$$I(t) \propto n(t)h(t) \quad \text{或} \quad I(t) \propto -\frac{\mathrm{d}h(t)}{\mathrm{d}t} \tag{4.69}$$

这里, $n(t)$ 是导带内的自由电子数, 而 $h(t)$ 是复合中心的空穴数。

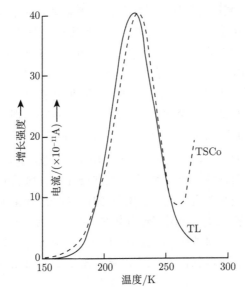

图 4.32 CaSO$_4$ 的 TL 和 TSCo 温度谱

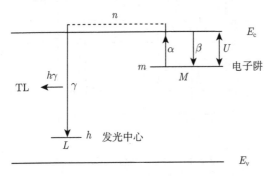

图 4.33 Schoen-Klasens 的 TL 能带模型

TL 理论十分类似于将在 5.4 节中所描述的热刺激放电电流理论, 除了在分析中包含复合中心的附加物理过程外, 事实上 TSD 理论就是在 TL 理论基础上发展起来的。由于应用在 TL 方法中的内部变量与空间坐标无关, 因此与 TSD 相比这是一个明显的简化。然而由于在求精确解时仍然包含相当多的变量, 具体分析 TL 曲线仍然相当复杂[70,117]。类似于 TSD 分析解偏微分方程需采用数值法[118]。在进行具体分析时需根据研究对象首先建立一个良好的物理模型, 如电子或空穴捕获、陷阱填充率、单分子或双分子复合、快再捕获或慢再捕获效应、单一捕获或多重捕获和复合能级及能级的连续分布等 [78]。

2. 热刺激电导率 (TSCo)

除了 TL 方法外，利用 TSCo 方法可研究在光导体内的电荷脱阱[69,70]，这种方法也是通过光照或粒子束辐照充电 (如果材料呈现非光导性或高绝缘性则必须采用粒子束)。为了避免光致载流子被欧姆电导中和，应将光导体冷却至室温之下并在冷却状态下对样品照光 (有时也提供一个弱电场以阻止分离的正负电荷的复合)。此后将外加偏置电压的光导体在暗室中加热，捕获电子被逐步释放并进入导带从而形成暗电导率的特征峰。如果待测光导体是 n 型材料，则仅存在电子对电导率的贡献。由 TSCo 产生的电流密度为 $i(t) = \mu_0 n(T) E$。

TSCo 方法不仅可应用于光导体，也可应用于半导体、p-n 结、磷光材料、光驻极体及其他光电子元器件的特性研究[83]。光驻极体在光照期间通过提供一个极化电场而形成一个永久内部极化 (PIP)。由于 PIP 的存在则无须在后续加热期间提供用于电荷积累的偏置电压。如同普通驻极体，在光驻极体内电场作用下，脱阱载流子被强制运动产生了自身的中和。图 4.34 给出了 HgI$_2$ 单晶 TSD 电流谱，结果显示：未加偏置电压 (光驻极体) 的自中和效应形成的峰值比 TSCo 电流所形成的峰值要尖锐。

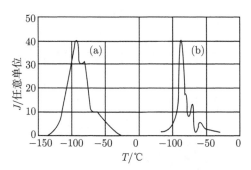

图 4.34　HgI$_2$ 单晶 TSD 电流谱

(a) TSCo 法；(b) 无偏置的光驻极体

Tkach[119] 提出利用改变交流偏压的振幅来确定热刺激电导率。借助于这种方法可在两个不同温度时显示同一个电流峰，再从峰位的漂移确定捕获能级的深度。此外，用交流偏置电压代替直流偏压可研究和分析 X 射线激励下非晶材料 ZnS 的 TSCo 谱。图 4.32 给出了以 X 射线激励的 CaSO$_4$ 晶体的 TSCo 结果。显然，TSCo 的峰值出现在比 TL 稍高的温位。理论上也可以证明 TSCo 峰具有类似的规律。因为在峰值出现前它们要求更多的载流子发射进入导带[120]。

由于 TSCo 和 TL 测量结果的可比性及彼此互补性，往往对同一个测量对象分别进行两个实验[121]。TSCo 用于检测特定捕获能级而 TL 则致力于确定复合能级。Chen[120] 认为记录 TL 和 TSCo 数据的比值 (即 I_{TL}/I_{TSCo}) 有一定的实际意义，因为这个比值等于复合中心的空穴数 $h(t)$，在局部加热期间记录这些比值就能导出其复合是单分子型还是双分子型。

TSCo 理论同样十分类似于 TL 和 TSD 理论。然而 TSCo 理论考虑的仅是时间的函数，忽略了空间电荷效应。因此载流子被看作受到一个均匀偏置电场的作用，这样的限制仅在当无电场时载流子已填满陷阱的条件下才是合理的。如果是存在电场和陷阱处于满捕获状态，可借助于空间平均量来分析[122]。已陆续提出了几种计算 TSCo 和 TL 的方法[70,120]，除了部分问题需要考虑一次或二次动态特性外，都与 5.4.2 节中关于 TSD 相关参数的计算方法类同[78]。

3. 热激发外电子发射

在驻极体加热期间，从陷阱中释放的电子不仅可引起电子的传导和光发射，如果载流子靠近电介质的表面并且它们的能量足以克服电子亲和势即可脱离样品，这个过程称为热激发外电子发射。如果电子是通过光致激发则称光激发外电子发射 (optical stimulated exoelectron emission, OSEE)[116]。通过测量可确定在升温过程中真空室内样品实际发射的电子数，通过测量电介质的表面电子发射也可研究样品的电荷脱阱效应[116]。由热激发外电子发射产生的电流温度谱与 TL 及 TSCo 谱常常也出现一定的相关性[123]。热激发外电子发射技术大多数用于辐射剂量测量领域[116]。

4.4 光刺激放电法

测量电荷分布按照刺激电荷脱阱的方式可以分成热刺激方法和光刺激方法两大类。热刺激方法包括 TSD 法、TL 法、TSCo 法、TSEE 法、等温衰减电流 (isothermal discharge current, IDC) 法和电荷总量衰减法等，光刺激方法主要包括光刺激放电 (photo-stimulated discharge, PSD) 法等。

光照能使电荷填入陷阱，光照也能导致陷阱能级的排空。光致脱阱的载流子发射并进入导带，像 TSCo 法一样，它能通过外加偏压使进入导带的电荷聚集，并利用电流表对它们的变化进行宏观定量的测量。类似于 TSD 技术，光致电荷脱阱方法是利用一台可调单色仪以检测作为光能函数的释放光电流，测量迅速和无须与样品直接接触是这种方法的基本优点。描述光致电荷脱阱理论与 TSD 电流理论十分类似，因此只要将热致脱阱用光致脱阱取代，那么在 TSD 分析中各种类型的等温方程都可应用。然而，由于在电介质内光致排空并不十分有效，其产生的电流十分微弱。

光致电荷脱阱的定量研究始于 20 世纪[80]，20 世纪 70 年代 Brodribb 等建立了 PSD 及其基本理论[124]，并用此方法研究了有机晶体蒽的陷阱深度和密度信息[125]。他们利用紫外线作外光源对样品进行加压辐照充电，随后进行紫外光刺激 (恒定光照) 并实时监测短路电流随时间的变化。通过测量不同蒽样品的光电流随时间的变化规律，得出空穴或电子陷阱深度在 $0.8 \sim 1.35 \text{eV}$，以及相关能阱的可能来源。由于光刺激的能量有限，实验结果的重复性较差。

PSD 技术除了用于研究晶体材料的空间电荷分布和相关能阱信息以外，Ieda 等还将 PSD 技术用于聚合物介质中陷阱能级分布和深度研究[126]，并将 PSD 技术与 TSD 技术进行了较系统的比较研究。实验结果显示：①经 γ 射线辐照的聚乙烯体内存在大于 3eV 和 1.3eV 两个陷阱能级；②PSD 电流与 TSD 电流具有同源性；③PSD 技术与 TSD 技术得到陷阱深度存在的差异主要来源于分子热运动导致样品陷阱深度发生改变 (尤其是陷阱源于物理缺陷时)。这意味着 TSD 技术的线性升温过程导致样品微结构的改变从而影响电荷的陷阱能级。20 世纪 80 年代，Oda 等[127] 利用 PSD 法 (光源功率 30W) 研究了电晕充电 Teflon 驻极体材料的电荷储存，获得了 $10 \sim 100 \text{fA}$ 的光电流，以及推测得到电荷陷阱深度约为 4.9eV。虽然实验测得的电流强度比较弱，但实验引入了计算机自动同步记录光波长和光刺激电流的技术，使 PSD 实验的重复性大大增加。

2002 年 Mellinger 等[128] 利用 1000W 汞–氙灯或 450W 短弧氙灯相结合，由高效紫外光栅构成的单色仪组成了 PSD 测量用激发光源，研究了驻极体的电荷储存机制。他们对所研究的样品采用单能电子束充电、电晕充电和高压接触充电 (不同的充电条件，电荷在样品内的分布随之改变)[129]。通过在样品表面蒸镀 20nm 厚的金属电极 (镀电极样品) 或将充电面与石英玻璃镀金属面接触 (非镀电极样品) 两种方式给样品设置电极。样品内空间电荷和储存电荷的测量可采用 PSD 电流法、PPS 法、TP 法和 LIMM 等。Mellinger 等采用电晕充电方式对单面镀铜电极的 PETP 薄膜进行充电，然后将 303nm 和 310nm 波长的光依次辐照样品，研究 PETP 薄膜的陷阱特性。实验结果显示：光对陷阱电荷的激发具有选择性[130]。他们认为：在单色光辐照下，样品中的电荷减少可能与芳香族有关的电荷脱阱过程有关，也可能是由于样品吸收光子后产生激子，然后激子在电场的作用下分解并与电荷产生中和过程。一般认为，PSD 电流对时间的积分为样品中存储电荷的总量。但实际上电流积分值要比实际测量电荷量小很多，这可能是样品内异号电荷复合所致。如果复合过程是导致形成外电路中较少电荷量的主要原因，那么电荷复合量要远大于向外电路中释放的电荷量。

Mellinger 等通过采用 280nm、230nm 和 200nm 单色光对孔洞 PP(cellular polypropylene) 薄膜进行长时间辐照，然后进行从长波长到短波长的连续光谱扫描，研究空洞 PP 薄膜的陷阱深度分布，结果显示：孔洞 PP 具有明显的选择性光脱阱过程[131]。通过对样品进行不同单色光辐照和压电系数同步监测,发现 200nm 波长光辐照可以对孔洞 PP 的压电常数产生影响。这是因为,较长波长的光照只能激发较浅陷阱电荷脱阱,而具有较高能量的短波长光才能激发深陷阱电荷脱阱,因此压电常数只与薄膜中深陷阱电荷有关。此外,通过改变充电条件 (充电温度或光照波长) 得到聚酰亚胺薄膜的 PSD 电流谱,明确了当充电温度低于 100°C 时,样品内的电荷主要为电极注入电荷;当充电温度高于 100°C 时,薄膜内有大量电荷偶极子产生;光辐照充电后电子空穴对的解离是空间电荷产生的主要原因。

此外,同济大学张冶文课题组和哈尔滨理工大学雷清泉课题组分别搭建了 PSD 测量系统,分别对线性低密度聚乙烯和纳米掺杂的线性低密度聚乙烯样品,以及 PET, PI, PP 和聚乙烯等聚合物材料陷阱特性进行了研究,研究结果指出:掺杂能使线性低密度聚乙烯的陷阱能级发生改变,从而影响空间电荷的注入和积累过程[132-135]。聚乙烯和聚丙烯中的陷阱主要来源于外来杂质或材料聚合过程中引发剂的残留[136-138]。此外,针对传统 PSD 实验中连续扫描法的缺陷,张冶文等提出了准确表征陷阱深度的三种方法,即分步扫描法、组合标定扫描法和分步组合法[132-134]。

4.5 偶极电荷和空间电荷的鉴别方法

驻极体的驻极态源于偶极子的极化和分子内或畴结构中的电荷位移,以及空间电荷效应或表面充电。偶极电荷和空间电荷的类似性使得它们难以区分,通常需要利用材料的特性以及充电过程中呈现的物理现象,或借助其他方法或技术以提供附加信息。首先是利用材料的组成和结构等性质,例如,偶极弛豫过程仅可能发生在极性材料中,而非极性材料则仅可能包含空间电荷效应。在低温下以电子束辐照充电或电晕充电,材料内仅能沉积空间电荷。如果利用阻断电极充电 (例如,在电极和样品间附加一层高绝缘聚合物) 则能阻止空间电荷的注入,这时充电过程仅可导致驻极体内部产生极化效应。对足够厚的块状驻极体可利用切片 (或刨削) 工艺来区分偶极电荷和空间电荷。放电实验也可获得各类驻极体偶极电荷或空间电荷的相关信息。如果在放电实验期间的传导电流 $i_c = 0$,则驻极体的电荷衰减必然是源于极化电荷弛豫和内部空间电荷的释放。

对驻极体重复加热并比较它们的极化电流,是区分偶极电荷和空间电荷效应的另一种有效方法。如果这个驻极体在外场作用下以线性升温被首次极化并观察到极化电流 i_1,而在相同强度反向电场作用下重新加热产生电流 i_2。对极性材料而言,由于在第二次加热期间测得的电流是充电电流和等值放电电流的叠加,所以 $|i_2| = 2|i_1|$。如果驻极体的极化属于电荷的分离或空间电荷的注入,则应满足 $|i_2| < 2|i_1|$。

　　某些材料 (如碱卤化物) 内空间电荷效应能通过强度等于或略大于带隙能值的光束辐照而产生, 为此这些材料内空间电荷的脱阱可反映在由这些电荷脱阱而形成的 TSD 电流谱中, 因此我们很容易与偶极电荷的退极化电流谱相区别[139]。

　　驻极体材料 TSD 电流的测量结果与相关介电测量数据的比较也可用来鉴别材料内是否存在极化效应。我们知道一种材料的极化率可以通过介电测量很容易确定。如果测量结果被限定在低频区, 则可利用 TSD 电流谱与介电数据的比较来帮助鉴别不同峰值的起因。van Turnhout 已给出同一种驻极体材料的电容率及其损耗因数等介电测量数据与 TSD 之间由于偶极弛豫效应释放的电流和电荷的关系[77]。同样从 TSD 电流谱和力学测量数据相应关系也可辨别与 α 及 β 峰值相应的极化现象 (例如, 比较 TSD 电流谱与介电测量数据和体膨胀数据间的相应关系), 同样, 如果用冻结的机械应力去取代极化[140], 则用热刺激蠕变谱和 TSD 电流谱的对比分析有望得到所需的结果。这里记录的机械应力是随温升而递减的应力–温度谱。

　　与驻极体极化行为相关的信息还能从压电和热释电性能的测量中获得。对 TSD 数据的研究结果已确信与低频区测得的压电常数的实部和虚部密切相关。压电刺激电流法 (piezostimulated current method) 是指经外加电场取向的极化单元是由高压而不是样品冷却 "锁定" 的。如果移去极化电场并逐步降低压力, 当压力已减弱至这些取向单元可能消取向 (弛豫) 时, 可观察到电流峰 (电流–压力曲线)。

　　同样, TSD 和 TSCo、TL 和 TSEE 的比较也是十分有效的。这是因为, 这类比较可鉴别 TSD 空间电荷的产生原因是离子运动还是电子 (空穴) 的迁移。极性驻极体的 TSD 电流峰可由单一弛豫时间偶极子 (或弛豫时间分布偶极子) 热弛豫形成, 要想确定谱线上电流峰属于哪一种情况, 需要研究放电电流对驻极体的形成和储存条件的依赖关系。如果仅存在单一弛豫时间, 则电流峰的形状与位置和储存条件无关; 如果存在分布弛豫, 则 TSD 电流谱将受到上述条件的影响[77]。这是因为, 偶极分布弛豫中的快慢效应偶极子受到形成和储存条件的影响是不同的。太短的形成时间, 慢效应偶极子来不及沿电场方向取向; 而较长的储存时间, 快效应偶极子可能已消取向。图 4.35 给出的 TSD 电流谱则清楚地说明: 太低的极化温度由于慢效应偶极子处于冻结态, 则 TSD 电流谱上的 α 峰消失。

　　分步 TSD 实验 (又称热清洗 TSD 或多级 TSD) 可用于鉴别偶极分布是源于活化能分布还是自然弛豫频率分布, 其基本依据是: 由于放电电流的初始斜率与活化能相关, 则电流上升越快释放电荷的活化能越高[66]。在图 4.36 给出的分步 TSD 实验中将温度升到一个确定的值后中断加热并冷却至室温, 重新开始 TSD 实验到较高的温度 …… 如图所示多次循环。如果在一系列的加热过程中, 使每一阶段循环中的 TSD 初始上升电流都变陡, 这说明图 4.36 中给出的 PMMA 驻极体 β 峰值的偶极子是按不同活化能进行分布的。显然, 具有低活化能的偶极子首先开始弛豫, 随着温度升高, 较高活化能的偶极子相继消取向。Kryszewski 已经对经分步极化和分步 TSD 的驻极体通过模型计算确定出类似于上述实验偶极分布的规律[141]。如果在图 4.36 实验中随着温升其电流初始上升的斜率不是总是递增, 而是在较高活化温度下的活化能比较低温度时还要低, 则说明了自然频率分布的存在, 即这两类分布 (A_i, α_i) 可能同时控制着脱阱电荷的动力学特征。

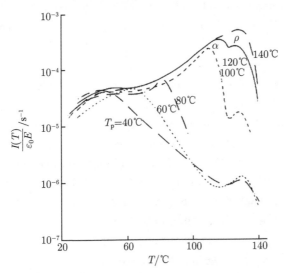

图 4.35   PMMA 驻极体在不同极化温度 T_p 时形成后的 TSD 电流谱

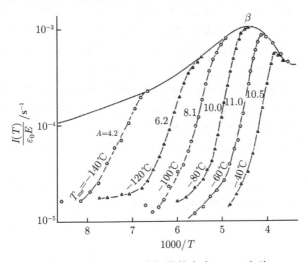

图 4.36   PMMA 驻极体的多步 TSD 实验

参 考 文 献

[1]   Sessler G M. Electret, Second Enlarged Edition. New York: Springer-Verlag, 1987:

39.

[2]　van Turnhout J//de Geest W. Advances in Static Electricity. Brussels: Auxilia, 1971.

[3]　Pillai P K, Jain V K. J. Sci. Ind. Res., 1970, (29): 270.

[4]　Oshiki M, Fukada E. Jpn. J. Appl. Phys., 1976, (15): 43.

[5]　McFee J H, Bergman J G, Grane G R. IEEE Tran., 1972, (SU-19): 305.

[6]　Sessler G M, West J E. Proc. 4th Intern. Cong. Acoust., Copenhagen, 1962, N55.

[7]　Sessler G M, West J E. J. Electrochem. Soc., 1968, (115): 836.

[8]　Southgate P D. Appl. Phys. Letts., 1976, (28): 250.

[9]　Walker D K, Efimenko J O. Volume charge distribution in carnauba wax electrets. J. Appl. Phys., 1973, 44(8): 3459.

[10]　Gross B//Static Electrification 1971. London: Institute of Physics, 1971.

[11]　Sessler G M. J. Appl. Phys., 1972, (43): 408.

[12]　Gross B, Sessler G M, West J E. J. Appl. Phys., 1974, (45): 2841.

[13]　Essler G M S, West J E. J. Electrost., 1975, (1): 111.

[14]　Collins R E. J. Appl. Phys., 1980, (51): 2973.

[15]　Collins R E. J. Appl. Phys., 1976, (47): 4804.

[16]　Collins R E. Appl. Phys. Lett., 1975, (26): 675.

[17]　Collins R E. Rev. Sci. Instrum., 1977, (48): 83.

[18]　Collins R E. Ferroelectrics, 1981, (33): 65.

[19]　von Seggern H, West J E, Kubli R A. Rev. Sci. Instrum., 1984, 55(8): 964.

[20]　Ahmed N H, Srinivas N N. IEEE Trans. Dielectrics EI, 1997, 4(5): 644.

[21]　DeReggi A S, Guttman C M, Mopsik F I, et al. Phys. Rev. Lett., 1978, (40): 413.

[22]　Mopsik F I, DeReggi A S. J. Appl. Phys., 1982, (53): 4333.

[23]　Hilczer B, Malecki J. Electrets. Warszawa: PWN-Polish Scientific Publishers, 1986.

[24]　Guenther P. Proc. 7th Intern. Symp. on Electrets, Berlin, 1991: 33.

[25]　夏钟福, 丁勇军. 电声技术, 1997, (8): 8.

[26]　Pan Y G, Xia Z F, Zhang X Q, et al. Proc. 10th Intern. Symp. on Electrets, Delphi, 1999: 391.

[27]　Sessler G M, West J E, Berkley D K, et al. Phys. Rev. Lett., 1977, (38): 368.

[28]　何卓烈, 任俭, 张冶文, 等. 西安交通大学学报, 1989, 23(4): 67.

[29]　Gerhard-Multhaupt R, Sessler G M, West J E, et al. J. Appl. Phys., 1984, 55(7): 2769.

[30]　Alquie C, Dreyfus G, Lewiner J. Pyhs. Rev. Lett., 1981, 47(20): 1483.

[31]　Sessler G M, Eest W J, Gerhard G. Phys. Rev. Lett., 1982, 48(8): 563.

[32]　Sessler G M, West J E, Gerhard-Muithaupt R, et al. IEEE. Trans. NS, 1982, (6): 1644.

[33]　Hole S. IEEE Electr. Insul. M, 2009, 25(3).

[34] Chen G, Davies A, Vazquez A. 5th International Conference on Insulated Power Cables, Versailles, France, 1999: 733.

[35] 郑飞虎, 张冶文, 吴长顺, 等. 物理学报, 2003, 52(5): 1137.

[36] Gerhard-Multhaupt R. Phys. Rev. B, 1983, 27(4): 2494.

[37] Boettcher C J. Theory of Electric Polyarization. Amsterdam: Elsevier, 1973: 1.

[38] 夏钟福. 电声技术, 1990, 1(67): 5.

[39] Anderson R A, Kurtz S R. Appl. Phys. Lett., 1986, (49): 1484.

[40] Anderson R A, Kurtz S R. J. Appl. Phys., 1984, (60): 2856.

[41] Li J X, Zhang Y W, Qin X Q, et al. Proc. 10th Intern. Symp. on Electrets, Delphi, 1999: 281.

[42] Laburthe-Tolra C, Alquie C, Lewiner J. Ann. Report, Conf. on Electr. Insul. Diel. Pheno., 1990: 71.

[43] Ditchi T, Alquie C, Lewiner J, et al. IEEE Trans. Electr. Insul., 1989, 24(3): 403.

[44] Chapeau F, Alquie C, Lewiner J, et al. J. Phys. Lett., 1982, 43: 687.

[45] Migliori A, Thompson J D. Appl. J. Phys., 1980, (51): 497.

[46] Migliori A, Holfler T. Rev. Sci. Instrum., 1982, (53): 662.

[47] Rozno A G, Gromov V V. Sov. Tech. Phys. Lett., 1979, (5): 266.

[48] Rozno A G, Gromov V V. IEEE. Trans. Electr. Insul., 1986, (21): 417.

[49] Decker U, Richter L, Box J. Radiat. Phys. Chem., 1985, (26): 579.

[50] Gerhard-Multhaupt R, Haardt M, Eisenmenger W, et al. J. Phys. D, 1983, (16): 2247.

[51] Takada T, Sakai T. IEEE Trans. Electr. Insul., 1983, EI-18(6): 619.

[52] Bernstein B J, Cooke C M. IEEE Trans. Electr. Insul., 1991, (26): 1080.

[53] Cooke C M, Gollin E. Gas-Solid Interface Emissions Determinated by the ESAW Charge Detection Method, Gaseous Dielectrics VI. New York: Plenum Press, 1991.

[54] Li Y, Yasuda M, Takada T. IEEE Trans. Dielectrics EI, 1994, 1(2): 188.

[55] Lang S B, Das-Gupta D K. Ferroelectrics, 1981, (39): 1249.

[56] Lang S B, Das-Gupta D K. Ferroelectrics, 1984, (60): 23.

[57] Lang S B, Das-Gupta D K. J. Appl. Phys., 1986, (59): 2151.

[58] Cherifi A, Abou Dakka M, Toureille A. IEEE Trans. Electr. Insul., 1992, (27): 1152.

[59] Carruthers T F, Weller J F, Binari S C, et al. IEEE Electron Dev. Lett., 1982, (3): 347.

[60] Kawasaki T, Arai Y, Takada T. Ann. Report, Conf. Electr. Insul. Dielectr. Pheno., 1990: 373.

[61] Mahajan S M, Sudarshan T S. IEEE Trans. Dielectrics EI, 1994, 1(1): 63.

[62] Sheng S J, Hanson D M. J. Appl. Phys., 1979, (45): 4954.

[63] Falck M, Dreyfus G, Lewiner J. Phys. Rev. B, 1982, (25): 5499.

[64] Mazzanti G, Montanari G C, Alison J M. IEEE Trans. Dielectr. Electr. Insul., 2003, 10(2): 187.

[65] van Turnhout J// Sessler G M. Thermally Simulated Discharge of Electrets. Berlin: Springer, 1987: 81.

[66] Creswell R A, Perlman M M. J. Appl. Phys., 1970, (41): 2365.

[67] von Turnhout J. Intern. Conf. on Static Electricity, Vienna, 1970: 164.

[68] Bucci C, Fieschi R. Phys. Rev. Lett., 1964, (12): 16.

[69] Bube R H. Photoconductivity of Solids. New York: Wiley, 1960.

[70] Braeunlich P. Thermoluminescence and Thermally Stimutated Conductivity// McDougall D J. Thermoluminescence of Geological Materials. New York: Acadermic Press, 1968.

[71] Takamastsu T, Fukada E. Polym. J., 1970, (1): 101.

[72] Perlman M M. J. Electrochem. Soc., 1972, (119): 892.

[73] Simmons J G, Taylor G W. Phys. Rev. B, 1972, (6): 4804.

[74] Moran P R, Fields D E. J. Appl. Phys., 1974, (45): 3266.

[75] Hedvig P. Dielectric Spectroscopy of Polymer. Bristol: Hilger, 1977.

[76] Mueller P. Phys. Status Solidi A, 1974, (23): 165.

[77] van Turnhout J. Thermally Stimulated Discharge of Polymer Electrets. Amsterdam: Elsevier, 1975.

[78] Chen R. J. Mater. Sci., 1976, (11): 1521.

[79] Wang S. Solid State Electronics. New York: McGraw-Hill, 1966.

[80] Thomas J H, Feigl F J. J. Phys. Chem. Solid, 1972, (33): 2197.

[81] Fridkin V M, Zheludev I S. Photoelectrets and the Electrophotographic Process. New York: Consultants Bureau, 1974.

[82] Miyamoto T, Shibahama K. J. Appl. Phys., 1973, (44): 5372.

[83] Ryvkin S M. Photoelectric Effects in Semiconductors. New York: Consultants Bureau, 1974.

[84] Mott N F, Davis E A. Electronic Processes in Non-Crystalline Materials. Oxford: Clarendon Press, 1971.

[85] Seanor D A. Electrical Properties of Polymers//Jenkins D A. Polymer Science. 2nd ed. Amsterdam: North-Holland, 1972.

[86] Bauser H. Kunststoffe, 1972, (62): 192.

[87] Scher H, Montroll E W. Phys. Rev. B, 1975, (12): 2455.

[88] Jonscher A K, Hill R M. Electrical Conduction in Disordered Nonmetallic Films//Hass G, Francombe M H, Hoffman R W. Phys. of Thin Film. New York: Academic Press, 1975.

[89] Pfister G. Phys. Rev. B, 1977, (15): 2062.

[90] Rudenko A I. J. Non-Cryst. Solid, 1976, (22): 215.

[91]   Takamatsu T, Fukada E//Perlman M M. Electrets, Charge Storage and Transport in Dielectrics. Princeton: Electrochemical Society, 1973.

[92]   Simmons J G. Thermal and Photostimulated Currents in Insulateors. Princeton: Electrochemical Society, 1976.

[93]   Sacher E. J. Macromol. Sci. Phys. B, 1972, (6): 151.

[94]   Sawa Y, Lee D C, Ieda M. Jpn. J. Appl. Phys., 1977, (16): 359.

[95]   Trubin V I, Usoltsev B P, Beskrovanov V V, et al. Dokl. Akad. Nauk, SSSR, 1974, (214): 813.

[96]   Stupp S I, Carr S H. J. Polym. Sci.: Polym. Phys., 1977, (15): 485.

[97]   Reboul J P, Toureille A. J. Polym. Sci.: Polym. Phys., 1984, (22): 21.

[98]   Ong P H, van Turnhout J. Elektrostatische Aufladung. Weinheim: Verlag Chemie, 1974.

[99]   Capelletti R, Fieschi R//Perlman M M. Electrets, Charge Storage and Transport in Dielectrics. Princeton: Elecrrochemical Society, 1978.

[100] Laj C. Radiat. Eff., 1970, (4): 77.

[101] Radhakvishna S, Haridoss S. Cryst. Lattice Defects, 1978, (7): 191.

[102] van Turnhout J. Polym. J., 1971, (2): 173.

[103] Weisberg L R//Meinke W W, Scribner B F. Trace Characterization-Chemical and Physical. NBS Monogr, 1967: 100.

[104] Hedvig P. J. Polym. Sci. Polym. Symp., 1973, (42): 1271.

[105] Hwang F S W, Fremlin J H. Archaeometry, 1970, (12): 67.

[106] Aitken M J. Physics and Archaelogy. 2nd ed. Oxford: Charendon Press, 1974.

[107] Seeley M A. J. Archaeol. Sci., 1975, (2):17.

[108] Zimmermann D W//Fillard J P, van Turnhout J. Thermally Stimulated Proceses in Solids. Amsterdam: Elsevier, 1977.

[109] Thomas B, Conway J, Harper M W. J. Phys. D, 1977, (10): 55.

[110] Nakajima T. J. Appl. Phys., 1978, (48): 4880.

[111] McCrum N G, Read B E, Williams G. Anelastic and Dielectric Effects in Polymeric Solids. New York: Wiley, 1967.

[112] Hino T. J. Appl. Phys., 1975, (46): 1956.

[113] Perlman M M, Unger S. J. Appl. Phys., 1974, (45): 2389.

[114] Zlatkevich L Y. Rubber Chem. Technol., 1976, (49): 178.

[115] Augenstein L G, Williams J O//Nicolau C. TL in Biological Materials, Experimebtal Methods in Biophysical Chemistry. New York: Wiley, 1973.

[116] Becker K. Soild-State Dosimetry. Cleveland: Chemical Rubber Corp, 1973.

[117] Garlick G F J. Luminescence//Fluegge S. Handbuch der Physik. 26. Berlin: Springer, Heideberg: Göttingen, 1958.

[118] Sah C T. Solid State Electron, 1976, (17): 975.

[119] Tkach Y Y. Sov Phys. Semicond., 1972, (6): 451.

[120] Chen R. J. Appl. Phys., 1971, (42): 5899.

[121] Mathur V K. Madras: Proc. Natl. Symp. on Thermoluminescene and Its Applicati-
       nos, 1975.

[122] Samoc A, Samoc M, Sworakowski J. Phys., Status Solidi A, 1976, (36): 735.

[123] Kelly P. Phys. Rev., 1972, (13): 749.

[124] Drodribb B J, Colmain D O', Hughes D M. J. Phys. D: Appl. Phys., 1975, 8(7): 856.

[125] Brodribb J D, Colmain D O', Hughes D M. J. Phys. D: Appl. Phys., 1976, 9(9): 253.

[126] Takai Y, Mori K, Mizutani T, et al. Jpn. J. Appl. Phys., 1976, 15(12): 2341.

[127] Oda T, Utsumi T, Matsubara G. The 6th Intern. Symp.on Electrets, Oxford, UK,
       1988: 142.

[128] Mellinger A, Gonzalez F C, Gerhard-Multhaupt R, et al. 11th Intern. Symp. on
       Electrets, Melboume, Australia, 2002: 7.

[129] Mellinger A, Gonzalez F C, Gerhard-Multhaupt R. IEEE Trans. Dielectr. Electr.
       Insul., 2004, 11(2): 218.

[130] Gonzalez F C, Mellinger A, Gerhard-Multhaupt R, et al. Annual Report Conference
       on Electrical Insulation and Dielectric Phenomena, Cancun, Mexico, 2002: 590.

[131] Mellinger A, Gonzalez F C, Gerhard-Multhaupt R. Appl. Phys., Lett., 2003, 82(2):
       245.

[132] Zhu Z E, Zhang Y W, An Z L, et al. Meas. Sci. Technol., 2011, 22(8): 085109.

[133] 朱智恩, 张冶文, 安振连, 等. 高电压技术, 2013, 39(8): 1845.

[134] 朱智恩, 张冶文, 安振连, 等. 物理学报, 2012, 61(6): 439.

[135] Hu L Q, Zhang Y W, Zhang F H. IEEE Trans. Dielectr. Electr. Insul., 2005, 12(4):
       809.

[136] He L J, Dai L, Yang C, et al. Mod. Phys. Lett. B, 2010, 24(18): 1933.

[137] Lue Y, Wang X, Wu Y, et al. J. Phys. D: Appl. Phys., 2013, 46(14): 1455021.

[138] Zheng F, Liu C, Lin C, et al. Meas. Sci. Technol., 2013,24(6): 0656031.

[139] Mckeever S W S, Hughes D M. J. Phys. D, 1975, (8): 1520.

[140] Monpagens J C, Chatain D C, Lacabance C, et al. J. Polym. Sci, 1977, (15): 767.

[141] Zielinski M, Kryszewski M//Fillard J P, von Turnhout J. Thermally Stimuilated
       Processes in Solid. Amsterdam: Elsvier, 1977.

第5章 驻极体的电荷储存及其电荷动态特性

5.1 偶极电荷的极化和真实电荷的储存[1]

5.1.1 驻极体的电导

1. 导电现象

电介质的电荷衰减过程依赖于材料的电导特性。从式 (2.136) 可知，驻极体的传导电流 i_c 与载流子迁移率 μ、载流子浓度 ρ_r 以及电极处的注入条件等因素有关。在电荷传导过程中，本征载流子可以通过外界注入材料内的过剩电荷得以补偿。在驻极体内，由于存在捕获中心 (陷阱)，与电导过程密切相关的载流子的迁移率受介质内的陷阱所调制。对电导的研究，既要考虑电导过程与电极相关的注入条件，又要考虑电导相对于时间变化的高灵敏度，即必须小心地区分其瞬态和稳态效应。因此，研究驻极体材料的电导实验规律比研究相应材料的电荷衰减特性要困难，而大多数电导或载流子迁移率对应于同一材料电荷分布变化的同步测量仍然难于实现，上述问题加上实际驻极体材料的缺陷 (如结构不均匀和材料中存在杂质等)，使得我们对驻极体材料电导现象的研究仍然处于较低的水平[2]。

载流子迁移率受扩展态 (非局域态)、浅阱和深阱的影响 (这些陷阱是局域态，见图 5.1)。接近导带底部的电子是在扩展态间运动，即在迁移率边缘以上以量子化跳跃 (hopping) 方式运动，这一过程无需热激发并具有相当大的迁移率 (约 $10^2 \mathrm{cm}^2/(\mathrm{V} \cdot \mathrm{s})$)[3]。倘若该电子被位于迁移率边沿之下的浅阱所捕获，则必须通过热激发才能实现这种电子的跳动，这时它的迁移率要小得多 (约 $10^{-3} \mathrm{cm}^2/(\mathrm{V} \cdot \mathrm{s})$)。如果一个载流子位于深阱中，其捕获时间十分长，若大部分可利用的电子被捕获在深阱中，则它们的迁移率受陷阱调制，因此其量值十分低 (在 $10^{-17} \sim 10^{-10} \mathrm{cm}^2/(\mathrm{V} \cdot \mathrm{s})$)。

载流子迁移率可以通过估算相应材料的电导率、输运时间，介质空间电荷的测量，TSD 电流谱的分析，以及扫描力显微镜 (SMF) 等多种方法来确定[4-8]。如果在 20~30ns 周期内用 X 射线辐照并测量其电导率和载流子数目，则估算出 PET 内载流子的迁移率约为 $10^{-3} \mathrm{cm}^2/(\mathrm{V} \cdot \mathrm{s})$ [9-11]。由于浅阱的调制作用，在 1µs~1ms 时间间隔内通过输运时间的测量得到的 PET 的迁移率要低得多 ($10^{-7} \sim 10^{-6} \mathrm{cm}^2/(\mathrm{V} \cdot \mathrm{s})$)[12]；而在 1min 或更长的时间间隔内利用电荷衰减测量，考虑到深阱对载流子在输运过程中的调制作用而得的 "稳态" 迁移率的数量级约为 $10^{-14} \mathrm{cm}^2/(\mathrm{V} \cdot \mathrm{s})$。对

DuPont 公司的聚四氟乙烯 (Teflon) 在周期为 1μs 内形成的电子和空穴的迁移率分别为 $5 \times 10^{-5} \mathrm{cm}^2/(\mathrm{V} \cdot \mathrm{s})$ 和 $5 \times 10^{-4} \mathrm{cm}^2/(\mathrm{V} \cdot \mathrm{s})$。Teflon 体内电子和空穴的稳态陷阱调制迁移率分别是 $10^{-17} \mathrm{cm}^2/(\mathrm{V} \cdot \mathrm{s})$ 和 $10^{-9} \mathrm{cm}^2/(\mathrm{V} \cdot \mathrm{s})$ [13]。而那些位于样品表面的空穴迁移率约为 $10^{-11} \mathrm{cm}^2/(\mathrm{V} \cdot \mathrm{s})$ [6]。

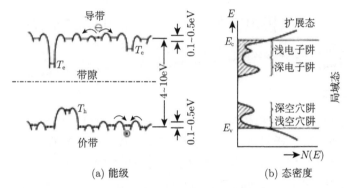

(a) 能级　　　　　　　　　　(b) 态密度

图 5.1　聚合物的能带示意图

电介质内载流子的自由迁移率 μ_0 与温度 T 之间通常呈现相当弱的依赖关系,典型的关系从 T^{-1} 到 T^{-2},然而由载流子活化控制的陷阱调制迁移率 μ 随温度 T 则呈指数型变化[14]。FEP,PET 及其他一些聚合物驻极体[4,15] 的陷阱调制迁移率与温度呈 Arrhenius 型曲线,已有力地说明了这一特性。然而,在某些聚合物材料中还发现了陷阱调制迁移率与电场有关[16]。不过,实验结果指出:对负电性 FEP 驻极体,在电场达 40MV/m 和正电性 PET 驻极体在电场高达 100MV/m 时,均未发现 μ 与外加电场 E 的明显相关性[17]。

利用电荷穿透的测量结果[9] 已估算出 PET 和 FEP 驻极体中载流子的"平均自由程"(Schubwey)S_b(在电场方向载流子复合前的漂移距离)。对 PET 驻极体,在 80MV/m 的电场作用下的 S_b 约为 6μm,同时发现 S_b 与电场线性相关[9];Zebouch 在研究同样材料的电流密度与电场及提供的静水压间关系时发现:电流密度随电场上升而增加,随静水压增加而下降。利用 Miyamoto 模型证实了 PET 中离子电导对电荷输运具有显著作用[10,11]。而利用电子束注入样品时电荷重心的测量得到在电场为几十兆伏/米时 FEP 的 S_b 仅为 0.1μm 左右[18]。这说明,广泛用于驻极体研究和工业驻极体生产的 10~50μm 厚的 FEP 薄膜脱阱电子在体内输运表现出快速再捕获效应 (fast retrapping effect);然而在 10MV/m 的电场作用下,FEP 内空穴的 S_b 却长达 100μm,比相近电场下的电子高 3 个数量级[13]。

电介质的电导率是由 $G = e(n_+\mu_+ + n_-\mu_-)$ 确定的,这里,μ_+ 和 μ_- 分别表示空穴和电子的陷阱调制迁移率,n_+ 和 n_- 分别表示自由或捕获空穴和电子浓度。由于聚合物驻极体 (尤其是高绝缘性聚合物驻极体) 的陷阱调制迁移率十分低,且高绝缘性驻极体材料的带隙宽 (图 5.1), 只要环境辐照效应可以忽略, 则本征载流子的电导率是相当小的[19]。因此作为这类驻极体材料传导电流的来源 (欧姆电导或本征电导) 可以忽略。例如, Teflon PTFE 和 Teflon FEP 由于电导率太低以致利用常规实验手段无法测量出其稳态电导率。假定上述两种驻极体的电荷衰减仅仅由欧姆电导引起, 则利用电荷衰减法测得其在室温下负电荷 (电子) 的衰减时间常数 (从驻极体形成后电荷密度的初值衰减到 1/e 所历的时间)$\tau \approx 200$ 年[20], 即 $G = \varepsilon/\tau = 3 \times 10^{-19} \Omega^{-1} \cdot m^{-1}$。鉴于导致高绝缘性驻极体电荷衰减的主要原因是过剩载流子的漂移, 这里的 G 值理应看作电导率的下限。因此, 这时电导率的形成主要是由于环境辐照引起材料离子化效应。

虽然许多电介质材料缺乏本征载流子, 然而电介质内的载流子可以通过电极注入获得。如果电介质内大量载流子是由电极提供并在介质内输运, 以这种方式形成的电流是受空间电荷限制的[21]; 如果电极不能提供足够量的注入电荷, 则介质内的电流是受电极限制的。这两种类型的限制对含电极聚合物驻极体都十分重要。只有当电极能够提供充分的载流子时空间电荷对电流限制作用才会发生。例如, 当提供一强电场至聚烯烃类样品两边并研究其电导现象时, 发现其电流受空间电荷限制[21]。由于这类材料是多陷阱系统, 其电流输运受具有弛豫时间分布的电子跳动过程制约[22,23], 这种空间电荷的限制尚受到外加电场的影响, 因为电场梯度会引起陷阱势垒的变化。实验发现: 在这种条件下, 电流对电场的依赖关系类似于 Schottky 发射中电场–电流的关系[24]。在驻极体形成期间 (如充电), 大量电荷被捕获而使载流子具有十分低的迁移率, 这是因为, 充电形成注入电荷的沉积最终在靠近电极处形成一个势垒, 阻碍了电荷注入, 形成了与前述不同的另一类对载流子输运的限制[25]。这种电极限制效应从研究 PET 驻极体的电流输运规律中得到证实[25]。值得强调的是, 在许多情况下电极表现为阻断型, 使得外界的电荷载流子完全不能从电极注入。

受空间电荷限制的电流有时会出现在带双面电极的驻极体中[26], 但这时的电流不是受电极限制的。如果电流是从浮地电极 (非接地端) 注入, 并通过样品的表面到达另一电极, 那么这时的电流是受表面电荷限制的。受电极和介质界面限制的电流是在考虑空间电荷限制效应的条件下由 Schottky 发射确定的。如果单面电极样品自身形成的电流比由样品自由面注入的电流弱得多, Schottky 发射则易于控制Poole-Frenkel 效应。实验结果已证实, 在 PI 体内由捕获电荷所引起的对 Schottky的限制[27] 在 LDPE 和 FEP 中也被观察到[28]。利用不同材料制作电极 (如蒸铝和金, 用 PECVD 法沉积铝或碳化硅等) 的电极效应和介质电极的界面效应对 LDPE空间电荷储存的影响研究表明: 样品内空间电荷分布与电极的材料类型、电极介质的界面性质和空间电荷形成时介质温度等因素密切相关[29,30]。

　　Sessler 和他的合作者采用多种方法系统地研究了 PI(Kapton H) 驻极体的界面和体内电导特性。研究结果显示: 在 50~270℃范围内, 当样品受到 $10^4 \sim 10^5 \mathrm{V/m}$ 电场作用 $2 \times 10^4 \mathrm{s}$ 时, 界面处的稳态电流受 Schottky 发射控制, 而在邻近电极处则受空间电荷层调制。在 100~270℃范围内估算出 Al-PI 的功函数约为 1.7eV。$I\text{-}V$ 特性曲线在低场区是欧姆型而在高场区受空间电荷限制。此外, 他们还估算出在 50℃和 200℃时正荷电载流子的陷阱调制迁移率分别为 $10^{-16}\mathrm{cm}^2/(\mathrm{V\cdot s})$ 和 $10^{-14}\mathrm{cm}^2/(\mathrm{V\cdot s})$; 在 100℃和 200℃时欧姆体电导率分别为 $10^{-14}\Omega^{-1}\cdot \mathrm{m}^{-1}$ 和 $10^{-12}\Omega^{-1}\cdot \mathrm{m}^{-1}$, 本征载流子浓度约为 $5 \times 10^{13}\mathrm{cm}^{-3}$ [7]。随后 Motyl 等研究 PI 的电导性能后指出: 载流子是以离子跳动 (ion hopping) 模型通过具有特征分布的不同高度势垒而输运, 并发现即使势垒间存在微小差异也会影响载流子的产生率。通过热活化或提供偏置电场可降低势垒来增加离子的跳动概率[23]。

　　2. 辐射感应电导率

　　当一定能量范围的低能电子束作用到电介质表面时, 在被辐照区域内将释放出一定量的二次电子, 同时遗留下等值异号的正电荷。在受照区表面层内, 二次发射产率的定义是二次电子的发射数与初级电子数之比, 产率与初级电子的能量及受照介质的表面性质密切相关。对大多数聚合物而言, 初级电子的能量 E 在 150~300eV 范围内的产率可达 2~5(最大值), 随着初级电子束能的上升, 产率呈 E^{-1} 关系减少。实验结果指出: 在 $E \geqslant 10\mathrm{keV}$ 时产率已低于 0.2。当初级电子穿透进入介质时, 它们将产生具有较小能值的次级载流子对并很快被捕获。研究发现, 对聚合物能形成电子–空穴对的入射电子能量约为 100eV 数量级[31], 因此一个能量为 10keV 的电子在聚合物体内输运大约可产生 100 个电荷载流子对。二次发射效应在介质的辐照区内引起了比材料本征电导率高几个数量级的辐射感应电导率 (RIC)。例如, Teflon PTFE 的 RIC 和本征电导率分别为 $10^{-11}\Omega^{-1}\cdot \mathrm{m}^{-1}$ 和 $10^{-20}\Omega^{-1}\cdot \mathrm{m}^{-1}$ [5]。辐射感应电导率依赖于单位体积中沉积的能量。由于随着注入载流子束能量的增加, 能流密度逐渐减少, 所以注入电子束能较低时, 形成较大的电子产率并伴随着辐射感应区的扩展。辐射感应电导率的存在对驻极体电荷储存稳定性将产生重大的影响。碰撞引起注入初级电子的能量损失和逐渐减速并最终被体内陷阱捕获, 从而形成了沿样品厚度和围绕电荷重心的平均区负电荷的非均匀分布。在这些过剩电荷自身电场作用下, 尚未捕获或受激脱阱的电荷发生运动。对带单面电极的薄膜驻极体而言, 电场主要指向背电极 (同时存在着一个指向正表面电荷层的较弱附加电场), 由于足够大的辐射感应电导率的影响, 大部分电子易于穿越平均区向背电极推进 (或空穴向自由面扩展)。对大多数电介质, 稳态辐射感应电导率 (steady state radiation induced conductivity)G^* 是辐照剂量率 $\dot{D}$ 的函数[32]:

$$G^* = G_0 \left(\frac{\dot{D}}{\dot{D}_0} \right)^{\Delta} \quad (0.5 \leqslant \Delta \leqslant 1) \tag{5.1}$$

其中，$\dot{D}_0$ 是 1rad/s 时的参考值；G_0 是对应于 $\dot{D}_0$ 的电导率。Gross 等指出[33]，载流子迁移率也是辐射感应剂量率的幂函数，并由下列关系确定：

$$\mu^* = a \left(\frac{\dot{D}}{\dot{D}_0} \right)^{2\Delta-1} \tag{5.2}$$

式中，a 是材料的特征常数。从式 (5.2) 可知，聚合物中非辐照区电流载流子的迁移率比辐照区要小很多。当电介质中陷阱能量变化呈连续分布时式 (5.1) 成立，当陷阱能量为均匀分布时 $\Delta = 1$；为指数型分布时 $0.5 < \Delta < 1$，对仅存在单一能值的陷阱，能级可看成极陡的分布，这时的 $\Delta = 0.5$[5]。

用激光感应压力脉冲 (LIPP) 法研究了用电子束辐照充电的 PET, PI 及 PMMA 等聚合物驻极体的电荷分布轮廓和辐照剂量对驻极体介电参数的影响。类似于 Teflon FEP，在充电后的 PET 中靠近电子区出现了一个狭窄的电荷峰，同时在邻近注入电极附近出现了一个附加峰。这种特殊的双峰结构是源于在两峰间存在着突出的辐射感应电导率，从而阻碍了注入电荷在该区域的沉积。

3. 延迟辐射感应电导率

在辐照结束后受照区域内的 RIC 不会瞬时消失，而是随时间逐步衰减。因此辐照后的 RIC 定义为延迟辐射感应电导率 (delay radiation induced conductivity, DRIC)，并由下式表征：

$$G^*(t) = \frac{G_0^*}{1 + nbt} \tag{5.3}$$

这里，$G_0^* = en\mu_0$ 是辐照结束时 $(t = 0)$ 的电导率；n 是导带内的电子数；b 是修正的复合系数。通常 $G^*(t)$ 在初始阶段衰减较快是由于载流子的脱陷和复合非平衡过程的延迟效应 (这时的复合率高于释放率)，此后这些载流子从陷阱中释放速率和复合速率逐渐达到平衡。可以设想，只有当初始提供的载流子数目是无限时，延迟辐射感应电导率 $G^*(t)$ 才可能在无限长的时间内以双曲函数的规律变化，因此实际受照样品 $G^*(t)$ 的衰减速率比式 (5.3) 描述的规律要快。Gross 等[5] 测量了经 45keV 电子束辐照的 FEP 薄膜驻极体辐射感应电导率衰减曲线与式 (5.3) 较好地吻合。

DRIC 和辐照剂量率与辐照期受照样品的接收剂量有关，DRIC 对理解驻极体的电荷储存性质，尤其对解释 TSD 电流谱中的电荷动态特性十分重要。辐照后的电介质已变成非均匀介质，即存在着性能差异颇大的辐照区和非辐照区。考虑到 DRIC 的减少相当缓慢，受照后辐照区的性能变化及辐照前后的差异将会持续十分长的时间。

RIC 和 DRIC 对驻极体的寿命产生了不可忽视的影响。例如，屏蔽了任何辐照的 Teflon FEP 驻极体在 25℃和 100℃下储存的电导率分别为 $10^{-21}\Omega^{-1}\cdot m^{-1}$ 和 $10^{-14}\Omega^{-1}\cdot m^{-1}$ 数量级。然而在实际环境中 (包括环境辐照) 和在上述同样的温度条件下储存，其电导率上升了几个数量级，原因是实际环境中的电介质正受到不可避免的宇宙射线或其他随机辐照源的辐照。

值得注意的是，当电介质受到大剂量辐照时，如用比驻极体传统使用的最大剂量高几十倍 (达 MGy) 的剂量，聚合物的 G^* 反而减少[34]。可能原因是：特大剂量的辐照使受照电介质结构中形成了新的点缺陷，导致局域化捕获态的增生，这些缺陷可看作电流载流子的散射中心，引起较低的迁移率，减少了辐射感应电导率。这一现象在其他非聚合物电介质 (如钙钛矿) 中也已观察到，如在经快中子辐照的 PZT 固熔体中就发现了类似的规律[35]。以累计快中子通量 $10^{19}n/cm^2$ 辐照后，样品的电导率从 100℃时的 $10^{-4}\Omega^{-1}\cdot m^{-1}$ 减小至 $10^{-6}\Omega^{-1}\cdot m^{-1}$。

大量研究结果还指出[36]，辐照已用于消除聚合物加工过程中引入材料中的残余电荷 (包括表面电荷和体电荷)。这一方法首先由 West 提出，他以一定剂量的 $Co^{60}(\gamma$ 射线) 辐照 Teflon FEP 而得到了理想的结果。辐照引起电介质材料中电导率的增加可通过对样品的热处理减少。例如，对 FEP 和 PTFE 利用剂量为 0.24kGy 的 γ 射线 (Co^{60}) 辐照，并用 100℃高温处理 10h 可将沉积的电荷全部 "清洗" 掉。经辐照和组合热处理后的驻极体材料可作为高电荷储存寿命的非极性驻极体选材。

5.1.2　偶极电荷的储存和弛豫

电介质材料能否实现偶极子的永久极化或空间电荷的储存，很大程度上取决于材料的性质和环境条件。能形成驻极态 (由过剩的真实电荷或取向偶极子产生) 并能长期维持其驻极态的电介质材料，包括某些有机晶体材料、部分无机非晶材料、部分聚合物材料和蜡类材料。通常空间电荷和偶极电荷不能长期共存于同一种电介质材料内。大多极性电介质材料都具有较高的电导率，表现出不同程度的吸湿性，显然，这不利于空间电荷的储存。而呈现出低电导率的材料是众所周知的相对非极性材料[37]。

不同类型极性材料的极化主要源于不同的结构特点。无机晶体的极化取决于晶格的结构特征 (如晶格缺陷或杂质等)。而对聚合物和蜡类而言，其偶极性质则源于聚合物结晶部分的极性基团 (如 PVDF 的单体基团) 和结构缺陷或杂质 (如聚乙烯的碳基团等)。有关极性驻极体偶极效应的相关性质及偶极弛豫信息可从 TSD 电流谱测量及离子热电流测量的结果中获得。

假定经过足够长极化时间后，从式 (2.10)、式 (2.11) 和式 (2.24) 出发可获得饱和极化强度 P_r 和极化电场间的关系

$$P_r = \varepsilon_0(\varepsilon_s - \varepsilon_\infty)E = \varepsilon_0\chi E \qquad (5.4)$$

从 TSD 电流–温度谱线中 α 和 β 分立峰状曲线积分得到的实验数据出发，表 5.1 中列出了几种聚合物 $P_r/(\varepsilon_0 E)$ 值和 χ 值。在聚合物中通常包含几种偶极子弛豫效应，β 弛豫发生在比相应材料的玻璃相变温度 T_g 低得多的温度，是由围绕碳主链的极性侧基团的局部运动引起的，这一过程的弛豫时间由 Arrhenius 方程定义：

$$\tau(T) = \tau_0 \exp\left(\frac{A}{kT}\right) \tag{5.5}$$

α 弛豫则是极性侧基团与大分子主链的协同运动，其发生在接近玻璃相变温度附近，其弛豫时间对温度的依赖关系由 Williams, Landel 和 Ferry(WLF) 方程确定 (参见 5.3.1 节)[38]，在表 5.1 中与极化率 χ 的对应值相比，β 峰的 $P_r/(\varepsilon_0 E)$ 值和 χ 值相当一致。然而在大多数情况下，相应 α 峰中的 $P_r/(\varepsilon_0 E)$ 值比 χ 值要高，可能产生于空间电荷在 TSD 过程中的释放对 $P_r/(\varepsilon_0 E)$ 的附加贡献。

表 5.1　几种聚合物薄膜驻极体 (带单面带电极) 的退极化 P_r 和极化率 χ 值

聚合物材料	β 弛豫		α 弛豫	
	$P_r/(\varepsilon_0 E)$	χ	$P_r/(\varepsilon_0 E)$	χ
聚甲基丙烯酸甲酯 (PMMA)	1.9	1.9	1.7	0.8
聚氯乙烯 (PVC)	0.33	0.37	0.5	0.36
氟化乙丙烯共聚物 (FEP)	0.50	0.45	0.004	7
聚偏氟乙烯 (PVDF)	0.011	—	~ 100	~ 10

图 5.2 给出了 PMMA 的 TSD 电流谱。位于 -50°C 的低温电流峰由围绕碳链的极性基团 —COOCH$_3$(偶极矩约为 $5.3 \times 10^{-30}\text{C·m}$) 的消取向形成；$100^\circ\text{C}$ 电流峰是 α 峰，这一峰温接近于 PMMA 的玻璃相变温度；而 ρ 峰则是空间电荷峰。聚酯 PET 在直至 -150°C 的低温区[39] 的 TSD 电流谱中存在着由极性基团弛豫和电荷脱阱而形成的 3 个分立峰。

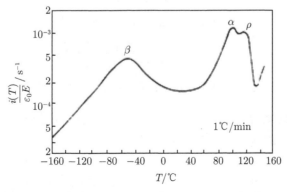

图 5.2　PMMA 驻极体电流–温度曲线 (极化温度 $T_p = 140^\circ\text{C}$，极化场 $E=7.5\text{MV/m}$，极化时间 $t_p=1.5\text{h}$)

如果偶极子的取向已接近饱和，则式 (5.4) 中的 P_r 和 E 的线性关系已不复存在。实验结果指出：在合适的极化温度和经过足够长的极化时间，当外加电场约为 100MV/m 时，其极化可达 $\mu C/cm^2$ 数量级。例如 PVDF，理论计算出 β 相的 PVDF 最大极化约为 $22\mu C/cm^2$。如果我们假定经拉伸工艺和极化处理的 PVDF 的实验最大极化值约为 $12\mu C/cm^2$，则可认为该介质内可取向的偶极子已被充分利用[40,41]。

类似于极化形成过程，极化的衰减同样是受偶极弛豫频率 $\alpha(T)$ 的控制。如果材料中仅存在单一类型的偶极子，其中 $\alpha(T)$ 由下式确定：

$$\frac{dP_r(T)}{dt} + \alpha(T)P_r(t) = \varepsilon_0(\varepsilon_s - \varepsilon_\infty)\alpha(T)E \tag{5.6}$$

在等温条件下，当外场 $E = 0$ 时，极化随时间的衰减为

$$P_r(T) = P_{r0}\exp(-\alpha t) = P_{r0}\exp\left(-\frac{t}{\tau}\right) \tag{5.7}$$

若材料中呈现分布弛豫频率，在 5.3 节中将以更一般的表达式讨论实际观察到的极性材料 $P_r(t)$ 的衰减。事实上，实际材料的绝大多数是受分布弛豫频率 $\alpha_i(T)$ 控制的，因此是非指数型的[41]。这类分布是由偶极子具有分布活化能 $E_i(T)$ 或者具有分布自然频率 $\alpha_{0i}(T)$ 引起的，图 5.3 给出了极化 PVDF 驻极体薄膜在不同温度下储存后的压电常数 d_{31} 衰减曲线，它证实了电荷衰减的非指数性[42]。PVDF 的共聚物 P(VDF/TrFE) 极化后的表面电势衰减曲线也显示出类似的规律[43]。

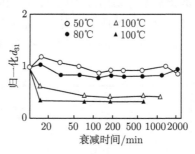

图 5.3　在不同温度下 PVDF 的 d_{31} 衰减曲线

PVDF 及其共聚物的偶极电荷分布轮廓已采用热脉冲技术、LIPP 法和激光强度调制法进行了较深入的研究[44-47]。结果说明：仅在一些特殊条件下 (如室温下) 极化，偶极电荷在样品体内才呈现出均匀分布[48,49]，热极化通常引起样品极化的非均匀分布。这可能是由在高温下空间电荷的注入引起样品内电场的畸变，或注入空间电荷在体内迁移及其与偶极子的相互作用所导致。研究结果还表明：经单轴或双向拉伸的 PVDF 的极化衰减有明显的差异，退极化速率还与极化参数、结晶度

及晶区与非晶区内形貌结构密切相关 (见第 7 章)。Fedosov 等[50] 利用 PPS 法对恒流和恒压电晕充电的 P(VDF/TrFE) 薄膜极化分布进行的研究发现，极化电场在 55~110MV/m 范围及温度从室温 (RT) 到 85℃的样品恒流极化呈均匀分布，极化的峰值接近于背 (正) 电极并与极化温度无关；而恒压极化或电场接近于矫顽电场 E_c 时，样品的极化呈现非均匀分布；然而在强场下，样品的极化分布再现其均匀性。Ploss 等[51] 利用 20MV/m 的极化场在 105℃对 P(VDF/TrFE) 实施热极化并分别采用 PWP 法和 LIPP 法测量其极化分布，发现其极化分布呈现非均匀性并在靠近负电极处存在一非极化区。他们认为这种非均匀极化的形成是由于极化期间负空间电荷从负电极注入[52]。

5.1.3 真实电荷的储存和衰减

在电场中电介质的极化和真实 (空间) 电荷的储存决定了电介质的驻极体性质。对一个理想的电介质，不仅电子被捕获在较深能级上，而且所有的价电子都被束缚在特定的原子中。因此这类电子在电介质内不可能作大距离的移动。在自由分子内的价电子具有严格确定的能值，称为能级。然而在固体电介质内由于波函数的交叠，特定分子能级间必然稍有差别 (Pauli 不相容原理)，彼此间形成了具有确定带宽的能带 —— 价带。显然，对无缺陷的晶体介质，其价带是填满的，即这个带的每一个能级上包含着两个具有不同自旋方向的电子。为了实现电介质内的电子输运，必须提供能量将分子 (或原子) 离子化。为此，电子从价带激发出的最小能量必须高于价带离子化能量 E_g 的上限，价带和导带间的禁带带隙宽可达 4~6eV 甚至更大[53]，这个值比将电子激发至导带时在室温下的热能 ($kT=0.034eV$) 要高得多。因此常温下理想的电介质呈现出高绝缘性。然而如果电子已进入导带，那么它们就能在电场作用下自由运动，而价带中缺少一个电子即等效于产生一个正电荷载流子空穴。

对于实际晶体，它们的能带结构已发生了变化。与原子间的距离相比，对庞大的结构网络单元 (或晶格单元)，固有周期的晶格势能形成了较明显的非周期性。结果载流子在能带中的运动不再呈现周期性的特征。由于必须克服较宽的势垒，缓慢变化周期的位能大大限制了载流子 (电子或空穴) 的迁移率。这时载流子要摆脱较宽势垒的约束必然要求提供适当的能量，这种现象已在载流子的迁移率随温度呈指数型变化反映出来。这种非周期性是源于各种晶格缺陷引起的结构变形，并多发生于晶体的界面、边缘及体内的点缺陷和位错等，直接影响了能带中电子能量的局域值。电介质内结构的局域能级起着电荷载流子的陷阱作用 (图 5.1)。当载流子在电场作用下迁移时，途中会碰到许多陷阱，载流子一旦被陷阱捕获可能长时间地被禁锢在阱内。如果一个捕获电子欲从阱内脱逃必须获得足够的外激发能量以克服相应的势垒 (阱深)。因此陷阱的存在大大地限制了电流载流子的迁移率。同样，在价带内空穴的运动规律类似于电子在导带中的动力学特性 (图 5.1)。

对非晶态或部分晶态的电介质材料, 如聚合物, 则情况更加复杂。在这类介质中, 载流子的捕获、脱阱和复合对其输运过程起主导作用。对一个单分子或分子团, 结构的非周期性引起导带变窄, 甚至分裂成许多局域能级。能级的杂乱无章导致阱深的无序化, 往往使阱深的连续分布扩展 $1\sim2\text{eV}$[32,54]。

驻极体的表面电荷和体电荷是储存在位于导带和价带间带隙的陷阱能级内。通常电子和空穴的陷阱都存在。经过足够长的时间后, 电子在导带中平衡而空穴在价带中平衡。当电子陷阱未被电子占据时呈电中性, 电子填入后电子陷阱为负充电。当空穴陷阱被占据时呈电中性, 释放一个电子后空穴陷阱为正充电。如果在电介质材料的邻近分子间出现大量的轨道交叠, 则这类材料可望呈现分立或连续分布的陷阱能级, TSD 电流谱和类似的测量结果已证实, 驻极体材料中存在着分立陷阱能级或连续分布的陷阱能带。如聚合物薄膜 Teflon FEP, Teflon PFA 和 Teflon PTFE 等的 TSD 测量结果显示: 在室温至 200℃温区内分别存在着 2 个以上的分立能级[55,56]。几种聚合物的电荷捕获研究结果 (图 5.4) 表明它们的活化能分布宽度高达 8eV[53], 这个结果与从聚合物非晶态基体中计算出的陷阱极化能[57], 以及从辐照后 Teflon 的峰温漂移数据中推断的能量分布结果相一致[58]。

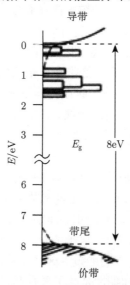

图 5.4　聚乙烯的载流子陷阱能级图

能带分裂成多个分立能级阻碍了电子波的运动。在这种情况下我们有必要假定电荷载流子以电子跳动模型输运[22], 即无序材料中大量捕获能级允许处于激发态中的电子载流子沿电场方向通过跳跃运动跨越至另一个分子, 以替代这些电子沿扩展的导带自由运动理论[22,59-61]。显然, 在分子间具有最小约束电子能级的载流子的输运最容易发生, 如聚乙烯的碳链中的电子。这种沿相邻分子链发生的电子传输称为活化电子跳动 (actvated hopping)[12]。

利用随机输运模型 Seher 等研究了在非晶态固体中电荷的输运[21]。这个模型描述了具有宽分布电子跳动时间的一组载流子在电场作用下的电子跳动过程, 他们以存在和不存在捕获现象两种情况分别导出了电荷输运的若干个重要结论, 指出这种弥散性的电子跳动 (dispersive hopping) 直接影响非晶态电介质内的电荷输运特性[22,62], 随后注入空间电荷的电场对载流子漂移的影响以及在空间电荷影响下载流子输运的解析解也被导出[63]。

此外, 利用弥散性电子跳动模型成功地研究了载流子的复合和 RIC 的动态特性[64]。结果发现: 弥散性电子跳动式的 RIC 随时间的变化关系和受陷阱调制的 RIC 与时间的关系十分类似。在一定温度和弱电场中, 弥散性电子跳动式载流子输运规律和受陷阱调制的载流子输运特性也类似, 然而这两种模型的主要差别是在一定温度下具有不同的复合常数。这是因为, 跳动模型中载流子的输运和复合机理是非 Langevin 型。

Arkhipov 等[65] 研究了在非晶态半导体和非晶态电介质中的态密度分布与温度的关系。模型重要的特点是引入了具有自匹配的振荡特征频率, 在热活化过程中该频率由载流子的释放率确定, 模型考虑到局域态能量的瞬时波动特性, 并预示活化能分布呈现出陡峭的边沿并与其位置及温度相关, 模型还讨论了这种波动对载流子输运的影响, 受到从事驻极体基础研究同行们的极大关注。

当能带被分裂成许多分立局域能级时, 利用能带模型来描述载流子释放过程仅是一种近似。从图 5.1 可见, 与禁带带隙相比, 导带和价带内能级的扩展是相当小的 (仅 0.1~0.5eV)。显然, 用能带模型不但易于描述陷阱内的电荷释放, 而且便于定量描述电介质材料中的电荷动态特性。然而, 实际电流载流子的输运不是发生在导带内, 而是以电子跳动模型输运, 但不论怎样, 这两种模型都说明了热激发过程最终导致捕获于陷阱中电荷的释放。

如前所述, 对聚合物材料, 陷阱是由诸如材料中的杂质、单体中的缺陷、晶体的变形及分子链的不规则等结构反常现象引起的。而聚合物表面存在的大量陷阱则是由杂质、表面氧化、断链或其他原因造成的。Bauser[66] 估算出聚乙烯的陷阱深度并指出: 当电子阱深是从相应的电子亲和势之差导出时, 一个空穴的阱深等于一个隔离的聚乙烯分子电离能和相应捕获分子电离能之差。计算结果表明: 结构缺陷 (如碳基团或双键) 产生了深度约 1eV 的浅阱或中等深度的陷阱; 而外来分子的介入则可能产生较深的陷阱。Ieda 的研究结果确认, 聚乙烯的陷阱由材料的缺陷、稳定或非稳定的氧化产物、链的交联和抗静电剂等产生[28]。有关聚乙烯的陷阱能值也已分别由迁移率测量、TSD 谱分析和热致发光实验等多种手段获得。热致发光数据揭示出, 深度约为 0.4eV 的陷阱是由聚乙烯分子中亚甲基基团产生的[67],

这个数值和理论分析的结论一致。然而 TSD 和迁移率的测量结果认为：与聚乙烯结构特征相关的陷阱能级深度已超过 1eV，同时指出低密度聚乙烯 (LDPE) 和高密度聚乙烯 (HDPE) 的大分子链支化和结晶度对陷阱电荷捕获有重大影响[55]。例如，通过结构修正和材料纯化可使聚乙烯的陷阱加深至 1.2~1.7eV。借助于迁移率测量，Davies 等也估算出和 TSD 方法得到数值类似的活化能[68]，并发现迁移率 μ 随未饱和大分子的端基团 (乙烯基) 数目的增加而增加，这无疑表征了这些基团对载流子捕获效应的贡献。宽温区的 TSD 实验研究还发现，LDPE 不仅存在多个低温偶极峰，而且在 40~60℃和 90℃分别出现空间电荷峰[69-71]。含水的 LDPE 的谱线中出现了一个附加峰[70]，利用酸及抗氧化剂分别对聚乙烯表面和体内改性处理会导致聚乙烯的 TSD 电流峰向高温区漂移等。这些都证实了聚乙烯中陷阱的复杂分布和外界条件引起陷阱结构的变化。

　　Creswell 和 Perlman 等[55] 在对聚烯烃类聚合物的捕获效应研究后认为，这类材料中存在着一次、二次和三次的三种能级结构。一次能级是在分子链上的原子位置，捕获在这个能级上的电荷稳定性取决于离子的电负性和沿分子链的对称性，这个结论已从随着储存电荷单元的结构对称性降低和电负性的减弱而导致 TSD 电流谱的峰温温位向低温区漂移，以及电荷寿命降低得到证实。二次能级电子则是被钳制在相邻分子间的原子基团内，由这些基团的电子亲和势来约束捕获电子，其捕获电荷的稳定性随分子结构的密度增加而增加，随分子链的支化程度上升而降低。对三次能级而言，电荷可能储存于聚合物高度有序的晶区内或晶相与非晶相的界面处[72]。

　　由于工业驻极体生产和实验室研究工作中广泛采用电晕充电技术，表面阱及其分布对驻极体的稳定性有着十分重要的意义。如前所述，表面阱的结构与分布，无疑与材料的表面氧化、断链、分子吸附、化学杂质及短程有序结构单元的差异等因素有着重要的直接的联系。

　　Sessler 等[73,74] 用 LIPP 法研究了经电子束充电驻极体内的电荷分布轮廓是靠近于电子区，且呈现出狭窄的峰状电荷层分布。夏钟福利用电晕充电和不同束能的电子束辐照充电，并组合 TSD 电流谱分析已得到了 Teflon FEP, Teflon PTFE, Teflon PFA 和 Aclar PCTFE 等材料捕获负电荷的陷阱能值及其几何分布[56,75-77]。比较图 5.5 和图 5.6 可见，FEP 和 PFA 的常温负电晕充电 (电荷层沉积在表面和近表面) 样品的 TSD 电流谱都存在着较突出的 150℃峰，这个峰随着电子束充电束能的增加 (电荷逐渐注入样品的深层) 逐渐减弱或消失 (PTFE 具有类似的规律)。因此 150℃峰对应的脱阱电荷主要是表面阱的释放。类似的分析可以得到：围绕 200℃峰温释放电荷的能阱几何分布应包括从表面到体内的整个样品，即实验证实了上述三种最重要的高绝缘聚合物驻极体材料的表面含有较大比例的浅阱电荷。Aclar PCTFE 的 TSD 图谱分析则说明，三种不同能值的陷阱都分布在从表面至体内的整个样品中 (表 5.2)。

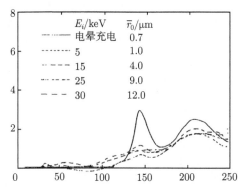

图 5.5 常温负电晕充电和不同束能电子束充电 FEP 薄膜驻极体的开路 TSD 电流谱

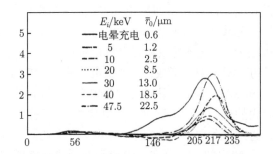

图 5.6 常温负电晕充电和不同束能电子束充电 PFA 驻极体的开路 TSD 电流谱

表 5.2(a) 负电晕充电的 PTFE，FEP，PFA 和 PCTFE 薄膜驻极体的 TSD 电流谱主要峰温、活化能和尝试逃逸频率及陷阱类型

材料	峰温/°C	活化能/eV	尝试逃逸频率/s^{-1}	陷阱类型
Teflon PTFE	157	1.3	3.2×10^{13}	表面阱
	216	1.4	3.2×10^{12}	表面阱
	238	1.5	1.6×10^{11}	(表面＋体) 阱
	175	1.7	4.7×10^{12}	(表面＋体) 阱
Teflon FEP	150	1.1	1.8×10^{11}	表面阱
	215	1.7	1.7×10^{15}	(表面＋体) 阱
	250	1.4	9.9×10^{10}	(表面＋体) 阱
Teflon PFA	145	1.0	5.0×10^{9}	表面阱
	205	1.3	2.0×10^{11}	(表面＋体) 阱
	235	1.1	2.0×10^{9}	(表面＋体) 阱
Aclar PCTFE	45	1.0	2.1×10^{13}	(表面＋体) 阱
	80	1.0	7.7×10^{11}	(表面＋体) 阱
	125	1.3	2.0×10^{13}	(表面＋体) 阱

表 5.2(b) 正电晕充电的 PTFE，FEP，PFA 和 PCTFE 薄膜驻极体的 TSD 电流谱主
要峰温、活化能和尝试逃逸频率

材料	峰温/℃	活化能/eV	尝试逃逸频率/s^{-1}
Teflon PTFE	80	1.3	1.2×10^{14}
	210	1.5	1.5×10^{13}
	70	1.1	9.4×10^{13}
Teflon FEP	85	1.5	4.2×10^{14}
	155	1.5	4.0×10^{13}
Teflon PFA	85	1.2	5.7×10^{14}
	155	1.4	2.5×10^{14}
	45	1.1	1.8×10^{15}
Aclar PCTFE	82	1.1	9.8×10^{12}
	133	1.3	9.9×10^{12}

硅基 SiO_2 薄膜驻极体内存在着四类电荷[78]：①由周期性晶格缺陷形成的 Si-SiO_2 界面捕获电荷，其浓度低于 10^{-10}cm^{-2}；②靠近 Si-SiO_2 界面的固定氧化物电荷，这类电荷与薄膜的形成工艺条件及单晶硅的取向相关，它们或者由过剩的三价硅，或者从失去电子的过剩氧中心形成；③由碱金属离子 (如 Na^+，K^+ 等) 产生的可动离子电荷往往在 Si-SiO_2 界面上且具有较高的浓度，随温度的升高其迁移率明显上升；④SiO_2 薄膜内的空间电荷可通过外界电荷注入或辐照产生，其捕获中心由中性电子陷阱组成，通过导入电子 (或空穴) 充电。在上述四类电荷中前三类电荷或者由于高电导率及其特定的几何分布，或者不能形成中性的电子陷阱从而无法构成稳定的驻极体。因此通过氧化物自身捕获外来的空间电荷是形成稳定的 SiO_2 驻极体的基本途径。就 Si-SiO_2 系统而言，对电荷的捕获存在 3 个区域[79]：①Si-SiO_2 界面区，这个区存在着较高的陷阱密度，但由于捕获或释放电子或空穴的时间常数较短 (从 ps 到 h)[80] 和界面区仅含几个原子层的厚度，相对于 SiO_2 体内和表面层，该层电荷对表面电势的贡献较小；②SiO_2 表面和近表面捕获电荷，它对 SiO_2 驻极体的电荷稳定性是十分重要的 (特别是采用电晕充电技术时)，因此面电荷的储存稳定性将直接影响到 SiO_2 的驻极体寿命；③SiO_2 的体捕获电荷，体内电荷的储存对形成稳定的 SiO_2 驻极体起着主导作用。研究表明[81]：SiO_2 体内比表面含有更高密度的深阱，通过常温电晕充电后的老化或高温电晕充电将注入电荷的大部分沉积在体内是获得长寿命 SiO_2 驻极体的基本工艺。

Ichiya 等利用等离子化学气相沉积 (PCVD) 法生长出膜厚为 2μm 的 SiO_2，经正电晕充电获得了比热氧化 SiO_2 稳定性更高的驻极体 (TSD 电流谱的主峰温位于约 500℃)，由电化学反应方程中电荷转移过程

$$Si \equiv O_3 \longrightarrow {}^+Si \equiv O_3 + e^- \tag{5.8}$$

而形成捕获正电荷的 E′ 中心, 电子自旋共振 (ESR) 等分析结果显示出 PCVD 形成的 SiO_2 薄膜的 E′ 中心比热氧化 SiO_2 的 E′ 中心数目高 4 个数量级, 极高的电荷储存寿命预示着 E′ 中心捕获的正电荷可能具有更高的捕获能级[82]。

5.1.4 真实电荷的等温衰减分析

驻极体内真实电荷的衰减取决于内因和外因两个方面。引起驻极体内真实电荷衰减的内因主要包括欧姆电导、过剩电荷在驻极体自身场作用下的漂移与扩散、驻极体外场作用下异性离子在其表面的沉积 (外界过程) 等。欧姆电导取决于材料的价带和导带内可利用的正负本征载流子, 并随温度上升而急剧增加。电导过程是由于驻极体内场作用引起这些载流子的运动。注入过剩电荷的迁移是由于自身场的作用。欧姆传导电流和过剩电荷的漂移电流是导致驻极体内部真实电荷衰减的主要原因, 两类电流都受载流子迁移率的控制。扩散效应 (由浓度梯度引起的过剩电荷的随机运动) 对驻极体的电荷衰减影响较小, 通常予以忽略。驻极体电荷衰减的外因则是驻极体外场对周围环境中异性离子的吸引而产生的补偿效应。外场也可以吸附诸如水分子等极性分子, 这类极性分子虽然净电荷为零, 但它们进入驻极体后往往作为脱阱电荷的载体以较大的迁移率而加速其内部衰减。

为了简化问题, 通常在驻极体的电荷衰减分析中忽略外部衰减过程。鉴于驻极体的稳定性分析是驻极体基础和应用研究中最基本的问题之一, 历来受到广泛关注。迄今为止, 涉及欧姆电导、辐射感应电导率、过剩电荷的漂移、载流子的捕获、脱阱电荷的输运和复合效应、表面态注入及外场效应等, 已进行了较广泛和深入的讨论[4,22,38,62-65,83-89]。下面我们仅仅分析对实际薄膜驻极体的应用有一定指导意义的涉及电荷内部衰减的简单模型。图 5.7 给出了电导率为 G(零或有限值) 的带单面电极样品, 它的自由面上沉积了一层空间 (真实) 电荷, 由于自身场的作用, 脱阱的过剩电荷载流子向背电极移动, 并在其迁移过程中受到欧姆传导电流的补偿。为了简化问题, 这里不考虑偶极电荷 $(P_r = 0)$, 并忽略了过剩电荷的扩散效应。这时如果在开路条件下 $(I(t) = 0)$, 从式 (2.135) 联系式 (2.136):

$$i(t) = \varepsilon_0 \varepsilon_r \frac{\partial E(x,t)}{\partial t} + \frac{\partial P_r(x,t)}{\partial t} + i_c(x,t) \tag{2.135}$$

可表示为

$$\varepsilon_0 \varepsilon_r \frac{\partial E(x,t)}{\partial t} + [G + \mu \rho_r(x,t)] E(x,t) = 0 \tag{5.9}$$

在图 5.7 中样品的端电压为 $V(t) = \int_0^s E(x,t)\mathrm{d}x$, 将式 (5.9) 对样品厚度积分, 在 $E(0,t) = 0$ 处 (边界条件):

$$\tau \frac{\mathrm{d}V(t)}{\mathrm{d}t} + V(t) + \frac{1}{2}\mu\tau E^2(s,t) = 0 \tag{5.10}$$

这里，$\tau = \varepsilon_0 \varepsilon / G$ 为载流子的弛豫时间。

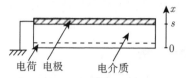

图 5.7　带单面电极的薄膜驻极体示意图

为了对式 (5.10) 再次积分，我们需要引入 "载流子渡越时间"(carrier-transit time) 的概念，它定义为过剩电荷分布的前沿从初始位于 $x = 0$(样品的自由面) 开始直到迁移至背电极 $x = s$ 所经历的时间。为求出无电导电介质 ($G = 0$) 的渡越时间 $t_{0\lambda}$，可以将 $\mu = v/E$ 应用到电荷分布的前沿，即将 $v = s/t_{0\lambda}$ 和 $E = V_0/s$(V_0 是驻极体的初始表面电势) 代入 $\mu = v/E$ 得

$$t_{0\lambda} = \frac{s^2}{\mu V_0} \tag{5.11}$$

显然，如果驻极体存在有限的电导率，部分过剩电荷被传导电流补偿而导致激励场的减弱，则渡越时间 t_λ 和式 (5.11) 的结果 $t_{0\lambda}$ 不同，相应的渡越时间 t_λ 可以从式 (5.9) 出发，通过引入载流子分布的前沿位置随时间迁移的函数解出[90]

$$t_\lambda = \tau \ln \frac{\tau}{\tau - t_{0\lambda}} \tag{5.12}$$

(1) 当 $\tau > t_{0\lambda}$ 时，电介质具有有限的电导率 G，$t_\lambda > t_{0\lambda}$；

(2) 当 $\tau \gg t_{0\lambda}$ 时 (G 值十分小)，从式 (5.12) 可得 $t_\lambda \approx t_{0\lambda}$；

(3) 当 $\tau = t_{0\lambda}$ 时，$t_\lambda \to \infty$；

(4) 当 $\tau < t_{0\lambda}$ 时 (G 值十分大)，由于传导电流的补偿作用，过剩电荷在到达背电极前已被全部补偿，因此载流子的前沿不可能到达背电极。

现在分两种情况求式 (5.10) 的解。当 $\tau \leqslant t_\lambda$ 时，由于足够大的电导率，所有脱阱电荷载流子在到达背电极之前已被传导载流子全部补偿，所以在电极位置的电荷密度 $\rho_r(s,t) \equiv 0$，在 $x = s$ 处，式 (5.9) 为

$$\tau \frac{\partial E(s,t)}{\partial t} + E(s,t) = 0 \tag{5.13}$$

其解为

$$E(s,t) = E(s,0) \exp(-t/\tau) \tag{5.14}$$

则在背电极处驻极体的电场 $E(s,t)$ 完全由欧姆电导对过剩电荷的补偿来决定。将式 (5.14) 代入式 (5.10) 得

$$\tau \frac{\mathrm{d}V(t)}{\mathrm{d}t} + V(t) + \frac{1}{2}\mu\tau E^2(s,0) \exp\left(-\frac{2t}{\tau}\right) = 0 \tag{5.15}$$

当 $t = 0$ 时，$V(0) = V_0$ 和 $E(s, 0) = V_0/s$，则

(1) 当 $t \leqslant t_\lambda$ 时，式 (5.15) 的解为[89]

$$\frac{V(t)}{V_0} = \exp\left(-\frac{t}{\tau}\right)\left\{1 - \frac{1}{2}\left(\frac{\tau}{t_{0\lambda}}\right)\left[1 - \exp\left(-\frac{t}{\tau}\right)\right]\right\} \tag{5.16}$$

显然，$V(t)$ 可由初始表面电势及材料参数 τ 和 μ 确定。

(2) 当 $t = t_\lambda$ 时，过剩电荷的分布前沿刚刚到达背电极：

$$\frac{V(t_\lambda)}{V_0} = \frac{1}{2}\left(\frac{\tau - t_{0\lambda}}{\tau}\right) \tag{5.17}$$

(3) 当 $t \geqslant t_\lambda$ 时，电荷分布的前沿已到达背电极，整个介质的电荷分布已均匀[90]，因此，

$$V(t) = \frac{1}{2}sE(s, t) \tag{5.18}$$

将式 (5.18) 代入式 (5.10) 可得

$$\tau\frac{dV(t)}{dt} + V(t) + 2\mu\tau\frac{V^2(t)}{s^2} = 0 \tag{5.19}$$

考虑到 $t = t_\lambda$ 时的初始值 $V(t_\lambda)$，当 $t \geqslant t_\lambda$ 时，式 (5.19) 的解为

$$\frac{1}{V(t)} = -\frac{2\mu\tau}{s^2} + \left[\frac{2\mu\tau}{s^2} + \frac{1}{V(t_\lambda)}\right]\exp\left(\frac{t - t_\lambda}{\tau}\right) \tag{5.20}$$

联系式 (5.11)、式 (5.12) 和式 (5.17)[91]，当 $t \geqslant t_\lambda$ 时，有

$$\frac{V(t)}{V_0} = \frac{1}{2}\frac{t_{0\lambda}}{\tau}\exp\left(-\frac{t}{\tau}\right)\bigg/\left[1 - \exp\left(-\frac{t}{\tau}\right)\right] \tag{5.21}$$

对电导率为 0 的介质材料 ($G = 0$，$\tau = \infty$)，则式 (5.16) 式 (5.21) 的解为[84]

$$\frac{V(t)}{V_0} = 1 - \frac{1}{2}\frac{t}{t_{0\lambda}}, \quad t \leqslant t_{0\lambda} \tag{5.22}$$

$$\frac{V(t)}{V_0} = \frac{1}{2}\frac{t_{0\lambda}}{t}, \quad t \geqslant t_{0\lambda} \tag{5.23}$$

对电导率 $G = 0$ 的电介质材料，由于过剩电荷的流动引起电压衰减随时间呈线性变化，当达到渡越时间时，其电压值已衰减至初值的一半，此后随时间按双曲函数规律衰减。从式 (5.22) 和式 (5.11) 可知，当 $t \leqslant t_{0\lambda}$ 时，$\frac{dV}{dt} \propto V_0^2$，这是因为，电压的初始衰减既正比于电场又正比于该电场中运动的电荷量，而这两个参数都和 V_0 线性相关。

　　至此, 我们讨论的内容仅涉及单一能级和用陷阱调制迁移率模型来描述电荷的捕获现象, 多能级系统的电荷衰减问题则要复杂得多。这里我们只能对一个简单的模型进行分析[84]。首先假定电荷初始位于样品的自由面上, 随后自由和捕获载流子始终以矩形分布 (箱式分布) 向介质体内输运。穿过电导率为零的电介质的载流子假定数量是无限的, 从而在有限的捕获时间内足以填满途经区域的全部深阱, 这时样品两边的电压降[85] 由下式给出:

$$\frac{V(t)}{V_0} = 1 - \frac{1}{2}\frac{\tau'}{t_{0\lambda}}\left[1 - \exp\left(-\frac{t}{\tau'}\right)\right] \quad (t \leqslant t'_\lambda) \tag{5.24}$$

$$\frac{V(t)}{V_0} = \frac{1}{2}\frac{t_{0\lambda}}{\tau'}\left[1 - \exp\left(-\frac{t}{\tau'}\right)\right] \quad (t \geqslant t'_\lambda) \tag{5.25}$$

这里, 弛豫时间 $\tau' = \varepsilon_0\varepsilon/(\mu_0 e N_t)$, μ_0 表示自由载流子迁移率, N_t 是陷阱密度, e 代表电子电荷。如果以 τ' 替代 τ, 从式 (5.12) 即可导出渡越时间 t'_λ。

　　图 5.8 给出了一些聚合物驻极体的电荷衰减模型[92-94]。例如, 当考虑一个无电导 ($G = 0$) 和不存在深阱捕获的介质中的过剩电荷的漂移时 ($\tau, \tau' \to \infty$), 样品最终将完全放电。显然, 如果介质中存在一定的电导率, 则放电过程被加速 (图 5.8(a)); 如果电荷漂移过程中伴随有深阱的捕获, 则电压的衰减速率会降低。如果 $\tau'/t_{0\lambda}$ 值较大, 即陷阱密度 N_t 较低, 则衰减加剧 (图 5.8(b))。此外, 如果在深阱中载流子的捕获时间是一个有限值, 那么这类驻极体最终也会全部放电, 这时注入载流子在陷阱间的输运特性通常由 3 个参数来表征: ①两陷阱间的自由载流子迁移率 μ_0; ②两陷阱间载流子的平均自由时间 t_F; ③在一个陷阱中的平均捕获时间 t_r。以此为基础再根据研究对象建立一个合理的电荷输运模型, 这个模型除了要求写出适当的电流表达式和 Poisson 方程外, 还需要写出描述捕获电荷密度变化的速率方程,

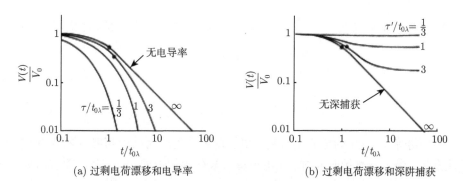

(a) 过剩电荷漂移和电导率　　　　　　　　(b) 过剩电荷漂移和深阱捕获

图 5.8　带单面电极薄膜驻极体的初始电荷位于自由面的表面电势 $V(t)$ 衰减

(a) 不存在深阱捕获, 考虑到过剩电荷漂移和电导率影响; (b) 电导率为 0, 考虑到过剩电荷的漂移和深阱

捕获 (● 表示渡越时间 t_λ 是有限值)

这组方程的表达式可参阅文献 [91], 当它们或者满足位于样品表面的初始电荷能立即注入无电导 $(G = 0)$ 的材料内, 或者载流子按照 $\sigma_s = \sigma_0 \exp(-t/\tau)$ 关系 (σ_s 为表面电荷密度, τ 为时间常数) 注入体内时, 这组方程的数值解已经给出[91]。

5.1.5 驻极体电荷寿命的确定[95]

驻极体电荷稳定性的定量描述, 即驻极体电荷寿命的确定对这类材料的应用具有十分重要的意义。作为驻极体质量指标的重要参量 —— 驻极体电荷寿命的精确定义, 只有当电荷的衰减规律可用一个解析关系式来表述时才能给出。通常驻极体电荷衰减最简单的形式是一个近似指数型关系:

$$\sigma(t, T) = \sigma(0, T) \exp(-t/\tau) \tag{5.26}$$

这里, $\sigma(t, T)$ 是与时间、温度相关的等效面电荷密度。这个表达式可以从一些简单的假设导出[95], 其形式和电容器放电规律相同。然而, 以如此简单的形式去描述大多数驻极体真实电荷的衰减仅仅是近似的, 甚至是十分粗糙的。尽管如此, 从这一简单的指数衰减关系出发, 研究驻极体的稳定性及由此引发的可能偏差, 能给人们提供对实际驻极体自发老化或热退极化过程物理机制的认识和理解。

薄膜驻极体的寿命取决于材料的种类、性能及驻极体的形成方法和环境因素, 其寿命范围可以从几个月至 $10^3 \sim 10^5$ 年。表 5.3 列出了几种材料的驻极体寿命及其相应的充电方法和测量条件[96]。不言而喻, 从实用需求出发, 人们对长寿命驻极体最感兴趣。

表 5.3 几种聚合物薄膜以不同方法形成的驻极体寿命及其相应的充电方法和测量条件[96]

材料	寿命/年	充电方法和测量条件
聚酯 (mylar)	1	预老化＋热处理
聚碳酸酯	20	预老化＋热处理
K1-聚丙烯	24	预老化＋热处理
氟化乙丙烯共聚物	$50 \sim 200$	预老化＋热处理
	10	电子束充电
	$20 \sim 200$	电子束充电 (不同面电荷密度)
	20	液体接触法充电 (未老化)
	8	液体接触法充电 (RH~100%)
	$10^3 \sim 10^5$	液体接触法充电＋热处理
聚三氟氯乙烯	10	电晕充电
	10	电晕充电 (50℃, RH=95%)
聚四氟乙烯	200	预老化＋热处理
二氧化硅薄膜	300	电晕充电＋热处理 (HMDS 处理)
SiO_2/Si_3N_4 双层膜	900	电晕充电＋热处理 (HMDS 处理)

然而, 对各种优良驻极材料在常温下实际衰减的观察需要极长的时间跨度, 因

此在通常环境条件下 (常温、常压、常湿), 通过直接测量等效面电荷密度 $\sigma(t)$ 或等效表面电势 $V_s(t)$ 对时间的变化来确定其寿命是不现实的。驻极体的衰减 (或退极化) 过程可以通过提高温度来加速, 但是在不同温度下得到的面电荷密度 (或等效表面电势) 与时间的变化关系难以进行有价值的比较, 这是因为, 驻极体在不同退极化阶段往往呈现不同的电荷衰减规律。为了克服上述困难, Collins 提出了一种有效的解决方法[96,97], 即利用在选定温区内实施驻极体等温退极化以确定在相应温区内驻极体的寿命, 而这时电荷密度的变化与该温区等温退极化处于同一阶段。其步骤是: 在选定温区内通过调节老化时间, 总可以使等效面电荷密度 σ(或等效表面电势 V_s) 衰减一个确定值 (如百分之几), 并测量在等温条件下 σ 或 V_s 随时间的变化。根据实验数据确定出每一温度下的衰减时间常数:

$$\tau|_{T=T_i} = - \left.\frac{\mathrm{d}t}{\mathrm{d}(\ln \sigma)}\right|_{T=T_i} \tag{5.27}$$

如果在热退极化过程中待测样品的平均电荷重心未发生明显的变化, 也可用下列关系式代替式 (5.27):

$$\tau|_{T=T_i} = - \left.\frac{\mathrm{d}t}{\mathrm{d}(\ln V_s)}\right|_{T=T_i} \tag{5.28}$$

再描绘出 $\tau(T)$ 曲线, 则驻极体电荷的有效衰减时间常数 τ 与温度间呈现 Arrhenius 关系:

$$\tau(T) = \tau_0 \exp\left(\frac{A}{kT}\right) \tag{5.29}$$

再将上述曲线外推至室温即可求出储存在室温条件下驻极体电荷的有效衰减时间常数 (又称驻极体的电荷寿命)。

图 5.9 给出了在不同老化条件下经负电晕充电的 Teflon FEP 薄膜驻极体的 $\tau(T)$ 曲线。所有样品都在相同条件下用液体接触法充电, 初始表面电势 $V_{s0} = -500\text{V}$。直线③是未经老化样品的 $\tau(T)$ 关系曲线, 直线② 和①分别表示通过老化后表面电势为 -250V 和 -115V 样品的 $\tau(T)$ 曲线。据此得到了不同条件热处理后 FEP 驻极体的电荷储存寿命。必须注意: 实际驻极体的电荷储存寿命比利用上述等温退极化方法估算出的结果要短, 这是因为, 驻极体在实际的储存周期内存在着各种环境因素的影响, 例如, 由环境辐照引起的 RIC 和由驻极体外场效应引起的大气中异性带电粒子在驻极体表面的沉积所产生的补偿效应等。这些结果说明: 对大多数聚合物驻极体, 合理控制充电后的老化温度可明显地改善驻极体的稳定性 (参见 5.2 节)。图 5.10 给出了 Sessler 等利用 LIPP 法测量出经 30keV 单能电子束充电的 25μm 厚的薄膜驻极体, 在 120℃退火过程中的电荷分布轮廓图。随着老化时间的延长, FEP 的快再捕获效应使电荷逐渐向体内扩散, 同时伴随着电荷重心向体内迁移[98,99]。

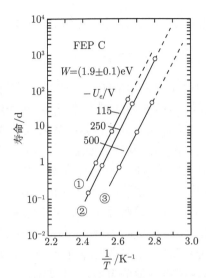

图 5.9 液体接触法充电 FEP 驻极体的寿命与温度关系

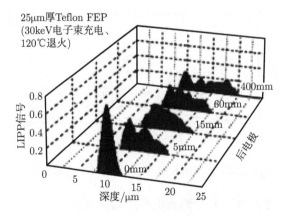

图 5.10 不同退火时间后 FEP 驻极体电荷分布的演变

5.2 热处理对驻极体电荷稳定性的影响

驻极体的热处理包括高温电晕充电 (即充电期间的热处理); 常温充电后的老化 (或退火) 以及充电前的淬火或老化, 对驻极体材料 (尤其是聚合物薄膜驻极体材料) 的电荷储存稳定性将产生重要的影响。这是因为热处理会导致驻极体材料物性的改变[34] 和电荷重心的内迁移, 即对大多数聚合物驻极体材料, 能明显地提高其深阱捕获电荷对浅阱捕获电荷的比例。在大多数驻极体元器件生产中普遍使用电晕充电技术 (注入的电荷层位于材料表面或近表面) 的情况下, 利用热处理工艺来改善驻极体的电荷寿命、提高驻极体器件的稳定性是必不可少的。

5.2.1   高温充电 (驻极态建立过程中的热处理)

大多数驻极体材料的电荷稳定性都能通过充电期间的热处理加以改善，这已经被 Perlman 和 van Turnhout 等的实验结果所证实[38,100,101]。充电期间从高于室温至 250℃温区内的热处理都可能改善聚四氟乙烯的驻极体电荷稳定性[38,102,103]。这种改性是源于高温充电时的热激发有效地阻止了充电期间浅阱对注入电荷的捕获和使充电时已注入浅阱的电荷脱阱。由于继续充电中的热激发脱阱和它们中一部分被再捕获在较深的陷阱中，从而增加了捕获在深阱中电荷对浅阱电荷的密度比。图 5.11[56] 给出了 Teflon PFA 薄膜经不同温度正电晕充电后的开路 TSD 电流谱。随着充电温度的升高，常温充电的 TSD 电流谱上 86℃低温峰消失，而高温峰逐渐向高温区漂移。值得注意的是，与高温峰值对应的 TSD 电流曲线和温度坐标间所围的面积 (对应于从深阱中释放的电荷量) 比常温注极时明显增加，这必将导致电荷储存寿命的延长[104]。

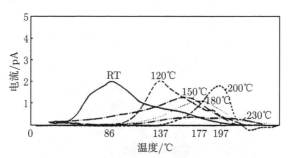

图 5.11   在不同温度下正电晕充电的 Teflon PFA 薄膜的开路 TSD 电流谱

研究表明，改变充电温度会影响电荷的储存能力。对特定驻极体材料存在着一个 "最佳充电温度"T_0(如图 5.11 中充电温度为 200℃时的曲线)。在这一温度充电不但可获得较高的深 / 浅阱捕获电荷的比例 (对应的 TSD 电流谱与常温充电的 TSD 谱比较，其高温峰向高温区漂移较大)，而且在深阱中捕获了较高的电荷密度。倘若充电温度 $T_c < T_0$，则捕获在浅阱中的载流子占有较大比例，电荷稳定性不能达到充分的改善 (如图 5.11 中的 120℃充电 TSD 曲线)，如果 $T_c > T_0$，则更多的深阱捕获电荷被外界提供的较高热能激发脱阱，引起深阱内储存电荷密度的下降 (如图 5.11 中的 230℃充电 TSD 曲线)，影响充电效率。表 5.4 给出了工业生产中常用的几种高绝缘聚合物驻极体材料的最佳充电温度[104]。Stark 等[105] 利用 Teflon FEP 在熔融温度时充电获得稳定性更高的驻极体，可能归因于热熔充电导致在晶界界面上捕获了更多的深阱电荷。

表 5.4 **PTFE，FEP，PFA 和 PCTFE 正、负电晕充电的最佳充电温度**

材料名称	型号	所属公司	正电晕充电的最佳充电温度 / ℃	负电晕充电的最佳充电温度 / ℃
Teflon PTFE	DF-100	DuPont Co.	150	200
Teflon FEP	A 型	DuPont Co.	150	190
Teflon PFA	Lp 型	DuPont Co.	200	200
Aclar PCTFE	33c 型	Allied Chemical Corp.	100	130

5.2.2 常温充电后的热处理

经过常温充电的样品，在适当的温度下退火，或者在一定的高温下老化，同样可以改善相应材料的驻极体稳定性。这一过程对那些储存着较高电荷密度或呈现电荷快再捕获效应的驻极体效果更佳[38]。与高温充电相比，它们都是通过热激发效应来改变材料内深能级对浅能级陷阱捕获电荷的比例。不同的是，充电后热处理是将常温充电后已捕获在浅阱中的载流子在一定温度下激发脱阱，它们中的一部分在驻极体自身场激励下的输运途中被较深的陷阱再度捕获，从而减少了浅阱内捕获电荷的密度，达到了改性的目的。研究表明：通过充电—退火—充电—退火等多次循环操作不仅可以改善电荷的储存稳定性，而且可以提高电荷的储存密度，形成这一结果除上述原因外，尚包含热处理过程中材料形貌结构的局部改变。

从图 5.12 可以看出，Teflon FEP-PI 复合驻极体膜经三次循环充电退火后，在室温下电荷衰减的时间常数已长达 300 年[20,106]。这是因为，经过多次老化热处理，原来沉积在较浅陷阱中的载流子被热激发脱阱后在迁移途中多次脱阱并被再捕获，从而在向背电极输运中被捕获到越来越深的阱中。而在热处理过程中已捕获在深阱中的电荷由于多次老化温度所提供的有限热能不足以引起它们激发脱阱，循环处理次数越多，深阱对浅阱储存电荷的比例越高。

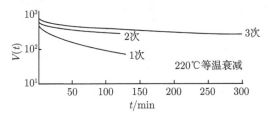

图 5.12 Teflon FEP-PI 复合膜的多次循环充电

十分有趣的是：在驻极体实际应用中最重要的几种高绝缘性氟聚合物材料，不同能值的陷阱表现出特殊的几何分布规律，即较浅的电子陷阱大多数 (如能值为 1eV 左右) 位于材料的近表面，较深的电子陷阱 (如能值 1.3~1.7eV) 则分布在整个样品的表面和体内。

　　图 5.5 显示的粗实线表示常温负电晕充电 Teflon FEP 驻极体的开路 TSD 电流谱线, 它的 148℃峰 (对应脱阱电荷的活化能约为 1eV) 的大部分释放电荷能阱位于材料的体表; 而 214℃和 250℃峰 (对应活化能分别为 1.7eV 和 1.4eV) 的较高能值陷阱的脱阱电荷则在体内占有较大比例。平均电荷重心离充电自由面仅为 0.7μm 的常温电晕充电的 TSD 谱出现了显著的 148℃的浅阱电荷释放峰, 而利用不同束能电子束注入体内不同层深电荷的 TSD 电流谱线中, 148℃峰已明显地减弱 (PFA 和 PTFE 具有完全类似的结果)[32]。

　　根据公式 $G(T) = G_0 \exp[-E/(kT)]$, 聚合物驻极体材料的电导率 G 和温度 T 呈指数型依赖关系。因此, 高温下体内传导电流的激增也会对在高温充电后捕获电荷在体内的分布产生显著的影响。例如, 从室温至 150℃, Teflon FEP 的 G 值比常温时增加约两个数量级。在驻极体研究和生产工艺中广泛使用的常温电晕充电, 由于非均匀电晕场激励的载流子仅具有相当低的束能, 所以电晕充电沉积的电荷层只能位于样品的表面和近表面。热充电期间由于体传导电流的增加和辅以足够长的充电时间 (如 2~5min), 电荷可能深入到材料体内并被体内比例较高的深能阱捕获。随着热处理的温升, 沉积电荷层的电荷重心逐渐向体内迁移, 是上述高绝缘性氟聚合物及部分其他驻极体材料电荷寿命改善的重要原因[97,102,107]。图 5.13[109] 给出了在不同温度下正、负电晕充电的 Mylar PEF 薄膜驻极体的电荷重心迁移规律及相应的电导率增长曲线。在 110~120℃附近, $G(T)$ 和 $\bar{r}(T)$ 都发生了明显变化, 表明了体电导率上升伴随着 $\bar{r}$ 向体内的迁移。

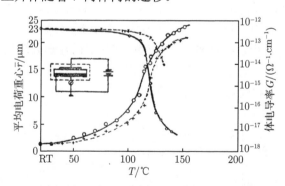

图 5.13　Maylar PET 在不同高温下正、负电晕充电后的平均电荷重心迁移规律及相应的电导率增长曲线

× 为正电晕充电的电荷重心; ∘ 为负电晕充电的电荷重心; ∘ 为负电晕电导率; + 为正电晕电导率

5.2.3　充电前的淬火

　　充电前的淬火是改善驻极体电荷稳定性的另一类重要热处理方法。这种改性与淬火后材料的晶体结构的变化密切相关[108,109]。

1. 淬火对驻极体改性的材料形态学根源

与淬火前 Teflon FEP 的 TSD 谱线相比，淬火样品的 148℃低温电荷峰明显地降低，而 210℃空间电荷峰漂移向更高的温区。证实淬火后空间电荷的大部分被捕获在更深的陷阱中 (图 5.14)[109]。X 射线衍射谱的研究结果表明：在合理的温度下淬火，当材料的结晶度下降并不明显时，晶粒的平均直径已减小到淬火前的 3/4，说明淬火使材料内的晶区和非晶区的界面增加。而淬火前后 Teflon FEP 表面形貌的超微结构 (电镜照片) 表明：淬火前后材料的平均微粒直径分别为 0.6μm 和 0.2μm，界面的增加证实了淬火导致材料结构形态向着有利于电荷储存的方向转化。这是因为，当样品淬火前加热到温度 $T_0(T_g < T_0 < T_m)$ 时，材料逐步熔融，存在于材料内的晶块 (或晶粒) 被加热瓦解成较小的晶粒 (或破碎的晶层)，它们分散在非晶区内。如果结晶度没有显著下降，则必然表现出较大的晶区和非晶区界面。淬火开始，熔体的黏滞性迅速增加，由于聚合物大分子存在着较长的弛豫时间，处于局部熔融态的部分随机取向分子链没有足够的时间结晶化，分散于熔体内较小的晶粒被瞬时地 "冻结" 在高温态，结晶粒度增加而形成更多更复杂的缺陷，Maxwell-Wagner 效应增强[34] 使得电荷的稳定性得以改善。图 5.14 给出的实线正是淬火引起的材料物性变化的结果[108,109]。

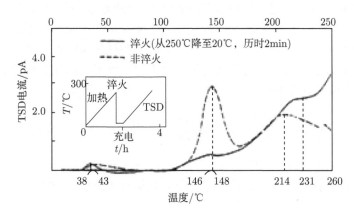

图 5.14 淬火前后负电晕充电的 Teflon FEP 的 TSD 电流谱

实线: 淬火 (250℃→20℃, 2min)；虚线: 未淬火

依据初始上升法[110,111] 结合开路 TSD 电流谱分析，淬火前后 Teflon FEP 薄膜捕获电荷的陷阱能级活化能和捕获电荷的尝试逃逸频率已经计算出[109](表 5.5)。淬火后活化能的上升和尝试逃逸频率的下降证实了淬火对 FEP 驻极体电荷稳定性具有改善作用。计算还表明，淬火样品储存在较深能阱中的电荷密度 σ_q 是未淬火样品 σ_{nq} 的 1.2 倍[108]。

表 5.5 淬火前后 Teflon FEP 薄膜的活化能及尝试逃逸频率

TSD 谱温峰/°C	活化能/eV	尝试逃逸频率/s^{-1}
	淬火前	
148	1.1	1.8×10^{11}
210	1.7	1.7×10^{15}
250	1.4	9.9×10^{10}
	淬火后	
146	1.3	4.4×10^{12}
231	1.7	4.1×10^{14}
260	1.4	5.3×10^{10}

2. 淬火条件对改性效果的影响

(1) 淬火前升温率的影响。如果升温率过高 (例如, 几分钟内达到或接近材料的熔融态), 大分子链的弛豫较慢会使材料晶区的初态在没有充分瓦解前淬火已经开始, 导致材料结构改性的不充分。实验结果指出, 通常以升温率不高于 3°C/min 较为适宜[108,109]。

(2) 沿膜厚方向的淬透性对电荷储存稳定性的影响。为了使淬火成功, 样品从淬火前的高温态浸入淬火介质必须快到足以确保在冷却期间没有明显的性质变化[112]。为了检测能否满足上述要求, 夏钟福[108] 详细地考察了 25μm Teflon FEP 膜在升温到 250°C后投入 20°C水中的淬火期间在薄膜不同层深处的温度–时间关系。由于薄膜的横向尺寸比厚度大得多, 故可以假定在热传递过程中垂直于厚度方向的各层内温度总是均匀的。因此热传导一维模型可以用来简化处理淬火期间的热交换, 根据热传导方程[113]:

$$\frac{\partial T}{\partial t} = k \frac{\partial^2 T}{\partial x^2} \quad \text{或} \quad dc_p \frac{\partial T}{\partial t} = \sigma_T \frac{\partial^2 T}{\partial x^2} \quad (0 < x < s) \tag{5.30}$$

这里, $T = T_1(x = 0)$; $T = T_2(x = s)$; $T = f(x)(t = 0)$; 而 $k = \sigma_T/(dc_p)$, 其中 σ_T 是热导率, d 是材料密度, s 是样品厚度, c_p 是材料在温度 T 时的定压比热, 则方程 (5.30) 的解是

$$T = T_1 + (T_2 - T_1)\frac{x}{s} + \frac{2}{\pi} \sum_{n=1}^{\infty} \frac{T_2 \cos(n\pi) - T_1}{n} \times \sin\left(\frac{n\pi x}{s}\right) \exp\left(\frac{-kn^2\pi^2 t}{s^2}\right)$$

$$+ \frac{2}{s} \sum_{n=1}^{\infty} \sin\left(\frac{n\pi x}{s}\right) \exp\left(\frac{-kn^2\pi^2 t}{s^2}\right) \times \int_0^s f(x') \sin\left(\frac{n\pi x'}{s}\right) dx' \tag{5.31}$$

考虑到边界条件和初始条件, 在 $x = 0$ 和 $x = s$ 处, $T_1 = T_2 = T_q(T_q$ 是淬火介质的温度)。而 $t = 0$ 时 $T = T_0(T_0$ 是淬火前样品的最大温度)。因此根据式 (5.31), 我

们得到

$$T = T_q + 2 \left(\frac{T_q}{2} \sum_{n=1}^{\infty} \left\{ [\cos(n\pi) - 1]/n \right\} \sin(n\pi x/s) \exp(-kn^2\pi^2t/s^2) \right)$$

$$+ \left(\frac{4T_0}{\pi} \right) \sum_{n=0}^{\infty} \left\{ \sin \left[\frac{(2n+1)\pi x}{n} \right] / (2n+1) \right\} \times \exp \left[\frac{-k(2n+1)^2\pi^2t}{s^2} \right] \quad (5.32)$$

对 Teflon FEP 而言, 其相关参数值如下: 热导率 $\sigma_T = 0.195\text{W}/(\text{m} \cdot \text{K})$, 密度 $d = 2150\text{kg/m}^3$, 定压比热 $c_p = 1172\text{J}/(\text{kg} \cdot \text{K})$, $s = 25\mu\text{m}$, 淬火介质水的初温 $T_q = 20°\text{C}$, 淬火前样品加热至最高温度 $T_0 = 250°\text{C}$。代入式 (5.32), 计算出该样品从表面至体内几个不同深度在淬火期间温度随时间的变化曲线[108]。计算表明, 从初温 $T_0 = 250°\text{C}$ 将样品浸入 20°C 水中的淬火时间大约持续 3ms 后样品和水已达到热平衡。

从宏观看, 实现热平衡的淬火时间似乎足够短, 但对聚合物薄膜而言, 热导率仍然明显地影响薄膜材料的淬透性。根据方程 (5.30), 样品的热传递速率正比于该材料的热导率 σ_T。Teflon FEP 和其他聚合物类似, 其热导率十分低, 仅仅是大部分金属热导率的 1%, 这必然妨碍样品和淬火介质间的热传递速率, 使样品的表面比体内冷得快。计算数据指出: 在样品厚度的中部从 250°C 降到 50°C 所经历的时间是距样品表面 0.5μm 处降到同一温度淬火时间的 30 倍以上 (0.5μm 近似看作电晕充电后注入样品电荷的平均重心位置)。因此由这种非均匀冷却产生的内应力导致分子链拉伸[114,115], 它有利于晶体的生长而不利于电荷储存的稳定。

(3) 淬火后和充电前的储存时间影响。缩短淬火后和充电前的储存时间, 尤其是储存温度处在被淬火材料的玻璃相变温度 T_g 以上时不利于储存电荷的稳定。因为在这一条件下随着储存时间的延长, 分子链将继续不断地有序化, 这有利于晶粒的组合与生长, 使结晶粒度下降, 减小晶粒间的晶区与非晶区的界面, 导致材料物性向着不利于电荷储存的方向逆转。此外, 应该选择热导率足够高和热容量大的淬火介质, 使样品通过淬火瞬时地冻结在淬火前的高温态。与此同时还必须根据被处理材料的性能 (如 T_m 和 T_g) 合理地选择淬火前样品温度 T_0 和淬火介质的初温 T_q, 以便通过淬火使材料物性向着有利于电荷储存的方向转化。

5.2.4 无机驻极体材料的热处理改性

无机驻极体材料 (如非晶态 SiO_2、Si_3N_4 和白云母等) 的热处理对其电荷寿命的影响与聚合物材料具有类似的规律。在合理控制热处理参数的条件下, 高温充电和常温充电后的热处理同样能改善材料的电荷储存稳定性[116]。如在单晶硅片上通过热湿氧化形成的膜厚为 1μm 的非晶态 SiO_2 薄膜, 经常温电晕充电后, 通过 250°C, 300°C 和 330°C 老化半小时, 可导致低温峰 (100°C 和 210°C) 的消失和 310°C 高温峰向高温区迁移近 50℃(图 5.15)[81]，这证实了热激发引起浅阱电荷的脱阱和部分被较深的能阱再捕获；而同样材料在 100℃和 150℃正负电晕的高温充电也获得类似的改性效果。

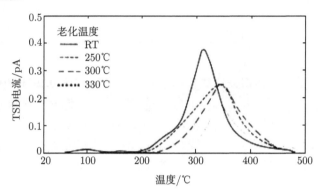

图 5.15　常温电晕充电的 SiO₂ 薄膜老化在不同温度下的 TSD 电流谱

类似于聚合物薄膜材料，无机薄膜材料的高温充电和常温充电后的热老化也会引起电荷重心的内迁移 (图 5.16)[81]，导致体阱对表面阱捕获电荷密度之比和深阱对浅阱捕获电荷密度之比的上升，这对改善其电荷寿命无疑是十分重要的。

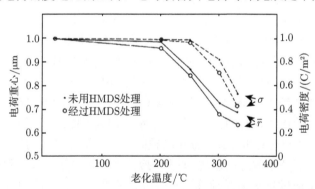

图 5.16　SiO₂ 驻极体的电荷重心和电荷密度作为老化温度的函数

实验还证实[81]：常温充电后经 200℃老化形成的高稳定性 SiO₂ 驻极体薄膜是国内外研制的硅基微型集成化驻极体传感器的优秀传感膜材，利用溶胶–凝胶 (sol-gel) 工艺研制的 SiO₂ 驻极体和微电子器件功能膜具有诱人的应用前景，并已取得了一些重要进展[117,118]。除了与聚合物具有类似的热处理改性外，溶胶–凝胶成膜后的热处理是使这类薄膜致密和纯化不可缺少的工艺，它们的热处理需要在 400～1100℃的宽温区内完成。较低温度的老化基于材料的纯化反应 (化学过程)，即加热至 400℃以排除或分解膜内的水、乙醇及其他残余有机物；而 700～800℃加热则可能将甲硅醇分解掉；高温老化 (800~1100℃) 是基于材料的致密 (物理过程)[117]。由于 SiO_2 是一种亲水材料，充电 (尤其是电晕充电) 后，较高的表面电导对电荷层沉积于表面和近表面的 SiO_2 驻极体的稳定性将产生明显的影响。用六甲基二硅胺烷 (hexamethyl disilazane，HMDS) 对 SiO_2 进行化学表面修正，实现亲水至疏水的转换可以避免 (或削弱)SiO_2 薄膜表面亲水性对其电荷稳定性的影响。然而较高的热处理温度 (如 200℃以上) 可引起表面疏水层的变性和亲水层的再生 (一定温度下的可逆反应)。图 5.17 给出了充电后的溶胶–凝胶 SiO_2 驻极体在不同老化温度下由表面亲水层的再生而引起表面电势随时间的等温衰减规律。因此，将化学表面修正后的溶胶–凝胶 SiO_2 薄膜驻极体的老化温度控制在 200℃以下，既兼顾到保护表面的疏水层又能在相当程度上改善深阱对浅阱捕获电荷的密度比，有利于延长溶胶–凝胶 SiO_2 驻极体的寿命[118]。

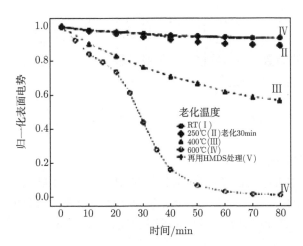

图 5.17 化学表面修正的 SiO_2 薄膜在不同温度老化后的等温表面电势衰减曲线

5.3 极性驻极体的热刺激放电理论[1]

5.3.1 极性驻极体的 TSD

热活化是导致取向偶极子弛豫的基本过程。在极性驻极体中热弛豫的最简单情况是具有单一弛豫时间的短路驻极体放电，其 TSD 电流峰发生在一个狭窄的温度间隔内，它们的形状和位置不受极化条件的影响。具有这样行为的实际储电介质大多数是由碱卤化物中的二价杂质离子和伴生的阳离子空位所形成的 I-V 偶极子[119]。

当这类驻极体形成后 (外场 $E = 0$)，如果以常热率加热，由于驻极体处于短路

状态 (内场为零), 则在 TSD 期间的极化衰减将遵循 Debye 方程:

$$\frac{\mathrm{d}P_{\mathrm{r}}(t)}{\mathrm{d}t} + \alpha(T)P_{\mathrm{r}}(t) = 0 \quad \text{或} \quad \frac{\mathrm{d}P_{\mathrm{r}}(t)}{\mathrm{d}t} + \frac{P_{\mathrm{r}}(t)}{\tau(T)} = 0 \tag{5.33}$$

这里, 弛豫频率 $\alpha(T) = 1/\tau(T)$ 对所有的偶极子都具有相同值; 由于涉及 T-t 加热程序, α 不仅是温度的函数, 也是时间的函数, 即 $\alpha[T(t)]$. 为了简化讨论, 这里用 $\alpha(T)$ 代替 $\alpha[T(t)]$.

由 TSD 产生的电流密度为

$$i(t) = -\frac{\mathrm{d}P_{\mathrm{r}}(t)}{\mathrm{d}t} = -\alpha(T)P_{\mathrm{r}}(t) \tag{5.34}$$

对式 (5.34) 积分即可求出在 TSD 期间极化随时间的变化:

$$P_{\mathrm{r}}(t) = P_{\mathrm{r}0} \exp\left[-\int_0^t \alpha(T)\mathrm{d}t\right] \tag{5.35}$$

虽然 P_{r} 是时间的函数, 但与驻极体的形成过程无关. 由于温度随时间线性上升, 因此电流密度也是温度的函数:

$$i(T) = -\alpha(T)P_{\mathrm{r}0} \exp\left[-h\int_{T_0}^T \alpha(T)\mathrm{d}T\right] \tag{5.36}$$

其中, $h = 1/\beta$ 在前面已定义.

对那些有实用价值的极性驻极体材料 (如 PVDF、奇数尼龙和 PMMA 等), 由于在较低温度下的 $\alpha(T)$ 十分低, 因此在常温下储存表现出高极化稳定性. 然而随着温度的上升, $\alpha(T)$ 剧烈增加, 它的变化通常服从 Arrhenius 方程:

$$\alpha(T) = \alpha_0 \exp[-A/(kT)] \tag{5.37}$$

如果将式 (5.37) 代入式 (5.36), 则 TSD 电流密度 $i(T)$ 可改写为

$$i(T) = -\alpha_0 P_{\mathrm{r}0} \exp\left(\frac{-A}{kT}\right) \exp\left[-h\alpha_0 \int_{T_0}^T \exp\left(\frac{-A}{kT'}\right)\mathrm{d}T'\right] \tag{5.38}$$

方程 (5.37) 适用于包含小分子基团局域转动的弛豫, 但不能应用于描述发生在玻璃相变温度以上的 TSD 规律. 因为这时已出现了分子偶极子的侧基和主链的协同运动. 由于部分长链的松动, 从整体上要求一定的运动空间, 它们的弛豫率与分子链间的自由体积空间相关. 这一过程的弛豫时间与温度间的关系由第 2 章中提及的 WLF 方程描述[120,121]:

$$\alpha(T) = \alpha_{\mathrm{g}} \exp\left[c_1(T_1 - T_{\mathrm{g}})(c_2 + T - T_{\mathrm{g}})^{-1}\right] \quad (T > T_{\mathrm{g}}) \tag{5.39}$$

这是一个经验方程, 对大多数非晶态聚合物, $\alpha_g = 7 \times 10^{-3} \mathrm{s}^{-1}$, $c_1 = 40$ 和 $c_2 = 52\mathrm{K}$。本节所讨论的问题主要根据方程 (5.37), 即温度低于 T_g 时热极化的相关特性。根据式 (5.38) 描述 TSD 规律可参阅文献 [38] 和 [122]。对式 (5.36) 的近似积分结果为[38]

$$h \int_0^T \alpha(T)\mathrm{d}T \approx \alpha(T)hkT^2(1 + 0.682kT/A)[A/(kT) + 2.663]^{-1} \tag{5.40}$$

当 $8 \leqslant A/(kT) \leqslant 362$ 时, 相对误差约为 0.17%。Gross[123] 和 Squire[124] 等给出了更完善的近似。图 5.18 给出了 TSD 期间极化和电流密度的模型曲线, 图中表示出三种活化能、三个自然频率和三种热率。上图说明随着温升逐步退极化至零, 下图的电流密度曲线显示出较复杂的结构。随着温度的升高, 冻结的偶极子重新恢复其迁移率, TSD 电流首先增加并通过其极大值; 当偶极子消取向率变高时, 电流很快下降, 使大量偶极子无序化, 因此形成了一个非对称的钟形电流峰。具有较低活化能的偶极子的消取向发生在低温区, 这类偶极子形成了较强的电流峰, 因为它们的弛豫效应发生在较窄的温度间隔内。偶极子弛豫越快 (即自然频率越高), 电流峰值所处的温位越低。

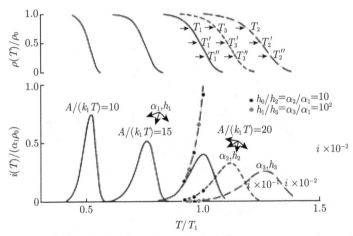

图 5.18　单一 Debye 弛豫的剩余极化和释放电流

上图说明可用于根据实验数据计算活化能的方法

对方程 (5.36) 微分并取极值, 当 $\dfrac{\mathrm{d}}{\mathrm{d}T}[1/\alpha(T)] = -h$ 时出现电流的极大值。这时服从 Arrhenius 方程的 α-T 关系变为

$$\alpha(T_\mathrm{m})hkT_\mathrm{m}^2/A = 1 \tag{5.41}$$

从图 5.18 可见, 电流最大值的温度与活化能 A 相关。而图 5.19 进一步表明: 电流最大值的温度和 A 之间几乎呈线性相关。而活化能 A 和 T_m 之间的实际关系

可近似表达为[125,126]

$$A \approx cT_{\mathrm{m}} - 0.016\mathrm{eV} \tag{5.42}$$

这里，$c = 1.92 \times 10^{-4}[\log(\alpha_0 h) + 1.67]$。图 5.18 还表明：在 TSD 期间随着升温率的上升电流最大值的增加是合乎逻辑的。因为当升温率 $\mathrm{d}T/\mathrm{d}t$ 较高时，电荷释放作用的时间也较短，所以仅在 TSD 电流的初始上升阶段，即当 $h\int_{T_0}^{T}\alpha(T)\mathrm{d}T \approx 0$ 时不同升温率的曲线才可能重合 (见图 5.18 下图)。因此 TSD 电流的灵敏度可通过增加升温率加以改善。然而太高的升温率也是不可取的，因为样品的温度可能大大滞后于程序温度。不合理的升温率势必影响最大值的实际温位，另外，过高的升温率由于温度坐标灵敏度的降低使相邻峰间的分辨率下降。反之，升温率越低，偶极子消取向所需的时间越长，电流极大值越低。

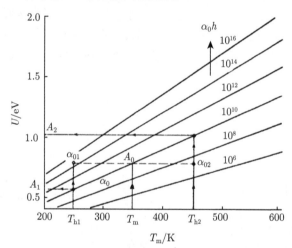

图 5.19 以 $\alpha_0 h$ 作为参数的 TSD 电流谱中 $A(T_{\mathrm{m}})$ 关系 ($T_{\mathrm{h}1,2}$ 为峰的半值温度)

5.3.2 具有弛豫时间分布的偶极子 TSD

在 PMMA 驻极体的 TSD 电流谱 (图 4.23) 中与极性侧基团 —COOCH$_3$ 相关的偶极矩 $\mu \approx 5.3 \times 10^{-30}$C·m。谱线中的 β 峰 ($-50°$C) 是由该侧基团的取向偶极子弛豫所释放的电流，α 峰则是极性基团和部分主链段协同运动的偶极弛豫电流，ρ 峰由过剩电荷脱阱后漂移和扩散所形成。呈宽分布的 β 峰不能以单一的 Debye 弛豫模型来描述。从分子尺度看，这类宽峰是由于客观上存在着结构上差异的大分子，在不同条件下产生了不同侧基团的转动，表现出不同的活化能，因此各种偶极子的弛豫频率不同，即 $\alpha_i(T) = \alpha_0 \exp[A_i/(kT)]$。$\alpha_0$ 的差异很可能对应于图 4.23 中的 α 峰，因为这类峰和 T_{g} 相关，其结构根源是极性基团和具有不同质量的主链段单元的协同运动[121]。更一般的情况下，α_0 和 A 可能同时存在多个分立值甚至连续分布。

具有若干个弛豫频率电介质的 TSD 放电表现出下列特征。由图 4.35 可见: 如果充电温度太低, 仅发生快效应的偶极子取向, 慢效应偶极子对 α 峰值无贡献, 所以谱线的高温段被 "截" 去。只有当极化温度选定在 TSD 电流最大值对应的温度之上时, 存在于材料内的全部偶极子才能实现适当的有序排列, 并且形成了 TSD 电流的完整谱线。类似地, 若样品在 TSD 放电前储存的时间太长或者储存在太高的温度下, 则在 TSD 实验开始前, 快效应偶极子已经弛豫放电, 此时的 TSD 谱线的低温峰必然已经损失。对仅具有单一弛豫频率的驻极体, 如果在低温下充电, 或以极短的时间充电, 或充电后储存时间极长, 所有的 $i(T)$ 都将以相同的比例减少, Debye 峰值降低, 但它的形状和位置维持不变。因此利用 TSD 电流峰对驻极体形成条件相关性的明显不同, 可判定材料中是否存在分布峰或非分布峰的特征。热率变化引起峰值温位的漂移也可用作区分分布极化或单一 Debye 极化的手段。当漂移明显时无疑是分布极化。

弛豫频率的分布可能是分立的或者是连续的。如果是前者可将偶极子分成不同弛豫频率的若干组, 由式 (5.35) 和式 (5.36) 确定每一组对极化和电流的贡献, 总响应是各独立响应的代数和。结果指出, 相邻分立的 α_{0i} 和 A_i 组分峰值分辨率的极限分别是[38] $\alpha_{0i}/\alpha_{0i-1} \geqslant 5.8$ 和 $A_i/A_{i-1} \geqslant 1.09$。由此可见, 利用 TSD 电流谱分析得到的动力学参数的弛豫分辨率相当接近。当偶极子的弛豫频率呈连续分布时, 各个次极化对总极化的贡献可通过积分实现。当材料中存在 α_0(或 A) 分布时

$$P_r(t) = P_{r0} \int_0^\infty f(\alpha_0) \exp\left\{-\alpha_0 \int_0^t \exp[-A/(kT)]\mathrm{d}t\right\} \mathrm{d}\alpha_0 \qquad (5.43)$$

$$P_r(t) = P_{r0} \int_0^\infty g(A) \exp\left\{-\alpha_0 \int_0^t \exp[-A/(kT)]\mathrm{d}t\right\} \mathrm{d}A \qquad (5.44)$$

如前所述, 这里, $f(\alpha_0)$ 和 $g(A)$ 分别是自然频率分布函数和活化能分布函数, 它们分别表示在 $\alpha_0 \to \alpha_0 + \mathrm{d}\alpha_0$ 和 $A \to A + \mathrm{d}A$ 间隔内的次极化对总极化弛豫强度 $\varepsilon_s - \varepsilon_\infty$ 的贡献。$f(\alpha_0)$ 和 $g(A)$ 都是归一化的, 因此,

$$\int_0^\infty f(\alpha_0)\mathrm{d}\alpha_0 = \int_0^\infty g(A)\mathrm{d}A = 1 \qquad (5.45)$$

对式 (5.43) 和式 (5.44) 微分, 可分别求得含 α_0 分布和 A 分布的驻极体 TSD 电流:

$$i(t) = P_{r0} \exp[-A/(kT)] \int_0^\infty \alpha_0 f(\alpha_0) \exp\left\{-\alpha_0 \int_0^t \exp[-A/(kT)]\mathrm{d}t\right\} \mathrm{d}\alpha \qquad (5.46)$$

$$i(t) = P_{r0}\alpha_0 \int_0^\infty g(A) \exp\left\{-A/(kT) - \alpha_0 \int_0^t \exp[-A/(kT)]\mathrm{d}t\right\} \mathrm{d}A \qquad (5.47)$$

因此，在每一个温度 T 时的 TSD 电流可看作在 T 时具有电流最大值的 Debye 弛豫。据此能够确定对一个具体值的 i-T 曲线上的 A 和 α_0 的区间限制。图 5.19 说明了这种方法 (即以 $\alpha_0 h$ 为参数确定 A 的区间)。然而以这种方法确定出的 A 的区间偏大，经验值比 (T_{h1}, T_{h2}) 确定的区间小 1.2K，这里的 (T_{h1}, T_{h2}) 是电流半值的温度。类似地，当 A 为常数时，可确定 α_0 区间。

从方程 (5.46) 和方程 (5.47) 可见，TSD 电流与驻极体形成时的极化条件无关。这种不相关性是以样品假定已完全被极化，即所有偶极子被取向为前提。否则就不能按 $f(\alpha_0)$ 和 $g(A)$ 的关系确定次极化对总极化的贡献，在这种情况下需要利用有效分布去替代上述分布函数，即

$$f^*(\alpha_0) = f(\alpha_0)\beta(\alpha_0) \quad \text{和} \quad g^*(A) = g(A)\beta(A) \tag{5.48}$$

这里，β 表示在驻极体形成期间已实现的 $f(\alpha_0)$ 和 $g(A)$ 的填充态。当偶极子全部取向 (即填满态) 时 $\beta=1$[38]，方程 (5.46) 和方程 (5.47) 的积分通常需要通过数值法求解。满足方程 (5.46) 的一种活化能分布已利用箱式 (box) 或 Gevers-Fröhlich 分布求出解析解[127,128]，$f(u) = 1/(u_2 - u_1)(u_1 \leqslant u \leqslant u_2)$ 和 $f(u) = 0(u_1 \geqslant u \geqslant u_2)$。这里，$u = \ln(\alpha_0/\alpha_g)$，且 $\alpha_g = (\alpha_1\alpha_2)^{1/2}$。

在图 5.20 中给出了具有 α_0 的 Gevers 分布时，由驻极体太短的形成时间或过长的储存周期引起偶极子取向不完全时的 TSD 电流及极化 (量) 的变化曲线。插图则形象地说明了上述两种极端情况中的任何一种有效箱式分布都产生了严重的变形，而主图中 TSD 电流峰的变形 (峰值的降低和峰温位置的漂移) 再次强调了利用式 (5.46) 和式 (5.47) 时必须满足充电时完全极化的必要性。另一些经验分布函数已由 Cole 和 Cole，Fuoss 和 Kirkwood，以及 Wanger 等给出[38,121]。这些分布函数是对称的，用它们可以描述聚合物在低温区的 β 和 γ 峰，而较高温区的 α 峰用非对称分布函数描述较为合适。例如 Cole-Davidson[129] 和 Havriliak-Negami[130]。然而后者需要同时调节宽度和非对称性两个参数 (参阅 2.1.2 节)。值得注意的是，用这些经验分布函数来分析 TSD 数据，需要通过计算机估算式 (5.46) 和式 (5.47) 使之适合于 $f(\alpha_0)$ 和 $g(A)$ 函数[38,121,127,128,131]，即通过调整宽度和非对称性参数直到其吻合。

Williams 等[132] 提出了描述聚合物非对称性 α 峰的另一种方法，他们假定在 TSD 中退极化规律遵循

$$P_r = P_{r0} \exp\left[-\int_0^t \alpha(t)\mathrm{d}t\right]^n, \quad 0 \leqslant n \leqslant 1 \tag{5.49}$$

这里，n 是测量 TSD 电流峰宽的参数，对 Debye 弛豫 $n = 1$，n 值越小电流峰越

宽。如果将式 (5.49) 对时间微分，则电流密度为

$$i(t) = -na(T)P_{\mathrm{r}}(t)\left[\int_0^t \alpha(T)\mathrm{d}t\right]^{n-1} \tag{5.50}$$

显然，用方程 (5.50) 来估算非对称的 TSD 电流峰比用积分式 (5.46) 和式 (5.47) 要简单。

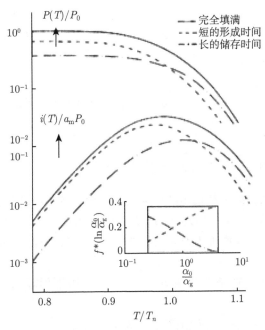

图 5.20 具有 α_0 分布的 TSD 热图

我们必须记住，只有材料完全被极化才能按照式 (5.49) 规律研究退极化过程。根据点阵跳跃模型 (screened hopping model)，利用 Boltzmann 叠加原理，Jonscher 的 TSD 理论也适合于计算经未完全极化电介质的退极化问题[122]。

5.3.3 区分活化能分布和自然频率分布的方法

在同一个材料内我们能发现同时存在 A 和 α_0 两类分布。利用多步 TSD 实验能将它们识别 (参见 4.4 节及图 4.36)，在首次 TSD 循环中快效应偶极子发生弛豫，在以后的循环中由于温度升至较高值，慢效应偶极子得到了弛豫的机会。如果将方程 (5.36) 对温度 T 微分便可知 TSD 电流的初始斜率正比于 A(参阅式 (5.73))。因此当活化能 A 为常数并存在 α_0 分布时，在上述分步加热多次循环中的各 TSD 电流的初始斜率应该相同。如果 α_0 为常数、A 是分布函数，则各步 TSD 的初始斜率随温升稳定地递增。热取样法或部分极化法同样能用于鉴别材料中的 A 和 α_0 的

分布[133]。

Solunov 等[134] 提出的另一种常用方法也可确定材料中是否存在 α_0 分布。利用在两种不同热率 h_1^{-1}, h_2^{-1} 的 TSD 实验中分别测量电流谱并对 TSD 电流积分，以计算相应退极化过程中的极化 (量)。然后在以这两种加热率的 TSD 实验中收集一组温度 T_{1n} 和 T_{2n}。结果在两种热率实验中，在这些温度上的两个极化 (量) 应相等 (图 5.18 上图)。根据 $dt = hdT$，从方程 (5.35) 可得

$$h_1 \int_0^{T_{1n}} \exp[-A/(kT)]dT = h_2 \int_0^{T_{2n}} \exp[-A/(kT)]dT \tag{5.51}$$

从上式可近似地得到

$$h_1 T_{1n}^2 \exp[-A/(kT_{1n})] \approx h_2 T_{2n}^2 \exp[-A/(kT_{2n})] \tag{5.52}$$

T_{1n} 和 T_{2n} 的电流比为

$$i(T_{1n})/i(T_{2n}) = \exp[-A/(kT_{1n}) + A/(kT_{2n})] \tag{5.53}$$

这个简单关系的成立是由于从式 (5.51) 角度积分变换式 (5.46) 中的两个电流相等。倘若我们能精确地确定 T_{1n} 和 T_{2n}，从式 (5.52) 和式 (5.53) 就能确定具有 α_0 分布的活化能。不过，要求精确地确定 T_{1n} 和 T_{2n} 是这种方法获得可靠结果的主要限制。

鉴定一种驻极体材料是否存在 α_0 分布，可利用下列等式 (将式 (5.52) 代入式 (5.53)) 来检查：

$$h_1 T_{1n}^2 i(T_{2n}) = h_2 T_{1n}^2 i(T_{2n}) \tag{5.54}$$

以两种加热率分别确定的 $hT^2 i(T) \sim P(T)$ 曲线进行对比，如果两条曲线重合则说明不存在 α_0 的分布。

5.4　空间电荷驻极体的热刺激放电理论及两类电荷驻极体的分子参数估算[1]

5.4.1　空间电荷自运动的 TSD 理论

一个实际的电介质绝不是完美的绝缘体，特别是在高温条件下随着温升而激增的热活化载流子更破坏了它的绝缘性。在极化期间，这些载流子在外场作用下运动并部分地被陷阱捕获，当样品在维持电场冷却时，更多的电荷被填入阱内。如果驻极体在低温下储存，空间电荷维持着冻结态。然而温度升高使它们变得可动，在热活化期间被激发脱阱的电荷在驻极体场的作用下运动最终被中和。这种中和

效应通常通过两种途径来实现,即电荷载流子运动到电极并和它们的镜像电荷复合,以及在驻极体内和相反极性的电荷复合。如果在电介质内仅含有一种极性电荷的积累,则后者不会发生。非极性驻极体的巨大商业价值激发人们对这类驻极体的电荷动态特性开展了系统的研究[38,135]。如果忽略扩散效应对驻极体脱阱空间电荷衰减的影响,根据式 (2.134)~ 式 (2.136),则非极性驻极体在热活化期间正空间电荷的衰减方程为

$$\frac{\partial \rho(x,t)}{\partial t} = -\mu(T)\frac{\partial \left[\rho(x,t)E(x,t)\right]}{\partial x} - G(T)\frac{\partial E(x,t)}{\partial x} \tag{5.55}$$

在上述的连续方程中,空间电荷的迁移率 $\mu(T)$ 和电导率 $G(T)$ 都是温度的函数,并且通常随温度按 Arrhenius 方程变化。因此我们设想:像离子一样,这类空间电荷的运动实际上是自由的,即通过跳跃以跨越势垒,这种运动类似于在带隙模型中具有强再捕获效应的电子输运。对脱阱电荷输运更一般的描述见 5.4.3 节,这里仅涉及单一势垒模型,即所有空间电荷都具有相同的迁移率 $\mu(T)$。为此利用 Poisson 方程可描述电场 E 和电荷密度 ρ 之间的关系:

$$\frac{\partial E(x,t)}{\partial x} = \frac{\rho(x,t)}{\varepsilon_0 \varepsilon_{\mathrm{r}}} \tag{5.56}$$

根据式 (2.139),由空间电荷运动所释放的电流密度为

$$i(t) = \varepsilon_0 \varepsilon_{\mathrm{r}}\frac{\partial E(x,t)}{\partial t} + \left[\mu(T)\rho(x,t) + G(T)\right]E(x,t) \tag{5.57}$$

应用短路条件:

$$\int_0^s E(x,t)\mathrm{d}x = 0 \tag{5.58}$$

将式 (5.56) 对 x 积分并简化,可得

$$i(t) = [\varepsilon_0 \varepsilon_{\mathrm{r}}\mu(T)/(2s)][E^2(s,t) - E^2(0,t)] \tag{5.59}$$

这里,$E(0,t)$ 和 $E(s,t)$ 是驻极体边界上的 E 值。显然,驻极体的外电流仅来源于空间电荷的自运动,这时对总电流的贡献既不包含位移电流又不包含传导电流。空间电荷在驻极体内运动的数学描述要求空间和时间两个变量,比偶极子的动态特性要复杂,这是因为偶极子的运动可简化为与位置无关,是基于它们不会因电场的影响而产生分子尺度上的迁移。以偏微分方程描述空间电荷的动态特性仅能解出十分简单的电荷分布。例如,从样品自由面至层深为 r_0 的空间电荷云的初始电荷密度 $\rho(x,0)$ 是常数,以及在 TSD 期间这种电荷分布能维持箱式分布的扩散,即仅当在驻极体电荷自身场作用下电荷向背电极迁移表现出 "箱子" 高度逐渐降低[38,136,137]。为了计算出高度的变化,我们在零电场平面 $x_{(0)}^*(t)$(这里,$E(x_{(0)}^* = 0)$) 处表征方程

(5.55)：利用 Poisson 方程，$\partial\rho(x,t)E(x,t)/\partial x$ 可简化为 $\rho^2(x_{(0)}^*,t)/(\varepsilon_0\varepsilon_r)$。另外，由于从样品的自由面至电荷分布的前沿的驻极体电荷密度 $\rho(x,t)$ 为均匀分布，因此可得 $\partial\rho(x_{(0)}^*,t)/\partial t = \mathrm{d}\rho(x_{(0)}^*,t)/\mathrm{d}t$，这时的连续方程可改写为

$$\frac{\mathrm{d}\rho(x_{(0)}^*)}{\mathrm{d}t} = -\frac{1}{\varepsilon_0\varepsilon_r}[\mu(T)\rho(x_{(0)}^*,t) + G(T)]\rho(x_{(0)}^*,t) \tag{5.60}$$

通过积分很容易解出上面的常微分方程。如果 $G(T) = 0$ 可得到解析解，如果 $G(T) \neq 0$ 可用数值法求解。

通过对在电场 E 内以速度 μE 迁移的电荷进行考察，可以讨论空间电荷云在电场内的迁移特性。这时电荷的前沿将以速度

$$\frac{\mathrm{d}r(t)}{\mathrm{d}t} = \mu E(r,t) \tag{5.61}$$

逐渐扩展到背电极处。从式 (5.56) 和式 (5.58) 可导出

$$E(r,t) = E(s,t) = \rho(x_{(0)}^*,t)r^2(t)/(2\varepsilon_0\varepsilon_r s) \tag{5.62}$$

以及

$$i(t) = -\mu(T)\rho^2(x_{(0)}^*,t)r^2(t)[1 - r(t)/s]/(2\varepsilon_0\varepsilon_r s) \tag{5.63}$$

组成的方程组已足以完成对放电电流密度的计算。如果再对电流密度积分即可求出加热期间释放的总电荷量。这里计算的仅是最终电荷量，如果忽略了由欧姆电导对释放电荷的损耗 (即当 $G(T) = 0$ 时)，这时就是释放电荷的最大值。显然，只要这些电荷均匀地扩散通过样品，则电荷的释放立即停止。因为在上述周期内，在两个电极处空间电荷将以同样的速率离开样品，因此 $i(t) = 0$。

当电荷的传输时间比电荷的渡越时间 t_λ 短时，因为 $\rho(s,0) = 0$ 和 $G(T) = 0$，式 (5.57) 可简化为

$$i(t) = \varepsilon_0\varepsilon_r\frac{\mathrm{d}E(s,t)}{\mathrm{d}t} \tag{5.64}$$

对上式积分可求出已释放电荷的最终值：

$$q(t_\lambda) = \varepsilon_0\varepsilon_r[E(s,t_\lambda) - E(s,0)] \tag{5.65}$$

利用式 (5.60)∼ 式 (5.62) 就能确定式 (5.65) 中两特征电场，即

$$\frac{q(t_\lambda)}{\rho_0 r_0} = -\frac{r_0}{2s}\left\{1 - \frac{s^2}{r_0^2}\exp\left[2\left(1 - \frac{s}{r_0}\right)\right]\right\} \tag{5.66}$$

当 $r_0 < s$ 时，式 (5.66) 可简化为

$$\frac{q(t_\lambda)}{\rho_0 r_0} \approx -\frac{r_0}{2s} \tag{5.67}$$

根据这个方程，Sessler 提出了采用组合感应退极化法来确定驻极体的平均电荷重心 (参见 4.2.2 节)。

式 (5.66) 和式 (5.67) 表示电荷的释放由电荷层厚度和样品厚度确定。显然，薄的样品比厚的样品能释放出更高的电荷密度。从式 (5.66) 可计算出在短路 TSD 条件下最大可回收的空间电荷是初值的 14%，可见 TSD 电流也与电荷层的厚度有关。从图 5.21 中可见，在 TSD 过程中由空间电荷自运动所形成的电流和电荷强烈地依赖于电荷层的穿透深度和欧姆电导。在高温条件下欧姆电导的影响更加明显。图 5.21 中的曲线说明：当 $r_0/s = 0.5$ 时释放的电流最强，较低的电导率能确保 TSD 期间外电路中释放的电流和电荷，因为欧姆电导率的存在势必在样品体内中和掉一部分脱阱的空间电荷。

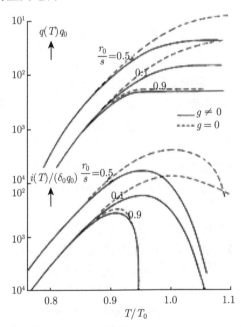

图 5.21 在无电导和有电导薄膜驻极体内电荷和电流热图的迁移

实际驻极体形成后电荷的初始分布都不是箱式分布，仅单能电子束辐照的薄膜样品沉积在材料内的电荷分布才接近于箱式轮廓。原因是横向均匀单能电子束的穿透使其能量损失并在介质的一定深度内被陷阱捕获，这时沉积电荷层的前沿 (称漂浮电极，floating electrode) 尚未抵达背电极。Ferreira 等 [85] 建立了一组方程用于描述由电子束充电形成的漂浮电极驻极体内的电荷轮廓。根据式 (5.56) 可导出

$$\hat{\sigma} = \varepsilon_0 \varepsilon_r [E(s,t) - E(0,t)] \tag{5.68}$$

这里，$\hat{\sigma}(t) = \int_0^s \rho(x,t) \mathrm{d}t$ 是储存在样品内的总空间电荷。如果 $G(T) = 0$，只要电

荷的前沿还未到达样品的背电极，样品内的电荷将维持常数。即当 $t < t_\lambda$ 时满足 $\hat{\sigma}(t) = \hat{\sigma}_0$。在这个时间周期内，可从式 (5.59)、式 (5.64) 和式 (5.68) 得出

$$\frac{\mathrm{d}E(s,t)}{\mathrm{d}t} = \left[\mu(T) \frac{\hat{\sigma}_0}{2\varepsilon_0 \varepsilon_{\mathrm{r}} s} \right] \left[2E(s,t) - \frac{\hat{\sigma}_0}{\varepsilon_0 \varepsilon_{\mathrm{r}}} \right] \tag{5.69}$$

由此方程可解出 $E(s,t)$，再将 $E(s,t)$ 代入式 (5.64) 从而得出在 $0 \leqslant t \leqslant t_\lambda$ 时间间隔内的 TSD 电流–时间谱：

$$i(t) = \frac{\mu(T)\hat{\sigma}_0}{s} \left[E(s,0) - \frac{\hat{\sigma}_0}{2\varepsilon_0\varepsilon_{\mathrm{r}}} \right] \times \exp\left[\frac{\hat{\sigma}_0}{\varepsilon_0\varepsilon_{\mathrm{r}} s} \int_0^t \mu(t)\mathrm{d}t \right] \tag{5.70}$$

或以温度为变量：

$$i(T) = \frac{\mu(T)\hat{\sigma}_0}{s} \left[E(s,0) - \frac{\hat{\sigma}_0}{2\varepsilon_0\varepsilon_{\mathrm{r}}} \right] \times \exp\left[\frac{h\hat{\sigma}_0}{\varepsilon_0\varepsilon_{\mathrm{r}} s} \int_{T_0}^T \mu(T)\mathrm{d}T \right] \tag{5.70'}$$

上式电流对温度的依赖关系类似于单一偶极子退极化规律，这意味着由空间电荷自运动形成的热刺激放电电流初始部分的变化规律可采用与偶极电荷 Debye 弛豫同样的规律进行分析。然而与偶极子的热弛豫相比，空间电荷自运动的 TSD 电流不是与初始电荷线性相关。如果 $\hat{\sigma}_0 > \varepsilon_0\varepsilon_{\mathrm{r}} E(s,0)$，电流随 $\hat{\sigma}_0$ 的平方增加。因为由空间电荷所提供的载流子不仅用于形成电流而且产生激励电场，即载流子的自运动受空间电荷限制。因此，又称为受空间电荷限制的漂移 (space charge limited dirft,SCL drift)[38]。

除了上述的箱式分布外，其他任意形状分布的空间电荷云的 TSD 必须对两组双曲偏微分方程式 (5.55) 和式 (5.56) 用数值法求解。这类计算需要采用特征方程或差分方程代替微分方程[38]。Wendroff 等利用适当的差分图来求解[136,137]。利用这些图他们完成了经电子束辐照充电的薄膜驻极体的电子分布与温度关系的模型计算[138]，说明了其电荷轮廓是一个钟形分布并最终趋于均匀。Gross 等[138] 还计算了驻极体内电荷分布随温度上升的演变规律。Chen[135] 利用一阶微分方程借助连续迭代计算得到了电荷分布数值解。

在利用特征方程法时，是将常微分方程代替偏微分方程，这些常微分方程的求解是取粒子轨迹或与载流子流线方向一致的 x-t 空间方向，并由 $x_{\mathrm{t}} = x(t)$ 定义展开，这时式 (5.55) 可简化成下列微分方程：

$$\mathrm{d}t = \frac{\mathrm{d}x_{\mathrm{t}}}{\mu(T)E(x_{\mathrm{t}},t)} = \frac{-\varepsilon_0\varepsilon_{\mathrm{r}} d\rho(x_{\mathrm{t}},t)}{\rho(x_{\mathrm{t}},t)[\mu(T)\rho(x_{\mathrm{t}},t) + G(T)]} \tag{5.71}$$

这类常微分方程可以通过解析法或数值法求解。关于用这类方法计算驻极体放电更详细的讨论可参阅 Ferreira 等的专论[139-141]。与此同时，Zahn[142] 提出了一种类

似的方法, 即利用样品中的电流或作用在样品上的电压, 从方程 (5.57) 出发, 利用方程组 (5.72) 求解:

$$\mathrm{d}t = \frac{\mathrm{d}x_\mathrm{t}}{\mu(T)E(x_\mathrm{t}, t)} = \frac{\varepsilon_0 \varepsilon_\mathrm{r} \mathrm{d}E(x_\mathrm{t}, t)}{i(t) - G(T)E(x_\mathrm{t}, t)} \tag{5.72}$$

随后 Lonngren[143] 提出了另一种方法来解这类偏微分方程组。许多作者也从不同角度研究了受空间电荷限制的电荷分布退极化电流的瞬变过程[140,141]。

迄今为止, 我们考虑的电导率 $G(T)$ 的变化都是独立于空间坐标的。然而这一假设对电子束轰击形成的驻极体是不正确的, 由于电子束辐照充电形成的电子空穴对使受照区的电导率比未受照区大得多[32]。除此之外, 非均匀加热也能导致空间位置电导率的非均匀分布。因此实际驻极体材料电导率都是随空间坐标而变化的。作为 RIC 和沉积电荷脱阱后自运动的一种结果, 电子的初始空间分布轮廓与箱式或钟形分布相比存在着明显的差异, 例如, 电子束充电实验中[31], 由于电子束的单能性使沉积电荷以层状积累的方式出现在靠近 r_0 处。从辐照面直至 r_0 的 RIC 一般假定是均匀的。然而更贴近于实际的假设认为: RIC 与空间坐标相关, 这类相关性类似于初级电子分布[144]。在某些情况下其轮廓接近于钟形分布图像, 虽然在辐照结束后, RIC 逐渐减小 (如前所述, 它仍然会存在相当长的时间)。例如, 在驻极体储存或 TSD 周期, RIC 和时间及温度的相关性使得驻极体随储存时间的顺延而引起的 TSD 电流峰的漂移是不可忽略的现象[145]。

5.4.2 空间和偶极两类电荷驻极体分子参数的估算

1. 活化能和自然频率的估算

这里将导出对 TSD 起主要作用的相关分子参数及其估算方法。偶极电荷的分子参数包括活化能、自然 (弛豫) 频率、弛豫强度和分布函数。我们首先讨论单一弛豫频率偶极子活化能的几种计算方法。这些方法十分类似于 TSCo 和 TL 曲线中估算陷阱深度和从热分析数据中计算活化能的方法[146]。

将方程 (5.36) 对 $1/T$ 微分, 在 TSD 电流–温度曲线 $i(T)$ 的初始上升阶段, 满足 $h \int_{T_0}^{T} \alpha(T) \mathrm{d}T \approx 0$ 时, 有

$$\frac{\mathrm{d}}{\mathrm{d}\left(\frac{1}{T}\right)} \ln i(T) = \frac{\mathrm{d}}{\mathrm{d}\left(\frac{1}{T}\right)} \ln \left\{ -\alpha(T) P_{\mathrm{r}0} \exp\left[-h \int_{T_0}^{T} \alpha(T) \mathrm{d}T \right] \right\} = \frac{-A}{k} \tag{5.73}$$

其中, $\alpha(T) = \alpha_0 \exp[-A/(kT)]$。根据 TSD 电流–温度曲线初始上升区的数据作出 $\ln i \sim 1/T$ 图就能估算出活化能, 这种方法称为初始上升法 (lnitial rise method)。

估算活化能的另一种方法是利用 TSD 电流峰值的半宽度法。根据 TSD 电流–温度谱测定出特定峰值的半宽度 ΔT 及峰值温度 T_{m}，根据公式[38]

$$\frac{\Delta T}{T_{\mathrm{m}}} \approx \frac{2.47 k T_{\mathrm{m}}}{A} \tag{5.74}$$

即可估算出相应电流峰的偶极子弛豫的活化能。更精确的公式可参阅文献 [37] 和文献 [147]。

另一种求解活化能的常用方法是：如果样品的加热率从 h_1^{-1} 变至 h_2^{-1}，相应的 TSD 电流谱的峰温从 T_1 迁移至 T_2，根据方程 (5.41)，它应服从

$$h_1 T_1^2 \alpha(T_1) = h_2 T_2^2 \alpha(T_2) = 常数 \tag{5.75}$$

如果加热率的变化大于两倍，有利于改善从 $h_{\mathrm{m}} T_{\mathrm{m}}^2 \sim 1/T_{\mathrm{m}}$ 函数曲线中求活化能 A 的精度。这样的函数曲线无须完全依赖于 TSD 电流的最大值，如果可能利用 TSD 电流谱线中另外的峰值点，则只要两个不同的加热率即可求 A[148]。

另外一种方法可利用计算机将 TSD 峰上的所有点的实验数据去模拟式 (5.34) 估算出 A[38]。Gartia 等还讨论了以热刺激发光和热刺激电导率中的峰形数据确定活化能的方法，一旦求出活化能，利用式 (5.41) 就能估算出 α_0，从而掌握了描述偶极子再取向的动态参数。如果利用上述不同方法去估算同一对象的活化能 A 以检测计算结果是否一致，则能说明待研究材料是否可能存在着多于一种弛豫频率的偶极电荷。

假如这个样品已由外加电场 E 充电到它的平衡值：

$$P_{\mathrm{r}} = \varepsilon_0(\varepsilon_{\mathrm{s}} - \varepsilon_{\infty})E \tag{5.76}$$

根据上述讨论，我们还可以通过对 TSD 电流的积分求出储存在样品中的初始极化：

$$P_{\mathrm{r}} = h \int_0^\infty i(T) \mathrm{d}T \tag{5.77}$$

由式 (5.76) 即可求出弛豫强度 $\varepsilon_{\mathrm{s}} - \varepsilon_{\infty}$，而式 (3.5) 和式 (3.6) 则表示 P_{r} 与分子参量 N 和 μ 的关系。

如果驻极体内仅含有部分极化，则式 (5.73) 和式 (5.74) 需要进行修正。这个修正可通过对方程 (5.46) 的积分导出[38]。Cole 和 Cole，以及 Fuoss 和 Kirkwood[148-150] 研究了具有 α_0 分布时方程 (5.73) 的修正式：

$$\frac{\mathrm{d}}{\mathrm{d}\left(\dfrac{1}{T}\right)} \ln i = -n\frac{A}{k}, \quad 0 \leqslant n \leqslant 1 \tag{5.78}$$

其中，n 是用来确定分布宽度的分布参数，它通常能从文献中查阅或在介电损耗测量中确定[121,127,128,148-151]。较宽的分布对应较低的 n，这时 TSD 电流的初始上升量比 Debye 的相应值要明显地小。这是因为，宽分布将强迫 TSD 电流被分配在宽温区内，其结果与 Debye 峰相比，由于 n 小电流最大值也较低。上述规律同样适用于不同的峰值半宽度之比，即半宽温越宽对应的 n 越低，TSD 电流峰值也降低，因此式 (5.74) 中也应引入因子 n。

对箱式 (Gevers) 和 Gaussian(Wagner) 分布，在 α_0 分布的情况下，初始电流受分布宽度影响较小，因此尚可用式 (5.73) 计算活化能。原因或许与 Cole-Cole 和 Fuoss-Kirkwood 不同，这类分布的电荷前沿仍然没有像上述分布那样扩散。

实际上大多数电介质材料的实验结果都呈现出分布极化，具有低电流的上升量。因此它们更适合于用 Cole-Cole 和 Fuoss-Kirkwood 分布进行描述。图 5.22 给出多环己基甲基丙烯酸酯 (polycyclohexyl methacrylate, PCHMA) 驻极体 TSD 的 γ 弛豫峰较好地符合 Fuoss-Kirkwood 分布 ($n = 0.4$, $A = 8.4$kcal/mol, 1kcal = 4186.8J)。而实验结果和 Debye 曲线 (图 5.22 中虚线) 产生了较大的偏差。

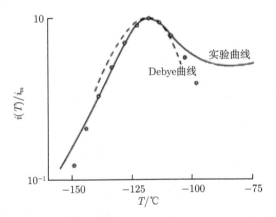

图 5.22 PCHMA 驻极体 TSD 电流谱的 γ 峰与 Fuoss-Kirkwood 分布 (圆圈) 及 Debye 分布 (虚线) 的对比

由 Cole-Davidson 和 Havriliak-Negami 分布[129,130] 的初始斜率表示式所描述的非对称弛豫峰与式 (5.78) 给出了相同的结果 (除了 Havriliak-Negami 分布的表示式中具有两个参数，n 等于这两个参数乘积外)。具有非对称峰 (式 (5.50)) 的 Williams 表示式的初始斜率也式 (5.78) 相吻合。

2. 偶极电荷 TSD 的分布函数计算

这里涉及的所有介电分布的讨论都是以实验为基础而不是从物理原理导出的。通常利用 TSD 实验数据导出的一些经验函数比主观指定的分布函数更适合于问题的解决[38]。为了计算 α_0 的分布，人们较多地以等温力学测量方法利用 Schwarzl 等[152] 的近似修正进行估算，也可采用 Alfrey 等[151] 的方法，他们的方法特别适用于同时存在 α_0 和 A 两类分布的情况，这种方法的近似表达式为

$$\exp\left[-\alpha_0 \int_0^t \exp\left(\frac{-A}{kT}\right)\mathrm{d}t\right] \equiv \exp(-X)$$
$$\exp(-X) = 1 \quad (0 \leqslant X \leqslant 1); \quad \exp(-X) = 0 \quad (X \geqslant 1) \tag{5.79}$$

并将方程 (5.43) 和方程 (5.44) 分别简化为

$$P_\mathrm{r}(t) \approx P_{\mathrm{r}0} \int_{\alpha_1}^{\infty} f(\alpha_0)\mathrm{d}\alpha \tag{5.80}$$

$$P_\mathrm{r}(t) \approx P_{\mathrm{r}0} \int_{A_1}^{\infty} g(A)\mathrm{d}A \tag{5.81}$$

这里，α_1 和 A_1 是当 $X = 1$ 时的边界值。

对式 (5.80) 和式 (5.81) 微分求出

$$\frac{\mathrm{d}P_\mathrm{r}}{\mathrm{d}\alpha_1} \approx P_{\mathrm{r}0}f(\alpha_0) \tag{5.82}$$

$$\frac{\mathrm{d}P_\mathrm{r}}{\mathrm{d}A_1} \approx P_{\mathrm{r}0}f(A_1) \tag{5.83}$$

代入 $X = 1$，其表示式就和表示 Debye 峰最大值的式 (5.41) 一致，以变量 T 代替上述微分式中变量 α_1 和 A_1 即得

$$P_0 f(\alpha_1) \approx \frac{i(T)}{\exp(-A/kT)} \tag{5.84}$$

$$P_0 g(A_1) \approx hTi(T)/A_1 \tag{5.85}$$

这些经一次近似处理的活化能和自然频率分布的公式已相当简单和方便，然而由于 α_0 的分布常常包含极宽的频区，实际计算中常常以对数形式 $f(\ln\alpha_1)$ 替代 $f(\alpha_1)$，这时的关系式为

$$P_0 f(\ln\alpha_1) \approx \frac{hkT^2 i(T)}{A} \tag{5.86}$$

组合式 (5.85) 和式 (5.86) 即可得到

$$f(\ln\alpha_1) \approx kTg(A_1) \tag{5.87}$$

如果根据 TSD 数据能计算出两种分布之一，则利用相互关系式 (5.87) 即能确定另一种分布。根据式 (5.85) 和式 (5.86)，Vanderschueren 等[153] 计算出几种甲基丙烯基聚合物的 β 和 α 峰的分布。Kryszewski 的研究结果说明，PMMA 驻

极体 β 峰分布能很好地与 Fuoss-Kirkwood 分布吻合, 而这种驻极体的 α 峰则与 Havriliak-Negami 分布一致。Hino 采用另一种方法计算 A 的分布[154], 他以各个分立值近似地代替连续分布。例如, 引入了 30 个 Debye 弛豫分立值, 利用矩阵变换器计算其不同的次极化和能量的贡献以替代实际的连续分布, 得到了相当理想的结果。

另一种方法是避开单次 TSD 循环取得的数据计算分布函数, 而是采取部分极化或退极化并将分布响应分解成单元分量。雷清泉等[155] 提出的自动分离 TSD 电流谱技术是一种快捷的新方法, 并在分峰精度和分辨上得到改善。该方法的主要缺点是在多数情况下 TSD 实验必须重复多次以获得足够的分辨率。Gobrecht 等[156] 在实验程序的设计上巧妙地回避了上述缺点, 他们通过叠加大量的微振荡温度信号到线性加热的 TSD 电流实验上, 从而获得大量的初始上升曲线 (图 5.23(a)), 并迅速确定了 A 的分布图像 (图 5.23(b))。

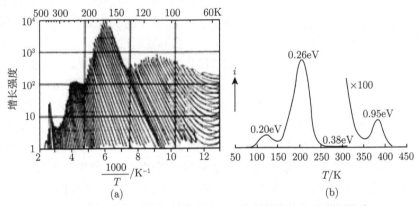

图 5.23 以 Cu 和 Ca 活化的 ZnS 荧光体的部分热增长曲线

前面已经讨论了以不同的加热率引起电流峰温的迁移可检测是否存在 α_0 的分布。同样可用这种 $i(T)$ 位置的变化来考察是否存在活化能的分布。在两种不同加热率下得到的两组 TSD 电流-温度曲线的退极化 (量) 应相等。即从式 (5.85) 得出

$$h_1 T_{1n} i(T_{1n}) \approx h_2 T_{2n} i(T_{2n}) \tag{5.88}$$

这个表达式近似成立, 而描述 α_0 分布的式 (5.54) 则是精确成立。利用式 (5.88) 和式 (5.54) 的某些差别可以区分 α 和 A 的分布[157]。

3. 空间电荷自运动 TSD 分子参数的估算

当 TSD 电流是由脱阱空间电荷自运动产生时, 我们的注意力则转移到载流子的迁移率、空间电荷的分布和穿透深度等参数上。如果样品内所有载流子具有同样的迁移率和活化能 (或陷阱深度), 则可按照 5.4.2 节讨论的方法进行计算, 但如果

载流子因为不同的活化能而表现出不同的迁移率，要计算活化能的分布必须根据式 (5.85)，而要计算平均穿透深度则需要应用式 (5.67)。如果在测量 TSD 电流时同时组合测量升温过程中的等效表面电势，即测量结果中包含 $E(0,t)$ 和 $E(s,t)$ 数据，则从 TSD 数据中可直接求出空间电荷的分布轮廓[158]。

5.4.3　空间电荷脱阱的 TSD 电流

这里的研究仅局限于由电晕充电或单能电子束辐照形成的薄膜驻极体相关的电荷动态特性，即由电子或空穴被热激发脱阱并在驻极体电场作用下的电荷输运。如果是离子运动，在热激发下它们将通过克服分子间的势垒而跳跃至新的捕获态。

然而，对于电子，倘若它们获得足够的能量而从原子中释放，由于它们的小尺寸及波动行为，原则上能看作在样品内做连续运动，在能区内无须热活化，它们即能够彼此聚集在导带内自由传播。

在有序分子的样品内，自由电子的运动被结构缺陷和杂质产生的扰动阻断，随后它们被捕获或局域化在导带以下的能级中，在电子捕获位置发生中和或充电现象。对后一种情况，捕获截面约是 $10^{-12} \mathrm{cm}^2$，它远远超过原子间的尺寸。在导带之下几电子伏特处存在价带，在价带内空穴能自由传播。在该局域态上，捕获的空穴位于价带之上。两个传输带间任何局域化的载流子运动都是不可能的。

当今大多数的驻极体都是用非晶态或半晶态聚合物制备的，这些材料显示出结构的高度无序性，存在着大量陷阱，特别是深阱，因为深能级陷阱能长期储存注入的电子电荷，因此十分适合于驻极体的生产。例如，一个电子若陷入一个 2eV 的深阱中，那么在室温下其维持捕获态的周期可能比宇宙的年龄还要长[1]。在这类材料中电荷的脱阱可用图 4.25 中的能带模型来分析。可惜迄今我们尚不了解大多数这类材料的结构细节，所以仅能构画出相当简单的唯象模型。

图 5.24 给出的模型表明，经单极性电荷充电，驻极体内仅包括相同捕获陷阱能级的过剩电子。TSD 期间在局域能级内捕获的电子只要获得足够热能就可跳入导带，驻极体内空间电荷的自身场或者将这些电子直接输运到短路电极上，或者在途中被其他陷阱再度捕获，继而被更高的热能激发 …… 最终到达电极旁和它们的镜像电荷复合。这一过程可用下列方程组描述：

$$\varepsilon_0 \varepsilon_\mathrm{r} \frac{\partial E(x,t)}{\partial x} = -e[n(x,t) + m(x,t)] \tag{5.89}$$

$$\frac{\partial n(x,t)}{\partial t} = \frac{\mu_0 \partial n(x,t) E(x,t)}{\partial x} - \frac{\partial m(x,t)}{\partial t} \tag{5.90}$$

$$\frac{\partial m(x,t)}{\partial t} = C_\mathrm{m} n(x,t)[M - m(x,t)] - \nu(T)m(x,t) \tag{5.91}$$

这里，e 是电子电荷；n 是自由电子密度；μ_0 是自由电子迁移率；m 是捕获电子密度；M 是具有捕获截面 C_m 的陷阱总数；$\nu(T)$ 是脱阱电荷的尝试逃逸频率。方

程 (5.89) 是 Poisson 方程, 方程 (5.90) 是连续方程, 方程 (5.91) 是描述捕获效应的动态方程, 该方程右边第一项和第二项分别表示再捕获和热激发脱阱。与 $\nu(T)$ 相比, μ_0 和 C_m 随温度变化较小, 通常假定为常数。按照 Boltzmann 统计, 对深度为 U 的陷阱内的电荷, 逃逸频率服从

$$\nu = \nu_0 \exp\left(\frac{-U}{kT}\right) \tag{5.92}$$

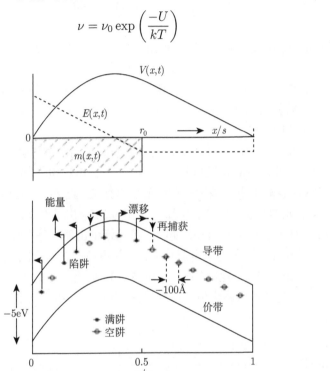

图 5.24 具有单一捕获能级, 注入深度为 r_0 的均匀捕获电子的短路驻极体能带图

为了求出放电电流, 从偏微分方程 (5.89)~(5.91) 中解出 n, 并代入方程 (5.57) 中的 $\rho(x,t)$, 再将这个方程对 x 积分

$$i(t) = \frac{e\mu}{s}\int_0^s n(x,t)E(x,t)\mathrm{d}x \tag{5.93}$$

上述偏微分方程组的一般形式无法得出解析解, 只能求出近似解。当取一级近似时

$$m \gg n \tag{5.94}$$

这是因为, 对有实用价值的驻极体, 捕获电子密度通常比自由电子密度高得多[38,146,147,159]。根据式 (5.94), 在 TSD 期间:

$$\frac{\partial m(x,t)}{\partial t} \gg \frac{\partial n(x,t)}{\partial t} \tag{5.95}$$

利用这些假设，式 (5.89) 和式 (5.90) 可分别简化成

$$\varepsilon_0\varepsilon_\mathrm{r}\frac{\partial E(x,t)}{\partial x} = -em(x,t) \tag{5.96}$$

$$\mu_0\frac{\partial n(x,t)E(x,t)}{\partial x} = \frac{\partial m(x,t)}{\partial t} \tag{5.97}$$

这组简单的方程已经在两个极端的情况解出慢再捕获效应和快再捕获效应[38] (参见 5.7 节)。对后一种情况，可按照 5.4.1 节描述的方程简化。呈现快再捕获效应的电子运动能看作载流子通过 "跳跃" 模型跨越电势势垒 U 进行输运，这里我们暂时无法对快再捕获效应开展进一步的讨论。对慢再捕获效应，Perlman 讨论了一些简单电荷分布的解析解[38]。

　　如果电荷分布形状不受限制，上述方程必须利用数值解。Monteith 等对等温测量和 TSD 过程中的输运进行了计算[38,160]。用这组方程的简化形式 (5.96) 和 (5.97) 求解时忽略了电荷输运过程中的复合效应。此外，对各种不同再捕获率的脱阱电荷输运动态特性也开展了计算[38]。图 5.25 给出了经单能电子束充电，仅包含单一陷阱能级的驻极体在 TSD 期间电荷输运中出现中等再捕获 (即介于快、慢再捕获之间) 效应时的 m 空间电荷分布，捕获电荷的初始阶段 m 呈量箱式分布。随着 x/s 的增加形成了 "尾状" 分布 (图 5.25)。而自由电荷 n 在最初建立时的形状类似于 m，在超过注入初级电子的穿透深度后，自由电子 n 的分布也是非均匀的。

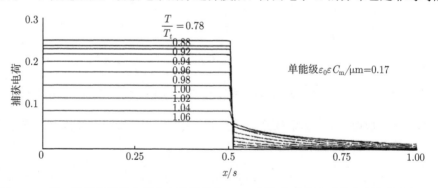

图 5.25　单一能级单极性电荷充电驻极体在 TSD 期间各种温度下捕获电荷的空间分布

　　由于实际聚合物中包含了各种结构缺陷和杂质，因此在这类材料中不能假定存在单一捕获能级，Sessler[6] 详细地讨论了聚合物内含有两个或更多分立陷阱能级时的动态参数。对具有连续分布陷阱的聚合物只能依靠计算机进行数值计算。此外，有几篇论文分析了绝缘体内脱阱电荷在输运途中被深阱再度捕获并长期保存的驻极体特征[161,162]。

　　无序材料内的电荷动态特性可用随机跳跃模型来描述[163]，显示出空间电荷的

渡越时间随假设陷阱能量高斯分布的宽度平方而增加, 如果这个分布相当宽 (因为空间电荷不具有相同的速率), 则迁移时间就不能被确定。

近年来人们对热刺激电导率和热致发光间的关系开展了研究[162-166]。此外利用 Monte Carlo 模拟法研究了陷阱和复合中心作为空间坐标函数的驻极体中电荷载流子的动态特性, 结果显示: 对陷阱的低初始填充热刺激电流谱与空间关联性密切[165]。在热致发光和热刺激电导率方面还讨论了利用电流峰形法确定活化能[166]。

5.5 非均匀系统驻极体的热刺激放电分析[1]

5.5.1 由 Maxwell-Wagner 效应产生的 TSD 电流

迄今为止, 我们讨论的问题都是假定整个样品的电性质都是均匀的。对由不同单元或不同相组成的非均匀样品, 上述假设不再成立。如果同一样品内各单元具有不同的电容率和电导率, 当样品受热 (或受到一外电场) 作用时, 在接近界面上将出现电荷的积累 (Maxwell-Wagner 效应)。如果在维持外加电场的条件下将样品冷却至室温或特定的较低温度, 则界面电荷被冻结。

在 TSD 期间, 由于样品不同部分的局部电场是反向的, 则欧姆电导使相反符号电荷被输运到界面处并与界面电荷复合。这样的中和过程也是一种暂态过程, 并在 TSD 谱上产生了特殊的 ρ 峰, 即 Maxwell-Wagner 峰。这种电流信号通常发生在半晶态聚合物中, 其主要原因是这类材料的非晶区比结晶区呈现出更高的电导率。对一般电介质材料而言, 如果注入电子被非均匀辐照的感应电导率泄漏, 则在电子轰击膜的 TSD 图谱中常常会出现这种电流信号响应。

除了半晶态聚合物外, 液晶[162] 和某些离子型晶体等也是十分重要的非均匀电介质系统[167]。利用 TSD 分析可以揭示这些具有高电导率的非均匀系统的介电行为。这方面的研究成果已拓展到各种半绝缘体和半导体相关性能的研究[168]。对由陶瓷和聚合物组成的复合材料非均匀系统, 本书将安排专门篇幅进行讨论。

最简单的非均匀系统可假定由电容率为 ε_{r1} 和 ε_r, 电导率为 $G_1(T)$ 和 $G(T)$, 以及厚度为 s_1 和 s 的两个层状单元组成。如果这种驻极体是单极性且 ε_{r1} 和 ε_r 与时间无关, 同时假定充电期间在两层界面上形成一层状面电荷密度 σ, 则在 TSD 期间电荷密度与在两层间产生的电场应该服从

$$\sigma(t) = \varepsilon_0 \varepsilon_r E(t) - \varepsilon_0 \varepsilon_{r1} E_1(t) \tag{5.98}$$

根据 Gauss 定律, 如果样品的两电极被短路 $(V_0 = 0)$, 则

$$E_1(t)s_1 + E(t)s = 0 \tag{5.99}$$

由两层间的电场作用将产生中和界面电荷 σ 的欧姆传导电流:

$$\frac{\mathrm{d}\sigma(t)}{\mathrm{d}t} = G_1(T)E_1(t) - G(T)E \tag{5.100}$$

从式 (5.98) 和式 (5.99) 中消去 E_1 和 E, 将式 (5.100) 改写为

$$\frac{\mathrm{d}\sigma(t)}{\mathrm{d}t} + \beta_G(T)\sigma(T) = 0 \tag{5.101}$$

其中, $\beta_G(T) = \dfrac{G(T)/s + G_1(T)/s_1}{\varepsilon_0(\varepsilon_r/s + \varepsilon_{r1}/s_1)}$。显然, 在两层界面上的电荷衰减类似于 Debye 弛豫。

由电荷衰减产生的 TSD 电流为

$$i(t) = \varepsilon_0\varepsilon_{r1}\frac{\mathrm{d}E_1(t)}{\mathrm{d}t} + G_1(T)E_1(t) = \varepsilon_0\varepsilon_{r1}\frac{\mathrm{d}E(t)}{\mathrm{d}t} + G(T)E(t) \tag{5.102}$$

用式 (5.100) 中的 $\sigma(t)$ 表示 $E_1(t)$, 最后得到

$$i(t) = \frac{\mathrm{d}\sigma}{\mathrm{d}t}\frac{\varepsilon_r\varepsilon_{r1} - G(T)/G_1(T)}{[s/s_1 + G(T)/G_1(T)][1 + \varepsilon_r s_1/(\varepsilon_{r1}s)]} \tag{5.103}$$

从 $\varepsilon_r/\varepsilon_{r1}$ 和 G/G_1 的值可知, TSD 电流可能是正值也可能是负值。从式 (5.103) 可见 $i(t) \neq \mathrm{d}\sigma/\mathrm{d}t$, 说明在 TSD 期间最终 "回收" 的电荷比初始储存电荷小, 这是因为, 传导电流中和了与上下层对应的相反极性电荷。因此非均匀系统不服从 Gross 的电荷不变原理, 仅仅当其中一层是完全绝缘时, 即假定 $G_1 = 0$, 公式

$$\int_0^\infty i\mathrm{d}t = \frac{\sigma_0}{1 + \varepsilon_r s_1/(\varepsilon_{r1}s)} \tag{5.104}$$

才成立。这时由初始电荷 σ_0 在电极上感应出的全部电荷才能被释放。当绝缘层很薄, 即满足 $s_1/\varepsilon_{r1} \ll s/s_r$ 时, 感应电荷最多, 释放电荷量也最大 (参考式 (2.120) 和式 (2.120))。

图 5.26 给出了非晶态半导体 $\mathrm{AS_2Se_3}$ 和 Teflon FEP 薄膜构成的双层电介质系统的 TSD 电流–温度谱线 (实验数据) 和由式 (5.103) 计算出的理论曲线的比较, 其结果高度一致[169]。

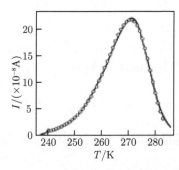

图 5.26　带 FEP 绝缘层的 $\mathrm{AS_2Se_3}$ 介质系统的理论曲线和 TSD 实验曲线

5.5.2 由欧姆电导和偶极子消取向产生的气隙 TSD

在均匀驻极体的短路 TSD 中由欧姆电导所中和的空间电荷无法在外电路释放的电流中观察到。然而在开路 TSD 系统中 (即由均匀驻极体和气隙组成的两层非均匀系统) 可能观察到欧姆传导电流对空间电荷的中和效应[38]。这类系统的驻极体内存在着净电场，由此在外电路中可观察到单向传导电流对空间电荷的中和效应，这种中和效应产生了一个类似于短路 TSD 电流的 ρ 峰电流信号。在图 5.27 中两个聚酯 PET 样品的短路无气隙均匀系统的 TSD 电流 (上图) 和开路带气隙两相非均匀系统的 TSD 电流 (下图) 就是一个十分典型的例子。

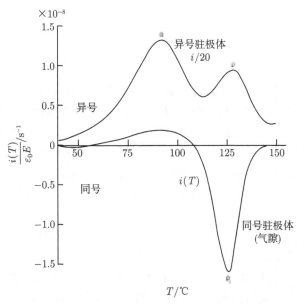

图 5.27 PET 驻极体的开路 TSD 电流 (净同号电荷放电 (下图)) 和
短路 TSD 电流 (上图)

气隙 TSD 和驻极体的实际应用密切相关。在大多数驻极体应用中，系统是一个宏观上均匀的驻极体芯片和气隙的组合 (驻极体的电荷能产生外电场)，以这种结构形成的驻极体元器件一般是在常温条件下储存或工作。

由于气隙 TSD 是两相系统的典型例子，我们可借助于 5.4 节中的方程组对电荷的动态特性展开讨论。假设待研究的样品同时包含空间电荷和 "永久" 极化电荷，为了建立一个简化的方程组，假定气隙内的电导率 $G_1 = 0$，一般条件下的空气隙中 $\varepsilon_1 = 1$，如果样品内的电荷仅仅被欧姆电导中和 (在放电期间忽略脱阱电荷的自运动效应)，它们的位置保持不变，从而避免了引入空间相关变量并简化为内部变量的平均值。为了计算空间电荷对外电流的贡献，需利用式 (2.119) 的等效面电荷

密度表达式

$$\hat{\sigma}_1(t) = \int_0^s \rho(x,t)\left(1 - \frac{x}{s}\right)\mathrm{d}x \tag{2.119}$$

则样品内的总电荷密度 σ 应为实际面电荷密度 σ_r 和与体电荷相关的等效面电荷密度 $\hat{\sigma}_1$ 之和，即 $\sigma = \sigma_r + \hat{\sigma}_1$。

当驻极体内存在偶极极化时，式 (5.98) 和式 (5.102) 分别变为

$$\sigma(t) = \varepsilon_0\varepsilon_\infty E(t) + P(t) - \varepsilon_0 E_1(t) \tag{5.105}$$

$$i(t) = \varepsilon_0\varepsilon_r\frac{\mathrm{d}E_1(t)}{\mathrm{d}t} = \varepsilon_0\varepsilon_\infty\frac{\mathrm{d}E(t)}{\mathrm{d}t} + \frac{\mathrm{d}P(t)}{\mathrm{d}t} + G(t)E(t) \tag{5.106}$$

利用式 (5.99) 消去 E_1，从式 (5.106) 中求出

$$i(t) = \frac{\mathrm{d}[P(t) - \sigma(t)]/\mathrm{d}t}{1 + \varepsilon_r\varepsilon_1/s} \tag{5.107}$$

显然，由欧姆电导和偶极子弛豫而产生的 TSD 电流正比于 $P - \sigma$。实际的 P 和 σ 通常具有相反符号，即 P 是偶极性的异号电荷，σ 是同号电荷。当偶极子的消取向率比欧姆电导产生的同号电荷中和率高时，首先观察到的是异号电荷峰，随着温升相继能观察到极性相反的同号电荷峰。这说明气隙 TSD(或开路 TSD) 能提供两类相反电荷 (即偶极电荷弛豫或真实电荷) 释放的清晰图像。因此开路 TSD 方法对检验 Gross 的两类电荷理论极有价值[170]。图 4.27 和图 5.27 提供了双极性充电驻极体 TSD 电流反向峰的典型例子。

由式 (5.107) 可知，为了计算出 $i(t)$ 的实际数值，必须首先确定 $\mathrm{d}P(t)/\mathrm{d}t$ 和 $\mathrm{d}\sigma(t)/\mathrm{d}t$。假定永久偶极子具有单一弛豫频率，则可利用式 (5.33) 描述极化 P 的衰减。对式 (5.107) 右边的计算需要考虑到下列事实：只要样品中仍然存在电场，即使在相当的高温下，取向偶极子的一部分仍然维持着有序取向。利用式 (5.99) 和式 (5.105)，从式 (5.33) 消去电场项即可得到

$$(s + \varepsilon_\infty s_1)\frac{\mathrm{d}P(t)}{\mathrm{d}t} + (s + \varepsilon_s s_1)\alpha(T)P(t) = (\varepsilon_s - \varepsilon_\infty)\alpha(T)s_1\sigma(t) \tag{5.108}$$

它表示出 P 和 σ 的衰减是彼此相关的。鉴于气隙是完全绝缘电介质 $(G_1 = 0)$，从式 (5.100) 中消去 E 后可表示出 $\sigma(t)$ 随时间的衰减

$$\frac{\mathrm{d}\sigma(t)}{\mathrm{d}t} + \beta_G(T)\sigma(t) = \beta_G(T)P(t) \tag{5.109}$$

这里，$\beta_G = [G(T)/(\varepsilon_0\varepsilon_r)]\left[1 + s/(\varepsilon_\infty s_1)^{-1}\right]$。方程 (5.109) 再次表示出 P 和 σ 衰减的相互依存关系。由于异号电荷和同号电荷的相互牵制作用，同号电荷的衰减明显变缓。这是因为，在同一个驻极体内，σ 和 P 的相互关联导致驻极体内总电场的削弱。

如果 $i(t)$ 是通过式 (5.107) 进行计算，那么式 (5.108) 和式 (5.109) 必须同时被积分，这类积分通常需求数值解。除了某些特殊情况外，如单极性驻极体样品 ($P(t)=0$)，这时由于欧姆电导中本征载流子对驻极体受激脱阱的同号电荷的中和作用，对应在 TSD 电流谱上仅显示单一极性的电流峰。当然这种气隙系统也能用于对样品的充电，当一块极性材料样品在这种含气隙的两相系统中进行热刺激极化 (TSP) 时，TSP 电流谱和 TSD 电流谱从理论上完全相同。例如，在极化中首先观察到的是偶极子取向极化的 TSP 峰，然后观察到的是由材料电导在界面上电荷的建立所对应的电流峰。与 TSD 放电峰一样，偶极子取向和传导电荷的流动都是一种瞬态过程。在充电期间，随着样品注入电荷密度的积累，充电驻极体的等效面电荷密度上升，因此作为一个完善绝缘体的气隙两边同号电荷密度的差异减小，气隙充电电压逐渐消失。

图 5.28 分别给出了含气隙的 80 苯乙烯和 20 丙烯腈复合层系统的热刺激充电和放电电流曲线。由于在充电期间所沉积的电荷在放电期间全部被外电路 "回收"，所以两组电流谱线几乎重合。

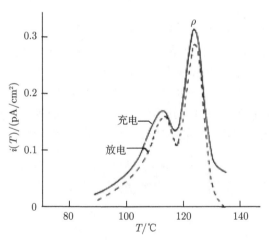

图 5.28　80 苯乙烯和 20 丙烯腈复合层的含气隙的热刺激 Maxwall-Wagner 充电和放电电流曲线

5.5.3　电荷 TSD 理论和实验

电荷 TSD 是一种利用非等温衰减测量驻极体内储存电荷的方法 (参见 4.1.4 节)。它是在含气隙 TSD 驻极体上电极上施加一个与驻极体表面电势相反极性的外加偏压，在 TSD 过程中通过连续调节其偏压值使其始终等于驻极体的表面电势，即通过补偿法维持气隙中的零电场记录外加偏压–温度曲线，也就是测量 TSD 过程中样品的等效表面电势随温度的衰减曲线。如果在 TSD 过程中样品的平均电荷重心基本维持不变，这条曲线也客观地反映了驻极体的电荷密度随温度的变化规律[38,103]。

这一测量方法特别适用于薄膜驻极体。这是因为对厚的驻极体而言补偿电压要求太高，通常无法用简单的反馈系统产生。利用电荷 TSD 方法可直接测量和分析各类压电和声传感器中驻极体薄膜的电荷衰减规律。为了分析在室温条件下这类驻极体传感膜的电荷衰减特性，我们已在 5.1.4 节中导出了驻极体的电荷衰减方程，这些方程也适合于描述光导体内受空间电荷限制的电荷衰减[173]。

1. 电荷 TSD 的理论描述

设想驻极体薄膜内同时存在偶极电荷和空间电荷，并假设空间电荷是不可动的，则这类电荷脱阱后仅仅在脱阱位置被传导电流所中和。这一假设使我们可能把它们看作等效面电荷。众所周知，由驻极体净电荷密度决定的表面电势 $V_s(t)$ 在实验上是一个可测量的量。当进行电荷 TSD 实验时，由于 $E_1(t) = 0$，在式 (5.105) 中从这个电场的线积分 (对这种条件下两层系统线积分产生 $V_s(t) = E(t)s$) 得到

$$V_s(t) = \frac{[\sigma(t) - P(t)]\, s}{\varepsilon_0 \varepsilon_\infty} \tag{5.110}$$

这里，$\sigma(t)$ 是真实面电荷密度 σ_r 和等效面电荷密度 $\hat{\sigma}$ 之和。在加热期间表面电势的实际变化可首先通过式 (5.108) 和 (5.109) 解出 σ 和 P，再从式 (5.110) 计算出。无外加偏压时要满足 $E_1(t) = 0$，必须使 s_1 取无穷大。

图 5.29 给出了 DuPont 公司的 Mylar PET 薄膜驻极体的 $V_s(t)$ 图。同一图中还给出了 $V_s(t)$ 的温度导数曲线，其形状比 $V_s(t)$ 的自身形状要复杂得多，因为它反映了 σ 和 P 的变化规律。事实上对式 (5.110) 微分就得到

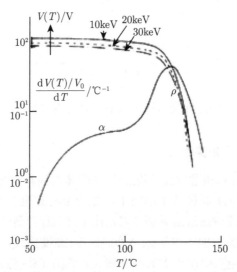

图 5.29　Mylar PET 驻极体的电荷 TSD 图中 $V_s(t)$ 的导数形成的 α 和 ρ 峰

$$\frac{\varepsilon_0\varepsilon_\infty}{s}\frac{\mathrm{d}V_s(t)}{\mathrm{d}t} = \frac{\mathrm{d}\left[\sigma(t) - P(t)\right]}{\mathrm{d}t} \tag{5.111}$$

它和描述开路 TSD 电流的方程 (5.107) 类似 (除了相差一个因子 $1 + \dfrac{\varepsilon s_1}{s}$ 以外), 这说明表面电势导数–温度曲线的峰和开路 TSD 电流–温度谱呈现出一一对应的相同物理规律。

对非极性样品 ($P(t) = 0$), 在电荷 TSD 期间, 通过组合式 (5.109)~(5.111) 可求出

$$V_s(t) = V_{s0}\exp\left[-\frac{1}{\varepsilon_0\varepsilon_r}\int_0^t G(t)\mathrm{d}t\right] \tag{5.112}$$

因此在本节假定的条件下, 非极性驻极体的电荷衰减仅仅由欧姆电导支配。将式 (5.112) 应用于室温条件下的等温衰减, 当 $\varepsilon_r = 2$ 且驻极体的电荷衰减时间常数是几十年时, 要求电导率 $G = 5 \times 10^{-20}\Omega^{-1}\cdot\mathrm{m}^{-1}$, 这显然对一个稳定驻极体要求的电导率是十分低的。此外, 如果电子脱阱具有类似的衰减率和尝试逃逸频率 $\nu = 10^{12}\mathrm{s}^{-1}$, 则要求陷阱深度约为 1.22eV。van Turnhout 指出[38]: 物理老化能降低驻极体的电导率, 即通过热处理可能延长驻极体的寿命 (参见 5.2 节)。

根据式 (5.112), 从电荷 TSD 的实验数据作出的 $\left[\dfrac{\mathrm{d}V_s(t)}{\mathrm{d}t}\Big/ V_s(t)\right] \sim \dfrac{1}{T}$ 函数曲线可推算出电导活化能 U_c (因为这个表示式等于 $\dfrac{G(T)}{\varepsilon_0\varepsilon_r}$)。计算 U_c 更简单的方法是从 $v = \ln\left[\dfrac{V_{s0}}{V(t)}\right] \sim \dfrac{1}{T}$ 函数曲线的斜率得到 (对照方程 (5.73))。如果取 $L = T\dfrac{\mathrm{d}v}{\mathrm{d}T}$, 可得 $\dfrac{U_c}{kT} \approx L - 1.989 + \dfrac{1.602}{L}$, 这个方法的估算结果具有相当好的精度。例如, 当 $A \geqslant 8kT$ 时其误差仅为 0.11%。通过改变电荷 TSD 实验的加热率 (从 $1/h_1$ 至 $1/h_2$) 也可求 U_c。应用 5.3.3 节的 Solunov 方法, 即利用在不同加热率时相应温度点的 $V_s(T_{1n}, h_1)$ 和 $V_s(T_{2n}, h_2)$ 应该相等的规律进行估算。因为在这些温度点上式 (5.52) 成立, 这是基于在两个加热过程前的初始电荷量是相同的。实验中利用栅控电晕充电系统对样品实施充电, 只要充电条件 (尤其是栅压 V_G) 维持相同, 再利用不同升温率的电荷 TSD 就能很容易完成上述测量并估算出结果[171]。

如果空间电荷是可动的, 在电荷 TSD 期间由于驻极体自身场作用脱阱电荷可能迁移至背电极, 与此同时, 在运动过程中它们也可能被欧姆电导所中和。对高绝缘性非极性驻极体来说, 后者的效应不会很强。夏钟福通过测量 FEP、PI 和 PET 等薄膜驻极体 TSD 过程中的电导率增长曲线, 估算了欧姆电导对脱阱电荷的中和作用仅占驻极体 TSD 总温区内释放总电荷量的 1/9~1/7[101,172]。对低电导率样品, 它们必然是非极性的 ($P(t) = 0$)。偶极电荷的排除无疑明显地简化了问题的分析。然而空间电荷的可动性使得驻极体的变量和空间坐标相关又导致了问题的复杂化。如果将正电荷注入非极性材料中, 根据 Poisson 方程 (5.56) 可计算出外加变

量 $V(t)$(数值上等于 $V_s(t)$) 和驻极体内储存的空间电荷密度 $\rho(x,t)$ 间的依赖关系。由于在电荷 TSD 实验中满足零外电场 $E(0,t)=0$,对式 (5.56) 两次积分后可得

$$\varepsilon_0\varepsilon_\mathrm{r}V(t) = \int_0^s \mathrm{d}x \int_0^x \rho(x,t)\mathrm{d}x = \int_0^s \rho(x,t)(s-x)\mathrm{d}x \tag{5.113}$$

上式的右式是通过分部积分得到的。对方程 (5.57) 积分并注意在电荷 TSD 中 $i(t)=0$ 即可求出 $V(t)$ 随时间的衰减规律

$$\varepsilon_0\varepsilon_\mathrm{r}\frac{\mathrm{d}V(t)}{\mathrm{d}t} = -GV(t) - \mu(T)\int_0^s \rho(x,t)E(x,t)\mathrm{d}x \tag{5.114}$$

从式 (5.114) 和式 (5.56) 消去 $\rho(x,t)$,并考虑 $E(0,t)=0$,则可求得

$$\varepsilon_0\varepsilon_\mathrm{r}\frac{\mathrm{d}V(t)}{\mathrm{d}t} = -GV(t) - \frac{1}{2}\mu(T)\varepsilon_0\varepsilon_\mathrm{r}E^2(s,t) \tag{5.115}$$

它表示电荷 TSD 犹如其他含气隙系统,驻极体的电荷衰减过程受电导和过剩电荷的自运动控制。比较式 (5.115) 和式 (5.59) 可知:与短路 TSD 电流相比,在电荷 TSD 中的电荷自运动形成了较强的内部位移电流 (这时所有脱阱电荷被推向背电极),背电极上的电场 $E(s,t)$ 是由驻极体储存的空间电荷总量确定的。对 Poisson 方程积分,则

$$\varepsilon_0\varepsilon_\mathrm{r}E(s,t) = \int_0^s \rho(x,t)\mathrm{d}x = \hat{\sigma}(t) \tag{5.116}$$

如果是常温恒压电晕充电,则充电后全部空间电荷最初通常沉积在接近 $x=0$ 的样品自由面附近,随着 TSD 升温的持续,脱阱电荷在电荷自身场作用下扩散并最终到达背电极。因此经过渡越时间 (transit time)t_λ,空间电荷前沿的电荷密度 $\rho(s,t)$ 已经变为 0,在背电极 $x=s$ 处根据式 (5.57) 可导出直到渡越时间 t_λ 时的 $E(s,t)$ 对时间的依赖关系,即对式 (5.57) 积分并考虑 $i(t)=0$ 可得

$$E(s,t) = E(s,0)\exp\left[-\frac{1}{\varepsilon_0\varepsilon_\mathrm{r}}\int_0^t G(T)\mathrm{d}t\right], \quad t \leqslant t_\lambda \tag{5.117}$$

解方程 (5.115) 和 (5.117) 即可计算出驻极体电压 $V(t)$(即表面电势 $V_s(t)$)。除了 $G(T)=0$ 外,式 (5.117) 的积分必须通过数值法计算。

对时间超过 t_λ 则不能直接给出 $E(s,t)$ 与时间关系的解析解,除非初始电荷分布呈现简单形状 (如箱式分布),这时当 $t \geqslant t_\lambda$ 时电荷云在整个样品内呈均匀分布。组合方程 (5.113) 和 (5.116) 可导出

$$E(s,t) = \frac{2V(t)}{s} \tag{5.118}$$

将方程 (5.118) 代入方程 (5.115) 即可计算出当时间大于 t_λ 时的 $V(t)$。如果 $G(T) \neq 0$,则需要对上述微分方程进行数值积分。

在等温条件下, 即使存在电荷的扩散效应也能直接求出通解[90,173]。对 $t < t_\lambda$ 时式 (5.16) 给出了通解, 因为 $\tau = \dfrac{\varepsilon_0\varepsilon_r}{G}$, 所以可改写为

$$\frac{V(t)}{V_0} = \exp\left[-\frac{G(T_r)t}{\varepsilon_0\varepsilon_r}\right] \times \left\{1 - \frac{\varepsilon_0\varepsilon_r\mu(T_r)E^2(s,0)}{2G(T_r)V_0}\left[1 - \exp\left(1 - \frac{G(T_r)t}{\varepsilon_0\varepsilon_r}\right)\right]\right\} \quad (5.16')$$

方程 (5.16′) 表示在常温 T_r 时的电势衰减按两个指数规律变化, 两个指数的衰减率相差因子 2。如果等温衰减过程足够快并且 $G(T_r) \approx 0$, 则不仅可通过等温测量确定载流子的迁移率, 而且可从 $V_s(t)$ 的数据直接导出[174-176]

$$\frac{\mathrm{d}V(t)}{\mathrm{d}t} = -\frac{1}{2}\mu(T_r)E^2(s,t) \to V(t)$$

$$= V_0 - \frac{1}{2}\mu(T_r)E^2(s,0)t, \quad t \leqslant t_\lambda \quad (5.119)$$

$$\frac{\mathrm{d}}{\mathrm{d}t}\left(\frac{1}{V(t)}\right) = \frac{2\mu(T_r)}{s^2} \to \frac{1}{V(t)}$$

$$= \frac{1}{V(t_\lambda)} + 2\mu(T_r)(t - t_\lambda)/s^2, \quad t \geqslant t_\lambda$$

这里的 $E(s,0) = \dfrac{V_0}{s - \dfrac{r_0}{2}}$。当载流子的前沿到达背电极时, 式 (5.119) 中导数与时间函数图上出现了明显的拐点, 这个拐点出现在渡越时间 t_λ 时并服从方程 $t_\lambda = \dfrac{s - r_0}{\mu(T_r)E(s,0)} \approx \dfrac{s}{\mu(T_r)E(s,0)}$, 即当 $r_0 < s$ 时方程的右式近似成立。利用这个条件就能根据 t_λ 计算出 $\mu(T_r)$。

图 5.30 给出了当 $G(T)=0$ 时某些模型化的电荷 TSD 曲线。左下图的曲线表示载流子穿透深度的影响, 即穿透深度越深, 载流子到达背电极越快, 载流子在驻极体内衰减越迅速。右下图的曲线清楚地说明了不同穿透深度载流子的前沿位置随 TSD 的温升而变化。当 $\dfrac{r_0}{s} < 0.5$ 且电势导数 $\dfrac{\mathrm{d}V}{\mathrm{d}t}$ 达到极大值时, 说明相应载流子的前沿已抵达背电极 (图 5.30 的右上图)。从图 5.30 左上方曲线可见, 充电到较高电荷密度的驻极体比较低密度的驻极体衰减更快, 这是因为从推动脱阱电荷趋向背电极角度来看, 高电荷密度驻极体具有较强的电场。但是只要两个驻极体的初始穿透深度相等和在高温时保持电荷密度相等, 则两条衰减曲线就表现出完全相同的规律 (图 5.30 的左上图)。事实上, 经过足够长时间电晕充电之后, 高电荷密度和低电荷密度的同一材料驻极体常常发生电荷衰减曲线的交越现象[171]。然而现在理论的研究结果指出: 仅仅当高电荷密度驻极体的平均电荷深度比低电荷密度驻极体更深时才会出现电荷衰减曲线的交越现象[171]。

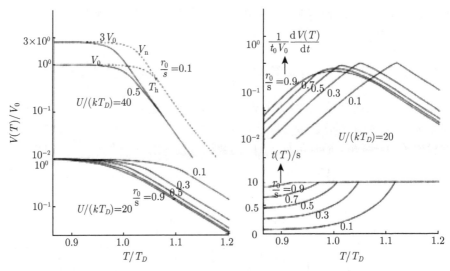

图 5.30　初始电荷密度和载流子穿透深度对驻极体薄膜 $(G(T)=0)$ 电荷 TSD 的影响

Perlman 等讨论了衰减曲线的交越问题，他们提出了几种假设对相关理论进行解释和修正。首先他们认为载流子的迁移率和电场密切相关，电荷密度越高，驻极体自身电场越强，脱阱载流子迁移越快。因此，如果大多数 (甚至是全部) 的注入载流子被捕获在材料表面的深阱中，此后脱阱并向体内迁移。其次他们认为这些陷阱中的脱阱电荷进入体内的发射率也与电场相关，并在几篇论文中不断完善他们的观点和理论。最后他们还认为电荷的衰减受驻极体形成前体内寄生电荷的影响[178]。

求初始呈现非均匀分布材料电荷衰减的通解可通过像 5.4 节所讨论的思路进行，即采用有限差分法或特征方程法等。Nunes de Oliveira 等[175] 利用特征方程法已给出 $\rho(x) \propto x$ 形状分布的空间电荷的衰减通解，同样的方法在其他文献中也见报道[141,143]。利用有限差分法计算某些电荷分布驻极体的电荷衰减也已报道[176]。

上面的讨论是基于假定所有载流子具有相同的迁移率。可是大多数实际驻极体中的载流子往往具有不同的迁移率，即呈现迁移率的分布或存在几个分立的迁移率值，因此上述理论扩展到多重捕获是必不可少的。为此 Sessler 等[6] 作了一些尝试。Chudleigh[176] 建立了电荷捕获的模型等。上述各种理论都是假定背电极是完全阻断型，目的是避免从背电极注入反极性电荷，以简化问题的讨论。

2. 电荷 TSD 的实验结果

图 5.31[103] 中给出了四种最重要的高绝缘含氟聚合物经负电晕充电后的电荷 TSD 曲线，结果指出 PTFE、FEP 和 PFA 具有极好的电荷储存稳定性，尤其是 PTFE 呈现出突出的高温电荷稳定性。将 FEP 驻极体重复充电到同一等效表面电

势值时该驻极体的热稳定性明显上升; 经三次充电后的电荷变得极端稳定[6], 这一明显的改善说明了在 FEP 驻极体内由欧姆电导引起的电荷衰减可以忽略, 同时说明注入电子不仅被捕获在单一能级的陷阱中, 当它们向背电极迁移时被越来越深的陷阱所捕获[6], 那些已被捕获在深能阱中的电荷在下一次衰减过程中仍将被禁锢在深阱中, 当捕获的电子已均匀分布在驻极体的体内后, 多次注极与多次热激发脱阱和再捕获大大地提高了深阱捕获电荷的比例, 其结果是电荷的衰减率变得越来越低。

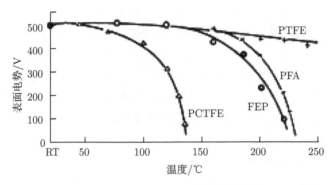

图 5.31 四种负电晕充电的含氟聚合物的电荷 TSD 曲线

如果 $G(T) = 0$, 根据式 (5.119), 驻极体在经过首次充电后的初始衰减率为

$$\frac{\mathrm{d}V(0)}{\mathrm{d}t} = -\frac{1}{2}\mu(T)E^2(s,0) \tag{5.120}$$

这里 $E(s,0) \approx \dfrac{V(0)}{s}$。倘若 $r_0 < s$, 由于 $x \geqslant r_0$, $\rho(x,0) = 0$, 并以 $E(r_0,0)$ 代替 $E(s,0)$。经过这样的替换后, 再进行第二次充电, 捕获在深阱中的电子能满足 $\mu(T) = 0$, 则式 (5.120) 也能用于描述经二次充电后的初始衰减。显然 $E(r_0,0)$ 与初始表面电势相关, 即 $E(r_0,0) = \dfrac{V(0) - V_s}{s}$, 这里 V_s 表示捕获在深阱中电荷的贡献。因此我们求出了初始衰减率随一个因子 $1 - \dfrac{V_s^2}{V^2(0)}$ 减小而降低。因此, 当 $V_s = V(0)$ 时衰减率减小至 0。用重复充电法来改善电荷的稳定性的结论被诸如光导体的研究结果进一步证实[177,178]。

为了确定表面电导对电荷储存稳定的影响, Baum 等[179] 利用具有高分辨率的静电电势计的非接触式探测电极测量电荷的横向运动, 结果指出: 与体电导率相比, 由表面电导引起的电荷衰减十分微弱。这一结果十分重要, 因为它表示以微小尺寸制作的驻极体元器件对电荷储存寿命不会产生明显的影响, 其典型的例子是在驻极体空气过滤器中具有高电荷稳定性的驻极体纤维, 即使其纤维间隙仅

6μm，以及相邻纤维分别带正、负电荷时能观察到电荷的横向传播在仅仅当表面电场大大超过体电场时才会发生。

　　图 5.32 给出了在不同气体中经负充电的 Teflon FEP 薄膜驻极体的电荷 TSD 温度谱。它们的电荷衰减规律没有显著的差别，这说明由电晕放电沉积的负离子是通过它们的电子进入聚合物内。因此同样的驻极体材料的电荷衰减特性只取决于材料本身的整体特性而不是沉积离子的类型。图 5.33 提供了在离子注入时充电介质表面引起的电荷交换过程，即当一个负离子接近电介质表面时的局域电子能级图。箭头表明对应于离子中和（Ⅰ）和深表面态（Ⅱ）的电子捕获时的电子转移图[180]。而在图 5.34 中给出了经机械拉伸处理的 Teflon PFA 薄膜驻极体对其电荷储存能力的影响。拉伸改善了电晕充电膜的热稳定性，这可能是由于单轴拉伸改善了分子取向，压缩了聚合物链，导致晶体结构的形变，从而阻碍了电荷传输，加深了陷阱。另外，拉伸引起的分子有序排列也促进结晶化。所有这些变化都可能导致材料结构向着有利于空间电荷稳定储存的方向转化。

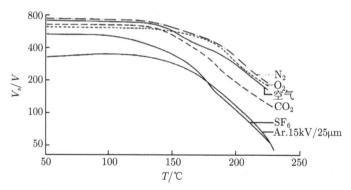

图 5.32　在不同气体中以负极性火花放电产生的 FEP 驻极体的电荷 TSD 温度谱

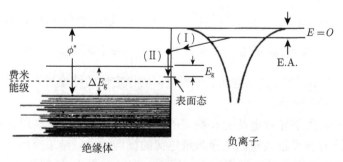

图 5.33　当一个负离子注入时绝缘体表面电子能级位置示意图

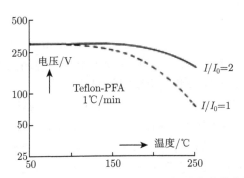

图 5.34　电晕充电前经拉伸处理 PFA 驻极体电荷稳定性的改善

5.6　过剩电荷输运的相关特性

为了理解空间电荷释放期间观察到的电流曲线，需要建立一套较完善的分析电介质内过剩电荷运动的理论。由导出的非线性微分方程来直接描述电荷输运理论有相当的难度。此外，由于实际材料在大多数情况下的电荷动态特性的物理图像十分复杂，人们对其认识仍相当肤浅，从而利用在受限制条件下得到的解析解无法客观反映实际存在的电荷输运行为。为了加深对过剩电荷输运特性的理解，这里提供一些与输运特性相关的性质和效应。

5.6.1　电极效应

在 4.3.2 节中我们曾经讨论了在界面电荷处与电荷的中和过程的电极行为。空间电荷输运过程中的介电效应和电极性质密切相关。在低电场或中等电场作用下，以真空镀膜作驻极体金属电极时属阻挡型电极，它阻止电荷载流子从电极向电介质内的传输，但它可以接收来自电介质的载流子[1]。

如果电介质内不存在电荷载流子，由阻挡电极定界的电介质内的稳恒电流为 0。如果电介质内包含着两种极性的载流子，并且其迁移率明显不同，则在电极处形成了由 Schotty 层产生的电极极化，其极性和迁移率较大的载流子相同[181]。如果电介质内仅仅包含迁移率为 0 的单极性载流子 (如电子)，并不再会产生新的自由载流子，这种情况可用简单的解析式来描述。如果在阳极上施加一外电场，该电极 ($x=0$) 处的正电荷被排斥，同时在 $x=0$ 和 $x=s_s$ 间建立起厚度为 s_s 的负空间电荷层 ρ，该电荷层形成后初始外加电压从沿样品的整个厚度上已收缩到作用厚度为 s_s，并且电流已变化为 0。负电荷层的厚度由 $s_s = (2\varepsilon_0\varepsilon_{\rm r}V/\rho)^{1/2}$ 给出。例如，如果某驻极体经收缩的捕获载流子浓度 $\rho = 1.6 \times 10^{-4}{\rm C/cm^3}$，$\varepsilon = 2 \times 10^{-13}{\rm F/cm}$，$V=100{\rm V}$，则其压缩量 $s_s = 5 \times 10^{-4}{\rm cm}$。这个尺寸与用在辐照实验中的许多样品的实际厚度相比是相当小的。因此无论载流子的迁移率怎样变化，利用阻断电极完全可阻断可动载流子从介质中移去。具有一定本征电导率的电介质内的 Schotty 势垒的形成和驱散的处理方法在参考文献 [182] 中已讨论。Goodman 和 Rose[182] 讨论了将含阻断电极的电介质因均匀辐照而产生的电子空穴对排出样品的工艺，以及导致电极区内形成耗尽层的条件及电流和剂量率间的相互关系。

如果电极表面具有一定的电场，欧姆 (或中性) 电极就能提供一定的载流子。研究指出：通过对电极的辐照，阻断电极可转换成欧姆电极。

Helfrich 等[183] 的研究结果表明一个注入电极的行为类似于一个灼热的放电阴极，在无表面电场时能自发地把载流子注入电介质内，从而在电极的前沿区形成空间电荷云并阻碍载流子的发射，直到其发射逐渐减弱至 0(除非通过外加电场将空间电荷云驱散)。$x=0$ 处注入电极的表面条件是 $E(0,t) = 0$ 和 $\rho(0) = \pm\infty$，它的极性取决于注入载流子的极性。

阻断型、欧姆型和中性电极的分类显然是理想化的，实际的电极性质要复杂得多[184]。靠近注入电极空间电荷层的形成理论已经由 PoPescu 和 Henisch 以弛豫型半导体和半绝缘体为对象开展了研究[185]。

需要注意的是：不是所有的电极必须用金属或电介质材料构成。如前所述，一定能量的电子束在其穿透入介质的途径中可构成一个虚电极，在辐照区内产生了电子–空穴等离子区，在这个辐照区内载流子能通过电子束辐照的端面运动而进入样品的非辐照区。

5.6.2　载流子的迁移率

在外加电场作用下自由载流子的运动速度是 $v = \mu_0 E$，因此载流子的迁移率 μ_0 定义为单位电场下的迁移速度，即 $\mu_0 = v/E$。载流子的迁移率是驻极体最重要的分子参量之一。在热平衡条件下，任意一种极性的自由和捕获电荷的密度 n 和 m 间的关系是常数，且 $n = \theta m$，由此导出的陷阱调制迁移率 (trap-modulated mobility)μ 定义为[1]

$$\mu = \mu_0 \frac{\rho_f}{\rho} = \mu_0 \frac{\theta}{1+\theta}, \quad \rho = \rho_f + \rho_t \tag{5.121}$$

这里，$\rho_f = en$ 和 $\rho_t = em$ 分别是自由和捕获电荷密度，不同的 θ 值分别应用于空穴和电子，可得到空穴和电子的陷阱调制迁移率。

根据 TSD 电流谱除了可以估算驻极体不同能阱脱阱电荷的活化能 U 外还能确定满阱密度 N_{t0}、陷阱调制迁移率和载流子寿命的乘积 $\mu\tau$，其式为[186]

$$N_{t0} = \frac{2Qs}{eA\bar{r}^2}, \quad \mu\tau = \frac{\varepsilon_0\varepsilon_r A\bar{r}^2}{sQ} \tag{5.122}$$

这里，Q 表示从陷阱中释放的电荷，即对应于 TSD 电流峰值曲线和温度坐标间所围的面积，如果能估算出捕获载流子的寿命 τ，利用 TSD 电流谱的数据，根据式 (5.122) 即可确定脱阱电荷载流子的迁移率 μ。

Sessler[7] 利用开路 TSD 电流谱 (图 4.26(b)) 提出了估算上述迁移率 μ 的理论和实验方法。图 5.35 给出了厚度为 s、相对电容率为 ε_r、表面积为 A、平均电荷深度为 $s - \bar{r}$、带电荷量为 Q 的驻极体示意图。作为时间函数的 $Q(t)$ 与 $\rho(x,t)$ 间应满足

$$Q(t) = A \int_{s-\bar{r}_0}^{s} \rho(x,t) \mathrm{d}x \tag{5.123}$$

r_0 是电荷层的前沿位置。非极性驻极体材料样品内的总电流密度为

$$i = (G + \mu\rho)E + \varepsilon_0\varepsilon_r \frac{\partial E}{\partial t} \tag{5.124}$$

当样品以常热率加热时，G、μ 都是温度和时间的函数。由于大多数非极性驻极体 $\mu\rho \gg G$，且在开路 TSD 测量的情况下 $i = 0$，则式 (5.124) 满足[7]

$$\mu\rho E + \varepsilon_0\varepsilon_r \frac{\partial E}{\partial t} = 0 \tag{5.125}$$

表示在驻极体内电场的作用下，由过剩电荷运动产生的电流与位移电流之和为 0。假定驻极体内仅存在单一捕获能级 U_k，即 TSD 电流谱仅出现单峰，因此式 (5.125) 可改写为

$$\mu_k\rho_k E + \varepsilon_0\varepsilon_r \frac{\partial E}{\partial t} = 0 \tag{5.126}$$

这时的 Poisson 方程为

$$\rho_k(x,t) = \varepsilon_0\varepsilon_r \frac{\partial E}{\partial x} \frac{\rho_k(x,t)}{\rho(x,t)} \tag{5.127}$$

虽然实际驻极体材料的大部分都具有不同能值的陷阱分布，然而在实验中所观察到的形状多样的热退极化电流谱中仍然与上面精确定义的具有 U_k 值的载流子运动密切相关。利用 TSD 电流谱的分峰技术求出各分立能级的相关动态参量就是这种关系的有力证明。假定具有快再捕获效应，在充电过程中注入电荷首先高效地填满最深阱继而填入较浅的陷阱，并在 $s - r_0(t) \leqslant x \leqslant s$ 区域内捕获电荷呈均匀分布 (图 5.35)。在此后的非等温退极化过程中，电荷首先从最邻近导带的浅阱中释放，从 U_k 能级中释放的载流子在驻极体电场驱动下运动，形成对应温度 T_k 的第 k 个 TSD 电流峰。如果空间电荷 $\rho(x)$ 是一种箱式分布，则

$$\frac{\rho_k(x,t)}{\rho(x,t)} = \frac{Q_k(t)}{Q(t)} \tag{5.128}$$

其中

$$Q_k(k) = A \int_{s-r_0(t)}^{s} \rho_k(x,t) \mathrm{d}t \tag{5.129}$$

将 Poisson 方程 (5.127) 和 (5.128) 代入式 (5.126) 可得

$$\mu_k E \frac{\partial E}{\partial x} \frac{Q_k(t)}{Q(t)} + \frac{\partial E}{\partial t} = 0 \tag{5.130}$$

上式对 x 积分，当上电极从驻极体上移至远处后考虑其边界条件：$E(s) = 0$ 和 $V(0) = 0$

$$\frac{1}{2}\mu_k \frac{Q_k(t)}{Q(t)} E^2(0,t) = \frac{\mathrm{d}V_{s0}(s,t)}{\mathrm{d}t} \tag{5.131}$$

由于 $E(0,t) = \dfrac{Q(t)}{\varepsilon_0 \varepsilon_{\mathrm{r}} A}$，那么捕获在第 k 个能级中的载流子的迁移率为

$$\mu_k = \frac{2(\varepsilon_0 \varepsilon_{\mathrm{r}} A)^2}{Q_k(t)Q(t)} \frac{\mathrm{d}V_{s0}(s,t)}{\mathrm{d}t} \tag{5.132}$$

利用开路 TSD 系统测量出电流 i，则 $\dfrac{\mathrm{d}V_{s0}(s,t)}{\mathrm{d}t} \approx \dfrac{iA}{C_e}$。式中，$C_e$ 是气隙–驻极体两层系统的等效电容，最后式 (5.132) 可改写为

$$\mu_k = \frac{2(\varepsilon_0 \varepsilon_{\mathrm{r}} A)^2 Ai}{C_e Q_k(t)Q(t)} = \frac{2\varepsilon_0^2 \varepsilon_{\mathrm{r}}^2 A^3 i}{C_e Q_k(t)Q(t)} \tag{5.133}$$

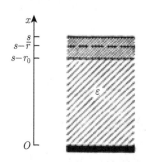

图 5.35　确定捕获载流子迁移率 μ 的方法

　　如果 $Q(t)$ 能表示为驻极体等效表面电势的简单参数，则利用式 (5.132) 和式 (5.133) 就能确定陷阱调制迁移率。从实验方面通过测量开路 TSD 电流–温度曲线和用补偿法测量出等效表面电势衰减曲线，以及 TSD 期间的电荷重心 $\bar{r}(T)$ 即可求出 μ_k。类似地可通过测量下一个 TSD 电流较高峰的相关量确定相应较深陷阱脱阱电荷的陷阱调制迁移率。

　　自由载流子迁移率 μ_0 是一个对温度变化欠敏感的材料特征常数。许多电介质的测量结果说明：μ_0 的实验值在 $10^{-3} \sim 1\mathrm{cm}^2/(\mathrm{V}\cdot\mathrm{s})$ 范围内[1]。然而陷阱调制迁移率 μ 却强烈地依赖于温度。单一电子捕获能级 n/m 服从 $n/m = (N/M)\exp[-U/(kT)]$，其中 N 是导带能级空位数，M 在 5.4.3 节已定义。单一能级的陷阱调制迁移率可表示为[187]

$$\mu = \mu_0 \left\{ 1 + (M/N)\exp[U/(kT)] \right\}^{-1} \tag{5.134}$$

当在高温时 $\mu \approx \mu_0$；而在低温时 $\mu \approx \mu_0 \dfrac{N}{M} \exp\left(\dfrac{-U}{kT}\right)$。例如，当 $\mu_0 = 10^{-3}\mathrm{cm}^2/(\mathrm{V \cdot s})$、$N \approx 10^{19}\mathrm{cm}^{-3}$、$M \approx 10^{17}\mathrm{cm}^{-3}$、$U = 0.5\mathrm{eV}$ 和 $kT = 2.6 \times 10^{-2}\mathrm{eV}$(室温) 时，许多聚合物驻极体估算出的 μ 值的数量级在 $5 \times 10^{-10}\mathrm{cm}^2/(\mathrm{V \cdot s})$[188]。在通常的实验条件下，式 (5.134) 中的指数项对 μ 起支配作用。

从 Langevin 关系[189] $\dfrac{b}{\mu_0} = \dfrac{e}{\varepsilon_0 \varepsilon_r}$ (b 是相反极性载流子的复合系数) 可得自由载流子较低限的近似值。复合系数 b 与分子平均热运动速度 $\bar{v}_t$ 成反比、与分子截面成正比，后者等于或大于库仑截面 $\bar{a} = 7 \times 10^{-17}\mathrm{cm}^2$。在室温时的 $\bar{v}_t = 10^7\mathrm{cm/s}$，由此导出 $b \geqslant \bar{a}\bar{v}_t = 7 \times 10^{-10}\mathrm{cm}^3/\mathrm{s}$。对大多数聚合物和许多其他优质电介质 (电容率的数量级为 $2 \times 10^{-13}\mathrm{F/cm}$)，将这个值代入 Langevin 方程得到 $\mu_0 \geqslant 10^{-3}\mathrm{cm}^2/(\mathrm{V \cdot s})$。

测量载流子迁移率的常用方法还包括：表面电势衰减法[190]、飞行时间法[191,192] 和电子束注入法[193]，其中表面电势衰减法是以电方法为主体，适用于离子性载流子，对电子性载流子的测量并不理想。飞行时间法基于光电测量原理，可以分别测定两种载流子 (电子和空穴) 的迁移率，广泛应用于聚合物中载流子迁移率的测量。电子束注入法是利用电子束注入产生电流，测量原理与飞行时间法相似。

表面电势衰减法是通过监控电晕充电样品的表面电压衰减来测量载流子迁移率的方法。充电样品表面沉积的电荷从顶面向接地的底电极泄漏，最初向下流动的电荷如具有良好的前沿，可以确定通过一定厚度的样品的时间从而确定材料内载流子的迁移率。这种方法能够有效地适用于绝缘电介质，但是需要假设迁移率与电场无关 (即测量对象为线性介质材料)，故在很多场合不能用。

飞行时间法也称渡越时间法。其基本测量原理是利用高能光子在样品表面薄层内激发出载流子，在外置偏压作用下使载流子迁移到背电极，在外电路形成瞬时感光电流，测得载流子在样品内的飞行时间，根据迁移率定义及关系式 $E = V/d$ 和 $v = d/t_T$，得 $\mu = d^2/(Vt_T)$ 即可求出载流子的迁移率，式中 d 为样品的厚度，V 为所加电压，t_T 为飞行时间。飞行时间法对于测量半导体与导电性聚合物载流子的迁移率非常有效，但对于绝缘电介质内载流子的迁移率尚没有成功的先例。

电子束注入法测量载流子迁移率的基本原理与飞行时间法相似。电子束注入法研究聚合物载流子迁移率是一种快速有效的方法。目前利用电子束注入在样品内形成空间电荷包，用空间电荷分布的测量方法直接观察空间电荷包在外加电场作用下的迁移行为。利用电子束注入形成载流子，同时在外加电场的作用下测量电子迁移率，当外加电场明显大于注入电荷所产生的自身电场时，用空间电荷分布测量方法直接观察电荷包的移动，这样得到的电子迁移率就具有明确的物理意义。电子束注入法可测量电子迁移率，但无法得到正电荷 (空穴或正离子) 的迁移率。但如果能够证实聚合物电介质中电子的迁移在外电场下存在负微分迁移率，就能有效地解释空间电荷包的类 Gunn 氏效应。

5.6.3　极限电荷

极性驻极体内的 "永久" 极化强度 P_r 可通过测量热刺激退极化电流并在 TSD 温区范围积分求出[194]，因此驻极体样品的极限释放电荷由 $\int_0^\infty I[t, T(t)]\mathrm{d}t$ 或 $\int_{T_0}^T I(T)\mathrm{d}T$ 确定。从理论上说，对不同的加热率应该得到相同的结果，即它们遵守电荷守恒原理[195]。然而对空间电荷驻极体的极化或是 Maxwell-Wagner 类型的电介质充电[196,197]，其最终的释放电荷不是电流的积分。这是因为在非等温放电过程中，空间电荷在驻极体内电场的作用下可能分别向两个电极方向迁移，从而可能同时在两个相反电极上释放电荷。在这种情况下，释放电荷的最终值往往随升温率的变化而变化。显然电荷守恒原理不适合于利用短路 TSD 方法研究空间电荷驻极体的电荷的释放。

如果驻极体与任一电极间的电荷输运被隔离，这时释放的最终电荷能严格地满足电荷守恒定律。例如，在电极和介质间存在一定气隙的开路热刺激放电系统，只要气隙间的电场不太强，则该气隙能有效地阻止驻极体与电极间任何空间电荷的传输，这使得驻极体内全部脱阱电荷完全传输到接触电极上[198]。这种开路 TSD 测量方法特别适用于空间电荷驻极体驻极态相关行为的研究。

另一种方法是在电介质和电极间加入一隔热层，使得加热驻极体表现出大的温度梯度，并将介质的另一面维持在低温态以保持这个表面上形成低电导率和载流子的低迁移率，实现对电荷输运的阻断功能，使得被测量驻极体的退极化电流最终满足电荷守恒原理。

5.6.4　扩散

前面讨论的空间电荷动态特性的结果都是在忽略了扩散效应下展开的。如果考虑到电荷分布浓度梯度的影响，则在电流的传输方程中应增加扩散电流项 $AD_f\dfrac{\partial \rho_f}{\partial x}$，这里的 D_f 表示自由载流子扩散系数，这时电流方程为

$$i_c = GE + \mu_0 \rho_f E - D_f \frac{\partial \rho_f}{\partial x} \tag{5.135}$$

扩散项和电场感应传输项的比 f 的近似值可通过 Einstein 关系[199] $D_f = \mu_0 (k/e) T(\mathrm{cm}^2/\mathrm{s})$ 求得，这里的 $k/e = 8.6 \times 10^{-5}\mathrm{V}$。那么可得出

$$f = \frac{kT}{e} \frac{(\partial \rho_f / \partial x)}{\rho_f E} \tag{5.136}$$

假定电荷层的厚度为 r，单位面积的面电荷密度为 σ_f，且 $\dfrac{\partial \rho_f}{\partial x} = \sigma_f$，则 $\rho_f \approx \sigma_f r$，并将它们代入式 (5.136)，那么比值 $f \approx \dfrac{kT}{eEr}$。例如，当 $r = 10^{-4}\mathrm{cm}$，室温时

$\dfrac{kT}{e} = 2.6 \times 10^{-2} \mathrm{V}$, 这时 $f = 2.6 \times 10^2/E$, 据此提供的电场数量级已超过 $10^5 \mathrm{V/m}$。由此可知扩散效应对局部电流的贡献变得很小。

当样品短路或对它提供一恒定的外加偏压时，所产生的外部电流为[200]

$$i = \frac{1}{s} \int_0^s i_c \mathrm{d}x \tag{5.137}$$

由扩散效应对外电流的贡献是

$$i_D = -\frac{D_f}{s} \left[\rho_f(s,t) - \rho_f(0,t) \right] \tag{5.138}$$

电荷分布前沿尚未到达电极时，漂移电流 $i_D = 0$；如果两电极间空间电荷密度相同，i_D 仍然为 0。

5.7 脱阱电荷输运中的快、慢再捕获效应模型[201]

空间电荷驻极体的外激发 (热、光或粒子辐照等) 导致脱阱电荷在驻极体自身电场作用下输运的电荷动态行为可由 5.4.3 节中导入的一组电荷动态方程 (5.89)~(5.91) 描述。然而由于它们是一组非线性微分方程，在一般情况下难以获得解析解。如果将由外激发引起的电荷脱阱后的输运、再捕获及复合效应的复杂动力学过程简化成两种极端情况慢再捕获效应 (slow retrapping effect) 和快再捕获效应 (fast retrapping effect)[38]，则在一些简单的情况下可望获得描述 TSD 电流方程的解析解。

Perlman 和 Creswell 等[202] 利用辉光放电使注入在电极附近 $0 \sim r$ 样品自由面内的狭窄区内形成一层均匀分布的捕获电荷层，并假定在 TSD 过程中脱阱电荷将从注入电极处全部释放。假设注入电极的坐标为 $x=0$，当两电极短路时，注入电极上的感应电荷

$$Q_i = -A\rho r \tag{5.139}$$

注入电极界面处的电场

$$E(0) = -\frac{\rho r}{\varepsilon_0 \varepsilon_{\mathrm{r}}} \tag{5.140}$$

以此为边界条件，根据 Poisson 方程 (参见式 (2.124)) $\dfrac{\mathrm{d}E}{\mathrm{d}x} = \dfrac{\rho}{\varepsilon_0 \varepsilon_{\mathrm{r}}}$ 可求得驻极体内任一点 x 的电场

$$E(x) = \frac{\rho(x-r)}{\varepsilon_0 \varepsilon_{\mathrm{r}}} \tag{5.141}$$

这里的总电荷密度 ρ 同式 (5.121)，即自由电荷密度和捕获电荷密度之和 ($\rho = \rho_f + \rho_t$)。假定电介质内的电流密度为 $i_c(x)$，自由电荷的迁移速度为 $v(x)$，那么在 $\mathrm{d}x$ 间

隔内单位面积上的自由电荷 $\rho_f \mathrm{d}x$ 引起外电路的电流密度 $\mathrm{d}i$ 为

$$\mathrm{d}i = \frac{\rho_f v(x)\mathrm{d}x}{s} = i_c(x)\frac{\mathrm{d}x}{s} \tag{5.142}$$

假定电荷输运服从欧姆定律

$$i_c(x) = \rho_f \mu E(x) \tag{5.143}$$

从式 (5.141) 和式 (5.142)，在电荷层 $0 \sim r$ 区间内激发的自由电荷运动在外电路上的释放电流 $\mathrm{d}i = i_c(x)\dfrac{\mathrm{d}x}{s} = \rho_f \mu E(x)\dfrac{\mathrm{d}x}{s} = \rho_f \mu \left[\dfrac{-\rho(x-r)}{\varepsilon_0 \varepsilon_r}\right]\dfrac{\mathrm{d}x}{s} = \dfrac{-\mu}{\varepsilon_0 \varepsilon_r s}(\rho_f \rho x - \rho_f \rho r)\mathrm{d}x$，因此

$$\begin{aligned}
i &= \int_0^r \mathrm{d}i = \frac{-\mu \rho_f \rho}{\varepsilon_0 \varepsilon_r s}\left(\int_0^r x\mathrm{d}x - r\int_0^r \mathrm{d}x\right) = \frac{2\mu r^2 \rho \rho_f}{2\varepsilon_0 \varepsilon_r s} - \frac{\mu r^2 \rho \rho_f}{2\varepsilon_0 \varepsilon_r s} \\
&= \frac{\mu r^2 e^2}{2\varepsilon_0 \varepsilon_r s}\frac{\rho_f}{e}\frac{\rho}{e} = \frac{\mu r^2 e^2}{2\varepsilon_0 \varepsilon_r s}n(n+m)
\end{aligned} \tag{5.144}$$

其中，$n = \dfrac{\rho_f}{e}$，$m = \dfrac{\rho_t}{e}$，并在 5.4.3 节已定义。这里的电荷密度 ρ 和驻极体内的电流密度间需满足连续方程 $(2.131)\dfrac{\partial \rho}{\partial t} = -\dfrac{\partial i_c}{\partial x}$，并且

$$\frac{1}{e}\left(\frac{\partial \rho}{\partial t}\right) = -\frac{\mathrm{d}n}{\mathrm{d}t} - \frac{\mathrm{d}m}{\mathrm{d}t} - \frac{n}{\tau} \tag{5.145}$$

右式的三项分别表示自由电荷的减少速率、捕获电荷的减少速率及自由电荷按其寿命 τ 的减少速率。由式 (2.131) 和式 (5.145) 可得

$$\frac{1}{e}\left(\frac{\partial i_c}{\partial x}\right) = \frac{\mathrm{d}n}{\mathrm{d}t} + \frac{\mathrm{d}m}{\mathrm{d}t} + \frac{n}{\tau} \tag{5.146}$$

由于 $\dfrac{\mathrm{d}m}{\mathrm{d}t}$ 在物理意义上包含有捕获电荷寿命 τ_t 及陷阱对热运动中自由电荷的再捕获两层含义，所以

$$\frac{\mathrm{d}m}{\mathrm{d}t} = -\frac{m}{\tau_t} + n(M-m)C_m v \tag{5.147}$$

捕获电荷的寿命

$$\tau_t = \tau_0 \exp[U/(kT)] \tag{5.148}$$

从式 (5.146)~式 (5.148) 可求出自由电荷密度的变化率为

$$\frac{\mathrm{d}n}{\mathrm{d}t} = \frac{m}{\tau_t} - \frac{n}{\tau} - n(M-m)C_m v + \frac{1}{e}\left(\frac{\partial i_c}{\partial x}\right) \tag{5.149}$$

右式各项分别表示由热激发的脱阱电荷、自由电荷再捕效应引起的减少，自由电荷和相反极性电荷的复合衰减，以及自由电荷迁移引起的增量。

5.7.1 慢再捕获效应

慢再捕获效应 $\left((M-m)C_m v \ll \dfrac{1}{\tau} \right)$ 标志自由电荷和异性电荷的复合速率比自由电荷被陷阱再捕获速率高得多以致后者可以忽略的电荷输运特征。据此式 (5.149) 中的第三项比第二项小得多，故第三项可以忽略。当热激发脱阱电荷的速率和它们与异性电荷复合的速率处于热动态平衡时，有

$$\frac{m}{\tau_t} \approx \frac{n}{\tau} \tag{5.150}$$

如果从式 (5.149) 中能解出 n、m 随 t(或 T) 的函数关系，再将 n、m 代入式 (5.144) 即可求得 TSD 电流随 t(或 T) 的函数关系。由慢再捕获效应控制脱阱电荷输运时，考虑式 (5.150) 的热动态平衡条件，从式 (5.149) 可得

$$\frac{\mathrm{d}n}{\mathrm{d}t} = \frac{1}{e} \left(\frac{\partial i_c}{\partial x} \right) \tag{5.151}$$

显然在 TSD 过程中，自由电荷密度的变化 $\dfrac{\mathrm{d}n}{\mathrm{d}t}$ 是由驻极体自身场诱导电流变化的结果。由式 (5.146) 和式 (5.151) 还可得

$$\frac{\mathrm{d}m}{\mathrm{d}t} = -\frac{n}{\tau} \tag{5.152}$$

考虑式 (5.150) 又可得到

$$\frac{\mathrm{d}m}{\mathrm{d}t} = -\frac{m}{\tau_t} \tag{5.153}$$

解上式可得

$$m = m_0 \exp \left(-\int \frac{\mathrm{d}t}{\tau_t} \right) \tag{5.154}$$

这里，m_0 是 m 的初始值，根据式 (5.150) 可求得

$$n \approx m \frac{\tau}{\tau_t} = m_0 \frac{\tau}{\tau_t} \exp \left(-\int \frac{\mathrm{d}t}{\tau_t} \right) \tag{5.155}$$

如前所述，对各类驻极体材料都能满足 $m \gg n$，采用这个近似后，再将式 (5.154) 和式 (5.155) 代入 TSD 电流表达式 (5.144) 可得到在 TSD 过程中由慢再捕获效应控制的脱阱电荷输运电流

$$i(T) = \frac{\mu_0 \left(e r m_0 \right)^2}{2\varepsilon_0 \varepsilon_r s} \frac{\tau}{\tau_0} \exp \left[-\frac{U}{kT} - \frac{2}{\beta \tau_0} \int_{T_0}^{T} \exp \left(-\frac{U}{kT} \right) \mathrm{d}T \right] \tag{5.156}$$

其中，$\tau_t = \tau_0 \exp \left(\dfrac{U}{kT} \right)$，$\mathrm{d}T = \beta \mathrm{d}t$。

5.7.2　快再捕获效应

快再捕获效应是指当脱阱电荷在体内迁移被陷阱再捕获的速率比自由电荷与异性电荷的复合速率快得多的情况下发生的效应，或者说捕获电荷和自由电荷间达到热动态平衡的时间比自由电荷的复合时间短得多。这时式 (5.149) 右边第二项比第三项小得多，即第二项可以忽略。当脱阱的自由电荷与它们被陷阱再捕获达到热动态平衡时，式 (5.149) 可近似改写为

$$\frac{\mathrm{d}m}{\tau_t} \approx n(M-m)C_m \cdot v \tag{5.157}$$

这时式 (5.151) 同样成立，且也可导出式 (5.152)。如果已达到这种动态热平衡，自由电荷能级密度及可利用的陷阱密度分别为 N 和 M，则 $\dfrac{n}{m} = \dfrac{(N-n)}{(M-m)} \exp\left(-\dfrac{U}{kT}\right) \approx \dfrac{N}{M} \exp\left(-\dfrac{U}{kT}\right)$，所以

$$n = m\frac{N}{M} \exp\left(-\frac{U}{kT}\right) \tag{5.158}$$

上述结果是在假定 $N \gg n$ 和 $M \gg m$ 的条件下导出的。从式 (5.152) 和式 (5.158) 可得 $\dfrac{\mathrm{d}m}{\mathrm{d}t} = -\dfrac{N}{\tau M} \exp\left(-\dfrac{U}{kT}\right) m$，即

$$\frac{\mathrm{d}m}{m} = -\frac{N}{\tau M} \exp\left(-\frac{U}{kT}\right) \mathrm{d}t \tag{5.159}$$

解上式可得

$$m = m_0 \exp\left[-\int \frac{N}{\tau M} \exp\left(\frac{-U}{kT}\right) \mathrm{d}t\right] \tag{5.160}$$

将上式代入式 (5.158) 得

$$n = m_0 \frac{N}{M} \exp\left(\frac{-U}{kT}\right) \exp\left[-\int \frac{N}{\tau M} \exp\left(\frac{-U}{kT}\right) \mathrm{d}t\right] \tag{5.161}$$

再把式 (5.160) 和式 (5.161) 代入式 (5.144) 即可获得快捕获效应下的 TSD 电流

$$i(T) = \frac{\mu(ern)^2}{2\varepsilon_0\varepsilon_r s}\frac{N}{M} \exp\left[-\frac{U}{kT} - \frac{2N}{\beta\tau M}\int_{T_0}^{T} \exp\left(\frac{-U}{kT}\right) \mathrm{d}T\right] \tag{5.162}$$

综合快、慢再捕获条件，对含单一能级的接近电极位置的层状空间电荷 TSD 脱阱电荷输运的电流通式为

$$i(T) = A \exp\left[\frac{-U}{kT} - \frac{B}{\beta}\int_{T_0}^{T} \exp\left(\frac{-U}{kT}\right) \mathrm{d}T\right] \tag{5.163}$$

从对沉积电荷的限制条件考虑,常温栅控恒压电晕充电、液体接触法充电和束能低于 5keV 的单能电子束充电样品的带电模型都符合这里对空间电荷分布的要求。上述讨论的外激发脱阱电荷输运虽然是在两种极端情况下的简化唯象模型,但实际的许多驻极体材料的电荷输运特性可分别看作两种输运规律中的一种支配。如 DuPont 公司的 Teflon PTFE 负极性薄膜驻极体脱阱电荷在整个 TSD 温区内受慢再捕获效应控制[56,103]。Teflon PFA 负电晕充电驻极体的电荷输运规律与 Teflon PTFE 类似[56]。而 Teflon FEP 负极性驻极体的电荷输运呈现出较复杂的规律:在 $T < 100℃$时呈现快再捕获效应,而 $T > 100℃$(直到 TSD 最高温度) 时呈现慢再捕获效应[1]。经热湿氧化生长的 Si 基 SiO_2 薄膜负极性驻极体在 TSD 过程中,当 $T < 350℃$时电荷输运受快再捕获效应控制;当 $T > 350℃$时则转化为慢再捕获效应控制电荷的输运[81]。实验结果指出:对不同驻极体材料,或同一驻极体材料在不同温区内,利用快、慢再捕获效应对其电荷输运特性的表征是相对的,即仅仅是在相比较之下某种效应起支配作用 (或占优势),但随着实验条件的变化可能发生转化。此外,对同种材料,由于热历史和形成工艺直接影响其结构和形貌特征,也可能明显地影响脱阱电荷的输运规律。如多孔 PTFE 驻极体薄膜的负脱阱电荷在整个 TSD 温区中始终受快再捕获效应控制[203],这种与非多孔 Teflon PTFE 驻极体负脱阱电荷输运完全不同的规律是多孔 PTFE 在材料加工中经过多次热处理和单轴大范围拉伸导致材料微观结构上变化的结果。

在实验技术上利用开路 TSD 电流谱测量和组合电荷 TSD(测量 $\sigma(T)$ 曲线),并借助热脉冲技术 (或其他电荷重心测量方法) 测定出 TSD 过程中的平均电荷重心的迁移 $\bar{r}(T)$,可判定脱阱电荷的输运模式。例如,为了考察 Teflon PTFE 脱阱电荷在向背电极迁移途中再捕获效应的概率,在经常温恒压负电晕充电后的开路 TSD 过程中,在几个特定温度点用补偿法测出等效表面电势 $V_s(T)$(图 5.36(c)),用热脉冲技术测量平均电荷重心 $\bar{r}(T)$(图 5.36(b)),以及根据式 (2.126) 计算等效面电荷密度 $\hat{\sigma}(T)$(图 5.36(d)) 和直接记录的 TSD 电流谱 $i(T)$(图 5.36(a))。

图 5.36 的结果说明[203]:虽然样品内的电荷密度 $\hat{\sigma}$ 随着温升不断损失,但平均电荷重心 $\bar{r}$ 始终位于样品的近自由面附近。另一方面,对 TSD 过程中的电导率增长曲线 $G(T)$ 测量结果指出,在 TSD 电荷释放期间,本征欧姆电导的补偿效应导致脱阱电荷的补偿约为驻极体储存总电荷量的 8%(几乎可以忽略)。因此在 TSD 过程中大部分脱阱电荷在向背电极迁移中可直达背电极而没有被再度捕获,这是因为如果在迁移途中存在着明显的再捕获效应,则 TSD 中必然改变了空间电荷沿样品厚度的几何分布,从而导致电荷重心明显向内迁移。$\bar{r}$ 维持常数和快再捕获效应的忽略意味着 PTFE 内脱阱电荷输运的平均自由程 (schubweg) 比样品厚度大得多。夏钟福曾用 LIPP 方法测量了 PTFE 驻极体 TSD 过程中的空间电荷分布轮廓的演变,得出了与 Remke 等[204] 相同的结论。

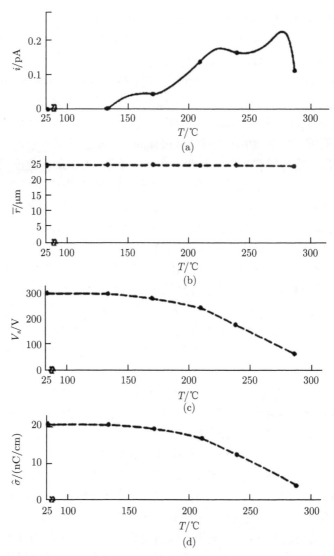

图 5.36　负电晕充电的 PTFE 薄膜驻极体在 TSD 期间的 $i(T)$、$V_s(T)$、$\bar{r}(T)$ 和 $\hat{\sigma}(T)$

参 考 文 献

[1]　Sessler G M. Physical Principles of Electrets; von Turnhout J. Thermally Stimulated Discharge of Electrets; Gross B. Radiation-Induced Charge Storage and Polarization Effect//Sessler G M. Electrets. Berlin: Springer-Verlag, 1987: 72, 106, 118, 142, 225.

[2]　Lewis T J. Ann. Report. Conf. Electr. Insul. Diel. Pheno, Washington, 1978: 533.

[3]　Mott N. Electron. Poeer, 1973: 321.

[4] Davies D K. J. Appl. Phys., 1969, (2): 1533.

[5] Gross B, Sessler G M, West J E. J. Appl. Phys., 1974, (45): 2841.

[6] Sessler G M, West J E. J. Appl. Phys., 1976, (47): 3480.

[7] Sessler G M. J. Appl. Phys., 1986, 60(1): 318.

[8] Sturm H, Stark W, Bovtoum V, et al. Proc. 9th Intern. Symp. on Electrets, Shanghai, 1996: 223.

[9] Hughes R. 2nd Intern. Conf. on Electrophyotograhy, Washington, D.C., 1974: 147.

[10] Zebouch N, Essolbe R, Malec D, et al. Proc. 8th Intern. Symp. on Electrets, Paris, 1994: 61.

[11] Amroun N. Materials Chemistry and Physics, 1993: 168.

[12] Martin E H, Hirsh J. J. Appl. Phys., 1972, 43: 1001.

[13] Gross B, Sessler G M, van Seggern H, et al. Appl. Phys. Lett., 1979, (34): 555.

[14] Spear W E. J. Noncryst, 1974, (D7): 1295.

[15] Tanak T, Calderwood J H. J. Phys., 1974, (D7): 1259.

[16] Gill W D. J. Appl. Phys., 1972, (43): 5033.

[17] Hayashi K, Yoshino Y, Inuishi Y. Jpn. J. Appl. Phys., 1975, (14): 39.

[18] Sessler G M. Intern. Symp. on Electrets and Dielectrics Rio de Janeiro, 1977: 321.

[19] Wintle H J. IEEE Trans. Electr. Insul., 1977, (12): 97.

[20] Chudleigh P W, Collins R E, Hancock G D. Appl. Phys. Lett., 1973, (23): 211.

[21] Fischer P. J. Electrostat., 1978, (4): 149.

[22] Scher H, Montroll E W. Phys. Rev. B, 1975, (12): 2455.

[23] Motyl E, Kacprzyk R. Proc. 9th Intern. Symp. on Electrets, Shanghai, 1996: 608.

[24] Frenkel J. Phys. Rev., 1938, (54): 647.

[25] Wintle H J. J. Noncryst. Sol., 1974, (15): 471.

[26] Singh R, Datt S C. J. Electrostat., 1979, (6): 95.

[27] Sessler G M, Hahn B. J. Appl. Phys., 1986, (60): 318.

[28] Ieda M. IEEE Trans. Electr. Insul., 1984, (19): 162.

[29] Cherifi A, Khalil M S, Meunier C, et al. Proc. 8th Intern. Symp. on Electrets, Paris, 1994: 224.

[30] Khalil M S, et al. IEEE Trans. Electr. Insul., 1988, 23: 1043.

[31] Gross B, de Oliveria L N. J. Appl. Phys., 1974, (45): 4724.

[32] Fowler J F. Proc. Roy. Soc., 1956, (A236): 464.

[33] Gross B. Solid State Comm., 1974, (15): 1655.

[34] Gross B, Messler S G, West J E. Appl. Phys. Lett., 1974, (24): 351.

[35] Hilczer B, Kulecki J. Fizyka Diel. i Radiosp., 1976, (8): 199.

[36] West J E//Wada Y, Perlman M M, Kokada H. Charge Storage, Charge Transport and Electrostatics with Their Applications. Amsterdam: Elserier Sci. Publishing Company, 1979.

[37]　Fridkin V M, Zheludev I S. Photoelectrets and the Electrophotographic Process. New York: Consultants Bureau, 1979.

[38]　van Turnhout J. Thermally Stimulated Discharge of Polymer Electrets. Amsterdam: Elsevier, 1975.

[39]　Ito D, Nakakita T. J. Appl. Phys., 1980, (51): 3273.

[40]　Southgate P D. Appl. Phys. Lett., 1976, (28): 250.

[41]　Tamura M, Ogasawara K, Ono N, et al. J. Appl. Phys., 1974, (45): 3768.

[42]　Murayama N, Nakamura K, Obara H, et al. Ultrasonics, 1976, (14): 15.

[43]　Zhang H Y, Xia Z F. Ferroelectrics, 1996, (196): 191.

[44]　Taylor D M, Al-Jassar A A. J. Phys. D, 1984, (17): 1493.

[45]　Lang S B, Das-Gupta D K. J. Appl. Phys., 1986, (59): 2151.

[46]　Sessler G M, Gerhard-Multhaupt R, von Seggern H, et al. Annu. Report, Conf. Electr. Insul. Diel. Pheno., 1984: 393.

[47]　Lang S B, DeReggi A S, Mopsik F I, et al. J. Appl. Phys., 1983, (54): 5598.

[48]　Mopsik F I, DeReggi A S. Appl. Phys. Lett., 1984, (44): 65.

[49]　Sessler G M, et al. IEEE Trans. Electr. Insul., 1986, 21(3): 411.

[50]　Fedosov S N, Eberle G, Eisenmenger W, et al. Proc. 9th Intern. Symp. on Electrets, Shanghai, 1996: 277.

[51]　Ploss B, Chan H L W, Kwok K W, et al. Proc. 9th Intern. Symp. on Electrets, Shanghai, 1996: 279.

[52]　Laburthe C, et al. IEEE Trans. Electr. Insul., 1993, (28): 344.

[53]　Ieda M. IEEE Trans. Electr. Insul., 1984, (19): 162.

[54]　Rose A. R C A Rev., 1951, (12): 362.

[55]　Creswell R A, Perlman M M. Dielectric Properties of Solid. New York: Plemin, 1972.

[56]　Xia Z F. IEEE Trans. Electr. Insul., 1991, 26(6): 1104.

[57]　Wintle H J, Scribuzy W. J. Phys. D, 1984, (17): 2267.

[58]　Hagekyriakou J, Fleming R J. J. Polym. Sci. Polym. Phys., 1983, (21): 1691.

[59]　Hass G. Phys. of Thin Film. New York: Academic Press, 1975: 169.

[60]　Pfister G, Scher H. Phys. Rev. B, 1977, (15): 2062.

[61]　Rodendo A I. J. Non-Crystl. Solid, 1976, (22):215.

[62]　Mort J, Pfister G. Electronic Properties of Polymers. New York: Wiley, 1982.

[63]　Arkhipov V I, et al. J. Electrostat., 1986, (18): 23.

[64]　Arkhipov V I, Adriaenssens G J, Baessler H. Proc. 8th Intern. Symp. on Electrets, Paris, 1994: 374.

[65]　Arkhipov V I, Adriaenssens G J. Proc. 9th Intern. Symp. on Electrets, Shanghai, 1996: 28.

[66]　Bauser H. Kunststoffe, 1972, (62): 92.

[67]　Partridge R H. J Polym. Sci., 1965, (A3): 2817.

[68] Davies D K, Lock P J. J. Electrochem. Soc., 1973, (120): 266.

[69] von Seggern H. J. Appl. Phys., 1981, (52): 4086.

[70] Lei Q Q. Proc. 5th Intren. Symp. on Electrets, Heidelberg, 1985: 126.

[71] Das-Gupta D K, Duffy J S, Cooper D E. J. Electrostat., 1983, (14): 99.

[72] Wintle H J. J. Acoust. Soc. Am., 1973, (53): 1578.

[73] Sessler G M, West J E, Gerhard-Multhaupt R. Phys. Rev. Lett., 1982, (48): 563.

[74] Sessler G M, West J E, Gerhard-Multhaupt R, et al. IEEE Trans., 1982, (NS-29): 1644.

[75] von Seggern H. J. Appl. Phys., 1979, (50): 2817.

[76] Xia Z F, Jiang J. Intern. Thin Film Phys. and Appl. SPIE, 1991, (1519): 866.

[77] 夏钟福. 电声技术, 1996, (130): 10.

[78] Olthuis W, Bergveld P. Proc. 7th Intren. Symp. on Electrets, Berlin, 1991: 16.

[79] Xiao Q H, Xie X S. Proc. 9th Intren. Symp. on Electrets, Shanghai, 1996: 46.

[80] Balk P. The Si-SiO$_2$ Systems. Amsterdam: Elsevier, 1988.

[81] Guenther P, Xia Z F. J. Appl. Phys., 1993, 74(12): 7269.

[82] Ichiya M, Lewiner J. Proc. 9th Intren. Symp. on Electrets, Shanghai, 1996: 9.

[83] Many A, Rakavy G. Phys. Rev., 1962, (126): 1980.

[84] Reiser A, Lock M W B, Knight J. Trans. Faraday Soc., 1969, (65): 2168.

[85] Ferreira G F L, Gross B. J. Nonmetals, 1973, (1): 129.

[86] Wintle H J. Thin Solid Films, 1974, (21): 83.

[87] Chudleigh P W. J. Appl. Phys., 1973, (48): 4591.

[88] Seanor D A. Electrothermal Analysis in Treatise on Analytical Chemistry, Part I, 12. New York: Wiley, 1983.

[89] Micocci G, Mongelli S, Rizzo A, et al. Solid State Commun., 1985, (53): 873.

[90] Kanazawa K K, Batra I P, Wintle H J. J. Appl. Phys., 1972, (43): 719.

[91] Chudleigh P W. J. Appl. Phys., 1977, (48): 4591.

[92] Dow, Nablo S V. IEEE Trans., 1967, (NS-14): 231.

[93] Gross B. Am. J. Phys., 1944, (12): 324.

[94] Sessler G M, West J E. Rev. Sci. Instrum., 1971, (42): 15.

[95] Hilczer B, Malecki J. Electrets. New York: PWN-Polish Scientific Publishers, 1986; Gross B. J. Phys. D, 1975, (8): L127.

[96] Collins R E. AWA Tech. Rev., 1973, (15): 35.

[97] Collins R E. Proc. IREE, 1973: 381.

[98] Sessler G M, Yang G M. Proc. 9th Intren. Symp. on Electrets, Shanghai, 1996: 165.

[99] Sessler G M. IEEE Trans. Electr. Insul., 1992, (27): 961.

[100] Perlman M M, Unger S. Appl. Phys. Lett., 1974, (24): 579.

[101] Xia Z F, Ding H, Yang G M, et al. IEEE Trans. Electr. Insul., 1991, 26(1): 35.

[102] Ikozaki K, Fujita I, Wada K, et al. J. Electrochem. Soc., 1974, (121): 591.

[103]　夏钟福. 应用科学报, 1992, 10(2): 174.

[104]　夏钟福. 电声技术, 1991, 74(2): 2.

[105]　Stark W, Danz R. Proc. 8th Intern. Symp. on Electrets, Paris, 1994: 83.

[106]　Collins R E. Appl. Phys. Lett., 1975, (26): 675.

[107]　Lu T J. Proc. 7th Intern. Symp. on Electrets, Berlin, 1991: 287.

[108]　夏钟福. 高分子材料科学与工程, 1991, 7(5): 106.

[109]　Xia Z F. IEEE Trans. Electr. Insul., 1990, 25(3): 611.

[110]　Garlick G F. Proc. Phys. Soc., London, 1948: 574.

[111]　Greswell R A, Perlman M M. J. Appl. Phys., 1970, (41): 2365.

[112]　Birnie D P. J. Mater. Sci., 1985, (20): 2193.

[113]　Carslow H S. Conduction of Heat in Solid. 2nd ed. Oxford: Oxford Uni. Press, 1959.

[114]　Aref-Azar A, et al. Polymer(GB), 1983, (24): 1245.

[115]　Lee S, et al. J. Macromol. Sci. Phys. B, 1983, 22(3): 489.

[116]　Gunether P, Shi L S. Proc. 7th Intern. Symp. on Electrets, Berlin, 1991: 663.

[117]　Xia Z F, Gunether P. IEEE Trans. Dielectrics E1, 1994, 1(1): 31.

[118]　Cao Y, Xia Z F. J. Electrost., 1996, (37): 29.

[119]　Jonscher A K. New prospects//Fillard J P, van Turnhout J. Thermally Stimulated Processes in Solids. Amsterdam: Elsvier, 1977.

[120]　Hedvig P. Dielectric Spectroscopy of Polymers. Bristol: Hilger, 1977.

[121]　McCrum N G, Read B E, Williams G. Anelastic and Dielectric Effects in Polymeric Solids. New York: Wiley, 1967.

[122]　Lacabanne C, Chatain D. J. Polym. Sci. Polym. Phys., 1973, (11): 2315.

[123]　Gross B, de Moraes R J. J. Chem. Phys., 1962, (37): 710.

[124]　Squire W. J. Comput. Phys., 1971, (7): 187.

[125]　Nemeth K. Sviszt P. Exp. Techn. Phys., 1973, (21): 443.

[126]　Inabe K. J. Phys., 1975, (E9): 931.

[127]　Fröhlich H. Theory of Dielectrics. 2nd ed. Oxford: Oxford Uni. Press, 1958.

[128]　Daniel V V. Dielectric Rexation. New York: Academic Press, 1967.

[129]　Davidson D W, Cole R H. J. Chem. Phys., 1951, (19): 1484.

[130]　Havriliak S, Negami S. Ploymer, 1967, (8): 161.

[131]　Hill N E, Vaughau W E, Price A H, et al. Dielectric Properties and Molecular Behaviour. London: Van Nostrand-Reinhold, 1969.

[132]　Davies M, Hains P J, Williams G. J. Chem. Soc. Faraday Trans., 1973, (69): 1785.

[133]　Zielinski M, Kryszewski M. Thermally Stimulated Processes in Solid. Amsterdam: Elserier, 1977.

[134]　Solunov C A, Ponevsky C S. J. Polym. Sci. Polym. Phys., 1977, (15): 969.

[135]　Chen I. J. Appl. Phys., 1976, (47): 2988.

[136]　Thomee V. J. Soc. Ind. Appl. Math., 1962, (10): 229.

[137] Wendroff B. Theoretical Nemerical Analysis. New York: Academic Press, 1967.

[138] Gross B, Wright K A. Phys. Rev., 1959, (114): 725.

[139] Carrano de Almeida L E, Leal Ferreira G F. Rev. Bras. Fis., 1975, (5): 349.

[140] Nunes de Oliveira L, Leal Ferreira G F. J. Electrostat., 1975, (1): 371.

[141] Camargo P C, Leal Ferreira G F. Intern. Symp. on Electrets and Dielectrics, Riode de Janeiro, 1977: 59.

[142] Zahn M. IEEE Trans. Electr. Insul., 1977, (12): 176.

[143] Lonngren K E. J. Appl. Phys., 1977, (48): 2630.

[144] Matsuoka S, Sunaga H, Tanaka R, et al. IEEE Trans., 1976, (NS-23): 1447.

[145] Sessler G M, West J E. Phys. Rev. B, 1974, (10): 4488.

[146] Bräunlich P. Thermoluminescence and Thermally Stimulated Conductivity// McDougall D J. Thermoluminescence of Geological Material. New York: Academic Press, 1968.

[147] Milnes A G. Deep Impurities in Semiconductors. New York: Wiley-Inter Science, 1973.

[148] Gross B. Mathematical Structure of Theories of Viscoelasticity. Paris: Herman, 1953.

[149] Cole K S, Cole R H. J. Chem. Phys., 1941, (9): 341.

[150] Fuoss R M, Kirkwood J G. J. Am. Chem. Soc., 1941, (63): 385.

[151] Alfrey T, Doty P. J. Appl. Phys., 1945, (16): 700.

[152] Schwarzl F R, Staveman A J. Physica, 1952, (18): 791.

[153] Vanderschueren J. Appl. Phys. Lett., 1974, (25): 270; Kryszewski M, Zielinski M, Sapieha S. Polymer, 1976, (17): 212.

[154] Hino T. J. Appl. Phys., 1975, (46): 1956.

[155] Lei Q Q, Wang X, Fan Y. J. Appl. Phys., 1992, 72(9): 4254.

[156] Gobrecht H, Hofmann D. J. Phys. Chem. Solids, 1996, (27): 509.

[157] Capelletti R, Fiesch R//Perlman M M. Electrets, Charge Storage and Transport in Dielectrics. Princeton: Electrochemical Society, 1973.

[158] Badian L, Skopec A, Smycz E, Cz Stec//Badian L. Space Charge in Dielectrics. Tech. Univ. of Wroclaw, 1977.

[159] Chen R. J. Mater. Sci., 1976, (11): 1521.

[160] Monteith L K, Hauser J R. J. Appl. Phys., 1967, (38): 5355.

[161] Batra I P, Seki H. J. Appl. Phys., 1970, (41): 3049.

[162] Rudenko A I. Sov. Phys-Semicond., 1972, (5): 2097.

[163] Mueller L, Brehmer L, Liemant A, et al. Proc. 7th Intren. Symp. on Electrets, Berlin, 1991: 84.

[164] Mandowksi A, Swiatek J. Proc. 8th Intern. Symp. on Electrets, Paris, 1994: 455.

[165] Mandowksi A, Swiatek J. Proc. 8th Intern. Symp. on Electrets, Paris, 1994: 461.

[166] Gartia R K, Singh J S, Chandra T S, Mazumder P S. J. Phys. D: Appl. Phys., 1993, (26): 694.

[167] Kmze I, Starbov N, Buroff A. Phys. Status Solidi, 1973, (A16): K59.

[168] Mueller P. Phys. Status Solidi, 1974, (A23): 165.

[169] Mueller P. Phys. Status Solidi, 1974, (A23): 393.

[170] Gross B. J. Chem. Phys., 1949, (17): 866.

[171] Vijverberg R G. Charging Photoconductive Surface//Dessauer J H, Clark H E. Xerography and Related Processes. London: Focal Press, 1965.

[172] Xia Z F, Jiang J, Ding H. Chinese Phys. Lett., 1992, 9(1): 33.

[173] Wintle H J. J. Appl. Phys., 1970, (41): 4004.

[174] Kanazawa K K, Batra I P. J. Appl. Phys., 1972, (43): 1845.

[175] Nunes de Oliveria L, Leal Ferreira G F. J. Electrostat, 1976, (2): 187.

[176] Chudleigh P W. J. Appl. Phys., 1977, (48): 4591.

[177] Sonnonstine T J, Perlman M M. J. Appl. Phys., 1975, (46): 3975.

[178] Schaffert R M. Electrophotgraphy. 2nd ed. London: Focal Press, 1975.

[179] Baum E A, Lewis T J, Toomer R. J. Phys. D, 1997, (10): 487.

[180] Vance D W. J. Appl. Phys., 1971, (42): 5430.

[181] von Hippel A, Gross E P, Jelatis J G, et al. Phys. Rev., 1953, (91): 568.

[182] Goodman A M, Rose A. J. Appl. Phys., 1971, (42): 2823; Nunes de Oliveira L, Lead Ferreiva G F. Phys. Rev., 1975, (B11): 2311.

[183] Helfrich W, Mark P. Z. Phys., 1962, (166): 370.

[184] Dascalu D J. J. Appl. Phys., 1973, (44): 3609.

[185] Popescu C, Henisch H K. Phys. Rev. B, 1976, (14): 517.

[186] Creswell R A, Perlman M M, Kabayama M//Karasz F E. Dielectric Properties of Polymers. New York: Plenum Press, 1972.

[187] Spear W E. J. Non-Crystl. Solids, 1969, (1): 197.

[188] Wintle H J. J. Appl. Phys., 1972, (43): 2927.

[189] Langevin P. Ann. Chim. Phys., 1903, (28): 289.

[190] Davies D K. J. Phys. D: Appl. Phys., 1973, 6(9): 1017.

[191] Lebedev E, Dittrich Th, Petrova-Koch V, et al. Brütting. Appl. Phys. Lett., 1997, 71(18): 2686.

[192] Markham J P J, Anthopoulos T D, Samuel I D W, et al. Appl. Phys. Lett., 2002, 81(1721): 3266.

[193] Martin E H, Hirsch J. J. Appl. Phys., 1972, 43(3): 1008.

[194] Gross B. J. Phys. D, 1974, (7): L103.

[195] Gross B. J. Electrochem. Soc., 1968, (115): 376.

[196] Gross B. J. Polym. Sci. Polym. Phys., 1941, 972(10).

[197] Gross B. J. Electrochem. Soc., 1972, 1190: 855.

[198] Gross B. J. Appl. Phys., 1972, (43): 2449.
[199] Schilling R B, Schachter H. J. Appl. Phys., 1967, (38): 841.
[200] Gross B, Perlman M M. J. Appl. Phys., 1972, (43): 853.
[201] 王力衡. 介质的热刺激理论及其应用. 北京: 科学出版社, 1988.
[202] Creswell R A, Perlman M M. J. Appl. Phys., 1970, (41): 2365.
[203] Xia Z F, Wedel A, Danz R. IEEE Trans. Dielectrics EI, 2003, 1: 102.
[204] Remke R L, von Seggern H. J. Appl. Phys., 1983, 54(9): 5262.

第6章　驻极体材料及其相关性质

20 世纪 30 年代驻极体开始被应用[1]，其中令人瞩目的是 20 世纪 60 年代人们将驻极体的光电效应用于静电复印[2]，以及将聚合物驻极体薄膜应用于声电传感器[3]。通常，传感器不仅要求驻极体有高的电荷密度 (10^{-4}C/m^2) 和良好的稳定性 ($-20 \sim 80$℃)，还要求驻极体必须同时具备良好的力学性能，如低密度、高强度、抗蠕变性、易于加工成型等。由于在玻璃化温度 T_g 以上，聚合物的主链段及侧基团发生协同运动，易导致驻极体放电，所以通常要求驻极体的 T_g 比传感器中的其他部件的使用温度高。能满足上述要求且具有实用价值的电介质材料是非极性聚合物。对所有开放式结构驻极体器件，尤其是驻极体空气过滤器，除了电荷稳定性的要求外，材料的疏水性是必须要考虑的。而对压电、热释电及非线性光学效应的驻极体，除了考虑空间电荷的稳定性外，材料中分子结构的非对称性 (或材料结构的非均匀性)、活性、玻璃化转变温度、力学性能等都是设计和研究的基本内容。

6.1　传统驻极体材料[4]

日本学者 Eguchi 于 1918 年利用巴西棕榈蜡 (canauba) 研制成世界上第一个人工驻极体[4]。这种驻极体是利用热极化形成了异号电荷。巴西棕榈蜡是最重要的传统有机驻极体材料，人们已对它开展了大量的研究工作。

6.1.1　传统有机驻极体材料

巴西棕榈蜡是早期的有机驻极体材料，是树脂和蜡的混合物。其中蜡是由含 24~26 个偶数碳原子的脂肪酸脂、含 16~36 个偶数碳原子的脂肪族醇类或固醇基的醇类组成的。此外，还含有一些游离的醇类和石蜡的烃类物质。醇和脂类的羧基是形成热驻极体异号电荷的结构根源。巴西棕榈蜡是制备热驻极体的最传统材料，是从巴西棕榈树叶中提取的[5]。

蜡醇酸则是以下三种酸混合的多种蜡组分：

蜂蜡醇和自由蜡基醇分别是

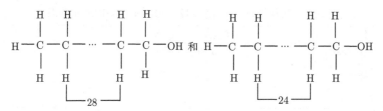

其中包含巴西棕榈树酸及少量无法辨认的类蜡复合物、游离酸、醇、熔点在 60℃左右的碳氢化合物和大约 5% 的离子化灰尘。

为了制备热驻极体，巴西棕榈蜡要经过几次沉淀和多次精炼过程以排除杂质，其密度为 999kg/m³，相对介电常数 $\varepsilon_r = 2.6$。用巴西棕榈蜡和树脂，蜂蜡和树脂，中国蜡和树蜡，以及巴西棕榈蜡、蜂蜡和树脂的混合物等都可获得稳定的热驻极体[6]。蜂蜡主要由蜂蜡醇的棕榈酸酯

和游离蜡醇酸组成，也可能含有 12%～17% 的某些碳氢化合物。中国蜡比普通蜡的硬度稍高，其重要成分是蜡醇酸和蜡基脂[7]：

松香玻璃是去除树脂中的松脂和易挥发物后的剩余物。没有熔融改性的松香的主要成分是松香酸。

由巴西棕榈蜡、蜡和树脂的固熔体形成的驻极体在室温下有良好的稳定性，其 TSD 电流谱含有三个重叠的电流峰。Perlman 指出：其 TSD 电流峰的形状强烈地依赖于驻极体的形成条件，即驻极态与其组分 (脂类、醇类和酸类) 相关[8]。Castra 和 Walker 等先后对巴西棕榈蜡驻极体的热退极化进行了研究。利用切片法的热退极化工艺，发现这类驻极体内存在非均匀分布的取向偶极子[9]。而 TSD 电流谱中的较高温区的电流峰对应空间电荷的释放。通过严格控制材料的形成条件以及合理的极化工艺，可以生产出电荷寿命高达 10^6 年的巴西棕榈蜡驻极体。几种传统驻极体材料及 PMMA 的密度和熔点见表 6.1。

表 6.1　几种传统驻极体材料及 PMMA 的密度和熔点

材料	密度/($\times 10^3 kg/m^3$)	熔点/℃
巴西棕榈蜡	0.990~0.999	78~85
蜂蜡	0.950~0.970	61~65
PMMA	1.19	160

然而，由于蜡类熔点较低，所以它们的使用温度一般不能高于50℃。与极性聚合物 (如 PMMA，PVC 及 PVDF 等) 相同，以巴西棕榈蜡为代表的传统驻极体材料也是极性材料。与聚合物及无机驻极体材料相比，基于热极化驻极体的元器件，其工作温度低，且体积大，电荷寿命短，机械强度差。自 20 世纪 60 年代以来，随着商品聚合物驻极体薄膜的发展，传统有机驻极体材料已被淘汰[10]。

6.1.2　传统无机驻极体材料

Johnson 和 Car 早在 1932 年就讨论了无机非极性材料硫的热驻极体性质。1958 年以前，苏联的 Gubkin 和 Skanavi[11] 系统地研究了钙钛矿陶瓷和一些其他无机材料驻极体的形成工艺及性能。在 1~2MV/m 的外场作用下，$CaTiO_3$，$MgTiO_3$，$SrTiO_3$ 和 Bi_2TiO_3 等钙钛矿能形成单极性驻极体。在类似的条件下，人们对冻石 (各类滑石 $Mg_2(Si_4O_{10}) \cdot Mg(OH)_2$) 进行压制和极化，使其成为单极性驻极体。

在 0.5MV/m 的弱电场下，钛酸镁和冻石可形成异号电荷驻极体，之后随着储存时间的延长，其极性逐渐改变 (即异号电荷驻极体转化为同号电荷驻极体)。$MgTiO_3$ 驻极体的电荷寿命约为 2 年，而其他陶瓷及冻石驻极体的电荷寿命大约为 1 年[12]。陶瓷驻极体电荷的低稳定性是由材料的低电阻率 (10^8 ~$10^{13}\Omega\cdot m$) 引起的。

6.2　聚合物薄膜驻极体材料

用作驻极体材料的高分子聚合物主要有聚烯烃类，包括聚乙烯，以及含卤素、烷基或芳香基团的其他聚合物。它们都具有稳定的电荷存储能力和较强的疏水性，即使在高湿的环境下，沉积电荷也相当稳定。聚合物驻极体薄膜按照其组成和性能大约分为三类：以聚四氟乙烯 (PTFE)、氟化乙丙烯共聚物 (FEP)、可溶性聚四氟乙烯 (PFA) 及聚三氟氯乙烯 (PCTFE) 为代表的高绝缘氟聚合物驻极体材料；以聚偏 (二) 氟乙烯 (PVDF) 及其共聚物 P(VDF/TrFE) 等为代表的极性聚合物；以聚乙烯 (PE)、聚丙烯 (PP)、聚酰亚胺 (PI) 及聚对苯二甲酸乙二酯 (PET) 为代表的非含氟聚合物驻极体材料。

表 6.2 给出了主要聚合物驻极体材料的名称及分子结构。

表 6.2　主要聚合物驻极体材料的名称及分子结构

中文名称	英文名称	缩写	分子结构
聚四氟乙烯	polytetrafluoroethylene	PTFE	$\left[\!\!\begin{array}{c} F\ F \\ -C-C- \\ F\ F \end{array}\!\!\right]_n$
氟化乙丙烯共聚物	tetrafluoroethylene-hexa-fluoropropylene copolymer	FEP	$\left[\left(\begin{array}{c}F\ F\\-C-C-\\F\ F\end{array}\right)_x\left(\begin{array}{c}F\ F\\-C-C-\\F\ C\\ \ \ F/|\backslash F\\ \ \ \ \ F\end{array}\right)_y\right]_n$
可溶性聚四氟乙烯	tetrafluoroethylene-per-fluoromethoxyethylene copolymer	PFA	$\left[\left(\begin{array}{c}F\ F\\-C-C-\\F\ F\end{array}\right)_x\left(\begin{array}{c}F\ F\\-C-C-\\O\ F\\ | \\ C\\ F/|\backslash F\\ \ \ F\end{array}\right)_y\right]_n$
聚三氟氯乙烯	polychlorotrifluoroethylene	PCTFE	$\left[\!\!\begin{array}{c} F\ F \\ -C-C- \\ F\ Cl \end{array}\!\!\right]_n$
乙烯四氟乙烯共聚物	poly(ethylene-tetrafluoroethylene)	E-TFE	$\left[\left(\begin{array}{c}H\ H\\-C-C-\\H\ H\end{array}\right)_x\left(\begin{array}{c}F\ F\\-C-C-\\F\ F\end{array}\right)_y\right]_n$
用乙烯环氧化脂肪替代乙烯的氟化共聚物	fluorinated(ethylenic-cyclo-oxyaliphatic substi-tuted thylenic) copolymer	Teflon AF	$-[CF_2\!\!-\!\!CF_2]_m\!-\![CF_2\!\!-\!\!CF_2]_n-$; dioxole 结构：$\begin{array}{c}O\ \ \ O\\ \backslash\ \ /\\ C\\ /\ \ \backslash\\ CF_3\ \ CF_3\end{array}$ ← dioxole

中文名称	英文名称	缩写	分子结构
全氟 (1-丁烯基乙烯基醚) 聚合物	perfluoro(1-butenyl vinyl ether) polymer	CYTOP	
聚偏氟乙烯	poly(vinylidene fluoride)	PVDF	
聚偏氟乙烯三氟乙烯共聚物	poly(vinylidene/trifluoroetylene 或 copolymer of vinylidene trifluoroethylene	P(VDF/TrFE)	
聚丙烯	polypropylene	PP	
聚酰亚胺	polyimide	PI	
聚对苯二甲酸乙二酯	polyethylene terephthalate	PET	
聚乙烯	polyethylene	PE	
环烯共聚物	cycloolefin copolymer	COC	

6.2.1　高绝缘氟聚合物驻极体材料

与聚乙烯分子结构类似, 氟聚合物是将聚乙烯中与碳主链连接的氢原子的部分或全部用氟原子或氟化氢取代, 或者以氧、氯等卤素原子加入构成。PTFE, FEP, PFA, PCTFE, Teflon AF 和全氟 (1-丁烯基乙烯基醚) 聚合物 (perfluoro(1-butenyl vinyl ether)polymer, CYTOP) 是最重要的一类高绝缘含氟有机驻极体材料。这些材料在驻极体传感器、辐射剂量测量、驻极体发电机和驻极体马达, 以及生物医学的应用方面具有特殊的地位。这类驻极体的共同特征是: 优异的介电性能, 如极高的电阻率 (体电阻率 $\rho_v 10^{16} \sim 10^{19}\Omega\cdot\mathrm{m}$, 面电阻率 $\rho_s 10^{16} \sim 10^{17}\Omega/\mathrm{sq}$); 低相对电容率

(1.89~2.70); 低介电损耗因数 (除 PCTFE 外其余的在 $5 \times 10^{-5} \sim 7 \times 10^{-4}$ 范围内); 高介电击穿强度 (20~280MV/m) 和优异的化学惰性。此外, 它们的吸水率低, 高低温性能优异, 耐气候性强, 因此具有优异的空间电荷储存能力。由于氟是自然界中最活泼的元素之一, 氟碳化合物是已知化合物中原子基团连接最坚固的一种。例如, C—F 的键合能 $U_{C—F}=393kJ/mol$, 比 $U_{C—Cl}=176kJ/mol$, $U_{C—H}=364kJ/mol$ 和 $U_{C—C}=335kJ/mol$ 都高[13], 这是电荷高稳定性的结构根源。

1. 聚四氟乙烯

聚四氟乙烯 (PTFE) 是直链型结晶性聚合物, 是非极性材料, 而且是最重要的有机氟碳聚合物之一。它最早于 1946 年由 DuPont 公司组织生产, 其商品名为 Teflon PTFE。国产 PTFE 常称为 F4。

PTFE 是最早用于驻极体领域的氟聚合物之一。在氟聚合物家族中, PTFE 具有最优异的介电性能 (极高的电阻率、高击穿强度及优异的耐电弧能力)、宽广的高低温特性 (连续工作温度 −190~+260℃)(表 6.3)[14]、高机械强度、阻燃性和极低的吸水率 (如将 PTFE 浸入 23℃的水中 24h, 其密度变化率低于 0.01%, 以及罕见的化学惰性 (素有 "塑料王" 之称)。从结构上看, PTFE 虽具有强极性基团 (—F), 但由于排列的对称性, 主链两边侧基团的极性相互抵消, 从而形成非极性分子。PTFE 分子结构中只含有氟、碳两种原子, 其聚合物链呈现螺旋结构, 加之氟原子的尺寸恰好使它在碳原子链的表面形成一层紧密的圆柱形外壳 (图 6.1), 从而能有效地阻止碳原子和其他外来化学物质的作用。PTFE 突出的化学惰性、低内聚能密度及强电荷储存能力都源于这种惰性的、完全氟化的外层。全氟化外壳、坚硬的棒状结构和微弱的分子间引力使分子链间易于滑动, 宏观上就表现出低摩擦系数和高延展性。从总体上说, 上述结构特征使得 PTFE 在有机材料中具有最优异的空间电荷储存稳定性, 尤其是在高温条件下。图 5.31 对上述四种氟聚合物的电荷 TSD 结果作了对比性说明: 当开路 TSD 至 200℃时, PTFE 的剩余表面电势仍保持初值的 94%, 而同样条件下的 PFA 和 FEP 已分别为 84% 和 45%, PCTFE 的电荷则早已衰减殆尽。电荷储存的高稳定性使得 PTFE 驻极体至今仍为驻极体辐射剂量仪、驻极体马达和小功率发电机的最佳选材[15]。

与生物的相容性是 PTFE 的另一个重要特性。作为人工生物驻极体材料的 PTFE, 用作人体病理器官的代用品, 如血管、肺气管、牙齿填料、心脏瓣膜等, 已在国内外临床医学上得到推广和应用。

利用开路 TSD 电流实验和热脉冲技术对负电晕充电的 PTFE(25μm 厚, Dilectrix DF-100) 的研究表明[16], TSD 电流谱的四个峰分别对应 157℃, 216℃, 238℃和 275℃, 相应四个分立能级的活化能分别为 1.3eV, 1.4eV, 1.5eV 和 1.7eV (表 5.2(a))。适当的高温充电能明显地改善 PTFE 的电荷储存寿命, 并且负电性的

PTFE 驻极体在电荷储存稳定性上明显优于正电性的 PTFE 驻极体。虽然 PTFE 结晶度的降低和结构缺陷的增加可能对负电晕充电薄膜的电荷稳定性有极大的影响，但对充电驻极体的放电规律影响较小[17]。用 PPS 方法测量经 RT 正负电晕充电的层状 PTFE 的电荷分布时，发现在接近注入面和背电极处有少量的电荷扩散现象[18]。引起扩散现象的原因目前还不是很清楚。其他一些测量结果还显示：在高湿环境中充电，样品的电荷重心向背电极迁移。

表 6.3　PTFE，FEP，PFA 和 PCTFE 的基本性能

性质	数值			
	PTFE	FEP	PFA	PCTFE
密度/($\times 10^3 kg/m^3$)	2.14～2.24	2.14～2.17	2.13～2.16	2.08～2.20
极限拉伸强度/($\times 10^4 kgf/m^2$)	140～410	210～300	280～490	280～420
延伸率 (断裂)/%	30～200	250～300	200～600	50～150
拉伸弹性模量 /($\times 10^4 kgf/m^2$)	4000～4100	4100～4890	4200～5600	1.05×10^4～2.11×10^4
压缩强度/($\times 10^4 kgf/m^2$)	119	155	280	320～520
弯曲弹性模量 /($\times 10^4 kgf/cm^2$)	3.50×10^3～6.30×10^3	6.67×10^3	7.03×10^3	1.26×10^4～1.68×10^4
耐弯曲疲劳性/次	10^4	10^4	10^6	—
摩擦系数	0.04	0.3	0.46	—
玻璃相变温度/℃	125	75	90	100
熔点/℃	327～342	262～280	302～310	183～288
连续工作温度/℃	−196～260	−250～205	−180～260	−190～130
线胀系数/K^{-1}	9.5×10^{-5}	9.4×10^{-5}	5.4×10^{-5}	4.5×10^{-5}～4.8×10^{-5}
介电强度/(MV/m)	25～200	30～280	160～200	120～150
介电损耗因数	2×10^{-4}～ 3×10^{-4}	1×10^{-4}～ 7×10^{-4}	0.51×10^{-4}～ 7.1×10^{-4}	$5.9\times10^{-3}(10^2 Hz)$～ $3.8\times10^{-2}(10^5 Hz)$
相对电容率	2.0～2.2	2.0～2.2	2.06	$2.9(10^2 Hz)$～$2.2(10^5 Hz)$
体电阻率/($\Omega \cdot m$)	10^{16}～10^{19}	10^{16}～10^{18}	$>10^{18}$	$>10^{16}$
面电阻率/(Ω/sq)	—	10^{16}	$>10^{17}$	$>10^{16}$
吸水率/%	<0.01	0.01	<0.03	～0

注：1kgf=9.80665N。

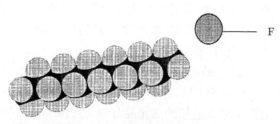

图 6.1　PTFE 分子链的氟、碳原子分布示意图 (碳原子位于中心轴上，未标出)

如果 PTFE 在 260℃的高温下经负电晕充电, PPS 测量结果显示出明显的体电荷分布非均匀性[18]。图 6.2 给出了经 260℃负电晕充电的 25μm 厚的 PTFE 驻极体, 利用 PPS 方法测得的电位移分布, 它说明: 靠近电极 (深度为 0) 的电荷 (电位移向量导数的负值) 是正的, 而样品的充电自由面表现出很强的负电性。这种现象的产生可能是由于电荷是通过电极注入的, 也可能是由于层状结构多相系统的效应。另外, 以电子束辐照再经 260℃退火后也观察到部分电荷已进入非辐照区而向背电极扩散的现象[18]。PTFE 的电荷陷阱密度可达 $6.4 \times 10^{14} cm^{-3}$。

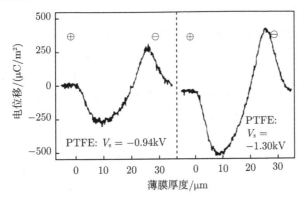

图 6.2　在 260℃负电晕充电的 PTFE 薄膜电位移轮廓图

如图 5.36 所示, PTFE 驻极体中的负电荷在体内的输运由慢再捕获效应控制。和其他有机氟材料相比, PTFE 的抗辐照能力和张力强度均较低。虽然 PTFE 是热塑性材料, 但是由于 PTFE 在熔点 (342℃) 上的熔融态的黏度非常高, 所以 PTFE 通常采用类似于粉末金属或陶瓷的模压工艺, 由此也导致了 PTFE 较高的售价。这些缺点限制了 PTFE 在工业驻极体生产上的应用, 特别是在驻极体传感器方面的应用和开发。

2. 多孔聚四氟乙烯

多孔 (porous) PTFE 膜和前述的非多孔 PTFE 膜具有相同的分子结构, 但它们表现出不同的微观形貌特征。经单轴拉伸形成的这类多孔膜 (孔径 1~5μm, 开孔率 50%~70%, 膜厚 40~150μm 等), 除了具有前述的传统非多孔 PTFE 膜的全部优点外, 还表现出优异的正负电荷储存能力、生物相容性、良好的透气 (汽) 率, 以及低密度和柔顺性, 这使得这类新结构 PTFE 薄膜在生物医学工程、双极性空间电荷型压电传感器及功能过滤膜等方面的应用具有诱人的前景。

多孔 PTFE 膜呈现突出的电荷储存能力, 尤其是在高温条件下。例如, 在完全相同的充电参数下经常温负电晕充电和 200℃老化处理 5h, Teflon PTFE 和 FEP 的等效表面电势 V_s 已分别衰减到初始表面电势的 70% 和 25%, 而多孔 PTFE

膜的 V_s 几乎没有变化 (图 6.3)[19]。如果在 300℃时老化 5h，多孔 PTFE 的 V_s
仍然保留初值的 90% 以上，Teflon PTFE 的 V_s 已衰减至初值的 40%，而 FEP
驻极体的电荷已衰减至 0。上述三种材料经正电晕充电表现出完全类似的规律。
图 6.4 是经 150℃负电晕充电后的上述三种材料的开路 TSD 电流谱的比较图示。
多孔 PTFE, Teflon PTFE 和 Teflon FEP 的主峰温分别位于 220℃, 210℃和 150℃。
由于维持相同的极化电场，这个结果说明：负极性多孔 PTFE 驻极体不仅有较高
的电荷密度，而且也具有较大密度的深阱电荷，这必然导致这种驻极体的长寿命。
利用等温退极化技术，根据 $\ln V_\mathrm{s}(t,T) = -t/\tau + \ln V_{\mathrm{s}0}(0,T)$，通过外推 $\ln\tau\,(1/T)$ 至
室温，夏钟福已分别确定出正负极性的上述三种类型驻极体的电荷储存寿命 (表
6.4)：正负极性多孔 PTFE 薄膜驻极体比 Teflon FEP 薄膜驻极体的电荷储存寿命
大约高一个量级。与致密结构的 PTFE 薄膜相比，经单向拉伸形成的多孔结构导
致了这种材料的多界面、低密度和更多更复杂的缺陷，这些或许是这类材料突出的
电荷储存稳定性的结构根源。

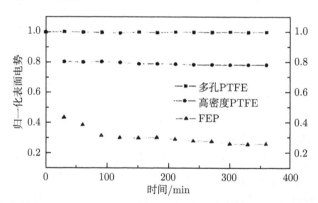

图 6.3　相同充电条件下，经 200℃老化 5h 的三种氟聚合物 $V_\mathrm{s}(t)$ 曲线

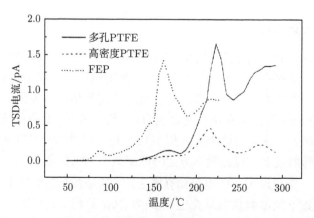

图 6.4　经 150℃负电晕充电的三种氟聚合物的开路 TSD 电流谱

表 6.4 三种氟聚合物的电荷储存寿命估算值 （单位：年）

寿命 材料 极性	多孔PTFE 薄膜	Teflon FEP 薄膜	Teflon PTFE 薄膜
负充电	2.63×10^5	2.16×10^4	1.00×10^5
正充电	3.45×10^4	3.43×10^3	4.50×10^3

多孔 PTFE 薄膜已被广泛地用作生物驻极体材料，如作为人体创伤恢复的临床功能膜 (驻极体骨愈膜、烧伤创面恢复功能膜和驻极体伤筋膏等)，还可以把驻极体激发的静电场作为一种新型的物理调控因子，通过修饰皮肤的驻极态来调节离子型药物的透皮迁移特性，调控药物的透皮吸收。由于它的柔顺性及在高温条件下的电荷储存稳定性，这类材料特别适合于研制相对高温条件下使用的双极性空间电荷压电传感膜。Gerhard-Multhaupt 和夏钟福合作研制的这类新结构压电传感器的灵敏度高达 600pC/N，比 PVDF 的 d_{33} 高一个数量级以上[20]。此外，通过控制充电工艺和改进薄膜的孔径及其连通性，还可将这类多孔膜用作从纳米到微米尺度孔洞的功能过滤膜。

3. 氟化乙丙烯共聚物

氟化乙丙烯共聚物 (FEP) 是四氟乙烯和六氟丙烯 (HEP) 的共聚物，由 DuPont 公司在 1960 年推向市场，其商品名为 Teflon FEP。国产 FEP(常称 $F_{4,6}$) 是 89% 的四氟乙烯和 11% 六氟丙烯的共聚物，而上海塑料研究所生产的 $F_{4,6}$ 是由 90% 的四氟乙烯和 10% 的六氟丙烯构成的。

从分子结构上看，FEP 和 PTFE 都是碳和氟的聚合物，它们的性质颇为相似 (表 6.2，表 6.3)。与 PTFE 相比，FEP 中的侧基团—CF_3 可被看作晶格中的缺陷，因而其熔点和连续工作温度从 PTFE 的 260°C 降低到 205°C。从结构上看，FEP 也呈现基本的螺旋结构，但由于分子链上的六氟丙烯单元的影响，近似无规缠绕结构，这不但使其刚度降低和链的柔性上升，而且使 FEP 的熔融黏度比 PTFE 下降了 6 个数量级。较低的熔点虽然使 FEP 的介电性能下降，但使其力学性能得到明显的改善，如增强了抗冲击性，同时对金属和玻璃等有良好的黏附力及抗辐射性等。这些对驻极体振膜式声传感器质量指标的改善至关重要。不言而喻，较好的熔融特性使 FEP 能利用通常的热塑工艺成形，明显地降低了材料的成本。

由于上述优点，FEP 几乎适用于 PTFE 可能应用的各个领域，并能用它制作出难以加工且形状复杂的产品。

虽然 FEP 的分子结构中存在着和—CF 非对称的—CF_3 侧基团 (表 6.2)，但是侧基团中所含的三个氟原子的碳支链在该链轴上的投影的偶极矩的矢量和 $P_0 \approx 3P_0 \cos 72°$，即近似等于极性相反的碳氟链—CF 的偶极矩，使总偶极矩接近 0，因此 FEP 是非极性材料。这种特殊的结构使 FEP 既保持了 PTFE 的基本介电特性，又实现了力学柔性、尺寸稳定性和易加工性。FEP 从 20 世纪 60 年代起在驻极体领域一举取代 PTFE 和其他传统有机驻极体材料，成为综合性能优异的非极性聚合物驻极体材料。它在近半个世纪的工业驻极体生产，特别是驻极体电声传感器的生产中独占鳌头，久盛不衰。FEP 被广泛用来制作各类驻极体声电换能器，如麦克风、助听器、耳机、声控开关、移动电话话筒、受话器及其他的驻极体产品。

FEP 具有优异的负电荷储存能力，通过控制极化工艺参数，在所有有机聚合物驻极体中 (除多孔 PTFE 外)，负极性的 FEP 驻极体在室温下表现出最长的电荷储存寿命。图 5.5 呈现出用不同能量的电子束充电的 FEP 样品的 TSD 电流谱：对应于 150℃峰的浅阱 (1.1eV) 位于自由面附近 0~0.5μm 的表面层中，而 215℃和 250℃(陷阱深度分别为 1.7eV 和 1.4eV) 的深阱分布于整个材料的表面和体内 (表 5.2(a))，这说明 FEP 驻极体中的体电荷比表面电荷具有更好的稳定性。鉴于此，为了获得长寿命的 FEP 驻极体器件，通常通过单能电子束充电，或通过电晕充电组合热处理工艺将电荷层沉积入薄膜体内，这样，既能阻止环境湿度对沉积电荷的影响 (FEP 的密封性)，又可获得较高比例的深阱体电荷，从而改善了器件的稳定性。

近年来，驻极体界已对 FEP 驻极体薄膜在不同极化条件下形成的空间电荷分布开展了大量的研究。室温下正电晕充电的 25~50μm 厚的各种 FEP 驻极体在整个样品内形成了非均匀分布的空间电荷[21-23]。其电荷重心 $\bar{r}$ 起初位于样品的表面，但随着储存时间的延长，$\bar{r}$ 逐渐迁移至样品的中央。若将样品储存在 40℃下历时 30min，其面电荷密度会完全消失，整个样品的电荷分布变得均匀[21,24]。图 6.5 给出了 PPS 法测得的 25μm 厚的 FEP 驻极体内的电场分布轮廓图。该图说明：正电晕充电并在 100℃或 100℃以上退火后，直接测量的电荷分布是均匀的[25]。更

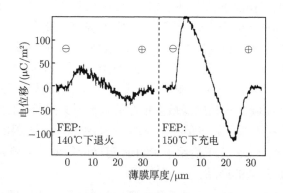

图 6.5　室温下正电晕充电并退火 (左)；150℃正电晕充电 (右) 的 FEP 驻极体的电场分布轮廓 (PPS 方法)

高温度下充电可形成十分稳定的正电荷驻极体。该图还给出了 150℃下正电晕充电的 25μm 厚的 FEP 电荷分布的 PPS 结果[25]。25~50μm 厚的 FEP 经负电晕充电,即使表面电势高达 2kV,也仅仅能形成接近自由面的面电荷层[21]。然而,如果充电到十分高的表面电势,或者在高温下充电,则会产生体内的负电荷分布[18,21,26]。如果在充电期间或充电后,样品的 V_s 高于 4kV,并维持若干小时,则会形成高稳定性的体电荷分布[26]。如已所知,常温负电晕充电后经 120℃老化已形成了体电荷分布[21]。最近的测量表明:230℃的负电晕充电能形成高密度且均匀分布的体电荷[18]。据此计算出的填满阱密度为 $3\times10^{14}\mathrm{cm}^{-3}$,比经室温充电的数值高 2 倍,然而仍比电子束充电的结果低[21,27,28]。

利用 LIPP 和 LIMM 方法也可以直接测量经电晕充电和老化后单面覆电极的 FEP 驻极体薄膜的电荷分布轮廓图[29-32]。该图说明:随着注入电荷密度的增加,电荷层变窄并逐步迁移至体内。这一现象已通过注入电荷的电场和存在着 RIC 的模型计算进行了定量分析[30]。对于 FEP,计算出的陷阱密度约为 $2.5\times10^{16}\mathrm{cm}^{-3}$,但从电子束实验资料中得到的最高填满陷阱密度约为 $6\times10^{15}\mathrm{cm}^{-3}$,这个数值比电晕方法获得的数值显然要高很多。从 LIPP 方法测得的电晕充电的 FEP 的电荷分布轮廓图中可以看出,外界电荷不能通过铝电极注入样品。如果用电子束轰击电极注入电荷,则在靠近电极区形成一附加的负电荷层[33]。如果对电子束充电的 FEP 再经 120℃老化,则出现一个强而宽的电荷峰 (图 5.10)[34]。峰的拓宽是由高温时电荷的释放,以及漂移至背电极中的快再捕获效应引起的。

和其他大多数的氟聚合物类似,正、负极性 FEP 驻极体薄膜的电荷储存寿命差异很大。其中负极性 FEP 驻极体的电荷储存寿命要长得多。如果忽略了本征电导率的影响,由过剩载流子在 FEP 体内沉积的电荷自身场的作用下形成的稳态陷阱迁移率 μ 可知,正电荷比负电荷要高一个数量级 (空穴 $\mu_+=5\times10^{-4}\mathrm{cm}^2/(\mathrm{V\cdot s})$;电子 $\mu_-=5\times10^{-5}\mathrm{cm}^2/(\mathrm{V\cdot s})$)。这就是氟聚合物材料用作驻极体功能膜时通常都采用负极性充电的原因。

与 PTFE 类似,FEP 也是生物相容性材料,已被广泛地用于制作人体病理器官的代用品。

4. 可溶性聚四氟乙烯

可溶性聚四氟乙烯 (PFA) 是 DuPont 公司于 1972 年首先聚合出的高性能热塑性氟碳聚合物,其商品名为 Teflon PFA。在氟聚合物家族中,PFA 是仅次于完全非晶态氟化共聚物 Teflon AF 的最年轻成员。在性质上,PFA 类似于 PTFE 和 FEP。它所含有的全氟烷氧基分支链—OCF_3 提供的力学性能不但接近,而且在某些方面超过 PTFE,尤其是它的高温特性。PFA 也具有突出的热稳定性,如在 160℃时仍具有优良的柔性和韧性,即使在 285℃下工作 $10^4\mathrm{h}$,其强度和延伸性也基本恒定;

在各种恶劣的化学腐蚀环境中表现出异常的抗应力和抗撕裂能力。PFA 同样具有 PTFE 的优异性能，如化学惰性、低摩擦系数、优异的介电性能等 (表 6.3)[14,35,36]。

PFA 是弱极性材料，这是因为它的分支链—OCF$_3$ 含有一个氧原子，由于氧是强极性元素 (O 和 C 的电负性分别是 3.5 和 2.5)，由 O 所形成的电性力将强迫—OCF$_3$ 中碳氟支链间的夹角减小，导致—OCF$_3$ 侧基团的偶极矩在碳链的投影矢量略大于—CF 链，使得 PFA 宏观上显示极性。

与 FEP 相比，PFA 突出的高温特性使其在 260℃高温下仍能连续工作。而 FEP 只能容忍 205℃的工作环境；PFA 的耐折叠性 (10^6 周) 比 FEP 和 PTFE 高两个数量级，同时 PFA 还呈现出对一般气体和水蒸气的低透气 (汽) 率和可以忽略的低吸湿性。PFA 的体电阻率略高于 FEP，它的面电阻率比 FEP 高一个数量级 (表 6.3)。这些特性对其用作振膜式和背极式驻极体声传感器是十分重要的。

PFA 具有突出的高温电荷储存能力。常温负电晕充电后的 PFA 在 150℃高温下老化 60h，剩余表面电势仍是初值的 84%，而同样条件下的 FEP 仅剩余 67%；在开路 TSD 测试时，当升温至 220℃时，PFA 的 $\hat{\sigma}$ 仍保持初值的 67%，而 FEP 的剩余值仅为 30%[37]。此外，PFA 比 FEP 更容易利用传统的热塑挤压和注塑成型工艺来加工，所以作为商业产品的 PFA(如 DuPont 公司生产的) 通常比 FEP 同类膜廉价 20%。

图 5.6 和图 5.11 分别是常温电晕充电和不同束能电子束充电，以及在几个特征温度下电晕充电后的 25μm 厚的 PFA 的开路 TSD 电流谱。如果合理地控制充电温度，可使负电晕充电后的 TSD 谱上的 146℃低温峰和正电晕 TSD 谱上的 86℃低温峰消失；与此同时，负电晕的 205℃和正电晕的 146℃高温峰分别向高温区漂移 30℃和 60℃。显然，高温电晕充电或单能电子束充电对延长 PFA 驻极体电荷储存寿命是十分必要的。研究结果还说明[37,38]：正负充电的 PFA 的最佳充电温度都在 200℃左右。

利用初始上升法和清峰术[39,40]，根据一次动态特性[16,37]，利用

$$i = i_0 \exp\left[-U_i/(kT)\right] = mv_0 \exp[-U_i/(kT)] \tag{6.1}$$

Teflon PFA LP 型膜的几个分立能阱的活化能已被估算出，再利用

$$\nu_i = \frac{U_i\beta}{k\left(T_{m,i}\right)^2 \exp\left[U_i/(kT)\right]} \tag{6.2}$$

即可求出峰温为 $T_{m,i}$ 的第 i 个电流峰及活化能为 U_i 时的尝试逃逸频率 ν_i(表 5.2)。

PFA 和 FEP 在 150℃时的平均渡越时间 t_λ 分别为 2×10^{5}s 和 1×10^{5}s[41]，说明 PFA 和 FEP 具有相近的电荷储存稳定性，但 PFA 更好。常温恒压电晕充电和不同束能电子束辐照充电的 Teflon PFA LP 膜的实验结果证实，PFA 存在着三个

分立能级：1.0eV, 1.3eV 和 1.1eV。除了 1.0eV(对应 145℃峰) 是表面陷阱外，其他两种陷阱都是体阱和表面阱的组合 (表 5.2)。

和 FEP 相比，分别经室温和 200℃正电晕充电的 PFA 驻极体仅能沉积较低量值的体电荷密度[18,42]，说明 PFA 对正电荷的再捕获效率较低；而常温负电晕充电的 PFA 驻极体仅包含面电荷层[18,37,38]。在 230℃高温下充电形成的 PFA 负极性驻极体仅含少量的体电荷，即进入体内的充电电荷的绝大部分都迁移到背电极而流失。如果在 200℃高温下持续长时间电晕充电，或在强电场下充电，情况发生了变化。例如，25μm 厚的 PFA 薄膜维持 −1000V 表面电势 8h，会出现捕获电荷密度高达 $10^{14}cm^{-3}$ 的均匀分布的体电荷。如果充电至 −1800V 经历 30min，则会形成非均匀分布的体电荷 (图 6.6)，且得到的最大电荷密度为 $3.5\times10^{14}cm^{-3}$。其电荷重心接近于背电极附近，这说明 PFA 与电极的界面是电介质中负电荷和电极上补偿电荷间良好的势垒。电子束充电的样品，在不同温度直到 230℃的老化下，均未发现其明显的电荷扩散现象[18]，说明在上述温区内电荷均被牢固地捕获在陷阱内。

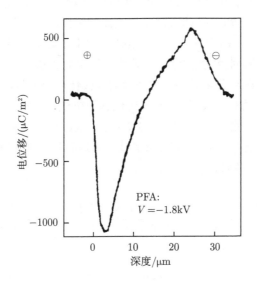

图 6.6 200℃负电晕充电 30min 的 PFA 的电位移分布轮廓 (PPS 法)

对 Teflon PFA，恒流电晕充电可以增加体内的电荷密度，因此与恒压电晕充电相比，恒流电晕充电可用来改善电荷储存的稳定性[38,43]。

5. 聚三氟氯乙烯

聚三氟氯乙烯 (PCTFE) 是一种柔性氟碳热塑性材料，是德国 Hoechst 公司在

1934 年研制出的，它是人类最早合成的重要氟聚合物。Allied Chemical 化学公司
生产的 PCTFE 的商品名为 Aclar PCTFE，其分子量达 30 万 ～40 万。PCTFE 是
一种稳定、可结晶的弱极性高分子材料，结晶度可达 85%～90%。从 PTFE 过渡到
PCTFE 是以氯原子取代部分氟原子形成了非对称的极性分子 (表 6.2)，由此引起
了化学惰性、热稳定性和介电性能的下降。这种分子结构并不妨碍结晶化，但却明
显地使材料熔点从 PTFE 的 327℃降低到 PCTFE 的 230℃左右。在 PCTFE 的结
构中，氟赋予薄膜良好的介电性能、热稳定性 (连续工作温度 −190～130℃) 及化学
惰性 (其耐化学腐蚀性仅次于 PTFE)；而氯的加入使其透光性、热黏合性、机械强
度与硬度及尺寸的稳定性增强。在塑料中，PCTFE 具有最低的蒸汽穿透率。它也
能以传统的塑料成型工艺 (挤压、注射和压模) 加工成型。

　　在各类塑料中，很少有像 PCTFE 薄膜那样拥有如此完善的综合优异性能，
如良好的介电性能和化学稳定性、抗紫外辐照、耐老化和耐磨性、无滞黏性和不
可燃性、宽频区内理想的透明度和极低的透气 (汽) 率 (表 6.3)[44]。由于上述优
点，PCTFE 在军工、医学、电子工业及空间技术方面得到了广泛的应用。

　　虽然氯原子的存在使 PCTFE 的介电性能下降，然而也使得 PCTFE 具有许多
FEP 等非极性氟聚合物驻极体材料无法相比的突出特性。在相同条件下，PCTFE
的透气 (汽) 率仅仅是 FEP 的 0.7%(表 6.5)。如果水蒸气凝结到驻极体话筒的储电
传感膜上，具有强极性水分子的透入必然导致电荷的损失，因此极低的透气 (汽)
率使 PCTFE 成为在高温高湿环境中使用的驻极体声传感器，它是振膜式声传感器
中储电薄膜的优良选材。PCTFE 还具有优良的机械稳定性，它的拉伸强度与 FEP
的相当，而其抗蠕变强度约为 FEP 的 7.4 倍，因此作为振膜式声传感器的驻极体
膜材料，其力学稳定性比 FEP 好很多。基于上述特性，PCTFE 成为人类最早制作
驻极体元器件的聚合物材料之一。

表 6.5　PCTFE 和 FEP 薄膜的几个重要性质的比较

材料	PCTFE(Aclar 33c)	FEP (Teflon FEP A)
透水率	0.025	0.4
透 N_2 率	2.5	350
拉伸强度/(kgf/m^2)	$2.8\times10^6 ～4.2\times10^6$	$2.1\times10^6 ～2.9\times10^6$
蠕变模量/(kgf/m^2)	8.40×10^7	1.13×10^7

　　当充电温度 (或常温充电后的老化温度) 高于 80℃时，PCTFE 驻极体显示
出优良的电荷稳定性[45]。这个热处理温度能确保它在大多数驻极体器件中的实际
应用。由于正负极性的 PCTFE 驻极体具有相近的电荷储存密度和衰减寿命，因
此 PCTFE 薄膜可望制成具有相近物理或材料性能、对称性好的驻极体推挽元器
件。PCTFE 薄膜在紫外、可见光和近红外的宽频谱内的高透明度及在真空中的抗

紫外辐照降解能力, 使得它在空间技术、军工和其他高科技领域中, 可被用作特殊功能的驻极体材料。在氟材料中, 由于 PCTFE 具有较高的相对介电常数, 在注极条件和膜厚相同的条件下, 能储存较高的电荷密度。鉴于此, Bamji 称 PCTFE 为"超级驻极体材料"[46]。

在同样的注极条件下, PCTFE 薄膜驻极体的 TSD 电流谱表示出: 正负极性驻极体的偶极弛豫和脱阱空间电荷峰几乎重合, 即它们具有十分相近的峰值强度和峰温 (图 6.7)。但正极性驻极体比负极性驻极体呈现稍好的电荷储存能力。这个特性明显地不同于前述的几种氟聚合物。TSD 电流谱包含三 (至四) 个分立的电流峰说明了正负极性的 PCTFE 驻极体存在着三 (或四) 类不同的偶极弛豫和陷阱捕获的电荷。空间电荷释放峰位于 130°C 左右, 其他两个低温峰对应两个不同弛豫频率的取向偶极子 (表 5.2)。

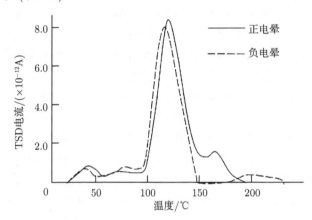

图 6.7 常温正负电晕充电的 PCTFE 的开路 TSD 电流谱

平均电荷重心随温度的迁移规律 $\bar{r}(T)$ 显示: 随着温度的升高, PCTFE 的 $\bar{r}$ 从体内向体表的反向漂移, 导致 PCTFE 的表面比体内含有更高浓度的深阱捕获电荷。温度的升高引起体内更多的浅阱电荷脱阱, 从而改变了体陷阱电荷相对表面陷阱电荷的浓度比。这种不同能值陷阱内储存电荷密度随温度升高引起沉积电荷几何分布的变化, 使 $\bar{r}(T)$ 逐渐向表面迁移。

6. PTFE, FEP, PFA 和 PCTFE 的比较

(1) 优异的介电性能、化学惰性、热稳定性 (良好的高低温性能)、低吸湿性、阻燃性、尺寸稳定性及耐气候性是它们的共性。

(2) 由于分子结构上表现出宽带隙, 只要环境辐照效应可以忽略, 则它们的本征载流子浓度十分低, 因此由欧姆 (本征) 电导引起的电荷衰减十分微弱。例如, FEP 驻极体, 根据负电荷密度的等温衰减曲线的外推, 其负电荷衰减的有效时间常数

(在考虑到部分环境因素的影响条件下)$\tau \approx 200$ 年。假定这种衰减仅仅是由欧姆电导引起的，则 FEP 的电导率 ($G = \varepsilon_0 \varepsilon / \tau$) 约为 $3 \times 10^{-21} \Omega \cdot m$。实验证明，驻极体在储存及使用期间环境辐照引起的离子化效应是加剧电荷衰减与体电导率增加的根本原因。比较这四种氟材料，PCTFE 的电导率不仅比另外三种材料高得多，其损耗因数 $\tan\delta$ 也比另外三种材料高出 1~2 个数量级，而且 $\tan\delta$ 还是频率的敏感函数，显然这是由 PCTFE 分子中强极性基团—Cl 引起的效应。

(3) PTFE 和 FEP 是非极性材料，它们或者是连接碳主链两侧的—F 基团的高度对称性，使偶极矩相互抵消；或者是侧基团—CF_3 碳氟基团原子的空间立构的巧妙分布，导致在碳主链上偶极矩矢量和近似等值反向的结果。

(4) FEP，PFA 和 PCTFE 都能采用热塑工艺加工。然而 PTFE 在熔点以上的高黏性使它必须采用模压式成型。PTFE 还显示出较差的透光性和较粗糙的表面。

(5) 充电前、充电期间或充电后的热处理都能明显地改善这四种材料的电荷储存能力。这是因为，适当的热处理不仅可以使材料内深阱电荷优先填满，同时抑制浅阱电荷的捕获，并加剧了已捕获在浅阱中电荷的脱阱，而且可以通过适当的热处理使材料形貌结构向着增强电荷储存稳定性的方向转化。

(6) 比较负电晕充电四种氟材料的开路 TSD 电流谱，我们发现：对 PTFE，FEP 和 PFA 三种材料，围绕 150℃和 200℃附近都出现了放电峰 (图 6.8)，说明它们之间存在着共同的放电根源。如前所述，150℃充电峰对应表面阱的脱阱电荷；而 200℃的高温峰对应着体阱的释放电荷 (表 5.2)。正电晕充电的上述三种材料，在 75℃附近也存在着类似的规律 (图 6.9)。然而 PCTFE 却表现出完全不同的放电曲线，正负电晕充电样品的电流峰相似，说明 PCTFE 的正负电荷捕获具有共同的机理。

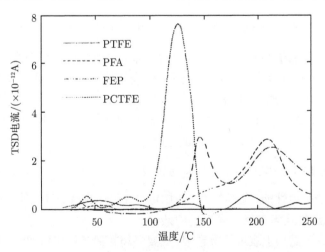

图 6.8　负电晕充电的四种氟聚合物的 TSD 电流谱

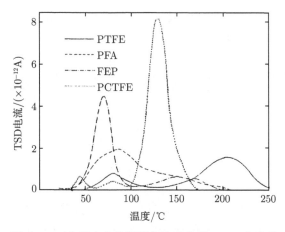

图 6.9 正电晕充电的四种氟聚合物的 TSD 电流谱

(7) 与 PTFE 和 FEP 相比, PFA 集中了 PTFE 和 FEP 的优点于一身, 包括突出的介电性能、优良的力学行为, 特别是高温电荷储存稳定性及良好的加工能力。因此, 在驻极体领域, PFA 应该得到更广泛的应用。与 PTFE 等上述三种材料相比, 虽然 PCTFE 的电荷稳定性较低, 但由于其突出的力学性能, 尤其是低得多的透气 (汽) 率, 它在驻极体的某些应用中仍占据一定的优势[47]。

(8) 电荷储存稳定性的排列顺序。

(a) 经常温恒压电晕充电, 并在室温下开路储存:

负极性: FEP→ PFA→ PTFE→ PCTFE

正极性: PTFE→ PCTFE→ PFA →FEP

(b) 在最佳充电温度下经恒压电晕充电, 并在室温下开路储存:

负极性: PTFE →PFA →FEP→ PCTFE

正极性: PTFE→ PFA →FEP →PCTFE

7. 乙烯环氧化脂肪的氟化共聚物

乙烯环氧化脂肪的氟化共聚物, 其商品名为 Teflon AF (Teflon amorphous fluoropolymer), 产自 DuPont 公司。它是在四氟乙烯的单体 TFE 中加入氧、碳和氟的环状结构, 即由 dioxole 单体组成 (表 6.2), 是 100%非晶态的含氟聚合物[48]。

Teflon AF 由 DuPont 公司于 1988 年申请专利, 1989 年 Teflon AF 1600® 和 Teflon AF 2400® 两种类型的产品首次被报道, 并于 1990 年被推向市场。Teflon AF 1600® 和 Teflon AF 2400® 从结构上仅反映了与主链连接的 dioxole 单体相对含量上的差异, 如 Teflon AF 1600® 和 Teflon AF 2400® 分别含有 66mol% 和 84mol%

的 dioxole。结构上的差异导致它们具有不同的玻璃相变温度 (Teflon AF 1600® 的
T_g=160℃，而 Teflon AF 2400® 的 T_g=240℃)。

$$-[CF_2{-\!\!-}CF_2]_m{-\!\!-}[CF{-\!\!-}CF]_n-$$

Tefoln AF(表 6.6) 具有优异的透光度，即从红外到深紫外的宽频区内拥有极
好的透光性。Teflon AF 2400® 的透光率大于 95%，在 190nm 厚度内是完全透明
的；Tefoln AF 有极低的折射系数 (1.29~1.31)，折射系数和 T_g 间存在着近似线性
的关系，T_g 越高，折射系数越低；在高达 GHz 范围内，在聚合物中具有最低的相
对介电常数 (1.81~1.97)；十分低的介电损耗因数 (7.3×10^{-5} ~3.5×10^{-4})；优异的
宽温区性能 (在 350℃仍保持极好的尺寸稳定性和高温区良好的刚性)；可切削性及
相对低的表面能；与大多数聚合物相比不寻常的抗形变强度，即在拉伸和压缩负载
下，没有明显的蠕变；易加工性以及在选择的全氟化溶剂内的受限制的溶解性和相
对其他溶剂的不溶解性 (表 6.6)[49,50]。

从分子组成上，Teflon AF 更接近于 PFA，它包含了氟聚合物的共性，是一种
具有诱人应用前景的优良驻极体材料。由于对选择性溶剂的受限制的溶解性和十
分低的溶液表面张力，Teflon AF 易于形成薄膜、无针孔涂层或均匀掺杂膜。由于
极好的透光性和优异的储电功能，通过旋涂 (spin coating) 或溅射形成的高纯、均
匀和无针孔的微米和亚微米薄膜是空间电荷驻极体和非线性光学效应驻极体的优
良材料。

Tefoln AF 驻极体的 TSD[51] 电流谱 (图 6.10) 显示经常温恒压负电晕充电后，
在 100℃，165℃和 185℃附近分别存在三个电流峰，说明 Teflon AF 的体内至少存
在着三种分立陷阱能级。经过热处理，如高温充电或常温充电后的老化，主峰温迁
移至 200℃或更高值[51]。等温表面电势衰减测量显示，Tefoln AF 驻极体有极好的
电荷储存稳定性，其稳定性甚至比 FEP 更好[52]。类似于 PFA[38] 和 FEP[53]，Teflon
AF 正极性驻极体的电荷稳定性较低，RT 充电后的 TSD 主峰在 95℃附近。

国内外驻极体领域已利用 Teflon AF 与具有非线性光学效应的分子偶极聚合
物 (如 PMMA，PI 等) 研制成双层膜。利用充电的 Teflon AF 空间电荷层形成的稳
定的驻极体自身电场来钳制非线性光学层中已取向的极化电荷，以改善这种偶极
取向聚合物的热稳定性 [54]。

表 6.6 Teflon AF 的基本性能

性质	数值
密度/($\times 10^3$kg/m^3)	$1.67 \sim 1.78$
形态学结构	100%的非晶态
拉伸弹性模量/($\times 10^4$kgf/m^2)	$9.68 \times 10^3 \sim 2.19 \times 10^4$
延伸率/%	$3 \sim 40$
极限拉伸强度/($\times 10^4$kgf/m^2)	$2.51 \times 10^2 \sim 2.75 \times 10^2$
抗蠕变能力	好
热稳定性/℃	360
可利用的高温温限/℃	285
线胀系数/($\times 10^{-6}$K^{-1})	$8 \sim 100$
玻璃相变温度/℃	160 或更高
抗自然老化能力	极好
抗火能力	95%
相对电容率	$1.89 \sim 1.93$
损耗因数	$7.3 \times 10^{-5} \sim 3.5 \times 10^{-4}$
击穿强度/(MV/m)	$19.8 \sim 20.9$
抗化学侵蚀能力	极好
临界表面能/(kgf/m)	$1.59 \times 10^{-3} \sim 1.60 \times 10^{-3}$
溶解度/%	$2 \sim 15$(质量)(在选定溶剂内)
光学清晰度	红外 $\sim$ 深紫外 95%
折射系数	$1.29 \sim 1.31$

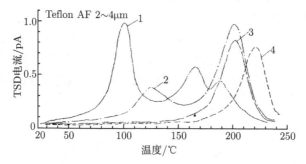

图 6.10 负电晕充电 Teflon AF 驻极体的开路 TSD 电流谱
1. RT 充电; 2. 充电前 200℃老化; 3. 175℃充电; 4. 充电-TSD 五次循环

Teflon AF 具有上述诸多优点，除了在驻极体方面的应用外，在半导体及其工艺材料方面，它不仅可用作高速计算机介质层及计算机的芯片，还可用作微电子线路的绝缘层、集成线路插件的密封层、特殊线路板，以及涂层或薄膜。在光学工程方面，它是纤维光学的理想选材，可用作宽频区内光学器件的透光涂层、紫外光器件的窗口、光学器件的抗反射层、微波和雷达系统中透镜的表面涂层及光学涂层。在集成光学器件中，它可用作具有传输和传感数据的功能材料；同时也是医学和光学器件的理想选材,其光学传感功能可用于临床诊断。由于它的生物相容性,也可用作气/液分离介质等。

Tefoln AF 是唯一的集电、光和力学优异性能于一体,综合化学惰性、热稳定性及对选择性溶剂受限制的溶解性于一身的完全非晶态聚合物,这显示出它在驻极体及电子、光学、生物医学及化学工程等领域的巨大应用潜力,是一种超级功能聚合物材料。

8. 乙烯–四氟乙烯共聚物

乙烯–四氟乙烯共聚物 (ETFE) 又称氟塑料 40,是一种高温热塑料,由 DuPont 公司在 1972 年首先投入工业化生产。它是半结晶、半透明性聚合物,结晶度为 50%~60%,是乙烯和四氟乙烯单体按 1:1 比例交替共聚形成的。与 PTFE 相比,乙烯单体作为共聚单元之一进入其聚合物使得 PTFE 的某些力学性能获得明显的改善,但同时以降低介电性能和牺牲热性质为代价。乙烯的加入,使熔点从 PTFE 的 327℃降低到 217℃,连续工作温度从 −190~260℃降低到 −60~180℃(短期工作温度可达 230℃),体电阻率约为 $10^{16}\Omega\cdot m$,化学惰性较差。然而,ETFE 的韧性和耐磨性、耐冲击强度及压缩强度等都得到了很大的改善。在加工工艺方面,它不但能利用熔融挤压、注塑等成型,而且可利用静电和流化床工艺形成涂层。ETFE 可形成最低黏滞系数的树脂,适合于树脂的高速加工。虽然 ETFE 的热稳定性比 PTFE 和 PFA 差很多,但优于乙烯–三氟氯乙烯 (E-CTFE) 和 PVDF。

ETFE 较高的绝缘性、低相对介电常数 (ε_r=2.6)、低介电损耗因数 (10^{-4}) 及优良的机械性,使它仍是较好的驻极体材料。常温负电晕充电后 (充电电压: (a) −5kV; (b) −10kV; (c) −7.5kV) 的开路 TSD 电流谱上出现了 75℃和 130℃两个分立的电流峰 (图 6.11)。充电电压的提高引起 TSD 电流峰值的上升,但同时 TSD 电流

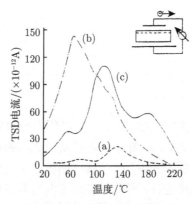

图 6.11   负电晕充电的 ETFE 的 TSD 电流谱

插图:短路连接电极的示意图

峰值向低温区漂移, 这说明, 充电电压增加, 增强了材料中浅阱对载流子的捕获效率, 电荷密度相应提高。相同条件下正电晕充电的 TSD 电流谱出现 73℃电流峰 (对应活化能 1.12eV)。正极性 ETFE 驻极体中的陷阱能级明显地高于负极性的陷阱能级, 说明 ETFE 的储电机制与 PTFE 及 FEP 有明显的差异。我们知道: 在非结晶材料中, 正离子的陷阱比电子陷阱深, 这说明 ETFE 的导电机理可能是离子型。

9. 全氟 (1-丁烯基乙烯基醚) 聚合物

传统的有机氟树脂具有优异的耐热、耐化学腐蚀和电气特性, 但多数是结晶形白色不透明体。旭硝子公司生产的 CYTOP 不但有传统氟塑料的固有特性, 还具有无定形结构, 呈高透明状[55], 化学结构式如图 6.12 所示。

图 6.12 CYTOP 的分子结构式 (左) 和分子链上原子的分布示意图

CYTOP 除可采用传统有机氟树脂的熔融成型加工方法外, 还可进行溶液涂层加工和微细加工。由于其有高的透光率、低的折射率和优异的耐化学腐蚀性能, CYTOP 可广泛应用于光学领域, 如半导体光刻蚀、光电池、光导纤维和低反射涂层等; 由于有优异的介电特性和低吸水率, 它既可以用作半导体元件和微波仪器的保护膜, 提高使用性能, 延长使用寿命, 还可用在光学半导体、光学仪器和太阳电池等领域。此外, 还由于透明性、憎水憎油和耐化学腐蚀等特性, 它被用作各种功能性涂层, 如 SF_6 气体绝缘开关、半导体生产中氟酸处理的观测窗、激光零件的防蚀涂层、银反射镜, 以及铝表面的防氧化涂层、易潮解物体的防潮涂层和假牙的防牙垢涂层等。

同时 CYTOP 也是聚合物驻极体材料[56]。东京大学机械工程系 Yuji Suzuki 课题组研究表明: 第一, 与其他的驻极体材料相比, CYTOP 具有较大的介电强度, 其值为 110kV/mm, 因此面电荷密度的理论极值大约是 Teflon AF 的 5 倍; 第二, CYTOP 可以多次旋涂, 厚达 20μm 的薄膜很容易制作; 第三, CYTOP 很容易被 O^{2-} 等离子体所图形化, 并且与 MEMS 的制造过程兼容。表 6.7 为 CYTOP 的主要性能。

表 6.7　CYTOP 的主要性能

性能	数值
介电常数	2.1
体积电阻	$10^{17}\Omega\cdot cm$
玻璃相变温度	108℃
介电强度	110kV/mm

　　Suzuki 等还对 CYTOP 和 Teflon AF 驻极体进行了 TSD 测量。TSD 电流谱中不同的电流峰对应材料中不同的电荷陷阱机制。与偶极子相对应的电流峰值出现的位置略低于玻璃相变温度。在较高温度下的电流峰对应于表面和体电荷陷阱。因此，TSD 电流谱的测量对优化充电条件和获得更稳定的驻极体材料很有帮助。图 6.13 是 CYTOP 的 TSD 电流谱，升温速率为 1℃/min。由图中可以看出，TSD 电流谱中包含分别位于 135℃和 150℃的 2 个电流峰。图中样品的基底是 0.3mm 厚铜板，CYTOP 和 Teflon AF 的厚度为 3μm，面积为 30mm×30mm。电晕极化电压、极化温度和极化时间分别为 −8kV、120℃和 3min。由于 CYTOP 的玻璃相变温度 T_g 为 108℃，所以很明显 CYTOP 驻极体在高于 T_g 的温度下是稳定的。类似地，Teflon AF 的电流谱也有一个位于 185℃的电流峰，高于 Teflon AF 的 T_g（=160℃）。

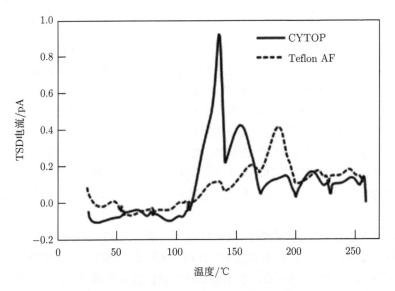

图 6.13　CYTOP 和 Teflon AF 在 120℃下极化的 TSD 电流谱

　　由于 CYTOP 不仅具有较高的表面电势 (在厚度为 15μm 样品中，表面电势为 −640V，相应的电荷密度为 $0.8mC/m^2$)，而且与 MEMS 过程相兼容，所以 CYTOP

可应用于 MEMS 能量采集器中。较高的表面电势能够提高器件的灵敏度，增强微发电机的输出功率。

6.2.2　非氟碳聚合物驻极体材料

在聚合物驻极体材料中，不论是高绝缘材料 (空间电荷型)[57]，还是极性材料 (具有压电、热释电或铁电效应的材料)，从总体或开发应用的方面考虑，含氟聚合物无疑是最优秀的一类。然而，驻极体元器件对材料的功能性要求往往是多方面的。品种有限的含氟聚合物无法满足各种功能指标的要求，如用作电容式背极型的驻极体声传感器振膜，需要高质量的力学性能指标，非氟碳聚合物聚对苯二甲酸乙二酯 (PET) 就是公认的最佳选材。考虑到高温和高湿环境中，由于驻极体外场作用下引起大气中异性电荷在表面沉积的电荷补偿作用，具有优异疏水性的聚丙烯膜在高湿环境中电荷的高稳定性则显示出明显的优势。尤其是作为一种开放式结构——驻极体空气过滤器的用材，聚丙烯纤维或聚丙烯多孔膜比 FEP 等材料具有较明显的优势。而自从 1997 年首次报道[58] 环烯烃共聚物 (COC) 的某些驻极体性质明显地超过 FEP 等高绝缘氟聚合物，使它用作驻极体功能膜或功能纤维时，在传感器工业及环境净化工程中显示出强有力的竞争优势。聚乙烯不仅是一类良好的驻极体材料，而且在电力工业中用作交流电缆，尤其是直流高压输电电缆，受到了电气工程和绝缘材料界的特别青睐。因此，非氟碳聚合物是另一类重要的驻极体材料。

1. 聚丙烯

聚丙烯 (PP) 1955 年由意大利的 Natta 首先聚合成等规聚丙烯，1957 年实现商品化。其聚合度为 2000~3500，分子量为 20 万 ~70 万，是一种线性聚合物 (表 6.2)。按照分子中—CH$_3$ 空间位置的不同，PP 可分为等规 PP、间规 PP 和无规 PP，工业产品主要是等规型的。PP 的质轻 (密度为 8.9×10^2 ~$9.1 \times 10^2 kg/m^3$)、耐热性较好 (软化点大于 140℃，熔点 T_m=160~172℃，连续使用温度为 110~120℃)、拉伸强度和刚性突出，硬度大，耐磨性好，同时具有耐弯曲疲劳特性 (抗折叠性为 10^5 周) 和尺寸稳定性 (在 −3.5 ~150℃温区内不随温度变化)，这些都是用作电容式驻极体声传感器传感膜的重要力学和温度条件。由于模塑收缩率较低，PP 适合于注射、挤出、吹塑、层压和双向拉伸等工艺成型。低温韧性差、脆折温度高 (约 80℃) 和较差的耐气候性是 PP 膜的缺点[35]。

PP 不但具有与 FEP 及 PTFE 类似的介电性能 (高电阻率、低介电常数和低介电损耗) 和化学稳定性 (耐酸、碱，不溶于甲苯)，而且具有突出的疏水性 (吸水率 <0.01%) 和低透气 (汽) 率 (由于 PP 的侧基团—CH$_3$ 是非极性基团)，因此用 PP 膜制成的驻极体器件，特别适合于在高湿环境中工作。PP 膜品种繁多，价格低

廉, 已广泛地用作驻极体空气过滤器的滤材及驻极体声传感器的芯片材料。

PP 薄膜的强疏水性使得利用电晕充电沉积在样品表面和近表面的电荷层, 即使在相对湿度差异颇大的环境气氛中存放 (如 RH=40%∼90%) 也能维持几乎完全相同的电荷稳定性。与大多数的氟聚合物类似, 负电性 PP 驻极体比正电性 PP 驻极体具有更好的电荷稳定性。负电晕注极 PP 驻极体 TSD 谱的电流峰比正电晕的对应的温度更高[59]。热处理能明显改善 PP 驻极体的电荷储存寿命[60], 这一点从常温充电 PP 样品随着老化温度的升高, TSD 电流峰温向高温迁移得到证实。PP 经负电晕充电后, 其 TSD 电流谱中出现 70℃和 100℃两个电流峰, 它们分别对应于近表面和体内捕获电荷的脱阱, 另一个来历不明的峰出现在接近熔点的 150℃, 并强烈地依赖于表面条件[60,61]。此外, 人们还利用 TSD 方法研究了充电 PP 的空间电荷效应, 特别是样品的热历史对 TSD 峰的强烈影响[62]。从充电参数对 PP 驻极体电荷稳定性影响的研究结果可以看出: 注入电荷密度随极化电场的增加线性上升, 当电场达 600kV/m 时, 上升速率变缓, 直到 1MV/m 时接近饱和。在短路 TSD 电流谱中, 大剂量的电子束充电后出现反向电流峰, 说明随着注入电荷密度的增加, 电荷层向背电极扩散, 从 LIPP 方法获得的不同注入电荷密度的电荷分布中已直接观察到这一现象[63]。由于电荷层拓宽, 所以零电场面位于充电区内, 因此, 脱阱电荷可能分别向两电极移动[64]。电子束辐照后的延迟辐射感应电导率 (DRIC) 与剂量率成正比, 这说明陷阱能量是均匀分布的[65]。

将染料沉积于透明氧化铟锡 (ITO) 电极后, 我们可用肉眼观察到球状 PP 中的横向电荷分布。对于正电晕充电, 在 70℃窄的温区内, TSD 峰对应的捕获在球状分布周边区域的电荷分布已被观察到。而与 TSD 电流谱的高温峰相对应的电荷被捕获在球的中心区[64]。这种材料的电流-电压特性显示出, 球粒密度的增加导致了陷阱密度的微弱增加和自由电荷载流子迁移的较大增加[66]。对于十分薄的经真空蒸镀电极的 PP(s <10nm), 自愈性电击穿发生在电场高于 120MV/m 处, 几乎是厚的 PP 膜的两倍, 而在较高的电场下则可能发生隧道注入效应[67]。

利用三电极系统测得的 PP 薄膜驻极体的电导率增长曲线 $G(T)$ 和用热脉冲技术测得的 $\bar{r}(T)$ 说明: 当温度低于 110℃时, 平均电荷重心 $\bar{r}(T)$ 始终位于近表面; 当温度高于 110℃时, 由于体电导率的激增, $\bar{r}(T)$ 明显地向体内迁移, 这是电导率温度效应的贡献。PP 驻极体薄膜的电荷 TSD 实验中的 $\sigma(T)$ 测量结果说明: 当 T >50℃时, $\sigma(T)$ 开始逐渐衰减, 直到 200℃时 $\sigma \approx 0$。然而在同一个测量过程中, 当 T <100℃时, $\bar{r}(T)$ 维持常数, 即 PP 驻极体的脱阱电荷在低于 110℃时, 其输运过程受慢再捕获效应控制。

2. 聚乙烯

聚乙烯 (PE) 是聚烯烃塑料中应用最广、产量最高的塑料 (约占世界塑料总产量的 1/3)。PE 于 1933 年利用高压法合成，1939 年被商品化。类似于 PTFE，PE 是一种直链型热塑聚合物，是非极性材料。按其结构可分为三类：低密度聚乙烯 (LDPE)(以高压法合成，含较多枝化链 (1000 个碳原子链长含 30~50 个长短不一的侧链)，相对密度为 0.92，平均分子量达 3 万 ~6 万，结晶度约为 65%，软化温度为 105~120℃)、高密度聚乙烯 (HDPE) (以低压法聚合，即在较低的压力下按配位聚合原理在催化剂下聚合成近似线性链状聚合物 (1000 个碳原子的链长仅含 1~10 个支链)，相对密度为 0.95~0.96，平均分子量为 8 万 ~20 万 (超高分子量为 100 万)，结晶度为 90% 或更高。聚乙烯是唯一能生长成块状单晶的聚合物)、中密度聚乙烯 (MDPE)(其性能介于上述两者之间)。与 LDPE 相比，HDPE 具有更好的机械强度，质坚韧。它们都具有优异的介电性能 (包括高频介电性能)、耐寒性、透气性、耐辐照、耐老化及化学惰性等优点，并同样能用挤出、吹塑、注射等热塑工艺成型，是重要的空间电荷驻极体。

作为重要的高压电缆材料，尤其是高压直流电缆材料，聚乙烯受到电气工程界更广泛的关注。利用化学处理、热处理，或电子辐照、X 射线辐照处理所形成的交联聚乙烯 (crosslink, polyethylene, XLPE) 则具有更好的韧性、耐温性及抗老化性 (改善其使用寿命)，从而成为强电绝缘材料的重要研究对象。

人们已对 PE 的驻极体性质开展了广泛的研究。在宽温区内测量 LDPE 的 TSD 电流谱，结果显示，除了低温偶极峰以外，在 40℃，60℃和 90℃分别存在三个空间电荷峰[68,69]。这些峰分别用体阱和表面陷阱来表征[68,69]。含水的 LDPE 样品还存在另外一个附加峰[70]。人们还研究了用酸处理 HDPE[71] 的表面，以及抗氧化剂对其体内的化学修正导致的 TSD 电流峰的漂移和高温时的电荷衰减现象[72]。根据电晕放电提供激发分子作用，人们还提出了一种模型用以解释表面电势的交叉 (crossover) 现象[68]。PE 的极化稳定性还明显地受到聚合物链的支化程度和微晶尺寸的影响。Creswell 等在美国 Bell 实验室已系统地研究了这一课题。高电荷稳定性的 PE 驻极体是指那些高密度、晶粒大尺寸和呈现最少分枝链的 PE。PE 的大块结晶可以通过在它的软化点温度缓慢地冷却生长而实现。这种 PE 驻极体的放电温度约在 150℃，因此微晶结构 PE 驻极体的电荷稳定性较差。表 6.8 给出了不同聚烯烃薄膜在常压下电晕充电形成的驻极体及其开路 TSD 放电峰的主峰温[73]。

表 6.8 各种经电晕充电的聚烯烃驻极体的主放电峰温度

材料	驻极体主放电峰温度/℃
高密度聚乙烯 (HDPE)	150
聚氟乙烯 (PVF)	40
聚氯乙烯 (PVC)	50

续表

材料	驻极体主放电峰温度/℃
聚偏氟乙烯 (PVDF)	90
聚四氟乙烯 (PTFE)	230
聚三氟氯乙烯 (PCTFE)	120
聚碳酸酯 (PS)	125
聚丙烯 (PP)	150
块晶高密度聚乙烯 (HDPE, LC)	150
微晶高密度聚乙烯 (HDPE, SC)	130
中密度聚乙烯 (MDPE)	120
低密度聚乙烯 (LDPE)	85

如前所述，PE 通常作为电力电缆的绝缘材料，这类应用常常会遇到高电场和恶劣的工作环境 (如水下作业)，因此这种材料的电学性质需要被很好地控制。科学家已发现了电击穿和材料内空间电荷间的紧密联系。人们也能区分经不同粒子束和不同剂量辐照或化学反应后研制成的 HDPE, LDPE 和 XLPE 间的性质差异。许多实验室研究了各种条件下不同类型 PE 的空间电荷分布[74-76]，发现 LDPE 中出现了异号电荷，而 XLPE 中仅出现同号电荷，并发现电荷分布与极化电场是无关的[77]。随着化学交联过程中副产物的增加，异号电荷开始产生并逐渐增加[74-77]。电荷类型和分布与样品的制备条件密切相关。与 1% 的乙烯–醋酸乙烯酯共混可减少 LDPE 中的异号电荷浓度，由于添加剂规则 (additive rule)，减少量比预期结果要大。在两种材料的层压片中，电荷被捕获在界面处，形成了界面势垒[78]。在高于 120MV/m 的电场作用下，用 LIPP 方法已观察到 LDPE 和掺杂抗氧化剂的 XLPE 中电荷的积累和电荷的输运现象，确信氧化引起材料变性对空间电荷状态起着重要作用，并认为在材料内周期性电场的增强及随后的电荷分离是与电荷积累层的形成有关的[79]。在低电场时，XLPE 中的电荷分布与时间无关；然而在高电场时，正电荷约在 1h 内迁移通过样品[75](图 6.14)。并发现在施加电压后立即形成异号电荷，这是由从阴极注入负电荷，接着从阳极间断式地注入正电荷形成的电荷积累层。Kitani[80] 等还研究了移去电极后场致极化的 LDPE 的横向表面电势分布，并观察到在低电场时的电荷非均匀分布现象。

强场极化和介电弛豫已用于研究 XLPE 和 LDPE 的交流老化机制。在潮湿环境中，XLPE 的老化弛豫峰可用普适响应的分数幂函数规律 (fractional power law) 来解释[81]。白俄罗斯的 Goldate 等讨论了电极化和磁场间的关系，认为在磁场中对聚合物的热磁处理能在 PE 中产生电极化和磁各向异性的大分子取向。以剂量为 12Gy 的 X 射线对 LDPEf 进行辐照，它能抑制空间电荷的注入，并增大电导率，以致 PE 丧失了电荷的捕获能力[82]。对 PE 的 DRIC[81] 的研究认为，以剂量

50~1000μGy 的 X 射线辐照的结果可通过具有一次动态特性的受控复合通道来解释, 而受限制的复合扩散不适合这种数据处理方法。

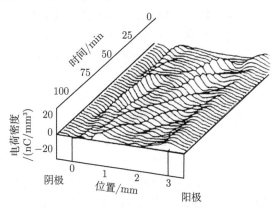

图 6.14 在 117MV/m 电场下 XLPE 的空间电荷分布随时间变化

文献 [83] 还报道了在 LDPE 中观察到经大于 15MV/m 电场充电后释放电流的极性变化。电流反向的时间与温度有很大的关系, 而与外加的电压关系较小。掺杂沸石和黏土的 LDPE 的介电性能[84] 也被研究。在掺入黏土的 LDPE 中已观察到 Maxwell-Wagner 界面弛豫现象, 而掺杂沸石的 LDPE 中则观察到了偶极弛豫现象。Montanari 等描述和讨论了用不同扫描量热计测试 XLPE 氧化稳定性的结果[85]。

Dang 等[86] 综述了电老化对由 PE 研制的电缆材料寿命的影响。击穿电场和寿命间的指数关系能很好地描述强电场下的规律。在经氧化的 PE 中, 施加直流脉冲电压后, 人们已观察到单一的负电荷层, 并指出注入电极在击穿过程中起的重要作用[87]。如果电缆的 PE/半导体界面被半导层中的表面活化剂改变, 则击穿电压能增大到 2 倍以上。这样的附加成分使 PE 薄层易于生长至垂直界面[88]。LDPE 和少量苯乙烯形成的共聚物的击穿电压比纯的 LDPE 要高。由于苯环的存在, 高电场下受陷阱控制的电导率起支配作用[89]。

3. 聚酰亚胺

聚酰亚胺 (PI) 1961 年由 DuPont 公司首次推向市场, 其商品名为 Kapton^{TM} PI。PI 分为芳香族和脂肪族两类, 其中脂肪族实用性较差。由于主链中含有环状结构—$N < \begin{matrix} CO— \\ CO— \end{matrix}$ 的重复酰亚胺基团, PI 具有极高的软化点 ($T_m > 500°C$), 是优异的热稳定性聚合物, 可在 $-195 \sim 250°C$(均苯型 PI 为 $-240 \sim 260°C$) 温区内长期使用。短期使用温度高达 450°C, 即使在 300°C 的高温下放置 10^3h, 仍能保持 90% 以上的拉伸强度。PI 是商品化塑料中耐热和耐辐照兼容性最好的高分子材料。通过控制聚合温度能使 PI 的电阻率改变约 20 个量级 $(10^{-4} \sim 10^{17}\Omega\cdot\text{m})$，因此改性 PI 可成为有机导体、半导体和绝缘体的多功能材料。鉴于此，PI 已在航空航天、军工兵器、电子电气、医疗生化、精密机械，以及其他高科技领域得到广泛的应用。

PI 具有极好的介电性能，特别是在高温条件下。它的高电阻率 $(10^{14}\sim10^{16}\Omega\cdot\text{m})$、低介电损耗 $(0.004\sim0.007)$，以及抗辐照、阻燃性和尺寸稳定性，尤其是突出的高温性能，是作为优质的驻极体材料的保证。

PI 的正、负电晕充电的最佳温度分别在 200°C 和 150°C附近。与氟聚合物类似，充电期间的热处理也能有效地改善其沉积电荷的稳定性。

图 6.15 分别表示了在常温和最佳充电温度下正、负电晕充电的 PI 驻极体的 $V_s(t)$ 曲线[90]。在充电温度低于 170°C时，充电过程的温升使电荷层向体内的迁移变得缓慢；170°C以上迁移加剧；当充电温度高于 300°C时，它的正、负电荷重心已从常温充电时的近表面分别迁移到体内的 1/3 和 1/4 位置[91]。从 PI 的 TSD 实验研究中还发现：PI 体内沉积的空间电荷常常伴随着偶极子的有序分布[92]。

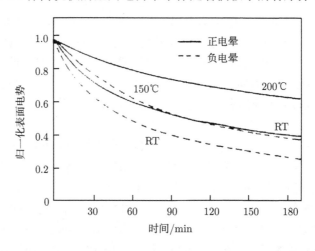

图 6.15　在常温和最佳充电温度下正、负电晕充电的 PI 驻极体的表面电势衰减

文献中还报道了许多关于电子束辐照极化的 Kapton™ PI 的研究成果[57]，这一课题的兴起源于太空电子引起的宇宙飞船的充电效应及其相关影响。这项研究通常利用单值、低能 (5~50keV) 电子束对 PI 膜进行充电，并用 LIPP 或 PFA 方法测量它们的电荷分布，将测得的电荷分布与根据载流子迁移率和辐射感应电导率建立的模型得到的数值结果进行比较。两者间良好的一致性，说明了这个模型能很好地描述辐照过程中和辐照后的电荷动力学行为。Sessler 和 Yang[57] 报道了在 120°C老化过程中 PI 的电荷分布变化规律，发现其电荷分布形状在老化过程中保持不变，但电荷密度衰减明显，说明电荷输运中呈现慢再捕获效应；在真空条件下

以 PWP 法分析电子束充电的 Kapton™ PI[93]，发现其体内的空间电荷受电场激励引起的电子漂移及漂移过程中与晶格相互作用产生的影响；并指出，在金属-聚合物界面形成的负电荷层产生了界面效应。然而，雷清泉等[94] 经过对 TSD 电流谱的分析后指出，PI 的高温电荷峰是源于离子退极化效应，而不是电子脱阱的贡献。此外，也发现了在辐照区的界面上存在一些弱的空间正电荷层，其形成原因还不完全清楚。经辐照几小时后，样品内发生了明显的放电现象，仅仅在界面处的电荷被保存下来。

与 FEP 和 PTFE 相同，湿度的提高加剧了 PI 驻极体电荷重心向背电极的迁移，同时降低了 PI 中电荷的稳定性。

4. 聚对苯二甲酸乙二酯

聚对苯二甲酸乙二酯 (PET) 系结晶性聚合物用于纺织纤维，常被称为 "涤纶"。它于 20 世纪 40 年代由 Whinfield 首次研制出，50 年代初英国帝国化学公司和 DuPont 公司相继对其组织工业规模生产。DuPont 公司的 PET 的商品名为 Mylar PET。PET 是一种著名的具有芳香烃和极性基团的驻极体材料，其玻璃化转变温度为 88°C。由于分子结构的高度对称性和对亚苯基链的刚性，Mylar PET 具有高结晶度、高熔融温度 (257~265°C) 和不溶于一般溶剂的特点。PET 薄膜是热塑性塑料中韧性最大的薄膜，其机械强度高，拉伸强度可与金属铝媲美，耐热性好，低温柔性优良，在较宽的温度范围内保持优异的物理机械性能，长期使用温度可达 120°C。PET 同时具有高的热变形温度、低吸湿性和优良的化学惰性及介电性能。优异的力、热和介电综合性能使得 PET 始终是振膜式驻极体电容话筒最优异的力–电耦合振膜选材[35,95]。从分子结构上看，PET 属于极性聚合物材料，它广泛地用作以空间电荷驻极体为芯片的电容式声传感器的振膜，因此，我们仍将它归并为空间电荷驻极体材料。

图 6.16 中实线系 PET 在常温负电晕充电后的开路 TSD 电流谱，其中 84°C 是偶极峰 (位于 T_g 附近)。研究证明[96]：84°C 峰的出现不是电晕充电过程中偶极取向峰的热弛豫响应，因为常温充电时，偶极子处于冻结态，这个峰是 TSD 测试期间，当温度升至 T_g 以上时，注入样品电荷层的自身电场对松动偶极子的取向结果。图中经 85°C 以上高温充电，样品的低温峰消失，这是因为，充电期间，在外电场的作用下偶极子取向已经完成。空间电荷的 ρ 峰位于 115°C 左右，峰的强弱与样品制备工艺及极化条件相关。人们已广泛地研究了各种条件下极化温度和极化时间对 PET 电荷储存的影响[97-99]。例如，当聚合物的厚度减小到 1.5μm 时，在 PET 膜和 Al 层的界面上，可用一个基于 Schottky 势垒的区间模型解释不同极化电场和极化时间的空间电荷峰和变化，并研究了以弛豫频率分布表征的电荷脱阱规律，同时分析了电荷脱阱与高分子链的协同运动的相关性[99]。

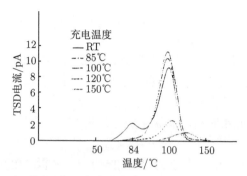

图 6.16　在不同温度下负电晕充电的 PET 的开路 TSD 电流谱

　　正负极性 PET 驻极体具有相似的 TSD 电流谱线和相近的电荷储存寿命。这一性质和 PCTFE 相仿而有别于 PTFE 等材料。LIPP 方法测出的常温电晕充电后，TSD 测试期间的几个特征温度下 Mylar PET 的电荷分布显示出，电荷层被局限在沿样品厚度方向 2~3μm 的窄区内。但随着 TSD 测试温度的升高 (如 $T > 120℃$)，电荷密度逐渐消失，电荷分布趋于弥散 (图 6.17)[96,100]。常温电晕充电 PET 薄膜驻

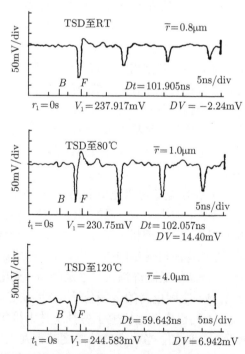

图 6.17　LIPP 法测定常温负电晕充电后的 Mylar PET 薄膜在开路 TSD 至几个特定温度时
沿样品厚度方向的电荷分布轮廓

B 为样品的负电极

极体的电荷重心位于邻近充电自由面 1μm 的区域内。对负极性驻极体,当充电温度 T_c <110℃时,温升导致的电荷内迁移甚缓;然而 T_c >110℃(正极性时 T_c >120℃), 内迁移明显加剧;当 T_c=125~130℃(正极性为 140℃) 时,电荷重心已接近厚度的中央。也已用 PPS 方法分析了电荷分布随时间的变化关系。在低于 T_g 时,观察不到剩余极化[101]。由于正、负离子的不同运动速率,可发现一个不均匀的空间电荷分布轮廓。极化后,以 PPS 方法测得的 PET 驻极体上的电位移按 t^{-a} 规律衰减。不同电荷载流子具有不同的迁移速度,其中,正电荷 a=0.25,负电荷 a=0.17, 在较高的温度下,如在 95℃时,a 增加至 0.5,并与极性无关。在 T_g 以上,已观察到剩余极化。众所周知,由于偶极子和空间电荷的相互作用,存在一定偶极极化的 PET 样品的电流衰减比仅含有空间电荷的样品 (当低于 T_g 时极化产生) 要慢。在 PVDF 及其共聚物中也观察到类似的现象。

对 PET 驻极体经 γ 辐照后的研究指出:空间电荷的平均电荷重心随结晶度、辐照剂量及平均取向度的增加而增加。脱阱电荷在体内的输运特性是:当 T <110℃时,PET 驻极体内电荷向背电极迁移受慢再捕获效应控制;当 T >110℃时, 载流子的迁移已转变为遵守快再捕获效应规律,形成的机制仍在研究中[96]。

5. 环烯共聚物

环烯共聚物 (COC) 是一类新型共聚物 (图 6.18),商品名为 TOPAS(thermoplastic olefin copolymer of amorphous structure),是非晶态结构的热塑烯烃类共聚物,1997 年由 Sessler 和 Yang[58] 首次报道其驻极体性能。它是由乙烯和降冰片单体经金属催化剂在溶解过程中通过调节聚合过程中对乙烯的压力共聚而成。

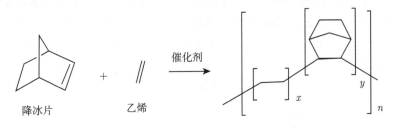

降冰片　　　乙烯　　　　　　　　　　　　　环烯共聚物

图 6.18　环烯共聚物的聚合化示意图

用于驻极体的 COC 薄膜是经过双轴拉伸的。表 6.9 给出五种不同类型的 COC 薄膜,其中 COC-1~COC-4 是非晶态膜,COC-5 是半晶态膜;而较厚膜 COC-1 和 COC-2 内含有块状掺杂剂;COC-3 和 COC-4 则掺入无机材料 SiO_2 微粉。掺杂的目的都是为了改善其加工性能。

表 6.9 COC 薄膜的相关参数

No.	T_g/℃	T_m/℃	薄膜厚度/μm	掺杂成分
COC-1	140	—	24	块状掺杂
COC-2	160	—	32	块状掺杂
COC-3	140	—	11	SiO$_2$ 微粉
COC-4	160	—	12	SiO$_2$ 微粉
COC-5	135	280	50	—

这种共聚物是具有低密度 $(1.02 \times 10^3 \text{kg/m}^3)$、高透明度、低吸湿性和优良机械性能的完全非晶态共聚物[102,103]。在结构上,它是类似于 PE 或 PP 的聚烯烃类。COC 的组成中仅仅含有非极性的—C—C—和弱极性的 C—N 键,从而呈现典型的介电性,如低 ε_r 和低 $\tan\delta$,以及高电阻率,这使得 COC 具有潜在的驻极体应用前景。其驻极体特性为: ① 材料表面含有较高浓度的深阱电荷。例如,在常温低湿条件下经正负电晕充电形成的 COC 驻极体储存 400 天后,其等效表面电势仍无明显衰减,它的电荷稳定性类似于相同条件下经正、负电晕充电的 Teflon FEP 薄膜驻极体;然而在同样条件下经单能电子束 (10keV) 充电后的电荷储存中出现了明显的衰减,这种特性类似于 PE。② 突出的疏水性。在 RH=95% 时的高湿环境中经常温充电 300 天后,表面电势 $V_s(t)$ 无明显的衰减;如果在 RH=90% 和 80℃的高温下经正电晕充电,其电荷稳定性明显优于 FEP,PTFE 和 PP 驻极体 (图 6.19)。③ 优异的高温电荷储存稳定性。当 COC 样品在 130℃高温和低湿条件下经正、负电晕充电,其电荷稳定性优于 FEP,PP 和 PET 驻极体 (图 6.20),负电晕充电的驻极体也表现出类似的特性。

开路 TSD 电流谱的结果表明:如果 COC 以单能电子束充电 (即电荷层位于材料体内),其电流峰的主峰温仅位于 92℃,而同样条件下的 FEP 电流谱的主峰温位于 210℃左右。从而证实了电子束充电 COC 驻极体含有较高浓度的浅阱电荷,电荷的稳定性低。但是,如果对半晶态的 COC 进行正、负电晕充电,它们电流谱的主峰温高达 230℃,比 FEP 相应的峰温高 20℃,从上述结果,可得到下列结论:

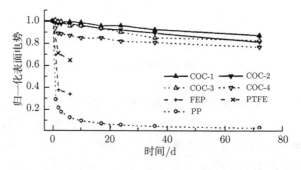

图 6.19 在 80℃和 RH=90% 时的 COC,FEP,PTFE 和 PP 正充电样品的 $V_s(t)$ 曲线

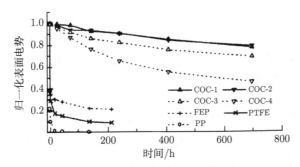

图 6.20 130℃经正电晕充电的 COC, FEP, PTFE 和 PP 驻极体的 $V_s(t)$ 曲线

(1) 半晶态 COC 薄膜是优异的非极性驻极体材料。在室温和适当的高温及改变湿度的条件下, 其驻极体性能可与负电晕充电的 FEP 驻极体相媲美。

(2) 低湿的负极性表面层充电, 其驻极体性能明显地优于 PP 和 PET。

(3) COC 的驻极体性能来自于空间电荷, 由偶极子诱导的压电和热释电效应不明显。

(4) 由于优异的力学性能, 如果 COC 用作驻极体电容式声传感器的振膜, 则优于 FEP。如果借助于极好的储电性能和疏水特性, COC 用作驻极体空气过滤器的高效滤材, 则明显地优于传统的驻极体纤维滤材 PP。

6.3 无机驻极体材料

以聚合物薄膜为主的有机驻极体材料虽然具有高的电荷储存稳定性、柔韧、薄膜型和低成本等优点, 但是相关的产品都是大体积的分立器件。这类产品不仅限制了元器件的使用范围, 而且较难实现高度自动化的大规模生产, 因此, 生产效率和产品的可靠性均较低。另一方面, 聚合物薄膜的质量指标 (结构和性能), 尤其是驻极态极易受聚合物的反应条件、成膜工艺及材料运输、储存和热历史的影响。例如, 材料聚合中的压力、温度和添加剂等的细微变化就会影响材料的聚合度、链的支化、交联度、纯度和结晶度等性质, 以及形貌特征; 而薄膜的成型或运输及其热历史, 薄膜自身及与外界环境因素的相互作用将直接影响其形貌及带电特性, 从而影响到材料内的陷阱类型和分布, 以及材料的初始驻极态, 影响到产品的重复性和可靠性。无机氮氧化物驻极体, 可以用有序结构的无机非金属材料 (如单晶硅片) 或金属材料 (如高纯铝等) 为基体, 在严格受控的条件下, 直接氧化或氮化生成, 从而确保了生成的驻极体生材料的高度重复性。Si 基 SiO_2 和 Si 基 Si_3N_4/SiO_2 无机驻极体制作工艺与平面工艺及微机械加工工艺兼容, 故在实现驻极体各类传感器的微型化、集成化并最终实现机敏化方面显示出开发和应用潜力, 这是无机驻极体材料明显的优势。

在 20 世纪 60 年代，Si-SiO$_2$ 作为电子材料，人们对其界面电荷储存已开展了广泛的研究，但是直到 1983 年，这种氧化物近表面上沉积电荷的高稳定性才被人们认识到[104]。与众所周知的聚合物驻极体类似，硅驻极体中电荷的储存与材料的制备及处理条件密切相关。

6.3.1 Si 基非晶态 SiO$_2$ 薄膜

SiO$_2$ 的基本结构单元是硅氧四面体，Si 原子位于四面体的体心，氧原子位于四面体的四个顶点。两个相邻的四面体通过桥联氧原子连接，构成了网络状结构。

用作驻极体储电层的 SiO$_2$ 薄膜属无序的玻璃态结构，具有近程有序和长程无序的网格状特征。适用于驻极体的 SiO$_2$ 是非本征型，含有一定的杂质。杂质的含量和结构，特别是当杂质被电离时，对 SiO$_2$ 薄膜驻极体的行为会产生大的影响。事实上，SiO$_2$ 中的大多数杂质都是以离子形式存在于网格中。通常的网格形成剂有 B^{3+}，P^{5+} 和 Al^{3+}，它们的离子半径较小，能在网格结构中替代硅原子位置成为替代式结构，如国内外使用的 SiO$_2$ 薄膜驻极体，它通常是 [100] 晶向的 P 型硅基片 (通过掺 B^{3+}，网络出现缺氧状态，导致桥联氧原子的浓度减少)，再通过严格受控条件下的热湿氧化形成 (某些实验室采用掺 P^{5+} 的 Si 的 N 型基片)。

网格改变剂有 Na$^+$，K$^+$ 等正离子，这些离子的半径较大，在网络中不能替代 Si 原子位置，只能占据间隙。它们通常以氧化物掺入 SiO$_2$ 膜中，以电离杂质的正离子进入网络间隙，而氧离子则进入网格。当 SiO$_2$ 驻极体薄膜的氧化层采用干氧–湿氧氧化法生成时，这种作用更加明显，结果使网格中一定数量的桥联氧原子变为非桥联氧原子，从而导致薄膜中氧原子浓度增加，这一结果对 Si-SiO$_2$ 驻极体系统中的电荷稳定性产生重大的影响。

湿氧氧化的非晶态 SiO$_2$ (amorphous silicon dioxide) 薄膜，其结构疏松 (密度为 $2.20 \times 10^3 \text{kg/m}^3$，而石英晶体密度为 $2.66 \times 10^3 \text{kg/m}^3$)，$\varepsilon_r = 3.82$，电阻率 $\rho > 10^{16} \Omega \cdot \text{m}$，是优异的空间电荷驻极体材料。

1. SiO$_2$ 薄膜的亲水性及其化学表面修正

非晶态 SiO$_2$ 薄膜表面存在着大量的非桥联氧原子。当样品在大气环境中储存时，空气中的水和 SiO$_2$ 表面的硅氧烷基团发生化学吸附反应生成甲硅醇，同时伴随质子传导现象的发生：

$$\equiv \text{Si} - \text{O} - \text{Si} \equiv + \text{H}_2\text{O} \Longleftrightarrow 2 \equiv \text{SiOH} \tag{6.3}$$

形成的甲硅醇 $\equiv$SiOH 是亲水的极性基团。在驻极体外场的作用下，可借助于 van der Waals 力形成氢键的物理吸附[105]：

$$\equiv SiOH + H_2O \equiv SiOH : O \Big\langle {}^H_H \qquad (6.4)$$

化学吸附和物理吸附形成的导电水层具有较强的传导电荷能力。SiO_2 膜表面分子的这种亲水性使得薄膜表面电导增加。显然,当储存环境的相对湿度上升时,表面电导的增强加速了沉积于 SiO_2 驻极体表面的电荷衰减,并直接影响驻极体器件的使用寿命。

为了消除或削弱 SiO_2 薄膜的表面电导而将表面的亲水层转换成疏水层的方法有表面热处理法、表面涂层法和化学表面修正法。

热处理法是利用在一定温度下 SiO_2 表面的物理和化学吸附基团的脱键合 (或脱吸附) 及硅氧恢复键合的原理:

$$2 \equiv SiOH \xrightleftharpoons[吸湿]{250℃} Si\!-\!O\!-\!Si \equiv +H_2O \qquad (6.5)$$

这种方法工艺简单,但降温后在大气中储存时出现硅氧键断裂和吸湿的可逆反应,因此无实际应用价值。

表面涂层法是在 SiO_2 表面甲硅醇形成之前,在薄膜表面覆盖一层微米级或亚微米级的非极性材料,如聚苯乙烯等。这种方法虽然行之有效,但这个附加的表面层会不同程度上促成 SiO_2 薄膜驻极体驻极态的改变,从而影响驻极体元器件的灵敏度。

化学表面修正法是利用某些化学试剂与 SiO_2 薄膜表面的甲硅醇 $\equiv SiOH$ 的化学反应,生成一层近似单分子疏水层的非极性物质。这一疏水保护层既降低了表面电导,实现表面改性,又不影响薄膜驻极体的驻极态。

近年来,最常用的化学表面修正试剂是六甲基二硅胺烷 (hexamethyldisilazene, HMDS)。利用 HMDS 中的甲基—CH_3 基团取代 SiO_2 表面甲硅醇中的羟基—OH,形成疏水的非极性覆盖层[106]:

$$2 \equiv SiOH + (CH_3)_3SiNHSi(CH_3)_3 === 2SiOSi(CH_3)_3 + NH_3 \qquad (6.6)$$

类似于 HMDS,二氯二甲基硅烷 (dichlorodimethsilane, DCDMS) 与 $\equiv SiOH$ 反应为

$$2 \equiv SiOH + Cl_2Si(CH_3)_2 hspace-0.5mm === (SiO)_2Si(CH_3)_2 + 2HCl \qquad (6.7)$$

与 HMDS 相比,DCDMS 的修正效率约高一个数量级,并且在更高的温度下,它能维持其表面的疏水性,除了这两种化学修正试剂外,三甲基氯硅烷 (TMCS) 和三乙氯硅烷 (TVS) 等也可达到类似的目的。

图 $6.21^{[107]}$ 给出了充电前的 SiO_2 样品分别经 HMDS 处理和未经 HMDS 处理的等温表面电势衰减曲线。经 HMDS 处理的样品，其驻极体的电荷储存稳定性明显提高了。

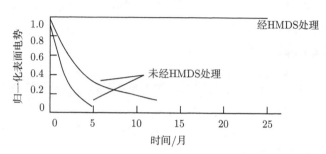

图 6.21　经 HMDS 处理和未经 HMDS 处理的 SiO_2 薄膜驻极体表面电势衰减比较

近年来的研究表明[108]：化学表面修正后的表面疏水层虽然阻止了外界水分子的侵入，但同时也禁锢了修正前已经储存在薄膜内的水分子在适当条件下的逸出。由于水分子在 SiO_2 中的活化能仅为 $0.35eV^{[109]}$，因此，SiO_2 内的水分子在室温下就可能在体内受激、迁移 (以离子形式存在) 并可能出入于 SiO_2 和空气界面。然而对已存在疏水层的 SiO_2 薄膜，水分子却被表面疏水层封闭于体内，这些活跃于体内的水分子串可成为脱阱电荷的载体，导致较大的迁移率，在驻极体自身场作用下迁移至背电极，加速了电荷的衰减，因此，合理地控制化学表面修正条件是解决问题的关键。

2. SiO_2 薄膜驻极体的形成方法

P 型 (或 N 型)[100] 取向，电阻率为几到几十 $\Omega\cdot cm$ 的单晶硅片在 1050~1150℃的高温下经过干氧 (0.5h)→湿氧 (3h)→干氧 (0.5h)，最后在相同温度下经高纯 N_2 保护处理 (0.2h) 的工序热生长形成层厚为 $1.1\mu m$ 的 SiO_2 驻极体薄膜 (热氧化法)。这种工艺形成的 SiO_2 薄膜具有生长效率较高、高纯、致密和优异的电荷储存能力等优点。

利用高纯材料在溶液中的化学反应，如正硅酸乙酯 (ethyl silicate) $Si(OC_2H_5)_4$ 与醇类在水中利用盐酸作催化剂在适当的温度下反应：

$$\equiv Si—(OC_2H_5) + H_2O \Longleftrightarrow \equiv Si—OH + C_2H_5OH \tag{6.8}$$

$$\equiv Si—(OC_2H_5) + HO—Si \equiv \Longleftrightarrow \equiv Si—O—Si \equiv +C_2H_5OH \tag{6.9}$$

$$\equiv Si—OH + HO—Si \equiv \Longleftrightarrow \equiv Si—O—Si \equiv +H_2O \tag{6.10}$$

上述反应首先生成单体分子，继而可聚合成高纯的 SiO_2 大分子凝胶 [110]，再用旋涂法或浸渍涂层 (dip coating) 法将 SiO_2 薄膜沉积在基片上 (溶胶–凝胶法，即

sol-gel 法)。最后,通过热处理 (约 1000℃) 对薄膜进行纯化和致密化,形成膜厚为微米级或亚微米级的 SiO$_2$ 薄膜驻极体用材[111]。

在热处理过程中,当 T <400℃时,可去除残留有机物;T=500~800℃,则进一步降低含水量,改善微结构的硬度和密度;T >700℃,$\equiv$Si(OH) 开始分解;而当 T >800℃时则完成了 SiO$_2$ 的致密化,即 T >800℃时是物理处理过程。这种工艺廉价、节能、省时,并能有效地控制膜厚和调节氧化物的组分,使薄膜结构独立于基片。材料的介电和电子性质可通过调节化学组分和形成工艺实现。溶胶–凝胶工艺的缺点是仍需要相当高的热处理温度,薄膜的表面态、致密性及储电能力均不如热氧化 SiO$_2$。然而,近年来的研究结果指出[112],如果合理地控制成膜的反应条件及后续的热处理工艺,所获得的 SiO$_2$ 薄膜驻极体性能接近于热氧化的 SiO$_2$ 薄膜。从图 6.22 的开路 TSD 电流谱的结果可见,经 1000℃热处理后的溶胶–凝胶 SiO$_2$ 驻极体的主峰温已达 250℃(曲线 1),而在 1200℃经 N$_2$ 保护的热处理同种工艺 SiO$_2$ 驻极体的 TSD 电流谱的峰温温位 (曲线 2) 和储电能力已十分接近于热氧化的 SiO$_2$ 薄膜驻极体 (曲线 3)。

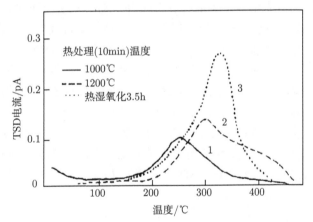

图 6.22 不同工艺形成的 SiO$_2$ 薄膜驻极体的开路 TSD 电流谱

等离子沉积法和化学气相沉积法也是形成 SiO$_2$ 薄膜的常用方法。常压化学气相沉积 (APCVD) 可将 SiO$_2$ 膜沉积于各种基片上,但仍需要接近 1000℃的高温处理才能得到优质的驻极体。这里用以形成 Si$_3$N$_4$ 的 APCVD 标准工艺虽然可用于制备 SiO$_2$ 膜,但 300℃时形成的 SiO$_2$ 膜较热生长形成的 SiO$_2$,其力学和介电性质要差得多 (低密度、低击穿电压和较高的电容率)。

等离子沉积法形成的 SiO$_2$ 驻极体薄膜已取得较显著的进展。利用等离子增强化学气相沉积 (PECVD) 可形成电荷稳定性较好的 SiO$_2$ 驻极体[113,114]。这时单晶硅基片被置于一个大的等离子体的装置中,在双频模式下,利用 2.45GHz 的微波和 13.56MHz 射频，在低于 200℃的硅烷 (SiH_4) 和氧化氮 (N_2O) 气体中反应，并经 350℃退火形成的 SiO_2 薄膜，其电性能接近于热生长的 SiO_2 薄膜 (硅基化学气相沉积法)。

恒压电晕充电和液体接触法充电是 SiO_2 薄膜驻极体成极的基本方法。C-V 分析法测得的结果指出：常温电晕充电后的平均电荷重心位于接近样品自由面的 $50\sim80$nm 范围内。对膜厚约为 1μm 的 SiO_2 进行单能电子束辐照，即使电子束能低于 $1\sim3$keV，注入的电子也会产生穿透效应和相当强的二次电子发射效应。利用低能电子束充电仅能获得由二次电子发射形成的正充电的 SiO_2 薄膜驻极体。Günther 利用 Mylar PET 薄膜作为电子束注入 SiO_2 薄膜的减速缓冲层，首次通过电子束充电实现了负极性的 SiO_2 薄膜驻极体。利用在背电极上施加适当的正偏压和几百电子伏特的低能电子束辐照后显著的二次发射效应，实现了低能电子束辐照形成正极性的 SiO_2 薄膜驻极体。

3. SiO_2 薄膜驻极体的性能

电晕充电期间或充电后恰当的热处理可使电荷层从表面迁移入体内。通过恒流电晕充电或气隙中附加一绝缘缓冲层的电子束充电也可直接将电荷注入薄膜内。值得注意的是，若热处理条件控制不当，则会导致化学表面修正的疏水层的改变和 SiO_2 薄膜形貌结构的变化，从而降低薄膜驻极体的性能[115]。等温表面电势衰减曲线外推至室温的结果显示：经化学表面修饰的负极性 SiO_2 薄膜驻极体的实际电荷寿命可达 400 年左右，是 FEP 负极性驻极体寿命的 2 倍多。开路 TSD 电流谱测量结果说明：主峰温在约 320℃(FEP 约在 210℃)，相应脱阱电荷的活化能为 $1.8\sim1.9$eV。图 6.23 给出了经常温负电晕充电和不同温度老化后 SiO_2 驻极体的 TSD 电流谱。它说明，热处理使 TSD 电流谱的主峰温向高温方向迁移。

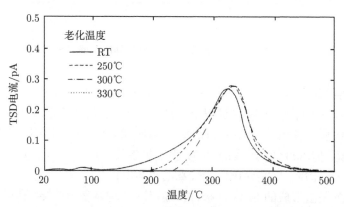

图 6.23   热氧化的 SiO_2 在常温电晕充电后经不同老化温度处理后的开路 TSD 电流谱

与大多数的非极性氟聚合物类似，SiO_2 负极性驻极体的电荷稳定性比正极性驻极体好。图 6.24 描述了经 HMDS 处理和常温正、负电晕充电后的等效表面电势衰减曲线：经常温储存 3.5 年，负极性 SiO_2 驻极体储存的电荷几乎没有变化，而正极性 SiO_2 驻极体储存的电荷已衰减到初值的 47%。几个实验室已研究了[108,116-118]热生长 SiO_2 中的电荷储存和输运现象。图 5.16[108] 中表示了负电晕充电样品中的平均电荷重心 $\bar{r}$ 和等效面电荷密度 $\hat{\sigma}$ 随老化温度的变化关系：在 $T > 200^\circ C$ 的环境中，热活化脱阱电荷位于氧化物体内较深位置能阱再捕获，这时快捕获效应决定了脱阱电荷的输运。当 $T > 300^\circ C$ 时，由于慢再捕获效应，总电荷密度急剧减小 (参见图 5.16)，电荷重心变化变缓。在正电晕充电或电子束辐照充电的驻极体中，老化也引起了电荷重心的内迁移，但变化甚为缓慢，迁移的范围也小得多。相对于负充电驻极体，这时的脱阱电荷的快捕获效应要弱得多[108]。进一步研究发现，当热氧化 SiO_2 驻极体电容式声传感器的芯片尺寸减小到 $4mm^2$(相当于 Si 基 SiO_2 驻极体电容式声传感器的芯片尺寸) 时，尺寸的减小对电荷的稳定性仅产生微弱的影响。液体接触法充电热生长的 SiO_2，当其表面电势高达 $145V(1.1\mu m$ 厚薄膜) 时，表现出相当稳定的电荷储存能力[107]。在前述所有类型的 SiO_2 中，热湿氧化生长的 SiO_2 具有最好的驻极体行为。经过合理的形成工艺和化学表面修正的负电晕充电的 SiO_2，其表面电势在 5 年内可基本保持不变。经过干氧–湿氧和干氧形成的 SiO_2 表面，如果覆盖一层氧化钽，也表现出电荷储存的高稳定性。

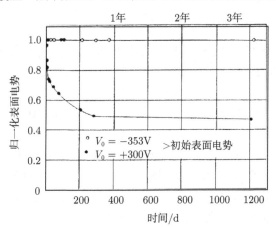

图 6.24　正、负电晕充电后的 SiO_2 薄膜驻极体的等温表面电势衰减曲线

6.3.2　非晶态氮化硅 (Si_3N_4) 和氮化硅及二氧化硅 (Si_3N_4/SiO_2) 双层膜

一方面，热湿氧化的 SiO_2 的亲水性引起实际沉积于表面和近表面电荷的损失，导致器件的低稳定性；另一方面，热氧化形成的 Si 基 SiO_2 薄膜较高的压应力引起样品微结构的变形，导致原子的扩散、迁移及位错等缺陷运动，这些对薄膜的储电

机制将产生复杂的影响, 也直接影响了电荷的储存稳定性。同时, 器件使用期间的应力释放也必然损害器件驻极态的稳定性和可靠性。

Si$_3$N$_4$ 是另一类重要的无机高绝缘材料, 在集成电路和传感技术中被广泛地用作扩散掩膜、钝化层、电介质隔离层、电容器介质层及微型传感器和执行器中的振膜或悬臂梁等。与 SiO$_2$ 相比, Si$_3$N$_4$ 的界面陷阱密度较高, 相对介电常数是 SiO$_2$ 的两倍, 因此表现出更优异的空间电荷储存能力; 又由于它致密的结构 (密度是 SiO$_2$ 的 1.7 倍)、低针孔密度和疏水性, 从而能有效地阻止气 (汽) 体的穿透, 因此具有优良的抗恶劣环境能力; 尤其重要的是, Si$_3$N$_4$ 对可移动 Na$^+$、K$^+$ 等离子有十分强的阻挡能力 (Na$^+$ 的污染试验表明: Si$_3$N$_4$ 内的可动电荷比 SiO$_2$ 低两个数量级以上)[119,120]; Si$_3$N$_4$ 突出的化学惰性, 例如, 直到 600℃时不与铝发生化学反应 (这个温度比 SiO$_2$ 高 100℃)。尽管 Si$_3$N$_4$ 有高电导率及界面电荷的隧穿效应和热发射效应等缺点, 上述诸多特性已使得 Si$_3$N$_4$ 成为一种良好的空间电荷驻极体材料。另一方面, SiO$_2$ 驻极体电容式微型声传感器的振膜在许多情况下是采用聚酯 PET 薄膜和 Si 基 SiO$_2$ 芯片胶接连成一体, 这种工艺无法适应自动化生产, 并且不利于电荷储存的稳定性。利用 B$^+$ 注入处理可形成较低张应力的 Si$_3$N$_4$ 振膜, 既与平面工艺和微机械加工技术兼容, 实现振膜–芯片一体化, 又利于传感器的微型化 (体积比胶接工艺的微型声传感器缩小近一个数量级), 为驻极体微型传感器的升级换代提供了可行性工艺。

1. Si 基 Si$_3$N$_4$ 驻极体膜的形成工艺

低压化学气相沉积 (LPCVD) 法是在单面抛光的 [100] 单晶硅片上, 按照下列反应方程沉积 Si$_3$N$_4$:

$$4NH_3 + 3SiHCl_3 \xrightarrow{820℃} Si_3N_4 + 9HCl + 3H_2 \tag{6.11}$$

起始真空度为 3×10^{-2}torr (1torr $= 1.33322 \times 10^2$Pa), 工作压强为 0.45torr, 膜厚约为 150nm。为了获得高纯 Si$_3$N$_4$, 必须使用包括三氯硅烷和氨气在内的高纯的反应剂。由于反应温度低于 900℃, 薄膜呈现完全非晶态。1.5 万倍的扫描电镜显示, 薄膜是连续、致密且表面平整光滑、无明显针孔的。

Kressmann 等[121] 提议在 [100] 单晶硅片上利用 APCVD 法在较高温度下淀积 Si$_3$N$_4$, 根据

$$3SiH_4 + 4NH_3 \xrightarrow{900℃} Si_3N_4 + 12H_2 \tag{6.12}$$

从而在 Si 片上形成膜厚为 300nm 的 Si$_3$N$_4$。Amjadi 等在实际的工艺操作中为了避免 Si 基 Si$_3$N$_4$ 膜因冷却引起的 Si$_3$N$_4$ 的高张应力致使 Si 基片变形, 在 Si 片

的正反两面交替沉积 $6\times100\text{nm Si}_3\text{N}_4$，最后再将背面的 300nm Si_3N_4 去除。实验结果指出：APCVD Si_3N_4 也呈现出良好的电荷储存稳定性，这是由于 APCVD 反应过程中使用了更高的反应温度以及沉积层中含有一定比例的高密度非晶态 SiO_2，即实际生成的是氮氧化硅复合物，这种结构更有利于空间电荷的储存[121,122]。

需要说明的是：虽然 Si_3N_4 具有疏水性及抗恶劣环境能力，但对用作空间电荷驻极体的 Si_3N_4 单层膜及 $\text{Si}_3\text{N}_4/\text{SiO}_2$ 双层膜，在充电前仍需进行化学表面修正，尤其是 APCVD Si_3N_4 薄膜。这是因为，相当高的反应温度下的常压气相反应，以及反应后的储存周期内，Si 原子在大气中的氧化反应形成部分含量的 SiO_2，除此之外，在一定湿度的空气中，在驻极体电场的作用下与水反应形成 SiO_2，并最终在潮湿的环境中形成亲水的甲硅醇 $\equiv\text{SiOH:OH}$。

对 Si 基 $\text{Si}_3\text{N}_4/\text{SiO}_2$ 双层膜结构驻极体的广泛研究是因为它们具有更突出的空间电荷储存能力、Si_3N_4 较高的张应力及 SiO_2 较大的压应力。我们可通过调整双层膜中 Si_3N_4 和 SiO_2 的厚度比，以组合实现内部应力的补偿。研究指出：SiO_2 和 Si_3N_4 双层膜的厚度比为 2.91:1 时[121]，应力补偿处于最佳状态。

2. Si_3N_4 和 $\text{Si}_3\text{N}_4/\text{SiO}_2$ 双层膜的驻极体性能

利用等温退极化原理已经比较了硅基 LPCVD Si_3N_4，$\text{Si}_3\text{N}_4/\text{SiO}_2$ 双层膜和热湿氧化 SiO_2 驻极体膜的电荷储存稳定性。图 6.25 表示在同样的充电参数下的 SiO_2，Si_3N_4 和 $\text{Si}_3\text{N}_4/\text{SiO}_2$ 三种驻极体薄膜经 250℃老化 20h 后剩余表面电势的衰减曲线；这时 $\text{Si}_3\text{N}_4/\text{SiO}_2$ 双层膜的 V_s 仍保持初值的 56%，而单层 Si_3N_4 和热湿氧化的 SiO_2 膜的 V_s 已分别衰减到初值的 39% 和 13%。电荷寿命估算的结果指出：双层膜驻极体比 Si_3N_4 高 4 倍，而比 SiO_2 高一个数量级以上[123]。可见 Si_3N_4 和 $\text{Si}_3\text{N}_4/\text{SiO}_2$ 双层膜驻极体优异的电荷储存稳定性。潘永刚和夏钟福的研究结果还发现[122]：110℃是形成双层负极性驻极体膜的最佳充电温度。利用 C-V 分析法已测量出双层膜在常温恒压电晕充电后的平均电荷重心位于 Si_3N_4 层的自由面处，随着充电温度的升高，从 150℃起，电荷层缓慢地向体内迁移，但直到 300℃时，电荷层从自由面处向体内迁移深度仅占双层膜厚的 20%；另一项研究指出[124,125]：经 400℃老化 20min 的正充电双层膜，其电荷层已迁移至 $\text{Si}_3\text{N}_4/\text{SiO}_2$ 界面处，这说明在一般条件下双层膜的电荷层始终位于 Si_3N_4 层中或双层薄膜的界面处。由于在 RT~300℃温区内，电荷重心基本保持不变，与常温充电并在不同温度老化后的 TSD 电流谱线的比较结果表明：在 300℃前，$\text{Si}_3\text{N}_4/\text{SiO}_2$ 双层膜脱阱电荷的输运受慢再捕获效应控制 (图 6.26)。

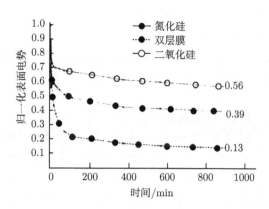

图 6.25　在 250℃时单层和双层无机驻极体膜的表面电势衰减曲线

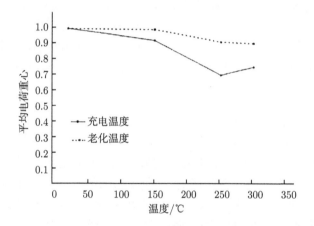

图 6.26　Si_3N_4/SiO_2 双层膜的平均电荷重心随充电温度和老化温度的变化

　　APCVD Si_3N_4 和热湿氧化 SiO_2 组成的双层膜驻极体的 TSD 电流谱包含高达 510℃的尖峰 (对应活化能 1.9eV)[126]，表明其体内存在着对电荷稳定性起支配作用的深能级陷阱。而单层 Si_3N_4 的峰温位于 400~420℃。在这类双层膜中，随着 SiO_2 膜厚的增加，TSD 电流谱的最大值向高温区漂移[122,126]。如果 Si_3N_4 层厚度减少，则只有高湿环境才会影响其电荷的稳定性。如果在 Si_3N_4/SiO_2 上再氧化一层薄的 SiO_2，形成三层结构膜，则电荷稳定性比单层 SiO_2 要好，但不如 Si_3N_4/SiO_2 双层膜的电荷储存寿命高。实验结果还指出[127]：对单层 Si_3N_4 膜，不论充电参数如何改变，都无法获得高的表面电势，这是由于这种材料的高电荷稳定性及储存电荷的能力似乎受到陷阱密度的限制。

　　由 LPCVD 及 APCVD 法分别形成的两种类型的 Si_3N_4 驻极体的结果可见，与单层 SiO_2 或 Si_3N_4 相比，Si_3N_4/SiO_2 双层膜具有更突出的空间电荷储存能力，

这可能是因为 Si_3N_4 作为双层膜的覆盖膜,具有明显的抗恶劣环境能力以及硅基双层膜的应力补偿功能。

6.3.3 白云母

白云母 (muscovite),分子式为 $KAl_2[AlSi_3O_{10}](OH)_2$,大部分属单斜晶系。从结构上看,白云母层内是强的硅氧键 Si—O—结构;而层间则是以 K^+ 相连接的弱键。因此层面间具有良好的解理性。并且白云母各向异性显著,可剥离成高度柔软、富有弹性的薄片晶体。

白云母具有良好的介电性能,如高电阻率 (体电阻率和面电阻率分别是 $10^{10} \sim 10^{14} \Omega \cdot m$ 和 $10^{11} \sim 10^{12} \Omega/sq$)、低介电损耗和高介电击穿强度。此外,优异的高温稳定性、低导热性和化学惰性、良好的机械强度及耐气候性也是它的优点。基于此,白云母被广泛地用作电绝缘材料,如强力发电机的电绝缘层、电容器芯片、仪器窗口和电子管闸片等。白云母以 SiO_2(含 46%) 和 Al_2O_3(含 37%) 为基本组分,分为以天然和人工生长形成的两类无机电介质材料。因此,白云母可望成为前景广阔的无机驻极体材料,并开辟新的应用领域。

恒压电晕充电的电荷层位于白云母样品的近表面。如果在通常环境中储存,电荷寿命显示出对湿度的敏感依赖性,例如,在 RH=85% 的环境中存放 3h,样品的剩余表面电势已衰减到初值的 17%;如果 RH=10%,同样条件下的 V_s 几乎不变 (约为初始表面电势的 99%)。正、负极性的电荷稳定性大致相同[128]。白云母驻极体材料对湿度的高敏感性是因为:① 从宏观上,白云母具有较大的吸水率 (约 1.3%,是 FEP 的 130 倍和 PFA 的 40 倍以上);② 从分子结构上,白云母的主要组分 SiO_2 是亲水氧化物,位于表面和近表面层的电荷易受湿度影响,高表面电导加剧了表面脱阱电荷的传输。

类似于 SiO_2 驻极体,利用化学表面修正 (如 HMDS 处理),转化白云母的表面亲水层为疏水层,或将电荷沉积于体内 (如利用恒流电晕充电,或高温充电,或单能电子束辐照等);或者控制存放和使用样品的环境湿度,都能有效地改善白云母驻极体的电荷储存稳定性[124]。

白云母正、负极性驻极体的 TSD 电流谱呈现了类似的形状和强度。较宽峰形的两个峰,主峰温约在 200℃。正负脱阱电荷的活化能分别为 0.7eV 和 1.4eV(对应负极性驻极体的电流谱峰温分别为 125℃和 205℃)。脱阱电荷在体内迁移显示出明显的快再捕获效应。

6.3.4 氧化铝和其他无机驻极体材料

Al_2O_3 是一种难熔和不溶于水的白色结晶粉末,分 α 和 γ 两种变体。天然存在的 α 型氧化铝称为刚玉,熔点为 2015℃,沸点为 2980℃,密度为 $4.0 \times 10^3 kg/m^3$,莫氏硬度为 8.8, 常被用作磨蚀剂。人工烧结的氧化铝称为人造刚玉, 可耐温 1800℃, 常用作高温耐火材料和绝缘材料。红宝石和蓝宝石也属于 α 型氧化铝晶体。

由氢氧化铝经低温脱水而获得的活性氧化铝, 即 γ 型氧化铝, 是一种多孔物质, 有极高的活性, 是重要的吸附剂、催化剂载体和干燥剂。

Al_2O_3 具有极好的介电性能。高纯致密的 Al_2O_3 若烧结成片状, 已被用作集成电路基片, 而用作驻极体的 Al_2O_3 被要求必须是高纯材料。

Al_2O_3 被驻极体界公认为是仅次于 SiO_2 或 Si_3N_4 的优质无机氧化物驻极体材料。利用阳极化, 在高纯的铝基片上形成致密的 Al_2O_3 薄膜, 再利用特殊的清洗工艺, 从 Al_2O_3 的表面去除补偿的离子和充电后形成的 Al 基 Al_2O_3 薄膜驻极体, 其表面电势达 60V。利用这种驻极体的外场效应已研制出灵敏度为 $10^8 V/m$ 的超声换能器[129]。

除此之外, 五氧化二钽 (Ta_2O_5)、碳化硅 (SiC) 等, 或者具有光电驻极体性能, 或者属于高绝缘性驻极体材料, 是具有潜在应用前景的无机驻极体材料。

参 考 文 献

[1] Parker O B. U. S. Patent 1804 364. Pickup, 1931.

[2] Walkup I E. U. S. Patent 2825 814. Xerographic lmage Formation, 1958.

[3] Sessler G M, West J E. J. Audio. Eng. Soc., 1962，10: 212.

[4] Eguchi M. Proc. Phys.-Math. Soc. Japan, 1919, 1: 320.

[5] Ullmann F. Enzyklopädie der technichen Chemie, 10. Berlin-Wien: Urban und Schwarz-enberg, 1932.

[6] Eguchi M. Proc. Phys.-Math. Soc. Japan, 1920, 2: 169.

[7] Beilsteins F K. Beilsteins Handbuch der Organischen Chemie. Berlin: J Springer , 1918.

[8] Perlman M M. Electrets, Charge Storage and Transport in Dielectrics. New Jersey: Princeton, 1973: 444.

[9] Walker D K, Jefimenko O. J. Appl. Phys., 1973, 43: 3459.

[10] Gross B, Denard L F. Phys. Rev., 1945, 67: 253.

[11] Gubkin A N, Skanavi G I. Izv. AN SSSR, Ser. Fiz, 1958, 22: 330.

[12] Fridkin V M, Zheludev L S. Photoelectrets and Electrophotographic Process. Consul-tants, 1961.

[13] Korszak W W. Advances in Polymer Chemistry. WNT, Warszawa 1968.

[14] SRI International. Chemical Economical Handbooks Standford SRI, Intern., 1983, 580: 072F.

[15] 夏钟福. 应用科学学报, 1992, 10(2): 174.

[16] Remke R L, von Seggern H. J. Appl. Phys., 1983, 54: 5262.

[17] Kochervinskij V V, Kuzmina N N, Sokolova I M. Proc. 7th Intern. Symp. on Electrets, Berlin, 1991: 117.

[18] Gerhard-Multhaupt R, Eberle G, Yang G, et al. J. Appl. Phys., 1997, 78.

[19] Xia Z F, Wedel A, Danz R. Proc. 10th Intern Symp. on Electrets, Delphi, 1999: 23.

[20] Künstler W, Xia Z, Weinhold T, et al. Appl. Phys. A, 2000, 70: 5; Gerhard-Multhaupt R, Xia Z F, Wedel A, et al. IEEE Trans. on Dielectrics and Electr Insul, 2000, 7(4): 480.

[21] Alquie C, Chapeau F, Lewiner J. Annu. Report, Conf. on Electr. Insul. and Diel. Pheno., 1984: 448.

[22] von Seggern H. J. Appl. Phys., 1981, 52: 4086.

[23] Lu T J. Proc. 7th Intern. Symp. on Electrets, Berlin, 1991: 281.

[24] Bauer S. Proc. 8th Intern. Symp. on Electrets, Paris, 1994: 170.

[25] von Seggern H, West J E. J. Appl., 1984, 55: 2754.

[26] Sessler G M, Alquie C, Lewiner J. J. Appl. Phys., 1992, 71: 2280.

[27] Xia Z. IEEE Trans. Electr. Insul., 1990, 25: 611.

[28] Von Seggern H. J. Appl. Phys., 1979, 50: 2817.

[29] Sessler G M, West J E, Gerhard-Multhaupt R, et al. IEEE Trans. Nucl. Sci., 1982, NS-29: 1644.

[30] Sessler G M. IEEE Trans. Electr. Insul., 1992, 27: 961.

[31] Yang G M, Sessler G M. Proc. 8th Intern. Symp. on Electrets, Paris, 1994: 248.

[32] Das-Gupta D K, Hornsby J S, Yang G M, et al. J. Phys. D: Appl. Phys., 1996, 29: 3113.

[33] Bloss B, Steffen M, Schaefer H, et al. J. Phys. D: Appl. Phys., 1997, 30: 1668.

[34] Sessler G M, Yang G M. Proc. 9th Intern. Symp. on Electrets, Shanghai, 1996: 165.

[35] 区英鸿, 邢春明, 李永先. 塑料手册. 天津: 兵器工业出版社, 1991.

[36] Product Information of Du pont Co., "Teflon FEP Film" and "Teflon PFA Film".

[37] Xia Z F. IEEE Trans. Electr. Insul., 1991, 26: 1104.

[38] Xia Z F, Ding H, Yang G M, et al. IEEE Trans. Electr. Insul., 1991, 26: 36.

[39] Garlick G F, Gibson A F. Proc. Phys. Soc., 1948, 60: 571.

[40] Creswell R A, Perlman M M. J. Appl. Phys., 1970, 41: 2369.

[41] 夏钟福. 电声技术, 1991, 1(73): 2.

[42] Gerhard-Multhaupt R, Eberle G, Xia Z F, et al. Annu. Report, Conf. Electr. Insul. and Diel. Pheno., 1992, 61.

[43] 夏钟福. 同济大学学报, 1991, 19(3): 316.

[44] Technical Data of Allied Chemical Corp.Aclar Fluorohalocarlon Film. AOM ARNOLD OTTO MEYER, 1988.

[45] Murphy P, Latout M. Thermostimulated Currents from PCTFE Electrets. Rio de Janeire, Brasil: Academlia Brasilaeira de Ciencias, 1977: 227.

[46] Bamji S S. J. Phys. D: Appl. Phys., 1982, 15: 911.

[47] 夏钟福. 电声技术，1996, 130: 10.

[48] Teflon A F Amorphous fluoropolymer. Du pont Co., Bisiness Center, USA, (302): 992-3065.

[49] Resnick P R. Proc. Mat. Res. Soc. Symp., 1990, 105.

[50] U. S. Patent, 4754009, 1988.

[51] Lu T J. Proc. 9th Interm. Symp. on Electrets, Shanghai, 1996: 66.

[52] Ding H. Proc. 8th Intern. Symp. on Electrets, Paris, 1994: 89.

[53] Sessler G M, West J E. J. Appl. Phys., 1972, 43: 922.

[54] 陈钢进，夏钟福，张冶文，等. 物理学报，1999, 48(9): 1676.

[55] 赵春喜. 日旭硝子开发出新型透明氟塑料——《CYTOP》. 化工新型材料, 1992, (9): 45-45.

[56] Tsutsumino T, Suzuki Y, Kasagi N, et al. High-performance polymer electret for micro seismic generator. Power MEMS, Tokyo, Japan, 2005: 9-12.

[57] Sessler G M, Yang G M. Proc. 9th Intern. Symp. on Electrets, Shanghai, 1996: 165.

[58] Sessler G M, Yang G M, Hatke W. IEEE Roport , Conf. on Electr. Insul. and Diel. Pheno., 1997: 468.

[59] Keller J M, Datt S C. Phys. Stat. Sol. (a), 1985, 91: 205.

[60] Ding H, Xia Z F. Proc. 6th Intern. Symp. on Electrets, Oxford, 1988: 538.

[61] Singh R, Datt S C. Proc. 5th Intern. Symp. on Electrets, Heidelberg, 1985: 202.

[62] Baba A, Ikezaki K. Appl. Phys. Lett., 1982, 40: 1027.

[63] Lu T J, Sessler G M. IEEE Trans. Electr. Insul., 1991, 26: 228.

[64] Yang G M. J. Phys. D: Appl. Phys., 1993, 26: 690.

[65] Yang G M, Sessler G M. IEEE Trans. Electr. Insul., 1992, 27: 843.

[66] Ikezaki K, Yagishita A, Yamanouchi H. Proc. 8th Intern. Synp. on Electrets, 1994: 428.

[67] Ochiai S, Ogawa T, Takagi T, et al. Proc. 8th Intern. Symp. on Electrets, Paris, 1994: 283.

[68] Kao K J, Bamji S S, Perlman M M. J. Appl. Phys., 1979, 50: 8181.

[69] von Seggern H. J. Appl. Phys., 1981, 52: 4086.

[70] Beyer M, Eckhardt K D, Lei Q Q. Etz-Archiv, 1985, 7: 41.

[71] Ikezaki K. Phys. Stat. Sol. (a), 1985, 90: 383.

[72] Haridoss S, Perlman M M. J. Appl. Phys., 1984, 55: 1332.

[73] Creswell R A, Perlman M M, Kabayama M. Dielectric Properties of Polymers. New York: Plenum Press, 1972.

[74] Li Y, Takada T. J. Phys. D: Appl. Phys., 1992, 25: 704.

[75] Hozumi N, Suzuki H, Okamoto T, et al. IEEE Trans. Dielectrics EI, 1994, 1: 1068.

[76] Mahdavi S, Zhang Y, Alquie C. et al. IEEE Trans. Electr. Insul., 1991, 26: 57.

[77] Suh K S, Hwang S J, Noh J S, et al. IEEE Trans. Electr. Insul., Dielectrics EI, 1994, 1: 1077.

[78] Suh K S, Kim J Y, Lee S H, et al. IEEE Trans. Dielectrics EI, 1996, 3: 201.

[79] Kon H, Suzuoki Y, Mizutani T, et al. IEEE Trans. Dielectrics EI, 1996, 3: 380.

[80] Kitani I, Nishimoto S, Arii K. IEEE Trans. Dielectrics EI, 1996, 3: 197.

[81] Das-Gupta D K, Scarpa P C N. IEEE Trans. Dielectrics EI, 1996, 3: 366.

[82] Markiewicz A, Balbachas D V, Fleming R J. J. Thermal Analysis, 1991, 37: 1137.

[83] Amroun N, Saidi M, Bendaoud N, et al. Proc. 7th Intern. Symp. on Electrets, Berlin, 1991: 73.

[84] Yin W, Tanaka J, Damon D H. IEEE Trans. Dielectr. EI, 1994, 1: 169.

[85] Montanari G C, Motori A, Bulinski A T, et al. IEEE Trans. Dielectrics EI, 1996, 3: 351.

[86] Dang C, Parpal J, Crine J. IEEE Trans. Dielectrics EI, 1996, 3: 237.

[87] Suzuoki Y, Matsukawa M, Han S O, et al. IEEE Trans. Electr. Insul., 1992, 27: 758.

[88] Tanaka T, Okamoto T, Hozumi N, et al. IEEE Trans. Dielectrics EI, 1996, 3: 345.

[89] Tanaka Y, Mita Y, Ohishi K, et al. Proc. 7th Intern. Symp. on Electrets, Berlin, 1991: 159.

[90] 夏钟福, 林华茂. 功能材料, 1992, 23: 54.

[91] Xia Z F, Jiang J, Ding H. Chinese Phys. Lett., 1992, 9(1): 33.

[92] Bhardwaj R P, Quamara J K, Sharma B L, et al. J. Phys. D, 1984, 17: 1013.

[93] Cals M P, Marque J P, Alquie C. IEEE Trams. Electr. Insul., 1996, 27: 763.

[94] Lei Q Q, Wang F L. Ferroelectrics, 1990, 101: 121.

[95] Product Information of Du pont Co., "Mylar Polyester Films", Route Des Acacias Postfach CH-1221, GENF 24.

[96] 夏钟福, 王毓德, 丁亥. 物理学报, 1991, 40(12): 1986.

[97] Belana J, Mudarra M, Calaf J, et al. IEEE Trans. Electr. Insul., 1993, 28: 287.

[98] Neagu E, Neagu R. Proc. 8th Intern. Symp. on Electrets, Paris, 1994: 528.

[99] Thielen A, Niezette J, Feyder G, et al. Proc. 8th Intern. Symp. on Electrets, Paris, 1994: 319.

[100] Xia Z, Yang G M, Sun X. IEEE Trans. Electr. Insul., 1992, 27: 702.

[101] Eberle G, Schmidt H, Eisenmenger W. IEEE Trans. Dielectrics EI, 1996, 3(5): 607.

[102] Hatke W, Kreul T G. CARTS-Europe, 1996.

[103] Hatke W. Kunststoffe, 1997, 87: 58-62.

[104] Hohm D, Sessler G M. Proc. 11th Intern. Congr. on Acoustics, Paris, 1983: 29.

[105] Olthuis W, Bergveld P, Proc. 7th Intern. Symp. on Electrets, Berlin, 1991: 16.

[106] Lin H M, Zhang H Y, Xia Z F. Proc. 9th Intern. Symp. on Electrets, Shanghai, 1996: 700.

[107]　Voorthuyzen J A, Olthuis W, Bergveld P, et al. IEEE Trans. Electr. Insul., 1989, 24: 255.

[108]　Günther P, Xia Z F. J. Appl. Phys., 1993, 74: 7269.

[109]　Nicollian E H, Berglund C N, Schmidt P F, et al. J. Appl. Phys., 1971, 42: 5654.

[110]　Brinker J, Scherer G W. Sol-gel Sciences. Botston: Academic, 1990.

[111]　Xia Z F, Günther P. IEEE Trans. Dielectrics EI, 1994, 1(1): 31.

[112]　Cao Y, Xia Z F. J. Electrostatics, 1996, 37: 29.

[113]　Martinu L, Klemberg-Sapieha J E, Wertheimer M R. Appl. Phys. Lett., 1989, 54: 2645.

[114]　Günther P, Klemberg-Sapieha J E, Martinu L, et al. Annu. Report, Conf. Electr. Insul. Dielec. Pheno., 1992, 67.

[115]　Xia Z F, Cao Y. Proc. 8th Interm. Symp. on Electrets, Paris, 1994: 101.

[116]　Amjadi H, Thielemann C. IEEE Trans. Dielectrics EI, 1996, 3: 494.

[117]　Olthuis W, Bergveld P. IEEE Trans. Electr. Insul., 1992, 27: 691.

[118]　Lai H C, Murphy P V, Latour M. Proc. 8th Intern. Symp. on Electrets, Paris, 1994: 945.

[119]　梁鹿亭. 半导体器件表面钝化技术. 北京: 科学出版社, 1979.

[120]　Keller S P. 半导体材料及其制备. 罗英浩, 译. 北京: 冶金工业出版社, 1986.

[121]　Kressmann R, Amjadi H, Sessler G M. Annu. Report, Conf. Electr. Insul. Dielec. Pheno., 1998, 605.

[122]　Pang Y G, Xia Z F, Zhang X Q, et al. Proc. 10th Intern. Symp. on Electrets, Delphi, 1999: 391.

[123]　夏钟福, 宋聚平, 陈钢进, 等. 中国学术期刊文摘 (科技快报), 1998, 4: 961.

[124]　Zhang X, Sessler G M. Appl. Phys. Lett., 2001, 78: 2757.

[125]　Zhang X, Sessler G M. 11th Intern. Symp. on Electrets, Melbourne, 2003: 122.

[126]　Amjadi H. Proc. 9th Intern. Symp. on Electrets, Shanghai, 1996, 22.

[127]　Thielemann C, Amjadi H, Klemberg-Sapieha J, et al. Proc. 7th Intern. Symp. on Electrets, Berlin, 1991, 1022.

[128]　Xia Z F, Jiang J. Proc. 7th Intern. Symp. on Electrets, Berlin, 1991: 27.

[129]　Bernstein J J, White R M. J. Electrochem. Soc., 1985, 1140.

第7章 陶瓷/聚合物复合材料驻极体[1]

由于理论研究和实际应用两方面的原因，陶瓷/聚合物复合材料驻极体的研究已获得了长足的进步。这是因为从理论上这种结构适合于对多单元系统电荷储存和输运现象的研究；在应用方面，这一研究为各种机电传感器、红外传感器中的热释电检测器 (及微量热计) 等的更新换代开辟了途径。

众所周知，铁电陶瓷如钛酸钡 $BaTiO_3$(BT)、钛酸铅 $PbTiO_3$(PT)、锆钛酸铅 $(Pb,Zr)TiO_3$(PZT) 及锆钛酸铅镧 $Pb_{1-x}La_x(Zr_y,Ti_{1-y})_{1-x/4}O_4$(PLZT) 等具有良好的压电、热释电和光电性质，因此在许多方面得到了大量的应用[2]。然而，它们的脆性、不可弯曲性、高声阻抗等性质同时又限制了应用范围。某些聚合物 (如 PVDF 及其共聚物、PMMA、PET 等) 的压电性能较弱，但它们的柔顺性、强度、轻质、薄膜，以及与水和生物体声阻抗的良好匹配性，使它们与铁电陶瓷间形成了性质上的互补。用具有强压电或热释电效应的陶瓷材料结合聚合物而成的复合材料可以扬长避短，是满足实际应用需要的最佳选择。

如果根据既定的技术指标选择合理的组分，将颗粒、薄片或纤维等不同的形状和特性的功能材料 (如陶瓷)，以特定的连通途径钳入聚合物的基体中，形成两相或多相体，就构成了复合材料。从广义角度，复合材料是两种或多种不同相的组合，所以大多数的铁电体也包含复合材料中。这类材料可提供强的机电耦合系数 (K_t=0.4~0.5)、大范围可调的电容率 ($\varepsilon_r \approx$100~2400) 及较低的介电和力学损耗[3]。

PVDF 及其共聚物 P(VDF/TrFE)，P(VDF/TFE) 等铁电聚合物材料的压电和热释电效应已受到越来越多的关注[4]。虽然它们表现出较低的机电耦合系数以及较高的介电和力学损耗，但是它们的柔顺性、低声阻抗及低电容率，使它们在用作热释电检测器时仍具有相当的优势。

为了研究高性能复合材料，必须合理地调控决定其性质的相关变量。例如，除了选择具有强压电或热释电活性的陶瓷材料外，不同相之间的连通性也是十分重要的参量[5]。Newnham 等研究指出[5-7]：以棒状的压电陶瓷嵌入聚合物基体中形成的二维平行网络，其性质比简单的颗粒状分散性陶瓷/聚合物复合材料更好。另一种陶瓷/聚合物结构是用陶瓷纤维或珊瑚状陶瓷形成的三维自连通式的陶瓷相也已开展了广泛的研究。然而在基体中加入颗粒状粉体形成的复合材料，由于其工艺简单易行，现在仍然是一种重要的陶瓷/聚合物的复合结构形式。用于超声和红外检测的大面积复合材料薄膜的阵列装置也已研制。

以聚合物为基体,用陶瓷粉体掺杂的复合物种的聚合物和陶瓷分别表现为贯通的三维和零维 0-3 型复合结构,陶瓷粉体的颗粒特征与复合材料的应用密切相关。这是因为,陶瓷的性质不仅仅依赖于它们的组成和晶体结构,而且也与晶粒的尺寸、界面、孔度、结晶度和微观裂缝等形貌特征相关。例如,PT 和 PZT 微粉陶瓷退极化和在室温下电容率的降低是因为四方晶体结构的含量较低[8]。与经过化学处理的样品相比,经机械研磨和抛光处理的 PLZT 陶瓷圆片的极化和电容率都降低了,这是因为在陶瓷晶粒的表面上存在着层状的低铁电性和低电容率的介质层。

机–电性能的匹配是另一个值得注意的问题[9,10]。聚合物和陶瓷相间发生电匹配问题是由于铁电陶瓷比聚合物具有大得多的电容率和低得多的电阻率。当样品上施加一低于临界击穿电场的电压时,在陶瓷相中的极化电场被大大地减弱,因此聚合物基体内的无序陶瓷粒子很难实现沿电场方向的有序排列。

考虑到复合材料中填料和基体两者的周期性和尺度是确定其谐振和干扰上限频率的重要因素,为了实现较高的频率和器件的微型化,已从实验方面研究了分散在基体中具有纳米尺度的纳米复合材料[11]。它们是利用溶胶–凝胶工艺研制出的精细陶瓷微粉[12]。然而,微粉的性质随陶瓷粒径变化的介观效应及其规律仍需通过理论和实验进一步探索。一般陶瓷/聚合物的复合材料是将 $0.8 \sim 1 \mu m$ 粒径的陶瓷颗粒分散在 $5 \sim 10 \mu m$ 厚的基体内。结果在 500MHz 的频率下没有谐振效应发生。

其他效应 (如界面效应、渗透效应和孔度效应) 也不同程度地影响着复合材料的性质[13]。界面效应可能在陶瓷晶粒和聚合物基体间发生,它可能导致在低频时的高介电损耗 (Maxwell-Wagner 弛豫),另外也可能发生 Schottky 势垒现象。界面上还将发生偶极电荷和空间电荷的补偿效应。在复合材料内,陶瓷晶粒的渗透是一种积极的效应,它能通过铁电晶粒连续建立的电通量而促进陶瓷极化。孔度效应可能是一种有害效应。然而,当在 PZT 内存在体积系数达 70% 的孔洞时[14],由于作为填充剂的空气的存在,材料表现出十分好的柔顺性,并随着孔度而增强,而电容率、杨氏模量、横向压电常数和机械品质因数则相应减小。d_{33} 保持不变,而 g_{33} 随之增大。这时虽然某些性质与压力相关,但这种材料以纵向模式的工作是十分有吸引力的。

0-3 型复合材料可通过极化工艺 (传统的热极化或电晕充电极化) 形成压电和热释电驻极体。

7.1 陶瓷/聚合物复合材料的连通性

通过组合铁电陶瓷和适当性质的聚合物研制的复合材料,不仅需要选择正确的加工方法,而且需要优化结构的设计,以实现不同相之间的耦合。由 Newnham 等首先建立的这种连通性 (connectivity) 概念[6] 对描述多相材料体内的填充关系是异常重要的。这是因为它能控制各相间的力、电和热通量关系。

任意复合材料中,每一相都可能以一维、二维或三维空间构成自连通关系。在两相系统中,存在着十种不同组合的连通性,其顺序为 0-0, 0-1, 0-2, 0-3, 1-1, 1-2, 1-3, 2-2, 2-3 和 3-3,即图 7.1(a) 中正方体的积木式组合以表示出它们的连通性。例如,将粒子分散到基体内就形成了上述的 0-3 型复合材料;如果将纤维植入基体内,并将它们沿样品的某个维度取向,则构成 1-3 型复合材料。这种分类并未确定发生连通性的方向,例如,对铁电复合材料,并未表示出极化矢的指向。又如对二维情况,在 2-2 连通模式中,同时给出了串、并联两种连通模型 (图 7.1(b)),它们反映了十分不同的性质。

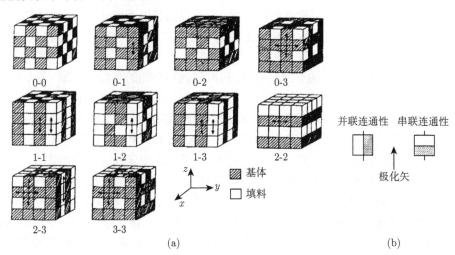

图 7.1 (a) 两相复合材料的连通模型;(b) 相对于极化方向的并联和串联连通性

对一定的复合材料,当填充物 (填料) 占有的体积分量比基体高时,在两相系统中,什么是填充物和什么是基体的基本定义已没有意义。在这种情况下应用连通性准则,可将在复合材料中呈现最高连通性相定义为基体。

7.1.1 0-3 连通性复合材料及其制备

应用最广泛的复合材料是 0-3 和 1-3 型结构。0-3 连通性的普及是由于它的简单的工艺程序和易于实现大规模低成本的生产。这类材料的制备需要考虑组分材料的选择,以及通过加压、煅烧和烧结等工序将用作填充物的块状体转变成粉体[15],再通过机械研磨直到其颗粒达到要求的尺寸,或将块状体加热到一定温度后再在水浴中淬火至室温,以借助热应力将陶瓷沿解理面裂解成粉体[16]。显然,研磨法能较好地控制陶瓷粉体的尺寸，而淬火工艺则形成了晶粒尺寸的较宽分布。淬火形成的粉体还可通过筛分方法得到较窄的粒径分布。不过如果要实现尺寸接近一致的粉体，则必须提高其工艺成本。在机械加工 (如研磨或抛光) 过程中产生了表面层，可能导致异常的介电行为和极化 (强度) 降低 (如 PLZT)，不过这可以通过化学酸洗和 (或) 热退火来改善。已广泛应用的溶胶–凝胶工艺，通过对凝胶形成的粉末的煅烧可以直接获得十分精细的陶瓷微粉[17]。

如果以适当的聚合物，如环氧树脂 (热固性聚合物) 进行材料混合，则可在室温下按步骤和比例将树脂、黏合剂和陶瓷粉体在容器内用手工方法实现混合；对热塑性聚合物，其掺合可通过两条途径实现：将聚合物置于开炼机上加热至软化和熔融温度间，再将陶瓷粉末逐渐加入并不断滚压直到获得一个合理的掺合结构；或者将聚合物溶解于适当的溶剂中，再将陶瓷粉末加入，将均匀混合的流质通过流涎或匀胶法涂敷在平板基片上，待溶剂挥发后，在适当的温度下进行固化。为了获得特定厚度的薄膜，需要通过在聚合物软化温度时再次加压，或者抛光，或者研磨加工成型。

在将各组分材料混合加工的过程中，可能碰到聚合物的非均匀分布、各单元相间的黏附性弱或空气吸附等诸多问题。聚合物的非均匀性分布与陶瓷颗粒的凝聚作用相关。通过在掺合过程中加热以降低聚合物的黏滞性可改善其非均匀性；为了阻止掺合中空气的引入，真空脱气是不可缺少的步骤。为使复合材料具有压电和热释电活性，在复合材料样品成形和镀电极后，必须在一定温度下施加外场，以使复合材料中的陶瓷相自发极化取向。要成功极化，作用在各晶粒上的电场必须高于它们的矫顽电场。两类极化工艺可供选择：一是传统的热极化，即将双面镀电极样品浸入惰性的绝缘介质液体 (如硅油) 中，在恒定温度下让外加电场作用一定时间 (参阅 3.1 节)；二是电晕充电法，即向样品的自由面注入电荷，而背电极接地 (参阅 3.2 节)。

7.1.2　1-3 和 3-3 连通性

1-3 型连通复合材料通常显示出较好的压电性。尽管它的加工工艺复杂、成本较高，仍然受到了重视[18]。这种复合材料是在聚合物基体内加入其长轴垂直于膜面的规则的柱状陶瓷组成的。由于结构上呈格状周期性模式形成的 1-3 型复合材料导致的寄生谐振，传感器性能下降[19,20]。显然这类谐振是由在周期性阵列的棒中以横向传播 Lamb 波的 Bragg 反射引起的。其横向模式的频率反比于棒的间距，而厚度模式的谐振依赖于板厚。为了克服这些缺点，降低柱的间距，可以使横向谐振频率向高频区迁移，这种复合材料的行为呈现有效均匀介质的性质。研制 1-3 型材料的初期方法是将模压出的细陶瓷棒在一个模具内经严格定位后烧结，再装入适量的环氧树脂，并将该复合材料切割成一定厚度的片状体和制作电极，最后极化成可运作的压电复合材料样品。这种方法适合于棒径大于或等于 200μm 的陶瓷。但由于陶瓷棒的脆性，如果要求更精细的空间坐标，在实际工艺中有相当大的难度。

为了克服上述局限性已发展了另外两种工艺：① 将碳纤维 "编织" 到结构中，再以压电陶瓷替代碳结构；② "失蜡" 法[21]。在塑料中形成一种互补结构，并将陶瓷片 (条) 安放入这个模具中。在陶瓷烧结期间，将塑料燃烧排除，而用作基体的聚合物被熔铸以取代相应的位置。这种方法可形成低成本、大面积和精确标度的复合材料。

已广泛应用的另一种较简单的工艺是小片填充工艺[18]：将从商家手中购得的经预极化处理的陶瓷圆片钳入齿状金刚石形成一个预极化的陶瓷盘。一列具有适当厚度的平行槽和齿节被安装在上述陶瓷上经 90° 旋转固定，再制成第二列类似的平行切割片，接着以聚合物填满槽内，最终形成了去除基底的复合材料盘。然而当这种结构实用化的最小空间的标度为 50μm 时，陶瓷的脆性增加。更小的尺寸可借助于激光刻槽，或激光烧蚀，或利用激光诱导化学刻蚀等工艺实现。大范围内变化体积系数和改变柱状陶瓷厚度–长度比，可通过调节齿节宽度等实现。另外的报道建议用超声切割器[22]制作齿槽，也可用管状压电陶瓷钳入聚合物基体中以设计复合材料[23]。在这种结构中，可通过调节陶瓷管的内、外径比，以获得沿径向为正、零或负值的有效压电常数，从而可提供在 5~10pC/Pa 的异乎寻常的静水压的压电常数。

3-3 连通性二元复合材料[7] 的两相以三维方式连接。其形成工艺是由形状类似于珊瑚的模板的陶瓷材料组成。这种珊瑚状模板先以真空灌铸蜡，以盐酸将模板溶滤掉，从而保留珊瑚模板形状的空隙，再以含陶瓷和蜡的溶液填充，并在 300℃时烧蚀失蜡从而仅保留陶瓷，最后在 1300℃的高温下进行烧结处理，形成三维结构，并以适当黏度的聚合物灌注形成 3-3 型复合材料。这种 3-3 连通性复合材料的研制成功[7] 是因为在厚度方向存在着陶瓷的电通道。即使在低体积系数陶瓷含量的复合材料内，也能有效地极化陶瓷颗粒，并具有低电容率和低密度等优点。

7.2　陶瓷/聚合物铁电复合材料的驻极体模型

将具有电活性的陶瓷粉末分散到聚合物基体中，即形成了压电、铁电或热释电复合材料。复合材料的各种特性可通过建立一定的模型进行唯象的描述。例如，对这类材料已建立起各种模型，这些模型中包括了电阻率、电容率等电学性质及力学性质的相关重要参变量。结合复合材料的驻极态，本节仅介绍通过压电效应来讨论力、电性质的耦合系数，以及通过热释电效应讨论热、电性质间的耦合系数的有代表性的两种模型。

7.2.1　0-3 复合材料的 Yamada 模型

Yamada 及其合作者[24] 研究了将 PZT 粉体分散在 PVDF 基体内的两组分系统的介电、压电和弹性性质。同时建立了利用其组分材料的性质以解释该复合材料相关行为的模型。图 7.2 给出了两单元系统的结构分布示意图: 由分散在连续介质 (基体) 中椭球粒子组成的复合材料的电容率为[1]

$$\varepsilon = \varepsilon^{\mathrm{p}} \left[1 + \frac{\eta \psi^{\mathrm{c}} \left(\varepsilon^{\mathrm{c}} - \varepsilon^{\mathrm{p}} \right)}{\eta \varepsilon^{\mathrm{p}} + \left(\varepsilon^{\mathrm{c}} - \varepsilon^{\mathrm{p}} \right) \left(1 - \psi^{\mathrm{c}} \right)} \right] \tag{7.1}$$

这里,η 是与椭球粒子形状相关的参数[25],椭球粒子的取向和复合膜的表面相关;ψ^{c} 是陶瓷相体积系数; 上标 c 和 p 分别表示陶瓷和聚合物相的相关参量, 无上标符号则表示复合材料的特征参量。

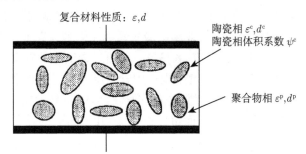

图 7.2　由分散在连续介质中的压电椭球粒子组成的二相系统

假定用作基体的聚合物材料不具有压电活性, 则双组分复合材料的压电常数 d 为

$$d = \beta \psi^{\mathrm{c}} l^{E} d^{\mathrm{c}} \tag{7.2}$$

这里,β 是陶瓷的极化度 (当陶瓷完全极化时,$\beta=1$; 未极化时,$\beta=0$);l^{E} 是局域场系数。利用形状参数 η, 局域场系数 l^{E} 为

$$l^{E} = \frac{\eta \varepsilon}{\eta \varepsilon + \left(\varepsilon^{\mathrm{c}} - \varepsilon \right)} \tag{7.3}$$

式中, 复合材料的电容率 ε 可由式 (7.1) 的解提供。具有不同陶瓷相体积系数的 PZT-PVDF 复合材料, 当 $\eta =8.5$ 时, 理论方程的计算值和实验结果相符合[24]。形状参数值 $\eta =8.5$ 要求满足当长轴垂直于复合膜表面时的陶瓷椭球长短轴之比是 2.8。事实上, 在实验操作中要实现上述要求是十分困难的。这是因为, 在高温下通过加压程序形成含椭球形陶瓷粒子的聚合物复合材料中存在着强迫椭球粒子的长轴趋于平行膜面而不是垂直于膜面的运动。Banno 等 [16] 提出另一种解释认为: 陶瓷颗粒可能在形状上趋于球形化。但是如果我们将晶粒的尺寸与复合材料的尺寸

相比, 分散的陶瓷晶粒尺寸沿复合材料的厚度方向比薄膜的另外两个方向大, 则表示球形的形状因子在厚度方向已被拉长。结果说明: 参数 η 不仅仅依赖于对陶瓷晶粒形状的纯粹测量, 同时必须考虑它们嵌入的薄膜的尺寸。

根据同样的模型, 假定在复合材料中仅陶瓷存在热释电活性, 其热释电系数 p 值可表示为

$$p = \beta \psi^c l^E p^c \tag{7.4}$$

这里, p^c 是陶瓷相的热释电系数。根据式 (7.4), 由 PZT 粉末和 PVDF 基体形成的复合材料的实验观察数据和理论计算结果符合得很好[26]。

7.2.2 0-3 复合材料的 Furukawa 模型

Furukawa 等[27,28] 研究了在聚合物基体内含球形掺杂组分 (陶瓷) 的两相复合系统, 如图 7.3 所示。陶瓷球被浸没在聚合物基体内, 基体外被其性质近似于复合材料平均性质的均匀介质包围。下面导出了介电、弹性和压电常数的表示式及其与实验结果的比较。根据 Furukawa 模型, 复合材料的电容率与各组分相关参数的函数关系为[27]

$$\varepsilon = \frac{2\varepsilon^p + \varepsilon^c - 2\psi^c (\varepsilon^p - \varepsilon^c)}{2\varepsilon^p + \varepsilon^c + \psi^c (\varepsilon^p - \varepsilon^c)} \varepsilon^p \tag{7.5}$$

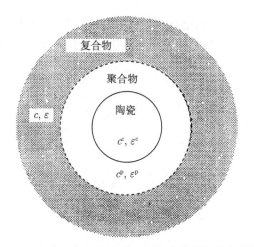

图 7.3 在聚合物基体内含球形掺杂的两相复合系统

假定复合材料是不可压缩的, 其弹性刚度

$$c = \frac{3c^p + 2c^c + 3\psi^c (c^p - c^c)}{3c^p + 2c^c + 2\psi^c (c^p - c^c)} c^p \tag{7.6}$$

则压电常数 d, e, g, h 的表示式分别为

$$d = \psi^c l^X l^E d^c \tag{7.7}$$

$$e = \psi^{c} l^{x} l^{E} e^{c} \tag{7.8}$$

$$g = \psi^{c} l^{X} l^{D} g^{c} \tag{7.9}$$

$$h = \psi^{c} l^{x} l^{D} h^{c} \tag{7.10}$$

这里，l^{X}，l^{x}，l^{D} 和 l^{E} 分别对应相对于应力 X，应变 x，电位移 D 和电场 E 的局域场系数。以 l^{E} 为例的局域电场系数可理解为：施加到复合材料上的电场 E(作为整体电场) 与在陶瓷晶粒上产生的局域场 E_{c} 的比值 ($l^{E} = E/E_{c}$)。当一个应力 X 施加到这个复合材料上时，在陶瓷掺杂体上将产生一局域应力 X^{c}，则

$$X^{c} = l^{X} X \tag{7.11}$$

陶瓷掺杂体内的应力和电位移间的关系为

$$D^{c} = d^{c} X^{c} = d^{c} l^{X} X \tag{7.12}$$

由陶瓷相内的局域电位移 D^{c} 而确定的复合材料内的电位移 D 是

$$D = \psi^{c} l^{E} D^{c} = \psi^{c} l^{X} l^{E} d^{c} X \tag{7.13}$$

式 (7.13) 说明：复合材料的压电行为是由式 (7.7) 表示出它们的压电常数以揭示其压电性质。Furukawa 等利用两相系统的各组分材料的相关性质已导出了各局域场系数[28]：

$$l^{X} = \frac{5c^{c}}{3\left(1 - \psi^{c}\right)c^{p} + \left(2 + 3\psi^{c}\right)c^{c}} \tag{7.14}$$

$$l^{x} = \frac{5c^{p}}{\left(3 + 2\psi^{c}\right)c^{p} + 2\left(1 - \psi^{c}\right)c^{c}} \tag{7.15}$$

$$l^{E} = \frac{3\varepsilon^{p}}{\left(2 + \psi^{c}\right)\varepsilon^{p} + \left(1 - \psi^{c}\right)\varepsilon^{c}} \tag{7.16}$$

$$l^{D} = \frac{3\varepsilon^{c}}{2\left(1 - \psi^{c}\right)\varepsilon^{p} + \left(1 + 2\psi^{c}\right)\varepsilon^{c}} \tag{7.17}$$

利用上述公式,他们已分析了陶瓷相体积系数低于21%的PZT/环氧树脂,PZT/PVDF,PZT/PE 和 PZT/PVA 的陶瓷/聚合物复合材料的介电、弹性和压电性质。根据上述公式，在 PZT/PVDF 两相系统中，要获得最高压电活性，要求陶瓷相体积系数应低于 10%。当 PZT 的体积系数在 20%的范围内时，测定出的压电常数 d 的实验值比公式的估算值要高 2~3 倍，而实验测得的电容率也比式 (7.5) 的计算值高 2 倍。这种矛盾的结果是由于设计模型时未考虑到复合材料较高项的效应，如陶瓷颗粒的凝聚等。

为了解释 0-3 型连通行为的偏差, Pardo 等[29] 设想这类复合材料可看作一种混合连通模型。考虑 ψ 是该复合材料中陶瓷相的总体积系数。假定它们中的一部分 $\psi^{0\text{-}3}$ 呈现 0-3 连通性, 其余部分 $\psi^{1\text{-}3}=\psi-\psi^{0\text{-}3}$ 属于 1-3 型连通性, 即直接连接到复合材料的两表面上。通过测量陶瓷晶粒尺寸 r_g 和薄膜厚度 s, 可以计算出它们的比值 r_g/s。借助于 Monte Carlo 模型已能分别计算出 0-3 和 1-3 型的体积系数 $\psi^{0\text{-}3}$ 和 $\psi^{1\text{-}3}$, 根据这些计算, 可求出压电常数 d_{33} 为

$$d_{33} = (\psi^{1\text{-}3} + \psi^{0\text{-}3}\beta l^E)l^X d_{33}^{\mathrm{c}} \tag{7.18}$$

这里, β 是具有 0-3 连通性陶瓷分量的极化度。当陶瓷的晶粒尺寸和样品厚度在同一数量级时, 在从 0-3 至 1-3 的转换区域内, 方程 (7.18) 和实验结果间具有相当好的一致性。

Zewdie 和 Brouers[30] 已经建议出一种类似于 Pardo 及其同事的计算程序。这个修正程序利用了修正局域场系数, 而这一修正包含了通过修正椭球指数而调节分散体的形状, 这类局域场可适合于那些中等陶瓷浓度的情况。

7.2.3　连通性的讨论

在前面的模型中包含了这样的假设: 陶瓷晶粒必须足够小, 以致可能将陶瓷晶粒的周围看作准均匀介质。然而, 如果在基体内提供足够高浓度的陶瓷分散体, 或者陶瓷晶粒的尺寸和该复合膜的厚度相当, 上述的结论就不再成立。而大多数适合于实际应用的铁电复合材料都属于后一种情况, 因此必须建立新模型。

复合材料行为的理论模型的中心思想是前述的连通性[6]。对两相结构, 最简单情况的处理是表示成串联或并联的二维结构 (图 7.1(b))。按照 Newnham 等的建议[6]: 这些结构可分类为具有 2-2 连通性模式, 并将其理解为 0-3 型的积木块。这种模型的 0-3 复合材料或者包含高浓度的陶瓷相, 或者与样品的尺寸相比, 具有较大的陶瓷晶粒。Newnham 等借助于各组分材料的性质已导出并联两相结构的弹性顺度 (s_{ij})、压电常数 (d_{ij})、电容率 (ε)、热释电系数 (p) 及线胀系数 (α), 分别为[6,8,31-36]

$$\frac{1}{s_{33}} = \frac{\psi^{\mathrm{c}}}{s_{33}^{\mathrm{c}}} + \frac{\psi^{\mathrm{p}}}{s_{33}^{\mathrm{p}}} \tag{7.19}$$

$$\frac{s_{13}}{s_{33}} = \frac{\psi^{\mathrm{c}} s_{13}^{\mathrm{c}}}{s_{33}^{\mathrm{c}}} + \frac{\psi^{\mathrm{p}} s_{13}^{\mathrm{p}}}{s_{33}^{\mathrm{p}}} \tag{7.20}$$

$$s_{11} = \psi^{\mathrm{c}} s_{11}^{\mathrm{c}} + \psi^{\mathrm{p}} s_{11}^{\mathrm{p}} - \frac{\left(s_{13}^{\mathrm{c}} - s_{13}^{\mathrm{p}}\right)^2 s_{33} \psi^{\mathrm{c}} \psi^{\mathrm{p}}}{s_{33}^{\mathrm{c}} s_{33}^{\mathrm{p}}} \tag{7.21}$$

$$s_{12} = \psi^{\mathrm{c}} s_{12}^{\mathrm{c}} + \psi^{\mathrm{p}} s_{12}^{\mathrm{p}} - \frac{\left(s_{13}^{\mathrm{c}} - s_{13}^{\mathrm{p}}\right)^2 s_{33} \psi^{\mathrm{c}} \psi^{\mathrm{p}}}{s_{33}^{\mathrm{c}} s_{33}^{\mathrm{p}}} \tag{7.22}$$

$$\frac{d_{33}}{s_{33}} = \frac{\psi^c d_{33}^c}{s_{33}^c} + \frac{\psi^p d_{33}^p}{s_{33}^p} \tag{7.23}$$

$$d_{31} = \psi^c d_{31}^c + \psi^p d_{31}^p + \frac{\left(d_{33}^c - d_{33}^p\right)^2 \left(s_{13}^c - s_{13}^p\right) s_{33} \psi^c \psi^p}{s_{33}^c s_{33}^p} \tag{7.24}$$

$$\varepsilon = \psi^c \varepsilon^c + \psi^p \varepsilon^p - \frac{\left(d_{33}^c - d_{33}^p\right)^2 s_{33} \psi^c \psi^p}{s_{33}^c s_{33}^p} \tag{7.25}$$

$$p = \psi^c p^c + \psi^p p^p + \frac{\left(d_{33}^c - d_{33}^p\right)\left(\alpha^c - \alpha^p\right) s_{33} \psi^c \psi^p}{s_{33}^c s_{33}^p} \tag{7.26}$$

$$\frac{\alpha}{s_{33}} = \frac{\psi^c \beta^c}{s_{33}^c} + \frac{\psi^p \alpha^p}{s_{33}^p} \tag{7.27}$$

复合材料的某些性质，如 d_{33} 是利用各单元材料的相关性质及计算出的复合材料的弹性顺度 s_{33} 求得的。另外，Newnham 等假定：若两组分都属铁电相，将不会影响其连通性。

为了导出上述表达式，还作出了如下假设：① 沿方向 3(即 Z 向) 的应变和电场，以及横向 1 和 2(分别在 x 和 y 方向) 的应力在两相中是相等的；② 沿方向 3 的应力和电荷以及 1, 2 方向的应变按其体积系数分布在两相间[10,31]。

复合材料的性质根据各组分相的性质进行分类：和、组合和乘积的性质[6,37]。表现为和的性质如密度，是从一个方程中包含各相性质的平均求出的值。所以复合材料的性质受各组成相的相应特征值制约。

给定功能应用的复合材料的品质因数通常包含着两种或两种以上材料的性质，这是 "组合" 类的一个典型例子。与单一性质相比，品质因数要求更多性质平均值的组合，例如，热释电特征量、热释电品质因数 p/ε_r 同时与热释电系数 p 及电容率 ε_r 相关。不同的混合准则使得热释电品质因数 (figure of merit) FOM$_p$ 与它的任一组分相相比较可高可低。组分相间的不匹配产生的两种性质间的耦合，使得复合材料间的性质变得十分复杂，因此往往产生完全不同的性质。例如，材料的压电效应和材料的线性膨胀间的耦合可产生在方程 (7.26) 中对热释电效应的贡献，更一般情况下的复合材料的性质将包含所有三种类型的贡献。

串联连通性两相复合材料的性质既是各组分材料性质的函数，也是各相体积系数的函数：

$$\begin{aligned}
s_{33} = {} & \psi^c s_{33}^c + \psi^p s_{33}^p - \frac{\left(d_{33}^c - d_{33}^p\right)^2 \psi^c \psi^p}{a_1} \\
& - 2\frac{\left[\left(d_{33}^c - d_{33}^p\right) a_3 - \left(s_{13}^c - s_{13}^p\right) a_1\right]^2 \psi^c \psi^p}{\left(a_2 a_1 - 2a_3^2\right) a_1}
\end{aligned} \tag{7.28}$$

$$\frac{s_{13}}{s_{11} + s_{12}} = \frac{\psi^c s_{13}^c}{s_{11}^c + s_{12}^c} + \frac{\psi^p s_{13}^p}{s_{11}^p + s_{12}^p} \tag{7.29}$$

$$\frac{1}{s_{11} + s_{12}} = \frac{\psi^c}{s_{11}^c + s_{12}^c} + \frac{\psi^p}{s_{11}^p + s_{12}^p} \tag{7.30}$$

$$\frac{d_{33}}{\varepsilon} = \frac{\psi^c d_{33}^c}{\varepsilon^c} + \frac{\psi^p d_{33}^p}{\varepsilon^p} \tag{7.31}$$

$$d_{31} = \frac{d_{31}^p \left(s_{11}^c + s_{12}^c \right) \varepsilon^c \psi^p + d_{31}^c \left(s_{11}^p + s_{12}^p \right) \varepsilon^p \psi^c}{a_2 a_1 - 2 a_3^2} \tag{7.32}$$

$$\frac{1}{\varepsilon} = \frac{\psi^c}{\varepsilon^c} + \frac{\psi^p}{\varepsilon^p} \tag{7.33}$$

$$\frac{p}{\varepsilon} = \frac{\psi^c p^c}{\varepsilon^c} + \frac{\psi^p p^p}{\varepsilon^p} \tag{7.34}$$

$$\alpha = \psi^c \alpha^c + \psi^p \alpha^p \tag{7.35}$$

其中,

$$a_1 = \psi^p \varepsilon^c + \psi^c \varepsilon^p$$

$$a_2 = \psi^p \left(s_{11}^c + s_{12}^c \right) + \psi^c \left(s_{11}^p + s_{12}^p \right) \tag{7.36}$$

$$a_3 = \psi^p d_{31}^c + \psi^c d_{31}^p$$

除了方程 (7.28) 的 s_{33} 系数外,其他表示式中的乘积项贡献较小,可以忽略,如电容率,其附加项对复合材料性质的贡献仅占总值的约 $(2 \times 10^{-5})\%$。

比较串并联连通性两相结构间的电容率表示式可见:总体性质的贡献不比分别利用串并联的电容规则计算出的提供到复合材料上的电容率的值更高。同样的原理适合于复合材料的弹性顺度,而对包含不同组合性质 (如电荷/应力,电荷/温度) 耦合的压电常数和热释电系数,其关系较为复杂。

根据并联连通性和串联连通性分别计算出复合材料的压电和热释电品质因数,并对它们进行比较是有价值的。图 7.4 中给出了分别呈现两类连通性的 PTCa/PVDF 复合材料 (其中 PTCa 表示经 Ca 修正的钙钛矿型结构钛酸铅 PT 铁电陶瓷) 的热释电品质因数 FOM$_p$ 和静水压压电品质因数 FOM$_h$ 随体积系数的变化曲线 $p/\varepsilon_r \sim \psi^c$ 和 $d_h g_h \sim \psi^c$。比较这两组曲线可知:在同样的陶瓷相体积系数下,并联连通结构具有好得多的压电和热释电活性。这一性质同样适用于其他一些陶瓷/聚合物复合材料,这对设计 0-3 型复合材料是一个十分重要的依据。

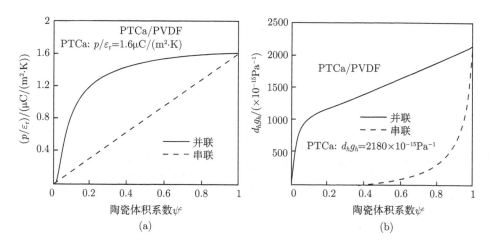

图 7.4　对并联和串联连通的复合材料热释电品质因数 $\text{FOM}_p(p/\varepsilon_r)$ 和静水压压电品质因数 $\text{FOM}_h(d_h g_h)$ 图

　　为了从理论上模拟 0-3 型复合材料，Pauer[38] 提出了以方块模型来研究两相复合材料的性质。这种模型中以单元尺寸的方块构成基体 (聚合物)，以较小的方块代替陶瓷粉体，分散地嵌入基体中 (图 7.5(a))，其目的是求出较小方块的尺寸，以致这种等效方块模型应该具有与复合材料类似的性质；稍后 Banno 以 "修正方块" 模型对上述模型进行修正，并推广至一般化[16,39]。在图 7.5(b) 中的立方体内的陶瓷块在其高度 n 方向附加一个独立于长和宽的自由度，而其他两个方向的尺寸为 m。因此通过改变陶瓷块的参数 m 和 n 可能实现或者是完全串联型，或者是完全并联型。此后 Garner 等[40] 又提出新的修正模型用以改善修正块的各向同性性。Banno 修正模型所面临的困难是：当等效正方体内的陶瓷块的高度接近于整体高度单元 1 时，如果陶瓷高度产生微小的增量，则复合材料的介电、压电和热释电性质会迅速变化，甚至突变，以致难于确定合适的等效方块。实验指出：复合材料中利用大的陶瓷晶粒，将会引起显著的部分晶粒连接两电极，使得该复合材料形成相当比重的并联连通性，这将影响其等效方块模型，因为嵌入的陶瓷平行六面体在 n 值区间内总是和两电极相接触，从而引起性质的剧变。

　　为了克服上述问题，Dias 等[41] 建议用图 7.5(c) 的混合连通方块的不同单元胞模型：在前述的模型中定义的基体聚合物为单元方块中，陶瓷部分除了含尺寸为 m 的方块外，还包含一部分高度为 n 的平行六面体，它们和两电极直接接触，以致分散于复合材料总陶瓷系数的一部分以串联连通，而剩余部分则以并联连通形式存在。图 7.5(c) 示意出对这种混合连通方块性质的计算方法。这里有三个并联分支结构：纯聚合物，纯陶瓷，以及与聚合物相连的陶瓷构成的串联分路。因此，因子 n 是该复合材料 1-3 连通性的量度。如 $n=1$，则意味着该复合材料是纯 1-3 连通型样品, n 越低表示样品转换至串联连通性的程度越高。

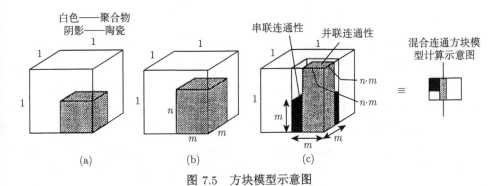

图 7.5 方块模型示意图

(a) 简立方；(b)Banno 的修正方块：(c) 混合连通方块模型

首先利用式 (7.28)~式 (7.36) 对串联连通性的结构计算串联分支性质, 再利用式 (7.19)~式 (7.27) 的并联连通方程来计算方块性质的总表达式。如果将两相并联结构的后面几组方程用于三相并联结构, 尚需将这些方程一般化。由于这些方程的本征对称性, 因此易于实现一般化的要求。对满足三相系统的电容率 (其他性质也可用类似的途径推广至一般化), 可将方程 (7.25) 变换为

$$\varepsilon = \psi^{\mathrm{c}}\varepsilon^{\mathrm{c}} + \psi^{\mathrm{p}}\varepsilon^{\mathrm{p}} + \psi^{\mathrm{s}}\varepsilon^{\mathrm{s}} - \frac{\left(d_{33}^{\mathrm{c}} - d_{33}^{\mathrm{p}}\right)^2 s_{33}\psi^{\mathrm{c}}\psi^{\mathrm{p}}}{s_{33}^{\mathrm{c}}s_{33}^{\mathrm{p}}}$$

$$- \frac{\left(d_{33}^{\mathrm{c}} - d_{33}^{\mathrm{s}}\right)^2 s_{33}\psi^{\mathrm{c}}\psi^{\mathrm{s}}}{s_{33}^{\mathrm{c}}s_{33}^{\mathrm{s}}} - \frac{\left(d_{33}^{\mathrm{s}} - d_{33}^{\mathrm{p}}\right)^2 s_{33}\psi^{\mathrm{s}}\psi^{\mathrm{p}}}{s_{33}^{\mathrm{s}}s_{33}^{\mathrm{p}}} \tag{7.37}$$

这里, 上标 s 表示串联分支的性质。如方程 (7.37) 所示, 对复合材料电容率的总贡献包含了串联单元的附加项, 而乘积的贡献则含有串联分支与其他相 (聚合物相与陶瓷相) 相互作用的两个附加项。根据相同的规律, s_{11}, s_{12}, d_{31} 和 p 的推广同样成立。对压电常数 d_{33} 与弹性顺度 s_{33} 和 s_{13} 不存在乘积项的贡献, 仅需增加一个附加项；如果不考虑聚合物中的本征电活性, 即 $d_{ij}^{\mathrm{p}} = 0$ 和 $p = 0$, 则上述表达式可能简化。

为了计算混合连通模型的参数, 我们需要知道作为尺寸 n 和 m 函数的每一相的体积系数, 以便将它们代入串、并联的连通性表示式中。如表 7.1 所示：串、并联分支的计算要求已知与串联分支相关的陶瓷和聚合物的体积系数值；对并联分支计算, 则要求给出陶瓷与聚合物的体积比, 以及与总体积 (整个单元 1) 相关的串联分支的体积比。可将串联分支的陶瓷体积和并联分支的陶瓷体积求和得到在单元方块胞内的陶瓷总体积系数。

表 7.1　串联和并联分支各相的体积系数[41]

	ψ^{c}	ψ^{p}	ψ^{s}
串联	m	$1-m$	
并联	n^2-m^2	$1-m^2$	$m^2(1-n^2)$
总	$m^3+n^2m^2(1-m)$		

图 7.6 表示利用 Smith[10] 提供的参数值通过上述的计算程序得到的 PZT-5/环氧树脂复合材料的热释电系数 p 和 $d_h g_h$ 等值曲线。虚线表示等体积系数 $(\psi^{\mathrm{c}} = C)$ 曲线，而实线表示利用混合连通模型通过相关计算获得的确定参数 $(p$ 或 $d_h g_h)$ 的等值曲线。图 7.6 曲线的物理意义如下：在选定特定的体积系数后，从 $n=0$ 到 $n=1$，即从图 7.5(a) 的简立方复合材料到 1-3 连通性的复合材料逐步改进。结果指出：沿着直线 $n=1$，复合材料的性质和 Smith[10] 预示的 1-3 型复合材料的性质相同，而在此间则具有串、并联的组合。从等值线可见，这种特殊的复合材料虽然其静水压的压电性能有可取之处，但并不具有好的热释电性能。曲线的规律还启发我们：为了实现符合应用要求的参数值，需要利用陶瓷和聚合物的组合系统。显然，图中的等值曲线可通过调节混合连通性方块参数 n 和 m 得到。这些参数可借助改变陶瓷相的体积系数及晶粒尺寸来控制。理论和实验都已指出，没有简单的法则能表示这些变量的关系，通常必须求助于逐次逼近计算。一种可行的路线是选择一个特定的体积系数，如果可能的话逐渐改变晶粒尺寸直到该复合材料的相关参数逼近我们感兴趣的区间 (即具有合适的 1-3 连通性的量值)；另一种处理方法是假定复合材料中的陶瓷相可能完全被极化。

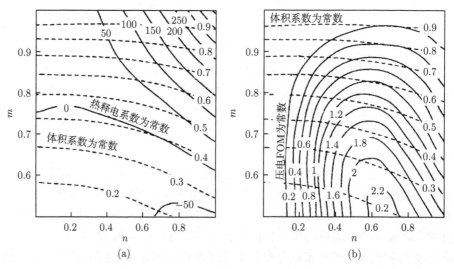

图 7.6　PZT-5 和环氧树脂 0-3 型复合材料的热释电系数 p 和 $d_h g_h$ 等值曲线

7.3　复合材料的极化

Thiessen 等[42] 指出，某些混合型的驻极体内永久极化和空间电荷的积累与极化场密切相关。在低极化电场下形成的驻极体仅呈现异号电荷 (即偶极子取向)，而经强场极化后的驻极体，首先呈现异号电荷，并经过时间 τ_1 衰减至零，此后表现为同号电荷驻极体的行为。

陶瓷材料的压电和热释电活性与样品置于外场下的极化效率密切相关。如前所述，陶瓷相的偶极子的取向作用仅当外加电场大于材料的矫顽电场 E_c 时才会发生。多相材料的相连通性对改善极化效率至关重要。只要外加电压形成的电场比矫顽电场 E_c(通常约为 2MV/m) 大，那么并联连通分支中的陶瓷一定能被极化。然而对串联连通分支，作用在陶瓷上的电场则同时与该分支上陶瓷和聚合物的电性质相关。从低频到高频条件下，作用在陶瓷上电压的限制值可用式 (7.38) 和式 (7.39)表示。其中在整个频区内[1]：

$$V_c = \hat{V}_c \frac{1 + 2\pi \mathrm{j} f \rho^p \varepsilon^p}{1 + 2\pi \mathrm{j} f \dfrac{m\varepsilon^p + (1-m)\,\varepsilon^c}{\dfrac{m}{\rho^p} + \dfrac{1-m}{\rho^c}}} \frac{m\rho^c}{m\rho^c + (1-m)\,\rho^p} \tag{7.38}$$

当 $f \ll \dfrac{1}{2\pi\rho^p\varepsilon^p}$ 时，

$$V_c = \hat{V}_c \frac{m\rho^c}{m\rho^c + (1-m)\,\rho^p} \tag{7.39}$$

而当 $f \gg \dfrac{1}{2\pi} \dfrac{m\rho^c + (1-m)\,\rho^p}{[m\varepsilon^p + (1-m)\,\varepsilon^c]\,\rho^c\rho^p}$ 时，

$$V_c = \hat{V}_c \frac{m\varepsilon^p}{m\varepsilon^p + (1-m)\,\varepsilon^c} \tag{7.40}$$

其中，ρ^c 和 ρ^p 分别表示陶瓷和聚合物相的电阻率。对一般表示式，包含两个频区：在高频时，作用在陶瓷上的电压约正比于 $\varepsilon^p/\varepsilon^c$，因此，当利用高电容率陶瓷时，$\varepsilon^p/\varepsilon^c$ 较小，显然极化效率较低；在低频时，施加于陶瓷上的电压约正比于 ρ^c/ρ^p，由于陶瓷相比聚合物相具有更低 (甚至低得多) 的电阻率，因此比值仍然相当低，导致的极化效率也低[1]。

为了改善陶瓷/聚合物复合材料的极化效率，人们试图通过增加陶瓷的电阻率或降低聚合物的电阻率来改善极化取向度。Sa-Gong 等[43] 通过在 PZT/聚合物和PT/聚合物的复合材料中掺杂碳、银、硅或锗等材料以降低聚合物的电阻率，结果在电场为 3~4MV/m 和 100 ℃的条件下极化 5min，样品能有效地被极化。然而这

一举措会导致一些负面效应，例如，增加了复合材料的介电损耗，信噪比上升。因此，以此改变陶瓷或聚合物的电阻率通常不是一种最佳选择。这是因为，选用的陶瓷一般都是经过优化，具有低介电损耗和最佳电活性状态。另外的报道指出[9]：利用聚合物电阻率在较高温度下的敏感效应和在高湿条件下的高扩散系数，即相对于陶瓷，控制温度和湿度能有效地减少聚合物电阻率。根据这项研究成果，只要在实验中优化其极化条件，即可改善这类复合材料的极化效率，进而实现高的压电活性。

Mozur[44] 还系统地研究了 PMMA/BT 复合材料的组分与材料的活化能，以及电导率之间的相关性。当外加电场为 1.5MV/m 时，在室温下测得的 PMMA 的电导率为 $2.7 \times 10^{-13} \Omega^{-1} \cdot m^{-1}$，含量 57.5%PT 的复合材料 PMMA/PT 的电导率为 $1.6 \times 10^{-11} \Omega^{-1} \cdot m^{-1}$，而纯的 PT 的电导率为 $4 \times 10^{-10} \Omega^{-1} \cdot m^{-1}$。因此在室温下 PMMA 的电导率比 PT 约低 3 个数量级。然而 PMMA 的电导率随着温度上升而急剧增加。但不论是单元组分还是复合材料，其电导率 G 都是 T^{-1} 的线性函数 (图 7.7)，这说明了电导率的热活化特性。表 7.2 说明了活化能和复合材料的组分

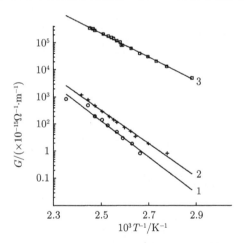

图 7.7　电导率 G 对温度的依赖关系

1. 纯 PMMA；2. 体积系数 32% 的 PMMA/BT；3.BaTiO$_3$

表 7.2　具有不同 BT 体积系数的 PMMA/BT 复合材料的活化能[45]

材料	活化能 A/eV
PMMA	1.80
PMMA+0.15BaTiO$_3$	1.58
PMMA+0.26BaTiO$_3$	1.45
PMMA+0.32BaTiO$_3$	1.30
PMMA+0.45BaTiO$_3$	0.87
BaTiO$_3$	0.87

密切相关。PMMA 比 BT 具有低得多的 ε, 然而活化能较高, 因此, 通过在一定范围内调节材料的组分可获得不同量值的电导率 G、活化能 A 及电容率 ε, 从而调节这类复合材料中决定其驻极态特性的空间电荷衰减和压电及热释电性能。

利用混合连通模型, 我们也能研究和极化度 β 密切相关的复合材料的性质。假定部分陶瓷相以串联分支形式存在, 而在合适的外加电场下, 并联连通性陶瓷分支通常总能完全被极化。这里假定与串联连通性相关的压电常数和热释电系数都正比于测量的极化效率的参数。图 7.8 表示了体积比为 65/35 的 PTCa/PVDF 复合材料的热释电品质因数 $FOM_p(p/\varepsilon_r)$ 和机电耦合系数 k_t 在各种极化度下作为 n 的函数 (即 1-3 连通性特征度) 的关系曲线。由图 7.8 可见, 与机电耦合系数相比, FOM_p 明显地随串联连通性分量的极化度的增加而上升。这说明对比 k_t, 串联连通分量对整个 FOM_p 具有较大的贡献, 而机电耦合系数 k_t 对并联连通的陶瓷分量表现出明显的依赖关系。

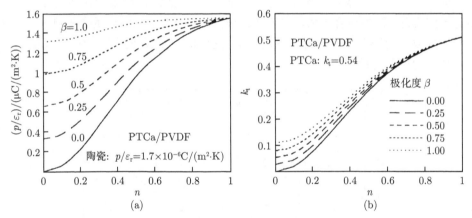

图 7.8　在用混合连通性模型时的串联分量中热释电品质因数 $FOM_p(p/\varepsilon_r)$ 和机电耦合系数 k_t 与极化度 β 间关系

其他类似于连通性研究的理论研究模型也见报道。如 Hashimoto 等[46] 利用压电方程的矩阵式已讨论了一维串、并联连通性的模型。计算中他们假定, 对并联连通性的等效复合材料刚性及电容率等性质是由对应的生材料的总平均性质表征; 而串联连通性复合材料的弹性顺度及电容率的倒数是由各组分材料的弹性顺度及电容率的倒数的平均值决定的。近年来还报道了对一维并联连通性 (即 2-2 连通性) 复合材料的更严格处理[47,48]。这时方向 3(z 轴) 的纵向应变已不能认为是均匀的, 而是在陶瓷/聚合物界面上连续穿越。这种情况下, 界面的结合需考虑从柔顺的聚合物相到刚性的陶瓷相的应力传递时可能提供机械应变的连续性质。

7.4　复合材料的介电行为

7.4.1　复合材料的相对电容率和它们的混合原则

复合材料的介电性质与各单相的性质、它们介入的体积系数及相互连接的途径三要素相关。对 0-3 型复合材料，杂质的微观几何结构对介电性质也是十分重要的。

介电复合材料在十分宽的频区内具有各种应用，如从水泥工业的结构材料到微波吸收器的开发等。这里仅涉及具有电活性介电复合材料的介电性质。图 7.9 给出了 PTCa/P(VDF/TrFE) 复合材料在 1kHz 和 30℃时的电容率随陶瓷相体积系数的变化曲线，同一图中还分别提供了对应于完全 2-2 并联连通性和串联连通性的电容率–陶瓷相体积系数曲线。结果说明：实验曲线位于两种极限连通性模型的理想曲线之间。对电容率的虚部，也可得到类似的结果。即如果一条准则可应用于电容率的实部，则也适合于描述电容率的虚部。如果变量的性质是个复数值，因为对描述的复合材料的模型中导出的公式仍然有效，因此我们有可能得出该复合材料复数值的相关性质。

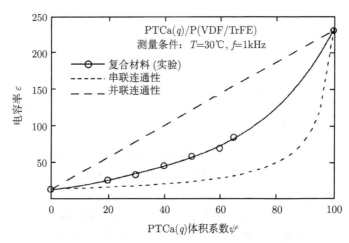

图 7.9　P(VDF/TrFE) 掺杂 PTCa 粉末的复合材料的 ε-ψ^c 曲线

图 7.10[24] 表示利用 Yamada 模型模拟的 PZT/PVDF 在各种体积系数时的电容率理论曲线及其实验值。结果说明，如果形状参数 η =8.5，可得到与实际曲线的最佳拟合结果，它可以通过材料中具有高含量的陶瓷分量来解释。

图 7.11 给出了利用混合连通模型得到的 PTCa/P(VDF/TrFE) 复合材料的电容率等值曲线。图中已利用了组分材料的实验值，虚线表示不同量值的常体积系数曲线。如果同时利用复合材料的体积系数和该复合材料性质的实验值，则可确定给

定特征曲线上的点坐标位置。例如，具有 60%PTCa 体积系数的复合材料的电容率为 49，我们必须首先在图中定位体积系数为 60%的虚线，接着找出接近于量值为 49 的电容特征曲线，在特征曲线上这样的定位点使得我们可能求出在复合材料中特征化的等效混合连通性方块的 m 和 n 的估算值。在现在的情况下，$m \sim 0.85$ 和 $n \sim 0.45$。因此，复合材料中 60%的总陶瓷填料中的 23%接触上、下电极，而剩余部分将和聚合物形成串联连通结构。

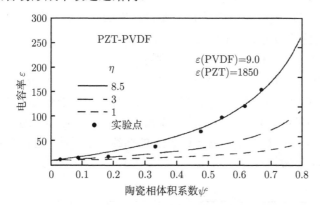

图 7.10 PZT/PVDF 复合材料以三种 Yamada 形状参数及相应的实验数据得到的 ε-ψ^c 曲线

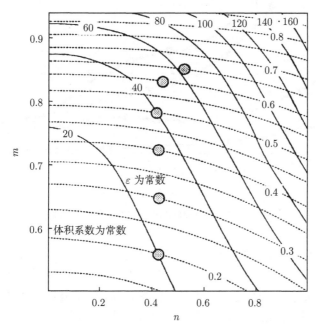

图 7.11 利用混合连通模型的 PTCa/P(VDF/TrFE) 复合材料的电容率等值曲线

从图 7.11 可见，实验点的 n 值散落在 0.4~0.5 内，因此约一半的陶瓷方块和两电极接触，就是说方块体积的 1/4 呈现出陶瓷的 1-3 连通性。

7.4.2　复合材料的介电弛豫行为

Das-Gupta 和 Abdullah[49] 测量了 PZT/PVDF, PZT/P(VDF/TrFE), PZT/PP 和 Piezel(Daikin Industries) 在频区 10Hz~100kHz 和温度 363K 时的介电色散，以及 ε'' 在 1kHz 时对温度的依赖关系。观察到 PZT/PVDF 和 Piezel 复合材料在 350K 时的介电色散的宽峰，并归因于 PVDF 的交流弛豫，在 270K 的低温区还观察到由于 PVDF 非晶相分子运动的吸收现象。

图 7.12 表示出在相同的体积系数 (如 ψ^c=50%) 下几种复合材料 (1. PZT/PVDF; 2. PZT/(PVDF/TrFE) 3. Piezel; 4. PZT/PP) 的电容率虚部 ε'' 的频率谱。对 PVDF 为基的复合材料观察到频率高达 500Hz 后随频率的上升介电损耗的减少，以及在 500Hz 时 ε'' 的宽峰 (图 7.12 的曲线 1)。因此，这种吸收过程应归因于聚合物基体的弛豫。

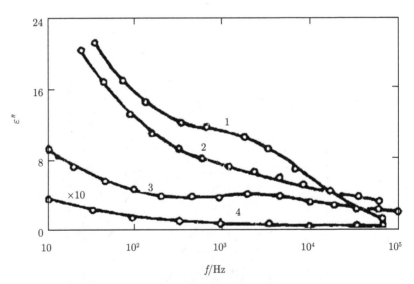

图 7.12　0-3 复合材料在 363K 时的介电吸收

Sinha 等[50] 测量了 PZT/PVDF 复合材料在频区 10Hz~10MHz 内室温时的介电色散；在频率约为 10kHz 时的 ε'' 具有最小值，其原理是 PZT 陶瓷的畴壁运动。研究结果指出：尽管新的弛豫产生于各相间的相互作用，但是复合材料的介电弛豫无疑受到其各组分材料的影响。这些新的弛豫可能位于低频区。如将经质量分数为 1% 的 Nb_2O_5 修正的 (Pb, Ba)(Zr,Ti)O_3 陶瓷粉末掺杂于 P(VDF/TrFE) 形成复合材料，它们新的介电弛豫出现在频率低于 100Hz，温度低于 350~420K 范围[51]。这是一种弱弛豫，是由其活化能约为 0.7eV 的缺陷弛豫引起的，它们随热退火处理而减弱。

Furukawa 等[52] 和 Das-Gupta 等[53] 都已分别研究了 0-3 型陶瓷/聚合物复合材料的介电弥散现象。他们发现聚合物对介电吸收贡献是突出的，而陶瓷则主要对电导率有贡献。然而 Sinha 等[54,55] 则认为 0-3 型复合材料的电导率主要贡献者是聚合物而不是陶瓷。Karal 指出，上述不同的认识可能是由于复合材料不同的自身结构特征：对并联连通复合材料，一般地说，直流电导取决于陶瓷相；而对串联系统，则取决于聚合物相。0-3 型陶瓷/聚合物复合材料是一统计复合型材料，它们的直流电导及介电色散需要由实验方法确定[1]。

在 5MHz 以上的高频区，在 PZT/橡胶复合材料中已观察到伴随 ε' 的微弱减少和 ε'' 的明显上升，其色散的根源仍然不清楚。Furukawa 还在测量了另外一些 0-3 型复合材料如 PVA/PZT 系统[52] 后指出，随着频率的降低，ε'' 单调地上升，说明在该温度条件下由相当高的离子杂质引起直流电导。在低频区，ε' 的初始增加是由于 PVA 聚合物和 PZT 陶瓷的界面上离子杂质的积累。这些效应对这种复合材料的驻极体性质产生了重要的影响；而在较高温区，ε' 的再次增加是由于电极的极化。

7.5 复合材料驻极体的电荷衰减[2]

如前所述，对具有单一弛豫频率的偶极电荷，按照驻极体的唯象理论，驻极体中的偶极电荷密度 σ_p 在等温条件下随时间的衰减应遵循[2]

$$\sigma_p = \sigma_{p0} \exp(-\alpha t) \tag{7.41}$$

其中，α 为偶极电荷的弛豫频率。如果遵守欧姆定律，则驻极体空间电荷密度 σ_r 随电导率 G 的变化服从

$$-\frac{\mathrm{d}\sigma_r}{\mathrm{d}t} = GE = \nu\sigma \tag{7.42}$$

其中，E 是驻极体内的电场；ν 是空间电荷的逃逸频率；σ 也可能是 $\sigma_r + \sigma_p$(参见式 (2.103))。在复合材料驻极体中通常同时存在着偶极电荷和空间电荷。显然，空间电荷的形成是由于不同相间界面上空间电荷的积累或者在驻极体形成期间从电极的直接注入。复合材料驻极体的电流–电压特征曲线如图 7.13 所示，例如，BaTiO$_3$/PMMA 复合材料可表示为[50]

$$i = gV^k \tag{7.43}$$

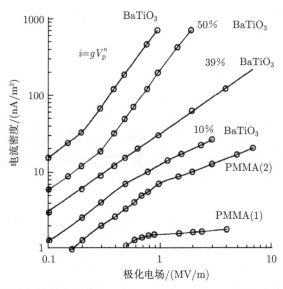

图 7.13　在不同陶瓷相体积系数及 T_p=293K 时 PMMA/BT 的电流–电压特征曲线

PMMA(2) 的 T_p 为 353K

其中，g 是与极化电压 V 无关的参数，但它和 k 同时是陶瓷相体积系数 ψ^c 的函数。如图 7.13 所示，在非欧姆区之前的欧姆区内，i 正比于极化电压 V^k。当 $BaTiO_3$ 呈低体积系数时 (例如，ψ^c=0.3)，$k < 1$；当 ψ^c 高时，$k > 1$。$k < 1$ 时，我们必须考虑扩散电荷的输运[50]。另外，在陶瓷相 $BaTiO_3$ 内，需要考虑受空间电荷限制的电流 (SCLC)，这时的电流随外加电压也呈非线性变化关系 $(k > 1)$[56-59]。对 $BaTiO_3$/PMMA 复合材料，电荷衰减应服从

$$-\frac{\mathrm{d}\sigma_\mathrm{r}}{\mathrm{d}t} = \nu'\sigma^k \tag{7.44}$$

因此，

$$\sigma(t) = \frac{\sigma_0}{\left[1 + (k-1)\nu'\sigma_0^{k-1}t\right]^{1/(k-1)}} - \sigma_{0\mathrm{p}}\left[1 - \exp(-\alpha t)\right] \tag{7.45}$$

如果 $k = 2$，则

$$\sigma(t) = \frac{\sigma_0}{1 + \sigma_0^{\nu'}t} - \sigma_{0\mathrm{p}}\left[1 - \exp(-\alpha t)\right] \tag{7.46}$$

而该复合材料驻极体的极性反转时间

$$\tau_1 = \frac{\left[\alpha^2\left(\sigma_{0\mathrm{p}}^2 - \sigma_0^2\right) + 4\alpha\sigma_{0\mathrm{p}}\sigma_0^2\nu'\right]^{1/2} - \alpha\left(\sigma_{0\mathrm{p}} - \sigma_0\right)}{\alpha\left[\alpha\left(\sigma_{0\mathrm{p}} - \sigma_0\right) + 2\sigma_{0\mathrm{p}}\sigma_0^{\nu'}\right]} \tag{7.47}$$

这里，$\nu' = G\left/\left[\left(\varepsilon_0\varepsilon_\mathrm{r}\right)^k E_\mathrm{b}^{k-1}\right]\right.$，$G$ 是低极化电场时的电导率，E_b 是在 i-V 曲线上

击穿点的极化电场，σ_0 是驻极体初始等效面电荷密度。如果利用文献 [60，61] 的实验数据：$\sigma_0=30\mu C/m^2$，$\sigma_{0p}=0.5\mu C/cm^2$，$\alpha=10^{-8}s^{-1}$，$\nu'=1m^2/(C\cdot s)$，从式 (7.47) 得到 $\tau_1=15d$。如果以 $BaTiO_3/PMMA$ 为例，利用式 (7.46) 估算出的 $\sigma(t)$，已证实在驻极体衰减的初始阶段其实际结果和理论曲线很好地一致。

7.6 复合材料的压电性及其应用

多层 (或多相) 系统的压电性质依赖于各单元相的物理和化学性质。Wada 和 Hayakawa 等指出：大多数的非均匀性聚合物薄膜，即使它们尚未极化，在某种程度上也具有一定的压电性，这与材料内存在一定量的偶极或空间电荷相关[56,62]。例如，未充电的层状 PET-BaTiO$_3$/PMMA-PET 就具有压电性。这种由不同材料组成的多层结构系统满足了非均匀性条件，可能是在平衡态时的摩擦带电和部分取向的 PET 薄膜引起的充电效应，使得层间界面处出现电荷的储存。而在 $BaTiO_3/PMMA$ 层状结构系统中所显示的某种程度的压电性是由于铁电陶瓷 $BaTiO_3$ 相的自发极化效应和极性材料 PMMA 的偶极子取向极化。这些未经充电或在外场下经高温充电的层状复合材料系统都是驻极体或压电体。

Furukawa 等[28] 最早报道了 PZT/环氧树脂复合材料的压电应用[9,38]。他们将直径为 0.2~2μm 的陶瓷晶粒以 23% 的掺杂量制备出厚 200μm 的 PZT/环氧树脂复合膜的样品。图 7.14 表示了最高极化电场为 12MV/m 的这类复合材料的压电应变常数 d_{31} 和极化电场间的函数关系。利用 Furukawa 模型 (见 7.2.2 节) 发现 d 常数的实验值仅是公式理论计算值的 3/4，说明这种材料属于不完全极化。Pardo 等[29] 利用晶粒尺寸和薄膜厚度比 (r/s) 在 0.5~3.8 内变化发现：如果陶器的晶粒尺寸比厚度大，则形成了混合连通型结构 (未考虑陶瓷的体积系数)。当利用最高陶瓷相体积系数和最大晶粒尺寸与厚度比 (如 $\psi^c=43\%$，$r/s=3.44$)，d_{33} 较高 $(=165pC/N)$；而在较低的体积系数 (如 $\psi^c=27\%$) 和 $r/s=0.8$ 时，g_{33} 呈现最大值。Espinosa 等[63] 提出一种研究工艺：把利用不同工艺形成的多裂缝商品压电陶瓷片中灌入塑料相，结果形成的复合材料的力学损耗上升，但由于机电耦合系数高达 0.50~0.61，其灵敏度类似于前人研制的 1-3 型压电复合材料。最近，由日本 NTK 技术陶瓷公司研制出了一种压电橡胶 (PR303/PR307) 的系列 0-3 型复合材料。它是将精细钛酸铅微粉分散于氯丁橡胶的聚合物基体内，从而实现了高等静压的压电品质因数 d_hg_h(达 $10^{-12}\sim 5\times10^{-12}Pa^{-1}$)，并且在无需冲击激励信号时即呈现良好的发射器/接收器的脉冲响应[16,64,65]。利用共沉淀法制备的 PbTiO$_3$ 陶瓷，并用聚乙烯醇 (PVA) 作为胶黏剂将 PbTiO$_3$ 胶结成粒状，通过烧结工艺将 PVA 烧蚀并使 PbTiO$_3$ 成型，再将环氧树脂填充入空隙，形成陶瓷含量达 70% 的 3-3 型复合材料[65]，最后经传统方法或电晕充电法极化，呈现压电静水压 FOM_h 达

$1750\times10^{-15}\mathrm{Pa}^{-1}$，而机电耦合系数为 8%。测得极化前后的 X 射线衍射峰分别为 0.02 和 200，表明它的极化已达到饱和状态。Han 等[66,67] 利用胶体工艺在环氧树脂基体内掺入 $(\mathrm{Pb}_{0.5}, \mathrm{Bi}_{0.5})[\mathrm{Ti}_{0.5}, (\mathrm{Fe}_{1-x}\,\mathrm{Mn}_x)_{0.5}]\mathrm{O}_3(x=0.00\sim0.02)$，可形成十分均匀的复合材料。这种样品能承受 15MV/m 的极化电场而不致击穿，其压电常数 d_{33}, d_h 和 g_h 分别高达 65，41pC/N 和 145mV·m/N，因此，$d_h g_h = 5.95\times10^{-12}\mathrm{Pa}^{-1}$，Pardo 等[68] 和 Chilton 等[69] 已广泛地研究了环氧树脂为基，掺入经 Ca 改性的 PbTiO$_3$ 陶瓷，其陶瓷粒径与样品厚度比对复合材料压电活性的影响类似于 PZT 复合材料，即较大的粒径与样品的厚度比有利于它的电活性的改善。Garner 等[40] 指出：通过淬火和球磨两种途径获得的陶瓷粉体的性质是不同的，淬火工艺的结果较好。不同体积系数的研究指出：50% 的陶瓷填料可获得优化的 $d_h g_h$ 值。在 20MV/m 的电场作用下的压电常数 d_h，g_h 值和 $d_h g_h$ 值分别是 22.5pC/N，80mV·m/N 和 $1.8\times10^{-12}\mathrm{Pa}^{-1}$。Shaulov 等[70] 报道了对 1-3 型复合材料，如果以同一种陶瓷而分别利用两种聚合物基体，较硬的一种 (stycast 环氧 $s_{11}=108\times10^{-12}\mathrm{Pa}^{-1}$) 比较软的一种 (spurrs 环氧 $s_{11}=332\times10^{-12}\mathrm{Pa}^{-1}$) 形成的复合材料呈现较好的压电性质。它的 d_h, g_h 值和 $d_h g_h$ 值分别等于 32pC/N，66mV·m/N 和 $2.1\times10^{-12}\mathrm{Pa}^{-1}$。Hanner 等[71] 已开展了具有实际应用价值的压电涂料的制备。两种聚合物：丙烯酸和聚氨脂，用含有体积系数为 60%~70% 的 PZT 复合，或掺入经共沉淀工艺制备的 PbTiO$_3$ 陶瓷的复合材料，即将丙烯酸或聚氨脂以适当的分散试剂稀释后，掺入陶瓷粉末，再将薄膜凝铸在铜板上，以及在真空烘箱中固化和制作银粉浆料涂层电极，形成膜厚为 200~500μm 的双面电极薄膜系统。由上述工艺研制出的 PZT/丙烯酸复合材料呈现极好的压电活性。它的压电常数分别是：$d_h=32$pC/N，$g_h=67$mV·m/N 及 $d_h g_h = 2.15\times10^{-12}\mathrm{Pa}^{-1}$，而 PZT/聚氨脂的压电性能则相当差。

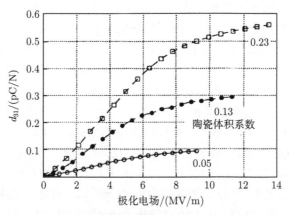

图 7.14   PZT/环氧树脂复合材料的极化行为

铁电聚合物 PVDF 及其共聚物 P(VDF/TrFE) 也已用于研制压电、热释电的复合材料。除了其压电和热释电特性外，与其他热塑性材料相比，其主要特性是强极性、高电容率和高机械强度。掺入 21% 的 PZT，通过热滚压工艺形成 200μm 厚和两边蒸镀金属电极后，经 120°C极化 30min 后呈现较差的压电活性，原因或许是低极化电场和低含量的陶瓷组分。由于这类聚合物的矫顽电场大于 80MV/m，较低的极化电场不可能将聚合物相的偶极子取向。图 7.15 表示 PZT/PVDF 复合材料在 100°C 和 12.5MV/m[72] 极化电场作用下的铁电开关过程。这里的极化 P 随极化时间 t_p 的变化由压电常数 d_{31} 随极化时间的对数变化表征。我们发现：利用长极化时间 (10^3s) 发生了极化反转，使复合材料中的 PZT 完全被极化电场转化至相反方向。Furukawa 认为[72]，极化时间 t_p 的选择是由材料的本征 Maxwell-Wagner 效应的弛豫参数决定的。

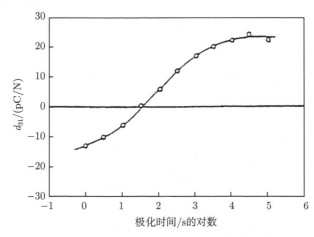

图 7.15   PZT/PVDF 复合材料的极化反转

Yamada 等[24] 报道了含 67% 体积系数 PZT 的 PVDF 复合材料的性能指标分别为：ε_{33} =150，d_{33}=50pC/N，杨氏模量为 3GPa。图 7.16 表示了电容率 ε 和压电常数 d_{33} 与陶瓷相体积系数间的关系曲线。图中的模拟曲线是根据方程 (7.2) 中取参数 η =8.5，按照 Yamada 模型，利用拉长的椭球形陶瓷粒子的长轴垂直于膜面而计算出的。Lee 也研究了钛酸钡/酚醛树脂复合材料的性能对陶瓷粒径的依赖。陶瓷的体积系数维持 60%，粒径在 2~130μm 范围内调节，当钛酸钡的晶粒表面层约为 1.59μm 厚时，对较小的陶瓷晶粒，其尺寸效应变得明显，表现出低电容率 (~105) 和非铁电性；然而陶瓷晶粒直径大于 100μm，上述的低电容率和非铁电性消失。实验结果同时说明：表面层的性质和厚度同时依赖于陶瓷粉末的预加工结果。对 BaTiO$_3$/P(VDF/TrFE) 复合材料的研究发现[73]：掺杂陶瓷相未能修正其共聚物结晶相的介电与 DSC 行为相关的性质。由于仅提供等于或小于 9MV/m 的低电场，成极后的这类材料表现出相当低的压电活性。也已报道研究了含 70%

体积系数经共淀积物 BaTiO$_3$ 和凝胶聚合物 (Eccogel 13650) 形成的复合材料，通过改变极化条件及对应产生的压电活性，并以 X 射线图谱的结果评价极化条件的影响[74]。在这项研究中，利用了陶瓷晶粒直径位于 12~1100nm 区，当极化电场为 8MV/m，并在 85℃经 15min 极化后，即发生了极化饱和现象。测得这时的剩余极化在 0.13~0.14C/m^2，而矫顽电场约为 0.6MV/m。需要注意：极化饱和并不意味着陶瓷内的偶极子已百分之百地取向，仅标志着极化已达到一种平衡状态。这时，即使增加极化电场，延长极化时间，或提高极化温度，或采取进一步的其他措施，也不能导致相关性能的改善。测量结果还显示出，当粒径大于 20μm 时，压电常数 d_{33} 的剧增归因于从单畴向陶瓷晶粒 (直径大于 200μm) 的多畴转换。

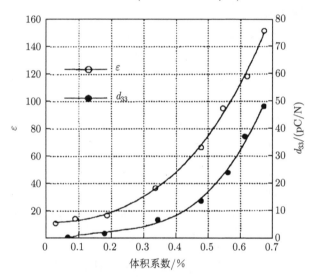

图 7.16　电容率和压电常数对 PZT 体积系数的依赖关系

对 P(VDF/TrFE) 和不同的陶瓷 (如 PZT 和 PTCa) 及通过不同的粉末加工工艺 (如淬火或研磨) 形成的 0-3 型压电复合材料也已开展了较广泛的研究。对这些复合材料的制备大多采用热滚压技术。在室温和加压条件下测量其压电行为，而在谐振频率区测量机电相关性质。表 7.3 列出了一些复合材料的压电性质，表中还包含了机电耦合系数 k_t，品质因数 Q_m，声阻抗 Z_a，静水压压电常数 d_h 和压电品质因数 $d_h g_h$。在表中还给出了某些 0-3 型复合材料的相关性质及 PTCa 和 P(VDF/TrFE) 的相关性质。由于 PZT/P(VDF/TrFE) 复合材料的任何极化样品的阻抗谱中未能检测出任何谐振峰，据此，以及低 d_h 和 FOM$_h$，我们猜想这种材料呈现低压电活性。已观察到 PTCa/P(VDF/TrFE) 复合材料在低极化电场下和低机械品质因数时呈现了合理量值的机电耦合系数，其品质因数位于 5.5~8 的低量值或许是因为它们中的基体的高弥散性，即由于基体中陶瓷颗粒作为散射体导致声波的衰减。这种行为是与体积系数相关还是与晶粒尺寸相关，仍不清楚。

表 7.3 一些复合材料的压电性质[1]

陶瓷	陶瓷体积数/%	基体	k_t	Q_m	Z_a/(MN·s/m³)	d_h/(pC/N)	$d_h g_h$/pPa⁻¹
PZT	57	环氧树脂	—	—	—	140*	6.1*
PZT(柱状)	50~90	Araldite	0.6~0.5	5~9	15~26	—	—
PT	—	橡胶	—	—	—	17~44	1~5
PT	70	环氧树脂	0.08	—	—	25	1.8
(Pb,Bi)TiO₃	35	环氧树脂	—	—	—	41	6.0
PTCa	50	环氧树脂	—	—	—	22	1.8
PTCa	55	环氧树脂	—	—	—	45*	2.4*
PTCa	25	硬质环氧 (Stycast)	—	—	—	32	2.1
PT (共沉淀法)	70	丙烯酸	—	—	—	32	2.2
PZT	67	PVDF	—	—	—	48*	1.7*
PTCa	30	P(VDF/TrFE)	—	—	—	25*	1.7*
PZT	50	P(VDF/TrFE)	—	—	—	10	0.12
PTCa m.(研磨)	60	P(VDF/TrFE)	0.06	12	14.7	8.5	0.1
PTCa q.(淬火)	60	P(VDF/TrFE)	0.11	7.4	14	12	0.2
PTCa q.(淬火)	65	P(VDF/TrFE)	0.24	4.3	17	28	1.3
PTCa	100	—	0.47	1200	30	62	2.1
P(VDF/TrFE)	100	—	0.30	20	4.5	9	1.2

注: * 表示 d_{33} 或 $d_{33}g_{33}$。

当陶瓷晶粒的尺寸与样品的厚度相近时，经淬火的 PTCa/P(VDF/TrFE) (65%/35%) 的复合材料具有最高机电耦合系数，这时的 k_t 值虽然仅是 PTCa k_t 值的 47%，但附加了两个优点：较低的机械品质因数 (4.7) 和 17MNs/m³ 的声阻抗。因此陶瓷的体积系数和晶粒尺寸似乎都会引起机电耦合系数的增加。由于品质因数和声阻抗对陶瓷晶粒都没有明显的依赖关系，因此，在给定声阻抗时，为了获得性质优良的压电材料，我们应该尽可能地利用大尺寸的陶瓷晶粒以增加机电耦合系数。在围绕样品谐振频率附近，在常温和常压下确定的压电性质是绝对有效的。实验结果指出：如果样品在 90℃时老化 15h，至少对 PTCa 复合材料的极化不会造成明显的衰减。稍后的研究进一步发现：虽然基体聚合物 (如 PVDF) 具有铁电性，但在复合材料中，它们的行为仍是电活性材料相 (即陶瓷) 的无源载体。这些复合材料的静水压性质与产生这种性质的陶瓷材料直接相关。PTCa 陶瓷的 g_h 比 PZT 陶瓷的 g_h 高得多，与实验观察到的 PTCa 复合材料的 g_h 比 PZT 复合材料的 g_h 要高是完全一致的。在许多应用中，如信号接收传感器中，g_h 的作用和 FOM$_h$ 一样。因此，就该常数 (g_h) 而言，复合材料比纯陶瓷材料要优越。

从表 7.3 中应该注意到, 经淬火处理的陶瓷相体积系数为 60%的复合材料比研磨处理陶瓷的同种复合材料具有更高的 g_h, 其原因或许是淬火工艺形成较大晶粒尺寸。

图 7.17 表示了经淬火处理的含 65%PTCa 的 PTCa/P(VDF/TrFE) 复合材料的 d_{33} 作为极化电场函数的特征曲线。曲线提供了一个幅值变化和频率在 0.05Hz 的交流极化电场作用到样品上, 并经过一个完整极化循环后测得的 d_{33} 曲线。虽然极化饱和似乎发生在 25MV/m, 但这种复合材料的最大击穿电场不允许超过 25MV/m。然而, 如果利用下述极化工艺, 即在 1h 内对样品施加 25MV/m 的阶跃电场, 已估算出这一条件下的压电常数饱和值 $d_{33}=60$pC/N。

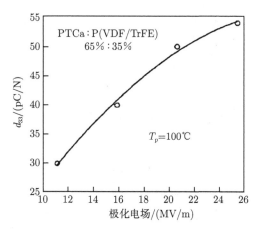

图 7.17　PTCa/P(VDF/TrFE) 复合材料的 d_{33} 随极化电场变化的特征曲线

在图 7.18[1] 中给出了混合连通方块模型的 PTCa/P(VDF/TrFE) 复合材料的 d_{33} 等值线。这里已标出经淬火的复合材料中 PTCa 粉体的实验点数据, 通过利用类似于图 7.11 中电容率曲线的操作程序, 可确定上述特征点的坐标位置。我们能看到: 压电性质图上的 n 值通常稍低于图 7.11 中电容率曲线上的相应值, 可是, 含有较高陶瓷相体积系数的复合材料则表现出 1-3 连通性的上升。

通过描述介电极化和材料弹性间耦合的压电性质可能讨论压电常数对频率的弥散性。Furukawa 等已研究了具有 8%体积系数经极化的 PZT/PVA 材料在 80~130℃温区内和 0.1~30Hz 频区内的压电常数 d 对频率的依赖关系, 结果发生了延迟和弛豫行为。图 7.19[52] 表示在 80℃时的 PZT/PVA 复合材料在 $d'' \sim d'$ 复平面上的 Cole-Cole 图。利用瞬态值 $d(\infty)$ 和稳态值 $d(0)$, 他们导出了压电常数 d 的相对弛豫强度:

$$\Delta d = \frac{d(\infty) - d(0)}{d(\infty)} \tag{7.48}$$

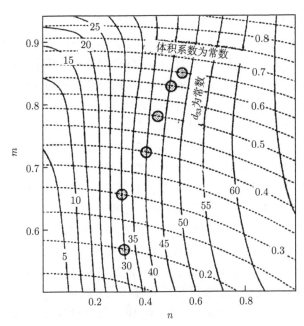

图 7.18 混合连通方块模型的 PTCa/P(VDF/TrFE) 复合材料的 d_{33} 等值线

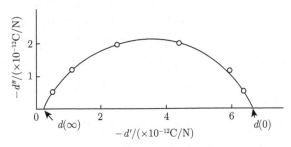

图 7.19 PZT/PVA 复合材料在 80℃时的 $d'' \sim d'$ 图

结果表明了 PZT/PVA 复合材料的 Δd 和弛豫时间 τ 的计算值与测量值吻合得十分好 (图 7.19)。然而 Cole-Cole 图说明: 对某些含较高 PZT 体积系数的复合材料的复数电容率, 表现出不仅仅是单一弛豫时间, 而是多个弛豫过程的组合[75]。Kumar 等在他们对复合材料弛豫行为的综述中, 也包含了利用 Cole-Cole 图描述 PZT/环氧树脂的典型 Debye 型的压电弥散行为。这种弛豫现象被解释为是由于材料的非均匀性的捕获空间荷的频率特性 (见 2.1.2 节)。

7.7 复合材料的热释电性质

文献 [26] 已报道了为了优化热释电系数 p 和热释电品质因数 FOM_p $(p/\varepsilon_\mathrm{r})$ 所

开展的对各种组合的陶瓷/聚合物 0-3 型复合材料的研究。它包括体积系数及陶瓷晶粒尺寸效应的影响。虽然对复合材料热释电活性的研究成果尚未达到相应材料压电性能的研究深度，但已显示出以这种材料研制商业热释电产品的可能性。

Bhalla 等[76] 研究了 0-3，3-3 连通性的 PZT/环氧树脂复合材料的热释电系数。他们预测：各单元相的热膨胀失调引起二次热释电效应，这可能改善复合材料的热释电活性。对以铁电材料 PZT 形成的复合材料，利用合理的组合搭配和优化设计可产生高压电常数，但不适合于热释电效应的优化应用。可是我们仍然期望重新调节其电性质。环氧树脂 SPURRS 由于其十分低的黏滞性，可用于设计经熔铸而复合的多组分系统，因此适合于制备 3-3 型复合材料。如果在环氧树脂中掺入体积系数为 40% 的陶瓷，热释电和介电测量说明：若把完全的 0-3 型复合材料的行为看成是稀释的 PZT 系统，则其热释电系数和电容率均降低约一个数量级。据此它的品质因数 $p/\varepsilon_r = 0.35\mu C/(m^2 \cdot K)$，即接近于纯陶瓷 PZT 的 $p/\varepsilon_r (\approx 0.27\mu C/(m^2 \cdot K))$。在 3-3 连通性复合材料模型中，其结构单元的尺寸是 100~150μm，当其厚度大于 6~10 个结构单元时 (大于 1mm) 能观察到临界尺寸效应。

Amin 及其同事[77,78] 已合成出 BaTiO₃/橡胶复合材料，即陶瓷粉体导入丁二烯丙烯腈橡胶后形成的共混体，再在不锈钢模具内经硫化形成薄膜；在 0.1~5MV/m 的极化电场和在陶瓷的居里温度之上 (130~170℃) 完成该复合材料的极化。研究发现，在 130℃时，极化随极化电场增加而上升，但热释电系数减小。这一效应是由空间电荷形成的对利用准静态方法测得的热释电电流的贡献。然而在 170℃时，由于样品内空间电荷已全部释放，测得了对 30% 体积系数的 BaTiO₃ 复合材料的真实热释电系数 $p \approx 60\mu C/(m^2 \cdot K)$，它的相对电容率为 17，相应的热释电品质因数 FOM_p 具有相当高的值：$3.5\mu C/(m^2 \cdot K)$。

通过溶胶-凝胶工艺，Tripathi 等[79] 已研制出粒径约 1μm 的 BaTiO₃ 粉体形成的 0-3 型 BaTiO₃/PVDF 复合材料，它们的相对电容率是 20，与纯的 BaTiO₃ 陶瓷相比呈现出良好的热释电性质。也已报道了 TGS/PVDF 0-3 型复合材料的热释电性能[33,80]，即把 TGS 晶体研磨成 40~75μm 的颗粒尺寸，体积系数从低含量直到 80%，并与 PVDF 一起稀释在有机溶剂内，形成在玻璃基片上，从而获得 50~100μm 厚的薄膜，并以 0.4~0.6MV/m 的电场在 70~80℃时极化 2~3h。结果显示，其热释电活性随陶瓷相含量的增加而上升，当 $\psi^c \approx 80\%$ 时，它的热释电系数约为 90μC/(m²·K)，$p/\varepsilon_r=3.3\mu C/(m^2 \cdot K)$；$\varepsilon_r$ 也随 TGS 含量的增加而递增，并在居里温度附近处出现一个转折峰，说明 TGS 对复合材料的介电性能起支配作用。这种复合材料的 tanδ 比 TGS 单晶约高一个数量级，是由晶体的界面和缺陷引起的。这类复合材料已用来制作红外传感器。

Yamazaki 等[81] 利用颗粒尺寸为 0.5~3μm 的 PZT 和 PT 陶瓷晶粒分别分散入 PVDF 和 PE 聚合物基体内，利用热滚压工艺制成 30~70μm 厚的 0-3 型复合材料,并以辐照动态法测量其热释电性。结果指出:具有类似的陶瓷相体积系数 (62%) 的 PT/PVDF 显示出最高的热释电响应。它分别是 PZT/PVDF 和 PT/PE 相应指标的 6 倍和 50 倍。含有 62% 陶瓷相体积系数的 PT/PVDF 热释电系数是 $130\mu C/(m^2 \cdot K)$,相对电容率为 54,热释电品质因数 FOM_p 约等于 $2.4\mu C/(m^2 \cdot K)$。这一成果已能与纯陶瓷的热释电响应指标相比拟,即 $(p/\varepsilon_r)_{PT} = 3\mu C/(m^2 \cdot K)$。

图 7.20 表示出 PT/PVDF 复合材料的热释电品质因数 FOM_p 作为 PT 相的体积系数的函数关系曲线。当陶瓷相体积系数大于 35% 时,曲线的斜率增加,但似乎不存在最佳值。他们还建议根据改进的复合材料,以准静态法测出室温时的热释电系数是 $10\mu C/(m^2 \cdot K)$,但在 70℃时已增加至 $140\mu C/(m^2 \cdot K)$;上述相应温度下的 p/ε_r 值分别是 $0.35\mu C/(m^2 \cdot K)$ 和 $1.5\mu C/(m^2 \cdot K)$。证实了由 Bhalla 等首先提出的热释电性能对温度的强烈依赖关系[76]。因此,在 70℃时,它们的 FOM_p 比纯陶瓷的相应参数要高。Abdullah 等还研究了这类复合陶瓷的热释电系数与极化时间、极化电场及极化温度间的相关性[82](图 7.21)。图中给出了陶瓷相体积系数为 50% 的 PZT/P(VDF/TrFE) 复合材料的 $p(t_p), p(T_p)$ 及 $p(E_p)$ 关系曲线,其中 $p(t_p)$ 和 $p(E_p)$ 的极化温度为 343K。从图中的实验结果发现:当极化时间超过 5h 时,已实现了饱和极化[49]。而将极化温度和极化电场增加时,会引起热释电系数单调地上升,并且没有发现饱和现象。

以铁电共聚物 P(VDF/TrFE)(75%/25%) 为基体材料的 0-3 型复合材料也已研制出[83]。和其他聚合物相比,它显示出高电容率,因此易于增强陶瓷相的初始极化效率。用作这种复合材料分散相的陶瓷包括 PLZT, PZT 和 PTCa。而 PTCa 陶瓷粉末则能通过研磨和淬火两种工艺制备。

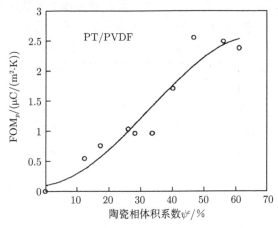

图 7.20 FOM_p 作为陶瓷相体积系数 ψ^c 的函数关系曲线

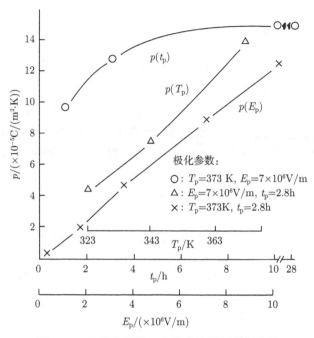

图 7.21　热释电系数 p 与极化参数间的相关性

图 7.22 表示出以 P(VDF/TrFE) 为基，组合 PZT，PLZT 和 PTCa 等陶瓷相制备的复合材料的热释电系数。图 7.22(a) 中给出体积系数比为 50%:50%，利用传统的热极化工艺在 100℃和 20MV/m 电场极化后的三种复合材料的热释电系数与温度关系图。可见，在 RT 时 PTCa 复合材料的热释电系数比 PZT 和 PLZT 的相应值分别要高 50%和 150%。然而，随着温度的上升，以 PZT 和 PLZT 为分散相的复合材料的性能优于 PTCa 复合材料。由于后者表现出对温度较弱的依赖关系。PTCa 复合材料的这种对温度变化的低灵敏度为确保热释电检测系统在环境温度变化时的工作稳定是十分有益的。

和其他陶瓷 ($\rho=10^8\Omega\cdot m$) 相比，PLZT 陶瓷具有高得多的电阻率 ($10^{10}\Omega\cdot m$)。因此，利用可能施加到陶瓷晶粒上较高的电场及较长的极化时间能明显地改善 PLZT 的极化效率。然而，如表 7.4 和图 7.22 (a)[1] 所示：PLZT/P(VDF/TrFE) 的热释电系数没有 PTCa 复合材料高，甚至低于 PZT/P(VDF/TrFE)。因此可见，电阻率的匹配对最终确定热释电响应不是决定性因素，而电容率的失调则重要得多。如上所述，一旦陶瓷被完全极化，它将同时影响极化度和热释电系数。显然，如果引入聚合物基体中具有低电容率的陶瓷，对改善热释电活性是十分有益的。因为这样才能使复合材料的电容率降低，并使热释电活性变高，从而可望改善其品质因数。图 7.22 (b) 给出了经电晕极化的同样的复合材料的准静态热释电系数。与另外两种复合材料相比，PTCa 复合材料再次显示出在室温下热释电系数的最佳值。它分别比 PZT 和 PLZT 相应复合材料高 30% 和 70%。这些复合材料对温度的依赖关系类似于通过热极化工艺的样品，即 PTCa 复合材料的 p 对温度 T 最不灵敏，而 PZT 和 PLZT 复合材料随温度变化表现出类似于热极化工艺的规律。比较图 7.22 (a) 和 (b) 中两种不同的极化工艺的结果说明：50% 体积系数的复合材料经电晕极化比热极化更有效，是因为电晕极化能提供更高的电场而不会引起样品的局部电击穿。两种极化方法的比较结果还说明：当利用传统的极化工艺时，PZT 和 PLZT 复合材料相关项类的热释电响应改善比 PTCa 复合材料中显示较高极化度的 PTCa 要高。

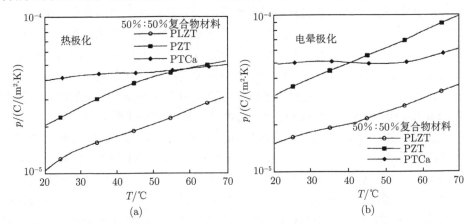

图 7.22　体积系数比为 50%：50% 的复合材料准静态热释电系数 $p(T)$ 曲线

表 7.4　几重复合材料的热释电系数[1]

陶瓷	ψ^c/%	基体	ε_r	$p^{(RT)}$/(μC/(m^2·K))	FOM$_p$/(μC/m^2)
PZT	40	环氧树脂 SPURRS	110	40	0.35
BaTiO$_3$	30	橡胶	17	60	3.5
BaTiO$_3$	20	PVDF	20	—	—
TGS	80	PVDF	12	90	3.3
PT	62	PVDF	54	130	2.4
PZT	50	PVDF	90	10	0.11
PZT	50	P(VDF/TrFE)	118	39	0.33
PLZT	50	P(VDF/TrFE)	80	17	0.21
PTCa m	50	P(VDF/TrFE)	56	50	0.90
PTCa m	60	P(VDF/TrFE)	66	60	0.91
PTCa q	30	P(VDF/TrFE)	28	29	1.03
PTCa q	50	P(VDF/TrFE)	40	44	1.10
PTCa q	60	P(VDF/TrFE)	49	95	1.93
PTCa q	65	P(VDF/TrFE)	67	130	1.94

注：m 和 q 分别表示陶瓷相经研磨和淬火处理。

　　必须指出，通常认为在电晕充电期间对不同材料经足够长时间 (如 5min) 的栅控电晕充电后，其样品的等效表面电势应和提供的栅压接近相等。然而，对低电阻率样品情况不是这样。例如，低电阻率的 PTCa(体积系数为 60%) 陶瓷形成的复合材料经电晕极化的样品比热极化样品呈现较低的热释电系数，是由于较大的体传导电流使充电样品的表面电势比栅压要低得多，从而明显地降低了充电期间作用在陶瓷相上的取向电场。图 7.23 (a) 表示用传统的热极化方法的两种不同体积系数 (50% 和 60%) 陶瓷相，以及用研磨及淬火工艺形成的陶瓷粒径分别小于 1μm 和大于 20μm 的 PTCa/P(VDF/TrFE) 复合材料的热释电系数–温度曲线。图中显示的经淬火和研磨工艺形成的复合材料性质的差异部分源于由淬火程序形成较大的晶粒尺寸，这有助于提高 1-3 连通性，因此有利于极化效率的增强和热释电活性的改善。这种晶粒尺寸效应似乎不能解释研磨材料比淬火材料表现出稍高的电容率等反常现象。这显然和随 1-3 连通性的增加使电容率上升的规律相矛盾。这只能说明：研磨的晶粒在加工期间由于机械力的某种方式的作用，某些性质已发生变化。Shaikh 等[84] 指出：BaTiO$_3$ 的电容率随晶粒尺寸的减小而增加。当 $r=1$μm 时，ε 达到极大值，随后随晶粒尺寸的减小而下降。可设想为 PTCa 晶粒的类似行为可能产生于晶粒的边界效应、内应力、电场及畴壁面积等因素的影响。

　　图 7.23 (b) 表示利用体积系数分别是 30%，50%，60% 和 65% 的经淬火处理的 PTCa 粉体形成的 PTCa/P(VDF/TrFE) 复合材料在 20~70℃的温区内的热释电系数–温度曲线。当陶瓷相体积系数从 50% 上升至 60%(即 $\Delta\psi^c=10\%$) 时，其热释电系数约增加 33%。这一趋势大大地超过了线性增加量。这显然是由于两种组合效应，电活性材料的较高比例以及连接上、下电极陶瓷通道的增加使复合材料的热释电系数随陶瓷相体积系数的增加呈非线性上升。

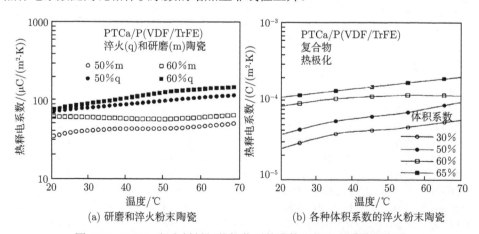

图 7.23 PTCa 复合材料经热极化后的准静态热释电系数温度谱

由于电击穿的限制, 电场只可能在 15~20MV/m 的范围内调节; 又由于聚合物的矫顽电场在 50~80MV/m 范围内, 上述极化电场无法使聚合物极性基团取向。其结果是聚合物的本征电活性并不能对复合材料的热释电活性作出明显的贡献。加之由于在约 90℃短路退火 12h, 已进一步衰减了聚合物相对复合材料热释电的贡献。因此, 铁电聚合物虽然存在铁电性质, 事实上它并未对其热释电活性作出应有的贡献。基于此, 它仅仅以其柔顺性和相对于其他聚合物较高的电容率的力电功能加盟于复合体。

表 7.4[1] 给出了在 30℃时一些重要的复合材料的热释电系数, 其中包含了在 1kHz 和室温时它们的电容率。从这些数据中我们能估算出热释电品质因数 p/ε。这个数据大体上正比于特定样品制成的热释电检测器的灵敏度。这些参数的量值说明: 既具有高热释电系数又维持其低电容率, 是研制热释电高质量指标检测器的基本要求。

为了检测混合连通性的模型, 图 7.24[1] 中以混合连通性方块模型给出了经淬火的 PTCa 复合材料的热释电系数的等值曲线及实验点。从原理上, 我们希望在 $n\text{-}m$ 平面图上的点坐标与图 7.11 中的电容率 ε_r、图 7.18 中压电常数 d_{33} 以及图 7.24 中的热释电系数 p 是一致的。在这些图中的理论曲线上, 这些复合材料的实验行为似乎一致地揭示出: 如果 1-3 连通性增加, 则较高体积系数的复合材料应该显示较好的电活性。这个假设也已被下列情况所证实: 当从 $\psi^c=30\%$, $n = 0.4$

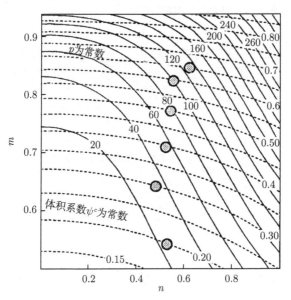

图 7.24　PTCa/P(VDF/TrFE) 复合材料的热释电系数混合连通曲线

上升到较高的体积系数的 $\psi^c=65\%$ 时的 $n=0.55$，对应于相应曲线上的电容率和热释电系数的上升。很清楚，虽然从电容率或热释电系数的曲线中求出的 n 和 m 值不相等，但对给定的复合材料是类似的。事实上我们仅仅能把这些曲线看作这些复合材料性质半定量的估算。因为影响这类材料电活性的因素包括许多效应。例如，我们并未考虑到陶瓷/聚合物边界处明显的界面效应等，这些必然会导致一定的偏差。

根据上面的讨论，我们认为混合连通模型可以帮助我们描绘在给定条件下复合材料的一般功能行为，但必须满足下列条件：假定极化效率为 100%，并且需要小心地协调参与复合的原材料的性质。

已经报道利用动态法[83] 测量经淬火处理的 PTCa 复合材料的 p 随 T 的变化曲线 (图 7.25)。用于测量热释电系数的动态方法是一种实用化的精确方法 (即使当存在其他电流源，如退极化电流时)。为了获得热释电活性的真实值，我们需要考虑呈现 90° 相差的振荡电流部分。为了研究极化电场的频率对复合材料电活性的影响，以 +25MV/m 的直流阶跃电场对样品极化 1h，测量其热释电系数；再将样品反向，在 0MV/m 和 25MV/m，以 0.05Hz 振荡交流电场极化 1h 后测量其热释电系数；再用 0.001Hz 的频率重复上述程序。结果说明：不同极化频率得到的热释电系数差异并不明显。但 $f=0.05$Hz 时的热释电系数较大，而 $f=0.001$Hz 时的热释电系数最低，以阶跃电压极化的结果居于两者之间。在较高频率下极化对串联连通分支较好，是由于实现了较好的介电匹配。

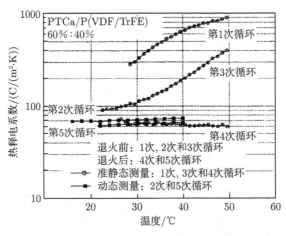

图 7.25　PTCa/P(VDF/TrFE) 复合材料的动态和准静态热释电测量

由 $PbTiO_3$ 和 PVDF 及其共聚物 P(VDF/TrFE) 研制成的复合材料是制作热释电检测器的重要传感芯片材料。这是由于它们既具有常温下的高热释电系数，又呈现低电容率, 尤其是经淬火的 PTCa 陶瓷的品质因数 $(p/\varepsilon_r = 1.64\mu C/(m^2 \cdot K))$ 和 PVDF 的品质因数 $(p/\varepsilon_r = 1.7\mu C/(m^2 \cdot K))$ 相接近, 而且与聚合物薄膜相比, 较厚的自支撑性复合材料样品易于极化, 因此无须附加用作热潭的基片。

7.8 压电和热释电复合材料的应用

复合材料的压电应用始于铁电复合材料。这类复合材料的应用包括水听器、脉冲回波传感器、动态应变测量、机敏传感器、双压电晶片和医用超声检测等。

如前所述, 复合材料的优点是低密度及良好的柔顺性和可弯曲性。当用于水听器时, 与高密度的陶瓷相比, 低密度的压电体具有和水良好的匹配性能及大范围可调节的恢复力。良好的柔顺性既表现出对外界机械振动干扰的低灵敏度, 也能满足无源器件的高阻尼要求。生物医学中的声成像是一种重要的诊断工具, 能在避免使用离子辐照的条件下实现对人体病理器官的造影, 复合材料是这类运用的最佳选择。用压电传感器产生一个检测回波弱信号的基本条件是:

(1) 较高的机电能量转换效率;

(2) 传感器和人体组织间具有良好的声能传递和接收能力 (良好的声阻抗匹配);

(3) 低介电损耗 $(\tan\delta < 0.1)$;

(4) 聚焦和波束的调节易于形成要求的曲率或设计的形状。

如果利用 1-3 连通性复合材料则可能满足这些要求。据此, 人们已做了大量的研究工作。例如, 用于生物医学中的脉冲–回波环状阵列[85] 是由围绕中心盘形成的若干个同心圆环组成的声电隔离系统。它能通过调节各元件间的时间延迟改变沿传感器轴的聚焦点, 实现对人体内部器官的不同层面信号的发射和接收 (造影)。因此这种传感器易于用复合材料研制成复杂的形状。

用复合材料研制的水听器, 如果将分散于 Stycast 环氧树脂基体中的 PTCa 作为 1-3 连通性复合材料传感器的用材, 能呈现出直到 20MPa 的无压力依赖关系, 而使频率直到 6kHz 时的零电场水听器的特性始终保持不变。PZT/压电橡胶复合材料也可用作水听器的传感材料及单脉冲的传输和接收单元[64]。虽然压电常数 d_h 及 g_h 与压力间存在一定的相关性, 但它们具有极高的静水压灵敏度 $(d_h g_h = 1 \sim 5 pPa^{-1})$, 与利用 PZT, PZT/聚合物的 1-3 型复合材料或用 PVDF 有机电活性材料设计成的类似传感器相比, 这种单脉冲单元呈现的时间响应几乎不存在边缘效应。

用于喷涂大面积覆盖膜的压电涂层复合材料的研究也取得了进展[86,87]。以丙烯酸及聚氨脂为基体, 用 PZT 和 PT 为掺杂陶瓷的复合材料涂料的 d_{33} 能高达 39pC/N。用含 PZT 或共沉积的 PT 陶瓷的水悬浮液与甲基丙烯酸共聚物加和其他流变体及表面活化剂, 已制备出 0-3 型复合材料[88]。填入乳胶剂后再均匀涂于适当的表面，干化形成薄膜后极化备用。70% 体积系数的 PT 形成的这类复合材料的最高压电常数 d_{33} 达 35pC/N，电容率为 138。

用压电涂层形成的传感膜作为振动传感器，已用于振动和噪声控制[87]。PZT 和环氧树脂研制成的复合材料对检测材料的自然频率和结构材料的形状，以及作为层状结构的声发射器是一种最佳选择[87]。

PZT/硅橡胶 1-3 型复合材料已用于加速度传感器[22]。当工作在宽频区，加速时和带负载的情况下，其输出电压比类似结构的 PZT 传感器高一倍。

正、逆压电效应能使这样的驻极体归类至机敏材料。可以预见，在 21 世纪中铁电陶瓷/聚合物复合材料驻极体是一类有吸引力的新一代传感器功能材料，尤其是在传感器的微型化和纳米技术应用方面将更显示出良好的前景。

参 考 文 献

[1] Dias C J, Das-Gupta D K. IEEE Trans. Dielectrics EI, 1996, 3: 706.

[2] Mazur K. Electret and Piezoelectric Properties in the laminated systems of PTFE and PVE polymer films.

[3] Veda I, Ikegami S. Japan J. Appl. Phys., 1968, 7: 236.

[4] Lovinger A. Science, 1983, 220: 1115.

[5] Newnham R E, Ruschau G R. J. Intelligent Mater. Systems and Structures, 1993, 4: 289.

[6] Newnham R E, Skinner D P, Cross L E. Mat. Res. Bull., 1978, 13: 525.

[7] Skinner D P, Newnham R E, Cross L E. Mat. Res. Bull., 1978, 13: 599.

[8] Ota T, Takahashi J, Yamai I//Nowotny J. Electronic Ceramic Materials. Zurich: Trans-Tech. Pub. Ltd., 1992.

[9] Chilton J A. GEC Rev., 1991, 6(3): 156.

[10] Smith W A. IEEE Ultrason. Ferroelc. Freq. Contr., 1993, 40(1): 41.

[11] Newnham R E, Trolier-Mckinstry S E. Structure-property relationship in ferroic nanocomposites. Ceramic Dielectrics: Composition, Processing and Properties, 1990, 8: 235.

[12] Igreja R, Wenger M P, Dias C J, et al. Proc. 8th Intern. Symp. on Electrets, 1994: 725.

[13] Newnham R E. Jpn. J. Appl. Phys., 1985, 24 (Suppl. 2): 16.

[14] Lee H G, Kim H G . J. Am. Ceram. Soc., 1989, 72(6): 938.

[15] Moulson A J, Herbert J M. Electroceramics: Materials, Properties and Applications. Cambridge: Chapman & Hall, 1990.

[16] Banno H, Saito S. Jpn. J. Appl. Phys., 1983, 22 (Suppl. 2): 67.

[17] Xu Y, Mackenzie J D. lntegrated Ferroelectrics, 1992, 1: 17.

[18] Savakus H P, Klicker K A, Newnham R E. Mater. Res. Bull., 1980, 16: 677.

[19] Auld B A, Wang Y. IEEE Ultrsonics Symposium, Texas, 1984: 528.

[20] Smith W A. IEEE Ultrasonics Symposium, 1989: 755.

[21] Wersing W. Proc. IEEE 6th Intern. Symp. on Appl. Ferroel., Pennsylvania, 1986: 212.

[22] Ohara Y, Miyayama M, Koumoto K, et al. Sensors and Actuators, 1993, A36: 121.

[23] Zhang Q M, Wang H, Cross L E. J. Mater. Sci., 1993, 28: 3962.

[24] Yamada T, Ueda T, Kitayama T. J. Phys., 1982, 53(4): 4328.

[25] Das-Gupta D. Ferroelectrics, 1991, 118: 165.

[26] Wang Y, Zhang W, Zhang P. J. Appl. Phys., 1993, 74(1): 512.

[27] Furukawa T, Fujino K, Fukada E. Jpn. J. Appl. Phys., 1976, 15(1): 119.

[28] Furukawa T, Ishida K, Fukada E. J. Appl. Phys., 1979, 50(7): 4904.

[29] Pardo L, Mendiola J, Alemany C. J. Appl. Phys., 1988, 64(10): 5092.

[30] Zewdie H, Brouers F. J. Appl. Phys., 1990, 68(2): 713.

[31] Smith W A. IEEE Ultrason. Ferroelec. Freq. Contr., 1991, 38(1): 40.

[32] Takeuchi M, Miyamoto Y, Nagasaka H. Jpn. J. Appl. Phys., 1985, 24(Suppl. 2): 451.

[33] Li L, Sotos N R. J. Appl. Phys., 1995, 77(9): 4595.

[34] Shin B C. Sensors and Actuators, 1994, 40: 191.

[35] Beneviste Y. Trans. of ASME, 1994, 116: 260.

[36] Hossack J. Modeling Technigues for 1-3 Composite Transducers. Glasgow: University of Strathclyde, 1990.

[37] Nan C W, Mater J. Sci. Lett., 1994, 13: 1392.

[38] Pauer L A. IEEE lntern. Conf. Rec., 1973.

[39] Banno H. Jpn. J. Appl. Phys., 1985, 24(Suppl. 2): 445.

[40] Garner G M, Shorrocks N M, Whatmore R W, et al. Ferroelctrics, 1989, 93: 169.

[41] Dias C J, Das-Gupta D K. Piezo-and pyroelectricity in ferroelectric ceramic-polymer composites//Das-Gupta D K. Ferroelectric Polymers and CERAMIC-polymer Composites. Trans-Tech Publications, 1994.

[42] Thiessen P A, Winkel A, Herrmann K. Physik Z., 1936, 37: 511.

[43] Sa-Gong G, Safari A, Newnham R E// Proc IEEE 6th Intern. Symp. on Appl. Ferroelectrics, 1986: 281.

[44] Mazur K. Katowice: Silesian University, 1968.

[45] Mazur K, Handerek J, Piech T. Acta Phys. Polon, 1970, A37: 31.

[46] Hashimoto K Y, Yamaguchi M. Proc. IEEE Ultrasonics Symposium, 1986, 697.

[47] Cao W, Zhang Q M, Gross L E. IEEE Ultrason. Ferroelec. Freq. Cont., 1993, 40(2): 103.

[48] Cao W, Zhang Q M, Cross L E. J. Appl. Phys., 1992, 72(12): 5814.

[49] Das-Gupta D K, Abdullah M J. Ferroelectrics, 1988, 87: 213.

[50] Sinha D, Muralidar C, Pillai P K C. Proc., 2nd Intern. Conf. on Coduction and Breakdown in Solid Dielectrics, Erlangen, Piscataway NY, 1986: 227.

[51] Wolak J. IEEE Trans. Electr. Insul., 1993, 28(1): 116.

[52] Furukawa T, Ishida K, Fukada E. J. Appl. Phys., 1976, 15: 2119.

[53] Das-Gupta D K, Abdullah M J. J. Mat. Sci. Lett., 1988, 7: 167.

[54] Sinha D, Muralidhar C, Pillai P K C. Proc. 1CSD86, Erlangen, 1986: 227.

[55] Sinha D, Pillai P K C. J. Appl. Phys., 1988, 65: 2571.

[56] Wada Y, Perlman M M, Kokaido H. 1978 Charge Seorage, Charge Transport, and Electrostatics with their Applications, Kyoto, 1978.

[57] Gubkin A N. Electrets. Moscow: Izdatelstv Nauka.

[58] Mazur K. Proc., 5th Intern. Conf. on Conduction and Breakdown in Solid Dielectrics, Leicester, 1995: 98.

[59] Mazur K. Acta Phys. Polon, 1974, A46: 497.

[60] Mazur K. Acta Phys. Polon, 1976, A50: 11.

[61] Mazur K. Acta Phys. Polon, 1970, A37: 31.

[62] Wada Y, Hayakawa R. Jpn. J. Appl. Phys., 1976, 15: 2041.

[63] Espinosa F R M, Pavia V, Gallege-Juarez J A, et al. IEEE Ultrasonics Symp., 1986, 691.

[64] Banno H, Ogura K, Sobue H, et al. Jpn. J. Appl. Phys., 1978, 26 (Suppl. 1): 153.

[65] Gururaja T R, Xu Q C, Ramachandran A R, et al. IEEE Ultrasonics Symp., 1986, 703.

[66] Han K H, Riman R E, Safari A. Ceramic Dielectrics: Composition, Processing and Properties. 1990.

[67] Han K H, Safari A, Riman R E. J. Am. Ceram. Soc., 1991, 74(7): 1699.

[68] Pardo L, Mendiola J, Alemany C. Ferroelectrics, 1989, 93: 183.

[69] Chilton J A, Carner G M, Whatmore R W, et al. Ferroelectrics, 1990, 109: 217.

[70] Shaulov A A, Smith W A, Ting R. Ferroelectrics, 1989, 93: 177.

[71] Hanner K A, Safari A, Newnham R E, et al. Ferroelectrics, 1989, 100: 255.

[72] Furukawa T. Oxford: Proc. 6th Intern. Symp. on Electrets, 1988: 182.

[73] Ngoma J B, Cavaille J Y, Paletto J, et al. Ferroelectrics, 1990, 109: 205.

[74] Waller D, Safari A. Ferroelectrics, 1988, 87: 187.

[75] Hilczer B, Kulek J, Wolak J. Proc. 7th Intern. Symp. on Electrets, Berlin, 1991: 407.

[76] Bhalla A S, Newnham R E, Cross L E, et al. Ferroelectrics, 1991, 33: 139.

[77] Amin M, Balloomal L S, Darwish K A, et al. Ferroelectrics, 1988, 81: 381.

[78] Amin M, Osman H, Balloomal L, et al. Ferroelectrics, 1988, 81: 387.

[79] Tripathi A K, Goel T C, Pillai P K C. Proc. 7th Intern. Symp. on Electrets, Berlin, 1991: 415.

[80] Fang C, Wang M, Zhou H. Proc. 7th Intern. Symp. on Electrets, Berlin, 1991: 507.

[81] Yamazaki H, Kitayama T. Ferroelectrics, 1981, 33: 147.

[82] Abdullah M J, Das-Gupta D K. IEEE Trans. Electr. Insul., 1990, 25(3): 605.

[83] Dias C, Simon M, Quad R, et al. J. Plys. D: Appl. Phys., 1993, 26: 106.

[84] Shaikh A, Vest R W, Vest G M. IEEE Trans. Ultrasonics, Ferroelctrics and Freq. Control, 1989, 36(4): 407.

[85] Smith W A, Shaulov A A. Ferroelectrics, 1988, 87: 307.

[86] Grewe M G, Gururaja T R, Shrout T R, et al. IEEE Trans. Ultrason. Ferroelec. Freq. Control, 1990, 37(6): 506.

[87] Egusa S, Iwasawa N. J. Mater. Sci., 1993, 28: 1667.

[88] Klein K A, Safari A, Newnham R E, et al//Proc. IEEE 6th Intern. Symp. on Appl. Ferroelectrics, 1986: 285.

第 8 章　非线性光学聚合物驻极体

迄今为止商品化的非线性光学 (NLO) 材料全是无机材料，如磷酸二氢钾 (KDP)、铌酸锂 (LiNbO$_3$)、BNN(Ba$_2$NaNb$_5$O$_5$) 等，以及近年来发展起来的优质 NLO 晶体，如 KTP(KTiOPO$_4$)、BBO(β-BaB$_2$O$_4$)、LBO(LiB$_3$O$_5$) 等，这些材料几乎都是陶瓷铁电体和半导体。20 世纪 70 年代后期半导体材料 GaAs 的 NLO 性质的研究进展大大地推进了多量子阱结构研究取得成果 [1]。

有机 NLO 材料的研究始于 20 世纪 60 年代中期。1979 年 Levine 等发现了 2-甲基-4-硝基苯胺 (MNA) 晶体具有非常大的二阶非线性光学系数，将有机 NLO 材料的研究推向一个新时期，促进了 NLO 现象和性质的研究。对极性聚合物 NLO 应用的研究应追溯到 1971 年美国 Bell 实验室关于 PVDF 的二次谐波产生 (second-harmonic generation, SHG) 实验[1,2]，即在 Kawai 首次报道 PVDF 具有强压电效应的两年后。1976 年 Sauteret 等[3] 指出某些聚双炔呈现十分大的三阶 NLO 活性，以致可以与 Ge 及 GaAs 相比，这又大大地刺激了人们对聚合物 NLO 的研究兴趣。20 世纪 80 年代 Broussoux 等[4] 确定了 PVDF 的电光 (electro-optic,EO) 性质。然而，由于其效应相当微弱而未能引起人们的重视。20 世纪 80 年代中期，人们发现了含生色团分子是具有突出的超极化率和强偶极矩的新一类非晶玻璃态聚合物在 NLO 领域的应用，这再次激发人们对这类现象的研究热情。

聚合物的 NLO 效应对发展固体激光技术及其他光电技术有许多重要作用，如频率变换及信号处理等。

8.1　NLO 聚合物的基础[2]

分子偶极聚合物也称极化聚合物[5,6]。它是将极性生色团分子通过掺杂或化学键合进入聚合物材料中，再在外场作用下，使极性生色团分子沿电场方向取向，并被冻结下来而形成的一类新型功能材料。它能展现多种物理效应，如各向异性的电容率、压电活性和热释电效应等。尤其重要的是它所具有的双折射和双色性，线性电光 (Pockels) 效应和 SHG 等二阶 NLO 效应，使其在研制集成化传感器和光电子器件方面具有极好的应用前景[7,8]。在分子偶极聚合物问世前，有机晶体由于非线性光学系数比无机晶体高 1~2 个数量级，且便于设计和合成，一度成为 NLO 材料研究中的热点。众所周知，材料要呈现宏观二阶 NLO 响应，晶体结构必须呈现非对称中心。然而实际上 70% 的有机晶体都是中心对称的。即使生色团分子具有很大的二阶非线性分子超极化率 (β)，晶体仍未必显示二阶 NLO 特性。另外，有机晶体内的分子间的结合力是 van der Waals 力和氢键力，导致材料的质软，机械强度较差。分子偶极聚合物驻极体正是在这样的背景下产生的。这类材料具有一系列独特的优点，如电容率可调、分子可 "剪裁"、优异的可加工性及低廉的成本等[9]，通过分子结构设计和适当的调整就可以控制材料的物理和化学性能。从 20 世纪 80 年代后半期起，一批以极化聚合物薄膜为基础在实验室制作的波导原型器件问世后，人们预言：极化聚合物将是人类可能最先得到实际应用的高分子 NLO 材料，它可望成为 21 世纪中光电子科学和技术的基础材料之一[10]。

8.1.1 聚合物的 NLO 效应

当光通过材料传播时，光频电场诱导引起的材料的电极化及其 NLO 效应可用下式表示：

$$P_i = \sum \chi_{ij}^{(1)} E_j(\omega_1) + \sum \chi_{ijk}^{(2)} E_j(\omega_1) E_k(\omega_2) + \sum \chi_{ijkl}^{(3)} E_j(\omega_1) E_k(\omega_2) E_l(\omega_3) + \cdots \tag{8.1}$$

其中，P_i 为宏观电极化强度，E 为入射光电场；$\chi_{ij}^{(1)}$ 为线性极化率；$\chi_{ijk}^{(2)}$ 和 $\chi_{ijkl}^{(3)}$ 分别为二阶和三阶非线性极化率，各项系数 (即极化率) 在强度上逐次下降 7~8 个数量级；ω_1, ω_2 和 ω_3 分别为不同光频电场的角频率。

如果把具有极强光频电场的激光作用于材料上，将发生各种不同的 NLO 现象。其中由式 (8.1) 中二次项引起的 NLO 效应最为显著：

$$P_i^{(2)}(\omega_3) = \sum_{j,k} \chi_{ijk}^{(2)}(\omega_1, \omega_2, \omega_3) E_j(\omega_1) E_k(\omega_2) \tag{8.2}$$

这里，$P_i^{(2)}$ 为二次极化项所产生的非线性电极化分量；ω_1, ω_2 为基频光的角频率；$\omega_3 = \omega_1 \pm \omega_2$；$E_j$ 和 E_k 分别为入射光的光频电场分量。

NLO 聚合物的物理性质受分子偶极子的影响。分子偶极子的电光响应则由它们的微观电极化决定：

$$P_i = \mu_i + \alpha_{ij} E_j' + \beta_{ijk} E_j' E_k' + \gamma_{ijk,\ell} E_j' E_k' E_\ell' \tag{8.3}$$

其中，μ 是永久偶极矩；E' 是局域电场；α 是线性极化率张量；β 和 γ 分别是二阶和三阶非线性分子超极化率张量。β 和 $\chi_{ijk}^{(2)}$ 分别决定了微观分子和宏观材料的二阶 NLO 特性。二阶 NLO 效应要求一个大量值的 β[11]。

分子偶极聚合物驻极体要呈现宏观二阶 NLO 特性，必须使掺杂或化学键合在聚合物基体中具有大的二阶超极化率的生色团分子在外场作用下有序取向。由于材料的二阶非线性是通过电场极化诱导产生的，通常称为极化聚合物。显然，材料的 NLO 响应的强弱不仅取决于所含生色团分子的 β 值，还将依赖于偶极子的取向度。图 8.1 给出了分子偶极矩 μ, 二阶超极化率 β, 分子坐标轴 1, 2, 3, 以及以极化电场 z 向表征的宏观参量坐标之间的关系示意图[12,13]，其取向度受在外加电场内的偶极子能量 $\mu E \cos\theta$ 与热活化能 kT 间的比值支配[12-14]。

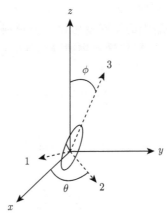

图 8.1　偶极子在电场 (z 向) 作用下取向示意图
1, 2, 3 为分子坐标

对与非晶态聚合物相关的电、光特性，例如，它们的压电和热释电性、双折射和双色性，以及二阶 NLO 效应，可通过与量值 $\chi = \mu E/(kT)$ 相关的平均项 $\langle \cos^n \theta \rangle$ 权重之和表示。$\langle \cos^n \theta \rangle$ 定义为第 n 次 Langevin 函数 $L(x)$。这里我们给出在 Langevin 函数 $L(x)$ 内, 当 $\chi = \mu E/(kT)$ 甚小时的二次非线性光学系数 $\chi_{xxz}^{(2)}, \chi_{zzz}^{(2)}$ [2,14]:

$$\chi_{xxz}^{(2)} = N\beta_{333}\frac{\mu E_z}{15kT}, \quad \chi_{zzz}^{(2)} = N\beta_{333}\frac{\mu E_z}{5kT} \tag{8.4}$$

其中, N 表示聚合物中所含的生色团分子密度；β_{333} 指占支配地位的分子超极化率的张量元。因此, 对呈现强光学非线性的聚合物材料要求具有大的偶极矩和强二阶超极化率。

8.1.2　取向生色团分子的弛豫

对非晶态聚合物，由极化诱导取向的偶极子必须通过冷却并维持在玻璃相变温度 T_g 以下的 "冻结" 状态。与铁电聚合物晶体的热动态稳定的铁电相比较，非晶态聚合物的玻璃相属热动态亚稳态。在 T_g 以下取消外场后，取向偶极子将产生缓慢的弛豫。由于 NLO 聚合物通常表现为宽分布弛豫时间的衰减，因而弛豫过程表现出明显的非指数型。如前所述 (见式 (7.33))，这类聚合物通常可用 KWW(Kohlraush-Williams-Watts) 拉长指数函数进行唯象描述[15]：

$$\phi_{\mathrm{KWW}}(t) = \exp\left[-\left(\frac{t}{\tau(T)}\right)^n\right] \tag{8.5}$$

式中，$\phi_{KWW}(t)$ 可分别代表以时间为变量的双折射、二次非线性效应或电光效应等一般表示式；n 为介于 0~1 的参数，表示了对指数函数的偏差。另外几种唯象衰减函数，如 Havriliak-Negami 函数可参阅 Jonscher 的论述[16]。平均弛豫时间与温度密切相关，我们已知在 T_g 以下可用 Arrhenius 方程描述，而在 T_g 以上的玻璃态聚合物的取向生色团分子的弛豫可用 WLF 方程 (参阅 5.3 节) 描述。

将热刺激放电的实验数据与二次非线性效应强度的衰减测量结果相比较，已证实极化取向与聚合物的 α 相变相关，即与聚合物的玻璃相变温度相关。因此提出了弛豫时间 τ 对温度的依赖关系也可借用类似于描述聚合物黏弹性的温度依赖关系的 VTF(Vogel-Tamann-Fulcher) 方程描述[17]，即

$$\tau(T) = A\exp\left(\frac{-B}{T - T_0}\right) \tag{8.6}$$

这里，A, B 是与聚合物基体及生色团分子无关的常数。T_0 和 T_g 由下面的经验关系给出：

$$T_0 = T_g + (50 \pm 10)\,^\circ\mathrm{C} \tag{8.7}$$

对大量掺杂体系的 $\log\tau$-$1/(T - T_0)$ 作图已证实其实验结果与式 (8.5) 的拟合曲线符合得较好。

然而在非晶态聚合物的热动态亚稳态中，已观察到从体积致密趋向于体积均匀的转化[18]，因此引起了围绕分子偶极子的自由体积的减少，导出了与时间相关的平均弛豫时间。这是在极化电场作用下物理老化的根据。从而指出：类似于其他聚合物驻极体，物理老化可明显地增强 NLO 聚合物取向偶极子的热稳定性[19,20]。人们已经能够利用下述的间接方法测定聚合物的自由体积，即在正电子湮没谱的实验中，含正电子的原子被优先地捕获在自由体积空腔内，因此，可利用正电子的寿命来作为检测围绕正电子未占有体积量的指示器[21]。光学技术则是根据适当的生色团光异构化及同分异构化率来测量自由体积量[22]。必须注意：不同技术表现出不同的测量灵敏度。虽然自由体积概念在物理意义上不是十分明确，但是它能提供用以解释物理老化和其他相关物理现象的一个简单而直观的模型。迄今为止，人们对 NLO 聚合物的偶极子弛豫过程的微观理解仍然是相当不完善的，例如，从化学结构角度去预言 NLO 聚合物的性质等。众所周知，偶极子的弛豫过程受分子偶极子的尺寸和形状的影响，即较小的偶极子比较大的弛豫得快，棒状偶极子比球形偶极子弛豫得慢等。

8.1.3 NLO 聚合物的材料结构分类及其设计与制备

为了呈现低散射损耗，光电聚合物必须是非晶态，并且应该包含分子偶极子。为了实现 NLO 聚合物驻极体的实用化，NLO 的生色团分子不但应该具有最大可

能的二阶超极化率和偶极矩，具备在高温和强光作用下光损伤阈值高的材料化学稳定性，而且要求当生色团分子加入聚合物基体后在外加极化电场下可能被有效地极化，以及在高温下或常温下长期使用或储存时取向偶极电荷高度稳定。此外，用于制备元器件的这类材料必须满足材料参数及器件几何形状能精确控制及可重复，以及当它被应用在各种通信波长时的高光功率密度作用下不产生任何变性。最后，还需要满足在激光波段中吸收较小，易于产生相匹配，不易吸湿，制备工艺简单，价格低廉等。因此，以光学应用为目标的材料设计和非晶态光学聚合物的化学合成是一项十分有意义的研究课题，必须要求染料和化学、材料和物理及应用技术界的协同和努力。

如上所述，聚合物的 NLO 效应要求极性生色团分子必须具有大的超极化率，而大的超极化率的实现要求分子必须具有非对称中心结构。典型的生色团分子是由具有高度非局域化的 π 电子共轭体系和引入的电子转移机构组成的。在这类聚合物中，由于 π 电子在分子内部易于移动，以及不易受晶格振动的影响，因而不仅 NLO 效应比无机物大，并且响应速度也快得多。例如，以 SHG 的效率相比较，MNA 的非线性光学系数 d_{11} 约为 LiNbO$_3$ 的 d_{31} 的 2×10^3 倍，d_{33} 的 60 倍[1]。在过去 20 年中，已经研究出若干种这类 A-π-D(即由 π 电子共轭基团和给电子基团 A(acceptor) 及受电子基团 D(donor) 组成)，或 "推–挽" 染料分子。然而仅有限的几种能满足上述的严格要求[12,23-26]。其中给电子 (施主) 基团主要有—NR$_2$，—OR；而受电子 (受主) 基团主要是—NO$_2$，—CN。共轭体系常见的结构为

图 8.2 给出了四种最重要的强光学非线性生色团偶极子的分子结构。其中，(a) 聚 (顺) 硝基苯胺 (para-nitro-aniline, PNA) 是最简单的一种[27]；(b) 分散红 1(disperse red 1, DR1)[28] 和 (c)4-二甲氨基-4′-硝基均二苯乙烯 (4-N，N-dimethy-lamino-4′- nitrostilbene,DANS)[29] 是最常见的两种；(d) 二烷基胺替代生色团 (dialkylaminophenyl-substituted chromophore)[30] 是最近合成的，并具有强非线性活性的生色团分子的例子。Jen 及其合作者还报道了经优化研制的最新生色团材料的动态[1]。

图 8.3 和表 8.1 给出了生色团的染料分子分别以不同方式结合进聚合物基体中的四种基本模式[12]。最简单的组合方式是将生色团掺杂进入聚合物基体中，称主客体掺杂型 (或宾主聚合物，见图 8.3(a))[31]。这时的生色团分子与聚合物之间的作用力是 van der Waals 力或氢键力。由于受限制的溶解度，染料浓度过高会导致相分离，以及偶极基团的取向和弛豫较快，所以人们的注意力主要集中在如何提高它们的二阶非线性光学系数和改善生色团分子的取向稳定性上。

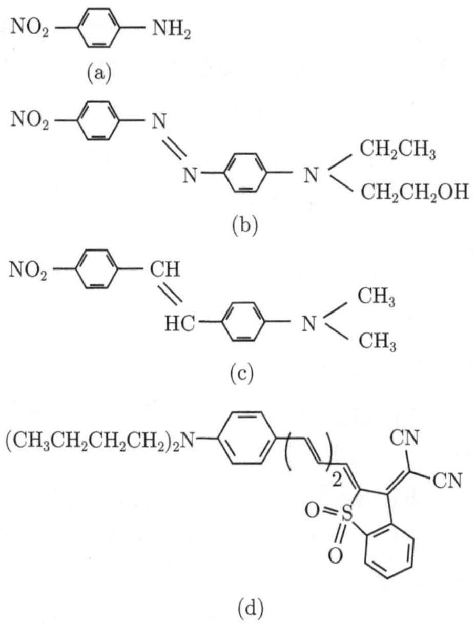

图 8.2 以非局域化 π 电子系统连接受主和施主基团的推–挽偶极子的化学结构

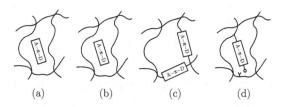

(a)　　　　(b)　　　　(c)　　　　(d)

图 8.3 NLO 偶极子结合进聚合物基体中的几种结构示意图

表 8.1 NLO 驻极体材料结构设计方案

材料类型	化学色基和聚合物连接方式	色基偶极子取向稳定化	特性或缺点
宾主聚合物 (主客体掺杂型)	染料掺杂	T_g 以下冻结了的聚合物基体	生色团分子的凝聚
取代基聚合物 (侧链型)	在染料和聚合物间的间隔基团 (空间群)	化学吸附 + 聚合物基体 $(T < T_g)$	高浓度染料装填在玻璃态分子中
交联聚合物	通常以两终端连接到聚合物上	染料部分被锁定在刚性聚合物网络上	极化和交联的竞争
主链聚合物	染料分子是聚合物主链的一部分	主链块迁移率受限制	妨碍了偶极子的取向

　　研究最为广泛的基体聚合物是 PMMA 和 PS，此外还有聚乙烯醇、聚醚、聚亚氨脂和环氧树脂等。大量的研究表明：热历史、掺杂客体的尺寸、特定聚合物的弛

豫机制，以及主客体间的相互作用等对偶极取向和弛豫具有重大的影响，但掺杂体系的玻璃相变温度 T_g 是最重要的因素。因此近几年来，许多研究者已转向以具有高 T_g 的聚酰亚胺 (PI) 为基体材料的研究中。但其应用仍然受到生色团热稳定性的限制，即许多具有大超极化率的生色团的热稳定性难以忍受使体系完全热固化所需的高温，导致生色团分子的分解或升华。因此，新型耐高温生色团的分子设计和合成是个重要问题。

较好的结合是将生色团分子作为聚合物大分子的侧基团进行化学链接 (侧链型，或称取代基聚合物)。它可实现生色团的高含量[32,33]，从而提高了极化膜的宏观二阶非线性光学系数；同时可改善薄膜的光学均匀性。大多数的 NLO 活性聚合物属于这一类。多数情况下侧链型聚合物的 T_g 比主客体掺杂型聚合物要高。生色团不再是可自由运动的分子，因此，提高了取向稳定性。但是，由于具有大的超极化率的生色团的强极性，使它易于形成对 SHG 无贡献的反平行的聚集态结构。这种情况对高生色团含量的侧链型系统尤为严重，往往造成极化困难，从而限制了二阶非线性光学系数的提高[34]。

增加聚合物链间的相互作用，以抑制生色团分子有序取向的弛豫效应还可以通过使体系形成交联结构来实现 (交联型)[35,36]。但为了实现生色团分子在外场作用下的有序取向，交联需要在极化过程中或极化后完成，这给工艺带来困难。而且交联常常以溶解度变差、光学损耗加大、易于开裂、黏结性差、变脆和机械强度下降为代价。因此，应用前景并不乐观。根据制备工艺主要有热交联和光交联两种类型。

在主链型结构中，生色团分子是聚合物主链中的一部分。从原理上讲，这类结构对 NLO 的应用是很有吸引力的。这是因为这种结构大大地降低了偶极子的迁移率，并实现了多重复单元的协同运动。因此极化后取向弛豫问题得到明显的改善，力学性能也可以大大地提高。主链型也分类成几种聚合物，如生色团头–尾相接、可加工的芳香族聚脲、线性环氧与生色团的共聚物等。但绝大多数的主链型聚合物的非线性系数都低于侧链型，是由于这种结构妨碍了偶极基团的取向，其溶解性能在多数情况下也很差。因此，时至今日仍然没有研制出具有强光学非线性的主链型聚合物。

L-B(Langmuir-Blodgett) 膜方法是消除材料中分子的中心对称结构的有效手段。将具有大的超极化率的生色基团的两亲化合物，用 L-B 法可制成非中心对称结构的 SHG 膜 (即 L-B 膜的高分子化)。L-B 膜在法线方向形成了非对称的有序状态 (选择适当的积层条件) 以便形成交互 Y 形累积膜。用作薄膜光波导则至少要数十层均一的累积膜。利用 L-B 膜的高分子化，或用高分子强化 L-B 膜可以解决薄膜的稳定性及强度问题。

对上述 NLO 聚合物，由于在接近谐振频率时形成了大的超极化率，而在远离谐振频率时呈现高透明度 (或低吸收)。众所周知,这两个性质对于 NLO 应用都是必不可少的。因此,为了平衡这两种互相对抗的特性,必须合理地调节其工作波长。近年来美国已研制出一种聚合物 NLO 材料和实验室器件,它的某些性能甚至优于 $LiNbO_3$ [37],在波长为 1.3μm 时,其电光系数小于或等于 55pm/V[38]。而另一种材料在温度高达 225℃时仍呈现出良好的稳定性[39]。但是迄今为止仍未研制出能严格满足应用需要的全部合格参数的 NLO 聚合物。

在无机晶体材料电光 (EO) 效应中,发现其折射效应已有十几年的历史[40]。通过在材料内的光折射性组合而产生了电荷载流子的光信号发生、光电导率、电荷捕获和线性电光效应。其中线性电光效应是以一种光强图案的照射而产生了相应折射系数的图案,这种折射经再绕射这个光,使得这一效应可用于光的四重波混频、相位共轭和神经网络等方面的相关研究。Kressmann 等已利用 LIPP 方法在光折射晶体内直接探测到空间电荷分布并进行了综述性的讨论。

Ducharme 等[41] 首次报道了在电光聚合物材料中小心掺杂空穴传输剂后形成了 NLO 聚合物的光折射效应。此后,Cui 等[42] 已研制出一种更完善的材料,这种材料中不仅添加了空穴传输剂,而且加入光敏剂,并提出通过几种途径形成光折射聚合物:掺杂惰性聚合物,即具有 NLO 活性的生色团聚碳酸酯;一种电荷传输剂;光敏剂。其中 C_{60} 就是上述掺杂剂的一个例子[43]。Peyghambarian 课题组已研制出折射效率高达 100% 的光折射聚合物[44]。Moerner 等解释了这种超强的光折射效应,认为这是取向增强效应,即在空间电荷场内由再取向的生色团偶极子引起材料的双折射的变化。

近年来,利用驻极体的空间电荷效应来改善 NLO 聚合物中生色团偶极取向电荷稳定性已取得令人瞩目的成果。例如,在已制备的 NLO 聚合物表面覆盖一层完全非晶态氟聚合物 Teflon AF(参见 6.2.1 节) 形成了 Teflon AF/NLO 聚合物双层膜系统。既可利用 Teflon AF 层内高稳定性的空间电荷分布的电场抑制取向的生色团分子的松弛,延长取向偶极子的寿命;也可借助 Teflon 层的隔离作用,减弱强激光和强电场对 NLO 材料的损伤。陈钢进和夏钟福等[45] 研制的 Teflon AF/DR1-PMMA 双层膜系统的 EO 系数 r_{33} 的稳定性比同样条件下 DR1-PMMA 单层膜的稳定性提高了一个数量级,同时确保了 EO 系数的相同量值。因此,具有良好的空间电荷储存能力和在实际应用的波长区内极低的吸收性的 Teflon AF,可望在光学元器件、无源或有源的波导结构材料中发挥作用。此外,经极化的块状玻璃、玻璃波导和玻璃纤维也表现出相当强的 NLO 和 EO 效应。虽然极化玻璃呈现的高 NLO 和 EO 性质的起因尚不清楚,但通过直接探测已发现,在这种材料中存在着十分稳定的空间电荷层或极化带,这些储电机构是与这些效应密切相关的。

8.2　NLO 聚合物的极化

为了实现材料在分子结构上的非对称中心，表 8.2 汇集了使聚合物内极性染料分子实现有序取向的实验方法。与传统的驻极体相比，由于光学元器件的特殊要求，光学材料的极化工艺要复杂得多。对极化特定的精度要求给工艺控制增加了相当的难度。为了使极化成功，在设计和加工 NLO 聚合物元器件时，极化处理需要附加一定的自由度，只有这样才能确保极化期间的取向偶极子在三维空间方位上的可能形变和转向。

表 8.2　使聚合物内极性染料分子实现有序取向的实验方法

实验方法	使偶极子取向的外场类型	形成偶极子迁移率的原因	特性和可能的组合
热极化	电极间的电场	加热到 $T > T_g$	器件电极不能用于极化
高温电晕极化	沉积于样品表面层电荷形成的电场	外热或局部加热到 $T > T_g$	无须考虑薄膜内缺陷的影响
电子束辅照极化	由体电荷层形成的电场	外热或局部加热到 $T > T_g$	选择极化截面的厚度
光热极化	多种方式形成的电场	以光辐照加热到 $T > T_g$	仅以光作用模式极化
气体辅助极化	多种方式形成的电场	加压气体导致在较低 T_g 时的极化	在低温下的整体极化
光感应极化	多种方式形成的电场	生色基团的顺–反同分异构体	在低温下选择极化
全光极化	取向脱色	生色基团的顺–反同分异构体	在低温下选择极化

8.2.1　整体极化工艺

为了评价一种新型聚合物材料的 NLO 性能，通常利用一种不考虑极化过程中空间坐标分辨率的传统极化方案，将分子偶极子取向至垂直于薄膜平面方向。按照电荷携带介质的不同 (如金属平面电极或针形电晕放电) 以及使偶极电荷的瞬时移动的机制不同 (如热、光或压力等) 可设计成不同工艺。它们包括热极化、高温电晕极化、气体辅助极化、光感应极化及全光极化等多种极化工艺。

热极化工艺 (参阅 3.1 节) 是使 NLO 聚合物成极的标准工艺[31]。然而在制备波导时，在活性波导层上必须涂敷一定的光学层。当在一定温度下极化时，该涂敷层的电导率通常比含有高生色团填料的 NLO 聚合物低得多。由于电阻的分压作用，大部分电压施加于涂敷层上，不利于偶极电荷的取向。为了增加涂敷层的电导率及改善极化效率，Ashley 等[46] 建议在涂敷层内掺杂有机盐类，其结果甚佳。

在选择适当的极化参数前，应该了解温度和 NLO 聚合物的电阻率间的依赖关系。Ling 等[47] 已研究了几种聚合物的这种函数关系。为了极化成功，需要优化极化参数，包括极化时间、极化温度，以及与聚合物基体内的生色团偶极子取向及弛豫行为相关的极化电场。实际结果说明: 以频率为 1Hz 的方波电压脉冲作为极化电场源可产生与在静电场极化状态下相同的整体光学特性,Tumolillo 等利用一种聚合物的集成光调制器作为极化系统电极,取得了很大的成功。即将一块光刻模板电极放在聚合物膜面上作为形成极化图案的模板电极,再实施热极化工艺,并已在准位相匹配的二次谐波产生技术中得到应用。这种传统的极化工艺与电晕充电相比,缺点是易于形成样品的局部区域的电击穿,从而难以施加足够高的电压,使极化效率下降,但由于极化系统设计上的灵活性,其在集成光学器件的研制上发挥了独特的作用。

恒压或恒流电晕充电极化是一类适用于含有大量缺陷的新材料的极化工艺 (参见 3.2.1 节)。栅控电晕充电通过调节栅压电势可有效地控制样品的表面电势及沉积电荷的横向均匀性。极化期间可利用一个电表同时监测其极化电流。这一方法已广泛地应用于 NLO 聚合物的研究。任巍等[48] 研究指出: 类似于热极化工艺,通过与偶极子取向及弛豫效应相关电性质的测量,还可确定材料的最佳充电参数。Kalluri 等[49] 利用电晕充电期间逐步升温技术明显地改善了溶胶–凝胶工艺制备的 NLO 材料的偶极电荷取向的热稳定性和室温下储存的长期稳定性。

电晕放电产生和携带了某些化学活性物质,通过放电粒子的接触,修正了有机材料的表面和亚表面层。这种修正与被极化材料的电性质密切相关。电晕极化虽然可能造成生色团分子的局部破坏,产生对 NLO 聚合物有害的一面,但同时形成了较刚性的表面层,有利于增强电荷的储存能力。这对实现样品可能承受较高极化电场是十分有利的[50]。图 8.4 指出: 对同一样品进行几次循环恒流电晕充电后产生了随着充电次数的增加,表面电势的稳定性逐步改善的趋势。利用电子分光仪对表面修正的电子谱的化学分析 (ESCA) 结果指出: 在大气中的电晕充电对样品的表面修正主要引起了 NLO 聚合物的表面氧化[50]。为了避免电晕放电中强紫外线的影响,Mortazavi 等[51] 设计了电晕临界极化工艺法,即电晕放电仅工作在稍稍高于阈值电压的准连续放电 (在常温常压下,负电晕放电的阈值电压值约为 4.5kV) 状态。

上面介绍的包含电晕充电在内的热极化工艺是将聚合物基体加热到玻璃相变温度 T_g 以上,使偶极子松动并沿外加电场方向取向;另外一种替代软化聚合物基体工艺的方法是在室温下经短时间将偶极子转换成易于取向的形状后,再将这些生色团分子形成需要的同分异构体。研究结果指出: 应用在 NLO 聚合物中的大多数染料分子在吸收一定波长的光照后,都能围绕着双键发生顺–反 (trans-cis) 转换。Dumont 和他的同事[52,53] 首先研究了 NLO 聚合物这种在室温下的极化机理。在他们的实验中同时提供了光照和电场,导致生色团分子沿电场方向的取向 (光诱导极化)。

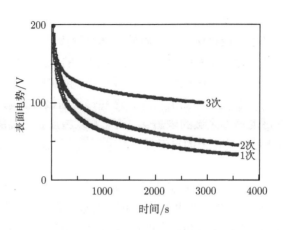

图 8.4　经过 1~3 次恒流电晕充电对聚合物表面的化学表面修正，
导致电荷储存稳定性的改善

　　为了实现光诱导极化过程，最初主要应用两种监测技术[53]：以两电极的衰减全反射 (ART) 法来测量 EO 的响应，通过提供电场的电晕放电和 SHG 的组合系统以实现常温下的极化。图 8.5 说明了光诱导极化期间和极化后的含偶氮染料分子的 NLO 薄膜内电光响应的增加和衰减的关系曲线。显然，当对样品提供电场时，Kerr(二阶电光) 效应导致了信号的增加，而仅当光照接通时极化才开始。当光照和电场同时取消后，(切断) 电极化诱导的偶极子取向仍维持一段时间，而当产生电场的电荷衰减时，Kerr 效应消失。Dumont 等[53] 已从理论方面研究了图 8.5 的极化和衰减过程中偶极子取向的角度分布变化。Bauer-Gogonea 等[54] 也研究了以热释电探测法测量光诱导极化期间和极化后的偶极子取向，并与 SHG 及 ATR 等光学方法对比，说明热释电探测法是廉价和易行的。热释电探测的结果指出：与热极化法相比，光诱导极化形成的取向偶极子欠稳定，可能是因为围绕着分子偶极子的自由体积的增加和由生色团分子重复异构化的运动。而在电场作用下的物理老化导致自由体积的减小和偶极子迁移率的降低则能改善极化的稳定性。如果在光异构化过程中未加外偏置电场，再次吸收入射偏振光的分子将重新排列并最终恢复至中心对称的结构。全光学极化是建立在基频光和二次谐波的叠加可产生光的立方相干的时间平均偏振的基础上发展起来的。在光散射材料中，基频光和二次谐波以不同的速度传播，使光矢量发生改变。Charra 等[55] 以 NLO 偶氮染料聚合物为例说明了这种全光学极化工艺，即以频率为 ω 和 2ω 的两束光叠加构成了立方非对称性 $\langle E^3(t) \rangle \neq 0$(这里，$E$ 是两束光波的总电场)。它们的入射打破了受照材料的中心对称性，实现了 "全光学极化"。如果将类似的极化工艺用于八极 NLO 分子取向实验中，由于这种结构没有偶极矩，因此不能被电场取向。

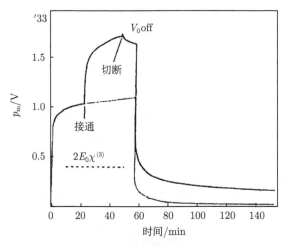

图 8.5 NLO 聚合物薄膜内偶氮染料的光诱导极化

气体辅助极化的方法是为了克服具有高玻璃相变温度 T_g 的聚合物的极化困难而提出的。为了获得生色团分子取向的高温稳定性,要求聚合物具有高的 T_g。然而在高于 T_g 的温度时极化,生色团分子可能热分解,或者造成掺杂体系中生色团分子的升华。Barry 等[56] 建议:利用在高压下小分子气体的作用使聚合物的 T_g 降低至室温以下,即在高压下将气体压进聚合物,聚合物的膨胀使偶极子最终易于取向。例如,当材料在高压的 CO_2 气氛下极化时,高压 CO_2 的增塑作用可显著地降低聚合物的 T_g,极化后减压除去 CO_2,使体系的 T_g 恢复到原来值。这样,既避免了生色团的分解或逸出,又可因原有的高 T_g 而改善体系的极化取向的稳定性。

8.2.2 沿膜厚的选择极化

对耦合在 NLO 聚合物波导内分散相的极化,通常要求沿聚合物薄膜的厚度方向形成跳变式的偶极子取向,其方法类似于在压电应用中的单层晶片、双压电晶片及多层压电晶片。通过控制束能的单能电子束辐照以限制其穿透深度,以及在光诱导极化期间限制入射光的吸收深度,从而实现在膜厚方向进行选择极化。即通过上述两种技术的组合,使得样品的部分厚度被极化,而剩余部分未被极化。在 NLO 波导应用中,与真实的双压电晶体和多层压电晶体的极化取向轮廓相比,这种工艺表现出较低的极化效率。

这种跳变式的偶极子取向轮廓分布可能通过交替的传统热极化和选择光诱导极化形成[57],或者以不同的 T_g 但性质类似的 NLO 聚合物膜交替组成多层膜形成。从原理上,后一种方法类似于 DeReggi 等[58] 提出的将不同居里温度 T_c 的两层铁电聚合物形成双压电晶片,以及最近 Yilmaz 等制备出的 0-1 和 0-2 模式变换的 NLO 波导结构。由于形成的垂直方向的偶极取向分布轮廓对聚合物驻极体的非线性光学和压电应用有重要意义，因此对不同极化技术的进一步研究是必不可少的。

8.2.3　薄膜平面内的图形极化

准相匹配要求沿波导的传播方向形成周期性的偶极取向图形。Seppen 等[59] 借助于适当的照相平版印刷掩膜对 NLO 染料进行选择性的脱色，产生周期性的波导。由于这时的 NLO 聚合物尚未极化，因此，研制的波导仅显示线性光学性质。为了产生一周期性的偶极子取向图形，Azumai 等在聚合物表面上放置一接地的金属网进行电晕极化。图 8.6 是其极化系统。由于在较高的极化电压下，大部分充电载流子在电晕极化时已通过接地丝网直接入地，从而产生了较低的极化效率。

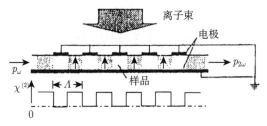

图 8.6　通过丝网电晕极化以制备周期性的极化聚合物

Yilmaz 等[60] 提出了一种类似于在一个磁光盘上写入信息的工艺——光热极化法。即将聚焦成 1μm 尺寸的光束在聚合物膜面上扫描。扫描区被局部地加热至 T_g 以上，这些区域按照提供电场的极性将偶极子取向。利用这种技术可将一种交变的极性直接写成按提供交变电场规律取向的分布偶极子图形。但是由于热"串音"而产生了较差的分辨率。如果以光诱导或全光学极化写入图形，至少从原理上可能克服这些问题[55]。Tomaru 等通过研制一种周期变化的活性 NLO 聚合物和非活性光聚合物周期性交替组合的波导结构系统，进一步发展了脱色法和叠层法[59,61]。

Jaeger 等指出：周期性极化可能使 6μm 厚的多层波导结构产生明显的表面形变 (其峰–峰深度大于 300nm)，并认为这种表面形变可能是由聚合物薄膜的上表面周期性栅格电极引起的。因为在 T_g 以上，材料已经软化，由极化电场产生的压力作用形成了从电极向样品自由面的变形，这种变形可能引起较强的光散性。Teng 等[62] 还指出对所有的 NLO 聚合物都存在着下述的共同问题：聚合物材料的非均匀性，在极化过程中会导致厚度及波导的光学性质的各种类型变化，这依赖于它们的尺寸及厚度的分布。这些由极化诱导或极化增强的非均匀性必然引起程度不同的光散射，这种现象表明了从材料合成直到元器件化的整个工艺过程中，对 NLO 聚合物确保严格净化工艺和高精度的尺寸控制是重要条件。

8.2.4 内平面层极化

由于波导能以垂直或水平两种方向模式传递偏振光，因此分子偶极子也应该可能沿着这两个基本方向取向。基于此，从 NLO 聚合物研究的一开始，人们已经开展对内平面极化的研究。为了避免或减少从电极上电荷的直接注入，Otomo 等[63] 利用设计成特定形状的电极和电介质，以电场小于或等于 300MV/m 的内平面极化实现上述目标。从同一基片上设置的共面电极，将横向电荷注入，见图 8.7。与此同时，Berkovic 等[64] 研制的非对称电极系统的实验实现了经内平面极化后形成垂直取向的偶极子，并说明这是由非对称注入电荷形成电场产生的结果。

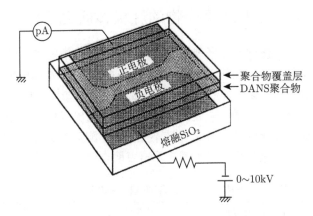

图 8.7 NLO 聚合物薄膜的内平面极化最佳几何形状

Tatsuura 等[65] 报道，已制备出由内平面极化使偶极子取向的 NLO 薄膜。他利用单体和生色团分子的分立源在含偏置电极的薄片上沉积薄膜，再在这些电极电场控制下使沉积分子在要求的内平面方向上优先取向。Oh 等[66] 利用垂直和水平极化分别产生含横向磁场 (TM) 和横向电场 (TE) 的波导起偏器。对内平面极化，为了增强极化效率，他们应用了位于 NLO 聚合物上、下表面的两对电极。通过理论分析，他们还计算了为实现垂直和水平极化，在这两对电极间产生的电场分布图 (图 8.8)。

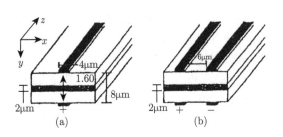

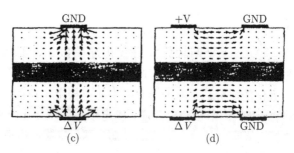

图 8.8   在波导结构中对经优化的垂直 (左) 和水平 (右) 偶极子取向的电极结构图

8.3   NLO 聚合物的驻极体研究方法

由于极化 NLO 聚合物是分子偶极驻极体, 与驻极体相关的各种电学方法可用于对 NLO 聚合物相关性能的研究 (表 8.3)。表面电势和极化电流的测量对优化和监控极化过程十分重要。如果控制其中一个参数为常量, 如恒流电晕充电的极化电流, 则可直接确定另一个参数——表面电势, 从而确定出有效极化电场; 如果所有的其他参数, 尤其是极化的几何参量保持不变, 则在测量装置定标后, 对给定的聚合物材料, 根据记录的极化电流, 即可计算出表面电势和极化电场[48]。

表 8.3   分析 NLO 聚合物驻极体的电学技术[2]

待测量	基本物理机理	产生的参数	可研究的方面
极化电流	电荷的沉积和偶极子取向	总电荷和极化	极化动态行为和极化参数的优化
放电电流	电荷的释放和偶极子弛豫	总电荷和极化	热稳定性和长期稳定性
介电函数	电荷载流子和偶极子的迁移率	弛豫行为	热稳定性和长期稳定性
热释电效应	热诱导极化的变化	热释电系数	稳定性和极化轮廓分布
准静态压电效应	力学诱导的极化变化	压电常数	稳定性和极化轮廓深度分布
逆压电效应	电场诱导的尺寸变化	压电常数	热稳定性和长期稳定性

Winkelhahn 等[67] 已报道了对极化 NLO 聚合物利用等温和 TSD 两种实验技术测量所获得的实验结果比较后发现: 同样的非对称 Havriliak-Negami 弛豫时间分布可能用于描述等温和热刺激实验。等温热释电衰减和热释电热分析 (PTA) 的类似对比也得出同样的结论。Bauer 等[68] 指出: 主客体掺杂型、支链型和交联型 NLO 聚合物的 TSD 电流谱性质存在着明显的区别。较高的峰温温位和较窄的 TSD 电流峰对应于更稳定的电荷储存系统。

就像 EO、压电和热释电实验方法一样, SHG 具有对偶极变化过程十分灵敏的特性。因此, 也可利用 SHG 等纯光学方法研究 NLO 聚合物的性质。

图 8.9 分别提供了实验测得的电荷TSD(虚线) 和二次谐波产生热分析(SHGTA,

噪声轨迹线) 的极化衰减结果。其中曲线 (a) 是样品极化后经淬火至室温，而曲线 (b) 是极化后缓慢冷却至室温。图中结果不仅提供了在电场作用下的物理老化导致更稳定的偶极子取向，而且证实了两种技术产生了几乎相同的、具有可比性的实验结果。因此，如果空间电荷效应的贡献能从 TSD 电流中扣除，从廉价的 TSD 方法测定的结果足以准确地分析 SHG 的变化规律[69]。或许由于专业光学研究者对 SHG 方法更熟悉和已具备了 SHG 的现成设备，所以对 NLO 聚合物的研究未能经常利用 TSD 测量技术。如果包含了低频范围的测量，从介电谱分析可能得到在玻璃相变温度上下的偶极子取向和弛豫行为的丰富信息，甚至给出包含空间电荷的行为。根据对主客体掺杂的 DR1-PMMA 系统的介电研究及 DSC 测量结果的比较发现：染料对聚合物基体具有塑化效应，这种效应降低了玻璃相变温度，因此也降低了大多数 NLO 聚合物的极化稳定性[70]。

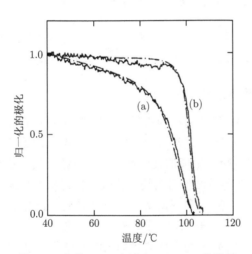

图 8.9 电荷 TSD 方法和 SHGTA 的比较

由于低成本、操作方便和多功能性，热释电技术是一类十分有吸引力的研究技术[71]。它可以用于等温和热刺激弛豫测量与内平面扫描显微技术，以及偶极子取向沿深度轮廓的探测。

从原理上，准静态压电效应可能给出与热释电效应相类似的应用范围。但迄今的研究仅将它用作 NLO 聚合物稳定性研究的工具。在不影响压电测量的前提下对样品加热，利用一个扬声器作为激励源，或者激励夹在两基片间样品的垂直截面，或者激励整个薄膜平面，最后以压电热分析产生了十分类似于热释电分析的结果。逆压电效应的测量则是利用电激励使样品产生线性和二次位移，以确定 NLO 聚合物引起压电和电致伸缩的性质[72]。

8.4　NLO 聚合物驻极体的光学研究方法

由于生色团分子偶极子的线性和 NLO 性质,利用各种光学方法 (表 8.4) 能有效地研究这类材料。

表 8.4　研究 NLO 聚合物驻极体的光学方法

待测量	基本物理机理	产生的参数	可研究的方面
偏振光谱折射	光频介电响应	折射系数	分子偶极取向
透射光谱吸收	分子基团的光激发	吸收张量	偶极取向和它的稳定性
电吸收 (Spark 效应)	电诱导吸收变化	偶极矩和线性极化率的变化	偶极取向和它的稳定性
线性 EO 或 Pockels 效应	电诱导双折射变化	线性 EO 张量	偶极稳定性及其横向分布
EO 信号与频率 (或温度) 关系	电诱导双折射变化	弛豫行为	稳定性/取向增强
SHG	非线性光倍频	NLO 二次非线性光学系数 $\chi^{(2)}$ 张量	偶极稳定性及其空间分布

8.4.1　折射系数和吸收系数

为了设计波导器件,了解材料的折射系数和吸收系数是十分重要的。因为利用折射系数可确定相速,而吸收系数可给出导向波衰减的最低限。由于在生色团分子中电荷转移的谐振吸收附近出现的强色散,进行与波长相关的测量是非常必要的。为了检测聚合物薄膜在各种波长时的波导模式和折射率,Horsthuis 等[73] 利用棱镜耦合,而 Moshrefzadeh 等[74] 利用栅格耦合发射导向波已分别进行测量。光谱椭球测量能有效地确定波长与折射系数、吸收系数及薄膜厚度的关系[75]。Moshrefzadeh 等[76] 还应用棱镜耦合研究了聚合物的非均匀的光脱色工艺,发现脱色深度受脱色时间控制。

为了能在 NLO 器件中应用极化聚合物,主要需掌握薄膜内的与本征吸收和散射强度相关的量。在无线电通信波长内难以用光谱仪检测到弱吸收系数。Skumanich 等[77] 利用光热吸收谱仪已确定出 NLO 聚合物中由 C—H 键的拉伸振动产生的与泛音相关的弱吸收峰。这种方法是根据薄膜内由少量的对辐照的吸收引起微弱的温度上升提出的。它能利用光束偏转和蜃景效应间的关系检测。图 8.10 收集了四种不同的 PMMA 为基的主客体掺杂聚合物的各吸收峰形成的吸收谱。在光波长为 1.32μm 和 1.55μm 时存在着透明窗。在 1.3μm 处其本征损耗是 0.4dB/cm,而在 1.55μm 处损耗较大。除了本征吸收外,在聚合物内由水或其他杂质引起的非本征吸收可能增加其损耗。然而,对部分或全氟化聚合物可望存在较低的损耗。这是因为,C—H 键在这些波长时的吸收出现剧烈的减少,甚至由于 C—F 键的拉伸振动和它们的泛音,在较低频处的漂移吸收已经被完全排除。也已报道[78] 利用光热吸收谱研究了几种氟化的聚酰亚胺为基的 NLO 聚合物。除了光热研究,利用波导吸收谱也可确定聚合物的弱吸收系数。这时,为了利用波导模式获得可测量的衰减量,需要利用较长的传播距离。然而波导吸收谱也受到瑞利 (Rayligh) 散射和由制备工艺引起波导结构的不完善而产生的损耗。因此,这项测量同时可能提供包括吸收和散射损耗两方面的机理信息。Kowalczyk 等[78] 对上述两种技术进行了比较,结果显示出极好的一致性,证明了对制备完善的聚合物薄膜损耗的主要来源是吸收。如果光束沿着膜面的法线传播,极化后的染料分子能沿着垂直于膜面完善取向,这将导致光吸收的减少。对某些聚合物,这种效应相当强,以致某些时候可用肉眼检测。吸收的减少很容易通过垂直入射的非偏振光检测出,并可用于估算出极化期间和极化后生色团分子的取向度[51]。图 8.11 表示了 DR1/PMMA 主客

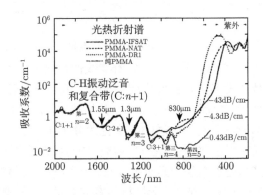

图 8.10　PMMA 为基的 NLO 聚合物的波长与吸收的相关性

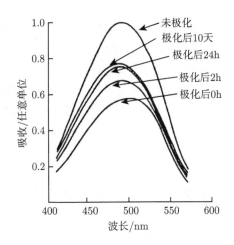

图 8.11　极化前后可见光区内 NLO 聚合物的吸收

体掺杂聚合物薄膜极化前后在可见光区的吸收谱。吸收的减少对应于取向度的上升。然而样品的针孔可能影响测量的结果。即电晕极化时，发生了局部的电击穿可能引起十分低的反常吸收值。

Graf 等[79] 说明了偏振吸收谱 (PAS)，即用作入射角的函数的偏振光吸收的测量比垂直入射法更适用。利用 PAS，针孔效应能通过计算测量透射光对角度的依赖而排除。与一些通用技术相比，PAS 测量产生的取向度要低得多[69]，这与 SHG 测量结果很好地符合。因此，由电晕极化期间载流子注入导致的薄膜缺陷的上升和化学修正，可能误导出对取向度的过高估价。

8.4.2　线性电光 (Pockels) 效应和电吸收

电光 (EO) 效应是指外加电场引起介质折射率变化的现象。折射率与低频电场的关系可描述为

$$n = n^0 + rE(\omega) + bE^2(\omega) + \cdots \tag{8.8}$$

式中，n^0 为未加电场时的折射率；r 为线性电光系数；b 为二阶电光系数。线性电光效应即所谓的 Pockels 效应，其量值与二阶非线性系数 $\chi^{(2)}$ 成正比。生色团分子大的分子超极化率是形成 EO 效应的原因，即线性电场与折射系数 (对应 Pockels 效应) 及吸收系数 (对应电吸收 (EA)) 相关。EO 系数可用复数来表征，实部表示 Pockels 效应，而虚部表示 EA。如前所述，生色团分子在接近于电荷传输谐振吸收区时观察到 EO 效应的强色散，因此在许多器件中有实际应用。Pockels 盒在光通信远距离探测及光信息处理系统中是重要器件，因而相应的材料研究和应用受到重视。高分子材料在 EO 效应方面较无机材料有许多优点[80]，如优良的加工性能、高 EO 系数，以及用作行波调制器时直至超高频范围光波与电场的相位速度能匹配，有利于制作高速开关等。

测量 EO 系数的方法很多，如 Maker 条数法[81]、SHG 法[32]、双侧漏模法[82]和 ATR 法等。1990 年 Teng 和 Man[83] 提出一种快速、方便、准确地测量 EO 系数的偏振反射技术 (图 8.12)。当一个交流电场提供到样品上时，由于利用相敏检测，因此明显地增加信噪比。通过样品的反射将偏振光变成椭圆偏振光，这时光的椭圆率就是待测的电光系数。其中平行于极化电场方向的电光系数 r_{33} 为

$$r_{33} = \frac{3\lambda I_{\mathrm{m}}\left(n^2 - \sin^2\vartheta\right)^{1/2}}{4\pi I_c^2 n^2 V_{\mathrm{m}} \sin^2\vartheta} \tag{8.9}$$

式中，λ 为入射光波长；n 为聚合物的折射率；ϑ 为入射角；V_{m} 为作用在样品上的调制偏压；I_c 为出射光强；I_{m} 为激光束对调制的响应[83]。稍后，Clays 等将这种方法扩展到测量复数EO系数，即同时测量EO和EA系数[84]。为了测量平方EO或Kerr(二阶电光) 效应，Roehl 等[85] 进一步地修正这一技术，即通过增加一个 AC

偏置电场到原有的 DC 电场上。如果在薄膜内的内部吸收不能忽略,由EO对角度的相关性测量是必不可少的。

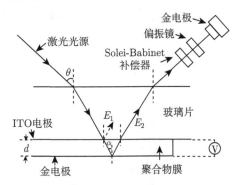

图 8.12   用偏振反射法测量 EO 系数示意图

在 T_g 和 T_g 以上的温区,利用EO测量可确定分子偶极子的迁移率。即在测量EO时,如果再将一个小的 AC 电场叠加到用于分子偶极子取向的极化电场上,依赖于 AC 电场的频率,偶极子随AC电场而变化,因此给偶极子的线性光的有向性 (各向异性) 上产生了附加的EO信号。为了研究在时间畴内偶极子取向的热稳定性和偶极子的弛豫过程,Valley 等导出了在常热率加热期间测量EO(EO 热分析,即 EOTA)。实验结果说明:在温度直至 T_g 前,EO信号维持常数;而当到达 T_g 附近时,由于偶极子的松动,EO信号迅速消失。Ren 等[48] 已利用 EOTA 测量了支链聚合物 DR1-P(S-MA) 的偶极子取向的热稳定性,并指出通过热刺激退极化、压电或热释电测量后,其热稳定性进一步增强。Aramaki 等[86] 首先应用EO测量研究了极化聚合物的交联过程,指出在交联过程中EO信号的减弱,反映了生色团偶极子迁移率的降低,因此,可以确定出作为温度函数的交联时间。

由 Teng 等建议的椭偏仪技术 (偏振反射法) 的主要缺点是不能分别确定电光系数 r_{13} 和 r_{33}。为此,更精确的测量技术,如 Michelsm 干涉仪[87]、ATR[88,89] 或 Febry-Perot 空腔谐振器等[90] 可获得更完善的测量结果。

表 8.4 中汇集的各种光学技术对表征新型 NLO 聚合物材料相关性质是十分有价值的。显然,当一种聚合物可望用于 NLO 器件的开发时,需要以这些方法测得的结果去评价这些材料的性质。Horsthuis 等[73] 报道了一种类似于 ATR 的方法以确定在波导结构中的 EO 系数。Valley 等也报道了一种外差式 Mach-Zehnder 干涉仪技术,用它可测量达毫秒数量级时间分辨率的 EO 系数的上升和衰减。这是一种以光学手段用时间畴研究偶极弛豫过程的技术。

EO 效应已经用在几种显微装置中,或用在描绘沿样品横向的偶极子取向图形。Aust 等[91] 已报道了对极化聚合物 EO 的显微技术。以这种方法,经过对 ATR

技术的修正，已实现了对极化聚合物薄膜横向分辨率达 10μm 的显微显示。Yilmaz 等[92] 以扫描 EO 显微镜获得了较高的衍射分辨率，图 8.13 示意出椭偏仪技术的显微系统。这是一种起偏器和分析器组合在一起的偏振束分离器的装置。然而对二维的 EO 分布图像，使用这类技术都要求长的测量时间。作为一种光表面轮廓测量仪的修正，Brinker 等[93] 已导出 EO 图像干涉仪。由于无须扫描，这种技术的主要优点是在短得多的时间内可测量出二维偶极子的取向分布图像。

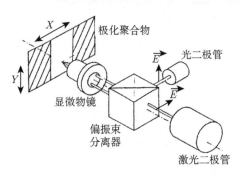

图 8.13　用以研究周期性极化聚合物薄膜的扫描 EO 显微镜

必须注意，已报道的 EO 测量对象主要是铁电聚合物，早在 1980 年 Micheron 已详细地研究了 PVDF 的 Pockels 效应，并发现了折射系数的变化主要是源于压电性。也测得 P(VDF/TrFE) 的 EO 效应，它表现出和 PVDF 类似的行为[68]。铁电聚合物的 EO 响应作为极化电场的函数也是非线性的，并显示出类似于压电常数的电滞回线。铁电聚合物的 EO 响应无实际应用价值是由于由压电诱导的 EO 效应被局限在较低的频区内。

8.4.3　二次谐波产生[2]

为了测量极化聚合物的非线性，对它们的二次灵敏度已开展了广泛的研究。二次谐波产生 (SHG) 是一种重要的技术，即当一个基波的强光束照射到样品上时，测量其产生的二次谐波的强度。如果基波波长或者二次谐波波长接近于生色团分子的电荷转移的吸收区，则宏观二阶非线性系数 $\chi^{(2)}$ 增强。然而，尽管非线性常数较大，但强衰减限制了对谐振增强的二次谐波系数的利用。对大多数的实际应用，则可能希望产生尽可能大的失谐的二次谐波产生系数。

SHG 已首先在铁电聚合物方面开展应用[1]，稍后开始广泛应用于极化 NLO 聚合物[4,31]。由于是纯光学技术，SHG 不要求任何电极系统，因此易应用于任意场所的极化实验中。但 SHG 的实验装置和操作程序相当复杂，且价格昂贵。相比之下，前述的电学方法和 EO 技术往往更适合于普及化，尤其是对于采用电极极化和那些能承受电场 ≥100MV/m 的聚合物薄膜，这两种方法更受欢迎。此外，二次灵敏度通常以 Maker 干涉条纹法进行测量。然而对典型的薄的聚合物膜的厚度,要建立这种系统较为困难,常常不能提供确切、定量的估算结果;另外,如果因谐振增强,则难以和实验确定的数据进行比较。

如果在极化期间监测 SHG,则二次强度将受到电场诱导的 SHG(即 EFISH) 的影响。这是典型的三次 NLO 现象。Dhinojwala 等[94] 已研究了极化聚合物薄膜内 EFISH 信号对 SHG 的相对贡献。利用延迟–触发方法,他们完成了在远低于 T_g 时的测量,从而可能区分三次效应的快响应和 NLO 聚合物偶极子取向的慢响应的各自贡献。结果指出:三次信号的贡献可能在测量的 SHG 强度中占 6%~20%,这个额度取决于生色团分子。

如同对 EO 效应讨论的那样,SHG 也能作为一种热分析技术 (SHGTA) 应用。通常包括两种系统:它们或者与热刺激极化相关,即聚合物在外场作用下以常热率加热时监测其 SHG 信号[95];或者是热刺激退极化,即极化聚合物以常热率加热时记录其 SHG 信号[96]。Boyd 等以与热刺激极化相关的一种特殊工艺进行测量,将薄膜以步进加热,并监测其 SHG 信号直至达到稳态值[97]。利用这种方法可以确定聚合物中生色团的转动迁移率随温度的变化。SHG 也可用于确定在非晶态聚合物中偶极子取向的热稳定性[95,96] 和研究铁电聚合物中的相变及电滞回线[98]。图 8.14 表示由 Legrand 等[99] 借助于 SHG 方法测得的 P(VDF/TrFE) 的电滞回线,以及与常规方法测得的电滞回线的比较。图中证明了 SHG 的电滞回线不受电导效应的影响。

Boyd[100] 利用 SHG 作为取向性探索测量铁电聚合物中键的取向,例如,经单轴和双向拉伸的 PVDF 主链 C—F 键的取向。因此 SHG 能提供由 X 射线和红外谱测量结果的补充信息。SHG 也是研究在时间畴内偶极子弛豫过程的有用工具,但其分辨率仅是秒数量级,所以大多数的测量温度通常是选在 T_g 以下,因为在这种条件下聚合物偶极子才有足够长的弛豫时间。利用 SHG 来监测 NLO 聚合物在 T_g 以下的慢偶极子弛豫过程已有大量报道[19,32,51,53]。最近报道了一种以时间畴根据 SHG 方法确定的先进的偶极子弛豫谱[20]。在这项成果中,经短至 2μs 的时间延迟后监测得到 SHG 信号。图 8.15 给出了 $10^{-5} \sim 10^2$s 范围内的质量分数为 2% 的 DRI/PS 主客体掺杂型聚合物在不同温度下测得的 SHG 信号的瞬时衰减,实线是根据拉长指数函数的模拟计算值。因此,SHG 能在大的时间跨度 (许多数量级) 内作为研究偶极子弛豫效应极好的工具。

Köhler 等[96] 已经用 SHG TA 法研究了偶极子取向的瞬间稳定性。在分别考察了相同聚合物的极化后淬火至室温和极化后缓慢地冷却至室温时 SHG 的强度随温度的衰减曲线后发现:缓慢冷却处理的聚合物稳定性明显上升。Man 等[101] 也指出:同一材料在 T_g 以下维持电场老化 70h 比未经老化样品的平均弛豫时间延长了一个数量级。这是预料中的结果。根据自由体积模型,在 T_g 以下的聚合物处于热动力学亚稳态内的体积致密 (对应于较缓慢的弛豫率) 过程。

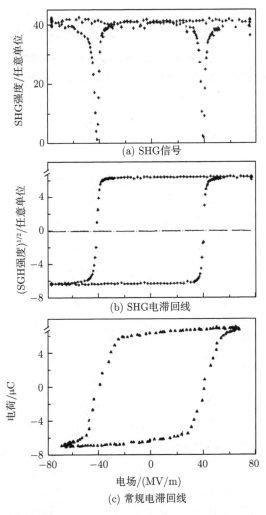

图 8.14　通过 SHG 确定的电滞回线

　　SHG 还是研究沿样品厚度的极化分布的灵敏方法。Berge 等[102] 以平行的 (单晶型) 和反平行的 (双压电型) 偶极取向, 经两层粘贴形成铁电聚合物的样品后, 测量在相干长度, 即在最大长度上, 在非相匹配的条件下的 SHG 是增长的。

　　铁电聚合物 PVDF 及其共聚物的 SHG 是弱的, 它源于 PVDF 的 C—F 和 C—H 键、面不是电荷转移机构。PVDF 的 SHG 作为电场函数也是强非线性的, 并可能通过 NLO 技术确定电滞回线。

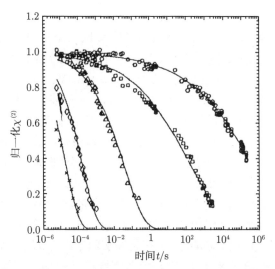

图 8.15　在不同温度下，质量分数为 2% 的 DR1/PS 主客体掺杂型聚合物的 SHG 信号的瞬
态衰减

其中实线是拉长指数的模拟函数[69]

　　光学方法对研究传统的极性聚合物驻极体也是极有价值的。这是因为，对与偶极和空间电荷同时表现出高灵敏度的电学方法，以及仅对偶极电荷呈现高灵敏度的光学方法，它们的组合和测量结果的对比研究可能从各自独立的角度深入揭示这类材料的微观机制。

8.5　应　　用

　　目前，在 NLO 的材料市场中，无机晶体约占 75%，其余为半导体[1]。虽然光聚合物仍然处于早期发展阶段，但在应用领域发展十分迅速，某些器件已十分接近商品化阶段。极化的 NLO 聚合物在实际应用中的优势是：响应速度快 (低于 10^{-12}s)；非常大的非谐振光学效应；低直流电容率；器件仅要求小的驱动电压；吸收系数低，仅为无机晶体及化合物半导体的 $1/10^4$；较好的化学稳定性及结构稳定性；系统无需环境保护及低温设备；激光损伤阈值可高达 GW/cm^2 及机械性能好和易于加工等[103]。

　　极化 NLO 聚合物在 NLO 的器件化方面已做了大量的工作，虽然它们中的部分仍是实验室器件，但从下面一些例子已能看出它们发展之迅速。

　　在偏振器和偏振转换器方面，包括通过一定的极化方法的图形极化确定出的波导结构模式偏振器 (mode polarizer)[104] 和借助于设计出特定的电极结构，使电极随波导光轴从水平到垂直转动而变化，构成了 TE↔TM 模式转换的偏振转换器[105]。

在电光调制和取样方面，Möhlmann 等[29] 以一个指向性的耦合器开关直接耦合至含 DANS 生色团支链型 NLO 聚合物中，构成 Mach-Zehnder 调制器，声称已获得了在 1.3μm 尺寸上其EO系数为 $r_{33}=34$pm/V。Gent 大学的 van Tomme 等[106] 也报道了研制出 2×2 开关及 Mach-Zehnder 干涉仪器件结构，并指出在超过 10dB 时，表现出十分好的开关率。Zyss 等[107] 已研制出尺寸为 1.06μm，电极长 1.2cm，调制电压为 30V 时 4pm/V 的片状交联聚合物波导相位调制器，Girton 等[108] 利用聚酰亚胺 (PI) 覆盖层及以 PI 为基的主客体掺杂型 NLO 聚合物制备的 EO 调制器，其调制带宽达 20GHz。Delton[109] 已研制出带宽为 40GHz 的 EO 调制器。如果以光外差式检测，可达 60GHz 的最高带宽，显示出逐渐接近于对 1cm 长器件的 130GHz 的理论极限值。姚慧海[110] 确定出以波长为 1.55μm 和数据率为 2Mbit/s 的聚合物为基的相位调制器。在传输实验中，其数码误差小于 10^{-9}。IBM 的 Swalen 等[111] 报道了在一个 EO 相调制器的光载体上实现多重电视信号的传输。

聚合物的柔性、易于加工性，引起了集成聚合物半导体技术的迅猛发展。例如，根据 Si_3N_4 波导结构，Fadrel[112] 已研制出一种集成聚合物 Mach-Zehnder EO 调制器。Kowel 等[113] 在逻辑线路上实现了以聚合物为基的基准调制器的研究。Kalluri 等[114] 已报道了在制作一种相位平板调制器时，在一个非平面的超大规模集成 (ULSI) 线路系统的电光聚合物中如何实施成功的高压极化工艺而不会损坏半导体基片等。

虽然经过了如此多的努力并取得了明显的进步，但聚合物 EO 调制器仍未实用化。如果考虑到光纤和基片的耦合，EO 系数仍然太小，调制电压太高。另外，各种器件参数随时间和温度的漂移相当大，从而要求高精度的补偿电路。尽管如此，由于有机材料的低电容率 ε 及 ε 的非弥散性，从而提供了宽频带。因此，在结合利用半导体的高效率和低成本的制作工艺方面仍具有很大的优势。

在光调制方面，fs(10^{-15}s) 级的脉冲激光辐照的光调制为在 THz(10^{12}Hz) 范围内产生电磁辐照具有重要价值。Nakata 等[115] 利用 16μm 厚的聚合物已产生了 THz 带宽的电磁辐照，其系数是 1mm 厚的 Y 向切割的 $LiNbO_3$ 铁电晶体的 1/4。

对 SHG 波导器件及其装置的相匹配研究已有许多报道。例如，随着光盘技术的迅速发展，要求短波长的相干光源急剧增加。已报道了由几种具有强光学非线性的蓝色透明生色团分子组成的 SHG 聚合物材料[116]。利用这类聚合物可能制作出在整个可见光谱中具有相干发射的小型致密的蓝光光源，从而推动了现代光盘技术的发展。此外，SHG 聚合物对半导体二极管激光器在数据存储及静电复印技术方面的应用也在迅速发展[1]。

利用串级二次 NLO 效应来产生大的失调三次非线性，如光的 Kerr 效应。据此，二次 NLO 聚合物可在全光学 (all-optical) 开关等方面得到应用。

表 8.5 综合了 NLO 聚合物驻极体的应用和展望[2]。

表 8.5 NLO 聚合物驻极体的应用和展望

建议的器件应用	基本物理原理	利用聚合物的优点	尚需解决的问题
EO 开关	直接耦合器的 EO 解调	低成本、高速	取向偶极电荷的衰减和器件的稳定性
EO 解调器	干涉仪臂 (Ars)EO 调节	低 ε、高速	介电损耗、稳定性、精度
EO 偏振转换器	垂直和平行于电场截面	易极化、低成本	稳定性、极化和器件精度
波导倍频器	SHG	常规极化 (相匹配)	极化的精确控制、稳定性、成本
全光学波导器件	二次非线性串联	常规极化、十分高速	衰减、稳定性、精度

参 考 文 献

[1] 黄维垣，闻建勋. 高技术有机高分子材料进展. 北京: 化学工业出版社, 1994.

[2] Bauer-Gogonea S, Gerhard-Multhaupt R. IEEE Trans. Dielectrics EI, 1996, 3(5): 677.

[3] Sauteret C, Hermann J P, Frey R, et al. Phys. Rev. Lett., 1976, 36: 956.

[4] Broussoux D, Micheron F. J. Appl. Phys., 1980, 51: 2020.

[5] Bergman Jr. J G, McFee J H, Crane G R. Appl. Phys. Lett., 1971, 18: 203.

[6] Kawai H. J. Appl. Phys., 1969, 8: 975.

[7] Zyss J. Molecular Nonlinear Optical Physics and Devices. San Diego: Academic Press Inc., 1994.

[8] Burland N, Miller R D, Walsh C A. Chem. Rev., 1994, 31: 94.

[9] Kobayashi T. J. Opt. Soc. Am. B, 1990, 7-8: 1558.

[10] Marder S R, Perry J W. Science, 1994, 263: 1706.

[11] Zyss J, Ledoux I. Chem. Rev., 1994, 94: 77.

[12] Marder S R, Perry J W. Adv. Mater., 1993, 5: 804.

[13] Wu J W. J. Opt. Soc. Am. B, 1991, 8: 142.

[14] Kielich S. IEEE J. Quantum Electron, 1969, QE-5: 562.

[15] Williams G. IEEE Trans. Electr. Insul., 1985, 20: 843.

[16] Jonscher A K. Dielectric Relaxtion in Solid. London: Chelsea Dielectrics Press, 1983.

[17] Grest G, Cohen M. Adv. Chem. Phys., 1981, 48: 455.

[18] Struik L C E. Physical Aging in Amorphous Polymer and other Materials. Amsterdam: Elsevier, 1978.

[19] Hampsch H L, Yang J, Wong G K, et al. Macromolecules, 1988, 21: 526.

[20] Dhinojwala A, Wong G K. Torkelson J M. J. Chem. Phys., 1994, 100: 6046.

[21] Gregory R B. J. Appl. Phys., 1991, 70: 4665.

[22] Victor J G, Torkelson J M. Macromolecules, 1987, 20: 2241.

[23] Chenla D S. Zyss J. Nonlinear Optical Properties of Organic Molecules and Crystals. New York: Academic Press, 1987.

[24] Prasad P N, Williams D J. Introduction to Nonlinear Optical Effects in Molecules and Polymers. New York: John Wiley & Sons, 1991.

[25] Kaino T, Tomaru S. Adv. Mater., 1993, 5: 172.

[26] Marder S R, Perry W. Adv. Mater., 1993, 5: 804.

[27] Ouder J L, Chemla D S. J. Chem. Phys., 1977, 66, 2664.

[28] Singer K D, Kuzyk M G, Sohn J E. J. Opt. Soc. Am. B,1987, 4: 968.

[29] Möhlmann G, Horsthuis W, Van der Vorst C P J M, et al. Proc. SPIE, 1989, 1147: 245.

[30] Ahlheim M, Barzoukas M, Bedworth P V, et al. Science, 1996, 271: 335.

[31] Singer K D, Sohn J E, Lalama S. J. Appl. Phys. Lett., 1986, 49: 248.

[32] Singer K D, Kuzyk M G, Holland W R, et al. Appl. Phys. Lett., 1988, 53: 1800.

[33] Ahlheim M, Lehr F. Macromol. Chem. Phys., 1994, 195: 361.

[34] Ye C, Marks T, Yang J, et al. Macromolecules, 1987, 20: 2322.

[35] Kowalczyk T C, Kosc T Z, Singer K D, et al. J. Appl. Phys., 1995, 78: 5876.

[36] Reuther F, Pfeiffer K, Goering H, et al. Sci. A: Pure Appl. Chem., 1996, 33: 491.

[37] Dagani R. Chem. & Eng. News, 1996, 4: 22.

[38] Cai Y M, Jen A K Y. Appl. Phys. Lett., 1995, 67(3): 299.

[39] Verbiest T, Burland D M, Jurich M C , et al. Science, 1995, 268: 1604.

[40] Guenther P, Huignard J P. Photorefractive Materials and Their Applications. New York: Springer, 1988.

[41] Ducharme S, Scott J C, Twieg R J, et al. Phys. Rev. Lett., 1991, 66: 1846.

[42] Cui Y, Zhang Y, Schildkvaut J S, et al. Appl. Phys. Lett., 1992, 61: 2132.

[43] Burzynski R, Zhang Y, Ghosal S, et al. J. Appl. Phys., 1995, 78: 6903.

[44] Meerholz K, Volodin B L, Kippelen B, et al. Nature, 1994, 371.

[45] Chen G, Xia Z, Zhang Y, et al. IEEE Trans. Dielectrics EI, 1999, 6(6): 831.

[46] Ashley P R, Sornsin E A. IEEE Photo. Tech. Lett., 1992, 4: 1026.

[47] Ling H C, Holland W R, Gordon H M. J. Appl. Phys., 1991, 70: 6669.

[48] Ren W, Bauer S, Yilmaz S, et al. J. Appl. Phys., 1994, 75: 7211.

[49] Kalluri S, Shi Y, Steier W H, et al. Appl. Phys. Lett., 1994, 65: 2651.

[50] Dao P T, Williams D J, Mckenna W P, et al. J. Appl. Phys., 1993, 73: 2042.

[51] Mortazavi M A, Knoesen A, Kowel S T, et al. J. Opt. Soc. Am. B, 1989, 6: 733.

[52] Sekkat Z, Dumont M. Nonlinear Optics, 1992, 2: 359.

[53] Dumont M, Sekkat Z, Loucif-Saibi R, et al. Nonlinear Optics, 1993, 5: 395.

[54] Bauer-Gogonea S, Bauer S, Wirges W, et al. J. Appl. Phys., 1994, 76: 2627.

[55] Charra F, Kajzar F, Nunzi J M, et al. Opt. Lett., 1993, 18: 941.

[56] Barry S E, Soane D S. Appl. Phys. Lett., 1991, 58: 1134.

[57] Bauer-Gogonea S, Bauer S, Wirges W, et al. Ann. Phys., 1995, 4: 355.

[58] Sessler G M, Das-Gupta D K, DeReggi A S, et al. IEEE Trans. Eleetr. Insul., 1992, 27: 872.

[59] Seppen C J E, Rikken G L J A, Staring E G J, et al. Appl. Phys. B, 1991, 53: 282.

[60] Yilmaz S, Bauer S, Gerhard-Multhaupt R. Appl. Phys. Lett., 1994, 64: 2770.

[61] Tomaru S, Watanabe T, Hikita M, et al. Appl. Phys. Lett., 1996, 68: 1760.

[62] Teng C C, Mortazavi M A, Boudoughian G K. Appl. Phys. Lett., 1995, 66: 667.

[63] Otomo A, Stegeman G I, Hosthais W H G, et al. Appl. Phys. Lett., 1994, 65: 2389.

[64] Yitzchaik S, Berkovic B, Krongauz V. J. Appl. Phys., 1991, 70: 3949.

[65] Tatsuura W, Sotoyama W, Yoshimura T. Appl. Phys. Lett., 1992, 60: 1661.

[66] Oh M C, Shi S Y, Hwang W Y, et al. IEEE Photo. Technol. Lett., 1996, 8: 375.

[67] Winkelhahn H J, Schrader S, Neher D, et al. Macromolecules, 1995, 28: 2882.

[68] Bauer S, Ren W, Bauer-Gogonea S, et al. Proc, 8th Intern, Symp. on Electrets, Paris, 1994: 800.

[69] Köhler W, Robello D R, Dao P T, et al. Nonlinear Optics, 1992, 3: 83.

[70] Du L, Runt J, Safari A, et al. Macromolecules, 1987, 20: 1797.

[71] Bauer S. J. Appl. Phys., 1994, 75: 5306.

[72] Winkelhahn H J, Winter H H, Neher D. Appl. Phys. Lett., 1994, 64: 1347.

[73] Horsthuis W H G, Krijnen G J M. Appl. Phys, Lett., 1989, 55: 616.

[74] Moshrefzadeh R S, Radcliffe M D, Lee T C, et al. J. Lightwave Technol., 1992, 10: 420.

[75] Toussaere E, Zyss J. Thin Solid Film, 1993, 234: 454.

[76] Moshrefzadeh R S, Misemer D K, Radcliffe M D. Appl. Phys. Lett., 1993, 62: 16.

[77] Skumanich A, Jurich M, Swalen J D. Appl. Phys. Lett., 1993, 62: 446.

[78] Kowalczyk T C, Kosc T, Singer K D, et al. J. Appl. Phys., 1994, 76: 2505.

[79] Graf H M, Zobel O, East A J, et al. J. Appl. Phys., 1994, 75: 3335.

[80] Ulrich D R. Molecul. Cryst. Liq. Cryst., 1990, 189: 3.

[81] Jerphaghon J, Kurtz S K. J. Appl. Phys., 1970, 41 (4): 1667.

[82] 邢冰, 金锋, 等. 光子学报, 1995, 24 (z1): 207.

[83] Teng C C, Man H T. Appl . Phys. Lett., 1990, 56: 1734.

[84] Clays K, Schildkraut J S. J. Opt. Soc. B, 1992, 9: 2274.

[85] Roehl P, Andress B, Nordmann J. Appl. Phys. Lett., 1991, 59: 2793.

[86] Aramaki S, Okamoto Y, Murayama T. Jpn. J. Appl. Phys., 1994, 33: 5759.

[87] Norwood R A, Kuzyk M G, Keosian R A. J. Appl. Phys., 1994, 75: 1869.

[88] Dumont M, Levy Y. Measurement of electro-optic properties of organic thin film by attenuated total reflection. Springer Proceedings in Physics, Nonlinear Optics of Organics and Semiconductors, 1989, 36: 256.

[89] Herminghaus S, Smith B A, Swalen J D. J. Opt. Soc. Am. B, 1991, 8: 2311.

[90] Uchiki H, Kobayashi T. J. Appl. Phys., 1988, 64: 2625.

[91]   Aust E F, Knoll W. J. Appl. Phys., 1993, 73: 2705.

[92]   Yilmaz S, Bauer S, Wirges W, et al. Appl. Phys, Lett., 1993, 63: 1724.

[93]   Brinker W, Yilmaz S, Wirges W, et al. Opt. Lett., 1995, 20: 816.

[94]   Dhinojwala A, Wong G K, Torkelson J M. J. Opt. Soc. Am. B, 1994, 11: 1549.

[95]   Singer K D, King L A. J. Appl. Phys., 1991, 70: 3251.

[96]   Köhler W, Robello D R, Dao P T, et al. J. Chem. Phys., 1990, 93: 9157.

[97]   Boyd G T, Francis C V, Trend J E, et al. J. Opt. Soc. Am. B, 1991, 8: 887.

[98]   Wicker A, Berg B, Lajzerowicz J, et al. Ferroelectrics, 1989, 92: 35.

[99]   Wicker A, Berg B, Lajzerowicz J, et al. J. Appl. Phys., 1989, 66: 342.

[100] Boyd G T. Thin Solid Films, 1987, 152: 295.

[101] Man H T, Noon H N. Adv. Mater., 1992, 4: 159.

[102] Berge B, Wicker A, Lajzerowicz J, et al. Europhys. Lett., 1989, 9: 657.

[103] Ulrich D R. Molecul. Cryst. Liq. Cryst., 1988, 161: 1.

[104] Theckara J I, Lipscomb G F, Stiller M A, et al. Appl. Phys. Lett., 1988, 52: 1031.

[105] Oh M C, Lee S S, Shin S Y. J. Quantum Electron., 1995, 31: 1698.

[106] van Tomme E, van Daele P, Baele R, et al. J. Appl. Phys., 1991, 69: 6273.

[107] Levenson R, Liang J, Hierle R, et al. Advances in organic polymer-based optoelectronics.
       ACS Symposium Series, 1995, 601: 436-455.

[108] Girton D G, Kwiatkowski S L, Lipscomb G F, et al. Appl. Phys. Lett., 1991, 58: 1730.

[109] Wang W, Chen D, Fetterman H R, et al. Appl. Phys. Lett., 1995, 67: 1806.

[110] Yao H H, Braum R P, Caspar C, et al. Intern. China Fiber Com., 1994, 94.

[111] Thackara J I, Jurich M, Swalen J D. J. Opt. Soc. Am. B, 1994, 11: 835.

[112] Fadrel I, Labeye P, Gidon P, et al. J. Lightwave Technol., 1995, 13: 2020.

[113] Kowel S T, Wong S, Thomsen A, et al. IEEE Photon. Technol. Lett., 1995, 7: 754.

[114] Kalluri S, Ziari M, Chen A, et al. IEEE Photo. Technol. Lett., 1996, 8: 644.

[115] Nakata A, Auston D H, Wu C, et al. Appl. Phys. Lett., 1995, 67: 1358.

[116] Burland D M, Miller R D, Walsh C A. Chem. Rev., 1994, 94: 31.

第9章　生物驻极体

生物驻极体是指那些能够长期储存真实电荷和 (或) 保持有序电极化状态的生物电介质材料。生物驻极体包括天然生物驻极体和人工生物驻极体[1,2]。天然生物驻极体主要包含生物组织、生物大分子和生物细胞等。皮肤、骨骼、毛发和血管等生物组织，以及神经细胞、心肌细胞和上皮细胞等存在着明显的有序带电状态；蛋白质、多糖和多核苷酸等生物聚合物存在着明显的驻极态 (有序的极化状态)；胶原蛋白、血红蛋白，壳聚糖和脱氧核糖核酸 (deoxyribonucleic acid, DNA) 等不仅存在极化电荷，而且储存有空间电荷。此外，细胞内畴结构的存在是细胞分裂和传代的结构根源。因此，驻极体效应是自然界中生物组织和生物体的基本属性，驻极态 (某种原因而形成的一种有序的极化状态) 存在于生物体生命周期的整个过程中并起着重要作用。生物体中细胞和组织驻极态的调节与变化有效地控制着诸如神经信号的产生与传导、思维形成和记忆再生、细胞增殖和组织修复、疾病预防和治疗等生命现象[3]。

世界上第一块人工驻极体是利用生物材料巴西棕榈蜡制成的，人们最早将驻极体实用化也是从巴西棕榈蜡制成的驻极体电容麦克风开始的[4,5]。近几十年来，世界各国学者在生物驻极体的储电机制和人体电介质模型的构建、生物材料的驻极体效应和生物物理现象的解释、驻极体效应在生物医药学领域的应用等方面开展了大量卓有成效的研究，并在驻极体促进骨折愈合[6-8]、驻极体促进神经再生[9,10]、驻极体改善血液循环[11]、驻极体促进烧伤和创伤创面愈合[12,13]、驻极体抑制增生性瘢痕形成[14,15]、驻极体促进细胞生长[16,17]、驻极体诱导细胞凋亡[18]、驻极体缓控释经皮给药[19-24]、驻极体治疗糖尿病[25]、驻极体人造膜 (如人造皮肤、人造心瓣膜、各类功能膜等) 的研制和驻极体人造器官 (如人造骨、人造血管、人造器官等) 的研制等方面取得了许多重要成果和举世瞩目的进展，相关产品已造福于人类。

随着生物驻极体研究的不断深入，生物驻极体的最新研究领域包括：生物驻极体的生物物理现象及其变化规律，生物聚合物材料的极化、静电、压电、铁电及热释电现象，生物聚合物的生物流变和超导现象，驻极体生物效应引起生物体驻极态的变化与相关致病机制的关系，驻极体缓控释透皮给药系统及其治病机制等。生物驻极体的研究在 21 世纪必然成为各学科领域中最引人注目的新兴学科之一。

9.1   生物驻极体的水合作用[1]

　　水是生物体赖以生存的第一要素。人体中包含大量的水, 成人组织的 25% 是水, 幼儿体重的 70% 是水, 其中 80% 的水分布在细胞内, 20% 的水分布在细胞外。根据水分子运动自由度可将细胞外的水分为自由度小的 "结合水" 和自由度大的 "自由水"。结合水 (又称键合水, 或结构水, 或生物水) 主要集聚在生物大分子 (如蛋白质等) 和生物聚合物周围, 这是一种重要的生物物理现象。结合水较少平动, 质子易于将退激的能量传递给周围原子。自由水 (又称游离水) 在生物大分子和结构水的外侧, 分子运动激烈, 质子不易将退激的能量传递给周围原子。生物驻极体与传统驻极体材料的最大区别在于, 生物驻极体的形成离不开水 (包括结构水和自由水), 因此, 生物驻极体材料一般均含有水。

　　在蛋白质中结合水不仅是作为填充物和悬浮生物活性分子的溶剂, 而且是作为大分子结构的一部分被吸附在蛋白质表面的极性基团上。每一个极性氨基酸分子能束缚一个水分子, 而带电的氨基酸分子则能束缚更多的水分子[26]。近几十年来, 人们通过对生物大分子的研究已经逐步了解了结合水对蛋白质结构和性能的影响, 结合水对蛋白质溶解性、交联性及机械流变性的影响, 以及水合蛋白的介电吸收及其微观机制等[27]。

　　当水以结构形式键合到生物大分子上时, 在它们的局域场内形成了转动能级, 从而产生了附加的驻极态。结构分析指出: 键合水以类似于冰相结构结合于相应大分子周围。为此, 从自然水转化为生物大分子中冰状水的过程是一个形成和强化生物驻极态的过程[26,27]。深入研究的结果进一步显示: 胶原蛋白、动物胶和血红蛋白的极化增强也是缘于键合到蛋白质上结合水的驻极体行为[28]。这时结合水是以固态的类冰相结构键合到蛋白质上, 这种固相结构具有与水中的偶极基团取向相关的不同能级。

　　图 9.1 给出了动物胶水合作用 (与结合水键合) 后的 TSD 电流谱。结果显示: 重水键合到动物胶后的 TSD 电流谱上分别出现了 -24℃的低温峰和 43℃的高温峰。低温峰是水分子与缩氨多肽酸键或极性残余物的单一氢键结合后由热刺激弛豫释放电荷所形成的。高温峰则对应于多氢键合水分子因热刺激弛豫通过打开几个键 (对应于 0.4eV 势垒) 时偶极子的转向所形成。人们已经知道氢键间具有一定的协同行为, 但尚不清楚精确的交联数。如果将氢键合的最小值取作 0.15eV, 并存在超过三次键合的最小值, 那么动物胶 TSD 的高温峰就对应于结构水 (或类冰相) 形成的围绕多肽主键的椅状结构。图 9.1 中位于 TSD 谱上 43℃附近的电流峰可能是作为结构相的水分子受热刺激弛豫所形成的。这是因为 43℃峰对应的净偶极子弛豫活化能对应于这类结构势垒, 利用初始上升法已估算出图 9.1 中水合 TSD 电

流谱上两个峰温对应的活化能分别是 0.15eV 和 0.40eV。

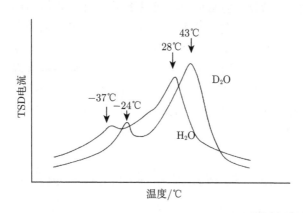

图 9.1 动物胶水合作用后的 TSD 电流谱 (重水键合)

由于结合水作为生物大分子结构中的一部分存在于生物分子和生物组织内，因此干态生物大分子 (如胶原蛋白等) 仍然会表现出一定的驻极态。干态胶原蛋白的 TSD 实验中观察到的电荷释放就证实了这些材料中的偶极子和 (或) 离子尚储存有相当的电能，但比水合后的驻极体效应要弱得多。图 9.2 给出了大鼠正常新鲜皮肤和正常干燥皮肤的开路 TSD 电流谱，实验结果进一步显示：大鼠正常干燥皮肤的 TSD 电流谱中也呈现出偶极电荷解取向峰和空间电荷的释放峰。与正常新鲜大鼠皮肤的 TSD 电流谱相比，正常干燥皮肤低温峰的峰面积显著减少。在介电弛豫中表现出长弛豫时间的键合水，对生物驻极体中电荷的极化、储存以及表征 TSD 电流谱中的相应峰值起主导作用。由此可见，生物大分子和生物组织的驻极态强烈地依赖于水合作用。然而，由于 TSD 实验期间，生物样品被连续加热，实验过程在改变环境温度的同时也改变了生物样品的水合度[29-31]。因此，水合生物

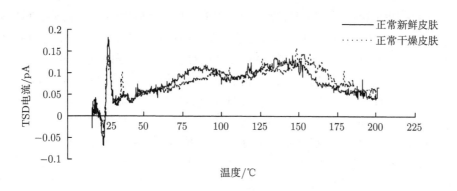

图 9.2 大鼠正常新鲜皮肤和正常干燥皮肤的开路 TSD 电流谱

驻极体中以 TSD 测量所开展的研究存在着一个基本问题, 即随着实验期间生物样品水合度的变化, 生物分子的结构和组成发生了改变。因此, 为了避免 TSD 方法测量生物驻极体过程中因生物材料变性产生的误导结果, 热刺激压力 (TSP) 法已经被广泛采用, 即样品加热期间, 连续测量样品释放的蒸汽压–温度曲线 $p(T)$(压力 p 以常规的真空热电偶测定), 以这种技术在监测热刺激脱水规律过程中确定压力温度的导数作为温度的函数 $(\mathrm{d}p/\mathrm{d}T \sim T)$, 即可求出峰值信息。利用 TSP 方法人们已研究了 DNA、核糖核酸 (ribonucleic acid, RNA)、纤维素、壳多糖等生物驻极体材料的 TSD 相关性质[32]。

9.2　生物驻极体材料及其驻极态

9.2.1　天然生物驻极体材料

天然生物驻极体材料都是极性材料。本书所涉及的生物驻极体材料几乎都兼具静电场效应、微电流效应、驻极体效应、压电效应, 某些材料还表现出热释电或铁电效应。

1. 巴西棕榈蜡

巴西棕榈蜡是从生长在南美洲的巴西棕榈树上收集到的树脂与蜂蜡和松香的共混体, 是经典的极性生物驻极体材料, 它可以通过热极化方法形成热驻极体, 是 20 世纪早期驻极体换能器的重要芯片材料。与聚合物驻极体材料相比, 巴西棕榈蜡具有较低的工作温度、较差的纯度、较短的电荷储存寿命、低劣的强度, 制成器件具有较大的体积。20 世纪 60 年代后, 由于聚合物薄膜驻极体材料的崛起, 它已逐渐被淘汰。

2. 骨

人体内硬组织主要有硬骨和软骨。牙其实也是一种特殊的骨。骨是由骨细胞、骨膜、骨密质、骨疏质和水等组成的复合材料。胶原是骨的主要有机成分, 约占硬骨质量的 40% 和体积的 60%。通常每一层骨胶原纤维的排列大部分是平行的, 不同层骨胶原纤维的排列方向不同。主要由纵向纤维构成的骨抗拉强度最高, 主要由横向纤维构成的骨抗压强度最高。松质骨中纤维的排列是混乱的。骨矿物质约占硬骨质量的 60% 和体积的 40%, 其主要成分是磷酸钙、碳酸钙和碳酸钠等羟基磷灰石无机盐晶体。羟基磷灰石晶体长约 20nm, 横截面积约为 $25\mathrm{nm}^2(5\mathrm{nm} \times 5\mathrm{nm})$, 并沿着胶原纤维长度方向排列。每个晶体的周围是一层水溶液, 其中含有人体所需的许多化学成分。骨矿物质具有非常大的面积 (成人的骨矿物质的总表面积约为 $5 \times 10^5\mathrm{nm}^2$, 使骨与血液和其他液体中的化学成分很快地相互作用。正常生理情况下骨处于一种生物平衡状态,即在同一时期内一部分被吸收转化,另一部分却在增生形成。骨内的钙、磷离子参与了骨的吸收、代谢和增殖等过程。

　　骨是人们较早确认的天然生物驻极体材料。骨骼的压电效应和热释电效应首先分别由 Fukada[33] 观察到。1952 年保田将骨骼的一端固定,在另一端加负载的瞬时,发现位于固定端下的受压部分显示出明显的压电变化。类似的实验在示波器上也显示出与骨骼机械振动波同步的电势变化信号。图 9.3 给出了不同股骨的 TSD 电流谱,结果显示:在 30~100℃温区内实验样品均出现了较宽的电流峰。进一步的实验结果显示上述规律对牛类、齿类及人类的腿骨及胫骨都适用,人、牛、犬和齿类动物的各种骨骼储存有大量的极化电荷。此外,有关骨骼驻极体效应形成机制的研究结果显示:骨骼的储电量是极化电场、极化温度及材料性质的函数。在 40℃且外加电场为 1MV/m 时,骨骼内形成的饱和极化约为 $10^{-8}C/cm^2$,这个数值比骨骼中由压电效应形成的电极化高出几个数量级[29,33]。这充分说明骨骼具有良好的驻极体性能,而空间电荷和极化电荷在体内的储存则是骨骼驻极体效应的根源,空间电荷效应比压电极化大几个数量级[34]。骨骼的驻极态仅存在于非矿化的骨质内。

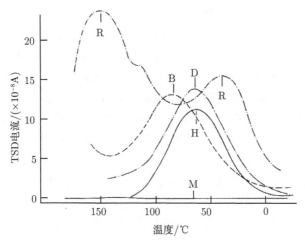

图 9.3　不同股骨的驻极体行为

R(老鼠);B(牛);D(狗);H(人);M(矿化股骨)

　　骨骼的驻极态与骨的水合作用密切相关。在研究水对猪骨压电效应影响的过程中发现:猪骨的压电效应是由骨胶原分子中的结合水和自由水共同产生的。骨胶原的三螺旋结构中每三个氨基酸都有两个水分子以氢键形式结合,水分子将两个多肽链连接起来,水分子自身也被固着在螺旋结构中,水分子与胶原分子作为一个整体存在于蛋白质中并对其压电常数产生影响。由于骨胶原与水的键合呈有序状态排列并作为一个整体运动, 因此骨组织中结合水含量越多, 骨的压电常数越大。骨组织中除结合水以外还存在着自由水, 它不归属于蛋白质结构中, 但水分子是偶极子且呈有序状态排列, 在宏观上表现出压电现象。因此, 自由水对骨的压电效应也具有一定的贡献[35]。此外, 骨骼中去掉骨胶原的无机物质也可吸附水分子, 但水分子对其压电效应无贡献。需要指出的是: 人和动物的牙齿是一种特殊的骨, 具有明显的驻极态, 也是典型的天然生物驻极体。

3. 血液和血管

血液是血细胞在电解质水溶液中的悬浮液体, 可分为血细胞 (血液的有形成分) 和血浆两部分。血细胞主要包括红细胞、少量白细胞和微量血小板。血小板直径约为 $2.5\mu m$, 带负电, 是典型的生物驻极体。红细胞呈双圆盘形, 直径为 $7.6\mu m$, 厚度约为 $2.8\mu m$, 密度约为 $1.0g/cm^3$。红细胞表面裹着细胞膜 (厚 $7\sim10nm$), 内部是血红蛋白液 (带负电, 也是典型的生物驻极体)。红细胞膜的脂质双层和膜骨架 (纤维蛋白分子 spectrin) 共同决定了红细胞的流动性和黏弹性。红细胞表面带有大量负电荷, 红细胞具有很强的驻极体特性。红细胞表面的这些负电荷主要来自细胞膜上磷脂头部的磷酸基团和唾液酸上的羧基。唾液酸是 9 碳糖神经氨酸衍生物的总称, 是细胞膜上糖蛋白寡链分枝末端的一种结合糖, 其含量占红细胞膜表面物质的 $60\%\sim70\%$。王怡和邓百明等的研究发现, 在人红细胞热释电电流谱中出现 $30°C$ 左右的宽大电流峰, 峰值电流达 $-3.5\times10^{-11}A$。经负电场极化处理后, 红细胞 TSD 电流谱的峰位基本不变, 电流峰的峰值显著增加, 达 $-2.45\times10^{-7}A$, 即负电场作用可增强人红细胞的电荷密度和驻极体特性[36,37]。红细胞表面的电荷密度 (驻极态) 直接影响红细胞的聚集性和血液的流变性。细胞膜的负电性增加, 导致红细胞之间的静电排斥力增大, 红细胞间不易发生聚集, 血液的黏度降低。反之, 红细胞间则易聚集, 血液的黏度相应增加。

白细胞是有核无色的血细胞, 呈圆球状, 且较红细胞稍大, 有嗜酸性粒细胞、嗜碱性粒细胞和中性粒细胞三类, 血液流动过程中白细胞具有趋边流动、黏附性、聚集性和变形性等流变特性。白细胞的趋边流动特性与红细胞的驻极态和聚集性密切相关。

血浆由盐类等无机物、纤维蛋白原、球蛋白、白蛋白等蛋白质组成, 密度约为 $1.03g/cm^3$。从血浆中除去纤维蛋白叫血清。血浆内包含 7% 蛋白质、90% 以上水, 以及无机盐、氨基酸和类固醇化合物等, 具有大量 NH, CO, OH 等极性基团, 是弱碱性溶液。血浆蛋白主要包括 58% 白蛋白、37% 球蛋白和 5% 纤维蛋白原。纤维蛋白原是血浆蛋白中分子量较大、三维空间结构最不对称的成分, 具有极强的形成网络结构的能力。血浆中高分子物质 (如纤维蛋白原、凝血酶原、α 巨球蛋白和 IgM 等) 可吸附于细胞表面, 它们通过桥接作用改变红细胞的聚集特性。蛋白质是天然

生物驻极体材料 (见 9.2.2 节), 具有较强的驻极态。

血液中血小板、血红蛋白、细胞膜和各类蛋白质均是天然生物驻极体材料, 具有较强的驻极态。Pinchuk 等[38] 研究发现: 人血液的 TSD 电流谱由三个电流峰组成, $40\sim50^{\circ}C$ 的低温电流峰源于血液中与化合物键合水分子氢键的断裂 (氢键的结合能 $0.1\sim0.25eV$) 所形成的偶极子解取向峰; $70\sim90^{\circ}C$ 温区的复合电流峰 (由能量为 $0.5\sim0.7eV$ 的三个电流峰组成) 由血液中蛋白质的相变以及蛋白质中结合水的退极化所产生; $105\sim120^{\circ}C$ 的高温空间电荷峰来源于血细胞中蛋白质分子的氢键断裂和多肽的解聚等, 并与干态血液膜所对应的 TSD 电流谱的空间电荷峰的峰位相一致[37]。此外, 不同血型血液的 TSD 电流峰相似, 但高温峰的峰位略有不同。O型血、A 型血、B 型血和 AB 型血的高温峰的峰位依次向低温区逐步迁移。为此, 血液是典型的生物驻极体材料, 其在生理条件下带负电。

血液循环对人和动物均具有极其重要的意义。血液在心血管系统内循环流动, 遍及全身, 保持着身体与外界以及各器官组织间的相互联系, 它向组织提供氧和各种营养物质, 排出组织中的代谢废物和二氧化碳, 并输送各种激素和内分泌物质、吞噬细菌和异物、调节 pH 和水含量等, 是机体内新陈代谢和物质交换的重要媒介物。血液中的红细胞不仅对完成上述功能起着重要作用, 而且对血液的流动也有显著影响。

人体内血液的循环流动需依赖于血管。人体内血管有动脉、静脉和毛细血管三大类。将心脏里的血液送到全身的血管叫做动脉, 将全身各部分的血液送回心脏的血管称为静脉, 连接动脉和静脉的血管称为毛细血管。血液从左心室出发, 经过主动脉和小动脉进入毛细血管, 在毛细血管和组织细胞之间把氧气和养料供给组织细胞, 并从组织细胞中得到二氧化碳和废物, 经交换后的血液再进入静脉到达右心房, 这一血液循环过程称为体循环。血液从右心室出发, 经过肺动脉到达毛细血管, 通过毛细血管与肺血液中的二氧化碳进入肺, 肺内的氧气通过毛细血管进入血液, 经交换后的血液由肺静脉流回左心房, 这一过程称为肺循环。血液通过体循环和肺循环完成了一次完整的循环流动, 在此过程中血管的驻极体特性对血液流动状态起着作用。血管内壁富含多种蛋白质, 生理条件下血管带负电, 是典型的生物驻极体。

由于血液和血管都是典型的生物驻极体材料, 生理条件下均显负电性。因此, 心脏搏动和血管内壁与血细胞之间的静电排斥作用, 导致了血液在循环过程的畅通无阻。临床实践进一步表明: 含粥状动脉硬化斑块血管内壁的负极性驻极态较常态血管内壁的驻极态明显下降。如果在血管壁形成血栓区的外表敷贴一层强负电性的驻极体薄膜, 以增强血液和血管内壁各自的负电状态, 具有改善血液循环的作用。

4. 皮肤

皮肤由表皮、真皮和皮下组织三部分组成,同时伴随有汗腺、皮脂腺、毛囊等附属器官。表皮层由内向外可分为基底层、棘层、粒细胞层和角质层。角质层是一种由角化细胞、角蛋白和层状脂质基质组成的多层结构 (可用 "砖墙模型" 表示),含有 40% 的蛋白质、40% 的水和 15%~20% 的类脂。角质层对保护皮肤生理功能具有重要作用。真皮层含有毛细血管、脂肪层和附属器等结构。正常皮肤形成了自外向内含水量由少到多的梯度分布。角质层中包括 5% 结合水 (不会散失)、40% 次结合水 (较易脱失) 和游离水 (容易丧失)。

皮肤是典型的生物驻极体,具有良好的压电特性和热释电性能。1967 年 Shamos 等[39] 首先观察到干态皮肤的压电效应。1982 年 Athenstaedt 等在试管内系统地研究了人体新鲜皮肤的压电效应,并观察到经外力和热刺激后皮肤的电响应信号。20 世纪 80 年代中期,人们在对真皮、表皮、角质层的压电效应和热释电效应进行较系统研究后指出,真皮的压电性归因于胶原蛋白的结构网络,表皮的压电性来源于局部取向的 α 螺旋类角蛋白的张力原纤维。皮肤角质层具有最高的压电常数。在皮肤的 TSD 电流谱中出现了 -80℃和 35℃两个电流峰,-80℃电流峰由胶原蛋白三螺旋结构内的分子运动形成,而 35℃电流峰则由胶原蛋白三螺旋结构的相对运动所形成。皮肤的压电效应和热释电效应主要缘于皮肤组织中捕获的空间电荷,水合作用对皮肤的驻极态有较大的影响。

江键课题组对新鲜大鼠皮肤、干态大鼠皮肤和经正/负极性驻极体作用的新鲜大鼠皮肤的热释电效应开展了进一步研究,并通过差示量热分析 (differential thermal analysis, DTA) 技术分析皮肤样品结构变化与皮肤热释电效应的关系。结果显示:①正常新鲜大鼠皮肤在 0~200℃温区内的开路 TSD 电流谱中出现一个偶极电荷退极化峰和两个空间电荷释放峰 (图 9.2)。位于 20~30℃温区的偶极电荷退极化电流峰来源于胶原蛋白的相对运动和游离水及次结合水的脱阱运动。位于 30~100℃温区的空间电荷峰主要是由皮肤表层中层状类脂因受热相变而引起低能空间电荷的释放,皮肤中带电离子 (K^+,Na^+ 等) 的运动,水合作用而形成强结合水的退极化,以及蛋白质受热过程中二、三级结构改变 (角蛋白从 α 螺旋向 β 折叠转换) 引起蛋白质退极化所形成。位于 100~150℃温区较宽的高温电流峰由多个能量较接近的电流峰组合而成,此峰由角质层层状结构的破坏、皮肤内蛋白质变性导致偶极子的退极化和空间电荷释放所形成。②干态大鼠皮肤也具有显著的热释电效应。与新鲜大鼠皮肤的 TSD 电流谱相比,干态大鼠皮肤的 TSD 电流谱的形态基本不变,皮肤水合作用的减弱 (次结合水和游离水的消逝) 导致 20~30℃温区和 0~100℃温区两个电流峰的峰值相应降低。③新鲜大鼠皮肤经 -500V 驻极体作用 2h 的 TSD 电流谱出现了一个低温偶极电荷峰和一个很宽的空间峰 (图 9.4)。这说明外电场对大鼠皮肤内水合作用没有太大影响。外电场不仅可改变大鼠皮肤类脂的层状排列和流动性，而且可引起蛋白质的空间结构从 α 螺旋结构向 β 折叠结构转换。驻极体产生的外电场对皮肤结构和驻极态的影响仅限于皮肤角质层。驻极体对皮肤驻极态的影响是可逆的。

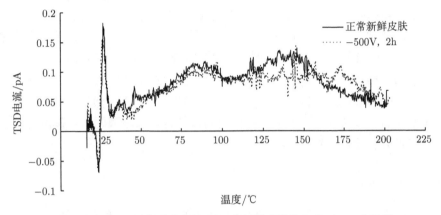

图 9.4　−500V 驻极体作用大鼠正常新鲜皮肤的开路 TSD 电流谱

5. 鱼鳞

鱼鳞是典型的生物驻极体材料，通过热刺激放电电流谱的测量已证实它有较大的极化电荷储存，其驻极体特性主要源于鱼鳞片中的骨胶原和水。用近场光学显微镜对鱼鳞片进行显微观察显示，骨胶原的有序排列是形成鱼鳞片驻极态的主要原因。这种有序的排列在宏观上反映在鱼鳞的自相似特性和分形特性两方面[40]。生物体在自然界中生长，不少生物具有分形形态，即其整体部分可将其形态、功能和信息 "分形" 给其他的部分。鱼鳞片的分形形态通过近场光学显微镜观察，鱼鳞片具有自相似性，且结构的相似性与种属、位置、年龄有关，从而表现出显著的个体差异。

6. 种子和植物

植物世界是个种类繁多的大家族，有 40 多万种。对植物来说，种子既是生命的起点也是终点。种子一般由种皮、胚和胚乳组成，胚又分子叶、胚芽、胚根和胚轴。通常情况下，生物电普遍存在于种子、植物和果实中。例如，种子的发芽率与种子的电导率 (与种子细胞膜系统的完整性密切相关) 呈负相关。植物的果实采摘后果皮带正电，果芯带负电。1966 年 Jaffe 检测到海藻卵细胞中有微电流，后来人们在新陈代谢旺盛的植物细胞 (如体细胞、生殖细胞等)、组织 (如胚乳、皮层等) 和器官 (如生殖细胞、根尖、茎尖、胚胎等) 中发现有生物电流产生。此外，在研究各类植物系统的热释电和铁电效应后发现：植物体中几乎每一部分都存在天然极化，具有压电、铁电和热释电特性，是典型的生物驻极体。冬小麦种子和春小麦种子都有热释电电流，它们的剩余极化随着生长周期内温度的上升而锐减，以致冬小麦种子的热释电系数与春小麦种子的热释电系数相差一个数量级之多。植物的代谢越强，相应的驻极态和压电活性越强。植物的生物电调控着呼吸系统内的电子传导，从而控制生物体内的氧化还原反应。生物电是植物保持发育极性的反馈机制之一，它通过控制细胞或组织的极性调节植物的生长和发育方向。植物体中的生物电伴随着生命活动的过程而产生，它与植物的呼吸、生长、发育密切相关。

种子和植物体内通常含有极化的水分子，水在种子各组织中的分布和结构不同，导致种子和植物体内各部分的电导率存在差异，呈现出天然的电荷不均匀分布现象和不同的电学特性。种子和植物体内的水结构及水与酶的水合作用对植物的生物电和驻极态具有重要影响。

7. 其他生物驻极体材料

压电和热释电效应最显著的生物材料是经单轴取向的生物聚合物。因此，动物的各种组织中都存在着天然极化。Martin 首先观察到羊毛和头发 (束) 的热释电和压电效应[3]。Athenstaedt 在研究了各类生物系统的热释电和铁电效应后指出：动物和植物体的几乎各种组织中都存在天然极化。以壳多糖为主要成分的节肢动物外壳，在常态下就能观测到其极化现象。Menefee 观察到当豪猪的鬃被加热到 α 螺旋结构熔融态时，出现了强的 TSD 电流信号，并显示出两个分立的退极化热释电电流峰，它们分别是猪鬃内生物分子材料 α 螺旋结构所对应的不同基团的热弛豫，以及有序排列分子间消取向效应的宏观表现。另外，动物的腱、肌肉、软骨及纤维素等生物材料都具有明显的驻极态。表 9.1 和表 9.2 分别列出了主要生物材料的压电常数，以及室温下脱水的生物驻极体材料的压电常数[3]。

表 9.1　生物驻极体材料的压电常数[41]

材料	压电常数 $d/(\times 10^{-12}\text{C/N})$			
	D_{14}	D_{15}	d_{33}	d_{31}
马腱	−1.9	0.53	0.07	0.01
马大腿骨	−0.23	0.04	0.003	0.003
牛腱	−0.26	1.4	0.07	0.09
纤维素	−1.1	0.23	0.02	0.02
羊毛	−0.07	0.07	0.003	0.01
木材	−0.1	—	—	—
青麻纤维	0.17	—	—	—

表 9.2 室温下脱水的生物驻极体材料的压电常数[41]

材料种类	$d_{25}/(\times10^{-13}\mathrm{C/N})$	材料种类	$d_{25}/(\times10^{-13}\mathrm{C/N})$
木材	1.0	主动脉	0.2
青麻	2.7	肌肉	4.0
绢	10	筋肉	0.7
二醋酸纤维素薄膜 (微干)	5.3	抽提肌球朊薄膜	0.1
二醋酸纤维素薄膜 (干)	2.7	纤维素	10
氰乙基纤维素薄膜	8.3	纤维朊薄膜	2.0
骨	2.0	角	18.3
壳质	0.6	鲑鱼油的 DNA	0.1
甲壳	7.0	小牛胸腺 DNA	0.02
腱	23.3	抽提肌动朊薄膜	0.5
韧带	2.7	水晶 (d_{11})	21.7
肠	0.07	—	—

9.2.2 生物大分子驻极体材料

生物体是一个多层次结构的开放型巨系统。其结构层次按序为：大分子 → 细胞 → 器官 → 组织和功能系统 → 生物体。既然生物体呈现复杂多样的驻极体效应，组成生物体的基本结构单元——生物大分子毫无疑义地存在着本征驻极态。

1. 蛋白质

蛋白质是体现生物体生理功能的最重要的物质，构成蛋白质分子的基本"元件"是氨基酸。蛋白质是由多个氨基酸以线性方式连接的氨基酸聚合物。组成蛋白质的氨基酸都属 α-氨基酸，其化学结构式为

$$\begin{array}{ccc} & \mathrm{H} & \\ & | & \\ \mathrm{R-} & \mathrm{C} & \mathrm{-COOH} \\ & | & \\ & \mathrm{NH_2} & \end{array} \qquad 或 \qquad \begin{array}{ccc} & \mathrm{H} & \\ & | & \\ \mathrm{R-} & \mathrm{C} & \mathrm{-COO^-} \\ & | & \\ & \mathrm{NH_3^+} & \end{array}$$

这里，R 基团为可变侧链，代表着特定的氨基酸。正是这些侧链决定了蛋白质系统的介电特性和电化学性质。通常构成蛋白质的氨基酸约有 20 种，甘氨酸的侧链只有一个氢原子，分子量最小。色氨酸的侧链有一个很大的吲哚环，分子量最大。谷氨酸和天冬氨酸的侧链各有一个羧基是带负电的氨基酸。精氨酸、赖氨酸和组氨酸是带正电的氨基酸，其中精氨酸的正电荷性最强。上述氨基酸通常出现在分子表面，与水分子或其他分子形成氢键。丝氨酸、苏氨酸、酪氨酸和组氨酸是极性氨基酸，前三种氨基酸各含一个羟基，而组氨酸的侧链是一个咪唑基，含一个 NH。它们均可形成氢键，具有化学活性。组成蛋白质的 20 种天然氨基酸可分为亲水 (极

性) 和疏水 (非极性) 两大类。例如，含侧链—H 的甘氨酸是亲水的；含侧链—NH_3 的氨基酸是疏水的。分子结构中亲水氨基酸是蛋白质大分子中存在本征电极化效应的结构根源。图 9.5 给出蛋白质分子侧链基团之间的相互作用。蛋白质中的氨基酸是既具有碱性的氨基又含有酸性的羧基的两性电解质。蛋白质是亲水的胶体，在分子颗粒外有许多亲水基团，如氨基、羧基和肽链等都能发生水合作用。每克蛋白质可结合 0.3~0.5g 水。

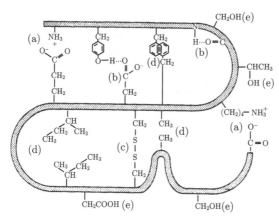

(a) 离子键
(b) 氢键
(c) 二硫键
(d) 疏水力
(e) 极性基团与水分子的作用

图 9.5   蛋白质分子侧链基团之间的相互作用

蛋白质是极性高分子材料，它在外应力作用下产生微观内应变，导致肽偶极矩取向的改变而产生压电效应。大量实验证实：在单轴取向的 α 螺旋型蛋白质 (如骨胶原等) 中可以观察到典型的压电效应，在富含蛋白质的骨骼中也观察到压电效应。此外，角蛋白和胶原蛋白等大分子内含有强极性基团，也能观察到明显的压电效应，TSD 实验也已测量出接近 5pA 的放电电流谱。纤维蛋白、血红蛋白等也存在着强驻极效应。图 9.6(a) 和 (b) 分别给出动物胶和胶原蛋白的 TSD 电流谱。在动物胶的 TSD 电流谱线中 −50℃和 30℃的电流峰是偶极子弛豫释放电荷的宏观表现，100℃的高温电流峰则是空间电荷的贡献。

蛋白质具有传导电子的能力，即使是干化蛋白质也具有较弱的电子传导性质，并表现出半导体特性，蛋白质的导电状态强烈地依赖于水合作用。质子在生物膜中的传递是通过蛋白质中某些氨基酸的侧链羟基、羧基和键合水组成的氢键链进行的。

蛋白质在生命活动过程中具有促进食物消化、调节物质代谢、协调肌肉运动、转运和储存分子和离子、机械支撑、免疫防护、激发和传递神经信号冲动，以及控制生长繁殖等生理功能。蛋白质是重要的生物驻极体材料之一，它们具有 200D 甚至更大的偶极矩而呈现出较强的驻极态[42,43]，这使位于膜电场中的蛋白质分子的

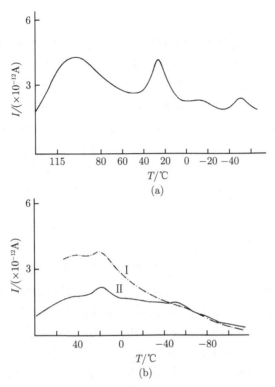

图 9.6　(a) 动物胶的 TSD 电流谱；(b) 胶原蛋白的 TSD 电流谱 (Ⅱ为部分变性后)

Langevin 系数 $\mu E/(kT)$ 可超过 2.5，并与达到饱和状态的取向极化能力相关。作用于细胞膜两边超过 $10^7 V/m$ 的电场足以引起某些宏观电介质 (如变压器油等) 的电击穿[44]，然而奇妙的生物介质膜在如此强场作用下，却能始终处于受控的电极化状态和呈现出高度有序的协同功能。事实上，以蛋白质为基本组分的生物体的生命过程，如神经末梢的兴奋、脑中枢指令的传输、记忆的形成和逻辑思维信号的产生等，其实质都是受控的微击穿和生物驻极态的复杂变化。因此，蛋白质总是包含着剩余极化，并始终处于有序的动态极化状态[45]。

2. 多肽

肽 (peptide) 是 α-氨基酸以肽键连接在一起而形成的化合物。通常情况下肽中含有氨基酸的数目为 2~9 个，人们将由两个氨基酸分子和三个氨基酸分子脱水缩合而成的化合物分别叫做二肽和三肽，以此类推则存在四肽、五肽直至九肽。一般情况下将由 10~100 个氨基酸分子脱水缩合而成的化合物叫多肽，它们的分子量低于 $10000Da(1Da=1.66054\times10^{-27}kg)$。也有文献将由 2~10 个氨基酸组成的肽称为小分子肽 (或寡肽)；由 10~50 个氨基酸组成的肽称为多肽；由 50 个以上的氨基酸组成的肽称为蛋白质。

多肽与蛋白质一样是典型的生物驻极体，具有特异的带电特性和水合特性。多肽是涉及人体内多种细胞功能的重要物质，它有合成细胞和调节细胞的功能。人体内很多活性物质都以肽的形式存在，涉及人体的激素、神经、细胞生长和生殖等各领域。肽的重要性在于调节体内各个系统和细胞的生理功能，激活体内有关酶系，促进膜的通透性，控制 DNA 转录或影响特异的蛋白合成，最终产生特定的生理效应。例如，激肽 (舒血管物质) 是一种有舒血管作用的直链低分子多肽，多肽本身是一种生物驻极体。在一定实验条件下，多肽可能被激活，引起血流量增加，降低毛细血管后阻力，改善静脉回流，有利于局部氧与营养物质的供给，促进机体代谢。

3. 酶

酶是活体细胞产生的一类特殊蛋白质，其三维结构一般由 van der Waals 力和氢键以及带电基团的静电相互作用所维持，至今已提纯出的结晶酶有 130 余种。酶是两性电介质，具有胶体的性质。酶的主要功能是在体内或体外对各种化学反应起催化作用，这是一类即使在低浓度下也能加速、维持或控制有机体内的化学反应的蛋白质，并且在化学反应中其本身并不损耗。酶是一种生物催化剂，极易受外界条件的影响，对温度异常敏感，易变性丧失催化活性。酶对所有催化物质 (底物) 有高度的专一性，一种酶通常只能催化某一种化学反应。它的催化效率比一般催化剂高 $10^6 \sim 10^{10}$ 倍。

酶也存在着显著的驻极态，酶的生物催化功能是通过偶极极化效应实现的。一列相干的纵向偏振波被耦合到酶上所形成的弹性场，会导致该系统的亚稳态铁电活性 (Fröhlich 模型)[31]。Luiz 等经理论计算得出 Fröhlich 模型对电场的依赖关系后，确定了酶存在的亚稳态铁电相的转换阈值[3]。图 9.7 给出了胰蛋白酶的 TSD 电流谱。在胰蛋白酶的 TSD 电流谱上出现的 3~4 个分立峰，证实了这种酶中存在着 3~4 个分立能级的陷阱或偶极电荷分布。其室温下的几个峰对应偶极子的弛豫效应，高于室温的是空间电荷峰。水合后的胰蛋白酶同样增强了它的驻极态 (曲线 Ⅰ，Ⅱ)，它们的驻极态的形成包含偶极子、空间电荷和水合作用三方面的贡献。偶极性是由于酶中蛋白质成分的剩余极化；空间电荷峰则是分子内离子或质子的传导电荷在外电路上的释放。胰蛋白酶中偶极子和空间电荷的贡献形成了驻极态，水合作用同样增强胰蛋白酶的驻极态。研究认为质子的半导电性是水和包括酶在内的有机材料的导电机制存在的表征。

图 9.8 给出了干化尿素酶的 TSD 电流谱。在 50℃附近出现的空间电荷峰说明了这种酶结构的本征驻极体效应。水合作用具有增强尿素酶驻极态的功能。有趣的是，尿素酶和胰蛋白酶的键水和脱水后的不同驻极体效应具有循环可逆性。

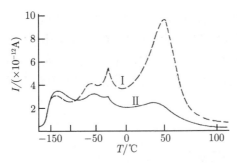

图 9.7 胰蛋白质酶的 TSD 电流谱

Ⅰ. 水合；Ⅱ. 在真空中部分变性

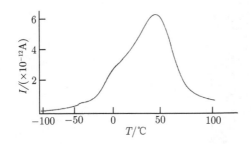

图 9.8 干化尿素酶的 TSD 电流谱

酶能储存大量的极化和空间电荷，其储存量有时高达 $10^{-7}\mathrm{C/cm^2}$。而由酶的大分子内的离子吸收所提供的电场约为 $10^6\mathrm{V/m}$ 数量级，显然，这很容易在酶内感应出驻极态。酶的生物催化功能是通过偶极极化效应实现的。

4. 脱氧核糖核酸和核糖核酸

核酸是一种线性多核苷酸，核苷酸是它的基本结构单位。核苷酸是核苷的磷酸酯，核苷由戊糖结构单元和核酸碱基缩合而成，它们是嘌呤衍生物或嘧啶衍生物。由于核酸既含有磷酸基，又含有嘌呤碱或嘧啶碱，因此核酸是两性聚合物，但酸性较强。核酸的功能更多地与核酸的侧链基团——碱基有关。

核酸中的戊糖有两类：D-核糖和 D-2-脱氧核糖。核酸是按其所含的戊糖分类的，含脱氧核糖者称为脱氧核糖核酸 (DNA)，含核糖者称为核糖核酸 (RNA)。DNA 中的碱基有四种：腺嘌呤、鸟嘌呤、胞嘧啶和胸腺嘧啶。RNA 中的三种碱基与 DNA 相同，胸腺嘧啶被尿嘧啶所替代。

DNA 分子是一种双链的螺旋状分子 (图 9.9)。DNA 链的基本单位是核苷酸。核苷酸由碱基、脱氧核糖和磷酸基团三部分组成，碱基与脱氧核糖的第一位碳相连，而脱氧核糖的 5′ 碳又与一个磷酸基团相连。DNA 链上的核苷酸可多可少，它们通过一个核苷酸的脱氧核糖的 3′ 羟基与另一个相邻的核苷酸的 5′ 磷酸基团之间形成磷酸二酯键而串联起来。由于碱基遵循互补的原则，一条 DNA 链上的核苷酸顺序决定了与之相匹配的另一条 DNA 链上相对应的核苷酸顺序，后者也称为互补核苷酸链。因此，DNA 分子是由两条反向的多核苷酸链通过碱基配对以氢键连接而成的。

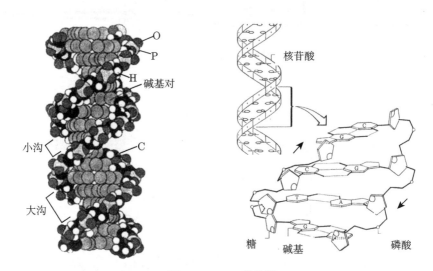

图 9.9   DNA 结构图

生物体的结构和功能是由其体内 DNA 中包含的遗传信息所决定的。DNA 是生物体的遗传物质，DNA 的基本功能是，既能保存生物体的遗传信息并将这些信息精确地遗传给后代，又能依其所得信息决定生物个体的一生。

RNA 是单链分子，在分子内可形成氢键，具有传递和表现遗传信息的功能。RNA 包括转运 RNA、信使 RNA 和核糖体 RNA。转运 RNA 用于复制 DNA 所储存的信息模板；遗传信息的读出则是将信息在信使 RNA 上转录，并以此为模板传递给合成蛋白质和进行转译；核糖体 RNA 是以信使 RNA 为模板作为进行多肽合成的场所[46,47]。

DNA 和 RNA 是典型的生物驻极体材料，具有较强的驻极体效应。在 DNA 的 TSD 电流谱上出现的 50℃高温峰表现出它固有的空间电荷特性。水合作用对 DNA 的驻极态具有强烈的影响。Fukada[47] 首次发现了 DNA 的压电效应，并证实了其体内产生这种效应的储电机制[48]。图 9.10 进一步给出了鲑鱼油中 DNA 在不同相对湿度 RH 条件下压电常数随温度的变化函数关系[47]。

值得强调的是，DNA 和 RNA 是生物铁电体 (分别于 1968 年及 1978 年被 A. Stanford 和 S. Quezado 发现)，其铁电效应源于它们的非线性传输特性。此后，人们用实验手段显示出 RNA 的电滞回线。可以断定：DNA 和 RNA 所具有的记忆和信息储存及转运功能，都是以这种生物高分子聚合物的铁电效应和驻极效应为基础的。

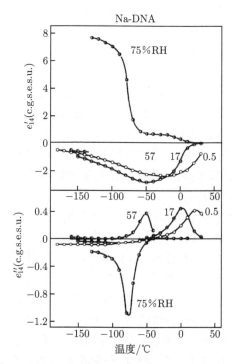

图 9.10 在不同相对湿度下鲑鱼油 DNA 的压电常数

Povoa[49] 研究了 DNA 和 RNA 的驻极体非线性效应后指出：离子输运是这种材料中空间电荷储存的主要特征，并因此诱导出非线性效应。水合效应进一步加强 DNA 和 RNA 的非线性效应[49]。据此，Fröhlich[50] 认为，生物聚合物内存在的结构与补偿电荷、水合作用和偶极取向紧密相关，从而产生了由极化储存变化导致的结构变异。这一物理图像的描绘为生物驻极体非线性效应的研究提供了先导。

5. 糖类

糖类及其复合物是自然界中广泛存在的一类生物活性分子，也是生物体的重要组分之一，它广泛分布于动植物体内。糖是人和动物的主要供能物质，在生物体的生命活动中起着重要作用。根据分子组成糖可分为简单糖和复合糖。一些水解后除了得到单糖外还发现其他类型组分的糖类分子被称为复合糖。反之，那些在水解后只检测到单糖的糖类分子被称为简单糖。简单糖可根据组成单糖的种类分为同多糖 (或聚糖) 和杂多糖。例如，纤维素、淀粉、甲壳质等属于同多糖，纤维素和甲壳质两类同多糖是自然界中含量最多的有机物。动物的透明质酸、细菌表面的荚膜多糖就是杂多糖。复合糖可分为糖蛋白、蛋白聚糖和脂多糖等不同类型[51]。复合糖主要存在于细胞的表面、细胞间质和多种循环体液内。从某种意义上来说,核酸也是一种复合糖,因为核酸的骨架就是通过磷酸二酯键连接的核糖链或脱氧核糖链。

甲壳素 ((1, 4)-2-乙酰胺基-2-脱氧-β-D-葡萄糖) 又名几丁质,是一种天然生物高分子聚合物材料,也是自然界中最丰富的天然高分子化合物之一。甲壳素是一种生物驻极体材料,具有极大的极化储存 (生物体内生物分子、基因或结构水的有序排列形成) 和良好的光反射特性。甲壳素广泛存在于蟹壳和虾壳内,以及动物眼的表面。甲壳素经脱乙酰化处理的产物——壳聚糖 (chitosan,CS)((1,4)-2-氨基-2-脱氧-β-D-葡萄糖) 是甲壳素最重要的衍生物。壳聚糖是自然界迄今所发现的唯一天然碱性多糖,是一种天然带正电的生物驻极体,具有复杂的双螺旋结构,存在着大量氨基和羟基等极性基团。壳聚糖具有良好的生物相容性、成膜性、无免疫原性、无毒无味和可生物降解等特点。

壳聚糖存在着几种主要结构形式[52],α 壳聚糖 (其化学结构见参考文献 [53]) 是其中的一种。由于 α 壳聚糖分子结构内含有大量的—NH$_2$、—OH 等极性基团,这预示着这类材料具有良好的驻极态。Fukada[48] 首先证实了 α 壳聚糖的压电效应并指出这种材料呈现相当明显的极化自由度。将从蟹壳内提取的 α 壳聚糖制成薄膜状,并使大多数纤维沿膜面取向,它就能呈现出良好的压电性。将蟹壳制成片状的 α 壳聚糖经 X 射线衍射实验的结果指出:如果多数纤维沿薄片的面上取向,而分子链的走向在片内呈现均匀随机分布,则它就能呈现出良好的压电性。α 壳聚糖的驻极态与水合作用密切相关,水分子与壳聚糖周围的亲水基团相连接从而大大增强 α 壳聚糖的驻极态。图 9.11 给出了 α 壳聚糖的 TSD 电流谱,其中曲线 II 是水合后 α 壳聚糖的 TSD 电流谱;I、III 则是在真空中升温的干化材料的 TSD 电流谱。与水合材料相比,干化材料 TSD 电流谱的峰值明显降低。TSD 电流谱上的高温峰由空间电荷释放所形成;而低温峰由—OH 偶极子弛豫所形成,其活化能仅为 0.1eV。当样品内的—OH 偶极子被键合在大分子上时,由于部分是弱键合,其中的部分偶极子可能在外场作用下自由取向。然而 TSD 电流谱的定量估算表明,那些易取向偶极子的浓度很低。因此,相当少部分的偶极子可以自由取向,这说明 α 壳聚糖是一种强氢键合型的生物聚合物。一般来说,糖类相对于肽类和蛋白质而言具有更大的亲水性,糖类的水合作用更为突出。

魔芋葡甘露聚糖 (KGM) 为主要由甘露糖和葡萄糖以 β-1, 4-键键合 (相应的物质的量比为 1.6:1~4:1) 的高分子量非离子型多糖类线型结构。KGM 是天然带负电的生物驻极体,平均相对分子质量为 20 万 ~200 万,具有极好的成膜性。KGM 结构中的乙酰基、磷酸基、糖醛酸残基和—OH 等是其驻极态的基本来源。纤维素也是天然带负电生物驻极体。Talwen 等的研究结果说明,偶极弛豫是聚糖类中纤维素 TSD 电流谱中外电路释放电流的基本原因。聚糖含有大量亲水基团,水合作用同样强化了纤维素的驻极态。TSD 电流谱上 $-130°C$ 的低温宽峰起因于纤维素非晶区中葡萄糖上—OH 基团的松动[3]。

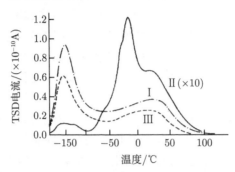

图 9.11 α 壳聚糖的 TSD 电流谱

I, III. 干化样品;II. 水合样品

6. 叶绿素

叶绿素是一类完整的光合作用实体,是典型的光电生物驻极体材料。绿色植物中的叶绿体是外有双层膜、内含叶绿素的层状结构,并由蛋白质组成了细胞器。光照时叶绿体能进行光合磷酸化和光合固定 CO_2 的基本生命过程。下列三组反应存在于叶绿体内:①吸收光能后的希尔 (Hill) 反应,即在游离叶绿体内氧的光合反应;②光合磷酸化,二磷酸腺苷形成三磷酸腺苷,没有氧的参加;③CO_2 固定,即 CO_2 有效地进入碳水化合物中[54]。叶绿体内含有 DNA 并能自复制。叶绿体还具有 3 类 RNA(转运、信使和核糖体 RNA)。叶绿体的光物理和光化学反应过程是一种光驻极体材料的光致成极过程。当植物蛋白质的复合物 (如叶绿素、类胡萝卜素、氢醌或其他电子转移机构) 的光合色素吸收一个光子,产生了一个单线态激子,即光激发使电子从叶绿素的基态 s_0 跳变到第一激发的一单线态 s_1,通过天线将捕获光子后形成的一单线态激子迅速送入陷阱,并经过复杂的电子转移过程,导致电子空穴对的分离,实现了光能量的转化 (光电转换)。显然,植物的叶绿素是一种尽善尽美的天然光驻极体材料。

7. 生物膜

生物膜是由类脂和蛋白质组成的超薄结构。生物膜具有电子漂移、信息传递和传感功能。生物膜电势为 $70\sim100mV$,它是生物驻极体最重要的参数。对活细胞驻极态的研究发现,细胞膜中存在极不均匀的电场分布,这种电场诱导了电荷的分离和中性粒子的极化。生物膜具有压电、热释电及线性电光效应,生物体的神经兴奋与生物膜驻极态的变化密切相关。研究生物膜的驻极态对分析生物体的信息传输规律、揭示生物驻极体的微观行为有重要意义。

从 20 世纪 80 年代开始研究的 L-B 膜是人造生物驻极体。将具有二嗜性的材料铺展在水面上,并沿水面方向施加一个力,使其整齐有序地排列,再将其转载到一基片上,形成有序结构的 L-B 单分子膜。L-B 膜有序超薄,能在分子水平上对它们的结构和物理化学性能加以控制,从而实现分子级的排列和组合,以组建超分子结构及超微复合材料,从而可能观察在一般环境下无法进行的化学反应和物理现象,乃至特殊的功能和生物活性[55]。若该材料具有极性就形成了特殊结构形态的驻极体膜。

L-B 膜是主要由类脂物质和蛋白质组成的超薄结构,具有电子转移、信息传递和传感等功能。人工形成的 L-B 膜的自激励起振现象与生物体的神经兴奋现象类似,二嗜性偶氮系化合物的 L-B 膜的压电、热释电及线性电光效应已有实验证实[45]。研究生物 L-B 膜的驻极态,不仅对分子级电子器件中的"分子配线"有实用价值,而且对分析生物体中的信息传输规律、研究和揭示生物驻极体的微观行为具有重要意义。

8. 生物可降解驻极体

随着环境问题的日益凸显以及人们环保意识的不断提高,具有生物可降解性的生物驻极体材料研究渐渐引起了人们的关注。生物可降解材料是一种能够被自然界中细菌和分解酶分解而产生水和 CO_2 的有机高分子材料。近年来,国内外学者对生物可降解材料的驻极体特性和介电性能 (介电性能、击穿强度和电导率等)及其影响因素进行了较系统的研究,并确定了聚乳酸 (polylactids, PLA) 和左旋聚乳酸 (poly(L-lactic acids), PLLA) 是优良的生物驻极体材料。

PLA 是以淀粉 (玉米淀粉和马铃薯淀粉等) 发酵得到的乳酸为基本原料,经过化学方法制备而成的生物可降解高分子材料,PLA 具有无毒、无刺激性、透明性好、强度大、尺寸稳定性好,以及生物相容性和生物降解性良好等优点,降解产生的水和 CO_2 可再次返回自然界,满足了可持续发展的要求。

PLA 是极性材料,其玻璃化转变温度约为 60℃,熔点为 175℃左右。室温下 PLA 的电导率 σ 约为 $10^{-18}S/m$,几乎和 PET 的一样;PLA 的介质击穿强度约为 5.5MV/cm,高于 PET 共聚物和 LDPE;PLA 的介电常数 ε 约为 2.7,介于 PE、PP 和一些聚酯之间,但高于 LDPE。PLA 的体积电阻率 ρ 高于 PE 和 PP,介电损耗角正切 (tanδ) 值稍高于 PE 和 PP,但是小于聚酯。PLA 分子结构中的酯基、—COOH 和—OH 等均是其驻极态的主要来源。PLA 在生物医药领域得到广泛应用,如生物可吸收医用缝合线、药物释放载体、骨科和牙科移植材料等,在欧美等国,PLA 已被用作新型的骨科内固定材料 (如骨钉、骨板),替代不锈钢使用。PLA 薄膜具有良好的电荷储存稳定性、透气性和抑菌特性,PLA 驻极体常用于抗菌抑菌和空气过滤等领域。

PLLA 薄膜驻极体是典型的聚乳酸基驻极体之一。PLLA 的体积电阻率、介电常数和介电损耗角正切几乎与 XLPE 的一样，PLLA 的脉冲击穿强度是 XLPE 的 1.3 倍。Nishi 等的研究表明：PLLA 具有非常大的压电效应，PLLA 由机械应变引起的压电极化可诱导骨产生电流，刺激骨细胞的生长。此外，以壳聚糖为原料制备的聚糖类驻极体也是典型的生物可降解驻极体材料。

9.3 生物驻极体的微观行为 [56]

介电频谱及温度谱已有效地用作阐明生物活组织微观结构和形貌特征的工具。在 $10^4 \sim 10^7$Hz 的频率范围内活组织的介电谱上出现了 α 和 β 色散峰。研究结果表明：位于 10^4Hz 低频端的 α 色散峰与细胞外离子分布引起的细胞表面电导相关，位于 10^4Hz 以上的 β 色散峰则是由被细胞膜隔离在细胞内的离子诱导极化所形成。细胞的机械损伤会降低细胞膜阻抗，从而引起细胞的电击穿。β 色散受细胞膜电感、膜电容及细胞尺寸等多因素控制[56]。电荷载流子和偶极子尺寸与形状的变化改变了 Cole-Cole 弛豫分布函数[57]。因此，细胞的细胞核、细胞质、细胞骨架等微结构和细胞膜是通过调节其尺寸来改变组织内的复数介电参数。在外加振荡电场中，对介质具有屏蔽作用的界面可动离子将改变与外加频率穿透能力相关的电容率[58]。

在生命系统中，存在着畴结构，它们是由类脂和蛋白质形成的。畴的协同作用决定了生物体的介电性质和驻极态。如果没有其他因素影响，畴将不会产生运动。然而各种影响因素总是客观存在，例如，含空间和偶极电荷的凝聚态系统间相互作用产生的任何微小形态变化，就能改变邻近畴结构和细胞的新陈代谢，导致生物体功能的一系列变化。

细胞的酵素酶在激发态时呈现大的偶极矩，并通过催化作用调节大多数生化过程[58]。离子输运是极化和空间电荷储存的基本特性，它能诱导出极高的非线性效应。这种非线性效应与酶的活性、键合水、细胞脱水和活组织的变性密切相关。

作用在生物膜上用来调节生物膜电极化的膜电势为 70~100mV，它是生物驻极体最重要的参数[59]。Hodgin 等研究结果显示：Na$^+$ 和 K$^+$ 对细胞膜穿透性与细胞膜电势 (驻极态) 的大小有关，细胞膜的穿透周期为毫秒数量级。通过对活细胞驻极态的进一步研究发现：在细胞中存在极不均匀的电场分布，这种非均匀电场在细胞 (或组织) 中产生张应力，从而诱导电荷的分离和中性粒子的极化。分离电荷趋于强电场区运动的效应比反向极性电荷趋向弱场区运动更强烈，而中性粒子在非均匀电场作用下趋于高场区运动。与熟悉的带电粒子电泳相比，这种现象也可称为介电电泳。

　　对生命组织介电性质的研究比那些传统的非生命物质需要更宽的测量温区, 其实验温区需从 −100°C(低温冷冻细胞) 至 100°C(活性组织变性) 左右。研究表明: 介电研究方法能够阐明细胞及细胞质内与空间电荷相关的弛豫过程。然而, 在介电研究过程中, 对生物组织采取的某些必要化学处理手段必然会影响到生物组织的本征性质。不过介电研究与组合驻极体方法能够进一步深化对化学处理方法对生物材料本征性质影响的理解。这是因为, 作为天然生物驻极体的蛋白质广泛存在于如骨骼、腱、肌肉、皮肤、血液、脂肪及叶绿素等各类生物组织中[60], 在细胞质内所存在的极不均匀的电场和在生物聚合物结构中存在的空间电荷, 以及细胞各局域范围内偶极子的有序取向区 (畴), 必然与生物分子间的生化作用存在着紧密的联系。因此在研究生物驻极体的微观行为时, 我们设定了下述一个模型: 将细胞看作生物组织内储电的材料单元, 其由电绝缘或低电导率的液体介质包围, 并在一个外加的线性上升或振荡电场作用下研究其电荷动态特性与生命现象的关系。

9.3.1　细胞的极化

　　各种生物组织中细胞的介电性质存在差异, 为分析生物组织的相关驻极体效应提供了依据[61]。人们通过对细胞极化的研究发现, 畴是动物 (如大鼠等) 各器官和植物组织 (如叶等) 中细胞质内的形态单元[42,61]。应用两性理论, 已计算出平均畴存在着难以想象的巨大的偶极矩 (对单一极化细胞, 其值高达 10^3D 数量级)[42]。细胞的许多生物学特性可通过细胞的基本畴的形貌特征来描述[42,62,63]。目前已报道了用来描述作用于畴上力的几种方法。一种方法是一个固态块状体套接在另一个上[64], 而它们的极化机制一般可看作在电离化的非均匀液相内, 存在着服从 Maxwell-Wagner 效应的自由偶极子的 Debye 弛豫。另一种方法是存在两个液相晶体 (如畴与畴) 相互作用。如在厚度为 1nm 的界面两边考虑存在非均匀电场, 则问题就要复杂得多[65]。

　　这里我们将按照传统的方法首先导出活体生物系统的极化模型, 来描述细胞质以准静态形式的细胞结构特征。

1. 细胞的畴结构模型

　　1MV/m 数量级的电场相当于在 1nm 尺寸上由含大量偶极子的邻近氨基酸之间相互作用产生的约等于 $10kT$(这里, k 是玻尔兹曼常量, T 是热力学温度) 的能量。由于偶极子的协同作用, 上述能量需乘以极化度。因此, 某一确定组合形态的生物聚合物形成了能容纳较高能量的结构模式[66]。例如, 当在水中的生物大分子处于某种临界浓度时, 整个生物大分子中的振荡偶极子或它们中的大多数螺旋块必然位于相干频率的狭窄频区内, 这种宏观各向异性的溶液将呈现出液晶结构的层列相或向列相[67]。细胞膜表面电荷的分布轮廓与畴的排列方式相关, 而面对细胞膜可看作不同充电面的液晶[42]。畴的形成过程与生物大分子的选择、整个细胞质的结构以及离子的本征特性相关，而且其选择是十分严格的。研究表明：在生物聚合物间及生物聚合物和水之间的耦合作用是十分强的，以致足以产生稳定的长程 (1μm) 吸引力[68]。因此，任何外来的大分子需要足够的适应力才能实现新的组合。在细胞质中 "畴" 的构象与植物叶细胞簇内的弛豫行为相一致，不同尺寸的畴对应于不同分立的时间常数[69]。

　　图 9.12 给出了细胞质中畴的分布。这种结构限制了在畴边界上生物聚合物偶极块的自由度 (这里畴边界是带电的表面，并产生局域电场)，而在电性能相关联的畴内表现出高度的协同性。例如，一个畴仅需要比生物聚合物间相互作用低得多的能量就能诱导出在另一个畴中迅速的结构相变[42]，这正是液晶介质的基本特性。因此，利用小的极化能分子就可改变其 "弯曲" 构象，从而维持沿外场方向畴的最大偶极矩。这种电场相干性和畴间的耦合已有系统的阐述[63]。对尺寸为 30nm 的畴，对应于在这些局域电场的数量级为 $10^{-6} \sim 10^{-5}$mV/畴。这些局域电场与正常分子膜的电场相比显然是异常弱小的，然而这样的电场值已足以将畴激发转向，当然还需要考虑到畴与邻近畴间的相互作用。这一研究结果揭示出人们已知的关于低能量细胞的超灵敏度的结构根源[42,70]。

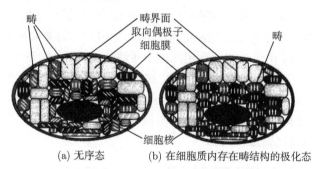

(a) 无序态　　　　　(b) 在细胞质内存在畴结构的极化态

图 9.12　细胞结构示意图

　　设想一个畴可随其组分中大分子形态变化而转动和固态畴块的转动可能导致畴间气隙或裂缝的形成[71]，它们的形状将随着与邻近畴间维持相互接触的方式而变化。其能量变化与畴的表面能相关，正比于畴的界面尺寸。因此假定某些表面电荷的建立源于这些界面间的作用。在文献 [71] 的实验条件下，形变所引起积累电荷的漂移，加之外场的作用可能激励出相当强的电流 ($10^{-6} \sim 10^{-5}$A)。

2. 空间电荷引起的电场增强效应

　　在充电期间，生物活组织的电流随时间的变化可表示为

$$\sum_i I_i \exp\left(-\frac{t}{\tau_i}\right) \tag{9.1}$$

即假定存在 i 个类似于 Debye 弛豫的极化和退极化分立时间常数 τ_i，并对应着 I_i 个初始电流。这个表达式强调了活组织极化的多重指数性质[72,73]。图 9.13 给出了 $-11℃$时以不同的阶跃电压分别施加于鼠舌组织上的充电 (图 9.13 (a) 和 (b)) 和放电 (图 9.13 (a) 和 (b) 中的插图) 电流浪涌随时间的变化曲线[74]，为了便于观察，图中某些放电曲线已被省略。在 5.5～9.0V 范围内电流浪涌呈现出指数型衰减规律。随着阶跃电压的增加，浪涌时间 t_s 变短，同时它的时间周期 Δt 缩短 (图 9.14)。由逐次提供的阶跃电压 V_0(直到 14V) 所产生的充电电流由 4 个不同时间常数 (τ_1，τ_2，τ_3 和 τ_4) 表征 (表 9.3[61])。图中实线是利用方程 (9.13) 和 (9.12) 得出 (其形式为 $\tau_m = A\exp[-(V_0/B)^2]$，其中，$A = 1200, B = 2.5, \tau_i = 2.55$) 以及表 9.3 中给出的 τ_3 和 τ_4 的平均值最佳模拟曲线。t_s 取作充电电流浪涌的上升和下降斜率的两正切交点，Δt 是通过电流–时间曲线微分拐点的时间差 (图 9.14)。表 9.3 中的数据说明，浪涌后电流衰减和曲线的尾部相关，并且由单一的时间常数 τ_1 决定。当阶跃电压 $V_0 > 3.5V$ 时，τ_1 随阶跃电压急剧上升，直至大于 1 个数量级。随着阶跃电压增加至 $V_0 > 6.5V$ 时，τ_1 逐渐减小。此后，随着 V_0 的进一步上升，相继导出时间常数 τ_2, τ_3 和 τ_4，并再度与曲线的尾部相关，而且浪涌在短的充电时间内消失。从表 9.3 可见，在 $V_0 > 8V$ 的附近区间中，时间常数 τ_1 几乎和 V_0 无关，并与 $V_0 < 3.5V$ 的低外加阶跃电压时的 τ_1 相当接近。这里，τ_1 假定是取决于活组织的主弛豫，特定浪涌电流的变化与那些相关联的弛豫单元的强偶极子极化的本征行为相关。由于外加阶跃电压减小了活化能，因此缩短了弛豫时间，从而加速了极化。与 “自由” 弛豫离子相比，这种情况类似于高度协同系统中的极化。时间常数 τ_3 和 τ_4 最大可能与极化初始阶段在界面上电荷的积累过程相关，并至少比 τ_1 的极化过程小 1 个数量级。τ_2 与浪涌电流曲线的中段相关，可能与 τ_1 弛豫的初始部分的极化弛豫相关。

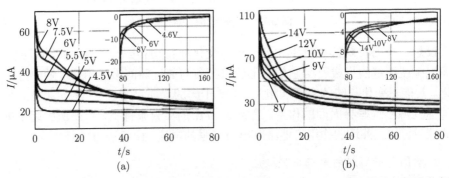

图 9.13　$-11℃$时鼠舌组织的充电、放电 (插图) 电流浪涌作为时间函数 (阶跃电压是参变量)

在放电周期中也产生了浪涌，然而与充电过程不同，仅在 $V_0 \geqslant 6V$ 时放电曲线中的时间常数 τ_1 增加，浪涌向较长放电时间方向漂移 (表 9.4 与图 9.13(a) 和 (b)

的插图)。对充电电压而言，初始放电电流是反向的。τ_3 和 τ_4 的存在类似于充电周期，归因于空间电荷，即从界面上驱动 "自由" 电荷回到细胞质的介质中。因此生物组织的充电曲线类似于某些聚合物或某些卤化物的空间电荷性质。虽然聚合物的放电曲线上缺乏浪涌成分，但这仅仅说明它们的起因可能不同[75-78]。

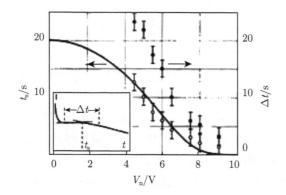

图 9.14　鼠舌组织充电电流的浪涌时间 (○) 和浪涌时间周期 (●) 作为阶跃电压的函数图

表 9.3　鼠舌组织极化过程的时间常数

V_0	τ_1	τ_2	τ_3	τ_4	V_0	τ_1	τ_2	τ_3	τ_4
2.0	58.0	11.0	2.75	0.88	6.5	36.6	13.3	(4.29)	(0.62)
3.0	51.0	11.1	2.24	0.50	7.0	38.5	9.1	(2.77)	(0.66)
3.5	44.7	9.4	2.80	0.51	7.5	41.1	11.2	(4.69)	(0.61)
4.0	525.3	6.9	2.20	0.61	8.0	44.7	10.6	(4.65)	(0.41)
4.5	383.2	(11.0)	(1.46)	(0.65)	9.0	43.0	9.7	4.23	(0.77)
5.0	56.8	(9.6)	(0.95)	(0.97)	10.0	46.5	9.6	3.47	(2.34)
5.5	56.8	(9.6)	(2.52)	(0.63)	12.0	51.4	9.7	3.82	2.12
6.0	47.3	17.4	(5.86)	(0.58)	14.0	72.0	11.5	3.37	2.54

表 9.4　鼠舌组织退极化过程的时间常数

V_0	τ_1	τ_2	τ_3	τ_4	V_0	τ_1	τ_2	τ_3	τ_4
2.0	41.7	8.2	2.57	0.95	6.5	38.9	11.6	(9.25)	1.21
3.0	57.6	11.2	3.44	1.10	7.0	47.6	12.1	(12.30)	0.70
3.5	44.2	9.2	2.93	1.20	7.5	52.7	16.3	12.30	0.91
4.0	52.8	9.4	2.48	0.83	8.0	57.5	15.3	(1.39)	0.90
4.5	66.3	10.7	3.13	0.88	9.0	59.0	(18.3)	1.94	0.72
5.0	40.2	10.4	4.46	1.14	10.0	63.7	(22.4)	1.62	0.63
5.5	35.3	9.4	(7.21)	1.67	12.0	100.2	(23.8)	1.97	0.76
6.0	33.5	9.5	(13.7)	1.44	14.0	278.0	(24.2)	4.93	0.87

注：表 9.3 和表 9.4 括号内的数据是从微商曲线部分的负斜率计算值。

当阶跃电压作用到电极上时，离子和极化的中性粒子在畴的界面和细胞膜上积累 (由于这些载流子的低穿透率)，并建立了具有平均弛豫时间 τ_i 的空间电荷。对一次近似，τ_3 和 τ_4 值可能被平均到 τ_i 中。则由于极化引起空间电荷积累，10nm 厚的细胞膜内的电场增强至[59]

$$E = \frac{V_0}{2N\varepsilon_m} \times 10^8 \tag{9.2}$$

这里，E 的单位是 V/m。对于这类电流实验[61]，电极的间距假定由 10 个细胞膜组成，如果细胞的电容率 $\varepsilon_m=3\sim10$[75,79]，而阶跃电压 $V_0 = 1\sim14$V，则在细胞膜上的电场是 $5.0 \times 10^5 \sim 5.0 \times 10^7$V/m。这样量值的电场可能产生黏弹弛豫[80] 和具有使大分子链实现取向极化的能力。因此能产生弛豫时间为 τ_m 的整个细胞膜的极化[77]。实验上 τ_m 可看作 τ_1 和 τ_2 的平均值。

利用简单的推导可进一步理解活组织的极化原理。在充电时间 t 内由细胞膜上电荷的积累产生了电流衰减：

$$I_{ci} = \frac{V_0}{R_c} \exp\left(\frac{-t}{\tau_i}\right) \tag{9.3}$$

这里，R_c 是细胞质的电阻，而细胞看作与外加阶跃电压 V_0 相串联，因此在细胞膜上的电压变化为

$$V_m = \frac{V_0}{2N}\left[1 - \exp\left(\frac{-t}{\tau_i}\right)\right] \tag{9.4}$$

即在充电时间 t_T 时细胞膜上的电压上升到阈值。随着 V_0 的增加，由于电荷沉积率的上升，周期 t_T 相应缩短，在达到阈值电场 E_T 的 t_T 时，由细胞膜极化激发出的电流为

$$I_{cm} = \frac{V_{m0}}{R_m}\frac{\tau_m}{\tau_m - \tau_i}\left[\exp\left(-\frac{t - t_T}{\tau_m}\right) - \exp\left(-\frac{t - t_T}{\tau_i}\right)\right] \tag{9.5}$$

这里，$V_{m0} = \frac{V_0}{2N}$；R_m 是细胞膜极化的电阻。在直至 t_T 的时间区间内，通过细胞簇的充电电流从 I_{ci} 上升到总电流：

$$I_c = I_{ci} + I_{cm} \tag{9.6}$$

并且在 $t \geqslant t_T$ 时附加出现了一个电流浪涌 (图 9.15)。

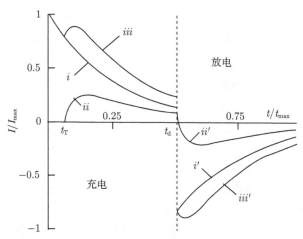

图 9.15 根据电流方程式 (9.3)、式 (9.5) 和式 (9.6) 的充电电流及根据电流方程式 (9.7)、
式(9.9) 和式 (9.10) 的放电电流曲线

在 t_d 时外加电压 V_0 瞬时地降到零 $(V_0 \to 0)$，放电循环开始。这时由细胞膜界面隔离的积累电荷开始释放，则细胞膜的初始放电电流为

$$I_{dm} = A \exp\left(-\frac{t - t_T}{\tau_m}\right) - B\left[\exp\left(-\frac{t - t_d}{\tau_m}\right) - \exp\left(-\frac{t - t_d}{\tau_i}\right)\right] \qquad (9.7)$$

其中

$$A = \frac{V_{m0}}{R_m}\frac{\tau_m}{(\tau_m - \tau_i)}\left\{1 - \exp\left[-\frac{(\tau_m - \tau_i)(t_d - t_\tau)}{\tau_m \tau_i}\right]\right\}$$

$$B = \frac{V_{m0}\tau_m}{R_m(\tau_m - \tau_i)}\left[1 - \exp\left(-\frac{t_d - t_T}{\tau_i}\right)\right] \qquad (9.8)$$

是细胞膜在放电周期初始条件下的特征常数。在图 9.15 中 i 是离子本底电流 I_{ci}，ii 是细胞膜的极化电流 I_{cm}，iii 是它们的总电流。t_d 时的正放电电流曲线 (ii' 曲线) 轮廓可以说明：尽管外加电压瞬时变至 0，膜电压仍然能维持细胞膜的极化。退极化电流趋势类似于充电电流，但极性相反。

细胞膜 (或通过细胞膜) 电流的流散与薄膜的结构 (离子阻断型或选通型) 相关[81,82]。这方面的研究结果表明：上述两种结构如采用相同的时间常数来描述都能满足方程 (9.7)，这时的总放电电流为

$$I_d = I_{di} + I_{dm} \qquad (9.9)$$

其中

$$I_{di} = -\frac{V_0}{R_c} \left[1 - \exp\left(-\frac{t_d}{\tau_i} \right) \right] \exp\left(-\frac{t - t_d}{\tau_i} \right) \tag{9.10}$$

表示了当细胞存在弱相互作用时的空间电荷释放电流, 即由于充电极化而束缚到细胞膜上的电荷以退极化而释放 (方程 (9.7))。峰值的出现比那些空间电荷的解吸收 (i' 曲线) 要晚得多, 即细胞膜退极化的最大负值 (ii' 曲线) 从 t_d 大大地延迟。因此在总放电电流 (iii') 曲线上发生的电流浪涌是这种延迟效应的必然结果。这一结果对讨论在充放电周期中, 由外加阶跃电压引起的以相反的指数分量组成作用在细胞膜上的电压的动态特性是十分重要的。

一般来说, 由相同初始电压条件引起的近似指数型充放电电流的衰减, 可看成由普适幂次定律导出的多指数弛豫电流的叠加[73]。然而, 细胞膜中大分子的极化和退极化仅随初始条件而变化, 这使得其结果从近似指数型电流的衰减偏离到方程 (9.6) 和方程 (9.9) 所描述的浪涌电流规律。不论以什么测量方法, 从一个电极通过生物组织到另一个电极, 由自由电荷运动形成的本征电流不会影响 τ。

在液晶相中, 由于类脂体分子向细胞膜的某些弯曲部位倾斜, 偶极矩为 μ_l 的偶极子和电场 E 构成一定的夹角, 从而在细胞膜的弯曲部位诱导出源于柔性的偶极矩 μ[83]。如果偶极矩正比于电场, 则整个细胞变形。电场的作用使与细胞弯曲部分极化相关的 τ_m 变短:

$$\tau_m = \tau_l \exp\left(\frac{U_m - \mu E}{kT} \right) \tag{9.11}$$

其中, U_m 表示细胞膜柔弹性形变的平均势垒, 随电场能的存在而减少; τ_l 是隔离类脂体分子的倾斜弛豫时间。

在阈值电压时, 满足 $\mu_T E_T = kT$ 的能量平衡, 由于电场的影响, τ_m 减少的灵敏度上升:

$$\tau_m = \tau_{m0} \exp\left[-\left(\frac{E}{E_T} \right)^2 \right] \tag{9.12}$$

其中, $\tau_{m0} = \tau \exp[U_m/(kT)]$ 是未经激发细胞膜的弛豫时间; 而 $E_T = (kT/\alpha)^{1/2}$, 这里, $\alpha = \mu_l^2/W$ 是细胞膜的电极化率, W 是细胞膜内类脂体的耦合能。需要注意的是: 由细胞膜上柔弹力诱导产生的偶极矩, 与由外电场在细胞膜上形成的锁定离子诱导出的膜内偶极矩是不同的[84]。对类脂体而言, 其宏观参量 (E, T) 和微观参量 (μ_m, τ) 的相关性十分密切, 尤其是当它们在某些细胞内产生铁电耦合和在阈值电场 E_T 具有自发极化行为时。与它们的热活化相比, 外场引起活组织内离子运动具有小得多的能量[83,85]。因此它对离子迁移率及空间电荷的弛豫时间 τ_i 的影响可以忽略。由方程 (9.12) 中由细胞膜的极化弛豫时间 τ_m 对电场 E 的依赖关系而控制了浪涌时间 (可从方程 (9.5) 导出):

$$t_{\mathrm{s}} = \frac{\tau_{\mathrm{m}}\tau_{\mathrm{i}}}{\tau_{\mathrm{m}} - \tau_{\mathrm{i}}} \ln \frac{\tau_{\mathrm{m}}}{\tau_{\mathrm{i}}} \tag{9.13}$$

图 9.14 中对 t_{s} 的最佳模拟值能帮助我们估算在 $-11°\mathrm{C}$ 时当细胞膜的极化率为 $\alpha = 0.23 \times 10^{-32} \sim 2.1 \times 10^{-32}\mathrm{F} \cdot \mathrm{m}^2$ 时，极化场为 $E_{\mathrm{T}} = 1.25 \times 10^6 \sim 4.7 \times 10^6 \mathrm{V/m}$ 的极高阈值电压。由于 τ_{m} 与电场间耦合的 E^2 关系 (方程 (9.12))，诱导极化的细胞膜的性质由在 6V 处拐点 $\Delta t \sim V_0$ 曲线形状所决定。实际上在低 V_0 值时很难获得浪涌电流。然而浪涌时间参数可通过外推到低压的一定值来确定，这与实际测得的数据没有太大的区别。浪涌时间周期 Δt(图 9.14) 与差值 $\tau_{\mathrm{m}} - \tau_{\mathrm{i}}$ 相关，因此可以通过电场的性质来估算。与细胞膜退极化相关的 τ_{m} 也和柔弹恢复力相联系，因此依赖于细胞膜的形变程度。在非线性饱和条件下放电，随着充电电压增加，τ_{m} 也增加，而且 t_{s} 漂移趋向较长的放电时间 (图 9.13(a)，(b) 的插图)。

在外加阶跃电压大于 10V 时，预想的电流浪涌区间比实验中记录出的充电时间要短。估算时间是毫秒区，因此它无法在记录的电流曲线上观察到。在毫秒范围内在 $10^7 \mathrm{V/m}$ 的电场下大约相当于细胞膜的作用电势[44]。

最后，对作用在细胞膜上的外加电压，从较低值到阈值电场都具有电场增强效应，这种效应足以实现改变整个细胞形状的大分子极化，但这种增强效应要求满足空间电荷建立所必需的一定的时间。

3. 植物组织极化的异常响应

对植物叶组织的实验研究可以帮助我们了解细胞膜的机电性质。与鼠舌细胞的脂肪层细胞膜相比，植物叶组织的细胞膜是由嵌入在多糖和蛋白质机体内的细胞纤维组成的。经宽峰值充电电流极化后，未损伤的植物叶片保持着类似指数型的衰减曲线。图 9.16 给出了九重葛叶片放电电流对充电时间的响应曲线。经充电 8s 后 (曲线 1) 的放电电流 (曲线 1′) 的衰减仍然呈现正值。随着充电时间延长 (曲线 2，3 和 4)，放电电流 (曲线 2′，3′ 和 4′) 逐渐跨入负电流区，呈现出缓慢的衰减特性。由于重复了图 9.15 中曲线 ii' 的轮廓，所以未受损伤叶片的电流时间曲线规律证实了细胞膜的电场增强机理。因此无损伤叶片放电电流的正值是一种异常行为。

图 9.17 表示了损伤 (局部干化和蜡化) 叶子的充放电曲线，即经过一个电极的转动而磨损了叶片表面层后，将露出的细胞内层维持电接触后重复上述实验。曲线的单调衰减特征表明，充、放电过程的弛豫性质已转变为正常行为[73,86]。图 9.17 中无损叶片 $\lg\varepsilon$-$\lg f$ 曲线也证明了它的异常行为：低于 $10^3 \sim 10^4 \mathrm{Hz}$ 的频区内的 ε 随 f 上升而增加。然而常规的电容率弛豫谱应该是 ε 随 f 的增加或者维持稳定或者减小[86]。

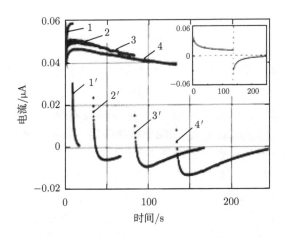

图 9.16　室温时经充电 8s(曲线 1), 33s(曲线 2), 83s(曲线 3), 133s(曲线 4) 后相继放电 (曲线 1′, 2′, 3′, 4′) 的无损伤九重葛叶片的电流谱

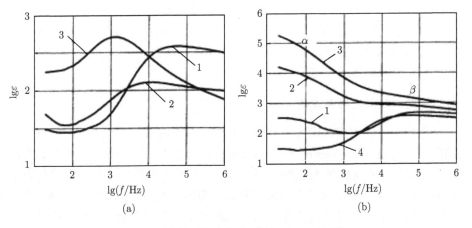

图 9.17　室温下的电容率-频率 ($\lg\varepsilon$-$\lg f$) 谱

(a) 未受损伤叶: 1. 九重葛叶; 2. 柠檬叶; 3. 茄叶。(b) 受损伤九重葛叶: 曲线 1, 2, 3 分别表示受损 1 倍、2 倍、3 倍后, 曲线 3 标出了 α, β 色散; 曲线 4 为未损的叶片

植物叶片表面层破损度的逐渐加重还能通过 α 和 β 色散图的弛豫性质加以说明。在 α 色散的频区内 ε 值可增加 5 个数量级, 而 β 色散的增加低于 1 个数量级 (图 9.17(b) 中的曲线 1~3), 主要原因是细胞膜上空间电荷对电场增强和细胞膜的弹性响应, 两者在放电期间都产生了单值互补关系。细胞膜内电场不会立即消失是由于在充电周期内, 积累在细胞膜表面的空间电荷仅能缓慢地转入细胞质内。剩余电场的存在使细胞膜的弹性恢复延迟是因为这个电场仍然具有维持一定极化细胞膜大分子的能力。一个 RLC 等效线路 (图 9.18(a)) 可以模拟这些结果。电感

L 用来类比一种惯性机电体, 这种惯性行为可以解释在细胞各组分间的非线性耦合可能阻止在极化和退极化两个方向的电流瞬时上升的现象。

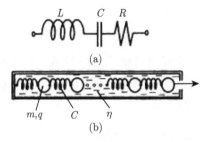

图 9.18　(a) 等效电路元件；(b) 模拟活组织的弛豫行为的惯性力学模型

对细胞膜通常取下列公认值: $L = \tau_{\mathrm{m}}\tau_{\mathrm{i}}/C$, $\tau_{\mathrm{m}} = RC$ 和 $r = R_{\mathrm{m}}$。在电压 $V_{\mathrm{m0}} = V_0/(2N)$ 的线路中, 方程 (9.5) 是从下述微分方程导出的充电电流解:

$$V_{\mathrm{m0}} = L\frac{\mathrm{d}I}{\mathrm{d}t} + IR + \frac{1}{C}\int I\mathrm{d}t \tag{9.14}$$

因此,

$$I = I_0\left[\exp\left(-\frac{t}{\tau_{\mathrm{m}}}\right) - \exp\left(-\frac{t}{\tau_{\mathrm{i}}}\right)\right] \tag{9.15}$$

这里,

$$I_0 = \frac{V_{\mathrm{m0}}}{2L(s^2 - \omega_0^2)^{\frac{1}{2}}} \tag{9.16}$$

在过阻尼条件下[87]:

$$R > 2\left(\frac{L}{C}\right)^{\frac{1}{2}} \tag{9.17}$$

在这个线路中, 阻尼系数 $s = R/(2L)$ 和自然角频率 $\omega_0 = [1/(LC)]^{1/2}$ 通过细胞的弛豫参数 $(\tau_{\mathrm{m}}, \tau_{\mathrm{i}})$ 以下列形式导出:

$$s = \frac{\tau_{\mathrm{m}} + \tau_{\mathrm{i}}}{2\tau_{\mathrm{m}}\tau_{\mathrm{i}}}, \quad \omega_0 = \left(\frac{1}{\tau_{\mathrm{m}}\tau_{\mathrm{i}}}\right)^{1/2} \tag{9.18}$$

从材料角度的过阻尼条件, 方程 (9.17) 的对应关系为

$$\eta > (mc)^{\frac{1}{2}} \tag{9.19}$$

假定质量为 m，电荷为 q 的球体机电模型，以刚度为 c 的弹簧彼此相连，并悬浮在黏滞系数为 η(足以阻止小球振荡) 的液体介质中[88]。如果电场 E 使小球移动了距离 x 并诱导出 $\mu = qx$ 的偶极矩，它的运动由下式描述：

$$m\frac{\mathrm{d}^2 x}{\mathrm{d}t^2} = qE - cx - \eta\frac{\mathrm{d}x}{\mathrm{d}t} \tag{9.20}$$

选定的图 9.18(b) 所示的力学模型可定性地解释 $\lg\varepsilon$-$\lg f$ 谱曲线的反常结果。如果将一个振荡电场提供到过阻尼线路图 9.18(a) 中，通过对充电电流的 Fourier 变换将式 (9.15) 改写成 ε 对 ω 的关系：

$$\varepsilon = \frac{1}{C_0 L}\frac{\omega_0^2 - \omega^2}{(\omega_0^2 - \omega^2)^2 + 4s^2\omega^2} + \varepsilon_\beta \tag{9.21}$$

这里，C_0 是 C 的几何电容；ε_β 是由于 β 色散形成的高频电容率。对于 $\omega > \omega_0$，ε 的第一项是负值，这种反常行为的曲线类似于具有正斜率的实验曲线 (图 9.17(a))，表面层的损坏以及细胞内层与电极接触促进了靠近电极层离子浓度的上升，这导致了电极电解质电荷的双层弛豫，使从方程 (9.21) 导出的惯性过程更加突出，引起 α 色散频区内 ε 的急剧上升 (图 9.17(b))。由方程 (9.20) 描述的力学模型 (图 9.1.8(b)) 同时由动物细胞质[42] 和叶细胞内的分子串的畴极化的结果所证实[69]。如图 9.17(a) 力–电相互作用有力地阻尼了细胞膜的极化和退极化率，并在整个频区内有效。作为生物体内协同力电耦合作用的结果，可产生明显的压电效应和电致伸缩效应[89]，这无疑进一步证实了生物驻极态和生命行为间的密切关联性。

9.3.2　畴极化与生命期

活细胞的极化模型 (图 9.12) 虽然不是对细胞性质的最终描述，然而它是对生物组织内与分子极化弛豫过程相关的驻极态的描述。类似于铁电体，我们可将畴的取向作为生物聚合物的结构模型。由于对垂直于棒状半刚性大分子长轴方向氨基酸 (永久偶极矩为 15D) 单元胞的有序取向能提供约 200D 的总偶极矩[42,43]，因此由大分子构成的畴 (十分高的偶极矩) 和低活化能 (4~17kcal/mol)[42] 相界面上凝聚的电荷，使得它们在低频状态下产生异常高的 ε 值[73]。

以捆扎、压缩或拉伸的大分子平行取向所形成的畴和非局域化的大量粒子的性质可看作在极化电压作用下的空间电荷行为。在畴的充电期间，这类改变局域场分布的准稳态条件足以使畴极化，并使邻近畴的离子再取向，以及伴随着极化发生也出现一个电流浪涌 (图 9.19)。图 9.19 中假定阈值极化电压 (TPV) 正比于畴的尺寸，并与阈值电场、粒子尺寸和电压的扫速相关[63]。在畴的放电周期，它们通过自身的内部恢复力回到其初始状态，继而开始赶上并超过已减弱的外场力。与生物聚合物相比，它们更依赖于黏滞性和畴上的电荷分布。

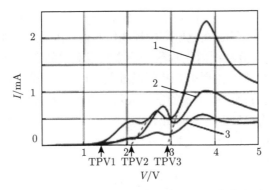

图 9.19 室温下鼠舌 (1)、鼠肝 (2)、鼠脑 (3) 组织的极化电流作为电压 (扫速为 0.26V/s) 的函数曲线 (峰的虚线是外推至 0 电流时的 TPV)

畴的极化类似于细胞膜的极化，所不同的是隔离在细胞膜上的离子可以绕畴流动，当充电电压低到能避免内部细胞膜 (至少 10 叠) 击穿时，上述的规律完全可能重复。这对识别极化基团 (即畴) 特别有用。在对时域的早期研究中已在胸腺的腺细胞内[90] 观察到在低压下的电流跳变。

如果生物组织的生物活性逐步降低 (如变性、致死)，则与畴结构及空间电荷相关的所有介电特性也逐步衰减。因此，生物组织驻极态的变化可能成为生物体生命阶段的活性准则。

1. 畴的压电性

局域电场 E 对畴弛豫特性的影响可表示为

$$\tau = \tau_0 \exp\left[-\left(\frac{E}{E_{\text{Td}}}\right)^2\right]^2 \tag{9.22}$$

形式上，式 (9.22) 和式 (9.12) 相同。从图 9.19 可计算出一个未加电场样品畴的弛豫时间 τ_0 在 $10^2 \sim 10^3$s 数量级。将 V 外推到 $I=0$ 得到畴的阈值电场 E_{Td}，它适用于描述非晶态聚合物基体[91] 和一般非晶态聚合物黏滞[80] 流中有序结构的弛豫时间。从活化能的角度：

$$\tau_0 = \tau' \exp\left(\frac{A_{\text{d}}}{kT}\right) \tag{9.23}$$

这里，A_{d} 是与表面能对应的畴取向能，并且

$$\tau' = 6Z\tau'' \tag{9.24}$$

其中，Z 是被 “捆扎” 在畴内的生物聚合物平均尺寸的动态块数目；τ'' 是那些受限制自由度的同种块体的弛豫时间。对活化能为 20~25kcal/mol，经高度稀释水溶时

的 $\tau''=10^{-7}\sim10^{-8}$s，当一个平均畴内含有 $Z=10^2\sim10^3$ 个块体时的 τ'' 的合理估算值为 $10^{-4}\sim10^{-5}$s[71]。在已研究的动物组织内，在 $10^4\sim10^7$Hz 频区内将呈现 β 色散性[61]。根据在液晶相内生物聚合物横向组织中的那些畴结构中的扩散过程 (10^{-6}s)，以及由较快步进作用电势和门通过程 (10^{-5}s) 而估算出的 Z 和 τ'' 值，由方程 (9.22) 和方程 (9.24) 所确定的参数值相当接近于实际值。利用方程 (9.23) 计算出畴的表面活化能 $U_d=46\sim50$kcal/mol。

畴内的电场和细胞膜上的电场 (方程 (9.14) 和方程 (9.20)) 是不同的。这里再次导出偶极矩：

$$\mu = q\Delta x \tag{9.25}$$

其中，q 表示畴界面上的电荷；Δx 是畴腔中心的迁移量。当它们具有离子电泳行为时[42] 可得到

$$q = V_i r \varepsilon_d \tag{9.26}$$

其中，r 是平均畴的半径，可在 30nm 范围内变化[92]（估算值在 27.5~57.5nm）；V_i 是界面电势，它和细胞膜电势具有相同的数量级。对那些在水中的 DNA 组成的畴，其相对电容率 $\varepsilon_d = 120, q = 7\times10^{-7}$C。因此电荷 q 的位移 Δx 是 10^{-8}nm 数量级。这个位移量与任何宏观运动相比都太小了，但可归属于这类畴的某些力学参数，如液晶相的弹性系数或压电常数[86]。这种迁移可能证实生物组织内压电效应的 "永恒" 存在[39]。畴的形状改变及随之引起的整个细胞的机械变形，可能通过这个过程中包含了以压电常数 d 表征的压电机制来理解，即通过下列关系式：

$$\frac{\Delta x}{r} = d\frac{V_0}{\varepsilon_c s} \tag{9.27}$$

这里，s 是电极间距；ε_c 是细胞质的介质电容率。利用畴电极化率 α_d 和电容率 ε_d，压电常数 d 可表示为

$$d = \frac{\varepsilon_c \alpha_d}{\varepsilon_d^2 V_i r^2} \tag{9.28}$$

当施加外电场时，畴或细胞介质的弹性正比于压电常数。利用畴电极化率 $\alpha_d = kT/E_{Td}^2$ 可对压电常数进行估算。当 $\alpha_d = 2\times10^{-32}$F·m^2，$\varepsilon_c = 10^7$ 时，估算出一个畴的压电常数 $d = 3\times10^{-13}\sim3\times10^{-12}$C/N，并发现与测定的血管壁[93] 及兔子肌肉[89] 的压电常数 d 相当接近。

2. 畴的时间效应与生物组织活性的关系

当部分组织从活体上切下时，随着储存时间的延长，细胞质的结构发生极大的改变。对鼠和雄猫脂肪组织的 TPV 的测量结果指出：当电压小于 3V 时，曲线上的细微阶跃区内，新鲜的组织细胞质中显示出轮廓分明畴的特性 (图 9.20 曲线 1)。

曲线 2，3，4 分别表示样品储存 5d，8d 和 22d 后测得的电流对扫描电压的响应曲线。显然，随着储存时间的延长，曲线上的台阶逐步消失，这表明细胞形貌结构发生了变化。与脂肪细胞相比，肌肉细胞畴的分解率较高。经 20d 存放，肌肉细胞畴的响应已完全消失，而脂肪达到相同的状态需 22d。这表明畴特性的 TPV 峰越低，则活组织上结构再取向的活化能也越低[61]，生物组织呈现低机械强度，从而肉更嫩[94]。

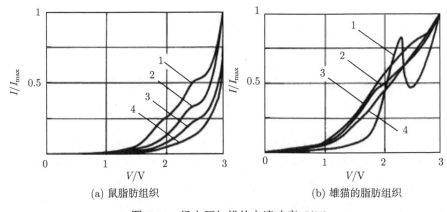

图 9.20　经电压扫描的电流响应 $I(V)$

3. 畴和细胞膜的热效应和化学效应

温度对细胞质内畴的自发取向 (或消取向) 影响十分敏感[42]。利用介电诊断分析仪[44] 同时测得的几个瞬态参数可观察短时间内细胞形貌特征的变化。对鼠舌组织[61] 的实验已显示出，在 −7℃时畴的活性被冻结，而细胞膜的冻结则需要更低的温度。随着温度的降低，其特征峰逐渐趋向较长的弛豫时间，而在 −16℃时该特征峰已消失。虽然大量研究结果显示冷冻处理将改变细胞质的某些形貌特征，然而迄今为止人们仍然认为这种冻结过程是完全可逆的[59]。

与 55℃以上的化学变化 (活组织变性) 相比，在正常体温下鼠舌组织的极化是以微小能量进行的[61]。在 42.5℃以上，组织内的介电变化发生了不可逆效应，这时活组织细胞膜内的相变已十分明显。

图 9.21 提供了扫描电压分别通过新鲜组织和经甲醛固化处理组织的电流响应。通过新鲜组织形成的曲线 1 上明显存在 3 个电压区[90]。当 $V \leqslant 2.5\text{V}$ 时呈现出小的电流浪涌，它与细胞膜内畴结构的电流响应相关；$V = 2.8 \sim 4.5\text{V}$ 出现突出的电流浪涌，这与细胞膜上的离子积累及细胞膜的弹性形变相关；$V > 4.5\text{V}$ 时电流基本不变，类似于在扫描电压下电流通过一个电容器[87]，仅显示出在细胞膜上的电荷积累[90]。

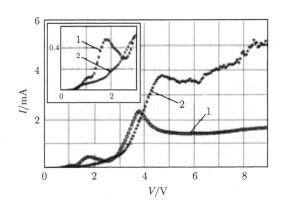

图 9.21　新鲜的 (曲线 1) 和经甲醛固化的 (曲线 2) 鼠舌组织在室温时电压扫速为 0.078V/s 的电流响应

　　经甲醛 (39% 甲醛水溶液) 固化的组织 (图 9.21 曲线 2) 在对应的 3 个电压区内都出现了变化。这时在新鲜组织中弱电流浪涌已经消失 (见图 9.21 的插图)。畴中丧失了的极化响应可能是由于甲醛导致细胞质及细胞膜内蛋白质的交联作用[95]。如果这是事实的话，则经甲醛固化的组织应需较高的阈值电压，并使电流峰值随薄膜硬度增加漂移到较高的电压值。主电流浪涌峰的增加也可能来源于缓冲液中积累在细胞膜上的附加离子。尽管细胞质内畴极化消失，维持细胞膜完整性的细胞外离子浓度的增加与上述两个区域出现的结果相关，这一现象也可由相同样品的细胞质内的 β 色散 (图 9.22) 中曲线 2 的实验事实所证明。如果 $V > 6V$，由于细胞膜的破裂，细胞内的离子汇入总的电流传导过程中。通过检测穿过细胞膜的电流增量，辅以微结构的分析，已证明了上述的研究结果。

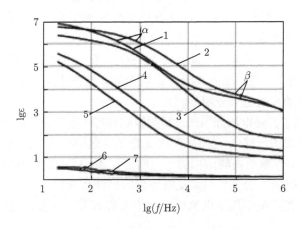

图 9.22　在室温下鼠舌组织介电频率谱

在脱水期间，乙醇裂解了脂蛋白基的细胞膜和透明膜，从而释放了细胞质中的水及各类空间电荷。由于丧失了细胞膜的离子隔离能力，因此 β 色散完全消失 (图 9.22 中曲线 3,4)。图 9.22 中各曲线分别表示：1. 新鲜组织；2. 经甲醛固化的组织；3. 70%乙醇溶液冲洗；4. 95%的乙醇溶液冲洗；5. 经过 3 次浸入 100%的乙醇冲洗；6. 经两次浸入有机土后冲洗；7. 两次嵌入蜡内处理 [96]。

在 α 色散曲线上，随着乙醇清洗次数的上升，ε 成比例地降低到十分低的值，尤其是对那些多孔非活性材料。以细胞具有高渗透性而言，电极电解质双层弛豫超过围绕细胞的离子气氛弛豫从而引起 α 色散。乙醇的处理增加了细胞框架硬度，以致扫描电压不能激发出主电流浪涌引起的任何力学效应 (图 9.23)。通过对有机土进一步处理，清洗了残余的类脂物，留下了易于吸收蜡类的刚性框架，而这种组织的 ε 特征类似于浸渍物。例如，有机土和石蜡等处理后的频率特性如图 9.22 中曲线 6、7 所示。

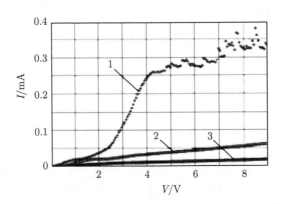

图 9.23　鼠舌组织在相继浸入 70%(曲线 1)、95%(曲线 2)、100%(曲线 3) 乙醇溶液中的扫描电压电流响应谱

对老鼠不同器官组织内细胞的本征形态研究还发现：在固化过程中分层结构的精细畴消失了[96]，附加了有机溶剂 (如乙醇、有机土) 或固定到含水介质上能降低组织的电容率[97]。这意味着，细胞质内蛋白质上的静电力增加将导致蛋白质的析出，这个力也会影响脂肪蛋白质和增加细胞膜的渗透率[98]。由一些特殊结构蛋白质分子隆皱表征的变性也是这类化学处理的必然结果。因此在生物处理过程中实施染色及免疫 (有机化学) 处理可能损失有价值的动态新陈代谢的诊断信息。

4. 细胞的电致损伤

在外加低电压时由电荷的积累而产生的电场增强效应可能产生细胞膜的电击穿[99]。因此当电压加至 TPV 以上时会引起细胞膜的不可逆击穿 (图 9.24)。图 9.24(a) 和 (b) 分别给出了香蕉组织的电流–电压曲线和介电频率谱 (双对数标度)。在图 9.24(a) 和 (b) 中，曲线 1 为初始值，曲线 2 为首次实验后，曲线 3 为第二次循环 (电压扫速为 0.24V/s[76])。与主电流峰相关的细胞膜形状的变化产生在实验过程之前 (被细胞膜的显微观察进一步证实)。在图 9.24(b) 中随着实验的相继进行 (曲线 1、2 和 3)，出现在初始实验曲线 1 上的 α 和 β 色散峰逐渐消失 (由于细胞的破裂)。电激发引起活细胞的击穿过程从力电性质也可被证实。

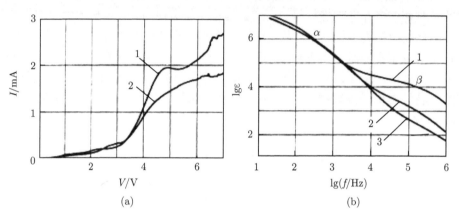

图 9.24　香蕉组织的电流–电压曲线 (a) 和介电频率谱 (b)

9.3.3　细胞的驻极态活性

在生物体内电势一般与表面或界面相关。细胞膜的电势介于 50~100mV，偶尔也会增至 250mV[100]。不言而喻，生物体巨系统的电行为 (驻极态) 和这样的电势密切相关；而畴结构的存在、细胞膜对离子的隔离功能及其空间电荷的积累是生物驻极态的根源。在生物组织内，电荷输运的通道仅存在通、断两种状态已经确信无疑，细胞膜内离子穿透率的变化可看作导通态通道数目的改变，不过这一假设仍未得到证明。但离子的选择性等现象和客观存在的上述论点已表现出其间最紧密的联系。虽然以单级或多级组合方式所形成的膜通道，其结果是有差别的，然而它们的行为可能类似于电导。通常在生物微观系统中实际的电荷输运可能以几种方式同时或间断开启膜通道，或以不同的概率转换到其他渗透态的模式存在[101]。

在细胞内电场和电荷相互作用产生了各种弹性碰撞的力矩，以及由于异性电荷的对流和湍流而诱导出在液相内电荷的体运动[102]。界面间的机械应变以压力波的形式传播，并与在电场直接作用下的电极和液相的双层界面内的毛细管效应相关[103]。类似于液晶结构的生物组织中的细胞膜，和电场耦合而产生了自发极化，并沿手征分子层形成了在平面方向传播的快速波；而垂直于手征分子面极化矢的分子倾斜相则不但改变了离子通道的导通性及其结构，或许还能产生新的通道，因此会影响通道的尺寸及离子的迁移率，或者说改变了离子的渗透率及类型。在细胞膜内的孤立子理论支持了极化和退极化垂直于膜面的活性[83]，并能够在细胞膜的范围内解释介电弛豫的实验结果[104]。受拉伸活化的细胞膜控制了离子的传输[105]，影响了电容率，因此引起细胞膜的退极化[106]。

由外电场激发而隔离在膜面上的空间电荷及细胞膜的弹性形变理论部分地与细胞膜的非渗透性概念相吻合；β 色散及植物叶子的介电反常行为都源于活组织处于新鲜态。细胞膜的电流变化控制着细胞膜的膜电势，并表征了各种形式的生物激发态和信号的传播。与此同时，在畴的界面和细胞膜上空间电荷的积累决定了膜的电势；而细胞内畴的形貌特征又控制着驻极态的激发和信号传输过程的速率。由此可见，驻极态是生物活性和生命现象的基本特性之一。

最后，作为一种研究方法，扫描电压测量技术已成为在生物体内研究由畴结构和空间电荷积累形成的生物驻极态的电荷动力学特征的有力工具。

9.4 人工生物驻极体材料及其在生物医药学上的应用

对受伤、畸形、病变或衰竭的人体组织器官的修复和置换是人类长期的愿望，生物驻极体材料、功能高分子材料和仿生材料科学以及组织工程学的快速发展，为这种美好愿望的实现注入了希望，并逐步变成现实。驻极体效应是生物体的基本属性，研究表明，生物组织驻极态的改变会引起相关组织疾病的发生和发展。利用人工驻极体的生物效应调控细胞增殖和凋亡、补偿和修复受损组织的驻极态，可达到治疗疾病的目的。目前驻极体在生物医药学上的应用研究已从现象观察、实验探索逐步走向机制研究、大数据分析、模型构建、缓控释给药系统研制、人工驻极体器官及相关医疗器械的开发和临床应用等。迄今为止，除了大脑和胃以外，几乎所有的人体器官都在不同层次上研制成了代用的人造器官，有些人造器官正处于动物实验阶段，有些产品和系统已经应用于临床。进一步提高和改善驻极体系列产品的功能及其使用寿命是生命科学界和材料科学界的共同任务。

9.4.1 驻极体组织工程器官

组织工程是 20 世纪 80 年代末期由美国兴起并发展起来的一门科学。它为仿生材料和人造器官的研究开辟了光明的前景。近年来，人们对人体各个系统开展了较为广泛的组织工程研究。研究对象涉及软骨和骨、皮肤、肝脏、肾脏、胰腺、甲状腺、骨髓、神经、骨骼肌、肌腱、心瓣膜、血管、肠、乳房、输卵管和肾上腺等组织器官。

人造器官的主要材料是功能高分子生物材料，包括有机高分子材料、陶瓷材料和生物驻极体材料。作为应用于临床医学的功能高分子材料，除了要求具有适当的力学性能和生物相容特性以外，还需具有不同的功能要求。如用于人工肾的生物材料需重点考虑材料的渗透和过滤特性，用作心脏瓣膜的材料需考虑其机械强度和耐疲劳性能，人造皮肤需考虑其对细胞的亲和性和透气性，人造血管需考虑其机械强度、耐疲劳性能和带电性能，骨移植材料需考虑其力学特性、压电特性和矿化特性等。更重要的是，所有人造器官材料必须兼具优异的生物相容性、血液相容性和组织相容性[55]。

要实现生物驻极体材料的临床医学应用，最基本的问题是寻找具有生物相容性的人工驻极体材料。如将套插管、人造血管、人造心脏瓣膜等材料植入人体后，必须避免血栓的形成。Sawyer 等的研究发现血小板、血红蛋白和血管内壁均带负电。因此，只要能分别增强血液和血管壁的带电特性就可有效阻止血液循环过程中的凝血反应[3]。这一特点被带有负电特性的镁插管对狗的血液具有抗血栓作用的实验研究进一步证实。由于金属镁具有生物毒性，因此含镁插管无法应用于临床。

以聚四氟乙烯 (PTFE) 及氟化乙丙烯共聚物 (FEP) 为代表的驻极体材料具有优良的生物相容性和血液相容性。Murthy 等[19] 对 PTFE、FEP 及聚磺酸酯 (poly-sulfonate) 等驻极体材料的血液相容性指标进行了系统测量，检测结果指出：FEP和 PTFE 的溶血率小于 2%，比标准溶血率低 3%(标准溶血率应小于 5%)，它们是优秀的人工生物材料。此外，在生理条件下它们没有毒性，化学性质稳定，无生物降解作用，对生理组织适应性好，不出现排异现象，不导致血液凝固和溶血，而且强度高、耐疲劳和成本低。因此，人工生物驻极体材料已被研制成人工心脏瓣膜、插套管、人造血管和人造气管等并用于临床。适当调节人工驻极体器官的带电极性和电荷密度 (或极化强度) 可明显地增强其生物功能。人造血管和人造气管的临床使用表明：植入体内的微孔人造血管和人造气管 (用多孔 PTFE 或 FEP 驻极体材料制备) 在和其衔接的相应人体器官组织部位，出现了异常亲善的相容性结合，经过一段时间的生长，透过人造血管或人造气管的微孔处，滋生出无数微血管，在衔接位置彼此交错，攀缘成网，相互渗透，成为人体不可分割的一部分。

此外，将聚乙烯与聚四氟乙烯组合制作出了人工髋关节，牛软骨提取的胶原加凝固剂成膜在 PTFE 驻极体上已制备出人工皮肤和聚氨酯膜人工皮，经辉光放电聚合的 PHEMA 与硅橡胶复合膜已用作人工角膜，用 FEP 或 PTFE 等驻极体制备了用于骨折治疗的髓内钉，用 PLLA 基驻极体制备了骨科内固定器械[107]，以珊瑚制备出了活性优良的人工骨，用驻极体制备了具有镇痛、消炎和降糖等功能的缓控释经皮给药系统，用驻极体材料制备的辅料和绷带等也正逐步用于临床和部队。用驻极体技术改进的用脂质体包封的血红蛋白 (liposome encapsulated hemoglobin, LEH)，能改善红细胞的流变性，有效地抑制体外血栓的形成。

9.4.2 驻极体促进骨折愈合

骨组织是人体最大同时也是最容易损伤的组织器官，每年都有数以万计的骨折和骨损坏患者需要接受手术治疗。据不完全统计，我国每年骨缺损患者人数超过 500 万，其中因骨肿瘤切除、人工关节周围骨溶解、脊柱融合等需要进行骨移植手术的患者人数约 40 万。此外，交通事故、运动创伤、骨质疏松和自然灾害等导致的诸如骨折和骨损伤等骨科疾病呈现快速上升态势，每年因老年人骨质疏松引起的骨损伤患者人数高达 200 多万，骨折和骨损伤修复已成为不容忽视的社会健康问题。

骨是天然的生物驻极体，具有压电特性。早在 20 世纪 50 年代人们已经知道外加电场刺激对骨的生长速率很有大影响，并利用外加电磁场开展促进骨细胞生长和骨折愈合的研究。目前，直流电刺激、脉冲电刺激、低频电磁场刺激和静电场刺激等促进骨折愈合的治疗方法是临床骨科常用的治疗手段。驻极体促进骨折愈合是驻极体在医学领域成功应用的范例之一。

在骨折处施加外电场或附加电压效应所形成的电荷积累可诱导骨生长和骨折愈合[108,109]。早在 20 世纪 50 年代，日本学者就用外激电流促进骨生长和骨折愈合。1975 年日本学者 Fukada 等[6] 用驻极体薄膜对成年家兔的正常股骨干进行贴膜和缠膜实验 (即薄膜贴在股骨干局部或缠在股骨干周围)，发现驻极体能促进其骨痂形成。1977 年 Yasuda [7] 证实了驻极体薄膜能促进兔和大鼠正常股骨形成骨痂，并指出骨凹、凸部分别产生负、正压电极性，负电性刺激能促进骨骼生长，正电性则呈现抑制效应。

1983 年沈骏惠等用 PTFE 驻极体薄膜对治疗家兔股骨干骨折进行研究，所得实验结果与 Fukada 的研究结果一致。1987 年陈中伟等以兔桡骨断段缺损为实验模型，用 FEP 驻极体薄膜进行了内容更为丰富的实验研究，结果显示：驻极体能加速骨痂形成，对促进骨折愈合有良好的作用，骨折部位的愈合周期可缩短约 1/3。1985 年德国的 Graf 等将 FEP 和 PVDF 驻极体植入兔正常股骨骨膜下和骨髓腔内，实验结果证实，用驻极体膜植入兔正常股骨骨膜下和骨髓腔内后，能加速骨痂形成，促进骨折愈合。1992 年 Tkachenko[110] 的研究表明，驻极体用于治疗开放性复合粉碎性长骨骨折，能减少炎症反应和促进骨折愈合。

不仅有机驻极体可以用于骨折治疗，某些无机驻极体也具有促进愈合的作用。1990 年，苏联的 Aptembev 等证实将无机驻极体氧化钽 (Ta_2O_5) 用于家兔桡骨骨髓腔内接骨能提高骨折愈合率。此外，他们还对驻极体氧化钽髓内钉治疗胫骨和股骨骨折的临床效果进行了一年多的动态观察，结果显示：驻极体氧化钽治疗股骨和胫骨骨折，其骨痂的面积大、密实、重建早，优良率分别达 80.1% 和 83.3%。驻极体氧化钽有助于股骨和胫骨骨折的治疗和康复。1994 年江键将 FEP 驻极体和不锈钢钉结合制成驻极体髓内钉用于骨髓腔内治疗狗股骨骨折,结果显示:驻极体髓内钉可使骨折愈合周期缩短 1/3 左右。2012 年敖丹婷等[111] 将壳聚糖和羟基磷灰石制备成壳聚糖/纳米羟基磷灰石生物驻极体膜,研究复合生物驻极体膜对成骨细胞的生长的影响,结果显示:负极性壳聚糖/纳米羟基磷灰石生物驻极体膜有助于早期骨再生,同时可促进成骨细胞黏附、增殖和分化。

目前,具有生物降解功能的生物驻极体材料已应用于临床骨折治疗中。左旋聚乳酸 (PLLA) 是一种具有手性主链结构且具有优异生物降解性和生物相容性的半结晶聚合物生物材料,具有良好的压电效应[107]。将采用 PLLA 驻极体制备的内固定器件植入骨折部位,可在骨折部位产生微电流 (由 PLLA 机械应变引起压电极化所产生),刺激骨细胞的生长,从而加速骨折愈合。

大量有关驻极体促进骨折愈合实验所呈现出的一致性研究结果显示:在骨折部位使用驻极体一定时间后,放射学检查和 X 射线检查发现,骨折部位骨痂出现早、增生快、骨愈合早。组织学检查发现,血肿消退早,软骨、骨样组织及骨小梁出现早、增长快及与骨端的连接早。生物力学测定表明,骨的抗弯刚度、抗拉刚度和极限强度均明显提高。原子光谱分析结果显示,骨痂组织中钙含量高于自身对照组。驻极体对骨折愈合具有良好的促进作用。

驻极体促进骨折愈合的主要作用机制与骨的压电特性、驻极体特性和微环境改变等密切相关。Brighton 等认为,驻极体作用于骨折部位使局部组织微环境中氧张力降低 (氧被消耗),骨细胞周围微环境改变,有利于骨痂形成[3]。Bassett 等认为,驻极体促进骨折愈合与电磁场对钙离子动力学的影响有关,等等[3]。事实上,骨是天然生物驻极体,具有一定的驻极态,骨折使这种正常的驻极态受到破坏。Friedenberg 的实验证实:骨在未受损时,其电势分布平缓 (没有峰)。骨折后,在骨损处出现负电势峰,该电势峰直至骨折愈合才消失。这种负电势峰可以理解为骨折后肌体对受损骨驻极态的应急反应式自补偿。在骨折部位外加驻极体则是对受损骨驻极态的外加补偿,它能引起细胞膜表面的电荷分布、细胞膜上离子通道的电特性和钙离子的跨膜转运发生改变,刺激原骨细胞和成骨细胞的活化与增殖 (提高 S 期细胞的百分比),使纤维母细胞和成骨细胞较早出现,加速骨细胞的分化、增殖和矿化,加速骨痂形成,促进骨折愈合。因此,外加电场极性和大小对骨的生长速率有很大影响[3]。

此外,骨兼具由空间电荷产生的驻极体效应和压电效应[6],骨的驻极体效应存在于非矿化的骨质内,骨的压电效应缘于骨胶原微纤维的作用,骨的极化和骨的水合作用密切相关。为此,骨折处施加驻极体所形成的附加压电效应产生的电荷也有利于骨细胞的生长和骨折愈合。

9.4.3 驻极体促进烧伤创面愈合

无论平时或战时，烧伤都是一种常见的疾病。据不完全统计，我国每年在各大医院内收治的烧伤病人多达一百多万，这还不包括在门诊治疗或未就医的小面积浅度烧伤病人。每年国家和企业支付烧伤病人的医药费用高达十多亿元。随着我国经济的快速发展和新时期军事任务的多样性，烧伤患者也呈快速增长趋势。因此，减少烧伤事故的发生率，提高对烧伤病人的救治水平，是全社会十分关注和亟待解决的问题。

一般来说，烧伤的严重程度可以用烧伤的面积和深度进行量化测定。烧伤引起机体的应答反应与体表烧伤严重程度成正比。当烧伤达到一定程度时，局部反应扩大到全身，形成全身性多系统和多器官的病理生理变化，它涉及休克、感染、超高代谢和创面修复等诸多方面。烧伤所引起的最常见的并发症是休克，烧伤治疗中要解决的基本问题是感染、创面修复和营养。目前国际上对烧伤救治的最新发展趋势是：①采用各种最新技术，在细胞、亚细胞和分子水平上深入地揭示烧伤后的机体反应和各种并发症的发病机理，在传统治疗方法的基础上不断推出新的包含促新陈代谢治疗、营养治疗和细胞保护措施在内的一系列综合救治方法，以缩短治疗周期，提高治愈率。②将现代细胞生物学、分子生物学、生物物理学和生物医学工程学等领域的最新研究成果应用于烧伤救治和研究中，进一步提高烧伤病人的救治率和提高病人的生存质量。目前临床上用于促进烧伤创面愈合的方法主要有生长因子 (包括表皮生长因子、碱性成纤维细胞生长因子等)、金属锌制剂、中药外用制剂和物理疗法 (如电刺激) 等。生物驻极体材料是具有生物相容性的功能材料，它对改善烧伤创面血液循环、控制感染、稳定血管壁通透性、创面修复和瘢痕控制等方面具有神奇的功效。用组织工程方法将各类生长因子与驻极体复合所制备的 "活性皮肤" 或敷料可望成为基因工程产品，对促进烧伤创面的修复具有良好疗效。

1. 驻极体改善血液微循环

人和动物的血管内壁富含多糖蛋白质并带有负电荷，血液中红细胞表面的负电荷主要来自细胞膜上磷脂头部的磷酸基团和唾液酸上的羧基，因此血液和血管都是具有负极性驻极态的生物驻极体。血液中红细胞等有形成分与血管壁的静电相互作用使血液在血管内的循环流动顺畅不凝。然而，当烧伤等外部 (或高血压、糖尿病等内部) 原因导致血液或血管的驻极态发生改变时，生物体内血液流动状态会改变，诱导相关疾病的发生和发展，利用驻极体产生的外静电场及时补偿和修复血液或血管受损的驻极态将对烧伤创面的修复 (或改善高血压和糖尿病的病症) 具有重要作用。几十年来，江键在驻极体改善正常或烧伤大鼠 (或小鼠) 局部微循环等方面开展了较系统的研究，研究结果显示：负极性驻极体能加快正常小鼠微动脉和微静脉的血流速度，降低毛细血管阻力，增加局部氧和营养物质的供给，具有改善正常小鼠局部微循环的作用[11]。

大鼠 (或小鼠) 严重烫伤后不仅会引起红细胞表面电荷密度降低、血液黏度上升、外周血管阻力增加和血液流变学指标的改变，而且会引起心功能损伤 (表现为颈动脉收缩压、颈动脉舒张压和颈动脉平均压等心肌力学指标的下降)，导致心泵功能降低，心输出量下降。江键的研究结果同时指出：①小鼠烫伤后各时段红细胞表面的电荷密度和唾液酸含量较正常小鼠红细胞明显下降。负极性驻极体能使烫伤小鼠红细胞表面的电荷密度和唾液酸含量显著上升，红细胞表面电荷密度的上升与驻极体表面电势的大小正相关。驻极体通过调控红细胞表面的唾液酸含量来修复烫伤小鼠红细胞的驻极态，改善血液微循环[112,113]。②负极性驻极体不仅能修复由烧伤引起的红细胞驻极态损伤，而且可以调整烫伤小鼠细动脉和细静脉的张力，增加毛细血管的开放数目和局部血流量，减少炎症反应，降低毛细血管后阻力，改善静脉回流，抑制红细胞聚集和血栓形成，具有改善烧伤大鼠血液微循环的作用[11]。③驻极体不仅降低烫伤大鼠的血液黏度和红细胞压积，改善其血液流变学指标和微循环，而且对烫伤大鼠的心功能修复也具有良好的作用。−1000V 驻极体作用于烫伤大鼠 8h 后，大鼠的颈动脉收缩压、颈动脉舒张压和颈动脉平均压都较烫伤组明显上升，受损的心肌力学指标得到明显改善[114]。为此，驻极体产生的静电场和微电流作用于烧伤大鼠不仅能一定程度地修复烫伤大鼠受损的心肌组织和降低外周血管阻力，而且对减轻烧伤休克和防止休克造成多器官功能障碍的发生有良好效果。

随着生物技术和驻极体技术的快速发展，利用驻极体技术对脂质体包封的血红蛋白的表面进行合理的改进，增加血液中红细胞的载荷量，提高红细胞的抗聚集能力，就能改善红细胞及其血液的流变性能，从而有效地抑制血栓的形成[36]。

由于驻极体具有改善血液循环和抗血栓作用，故驻极体不仅可以用于烧伤、创伤和放射性灼伤等创面的治疗，而且可以用于扭伤、挫伤、老烂脚、褥疮、冻疮和疖子等与循环障碍有关的疾病治疗。中国科学院上海有机化学研究所、解放军第二军医大学等单位监制的多款电子伤筋膏早已用于临床实践，疗效显著，其作用原理是，通过改善局部微循环和补偿生物组织受损驻极态来达到治疗的目的。驻极体起到了类似于药物和理疗的治疗作用。此外，驻极体对粥状动脉硬化具有一定的疗效。临床试验结果表明：粥状动脉硬化斑块的负电性驻极态较常态血管壁明显下降，如果在形成血栓处的血管壁外表，敷贴一层极化的驻极体薄膜，以增强血管和血液间各自的负电性，则可以起到治疗和缓解凝血的作用。

2. 驻极体稳定血管壁通透性

人和动物烧伤后的一个重要病理变化是微血管通透性升高 (不但烧伤区的微血管通透性增加，而且远隔部位器官的微血管通透性也升高)。血管壁通透性升高是烧伤最重要的病理变化之一，特别是远隔器官血管壁通透性的升高是烧伤致多器官功能衰竭发生的重要原因。透明质酸作为构成血管壁及组织间隙基质的主要成分，对调节血管壁通透性有较大影响。基于驻极体具有补偿受损组织驻极态作用的基本原理，江键借助于荧光标记白蛋白和透明质酸等测量较系统地研究了驻极体对烧伤部位和远隔器官血管壁通透性的影响，明确了驻极体对稳定血管壁通透性具有重要作用。结果显示：驻极体可降低烧伤大鼠血清内透明质酸的含量。驻极体对缓解烧伤引起的组织基质透明质酸分解和降低血管壁通透性具有一定的作用[115]。负电性驻极体对烧伤大鼠远隔部位的血管壁通透性具有双向调节作用。例如，大鼠深度烫伤 6~24h 后，其肺血管壁通透性显著上升，负极性驻极体作用 6~24h 可下调烫伤大鼠的肺血管壁通透性，驻极体具有降低肺血管壁通透性的作用。此外，负电性驻极体具有稳定 (或降低) 烧伤动物肾和脑组织的血管壁通透性的功能[116]。利用驻极体可以改善皮肤血液循环和稳定烧伤部位及远隔器官的血管壁通透性的特性，再结合相关的烧伤治疗方法，可以大大提高深度烧伤病人的创面治愈率和缩短治疗周期，驻极体是一种较好的烧伤辅助治疗手段。

3. 驻极体促进烧伤创面愈合的临床应用

烧伤创面愈合是一个复杂的过程，不仅涉及血液循环和血管壁通透性的改变，而且涉及受多种生长因子及受体调控的细胞和细胞外基质。炎性反应是创面愈合的最初阶段，炎性细胞到达创面依次为中性粒细胞、巨噬细胞和淋巴细胞，其中巨噬细胞通过分泌多种活性物质来影响创面的愈合。谢卫等[117] 针对无锡市第三人民医院 1999 年 11 月至 2000 年 11 月住院的 38 例烧 (烫) 伤患者 (男 24 例，女 14 例，年龄 16~67 岁，烧伤面积 1%~80%，治疗面积 11%~3%。其中浅 II 度烧 (烫) 伤创面 26 处，薄层皮片供应区 12 处) 开展了负极性驻极体治疗烧 (烫) 伤创面的临床研究，结果显示：与烧伤创面分别使用 0.05%洗必泰液纱布及凡士林纱布覆盖 (每天换一次) 的对照组相比，将 −700V 驻极体薄膜覆盖创面治疗 7 天 (每天更换一次)，其创面中性粒细胞、巨噬细胞、淋巴细胞均较对照组提早出现且数量较多。创面疼痛明显减轻，创面无感染，点状出血增多，创面面积缩小率大于对照组，创面愈合时间提前 1~2 天。负极性驻极体具有促进烧面愈合的作用。

9.4.4 驻极体促进创伤创面愈合

皮肤是人体最重要的屏障，也是最易损伤的组织。创面是指正常皮肤或组织在致伤因素作用下所产生的缺失或损害，它是临床上绝大多数外科患者和紧急创伤患者普遍面临的一个病症。根据损伤深度的不同，创面又可分为表皮性损伤、真皮性损伤和全层性损伤三大类。创面愈合是指创面形成后机体损伤的局部以组织再生重建形式进行修补的病理生理过程[118]。

创面修复是一个严格有序的动态生物学过程, 由炎症细胞、修复细胞、细胞外基质、细胞因子和生长因子等共同参与并相互协调。创面愈合是主质细胞、间质细胞被替代, 以及血管、神经和免疫系统被重建的过程, 具体包括炎症反应、细胞增殖和创面重塑等阶段。炎症阶段主要涉及凝血和清除组织残骸等过程, 同时炎症细胞分泌大量生长因子、炎症趋化因子和细胞因子, 这些信号分子在细胞增殖阶段起着重要作用。增殖阶段形成了由成纤维细胞、上皮细胞和新生血管组成的肉芽组织。炎症细胞分泌的血小板衍生因子 (platelet derived growth factor, PDGF) 和转化生长因子 β_1(transforming growth factor β_1, TGF-β_1), 诱导成纤维细胞增殖并产生III型胶原, 重塑新的皮肤网络。组织重塑时期肉芽组织停止形成, 炎症细胞开始凋亡。

创面修复初期, 上皮再生对创面愈合起着至关重要的作用。皮肤创面再上皮化主要依赖于表皮细胞从创面边缘向创面中心迁移, 由于皮肤是生物驻极体 (生理条件下带负电性), 因此创面一旦形成即自然形成连续的内源性电流 (又称损伤电流), 该损伤电流是引导表皮细胞向创面中心定向迁移的重要信号[119,120]。创面损伤电流形成的主要原因是: 细胞内、外不均匀地分布着一定数量的带电离子, 并以某种确定形式跨膜运动, 从而导致细胞水平生物电 (驻极态) 的产生。当皮肤受到损伤或缺损, 创口处与周围正常组织间产生了内源性侧方电场, 从而导致损伤电流的形成。2008 年 Nuccitelli 等发现, 一旦创口形成即可测出表皮基底与角质层之间的电场 (或电势), 电场方向从伤口指向各处。角质层下的电场在伤后 3 天内均维持在 40~200mV/mm 不等的直流电场, 直至损伤部位基本修复后才逐渐减小至完全消失。通过对损伤电流的检测发现: 在创面边缘向外辐射 2~3mm 的范围内都可检测到损伤电流, 强度从内向外呈梯度减小, 当伤口愈合后损伤电流则降低至零。

创面愈合过程涉及细胞的运动、黏附、通讯、增殖和迁移等多种生物学行为。细胞的移动是组织修复必不可少的环节。研究表明, 不同细胞的表面带有不同的正电荷或负电荷 (即存在固有的驻极态), 细胞能够感受电场并具有趋电性, 例如, 表皮细胞、成纤维细胞、成骨细胞和成肌细胞在电场的作用下向负极迁移, 而红细胞、白细胞、巨噬细胞等向正极迁移。表皮细胞迁移完成再上皮化和封闭伤口是创伤愈合的主要过程。细胞的趋电性使与创面愈合相关的细胞在电场作用下由随机运动转变为定性运动, 在一定范围内创伤愈合与电场强度大小呈线性关系。侧方电场被认为是表皮细胞迁移的起始信号和创伤早期修复的重要信号。表皮细胞可以感受 0.5mV 的梯度电压, 当电场强度达到 10~100mV/mm 时表皮细胞表现出较强的定向性, 并向负极方向迁移[121]。细胞的趋电性使得伤口电流可以吸引细胞的定向运动, 细胞的定向迁移速度直接影响上皮化的速度和创伤修复的快慢。

创面的侧方电场不仅可诱导表皮细胞的定性迁移, 而且可确定表皮细胞的分裂方向。大多数表皮细胞分裂面平行于伤口边缘、垂直于电场方向。电场强度的大小也影响细胞的分裂，场强越大，定向性越好，细胞分裂频率越高。在一定的场强范围内，创口愈合与场强呈线性关系，场强在 80~120mV/mm 时创面的上皮化最快[122,123]。

从 21 世纪初开始，人们已经从细胞学实验、动物学实验和临床应用研究等方面证实了损伤电流在创面愈合过程中起着重要作用，若创伤创口过于开放，则损伤电流减弱甚至趋于零，并将导致创面愈合延缓 (事实上许多难愈合创面处损伤电流往往异常或过小)。因此，利用电刺激补偿创面损伤电流，使损伤电流维持在一定的强度，有助于创面的愈合。2002 年电刺激用于促进创面愈合的临床治疗在美国已获得批准。

驻极体是具有长期储存极化和空间电荷能力的功能材料，具有静电场效应、压电效应、热释电效应和非线性光学效应，利用驻极体产生的外静电场和微电流弥补或补偿创伤创面处的损伤电流，使损伤电流持续存在并保持一定的强度，有助于创面的愈合。驻极体促进创面愈合的研究始于 20 世纪 80 年代，30 多年来国内外学者分别以大鼠、兔和猪等动物的创伤创面为实验模型，开展驻极体促进创面愈合的研究并探讨其作用机制。

用打孔器在 SD 大鼠背部制造 4 个直径为 12mm 的圆形创面 (全皮切除)，将 ±500V、±1000V 和 ±2000V 驻极体贴剂 (或驻极体) 分别作用于大鼠创面 0 天、3 天、7 天、10 天、14 天和 28 天 (72h 更换一次驻极体或驻极体贴剂)，通过新生表皮长度、创面收缩率、创面组织的显微和超微结构研究驻极体对创面愈合的影响。图 9.25 给出了 ±500V、±1000V、±2000V 驻极体贴剂作用于大鼠创伤创面 7 天创面组织的显微结构，图 9.26 给出了 ±500V、±1000V、±2000V 驻极体贴剂作用于大鼠创伤创面 7 天创面的表皮生长线长度 (图中 5-Fu 给出抑制皮肤生长的对照参考)[12]。结果显示：不同表面电势驻极体作用于大鼠创伤创面 7 天，可见上皮细胞从正常组织向创伤创面定向迁移并长出新生表皮 (图 9.25)。经不同表面电势驻极体作用的创面新生表皮长度要长于自然修复组 (对照组)，且新生表皮的长度随驻极体的表面电势的增大而增加，其中 −1000V 驻极体、−2000V 驻极体、1000V 驻极体和 2000V 驻极体组新生表皮长度分别是对照组的 1.12 倍、1.25 倍、1.09 倍和 1.22 倍，相同表面电势，负极性驻极体诱导创面新生表皮生长的效果优于正极性驻极体。将不同表面电势驻极体贴剂作用于大鼠创面 14 天，大鼠创面都已完成上皮再生，表皮层层次清晰，排列完整连续。对照组表皮层较厚，角质层排列紧密，可观察到大量炎症细胞和成纤维细胞，无皮脂腺、毛囊等皮肤附属器。驻极体作用组修复创面的表皮厚度与对照组相似，但角质层连接松散，可见较多的微小血管分布。

对照组　　　−500V驻极体　　　−1000V驻极体　　　−2000V驻极体

500V驻极体　　　1000V驻极体　　　2000V驻极体

图 9.25 不同表面电势驻极体贴剂作用于大鼠创伤创面 7 天创面组织的显微结构

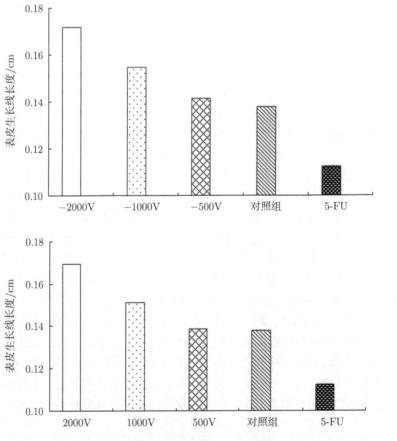

图 9.26 不同表面电势驻极体贴剂治疗 7 天后创面的表皮生长线长度

图 9.27 给出了不同表面电势正/负驻极体贴剂作用于大鼠创面 0~14 天的创面面积收缩率曲线 (图中 5-FU 给出抑制皮肤生长的对照参考)。结果显示：术后 0~3 天各实验组创面收缩均较为缓慢，驻极体贴剂组与对照组的创面收缩率无明显差异。术后 7 天各实验组创面收缩明显加快，术后 14 天各组创面面积收缩逐渐趋于平缓。术后 14 天 2000V 驻极体、−2000V 驻极体、1000V 驻极

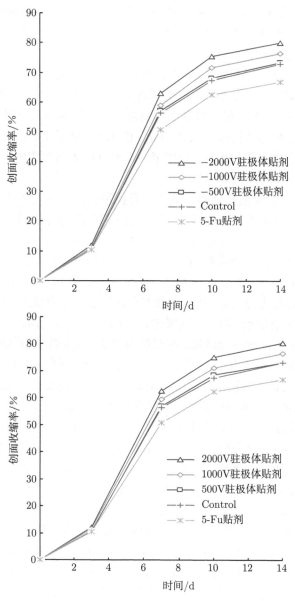

图 9.27 不同表面电势驻极体贴剂治疗后创面面积收缩率随时间的变化规律

体、−1000V 驻极体、500V 驻极体、−500V 驻极体和对照组大鼠创面面积的收缩率分别为 80.4%、80.0%、76.5%、76.5%、72.9%、73.5% 和 73.1%。驻极体贴剂组大鼠创面面积的收缩明显快于对照组，各组创面面积收缩率大小依次为：±2000V 驻极体贴剂 > ±1000V 驻极体贴剂 > ±500V 驻极体贴剂 > 对照组。驻极体的表面电势越高，创面的愈合速度越快。−2000V 驻极体、−1000V 驻极体的创面面积收缩率分别是对照组的 1.09 倍和 1.05 倍。为此，驻极体具有加速创面修复和促进创面愈合的作用，驻极体的表面电势越高，创面的表皮生长线越长，创面面积的收缩率越大，创面修复越快。

创面愈合过程不仅受生物电场和伤口电流的调控，而且还受生长因子、细胞因子、炎症细胞和修复细胞的影响。江键课题组[12,15] 将 ±2000V 驻极体贴剂分别作用于大鼠创面 4 周研究驻极体对创面修复组织中 I 型胶原、III 型胶原、转化生长因子 β_1(TGF-β_1) 和热休克蛋白 47(HSP47) 的影响。结果显示：驻极体具有下调修复组织中的 I 型胶原、III 型胶原、TGF-β_1 和 HSP47 表达的作用，这对促进创面愈合和抑制瘢痕形成具有重要作用。

驻极体不仅对大鼠创伤创面的愈合具有促进作用，而且对猪的创伤创面愈合也具有促进作用。郝岚等[13] 在阉割母猪 (15kg) 的背部制造 36 个浅 II 度创面 (创面面积 4cm×4cm)，其中 12 个创面敷贴凡士林纱布 (对照组)，12 个创面敷贴 −400V多孔 FEP 驻极体，12 个创面敷贴 −700V 多孔 FEP 驻极体 (多孔 FEP 驻极体的孔径为 0.3cm，孔距为 0.5cm)。术后 1 天、2 天、3 天、5 天和 7 天通过观察创面组织显微结构、测量上皮细胞 DNA 含量和创面面积缩小率研究负极性驻极体对创面愈合的影响，结果显示：负电性驻极体作用创面 3 天后，创面开始有上皮细胞生长，7 天后创面上皮细胞生长旺盛。与对照组相比，负电性驻极体能促进上皮细胞的生长，加速上皮细胞核内 DNA 的合成，使创面愈合时间缩短约 1/3。

在烧伤和创伤创面的治疗过程中，创面感染是常见的临床现象。引起创面感染的细菌主要包括金黄色葡萄球菌、白色葡萄球菌、绿脓杆菌、大肠杆菌等。有效控制创面感染对促进创面愈合具有重要作用。长期研究结果表明：驻极体不仅对烧伤和创伤创面的愈合具有促进作用，而且在控制创面感染和促进被细菌感染创面的愈合方面具有显著疗效。例如，在家兔背部人工制造的多个创面上接种金黄色葡萄球菌 (10^6mL^{-1})，将 −1500V 驻极体作用于创面 1~10 天不等。结果发现：对照组(创面敷贴凡士林纱布) 的细菌数日趋增多，术后第 5 天创面的细菌数是接种时的1.68 倍，且无上皮细胞生长。负极性驻极体作用于细菌感染创面 3 天、5 天和 10天，创面的细菌数分别比接种时减少 21%、50% 和 81%。驻极体作用于细菌感染创面 3 天后创面有上皮细胞生长，作用 7 天后上皮细胞生长旺盛，驻极体具有抑制金黄色葡萄球菌生长、促进创面愈合的作用[124]。驻极体对金黄色葡萄球菌的抑制作用不仅体现在感染创面的治疗上，同时也被体外实验结果进一步证实。对金黄色葡萄球菌的体外实验结果显示: 表面电势为 −500∼ −1500V 的 PTFE 驻极体对金黄色葡萄球菌作用 24h, 对该菌有 90% 以上的杀灭率, 且驻极体的表面电势越高, 对金黄色葡萄球菌的抑菌和灭菌效果越明显。负电性驻极体的抑菌作用对控制烧伤创面和创伤创面的感染、缩短治疗周期和提高治愈率都有积极作用[125]。

　　在临床创面治疗过程中, 创面重复感染、血液循环系统障碍和抗肿瘤药物的使用等原因均可导致创伤创面长期不愈。驻极体具有抗菌抑菌和改善局部组织血液循环的作用, 因此驻极体对创面重复感染和血液循环系统障碍引起的难愈合创面的治疗具有一定的疗效。为了探究驻极体对抗肿瘤药物形成难愈合创面的治疗作用, 以抗肿瘤药物 5-氟尿嘧啶 (5-fluorouracil,5-FU) 为模型药物, 并将 5-FU 制备成 5-FU 缓释贴剂。将 ±500V、±1000V、±2000V 驻极体分别与 5-FU 贴剂组合, 制备成 2000V 驻极体 5-FU 贴剂、−2000V 驻极体 5-FU 贴剂、1000V 驻极体 5-FU 贴剂、−1000V 驻极体 5-FU 贴剂、500V 驻极体 5-FU 贴剂、−500V 驻极体 5-FU 贴剂。将 5-FU 贴剂和不同极性、不同表面电势驻极体 5-FU 贴剂作用于大鼠创伤创面, 观察驻极体对难愈合创面的影响。结果显示: 5-FU 贴剂作用于创面 7 天, 创面的新生表皮长度是对照组的 0.82 倍 (图 9.26)。5-FU 贴剂作用于创面 14 天, 创面的表皮厚度小于对照组, 且角质层有少许间隙, 真皮浅层成纤维细胞较少, 创面面积收缩率为 66.8%, 是对照组创面面积收缩率的 0.91 倍 (图 9.27), 5-FU 贴剂对创面愈合具有抑制作用, 实验成功构建难愈合创面动物模型。不同极性、不同表面电势驻极体 5-FU 贴剂作用于大鼠创伤创面 7 天, 创面的新生表皮长度显著增加, 2000V 驻极体 5-FU 贴剂和 1000V 驻极体 5-FU 贴剂作用于大鼠创面的新生表皮生长线分别是 5-FU 贴剂作用于创面新生表皮生长线的 1.14 倍和 1.13 倍 (图 9.28), 不同极性、相同表面电势驻极体对创面新生表皮生长的作用效果相似。不同极性、不同表面电势驻极体 5-FU 贴剂作用于大鼠创伤创面 14 天, 大鼠创面的愈合速度明显加快, 2000V 驻极体 5-FU 贴剂和 −2000V 驻极体 5-FU 贴剂组创面面积收缩

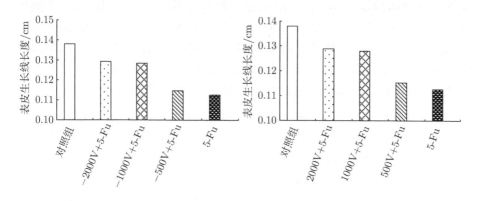

图 9.28　驻极体 5-Fu 贴剂治疗 7 天后创面的表皮生长线长度

率分别为对照组的 0.95 倍和 0.94 倍 (图 9.29)。驻极体具有恢复难愈合创面修复能力的作用,驻极体促进难愈合创面的修复与驻极体的表面电势呈正相关。

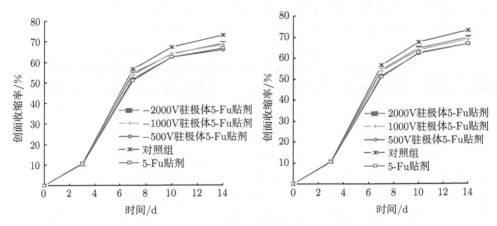

图 9.29　不同表面电势驻极体 5-FU 贴剂治疗后创面面积收缩率随时间的变化规律

　　驻极体促进创面愈合的主要机制是:①细胞内外不均分布的离子以一定的跨膜运动形成了细胞水平的生物电 (驻极态),当皮肤损伤后创口处出现了生物电的不平衡 (驻极态受损)。在创面部位外加驻极体,驻极体产生的稳定静电场和渐变的微电流可补偿和维持创口的损伤电流,修复组织的驻极态。上皮细胞、炎症细胞、成纤维细胞等在电场作用下向创面中心处定向运动而参与创面修复和上皮再生。②驻极体提供的稳定外静电场 (模拟生物电场) 作用于细胞会引起细胞的极化,细胞内极化的高尔基体可以为细胞前缘突起提供更多的膜状结构,有利于细胞的运动。③静电场可引起细胞丝状肌动蛋白的不均匀分布和介导钙离子内流,增加细胞的趋电性,导致细胞的定向运动。④静电场不仅可引起受体、激酶等的极化,激活细胞内的环磷酸腺苷系统 (c-AMP)、改变细胞周围的微环境,诱导上皮细胞和成纤维细胞的 DNA 和蛋白质合成,而且可调控生长因子、细胞因子和胶原合成,促进创面的愈合。⑤驻极体通过促进创面组织微血管的生成,改善皮肤组织的局部微循环,开放生理性关闭的血管,从而促进创面的修复。⑥驻极体产生的静电场具有抑菌和灭菌作用,这有助于控制创面的细菌感染和促进愈合。

　　此外,以驻极体缓控释系统为载体,制备成各类驻极体生长因子缓控释系统和驻极体细胞因子缓控释系统,使生长因子和细胞因子在驻极体的调控下在创面处持续发挥疗效,从而达到促进创面愈合的目的。傅小兵等[126] 将上皮生长因子、胶原和聚乙烯醇制备成三类驻极体生物敷料覆盖于新西兰大耳白兔的背部创面 (创面面积为 10cm×20cm),7 天后三种复合驻极体敷料治疗的创面面积已缩小至初始面积的 25.2%、24.4% 和 21.6%,而生理盐水组 (对照组) 动物创面面积是初始面积的 36.0%。伴随着创面面积的缩小，驻极体组与对照组创面肉芽组织的生长也显示出明显的差异。10 天后经三种生物驻极体敷料治疗的动物创面全部愈合，而对照组动物还剩 13% 的创面没有愈合。此外，经组织学检查，三种生物驻极体作用创面的肉芽组织填充率、创面再上皮化速率、成纤维细胞和毛细血管胚芽数均较对照组有明显增加。

9.4.5 驻极体抑制增生性瘢痕生长

当皮肤由于烧伤、创伤或外科手术伤及真皮层后，组织在修复过程中真皮层被过度增生的成纤维细胞和过量沉积的细胞外基质所占据而形成瘢痕。据不完全统计，40%～70% 的手术会导致瘢痕的形成，皮肤烧伤形成瘢痕的发生概率高达 91%。瘢痕是机体组织受到创伤后异常修复的结果。瘢痕不仅会影响患者的外观，而且可引起严重的功能障碍甚至致残，已成为康复医学、整形学、烧伤和创伤等领域亟待解决的医学难题。瘢痕被分为增生性瘢痕和瘢痕疙瘩。增生性瘢痕较瘢痕疙瘩更为常见，它可发生于皮肤的任何部位。增生性瘢痕的形成原因非常复杂，确切的病因目前尚不清楚。然而，随着细胞生物学和分子生物学的快速发展，人们对增生性瘢痕形成机制的研究已进入细胞水平、分子水平和基因水平。

细胞生物学研究表明：成纤维细胞是瘢痕形成的效应细胞，成纤维细胞的过度增殖和功能活跃导致细胞外间质的过多沉积、创面修复的失控 (过度修复) 和瘢痕的形成。瘢痕组织的基质成分主要包括胶原纤维、结构蛋白和蛋白多糖等，胶原纤维是瘢痕组织的主要成分 (通常又以 I 型胶原蛋白居多)。胶原的合成与降解是一个复杂的动态过程，主要涉及蛋白质的翻译、修饰和剪接，在这个过程中多种活性酶 (如氧化酶、蛋白酶、胶原酶和金属蛋白酶等) 参与其中。胶原的合成与降解平衡被打破 (即成纤维细胞和肌纤维母细胞的胶原合成量增加，而胶原分解量下降)，会导致胶原的过度沉积而形成瘢痕组织。通常情况下皮肤组织内的胶原主要由 I 型胶原 (collagens I) 和 III 型胶原 (collagens III) 等组成。正常成人皮肤中 I 型胶原和 III 型胶原的比例为 4:1～7:1，在瘢痕组织中 I 型胶原比例上升、III 型胶原比例下降。因此，增生性瘢痕在生物学上还表现为胶原代谢的紊乱和过度沉积。

分子生物学研究表明：皮肤损伤处会富集大量细胞外基质、生长因子和细胞因子。转化生长因子、促炎性细胞因子和血小板衍生生长因子等对瘢痕的形成具有重要影响。大量研究结果表明：转化生长因子 β(transforming growth factor beta, TGF-β) 在创面愈合和瘢痕形成过程中起着重要作用[127]。TGF-β 有三种亚型，即 TGF-β_1、TGF-β_2 和 TGF-β_3。TGF-β 通过多条下游信号通道调控 (或促进) 瘢痕的形成。通道之一：TGF-β 分子通过跨膜传导激活受体复合物，活化的受体分子刺激 Smad2 蛋白和 Smad3 蛋白磷酸化，且与 Smad4 形成二聚体。在二聚体的形成过程中，Smad(drosodphila mothers against decapentaplegic) 蛋白聚集充当转录因子将 TGF-β 信号向细胞核转移。其中 TGF-β$_1$ 和 TGF-β$_2$ 能活化受体复合物向下游传导信号。TGF-β$_3$ 则是受体拮抗剂, 具有阻断信号传导的作用。因此, TGF-β$_1$ 和 TGF-β$_2$ 通过 Smad 信号途径传导信号促进瘢痕形成。通道之二: TGF-β 通过抑制基质金属蛋白酶-1(matrix metalloproteinases-1, MMP-1) 的表达和活性, 促进金属蛋白酶组织抑制物-1(tissue inhibitor of metalloproteinases-1, TIMP-1) 与纤溶酶原激活物抑制物-1(plasminogen activator inhibitor-1, PM-1) 基因的表达, 从而抑制胶原等细胞外基质的降解。MMP-1 是目前已知唯一能降解内源性胶原 (包括 I 型胶原和III型胶原) 的酶, 在创面愈合过程中 MMP-1 表达的减少, 成为胶原降解不够和增生性瘢痕形成的主要因素之一。此外, MMP 的活性受 MMP 特异性抑制因子 TIMP 的调节, MMP 和 TIMP 的动态平衡是影响胶原代谢的重要因素, 并且对细胞的增殖也有影响[128]。通道之三: 热休克蛋白 47(heat shock protine 47, HSP47) 是胶原的特异性分子伴侣, 是胶原合成的功能蛋白, 也是成纤维细胞的特异性标记蛋白, HSP47 的表达也受 TGF-β$_1$ 的调控。

半胱氨酸蛋白酶 (caspase-3) 和天冬氨酸蛋白酶 (caspase-9) 在细胞凋亡过程中起着不同的作用, 前者为凋亡的起始信号蛋白, 后者为执行信号蛋白, 它们的低表达可造成与创面愈合相关的上皮细胞和成纤维细胞等的凋亡量不足, 从而导致胶原的大量堆积。促炎性细胞因子白细胞介素-6(interleukin-6,IL-6) 和白细胞介素-8(IL-8) 具有促进瘢痕生成的作用, 而抗炎性细胞因子 (IL-10) 具有抑制瘢痕生长的作用。血小板衍生生长因子 (PDGF) 可诱导成纤维细胞合成胶原, PDGF 及其受体在瘢痕组织中过表达。

由此可见, 成纤维细胞过度增殖和胶原过度沉积是瘢痕组织的病理学特征。增生性瘢痕的形成与炎性细胞和成纤维细胞的过度增殖、炎症应答时间延长、胶原网络代谢异常、细胞因子和生长因子的过度表达等因素密切相关。因此, 探索增生性瘢痕的治疗方法已成为生物物理学、生物医学工程学、组织工程学、临床医学和药学等学科的研究热点。目前瘢痕的治疗方法主要有手术治疗和非手术治疗两大类。手术切除适用于面积较大的瘢痕, 效果较好, 但难度大和复发率高。非手术治疗包括物理疗法 (红外、磁场、激光、超声、压力、冷冻、硅胶膜和驻极体等)、药物疗法和基因疗法。在众多物理疗法中, 压力疗法对活动性瘢痕疙瘩的疗效欠佳。放射疗法通过辐照浅层病灶、抑制成纤维细胞和血管内皮细胞的增殖, 对早期病变有较好的疗效, 但其安全性一直是人们争论的焦点。激光疗法适用范围较广, 但激光治疗后皮肤会形成红斑、可逆性色素沉着和感染等不良反应。冷冻疗法会引起色素沉着、皮肤萎缩和疼痛等副作用。磁场疗法的场强、作用时间和治疗周期尚待研究证实。然而, 驻极体疗法是近年来治疗增生性瘢痕的新方法, 其主要原理是利用驻极体产生的静电场和微电流补偿和维持创面的驻极态和创面电流, 调控成纤维细胞的增殖与凋亡, 抑制胶原的异常代谢和过度沉积, 加速创面愈合和抑制瘢痕形成。

　　国内外用于增生性瘢痕治疗的临床药物以类固醇、硅制剂和 5-FU 为主。类固醇药物治疗瘢痕效果较明显，但会出现全身或局部的不良反应。硅制剂无毒无刺激，但显效较慢。5-FU 是一种嘧啶类抗代谢和抗肿瘤药物，能够抑制细胞中 DNA 和 RNA 的合成。Fitzpatrick[129] 首次报道了 5-FU 对增生性瘢痕和瘢痕疙瘩具有一定疗效，随后有关 5-FU 治疗增生性瘢痕的报道不断出现。5-FU 抑制增生性瘢痕生长的主要机制为：①抗炎作用。在细胞内修饰成酶的活性底物，与 DNA 整合后抑制 DNA 的合成，降低炎症细胞数量，抑制创伤后炎症应答反应。②抗代谢作用。5-FU 抑制 DNA 的合成，阻断细胞分化，加速细胞凋亡，从而抑制成纤维细胞的增殖、聚集和胶原的分泌；抑制 TGF-β 和 bFGF 等基因的表达，阻断参与胶原合成的信号通道，降低胶原蛋白的合成[130]。

　　目前 5-FU 治疗增生性瘢痕的给药方式为病灶内注射给药和口服给药等。病灶内注射给药是侵入性疗法，重复局部注射给药不仅会造成患者疼痛，而且大剂量给药会造成皮肤红斑和溃疡等。口服给药将会使 5-FU 在体内产生体循环，这不仅导致局部 (瘢痕) 组织对 5-FU 的吸收不全和生物利用度低下，而且 5-FU 的巨大生物毒性，会引起恶心、呕吐等胃肠道反应，以及造成皮肤红斑、水肿和溃疡等。因此，提高 5-FU 的生物利用度、降低其毒副作用和提高患者的顺因性是当前亟待解决的问题。

　　根据驻极体缓控释透皮给药系统的制备原理，将 5-FU 制备成驻极体 5-FU 给药系统用于增生性瘢痕的治疗是 21 世纪瘢痕治疗领域的研究热点[15]。江键和崔黎丽课题组以 5-FU 为模型药物，以 3%氮酮为化学促渗剂，将聚丙烯 (PP) 薄膜制备成不同表面电势的正/负极性驻极体，制成驻极体贴剂、5-FU 贴剂和驻极体 5-FU 贴剂。利用大鼠增生性瘢痕模型和兔耳增生性瘢痕模型，研究驻极体 5-FU 贴剂抑制瘢痕生长的规律，探索物理因子及物理因子协同药物调控瘢痕生长的可行性；并从细胞生物学、免疫组织化学和分子生物学水平探索驻极体 5-FU 贴剂抑制增生性瘢痕生长的机制，为临床治疗瘢痕生长提供一种新思路和新方法。

　　1. 驻极体对增生性瘢痕生长的影响

　　用打孔器在 SD 大鼠背部制造 4 个直径为 12mm 的圆形创面 (全皮切除)，术后 4 周大鼠组织的表皮和真皮增生明显，表皮细胞层数多，表皮突少，真皮乳头层至真皮深层可见大量均质的、呈嗜酸性的胶原纤维束，且胶原纤维粗大、分布密集、排列无序。成纤维细胞密集分布于胶原纤维周围，血管较多，形成增生性瘢痕组织，从而成功制备了大鼠瘢痕模型并用于驻极体对增生性瘢痕生长影响的研究。

　　在大鼠背部制造创面后 2 周 (术后 2 周)，分别将 1000V 驻极体贴剂、2000V 驻

极体贴剂、5000V 驻极体贴剂、−1000V 驻极体贴剂、−2000V 驻极体贴剂和 −5000V
驻极体贴剂敷贴于大鼠创面 4 周 (创伤后 6 周) 后, 通过对驻极体实验组大鼠皮肤中
的 I 型胶原、III型胶原、TGF-β_1、MMP1、MMP2、TIMP1、Smads2、Smads3、Smad7
表达量的测量以及瘢痕皮肤瘢痕增生指数的测定, 研究驻极体对大鼠增生性瘢痕
生长的影响。结果显示: ①不同极性、不同表面电势驻极体作用于大鼠创伤创面,
可使大鼠增生性瘢痕组织生长减缓, 瘢痕组织的增生指数下降, 且瘢痕增生指数
的下降程度与驻极体等效表面电势大小呈正相关 (图 9.30)。②不同极性、不同表
面电势驻极体贴剂作用于创面 4 周, 创面组织中 TGF-β_1 的表达均有不同程度的
降低, 且组织中 TGF-β_1 的表达量随驻极体表面电势的增加而较少。5000V 驻极体
和 −5000V 驻极体贴剂分别作用于创面 4 周, 创面组织中 TGF-β_1 的含量分别为
瘢痕组织的 75.73% 和 75.92%。相同表面电势的正、负极性驻极体贴剂对创面组织
中 TGF-β_1 的表达无统计学差异。③与瘢痕组织相比, 不同极性、不同表面电势驻
极体贴剂作用于创面 4 周, 创面组织中的 Smad2 和 Smad3 的表达量均有不同程
度的降低, 但 Smad7 在组织中的表达有升高的趋势。相同表面电势的正、负驻极
体组之间也无显著性差异。④ 不同极性、不同表面电势驻极体贴剂作用于创面 4
周, 创面组织中 MMP1(或 MMP2) 的表达均有不同程度的上升 (或下降), 且组织
中 MMP1(或 MMP2) 的表达量随驻极体表面电势的增高而增加 (或减少)。5000V
驻极体和 −5000V 驻极体贴剂分别作用于创面 4 周, 创面组织中 MMP1(或 MMP2)
的含量分别为瘢痕组织的 1.147 倍 (或 71.64%) 和 1.16 倍 (或 70.15%)。相同表
面电势的正、负极性驻极体贴剂对创面组织中 MMP1 的表达无统计学差异。⑤不
同极性、不同表面电势驻极体贴剂作用于创面 4 周, 创面组织中 TIMP1 的表达
均有不同程度的降低, 且组织中 TIMP1 的表达量随驻极体表面电势的增加而较
少。5000V 驻极体和 −5000V 驻极体贴剂分别作用于创面 4 周, 创面组织中 TGF-
β_1 的含量分别为瘢痕组织的 83.96% 和 83.02%。相同表面电势的正、负极性驻极
体贴剂对创面组织中 TIMP1 的表达无统计学差异。⑥不同极性、不同表面电
势驻极体贴剂作用于创面 4 周, 创面组织中 I 型胶原和III型胶原的表达均有不同程
度的降低, 且组织中 I 型胶原和III型胶原的表达量随驻极体表面电势的增加而较
少。5000V 驻极体和 −5000V 驻极体贴剂分别作用于创面 4 周, 创面组织中 I 型胶
原的含量分别为瘢痕组织的 67.04% 和 66.22%。5000V 驻极体和 −5000V 驻极体
贴剂分别作用于创面 4 周, 创面组织中III型胶原的含量分别为瘢痕组织的 81.14%
和 80.64%。相同表面电势的正、负极性驻极体贴剂对创面组织中 TIMP1 的表达
无统计学差异。⑦驻极体通过 TGF-β_1 →Smad→ I 型胶原/III型胶原通路, 以及
TGF-β_1 →MMP1、MMP2→TIMP1→Smad→ I 型胶原/III型胶原通路, 抑制胶原
合成和瘢痕生长 (图 9.31)。

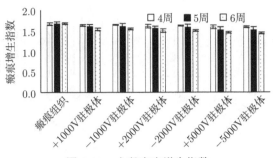

图 9.30 大鼠瘢痕增生指数

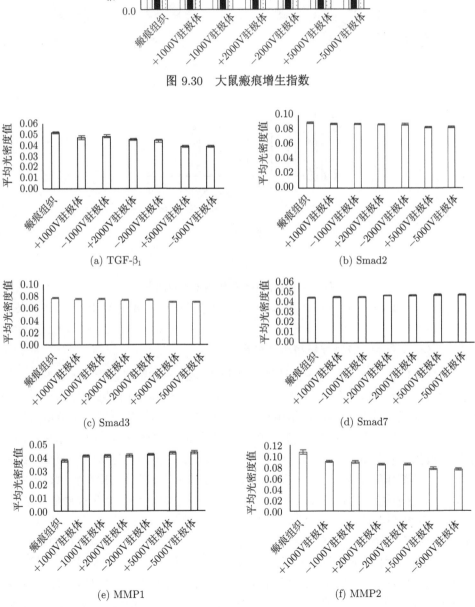

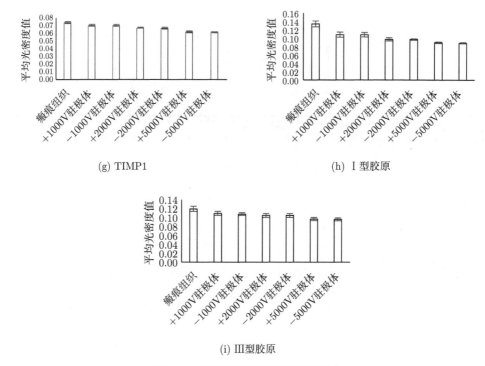

(g) TIMP1　　　　　　　　　　　　　　　　　　　(h) Ⅰ型胶原

(i) Ⅲ型胶原

图 9.31　驻极体治疗组与瘢痕组织中

TGF-β_1、Smad2、Smad3、Smad7、MMP1、MMP2、TIMP1、Ⅰ型胶原和Ⅲ型胶原的表达量

2. 驻极体 5-FU 贴剂抑制增生性瘢痕生长

用打孔器在 SD 大鼠背部制造 4 个直径为 12mm 的圆形创面 (全皮切除)，将 5-FU 贴剂、2000V 驻极体 5-FU 贴剂和 $-2000V$ 驻极体 5-FU 贴剂作用于大鼠创面 4 周后，通过测量瘢痕皮肤增生指数，以及各驻极体实验组大鼠瘢痕皮肤中的 Ⅰ型胶原、Ⅲ型胶原、TGF-β_1 和 HSP47 的表达量，研究驻极体 5-FU 贴剂抑制增生性瘢痕的生长及其机制。研究结果显示 (图 9.32)：①与自然愈合的瘢痕组织相比，5-FU 贴剂作用于大鼠创面 4 周后，其创面组织内 Ⅰ型胶原、Ⅲ型胶原、TGF-β_1 和 HSP47 的表达量显著降低，5-FU 可有效抑制大鼠创伤创面增生性瘢痕的形成。②与 5-FU 贴剂组相比，2000V 驻极体 5-FU 贴剂和 $-2000V$ 驻极体 5-FU 贴剂作用于大鼠创面 4 周后，其创面组织内 Ⅰ型胶原、Ⅲ型胶原、TGF-β_1 和 HSP47 的表达量进一步大幅下降，这说明驻极体 5-FU 贴剂通过下调创面组织中 Ⅰ型胶原、Ⅲ型胶原、TGF-β_1、HSP47 的表达和减少组织中的胶原沉积，实现对增生性瘢痕形成和生长的抑制，驻极体 5-FU 贴剂对抑制大鼠增生性瘢痕的生长具有良好的作用[14]。

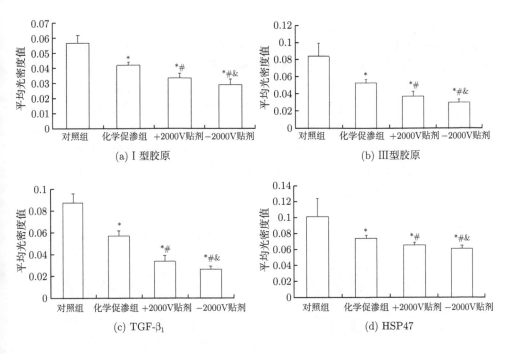

图 9.32 各类贴剂组 I 型胶原、III型胶原、TGF-β_1 和 HSP47 的表达量

图 9.33 给出了大鼠创面自然愈合 2 周后,分别将 1000V 驻极体 5-FU 贴剂、2000V 驻极体 5-FU 贴剂、5000V 驻极体 5-FU 贴剂、−1000V 驻极体 5-FU 贴剂、−2000V 驻极体 5-FU 贴剂和 −5000V 驻极体 5-FU 贴剂作用于大鼠创面 4 周(创伤后 6 周),测量各驻极体贴剂实验组大鼠皮肤中的 TGF-β_1、Smads2、Smads3、Smad7、MMP1、MMP2、TIMP1、I 型胶原和III型胶原的表达量。结果显示:①与自然愈合的瘢痕组织相比,5-FU 贴剂作用于大鼠创面 4 周后,其创面组织内 TGF-β_1、Smad2、Smad3、MMP2、TIMP1、I 型胶原和III型胶原的表达量显著降低,分别为瘢痕组织中相应组分含量的 68.9%、84.54%、85.71%、64.08%、70.21%、59.50% 和 75.44%。②与自然愈合的瘢痕组织相比,5-FU 贴剂作用于大鼠创面 4 周后,其创面组织内 Smad7 和 MMP1 的表达量分别提高 1.12 倍和 1.25 倍。③不同极性、不同表面电势驻极体 5-FU 贴剂作用于创面 4 周,其创面组织内 TGF-β_1、Smad2、Smad3、MMP2、TIMP1、I 型胶原和III型胶原的表达量较 5-FU 贴剂作用组进一步降低,且驻极体的表面电势越高,创面组织中 TGF-β_1、Smad2、Smad3、MMP2、TIMP1、I 型胶原和III型胶原的表达量下降更多。相同表面电势正、负驻极体 5-FU 贴剂组间创面组织中 TGF-β_1、Smad2、Smad3、MMP2、TIMP1、I 型胶原和III型胶原的表达量无统计学差异。④不同极性、不同表面电势驻极体 5-FU 贴剂作用于创面 4 周,其创面组织内 Smad7 和 MMP1 的表达量较 5-FU 贴剂作

用组进一步增加,且驻极体的表面电势越高,组织中 Smad7 和 MMP1 的表达量增加更多。相同表面电势正、负驻极体 5-FU 贴剂组间创面组织中 Smad7 和 MMP1 的表达量无统计学差异。⑤ 5-FU 作用于瘢痕组织使 Smad2、Smad3、MMP2 和 TIMP1 表达下降,以及使 Smad7 和 MMP1 的表达上升,从而抑制胶原的合成和增生性瘢痕的生长。⑥不同表面电势驻极体一方面通过增加瘢痕组织内的 5-FU 含量抑制 I 型胶原和III型胶原的合成与瘢痕生长;另一方面通过 TGF-β_1 →Smad→ I 型胶原/III型胶原通路,以及 TGF-β_1 →MMP1、MMP2、→TIMP1→Smad→ I 型胶原/III型胶原通路,抑制胶原合成和瘢痕生长。驻极体 5-FU 贴剂抑制瘢痕生长的效应与作用时间呈正相关。

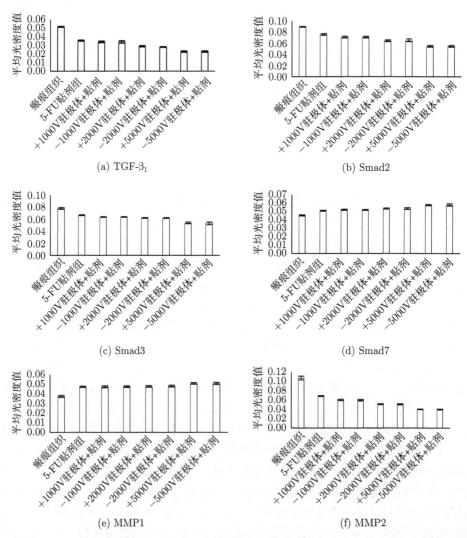

(a) TGF-β_1　　(b) Smad2　　(c) Smad3　　(d) Smad7　　(e) MMP1　　(f) MMP2

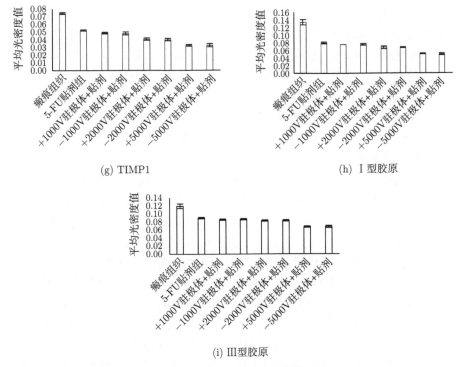

(g) TIMP1

(h) I 型胶原

(i) III型胶原

图 9.33　含化学促渗剂驻极体贴剂组与瘢痕组织中

TGF-β_1、Smad2、Smad3、Smad7、MMP1、MMP2、TIMP1、I 型胶原和III型胶原的表达量

　　驻极体 5-FU 贴剂抑制增生性瘢痕生长的效应不仅与作用时间有关, 而且与驻极体调控贴剂内药物分布、释放, 以及在瘢痕皮肤内的储存量密切相关。研究表明, 5-FU 贴剂和驻极体 5-FU 贴剂的药物释放均满足 Higuchi 方程。通过数据拟合和线性回归分析可知, 驻极体 5-FU 贴剂的药物释放规律满足如下方程:

$$
Q = \begin{cases}
(0.0038V - 0.0371\sqrt{V} + 13.705)\sqrt{t} & \\
+ (0.0022V + 0.0405\sqrt{V} + 47.995), & V \geqslant 0 \\
(-0.0046V + 0.0377\sqrt{-V} + 13.709)\sqrt{t} & \\
+ (-0.0022V + 0.2569\sqrt{-V} + 48.027), & V < 0
\end{cases} \tag{9.29}
$$

驻极体的等效表面电势越高, 驻极体 5-FU 贴剂的药物累积释放量越多。

　　将 5-FU 贴剂、-1000V 驻极体 5-FU 贴剂和 -2000V 驻极体 5-FU 贴剂作用于离体大鼠瘢痕皮肤 0~96h, 借助于高效液相色谱技术研究负极性驻极体 5-FU 贴剂作用于大鼠瘢痕皮肤后滞留在角质层和去角质层皮肤中药物含量随时间的变化规律。结果显示: 5-FU 贴剂、-1000V 驻极体 5-FU 贴剂和 -2000V 驻极体 5-FU 贴剂作用于瘢痕皮肤 0~96h 的药物的经皮渗透具有相似的规律。负极性驻极体 5-FU

贴剂作用于大鼠瘢痕皮肤后,药物在角质层和去角质层皮肤中的滞留量随时间的变化规律与 5-FU 贴剂组相似,但药物在角质层和去角质层皮肤中的滞留量远大于 5-FU 贴剂组。−1000V 驻极体 5-FU 贴剂和 −2000V 驻极体 5-FU 贴剂作用于大鼠瘢痕皮肤 36h,角质层中的药物滞留量分别是 5-FU 贴剂组的 1.22 倍和 1.45 倍。−1000V 驻极体 5-FU 贴剂和 −2000V 驻极体 5-FU 贴剂作用于大鼠瘢痕皮肤 72h,滞留在去角质层瘢痕皮肤中的药物含量分别是 5-FU 贴剂组的 1.12 倍和 1.35 倍[131,15]。进一步的实验结果显示,正/负极性驻极体 5-FU 贴剂均可使 5-FU 更多地滞留在瘢痕皮肤内。

驻极体调控 5-FU 在瘢痕皮肤内的滞留规律不仅在离体皮肤实验中得到体现,而且在活体 (在体) 动物实验中被进一步被证实。大鼠创面自然愈合 2 周后,分别将 1000V 驻极体 5-FU 贴剂、2000V 驻极体 5-FU 贴剂、5000V 驻极体 5-FU 贴剂、−1000V 驻极体 5-FU 贴剂、−2000V 驻极体 5-FU 贴剂和 −5000V 驻极体 5-FU 贴剂作用于大鼠创面 1~4 周后取创面组织。用高效液相色谱仪分别测量各实验组创面组织中 5-FU 的含量 (图 9.34)。结果显示:①与 5-FU 贴剂组相比,5000V 驻极体 5-FU 贴剂组和 −5000V 驻极体 5-FU 贴剂组大鼠瘢痕组织内的药物含量显著增加。作用 4 周后 5000V 驻极体 5-FU 贴剂组和 −5000V 驻极体 5-FU 贴剂组大鼠瘢痕组织内的药物含量分别是 5-FU 贴剂组的 1.183 倍和 1.184 倍。②相同表面电势正、负极性驻极体 5-FU 贴剂组大鼠瘢痕组织内的药物含量之间无显著差异。驻极体通过调控和增加瘢痕组织中的 5-FU 含量抑制瘢痕组织的增生。

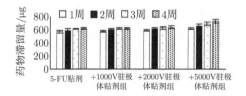 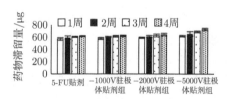

图 9.34   经驻极体 5-FU 贴剂作用后大鼠瘢痕组织中的药物含量

9.4.6   驻极体抑菌和灭菌效应

驻极体不仅对滋生于烧、创伤创面的金黄色葡萄球菌具有显著的抑菌和灭菌作用,而且对分布于大气中的金黄色葡萄球菌、大肠杆菌及其气溶胶都具有良好的抑菌和灭菌作用,它可以作为新型抑菌食品包装材料和空气净化滤材用于空气净化和食品包装等领域。将 −1500V 和 −3000V 多孔聚四氟乙烯 (PTFE) / 氟化乙丙烯共聚物 (FEP) 驻极体复合膜分别作用于大肠杆菌溶液 48h,大肠杆菌的菌落数量和面积明显减小。复合膜驻极体对浓度为 100cfu/mL 的大肠杆菌溶液的抑菌率分别可达对照组的 79.42% 和 95.87%。驻极体的等效表面电势越高、作用时间越长,驻极体对大肠杆菌的抑菌和灭菌效果就越佳。相同开孔率的 PTFE 薄膜，PTFE 的厚度越大，复合膜系的电荷储存稳定性越好。相同厚度的 PTFE 薄膜，孔隙率大的复合膜系的电荷储存稳定性优于孔隙率小的复合膜系[132]。多孔氟聚合物复合膜驻极体有望成为新型功能抑菌食品包装材料用以控制食品的细菌污染。

此外，静电场抑制大肠杆菌生长的研究结果进一步表明：①静电场作用于大肠杆菌，使大肠杆菌失去了杆状形态，细胞壁破裂或畸变突起，周生的鞭毛部分脱去，呈现出不规则形状，静电场作用于大肠杆菌的致死率高达 95%。②高压静电场作用于大肠杆菌将引起菌液电导率的变化和大肠杆菌等带电微粒的极化。电场强度越大，电场作用时间越长，则菌液中带电微粒受到的静电作用力越大，极化强度越强。在撤去外静电场的短暂时间内，菌液中的部分带电微粒仍然被束缚着 (被极化带电微粒的极性会保留一段时间)，菌液电导率略低于原菌液的电导率。菌液样品 (撤除外静电场处理) 放置 20min 后，其电导率急剧增高，主要原因可能是被极化的微粒因退极化以及菌液中的带电微粒增多 (部分水分子电解或细胞结构损伤而释放的细胞内带电微粒)。

随着人们生活质量的不断提高，人们对环境 (和空气) 质量的关注度日益提高，洁净空气与雾霾治理已成为全球亟待解决的民生问题。空气过滤效果及过滤材料的抗菌性能是当前空气净化领域研究的热点问题。现有研究结果表明：普通纤维过滤材料主要依靠布朗扩散、截留、惯性碰撞、重力沉降等机械阻挡作用来过滤空气中的微粒，它对粒径小于 1μm 的微粒的过滤效果不够理想。由于多数细菌和病原微生物的粒径都处于微米级和亚微米级范围 (例如，SARS 冠状病毒粒径约 100nm)，为此，用普通纤维过滤材料对细菌和病原微生物等进行滤除的效果不尽人意。如果要提高普通纤维过滤材料的滤菌效果，需提高过滤材料的密度和减小纤维间隙，则自然会提高过滤材料的空气阻力，增加空气过滤器的运行能耗和成本。

将驻极体过滤材料用于空气过滤系统可在不提高过滤材料空气阻力的情况下，利用驻极体产生的静电场对细菌和病原微生物的静电吸附及抑菌灭菌作用，吸附和杀灭细菌及病原微生物，提高空气过滤系统对细菌和病原微生物的过滤效率。为此，田涛等[133] 对聚丙烯纤维驻极体过滤材料抗菌性能进行了研究，研究结果显示：聚丙烯纤维驻极体滤材作用于金黄色葡萄球菌和大肠杆菌溶液 18h，对金黄色葡萄球菌和大肠杆菌的抑菌率分别为 96.02% 和 89.43%。对阻留在聚丙烯纤维驻极体过滤材料上的金黄色葡萄球菌气溶胶作用 30 min，平均抑菌率为 45.22%。聚丙烯纤维驻极体过滤材料对金黄色葡萄球菌和大肠杆菌气溶胶的过滤效率分别为 98.89% 和 99.20%。聚丙烯纤维驻极体过滤材料具有较好的抗菌性能，对细菌气溶胶有较好的过滤效果。此外，聚丙烯驻极体纤维材料制成的卷烟滤嘴能捕获 40%~60% 的焦油，比醋纤、丙纤滤嘴的过滤效果高 100%~120%，它可以有效地降低吸烟者吸入焦油的含量[134]。本书作者研制的驻极体空气过滤器对大肠杆菌、绿脓杆菌、金黄色葡萄球菌和芽孢等的滤除率高达 95%。

驻极体的抑菌灭菌特性及其相关产品不仅可以用于医院病房、旅馆酒店、家庭等场所，而且可扩展到航天、航空、潜艇、太空舱、密闭舱及坑道作业环境中。目前，日本松下、中国海尔等企业不仅在生产的空调设备中广泛采用驻极体空气过滤器，而且还大量生产智能型的驻极体空气过滤器。此外，德国部分企业将驻极体制成智能静电纱窗用于居民公寓和星级酒店，隔绝室外污染空气，以改善和净化室内环境空气。

驻极体的灭菌作用不仅可以应用于创面的治疗、空气的净化以及食品包装等领域中，而且在中草药的灭菌和存储中也起到积极作用。中草药和藏药是中华医学宝库中的精髓，它在提高国民的健康水平、防病治病中起到积极的作用。近年来，中草药和藏药的开发势如破竹，发展迅猛。但长期以来，制约中草药和藏药产品质量提升的主要原因之一是中草药和藏药中的含菌量太高，采用常规的高温灭菌方法会破坏中草药和藏药的成分，降低疗效，有些产品甚至不符合国家药品卫生标准。化学灭菌方法存在残毒问题。物理灭菌方法中的紫外线灭菌和微波灭菌也都存在不同的缺陷。辐照灭菌虽然效果较好，但会使药品变色、物理活性改变、产生降解产物等。总之，中草药和藏药的灭菌问题一直没有得到很好解决。然而，将1000V 以上的负电性多孔驻极体覆盖于中草药和藏药 1h 以上，对绿脓杆菌和痢疾杆菌等有害细菌有显著的杀灭作用。驻极体表面电势越高，作用时间越长，灭菌效果越好。此外，对中草药和藏药中植物根、茎、叶、果等部位的结构分析显示：驻极体处理的中草药和藏药的化学成分没有发生任何变化，确保了中草药和藏药的正常药效。

驻极体抑菌的主要原理是：驻极体在其周围空间产生静电场和微电流，细菌在静电场作用下产生极化和电导率的变化。被极化的细菌的细胞壁、细胞膜和表面结构将会受到不同程度的损伤，蛋白质和核酸等发生变异，酶活性降低，从而使细胞膜内外的生物驻极态受到破坏 (核酸、蛋白质、DNA 和多糖等都是生物驻极体)，导致细菌死亡或生长、繁殖等受到抑制，起到抑制细菌繁殖和灭菌的作用。

9.4.7   驻极体透皮给药系统

透皮给药 (或经皮给药) 是药物通过皮肤途径达到局部或全身治疗目的的一种给药方法。与传统给药方法相比，透皮给药可避免药物口服经胃肠道及肝脏的首过效应，药物释放速度恒定，血药浓度稳定，生物利用度高。由于不必频繁给药，给药方式简单，使用方便，且患者可随时中断给药，改善了患者的顺应性和给药安全性，深受患者的欢迎。1979 年美国食品药品监督管理局 (FDA) 批准东莨菪碱第一个透皮贴剂上市以来，开启了透皮给药系统的新篇章，随后的几十年里全球有几百个透皮贴剂产品上市，包括芬太尼、艾斯能、卡巴拉汀、硝酸甘油、利多卡因和酮洛芬等。截至 2017 年底，FDA 已经批准了 95 个透皮贴剂上市，日本则有 155 个透皮贴剂获得批文，欧洲各国也有众多透皮制剂获得批文。现已有多种透皮吸收制剂应用于临床，其中销售额超过 1 亿美元的产品有 10 个，市场整体销售额也快速攀升[135]，据不完全统计，目前全球透皮给药制剂的市场规模为 300 亿 ～370 亿美元。全球最大的透皮贴剂市场在美国，日本的巴布膏剂则风靡全球。

尽管透皮给药较传统给药方法有很多优点，但也有其局限性 (如载药量低、制备工艺复杂、不适合刺激性药物和大分子药物等)。皮肤最外层的角质层对外来物质侵入皮肤起着天然的屏障和限速作用，通常只有分子量小于 500Da 且脂溶性强的药物分子可以透过皮肤。而大多数有生物活性的分子透皮速率慢、透皮量小，难以达到治疗所需的浓度，因而限制了透皮给药的发展。

为了克服角质层的屏障功能，提高药物的透皮速率，人们从多方面进行了长期的研究，并提出了许多有效的方法，主要有：①化学方法，即利用化学促渗剂与皮肤作用，打乱角质层脂质双层的规则排列，增加药物的吸收；②药剂学方法，即采用制剂技术制备新型的药物载体，主要包括脂质体或类似物、纳米粒、离子液体、前体药物 (或前药) 等；③物理方法，即利用物理技术破坏角质层的脂质结构来达到促进药物经皮渗透的目的，物理促渗方法主要有微针、离子导入、电致孔、超声和驻极体方法等。驻极体促渗技术是利用驻极体产生的静电场和微电流在皮肤角质层脂质双分子间形成暂时可逆的通道及拓宽毛囊孔径，实现增加药物通透量的一种药物促渗技术。驻极体促渗技术不仅对亲水性药物和亲脂性小分子药物有效，而且适用于生物大分子的药物经皮导入[19-21,136]。

1. 驻极体促进药物经皮吸收

驻极体促进药物经皮吸收的研究始于 20 世纪 90 年代，将常温电晕充电制备的 −1000V PTFE 驻极体作用于水杨酸甲酯溶液，发现水杨酸甲酯的体外大鼠皮肤累积透过量较对照组增加了 1.55 倍[22]，研究成果首次报道后即引起了驻极体学术界的极大关注。进入 21 世纪后，驻极体促进药物经皮吸收的研究在不断延续，相继有驻极体促进水杨酸、盐酸利多卡因、美洛昔康、5-FU 经皮吸收的研究见诸报道。例如，将正、负极性的多孔 PTFE/PE/PP 复合驻极体作用于盐酸利多卡因溶液，均能提高药物的体外经大鼠皮肤的透过量，其中，+1000V 多孔 PTFE/PE/PP 复合驻极体作用于盐酸利多卡因溶液后，24h 的体外累积透皮量是对照组的 4.74 倍，具有明显的促渗作用[137]。−1200V PP 驻极体美洛昔康贴剂在体给药 24h 后，大鼠的血药浓度明显高于对照组[138]。将负极性驻极体作用于 5-FU 溶液，36h 的体外累积大鼠皮肤透过量是对照组的 1.50～2.54 倍[139]。

近年来，随着生物技术的快速发展，生物大分子药物被越来越多地应用于临床。由于生物大分子的稳定性差，生物半衰期短，有较明显的肝脏首过效应，因此经皮给药成为大分子药物的研发热点之一。但是大分子药物较难透过角质层这一皮肤屏障，需要借助外源性的促渗手段提高药物的经皮渗透速率。研究表明，驻极体不仅能够促进小分子药物的经皮渗透，对分子量为 1200Da 环孢菌素 A 以及分子量约为 5800Da 的胰岛素的经皮转运也有促进作用。

将 −500V、−1000V 和 −2000V PP 驻极体作用于环孢菌素 A 溶液 24h 的体外累积渗透量分别是对照组的 1.20 倍、1.48 倍和 1.41 倍，这表明驻极体对环孢菌素 A 的经皮吸收有一定的促进作用[140]。同样，将双裸面负极性 PP 驻极体作用于环孢菌素 A 贴剂，环孢菌素 A 的体外释放量较对照组有所提高，其中，−2000V PP 驻极体作用于环孢菌素 A 贴剂的体外释放量是对照组的 1.51 倍，并具有统计学意义[23]。将 ±500V、±1000V 和 ±2000V 驻极体环孢菌素 A 贴剂分别作用于 SD 大鼠 28h，各驻极体贴剂组大鼠体内的血药浓度不仅明显高于对照组，而且能使大鼠体内最大血药浓度维持 14h 左右 (对照组大鼠体内最大血药浓度维持 8h 左右)，相同表面电势正极性驻极体环孢菌素 A 贴剂较负极性驻极体环孢菌素 A 贴剂维持大鼠体内药物的最大血药浓度的时间更长。这说明，驻极体不仅能促进较大分子药物的经皮渗透，而且能较长时间维持体内的高血药浓度，真正起到缓控释的作用。

将 ±500V、±1000V 和 ±1500V 驻极体作用于胰岛素溶液 36h，驻极体均能促进胰岛素透过皮肤角质层到达真皮层和皮下组织。将 −500V、−1000V 和 −1500V 驻极体作用于胰岛素溶液 36h，胰岛素经糖尿病大鼠皮肤的累积透皮量分别为对照组的 3.54 倍、3.86 倍和 4.00 倍[141,142]。将 +500V、+1000V 和 +1500V PP 驻极体作用于载胰岛素的纳米粒混悬液，胰岛素 36h 的体外累积透皮量分别为 $27.92\mu g/cm^2$、$34.18\mu g/cm^2$ 和 $39.73\mu g/cm^2$，分别是载胰岛素纳米粒混悬液组的 1.16 倍、1.39 倍和 1.62 倍。其中，+1500V PP 驻极体显示出良好的促胰岛素纳米粒经皮转运效果[143]。近年来的研究还表明，驻极体可显著提高荧光标记的右旋糖酐[19]和负载于 N-三甲基壳聚糖纳米粒中的超氧化物歧化酶 (SOD，分子量约为 30kDa) 的经皮转运。例如，+2000V 驻极体作用于 SOD-壳聚糖纳米粒 24h 后，SOD 的表皮和真皮层的透过量显著大于 SOD-壳聚糖纳米粒，并具有统计学意义；而且 +2000V 驻极体作用下的 SOD-壳聚糖纳米粒对二甲苯所致小鼠耳朵肿胀具有显著的抑制作用。与 SOD-壳聚糖纳米粒相比，小鼠耳朵肿胀度从 20mg 显著下降至 17mg，并具有统计学意义[24]。

2. 驻极体与化学促渗剂的相互影响

由于促渗剂种类或浓度的不同，将驻极体与化学促渗剂联用会产生不同的效果。例如，将负极性 PP 驻极体和 10% 油酸乙酯或 3% 氮酮联用，制备的含化学促渗剂驻极体美洛昔康贴剂的药物体外累积透过量 (作用于 SD 大鼠皮肤 10h) 均大于单用化学促渗剂或单用驻极体实验组的透过量。其中 10% 油酸乙酯驻极体美洛昔康贴剂的渗透量分别是 10% 油酸乙酯美洛昔康贴剂和对照组体外透皮量的 2.43 倍和 2.82 倍。但是，1% 薄荷醇、30% 二甲亚砜、20% 丙二醇、1% 氮酮和 5% 氮酮没有表现出与驻极体的协同促渗作用[144]。

在驻极体促进环孢菌素 A 的体外经皮吸收研究中发现，–1000V PP 驻极体联用 1% 氮酮，药物的经皮渗透量较单用驻极体或单用化学促渗剂略有增加，但驻极体与 3% 氮酮或 5% 氮酮联用，药物的透皮速率和透皮量反而减小。将 ±500V PP 驻极体与 10% 油酸联用，环孢菌素 A 的体外累积透皮量分别是对照组的 13.33 倍和 12.94 倍，是单用促渗剂的 1.38 倍和 1.34 倍[145,146]。–2000V 驻极体与 10% 油酸乙酯联用、–500V 驻极体与 10% 甘油单油酸酯联用和 –1000V 驻极体与 1% 氮酮联用对环孢菌素 A 的经皮促渗量分别是对照组的 19.57 倍、8.87 倍和 6.38 倍。将 ±500V、±1000V 和 ±2000V 驻极体分别与 10% 油酸乙酯联用制备成含化学促渗剂驻极体环孢菌素 A 贴剂作用于 SD 大鼠 28h，结果显示：驻极体与化学促渗剂联合不仅能促进较大分子药物的经皮渗透 (各实验组大鼠体内药物的血药浓度高于对照组)，而且能较长时间维持体内的高血药浓度 (14h 左右)，具有显著的长效缓释作用。

在驻极体促进胰岛素的体外经皮吸收研究中发现，3% 氮酮和 7.5% 丙二醇对胰岛素具有较好的促渗作用。–1500V 驻极体与 3% 氮酮联用作用于胰岛素溶液 36h，透过正常大鼠皮肤的累积透皮量分别是对照组和 3% 氮酮组的 2.93 倍和 1.4 倍；积聚在皮肤角质层中的胰岛素含量分别是对照组和 3% 氮酮组的 12.5 倍和 3.2 倍；滞留在去角质层皮肤中胰岛素的含量分别是对照组和 3% 氮酮组的 4.38 倍和 1.4 倍，–1500V 驻极体与 3% 氮酮联用对胰岛素具有良好的协同促渗作用[141]。上述研究结果说明：驻极体与化学促渗剂联用会产生相互影响，其影响方式受促渗剂的种类和浓度、药物的性质，以及驻极体的表面电势等因素的影响，从而产生协同促渗或抑制促渗的结果。因此，驻极体和化学促渗剂的合理组合，可以有效调控药物的经皮释放速率和释放量，实现药物的可控释放。

3. 驻极体促渗作用的其他影响因素

众多的研究表明，驻极体对药物的促渗作用不仅与化学促渗剂有关，而且还与驻极体的极性和表面电势、药物的极性，以及药物贴剂的黏滞力密切相关。大多数情况下，驻极体表面电势绝对值越高，药物的经皮渗透量越大。将 –500V、–1000V 和 –1500VPP 驻极体分别作用于 5-FU 溶液，36h 的累积透皮量随表面电势增加而增加。然而，表面电势超过一定数值，也可能导致药物的经皮渗透量减少。–500V、–1000V 和 –2000V PP 驻极体分别作用于环孢菌素 A 饱和溶液，24h 药物累积渗透量分别是对照组的 1.2 倍、1.48 倍和 1.42 倍[145,146]。−1200V 驻极体对美洛昔康的透皮吸收有明显的促渗作用，而 −2000V 驻极体对美洛昔康的透皮促渗效果则不明显。这可能是因为，−1200V PP 驻极体产生的静电场能较持久地打开皮肤角质层的紧密排列结构，而 −2000V PP 驻极体则具有更强的皮肤结构修复能力。

不同极性驻极体对药物经皮渗透所表现出的不同效应与药物的极性密切相关。根据同性电荷相互排斥、异性电荷相互吸引的基本原理，负极性驻极体能更好地推动碱性条件下美洛昔康负离子从贴剂基质中释放，而正极性驻极体则对阳离子药物盐酸利多卡因具有更好的促渗作用。同样，负极性驻极体能促进 5-FU 的经皮渗透，而正极性驻极体对 5-FU 的经皮渗透具有抑制作用，且表面电势越高，抑制作用越强。这是因为，5-FU 溶液在碱性溶液中带负电，药物在负极性驻极体产生的静电场的排斥力作用下做定向运动，渗透进入皮肤。正极性驻极体虽然不能促进 5-FU 的经皮渗透，但是能使药物大量地滞留于皮肤深层组织，提高药物的局部治疗效果。

此外，药物的经皮渗透量与驻极体药物贴剂的性质及药物释放规律密切相关，研究结果显示：驻极体作用于 5-FU 贴剂 72h，5-FU 贴剂的持黏力 (内聚力) 略有下降。驻极体的表面电势越高，5-FU 贴剂的持黏力下降越多。驻极体与化学促渗剂联用可进一步降低药物贴剂的持黏力。贴剂持黏力的下降给贴剂内药物分子的迁移和运动提供了方便。驻极体通过适当降低贴剂的持黏力，改变药物在贴剂内的分布，增加贴剂的药物释放量，提高药物的经皮渗透量。

4. 驻极体促进药物经皮渗透的机制

在驻极体促进药物经皮吸收的研究基础上，相关的促渗机制研究也在不断进行中，并见诸报道，分别从组织、细胞、分子水平等方面阐述了驻极体促进药物经皮渗透的机制。驻极体作用于皮肤能够在皮肤两侧产生稳定的静电场，可逆地改变皮肤的显微结构。皮肤组织的显微和超微结构研究表明，驻极体作用后的大鼠皮肤角质层变薄，角质层中紧密排列的层状类脂的定向排列出现不连续性，细胞间隙增宽，毛囊口拓宽等，导致皮肤屏障功能减弱[147,142]。激光共聚焦显微镜的观察进一步证实，驻极体作用于涂抹有荧光素钠的大鼠皮肤后，皮肤角质层和毛囊处的荧光强度均较未经驻极体作用的皮肤有显著增加[148]。免疫荧光技术研究驻极体促进胰岛素透皮机制的结果表明：驻极体作用于经荧光探针标记胰岛素的体外经皮给药，胰岛素主要通过皮肤毛囊途径角质层进入真皮层和皮下组织，经皮肤角质层细胞间隙进入皮肤的胰岛素含量较少。因此，药物可以同时经由角质层脂质细胞间和毛囊通道经皮渗透，提高了药物透皮量和透皮速率。

驻极体在皮肤两侧产生的静电场不仅能作为物理促渗因子促进胰岛素等药物的经皮渗透，还能调控和修复病理状态下的皮肤结构。将负极性 PP 驻极体作用于糖尿病大鼠皮肤,光镜下可以观察到,随着作用时间的延长,皮肤表皮结构向正常状态转化,皮肤的屏障和保护功能逐步恢复[141,142]。

皮肤作为生物驻极体,具有压电和热释电性能,在外源性驻极体的静电场和微电流作用下,皮肤的驻极态、组织、细胞或分子等电结构会改变。热刺激放电(TSD)是研究驻极体材料微观介电特性的基本方法之一。驻极体作用于大鼠皮肤后,由皮肤的 TSD 电流谱分析得到,驻极体产生的静电场和微电流可以改变皮肤内电偶极子的空间取向和分子间非共价键的相互作用,引起皮肤表面的类脂双层的层状结构发生改变,使角质层类脂双层结构弛豫、增厚,并逐渐从有序态向无序态转变,引起皮肤受热过程中偶极子的退极化、非共价键的断链及其相关空间电荷定向运动并与镜像电荷复合量的减少。此外,驻极体还改变了大鼠皮肤类脂的层状排列和流动性,以及使蛋白质的空间结构从 α 螺旋结构向 β 折叠结构转变,从而导致皮肤组织的电分布和驻极态发生改变,进而降低角质层的皮肤屏障功能[149]。

驻极体对皮肤角质层中层状类脂双层的排列形态及蛋白质空间结构的影响,进一步由差示扫描量热(DSC)分析得到印证。驻极体作用后大鼠皮肤的 DSC 图谱(图 9.35、图 9.36)中,正常皮肤的三个特征相变峰的峰值和峰面积显著减少,说

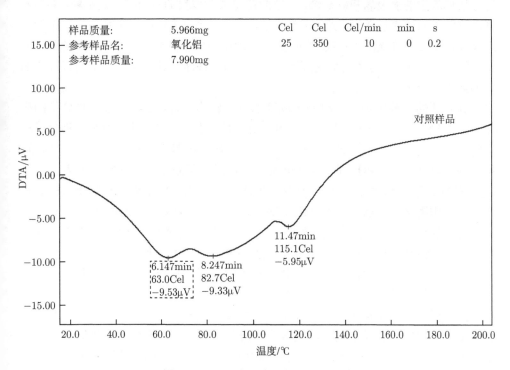

图 9.35 正常大鼠皮肤的 DSC 图谱

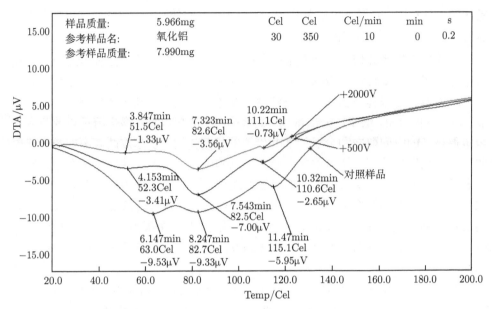

图 9.36   500V 和 2000V 驻极体作用下皮肤的 DSC 图谱

明驻极体产生的静电场和微电流, 一方面使得类脂双层的紧密排列被削弱, 类脂双层由凝胶态向液晶态转变, 提高了类脂的流动性, 另一方面改变了角蛋白纤维的空间构象, 由 α 螺旋结构的多肽肽链变成平行排列的多肽肽链, 形成了其邻近偶极子之间的相互排斥, 导致角质层细胞间质产生新的缺损, 改变了角质层层状类脂的排列结构[147,150]。

驻极体的外静电场不仅改变了皮肤的微观结构, 而且还能引起药物分子的极化, 改变药物分子的带电性和药物贴剂内分子间的相互作用, 从而改变药物分子在药物贴剂内的迁移率和释放率。药物分子在驻极体外静电场作用下的极化特性可用贴剂压电常数 d_{33} 和热刺激放电电流谱来表征。贴剂的 d_{33} 值越大, 贴剂内分子 (包括药物分子和基质分子等) 的极化强度越大, 分子的极化效应越强。例如, 正极性驻极体作用于环孢菌素 A 贴剂后, 均引起贴剂压电常数 d_{33} 的增加。d_{33} 增加的程度与驻极体的等效表面电势 (外静电场强度) 的大小密切相关[151]。而不同表面电势的正极性驻极体环孢菌素 A 贴剂的热释电电流谱也表明, 驻极体可引起环孢菌素 A 贴剂内模型药物的极化, 且极化程度随驻极体外静电场的增加和驻极体作用时间的延长而增大[152]。

驻极体的外静电场不仅可引起皮肤的微观结构和贴剂内药物的极化, 而且可改变贴剂的持黏力和贴剂内药物的分布。研究表明: ①驻极体可以降低环孢菌素 A 贴剂和 5-FU 贴剂的持黏力, 改变贴剂内的药物分布, 增加贴剂的药物释放量; ②驻极体环孢菌素 A 贴剂和驻极体 5-FU 贴剂的药物释放量均满足 Higuchi 方程,药物的释放量与驻极体的表面电势密切相关 (见式 (9.29))[131]，驻极体的表面电势越高，贴剂的药物释放量越大；③负极性驻极体环孢菌素 A 贴剂 (或负极性驻极体 5-FU 贴剂) 的体外药物释放量大于正极性驻极体环孢菌素 A 贴剂 (或正极性驻极体 5-FU 贴剂)，这与环孢菌素 A 和 5-FU 均带负电有关。

　　综上所述，驻极体促进药物经皮渗透的主要机制包括：①持续稳定的静电场作用于皮肤，引起表皮裂隙增大，角质层内的脂质双层排列弛豫，从而降低了角质层的渗透阻力；②静电场打乱了角质层细胞间脂质双层分子的定向排列，形成大量新的可逆性孔道，驻极体依赖其稳定的静电场维持孔道的持续开放，保持了药物透皮的高通量和可控性；③驻极体提供的微电流不仅可使角质层脂质排列有序性降低和流动性增大，而且可使角质层细胞间脂质和细胞膜形成暂时性的亲水孔道，有利于药物的透皮吸收；④驻极体外静电场不仅可降低贴剂的持黏力，而且可引起贴剂内药物的极化并改变药物在贴剂内的分布，促进和调控药物的释放。

　　驻极体促进药物经皮渗透兼具离子导入和电致孔技术的优点，且无需外电源，使用方便，生物安全性好，是一种潜在的有广泛应用前景的物理促渗技术，但是其促渗作用受较多因素的影响，更多的规律还有待进一步的探索和归纳总结。

9.4.8　驻极体对细胞迁移和增殖的影响

　　细胞的迁移、生长和增殖是重要的生命运动，它在哺乳动物的胚胎发育、创面修复、炎症反应等各种生理和病理过程中起着至关重要的作用。细胞通过定向迁移，精确地移动到特定的位置，从而分化增殖形成特定的组织结构。这一过程不仅受细胞骨架和结合蛋白的调控，而且受多种理化因素的影响。静电场是影响细胞的迁移、生长和增殖的重要物理因子。由于细胞是一类电偶极子，在外电场作用下细胞膜表面会产生极化现象从而导致细胞极化并影响细胞的迁移、生长和增殖。驻极体是一类优异的外源性静电场源，研究驻极体对细胞迁移和增殖的影响具有重要意义。

1. 驻极体对细胞定向迁移的影响

　　细胞迁移是指细胞通过胞体形变进行的定向移动，其中重要的物质基础和执行单位就是肌动蛋白 (actin)。肌动蛋白在细胞中有可溶性单体肌动蛋白 (G-actin) 和丝状肌动蛋白 (F-actin) 两种功能状态，G-actin 聚合成 F-actin 后使细胞伸出板状伪足和丝状伪足等突足，启动细胞运动。肌动蛋白相关蛋白 2/3 复合体 (actin related protein 2/3 complex, Arp2/3 complex) 能够与 F-actin 直接结合，并促进新的 F-actin 生成。而 Arp2/3 complex 的活性则受到多种成核促进因子的调节，其中，分布于突足的 Arp 2/3 complex 主要由 WAVE/Scar 来激活。

　　细胞的运动受多种因素调控，细胞通过感受细胞外定向信号 (如静电场) 朝特定的目标迁移。大量细胞学研究表明，细胞的迁移与生物体内的内源性电场密切相关，这种微小的直流电信号能指导细胞的定向迁移。当细胞感受到电信号的作用时，将产生首尾极性以确定运动方向，最后通过细胞骨架重排和膜的动态变化启动定向迁移。有观点认为：细胞的定向迁移依赖于细胞的极化。细胞的定向迁移通常被认为是由细胞前缘和尾端朝特定的电场方向极化或去极化引发的。不同细胞的极化方式各不相同，但电场引起的细胞极化最终都导致细胞膜上的脂质体和一些对电信号敏感的分子受体在细胞的前缘集聚，促进伪足的产生，从而引导细胞向特定方向迁移[153]。

据研究报道：人角膜上皮细胞、人皮肤角质细胞、人淋巴细胞、人神经干细胞和小鼠胚胎成纤维细胞在电场作用下向负极迁移，而人血管内皮细胞、颗粒细胞、人乳腺肿瘤细胞和人诱导多功能干细胞在电场作用下向正极迁移。进一步的研究表明：电场可以激活细胞内的多条通路，使细胞内的特定蛋白 (表皮生长因子受体、整合素蛋白、膜脂、离子通道蛋白等) 极化并感受胞外电信号，激活相应的下游分子使细胞极化并定向运动。

在烧伤和创伤创面愈合过程中，角质化细胞、成纤维细胞及巨噬细胞等关键细胞的定向迁移至关重要。9.4.4 节中的结果也表明：驻极体产生的静电场对加快上皮细胞、成纤维细胞等的定向迁移和促进创面愈合具有重要作用。为了进一步深入研究驻极体对细胞定向迁移的影响，涂晔等[24] 以巨噬细胞为实验对象，并将聚丙烯薄膜制备成 −2000V 驻极体。通过 Transwell 细胞跨膜迁移实验、细胞划痕实验和巨噬细胞形态观察，研究负极性驻极体对巨噬细胞定向迁移的影响。细胞划痕实验和细胞跨膜迁移实验结果显示：负极性驻极体可刺激巨噬细胞的定向迁移，提高细胞的迁移速度 (图 9.37、图 9.38)。驻极体的表面电势越高，细胞的迁移率越大。活细胞动态成像结果显示：经负极性驻极体作用的巨噬细胞发生延展、褶皱增多，生出板状伪足、丝状伪足等突足结构 (图 9.39)，使巨噬细胞的迁移能力加强。

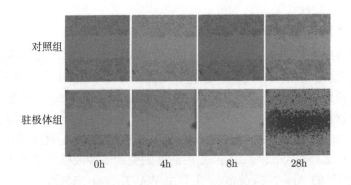

图 9.37 −2000V 驻极体作用下巨噬细胞的迁移 (划痕实验)

驻极体通过激活肌动蛋白提高巨噬细胞的定向迁移能力。此外，Qiu 等用注极后的
ITO 电极作用于大鼠骨髓基质细胞，发现正电极可促进细胞的贴壁吸附作用，减
少细胞间的散布和分化现象。

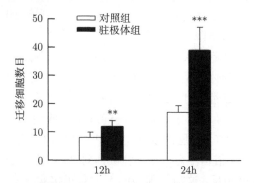

图 9.38　−2000V 驻极体作用下巨噬细胞的跨膜迁移 (Transwell 实验)

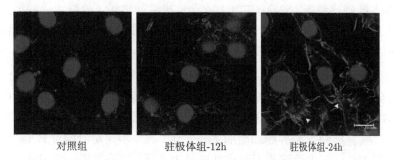

对照组　　　　　　　驻极体组-12h　　　　　　　驻极体组-24h

图 9.39　驻极体作用于巨噬细胞 12h、24h 后细胞形态改变 (红色为肌动蛋白)(后附彩图)

2. 驻极体对细胞增殖的影响

20 世纪 50 年代人们建立起细胞周期学说，细胞周期 (简称为 GSM 周期) 被
定义为间期 (G$_1$ 期＋ S 期＋ G$_2$ 期) ＋ M 期。G$_1$ 期为细胞分裂后期或 DNA 合
成前期，是细胞质复制的主要阶段。G$_1$ 期内细胞的主要活动为细胞内蛋白质的合
成、RNA 合成、多聚核蛋白体合成增多等。S 期即 DNA 合成期，主要功能是进
行 DNA 合成。细胞一旦进入 S 期，DNA 合成过程立即开始。G$_2$ 期即 DNA 合成
后期或细胞分裂前期。在细胞进入 G$_2$ 期后，DNA 含量已加倍，即具有 4 倍量的
DNA。M 期即细胞有丝分裂期，组织培养细胞分裂仍以有丝分裂方式进行增殖。M
期结束时已形成了两个细胞，是细胞增殖周期的终结期。从 M 期至第二周期开始
的间隙期称 G$_0$ 期。

已有研究结果指出：驻极体对成纤维细胞 (3T3 细胞) 和胃肿瘤细胞 (MKN)
的生长周期有着明显的调控作用。将 ±300V 和 ±1000V PTFE 驻极体作用于 3T3

细胞 24h、48h 和 72h，采用流式细胞仪和细胞电泳技术测定 3T3 细胞的生长周期和细胞表面的荷电量。结果显示：负极性驻极体作用于 3T3 细胞使细胞的电泳率和 S 期内的细胞数显著增加，3T3 细胞表面负电荷和 S 期内的细胞数的增加量与驻极体的表面电势成正比。负电性驻极体作用于 3T3 细胞 24h 后，G_1 和 G_2 期细胞的 DNA 含量较对照组下降，而 S 期细胞的 DNA 含量较对照组上升，这反映了细胞在 DNA 合成期和细胞分裂准备期内所需的时间在减少，并且细胞在 G_0 停留的时间也在缩短，充分体现了负电性驻极体对 3T3 细胞的生长周期有调控作用，且这种调控作用促进了细胞的生长。然而在相同的实验条件下，正电性驻极体却使 3T3 细胞的生长阻断于 G_1 期，使 G_1 期内的细胞数增加，G_2 期和 S 期中的细胞数减少，同时也减少了 3T3 细胞的表面电荷量，体现出正电性驻极体对 3T3 细胞生长有抑制作用[16,154]。值得注意的是，驻极体对 3T3 细胞的作用效果与驻极体对 MKN 的作用效果正好相反。这与美国布朗大学和贝尔实验室的科学家们发现利用正电性 FEP 驻极体作基片能促进胚胎期神经细胞恶性肿瘤的增殖[17]，以及严羚玮等[155] 将人肝肿瘤细胞 (SMMC7721) 置于负极性静电场下处理一段时间，发现静电场对人肝肿瘤细胞的增殖具有抑制作用，且这种抑制效果与电场强度和作用时间密切相关的研究结果相一致。

此外，将胶原/壳聚糖制备成复合生物驻极体材料用于 VeRo 细胞 (正常细胞) 和 HeLa 细胞 (肿瘤细胞) 的培养，结果显示：当胶原/壳聚糖复合生物驻极体带负电时能够有效地促进正常细胞的生长[156]。正电性胶原/壳聚糖复合生物驻极体作用于 HeLa 细胞能够抑制肿瘤细胞的生长。为了进一步阐明电场对 HeLa 细胞的作用规律，将 HeLa 细胞溶液置于负极性电晕电场下，结果发现：当 HeLa 细胞置于 $U \leqslant 2\text{kV}$ 的电晕电场下一定时间，可激发细胞活性，促进 HeLa 细胞的生长。当 HeLa 细胞置于 $U \geqslant 6\text{kV}$ 的电晕电场下时，能够抑制细胞的生长增殖，提高细胞的死亡率，不同强度单纯电晕负静电场对 HeLa 细胞生长可产生不同的促进或抑制效应。因此，合理应用不同极性的驻极体是今后研究工作中不应忽视的重要问题。

9.4.9　驻极体对细胞凋亡的影响

死亡意味着生命的终止，是生物界普遍的现象。细胞的死亡是指细胞生命的结束。在许多生物中，细胞的死亡有两种不同的形式。一种是坏死性或意外性死亡，它是由某些外界因素，比如局部贫血、高热以及物理、化学损伤和生物的侵袭等造成细胞急速死亡而结束其生命。另一种称为细胞凋亡 (apoptosis)，1972 年 Kerr 等建议用它来描述伴随细胞死亡的一系列形态学上固定的变化形式。它是指像秋天树叶凋谢一样，细胞在一定的生理或病理条件下，遵循自身的程序，自己结束其生命的过程，最后细胞脱落离体或裂解为若干凋亡小体，并被其他细胞吞噬。

细胞凋亡是由细胞内部机制引起或由外界某些因素诱导的结果。细胞凋亡的特征是细胞首先变圆,随即与邻近细胞脱离,失去微绒毛,胞浆浓缩,内质网扩张呈泡状与细胞膜融合,线粒体无大变化,核染色体密度增高呈半月形,并凝聚在核膜周边,核仁裂解,进而细胞膜内陷将细胞自行分割为多个外有膜包裹和内涵物不外泄的细胞凋亡小体 (图 9.40)。其生物化学反应主要是,细胞核内的 DNA 被核酸内切酶在核小体单位之间降解,产生若干个大小不一的寡核苷酸片断 (180~200 个碱基对的整数倍),在琼脂糖凝胶电泳上呈现梯状 DNA 区带谱。

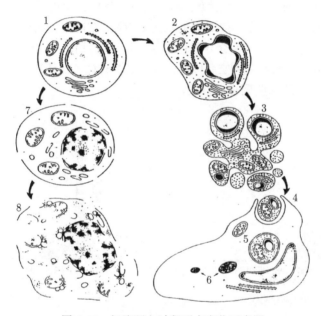

图 9.40 细胞凋亡过程形态变化示意图

1. 正常细胞有稀疏的胞浆和异核染色体; 2. 细胞体积变小,细胞器聚集,染色质凝集成半月形,周边化;
3. 细胞呈现沸腾运动,核裂解为小球,细胞凋亡小体发泡; 4. 细胞裂解为凋亡小体,被巨噬细胞吞噬;
5. 在溶酶体空泡内降解; 6. 进一步成致密残体; 7. 细胞坏死开始; 8. 核及其他细胞器裂解

细胞凋亡是细胞的一个生理性调节过程,细胞凋亡的分子调控障碍是肿瘤和自身免疫疾病发生的重要原因。最近的研究发现,某些肿瘤细胞可以通过人为地触发细胞凋亡而被清除,许多肿瘤治疗药物、X 射线和 γ 射线能引起细胞死亡也是通过细胞凋亡来实现的。驻极体不仅具有促进细胞增殖的能力,而且还能调控细胞的凋亡。将 −300V、−500V 和 −1000V 驻极体作用于 3T3 细胞 24h、48h 和 72h,通过流式细胞术和电子显微镜研究了负极性驻极体对成纤维细胞凋亡的影响。流式细胞术的研究发现:与对照组相比,−300V、−500V 和 −1000V 驻极体作用于 3T3 细胞 24h、48h 和 72h,细胞的凋亡量从 0.5% 增至 10%~15%(图 9.41)。细胞内钙离子浓度明显升高, 钙离子浓度的升高不是由细胞内钙池的释放, 而是由细胞外的钙内流所致[157]。电子显微镜的研究结果显示: 驻极体作用于 3T3 细胞 48~72h, 出现细胞凋亡特有的形态学特征, 即凋亡细胞表现为染色质浓缩, 呈块状聚集, 边集成月牙形, 细胞裂解, 可见凋亡小体[18]。驻极体促进细胞凋亡的效应与驻极体作用时间和电场强度呈正相关。负电性驻极体具有促进 3T3 细胞生长和诱导 3T3 细胞凋亡的双向调控作用。驻极体诱导细胞凋亡的机制是: 驻极体使细胞周期发生异常 (S 期阻滞), 阻滞 DNA 复制, 诱导 DNA 断链, 使 DNA 损伤, 诱导细胞凋亡。驻极体产生的静电场激活周期素依赖性酶, 增加细胞对凋亡的敏感性。驻极体产生的静电场改变了细胞的膜电势, 使细胞浆钙离子内流, 细胞内钙离子浓度迅速出现持续性升高, 钙作为细胞内信使介导或促进核酸内切酶活化, 降解 DNA 为 180~200 个碱基对的片段, 导致细胞凋亡。然而, 与负电性驻极体的作用效果相反, 正电性驻极体却有抑制上述细胞凋亡的作用。

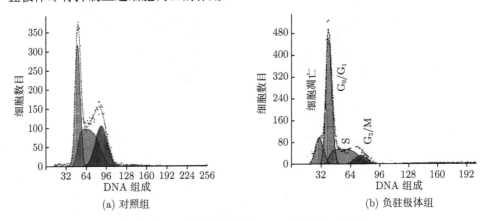

图 9.41　负电性驻极体对 3T3 细胞凋亡的影响

9.4.10　驻极体对胰岛素降糖效果的影响

糖尿病是由胰岛素分泌作用缺陷而引起的以高血糖为症状的自身代谢紊乱性疾病, 它能引起碳水化合物、脂肪和蛋白质的代谢紊乱, 成为继心脑血管疾病和肿瘤之后危害人类健康的"第三杀手"。糖尿病危害巨大, 长期血糖控制不佳的糖尿病患者可伴随各种器官 (如眼、心、血管、肾、神经等) 的损害、功能不全或衰竭, 患者的健康和生命受到威胁。糖尿病通常分成胰岛素依赖性糖尿病 (I 型) 和非胰岛素依赖性糖尿病 (II 型) 两大类。胰岛素依赖性糖尿病是自身免疫性疾病, 其主要发病原因是患者胰脏细胞受损导致胰岛细胞分泌胰岛素的功能受到破坏。胰岛素是机体内唯一降低血糖的激素, 也是治疗胰岛素依赖性糖尿病的主要药物, 它在控制糖尿病患者的血糖方面起着重要作用。

胰岛素是一种具有活性的蛋白类激素，容易被蛋白酶降解。由于胃肠道内存在大量消化酶，口服胰岛素往往在胃肠道内被分解而很难通过小肠上皮细胞被吸收进入体循环，导致胰岛素口服给药的生物利用度低下。为此糖尿病患者主要依赖于皮下注射方式获取外源性胰岛素。由于胰岛素在体内的生物半衰期较短，如要达到有效的降糖效果，需给患者多次皮下注射给药。长期反复皮下注射给药不仅可能在注射部位出现炎症、过敏、硬结和皮下脂肪萎缩等不良反应，而且还会引起耐药性和低血糖的发生，给患者带来极大的痛苦和不便。因此，胰岛素的非注射给药成为国内外学者的研究热点。胰岛素的非注射给药研究包括胰岛素缓控释透皮给药系统研究和胰岛素纳米粒研究等，其中，胰岛素缓控释透皮给药系统因具有避免胃肠道和肝脏的首过效应、维持平稳的血药浓度等特点，是人们研究的重点。胰岛素是亲水性极性大分子药物 (5807.69Da)，很难以被动扩散方式通过皮肤角质层的物理屏障进入皮肤到达血液循环系统。为此，借助于驻极体技术、离子导入技术、电致孔技术、微针技术以及两种技术的联合制备胰岛素缓控释透皮给药系统[158-160]。驻极体胰岛素透皮给药系统的研究是近几年的研究热点，目前驻极体胰岛素透皮给药系统的研究主要涉及驻极体对胰岛素结构的影响、驻极体对糖尿病大鼠皮肤结构的影响、驻极体胰岛素透皮给药系统的经皮渗透规律和驻极体胰岛素透皮给药系统的降糖效果等方面，有关驻极体胰岛素透皮给药系统的降糖机制研究以及临床应用研究正在探索中。驻极体胰岛素透皮给药系统的经皮渗透规律已在 9.4.7 节介绍。本小节简单介绍驻极体对胰岛素结构的影响、驻极体对糖尿病大鼠皮肤结构的影响和驻极体胰岛素透皮给药系统的降糖规律。

1. 驻极体对胰岛素结构的影响[141,161]

将胰岛素制备成驻极体胰岛素透皮给药系统作用于正常大鼠皮肤和糖尿病大鼠皮肤，研究胰岛素的体外透皮规律 (9.4.7 节)，结果显示驻极体具有促进胰岛素经皮渗透的作用。然而，在驻极体胰岛素透皮给药系统中，胰岛素的可控释放和经皮渗透始终处于驻极体产生的静电场中，电场对胰岛素的空间构象、带电特性和压电特性的影响直接关系到胰岛素的降糖路径和降糖效果，它对深入了解驻极体胰岛素透皮给药系统的降糖机制及其生物安全性具有重要作用。

将 $\pm 500V$、$\pm 1000V$ 和 $\pm 1500V$ 驻极体作为静电场源作用于猪胰岛素溶液一定时间，通过非变形垂直凝胶电泳、氢核磁共振谱、傅里叶红外吸收光谱和胰岛素贴剂 d_{33} 系数的测量，研究静电场对胰岛素极化特性、压电特性和空间结构的影响。对胰岛素贴剂 d_{33} 系数的测量结果 (图 9.42) 显示：①在实验周期内胰岛素贴剂 (经表面电势为 0V 驻极体作用) 的 d_{33} 值很小，胰岛素 (pH=7.4) 处于自然弱极化带电状态。②经 $\pm 500V$、$\pm 1000V$ 和 $\pm 1500V$ 驻极体作用 0~8h，胰岛素贴剂的 d_{33} 值没有发生明显变化，说明胰岛素在外静电下极化具有滞后效应。③不同表面电势驻极体作用于胰岛素贴剂 8h 以后，各组贴剂的 d_{33} 值随时间按指数规律快速上升，随着不同表面电势驻极体作用于胰岛素贴剂的时间从 12h 增加到 24h，胰岛素贴剂的 d_{33} 值略有增加但增幅有限。在此区域内经电场作用，胰岛素的极化基本趋于饱和。④与未经外电场驻极体作用的胰岛素贴剂相比，500V、1000V 和 1500V 驻极体作用于胰岛素贴剂 12h 的 d_{33} 值分别提高 15.7 倍、21.3 倍和 32.0 倍，说明胰岛素在驻极体外电场作用下被极化，且极化程度与驻极体外静电场 (或表面电势) 成正比。相同表面电势，正极性驻极体引起胰岛素的极化程度大于负极性驻极体。

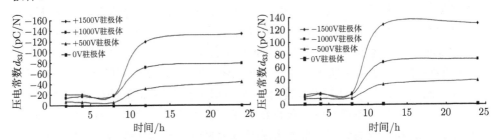

图 9.42   驻极体作用于胰岛素贴剂的压电常数 d_{33} 随时间的变化

利用非变形垂直凝胶电泳技术研究驻极体对胰岛素结构影响的结果 (图 9.43) 显示：①与 Mark 蛋白分子量相比，经不同强度静电场作用的胰岛素在 Mark 蛋白 10 kDa 上方附近出现明显的条带，说明胰岛素的分子量均在 14400Da 之下；②经电场作用胰岛素的分子量及其存在形式与未经电场作用胰岛素无明显差异，胰岛素主要以单聚体和二聚体的形式存在，并以二聚体居多；③驻极体产生的外静电场不能显著改变胰岛素的一、二级结构。

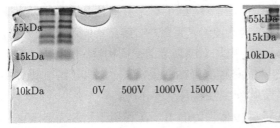 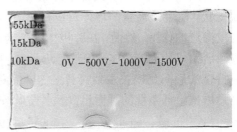

图 9.43   经驻极体处理的胰岛素的凝胶电泳图谱

通过氢核磁共振技术研究驻极体对胰岛素结构影响的结果 (图 9.44) 显示：①与未经电场处理胰岛素溶液的氢核磁共振图谱相比，+1000V 驻极体和 −1000V 驻极体作用 12h 胰岛素的氢核磁共振图谱中的众多峰群所对应的化学位移没有发生明显偏移，且峰形相似，除 2.41 峰和 2.50 峰的峰值和峰面积略有增加外，其他氢核磁共振吸收峰的峰面积均有不同程度的减少, 尤其是 0.73 峰的峰值和峰面积减少比较明显。②−1000V 驻极体组中位于 0.73 峰的强度略低于 +1000V 组。这说明, 经 +1000V 驻极体和 −1000V 驻极体处理胰岛素的周围化学环境没有发生明显改变, 胰岛素的一级和二级空间结构也未发生明显变化, 但胰岛素的高级结构在不同极性电场的作用下略有变化; 氢核磁共振图谱中 0.73 峰主要与色氨酸 (Tyr) 和苯丙氨酸 (Phe) 中的 CH_3 相关, 2.41 峰和 2.50 峰主要对应谷氨酸的 $\beta, \gamma\text{-}CH_2$ 基团, 其他吸收峰主要涉及赖氨酸、精氨酸、酪氨酸和组氨酸等氨基酸中 $\beta, \gamma, \delta\text{-}CH_2$ 的氢核磁共振吸收峰。相关吸收峰峰面积的增加和减少表明胰岛素结构中氢键网络的改变, 氢键网络的变化 (特别是 CH_3 的减少) 改变了胰岛素的极化状态和胰岛素分子间的静电相互作用, 从而适当提高了胰岛素结构中单聚体的比例。

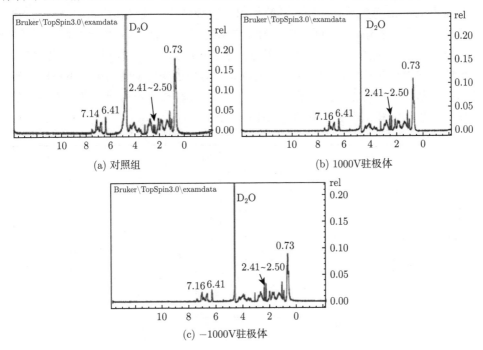

图 9.44　经驻极体处理胰岛素的氢核磁共振谱

利用傅里叶红外吸收光谱研究驻极体对胰岛素结构影响的结果 (图 9.45) 显示: ①胰岛素溶液的傅里叶红外吸收光谱在 500~4000cm^{-1} 范围内出现一系列吸收谱峰。位于 3311cm^{-1} 处的宽而强的吸收带是由胰岛素分子中 O—H 键的振动吸收产生的, 位于 2300~2400cm^{-1} 位置上的弱小吸收峰由 N—H 键伸缩振动所形成, 同时 N—H 键面外弯曲振动在红外光谱中出现位于 600~700cm^{-1} 的中等强度的宽吸收峰。胰岛素分子中 NH_3 键的不对称振动和弯曲振动分别在 1655cm^{-1} 和

1515cm^{-1} 处出现相应的红外吸收峰。②在经 +1000V 驻极体作用胰岛素溶液和经 −1000V 驻极体作用胰岛素溶液的红外吸收光谱中，除了位于 2300~2400cm^{-1} 峰位的吸收峰逐步消失以外，胰岛素溶液、经 +1000V 驻极体作用胰岛素溶液和经 −1000V 驻极体作用胰岛素溶液的红外吸收光谱的峰位、峰强及峰形都基本一致。这说明经 +1000V 驻极体和 −1000V 驻极体作用胰岛素分子的基本结构没有发生改变，2300~2400cm^{-1} 峰位吸收峰的逐步消失 (−1000V 驻极体作用胰岛素在此区域的吸收较 −1000V 驻极体作用胰岛素小) 进一步说明驻极体外电场可能部分改变胰岛素分子间的相互作用。这是因为胰岛素分子由 A、B 两条肽链形成三个二硫桥分子的基本结构，并通过复杂的氢键网络保持其空间结构的稳定。在胰岛素的氢键网络中，螺旋氢键结合的 NH 和 CO 主链是维持分子构象的基本因素，非螺旋氢键是维系局部特征并具有结构和功能作用的次级结构。驻极体产生的外电场引起了胰岛素分子的极化，一方面改变了胰岛素结构中的氢键网络，另一方面改变了胰岛素分子间的分子作用力和静电作用力，分子作用力和静电作用力的改变将进一步影响胰岛素二聚体结构的稳定性，从而适当提高了胰岛素结构中单聚体的比例，这对提高胰岛素的降糖效果具有重要意义。这与经驻极体作用胰岛素核磁共振谱、非变性凝胶电泳和压电参数的实验结果相一致。

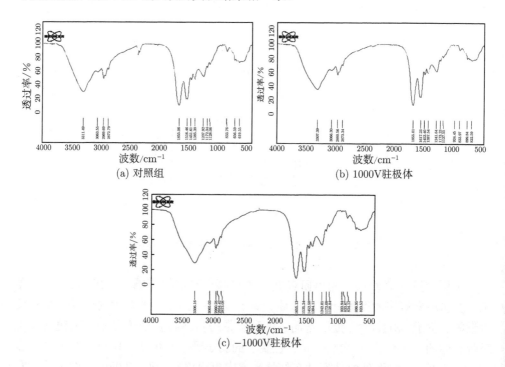

图 9.45　经驻极体处理胰岛素的傅里叶红外吸收光谱

2. 驻极体对糖尿病大鼠皮肤结构的影响[141,142]

糖尿病是全身代谢性疾病，糖代谢紊乱和细胞外糖堆积经常引起糖尿病患者皮肤的病理性改变。例如，糖尿病初期患者的皮肤变薄、角质层屏障作用减弱、机体内组织和器官易受外界有害因素的损伤，体内水分、电解质和营养物质容易丢失。糖尿病后期患者可见多种皮肤损伤、真皮微血管和神经病变，结果导致严重的局部感染甚至组织坏死。合理利用糖尿病患者的皮肤结构和修复糖尿病患者的皮肤结构，对提高驻极体胰岛素透皮给药系统的药物经皮转运效率和改善糖尿病的治疗效果具有重要作用。

以糖尿病大鼠为研究对象，将 −1500V 驻极体和 +1500V 驻极体分别作用于糖尿病大鼠 4~8h，利用 HE 染色观察糖尿病大鼠皮肤的显微结构，借助于 Image J 软件测量糖尿病大鼠皮肤组织的各层厚度，系统研究驻极体对糖尿病大鼠皮肤显微结构的影响。由图 9.46 可见，与正常大鼠皮肤的显微结构相比，糖尿病大鼠皮肤的表皮角质层组织变薄，角质层之间连接松散，疏松的角质层外层几乎全部脱落，游离于活性表皮，且角质细胞层间距离增大，部分区域尚可见角质层只有一层与表皮相连，表皮细胞层次欠清晰，部分表皮缺乏复层排列，皮下脂肪及真皮层胶原网状结构进行性萎缩或消失。用 Image J 软件测量正常大鼠皮肤和糖尿病大鼠皮肤厚度的结果显示：糖尿病大鼠皮肤角质层和表皮厚度分别是正常大鼠皮肤角质层和表皮厚度的 60% 和 28%。糖尿病大鼠皮肤变薄的主要原因有：①糖尿病大鼠皮肤内胶原纤维变细或减少，部分表皮细胞复层排列缺失，且皮肤组织浸润大量炎性细胞，棘细胞减少，皮下组织脂肪萎缩或消失造成了糖尿病大鼠皮肤的变薄。②糖尿病大鼠体内高浓度的糖物质抑制了糖尿病大鼠皮肤组织中细胞的代谢和更新。例如，在糖尿病大鼠皮肤中的细胞周期处于 S 期的细胞与细胞周期处于 G_2/M 的细胞的比值明显少于正常大鼠皮肤组织中的 $S/(G_2/M)$ 值。③糖尿病大鼠皮肤内成纤维细胞生长因子的明显减少和过氧化酶的大量增加抑制了皮肤组织细胞的更新及创面愈合，糖尿病大鼠皮肤逐渐发生生理和病理的改变。

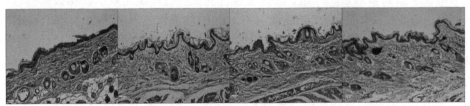

(a) 正常大鼠皮肤　　(b) 糖尿病大鼠皮肤　　(c) −1500V驻极体作用4h (d) −1500V驻极体作用8h

图 9.46　正常大鼠皮肤、糖尿病大鼠皮肤、−1500V 驻极体作用糖尿病大鼠皮肤的显微结构
(HE,×40)

与糖尿病大鼠皮肤的显微结构相比，经 −1500V 驻极体作用于糖尿病大鼠 4h 后，糖尿病鼠大鼠皮肤角质层略微疏松、增厚，复层排列明显，但排列仍较为松散，表皮细胞排列层次较为清晰。−1500V 驻极体作用于糖尿病大鼠皮肤 8h 后，皮肤角质层明显疏松、增厚，活性表皮增厚，表皮细胞排列层次较紧密，真皮层胶原网状结构清晰，皮下脂肪组织和结缔组织部分恢复明显。经 −1500V 驻极体作用于糖尿病大鼠皮肤 8h 后，糖尿病大鼠皮肤角质层和表皮分别增厚了 0.14μm 和 5.4μm。经 +1500V 驻极体作用于糖尿病大鼠 4~8h，大鼠皮肤显微结构的变化规律与负极性驻极体的作用规律相似，皮肤角质层略有增厚，表皮层和真层细胞排列有序性增强。为此，驻极体具有改善和修复糖尿病大鼠受损皮肤结构的作用，糖尿病大鼠皮肤结构的改善与驻极体的作用时间呈正相关。

3. 驻极体胰岛素透皮给药系统的降糖规律[168]

将胰岛素制备成驻极体胰岛素透皮给药系统，驻极体产生的静电场可引起胰岛素的极化，并使胰岛素经皮肤毛囊透过大鼠皮肤集聚于皮肤组织内，逐步进入体循环。由于电场会引起胰岛素的极化和改变胰岛素分子间的相互作用力，因此电场对胰岛素降糖效果和生物安全性的影响引起了人们高度关注，但相关问题的研究结果至今鲜见报道。

为了探索电场对胰岛素降糖效果的影响，以糖尿病大鼠为实验动物，分别以 −500V、500V、−1000V、1000V、−1500V 和 1500V 驻极体作为电场源，将经不同表面电势驻极体作用 4h、10h、12h 和 24h 的胰岛素 (pH=7.4) 经腹部注射入糖尿病大鼠，经 0.5h、1.5h、3h、4.5h、6h、8h、10h、12h 和 24h 分别抽取大鼠尾静脉血并利用血糖仪系统观察经驻极体外电场作用胰岛素的降糖效果。实验结果显示：①在实验周期内，糖尿病大鼠的血糖值始终维持在 20~26mmol/L(正常大鼠血糖值为 5~6mmol/L)，是较理想的糖尿病模型动物。②经 ±500V 和 ±1000V 驻极体处理 12h 的胰岛素注入实验动物体内，24h 内大鼠的血糖变化规律与胰岛素溶液 (未经电场处理) 治疗组大鼠的血糖变化规律相似，且经驻极体作用胰岛素的降糖效果优于胰岛素溶液治疗组。③经负极性驻极体处理胰岛素的降糖效果符合以下规律，−500V 驻极体处理胰岛素 > −1000V 驻极体处理胰岛素 > 胰岛素溶液 > −1500V 驻极体处理胰岛素。经正极性驻极体处理胰岛素的降糖效果符合以下规律，1000V 驻极体处理胰岛素 > 500V 驻极体处理胰岛素 >1500V 驻极体处理胰岛素 > 胰岛素溶液。④经静电场处理胰岛素的降糖效果与电场的处理时间相关，电场处理小于 4h，胰岛素的降糖效果与未经电场处理胰岛素的降糖效果基本一致，电场处理大于 8h，胰岛素的降糖效果明显增加且与电场处理时间基本无关。⑤500V 驻极体和 1000V 驻极体作用 12h 胰岛素注射糖尿病大鼠体内 0.5h 后，糖尿病大鼠的血糖浓度分别为 5.75mmol/L 和 3.58mmol/L，驻极体作用 12h 胰岛素注入糖尿病大鼠体内 8h 后，大鼠的血糖浓度分别为 9.48mmol/L 和 7.17mmol/L，分别比胰岛素治疗组大鼠血糖浓度下降 6.3% 和 29.3%。1000V 驻极体作用胰岛素的快速降糖能力和长效降糖效果优于 500V 驻极体作用的胰岛素，然而 500V 驻极体作用胰岛素引起糖尿病大鼠出现低血糖的现象好于 1000V 驻极体作用的胰岛素。⑥驻极体提高胰岛素的降糖效果具有有效电压作用窗。

由此可见，驻极体产生的静电场通过引起胰岛素的弱极化，改变了胰岛素的带电特性，增加了胰岛素单体间的静电排斥力，减弱了胰岛素单体间的凝聚力和聚合程度，有利于胰岛素单体的形成，一定程度上有效提高了胰岛素的降糖效果。驻极体提高胰岛素的降糖效果具有一定的有效作用电压窗，合理利用驻极体的外静电场效应可有效提高胰岛素的降糖效果。驻极体提高胰岛素的降糖作用及其安全性为研制驻极体胰岛素透皮给药系统奠定了良好的基础。

9.4.11 驻极体其他生物医药应用

驻极态是生物体的基本属性。研究表明：生物组织驻极态的改变会引起相关组织疾病的发生和发展。利用驻极体的静电效应和微电流效应，可修复生物体受损组织的驻极态，以达到治疗疾病的目的。修复受损组织的驻极态已成为驻极体治疗疾病的主要机制。

1. 驻极体促进移植肌功能的恢复

早在 1920 年 Ingvars 就开展了电场对神经影响的研究，他发现电场对神经纤维的传导方向起着重要作用，它直接影响神经的生长。Marsh 等首先开展了电场对脊髓轴突再生的研究，体外实验结果显示：在电场阴极处有脊髓轴突的生长。1981 年 Borgens 通过鳗鱼实验完成了电场对脊髓轴突再生的体内实验，并且发现电场具有促进脊髓轴突再生的作用。1986 年 Borgens 用电场对哺乳动物豚鼠脊髓后柱轴突进行实验，证明了脊髓轴突在电场作用下，由脊髓损伤处的远处向近处生长。1988 年 Fehling 再次证实了电场具有促进脊髓轴突再生的作用。

迄今为止，电刺激仍是促进神经纤维再生的常用方法。将 −500V 驻极体置入狗体内对吻合血管神经的游离肌肉移植体进行长时间电刺激的实验结果显示：驻极体能促进神经细胞轴突的再生，刺激细胞增殖和髓鞘形成。驻极体能使组织中血管数量增加，口径增粗，改善微循环，加速组织周围神经再生，使移植肌的新生动作电位出现提早，移植肌获得神经支配的时间提前，肌收缩力和肌重量恢复加快，肌纤维数量和肌纤维神经间神经纤维较多，毛细血管丰富，并能找到新生运动终板。此外，驻极体对肌细胞的刺激作用，使细胞中的 DNA 和胶原合成加快，促进细胞再生，维持受损细胞的正常代谢，防止或延缓肌萎缩[162]。此外，以 28 只成年家狗为实验动物，做吻合血管神经的游离股直肌原位移植，同时予以局部负极性驻极体和全身川芎治疗，治疗后的移植肌的电生理指标得到明显改善，肌力提高约 17%，肌纤维数量增多，肌纤维间神经纤维多，毛细血管丰富[9]。驻极体能有效促进移植肌功能的恢复，这在整形、美容和康复的治疗中必将起着积极的作用。

2. 驻极体的经络效应

我国传统医学理论体系的核心是经络藏象学说。它经过几千年的医疗实践已被证明是有效的。所谓经络藏象学说是以原始的经络为基础，结合了与脏腑、气血、津液等理论的经络藏象相关的学说。经络是经脉、络脉及其连属部分经筋和皮肤的总称，它们共同构成了人体表里内外无所不包的大网络 (经络系统)。藏象涉及五脏六腑，五脏间存在着五行生克关系，形成了一个具有多反馈的复杂系统。经络作为信息通道，内联脏腑，外络肢节，有着明确的循行路线。经络系统的生物物理学研究显示：经脉线具有低阻特性，经穴也具有低阻特性。穴位是生物体电磁场的活动点和敏感点，而经络则是生物体电磁场传输的通道。生物体本身存在微电流，细胞膜内外、细胞之间都存在微电流，而体表微电流通道和经络相一致。研究结果还指出：沿经络生物阻抗最小。

如果用驻极体刺激生物体的某些穴位，在穴位处不仅可长期地提供稳定的静电场，而且在局域区可形成微电流，微电流沿经络传递并经过经络产生生物放大作用，从而产生一定的生物学效应。内关穴是联络心血管系统的主要穴位，如果用驻极体刺激该穴位，则对微血管有双向调节作用，从而可改善血液循环，促进细胞分化，延缓细胞衰老，延长血细胞的寿命。将 −300V 驻极体置于家兔内关穴三个月，给家兔内关穴长时间刺激，家兔的血红蛋白量较正常家兔的血红蛋白量增加 83.8%，白细胞数较正常家兔增加 54.4%，体重也增加 21.2%，这充分显示，驻极体通过内关穴施加电刺激可以达到促进家兔生长发育的目的[163]。

关元穴联络肝肾，是强壮穴。驻极体刺激该穴位能提高机体的免疫力和生理功能，改善睾丸及性器官发育，促进动物的生殖能力。将负电性驻极体薄膜植于大白兔拟人关元穴皮下。经三个月的实验显示：兔子的体重、睾丸重分别比对照组 (不用负电性驻极体组) 增加 21.4%和 30.5%。一次射精的精液量和精子成活率分别比对照组增加 38.7%和 11.0%，而精子畸形率较对照组下降 6.2%。驻极体作用的兔子的曲细精管的直径增大，生精细胞数增加。驻极体刺激相关穴位对动物发育和生殖能力有促进作用[164]。

3. 驻极体纳米药物

纳米粒是一类以天然或合成高分子材料为载体的固态载药胶体微粒 (粒径为 10~1000nm)，纳米粒主要包括纳米囊和纳米球两大类。纳米囊为膜壳型，由外壳和内核组成，药物主要溶解或分散在核内。纳米球为骨架型，药物吸附在其表面或分散于其中。纳米给药系统 (或纳米粒) 是近年来发现的新型给药系统,具有提高药物的稳定性、降低药物的毒副作用,以及缓控释和给药灵活等优点,特别适合于胰岛素、蛋白质和疫苗等大分子药物的经皮给药。目前,驻极体纳米药物的研究主要集中在驻极体对纳米粒制备的影响和驻极体纳米药物经皮给药两个方面。

在驻极体对纳米粒制备影响方面的研究主要集中在驻极体产生的静电场对胰岛素纳米粒制备的影响等方面。壳聚糖是一种天然存在的聚阳离子碱性多糖,壳聚糖与聚阴离子 (如胰岛素、蛋白质等带负电分子) 反应可以组装成纳米粒,且具有较高的药物包封率。季铵化壳聚糖是壳聚糖的一种衍生物,与壳聚糖相比具有更好的溶解性。以胰岛素为模型药物,以季铵化壳聚糖为载体,在驻极体外电场作用下采用离子交联法制备载胰岛素季铵化壳纳米粒,研究驻极体外电场对纳米粒制备的影响。采用离子交联法制备的纳米粒形态规则 (呈球形或类球形),粒径较小 (平均 63.26nm),Zeta 电势为 33.1mV,药物的包封率较好 (37.9%),缓释效果良好 (24h 的累积释放量为 63.8%),适用于经皮给药研究和临床应用。

根据季铵化壳聚糖、胰岛素的固有带电特性和纳米粒制备的基本原则,在 1500V 驻极体作用下采用离子交联法制备了载胰岛素季铵化壳聚糖纳米粒。纳米粒的外形呈球形或类球形,粒径大小分布比较均匀 $((66.11\pm3.28)nm)$,分散度好,驻极体没有改变纳米粒的基本形态。与无电场条件下制备的纳米粒相比,电场下制备的纳米粒的 Zeta 电势明显增加 (36.02mV),胰岛素的包封率 (50.95%) 和载药量提高 1.34 倍。驻极体具有改善纳米药物物理特性和增加纳米药物载药量的作用[143]。此外,在 1500V 驻极体作用下制备的纳米粒体外经皮渗透 36h,其累积透皮量较正常条件下制备纳米粒的累积透皮量提高 5.39%。

在驻极体纳米药物经皮给药研究方面,分别将聚丙烯制备成 $\pm500V$、$\pm1000V$ 和 $\pm1500V$ 驻极体,以正常大鼠和糖尿病大鼠皮肤为研究对象,以猪胰岛素为模型药物制备胰岛素纳米粒,借助于体外透皮给药实验研究驻极体对胰岛素纳米粒体外透皮的影响,研究结果显示:①纳米粒经正常大鼠皮肤体外透皮 36h,胰岛素的累积透皮量为 $24.56\mu g/cm^2$。500V、1000V 和 1500V 驻极体分别联合纳米粒作用于正常大鼠皮肤 36h,胰岛素的累积透皮量分别为 $27.92\mu g/cm^2$、$34.18\mu g/cm^2$ 和 $39.73\mu g/cm^2$,其中,1500V 驻极体联合纳米粒组胰岛素的累积透皮量是纳米粒组的 1.62 倍。正极性驻极体具有促进纳米粒经皮渗透的作用,这种作用与驻极体表面电势的大小正相关。②负极性驻极体联合纳米经皮给药的透皮规律与正极性驻极体联合纳米粒的透皮规律相反。这是因为季铵化壳聚糖纳米粒的 Zeta 电势为正电势,正极性驻极体产生的静电排斥力推动载药纳米粒穿过角质层进入皮肤,而负极性驻极体产生的静电吸引力阻碍了载药纳米粒穿过角质层进入皮肤[165]。③正极性驻极体联合纳米粒经糖尿病大鼠皮肤的透皮给药量较经正常大鼠皮肤的透皮给药量更大。

以异硫氰酸荧光素标记牛血清白蛋白 (FITC-BSA) 和超氧化物歧化酶 (SOD) 为模型药物, 以季铵化壳聚糖为载体, 分别制备 FITC-BSA 纳米粒和 SOD 纳米粒, 借助于体外透皮实验研究正极性驻极体对 FITC-BSA 纳米粒和 SOD 纳米粒体外透皮的影响, 研究结果显示[24]: ①与 FITC-BSA 纳米粒的透皮量相比, 2000V 驻极体联合 FITC-BSA 纳米粒可以显著提高 FITC-BSA 的透皮量, 24h 的累积透皮量是纳米粒组的 1.12 倍。此外, 2000V 驻极体联合 FITC-BSA 纳米粒可以增加药物在皮肤内的储存量和改善药物在皮肤内的分布。②2000V 驻极体可以促进 SOD 纳米粒的经皮吸收和增加药物在皮肤内的储存量。在体动物实验结果进一步显示, 2000V 驻极体 SOD 纳米药物具有良好的局部抗炎效果。③正极性驻极体促进纳米粒经皮吸收的效果与驻极体的表面电势成正相关。正极性纳米药物的表面电势越高, 其经皮渗透量越大, 疾病的治疗效果越好。

4. 驻极体技术在人工血液制备中的应用

以脂质体包封血红蛋白作为人造红细胞开展人工血研究是一项重要的研究课题。脂质体包封血红蛋白的主要特点是: 包封在脂质体内的血红蛋白含量高, 没有化学改性、不易变性、黏度低, 循环周期长, 可以控制对氧的亲合力。然而, 脂质体包封的血红蛋白存储不稳定、易集结、易融合, 血红细胞易在循环中泄漏。为了提高脂质体包封血红蛋白的稳定性, 需从脂质体的配方、表面化学修饰、双层膜的物化特性等方面进行考虑, 以期改变脂质体包封血红蛋白的表面电荷和表面特性, 减少与人体血液的不相容性, 防止血栓形成。已有研究成果显示[36]: 用驻极体技术对脂质体包封血红蛋白进行极化处理, 可调整其带电特性, 使其与生物环境相适应。用驻极体技术对脂质体包封血红蛋白的表面性能进行合理改性, 还可增加血液红细胞的膜电位, 减少红细胞的聚集, 改善红细胞及血液的流变性, 从而有效地抑制体外血栓形成, 使人造血与人体血液呈现出良好的相容性。用驻极体方法提高脂质体包封血红蛋白的质量, 可有效地抑制血栓形成, 推动脂质体包封血红蛋白的研究向生物体内灌注方向发展。它是生物驻极体用于临床医学的一种新探索, 也为新的生物介入疗法提供了有益的临床依据。

5. 驻极体食品保鲜

随着社会的发展, 人民对物质生活的需求已从数量型向质量型转变, 蔬果保鲜和食品保鲜已成为当今社会和海军部队亟待解决的重要问题。生鲜蔬果食品保鲜的关键是抑制蔬果的呼吸, 防止其老化, 抑制水分丢失, 保持质感, 杀菌消毒, 防止细菌感染, 抑制蔬果酶活性, 延缓后期成熟等。熟食产品 (或半熟制品) 的保鲜主要是防止细菌感染等。为此, 防止细菌感染是蔬果保鲜和食品保鲜面临的共同问题。

　　传统的生鲜蔬果食品保鲜以化学和冷藏为主，但这些方法都存在各种局限性，同时保鲜效果和时间也不尽理想，要真正使蔬果市场实现跨地区、跨季节供应，以及满足海军部队走向深蓝的食品保障需求，必须研发有前途的物理保鲜技术。现有的物理保鲜技术有：低温保鲜技术、辐照保鲜技术和气调保鲜技术等。低温保鲜技术是通过降低温度，抑制腐败微生物的繁殖，同时降低蔬果的呼吸强度，达到延缓蔬果的氧化和腐烂速度。其缺点是能耗多，不能抑制"嗜冷菌"的繁殖，保存时间较短。辐射保鲜是通过 ^{60}Co 产生的 γ 射线、电子加速器产生的 β 射线和 α 射线对贮存物进行辐照，抑制蔬果的后熟和发芽，缺点是辐照剂量难于掌握和造成射线污染，以及会引起蔬果蛋白质的变异，导致食品酸败。气调保鲜是改变贮存环境的气体成分，如填充氮气和二氧化碳，使贮存环境中含氧量从 21% 降到 3%～2%，二氧化碳含量由 0.03% 上升到 3%，这样抑制了蔬菜和水果的呼吸强度，延缓其衰老和变质。这种方法成本低，保鲜时间较长，近 40 年来发展迅速。但气调保鲜不能杀死微生物，某些细菌仍能大量繁殖。

　　为了寻求更好的保鲜技术，多年来人们尝试利用驻极体来抑制微生物和细菌的活性，抑制蔬果的呼吸，降低其新陈代谢和水分的挥发，达到蔬果和熟食制品保鲜的目的。驻极体 (静电) 保鲜的优点是耗能低、无污染、保鲜时间长、保鲜效果理想，不仅可望实现蔬果跨地区、跨季节供应，而且可为海军部队完成远航任务提供新鲜食品保障。

　　将表面电势为 −1500V 和 −3000V 的驻极体分别制成食品包装袋作用于大肠杆菌溶液和沙门氏菌溶液 12h、24h 和 48h 后，取菌液置于 37℃ 恒温培养箱内培养 2 天，研究负极性驻极体的抑菌灭菌效果。研究结果显示：−3000V 驻极体食品包装袋作用于大肠杆菌溶液和沙门氏菌溶液 48h，对大肠杆菌和沙门氏菌的杀灭率分别达到 95.87% 和 88.76%。驻极体的表面电势越高和驻极体的作用时间越长，驻极体食品包装袋的灭菌效果越佳。

　　常温下将午餐肉置于 −3000V 驻极体食品包装袋内 (袋口不封闭)3h、6h 和 12h 后，按照国家肉类食品安全标准检测午餐肉中的菌落总数随时间的变化。结果显示：置于 −3000V 驻极体食品包装袋内 12h 的午餐肉的菌落总数符合食品安全标准 (菌落总数未超标)，而在常温下存放 6h 和 12h 的午餐肉，其菌落总数分别超标 2 倍和 3 倍以上。此外，将白切鸡置于驻极体保鲜袋 (表面电势在 600～1000V) 内 1～6 天后，通过检测假单胞菌属微生物的种类和含量研究驻极体对白切鸡中微生物生长的影响，结果显示：白切鸡中的微生物具有多样性，假单胞菌是白切鸡中的主要腐败微生物，驻极体产生的静电场具有延缓微生物生长的作用。静电场对微生物菌株的影响主要是通过改变微生物及其生物大分子的电荷分布、干扰酶与底物分子的结合、影响细胞的正常代谢来实现的。静电场对微生物生长的影响存在种属差异性。

　　负极性驻极体多孔薄膜不仅具有抑菌灭菌和延缓微生物生长的作用，而且还具有抑制蔬果呼吸，降低其新陈代谢和水分挥发的作用，从而可抑制或延缓蔬果和食品的腐烂，适用于蔬果和食品的保鲜。多年的实践还表明：驻极体产生的静电场或其他方式形成的静电场对青豌豆、蕃茄、杨梅、西瓜等蔬菜和水果具有良好的保鲜作用。静电场处理的杨梅在自然情况下可延长 2 天的保存时间，在冷藏情况下可延长 12 天，且保持杨梅表面的光泽。而静电场处理的青豌豆在自然情况下存放能从 20 天延长至 28 天，且外观保持鲜绿色。切块西瓜比自然贮藏延长 4 天，野生和人工食用菌保鲜达一个星期以上。静电场处理蔬果使其水分损失速率减小，后熟期延缓，贮存时间大大延长。值得注意的是，驻极体 (或静电) 保鲜技术要根据待贮藏食品选择不同的极性和强度。

　　驻极体的保鲜机制主要包括：①蔬果是生物体，具有固有的内电场 (以苹果为例，正常情况下果皮带正电，果芯带负电)，驻极体作用引起蔬果内部的固有电场发生微小的变化，导致以 Fe^{3+} 为中心的酶的构象发生改变，从而抑制了酶的活性，使果蔬的呼吸作用减缓，降低了果蔬的呼吸消耗，达到了延长保鲜时间的目的。②驻极体产生的静电场改变了果蔬细胞膜的跨膜电位和体内带电粒子的定向运动，降低了氧化磷酸化水平，延缓了细胞的新陈代谢，从而起到了对蔬果保鲜的作用。③驻极体对细菌和微生物具有杀灭或抑制生长的作用，从而延缓果蔬的腐烂，起到保鲜的作用[166]。

　　6. 驻极体对哺乳动物胚胎发育的影响

　　自从 1972 年 Miyamoto 等完成小鼠体外受精以来，小鼠胚胎发育研究迅速发展，小鼠体外受精技术的建立为人们研究哺乳动物胚胎的新陈代谢、受精过程和各种生物、生化、物理因子对胚胎发育的影响提供了很好的技术手段。随着哺乳动物体外受精技术的日趋完善，改善体外受精质量的研究越来越受到人们的关注，特别是提高牛、羊、猪等家畜胚胎的发育质量是家畜品种改良的先决条件。驻极体作为物理刺激因子，其生物效应日趋受到重视。例如，用电场处理的家兔离体精子的活力及存活率显著提高。用电场刺激早期和神经期鱼胚胎，对其后期生长速度的加快有显著作用。又如，经静电场处理小鼠体外受精卵和细胞胚胎，能显著提高胚胎的发育能力，囊胚率从 42% 提高到 64%，囊胚孵化率从 20% 提高到 45%。人们还发现，生物膜 ATP 酶能吸收电场自由能并用于做功。

参 考 文 献

[1] Sessler G M. Electrets Topics in Appl. Phys. 33. 2nd ed. Berlin, New York: Springer-Verlag, 1987.

[2] Hilczer B, Molecki J. Electrets. New York: PWN-Polish, Scientific Publisher, 1986.

[3] 夏钟福. 驻极体. 北京: 科学出版社, 2001.

[4] Eguchi M. Proc. Phys.-Math. Soc. Japan, 1919, (1): 320.

[5] Eguchi M. Proc. Phys.-Math. Soc. Japan, 1920, (2): 169.

[6] Fukada E, Takamatsu T, Yasuda I. Callus formation by electret. Jpn. J. Appl. Phys., 1975, (14): 2094.

[7] Yasuda I. Clin. Orthop., 1977, 124(1): 53.

[8] 王振中, 江键, 徐卫东, 等. 中国医学物理学杂志, 1995, 12(2): 81.

[9] 江华, 郭恩覃, 苗小飞, 等. 中华整形烧伤外科杂志, 1996, 12(2): 122.

[10] Valentini R F, Sabatini A M, Dario P, et al. Brain Res., 1989, 480(1-2): 300.

[11] 江键, 王振中, 宋诚荣, 等. 中国医学物理学杂志, 1994, 11(4): 12.

[12] 黄平. 驻极体 5 氟尿嘧啶对大鼠创面愈合的影响. 上海: 第二军医大学, 2017.

[13] 郝岚, 张利明, 江键, 等. 中华整形外科杂志, 1998, 14(5): 361.

[14] Yuan W, Cui L L, Huang P, et al. Plasma Science and Technology, 2018, (20): 054011.

[15] 徐立丽. 含化学促渗剂驻极体 5-FU 贴剂体外经皮转运和抑制瘢痕生长的动物实验研究. 上海: 第二军医大学, 2017.

[16] Jiang J, Song C R, Wang X P, et al. 第二军医大学学报, 2001, 22(5): 405.

[17] Makohliso S A, Valentini R F, West J E, et al. Proc. IEEE 7th Intern. Symposium on Electret, Berlin, 1991: 712.

[18] 江键, 宋诚荣, 崔黎丽, 等. 第二军医大学学报, 2001, 22(5): 409.

[19] Murthy N S, Boguda V A, Payasada K. Bio. Pharm. Bull., 2008, (31): 99.

[20] Cui L L, Liu H Y, Ma L, et al. IEEE Transactions on Dielectrics and Electrical Insulation, 2012, 19(4): 1191.

[21] Maurya A, Cui L L, Murthy S N. Magnetophoresis and electrets-mediated transdermal delivery of drugs//Donnelly R F, Singh T R R. Novel Delivery Systems for Transdermal and Intradermal Drug Delivery. UK: Wiley-Blackwell, 2015:147.

[22] Cui L L, Jiang J, Zhang L, et al. J. Electrostat., 2001, (51-52): 153.

[23] Liu H Y, Wang P, Liang Y Y, et al. J. Phys.: Conf. Ser., 2013, (418): 012147.

[24] Tu Y, Wang X X, Lu Y, et al. Int. J. Nanomed., 2016, (11): 5549.

[25] 王美玲, 黄平, 梁媛媛, 等. 高电压技术, 2014, 40(12): 3816.

[26] Tomsaelli V, Shamos M. Biopolymers, 1973, (12): 353.

[27] Ghilardi N T, Zimmerman R L. Biophys. J., 1975, (15): 573.

[28] Onsager L, Staebler D, Mascarenhas S. J. Chem. Phys., 1978, (68): 3823.

[29] Mascarenhas S. Ann. N Y Acad. Sci., 1974, (238): 36.

[30] Mascarenhas S. J. Electrostatics, 1975, (1): 141.

[31] Mascarenhas S. Bioelectrical Properties in Connection with Fröhlich's Theory. Conf. Intern. Physique Theorique a la Biologie, Versailles, 1975.

[32] Celaschi S, Mascarenhas S. Biophys. J., 1977, (20): 273.

[33] Fukada E. Jpn. J. Phys. Soc., 1955, (10): 149.

[34]　Eguchi M. Philos. Mag., 1925, (49): 178.

[35]　吴宗汉, 张文一, 马源. 生物物理学报, 1995,11(1): 115-118.

[36]　王怡, 翁维良, 刘剑刚, 等. 微循环学杂志, 1998, 8(1): 25.

[37]　邓百明, 史向阳, 邓劲光, 等. 生物医学工程学杂志, 2000, 17(1): 29.

[38]　Pinchuk L S, Goldade V A, Sessler G M, et al. Medical Engineeing & Physics, 2002, (24): 361.

[39]　Shamos M H, Levine L S. Nature, 1967, (208): 267.

[40]　吴宗汉, 江月松. 生物物理学报, 1995, 11(3): 629-632.

[41]　黄泽铣. 功能材料及其应用手册. 北京: 机械工业出版社, 1991.

[42]　Barsamian S T. Proc. Intern. Conf. on Biophysical Aspects of Cancer, Prague, Charles University, 1987: 152.

[43]　Kirkwood J G, Shumaker J B. The influence of dipole moment fluctuations on the dielectric increment of protein in solitions//Oppenheim P I. New York: Gordon and Breach Publishers, 1967.

[44]　Hodgkin A L, Huxleg A F. J. Physiol., 1952, (117): 500.

[45]　吴宗汉, 卢侃. 自然杂志, 1992, 15(3): 177.

[46]　钟慈声. 细胞和组织的超微结构. 北京: 人民卫生出版社, 1984.

[47]　Fukada E. Adv. Biophys., 1974, (6): 121.

[48]　Fukada E. Ferroelectrics, 1984, (60): 285.

[49]　Povoa J. Nonlinear Transport in Collagen. Sao Carlos: University of Sao Paulo, 1978.

[50]　Fröhlich H. Proc. Conf. on Electrical Insulation and Dielectric Phenomena, Washington D C, 1978: 259.

[51]　方福德, 杨焕明, 张德昌, 等. 分子生物学前沿技术. 北京: 北京医科大学、中国协和医科大学联合出版社, 1998.

[52]　Dweltz N. Biochem. Biophys., 1960, (Acta 44): 416.

[53]　Bruck S D. Polymer, 1975, (16): 25.

[54]　李景德, 雷德铭. 电介质材料物理和应用. 广州: 中山大学出版社, 1992.

[55]　黄维垣, 闻建勋. 高技术有机高分子材料进展. 北京: 化学工业出版社, 1994.

[56]　Barsamian S T, Barsamian T K. IEEE Trans. Dielectrics EI, 1997, 4(5): 629.

[57]　Cale K S, Cale R H. J. Chem. Phys., 1941, (9): 341.

[58]　Fröhlich H. Adv. Electronic and Electro. Phys., 1980, (53): 85.

[59]　Alberts B, Bray D, Lewis J, et al. Molecular Biology of the Cell. New York: Garland Publishers, 1983, (255): 1018.

[60]　Mascarenhas S. Bioelectrets: electrets in biomaterials and biopolymers//Sessler G M. Electrets. 1987: 321.

[61]　Barsamian S T, Barsamian T K, Thomas G A. Med. Sci. Res., 1994, (22): 505.

[62] Kirkwood G. Theory of solution of molecules containing widely separated charges with special application to zwitterions//J G Kirkwood. Proteins London: Gordon & Brach Publishers, 1947: 8.

[63] Barsamian S T, Barsamain S P. J. Biol. Phys., 1988, (16): 25.

[64] Denner V, Pohl H A. J. Electrostatics, 1982, (13): 167.

[65] Lewis T J. IEEE Trans. Diel. EI, 1994, (1): 812.

[66] Flory P J. Statistical Thermodynamics of Semi-flexible Chain Molecules and Physe Equilibria//Solitons of Rod-like Particles. London: Proc. R Soc. Ser. A., 1956, (234): 60.

[67] Saupe A. Smectic. Nematic and cholesteric mesophases formed by non-ampliphhlic compounds//Gray G W, Windsor P A. Liquid Crystats and Plastic Crystals. London: John Wiley and Sons, 1974.

[68] Tuszynski J A, Paul R, Sreenivason R. Phys. Rev. A, 1984, (30): 2666.

[69] Hill R M, Dissado L A, Pathmanathan K. J. Biol. Phys., 1988, (16): 61.

[70] Webb S J. IRCS Med. Sci., 1983, (11): 483.

[71] Frenkel Y I. Kinetic Theory of Liquids. Oxford: Clarendon Press, 1946, (3): 302, 448.

[72] Schwan H P. Adv. Biol. Med. Phys., 1957, (5): 147.

[73] Jonsher A K. Dielectric Relaxation in Solids. London: Chelsea Dielectric Press, 1983.

[74] Plonsey R, Fleming D G. Bioelecttic Phenomena. New York: McGraw-Hill, 1969.

[75] Kaura T, Nath R. J. Appl. Phys., 1983, (54): 5887.

[76] Mizutani T, Iede M, Jordan I B. Jpn. Appl. Phys., 1979, (18): 65.

[77] Kitani I, Aeii K. Jpn. Appl. Phys., 1985, (24): 285.

[78] Many A, Weisz S Z, Simhony M. Phys. Rev., 1962, (126): 1989.

[79] Broadhurst M G, Chiang C K, Wahlstrand K J, et al. J. Pugh. J. Mol. Liquids, 1987, (36): 65.

[80] Ferry J D. Viscoelastic Properties of Polymers. 3rd ed. New York: Wiley, 1980.

[81] Frehland E. Stochastic transport processes//Discrete Biological System. New York: Springer-Verlag, 1982.

[82] Van Lamsweerde-Golles D, Messen A. J. Membrane Biol., 1978, (40): 39.

[83] Das P, Schwann W H. Phys. Rev. E, 1995, (51): 3588.

[84] Schwann H P. Biophysical principles of the interaction of ELF-Fields with living matter in biological effects and dosimetry of static and ELF electromagnetic fields//Grandolfo M, Michaelson S M, Rindi A. New York: Plenum, 1982: 243.

[85] Weis R M, McConnell H M. Neture, 1984, (310): 47.

[86] Von Hippell A R. Dieleotrics and Wave. Boston: Artech House, 1995.

[87] Brenner E, Javid M. Analysis of Electrical Circuits. New York: McGraw-Hill, 1959: 152.

[88] Barsamian S T. Arm. Chem. J., 1978, (31): 304.

[89] Fukada E, Ueda H. J. Appl. Phys., 1970, (9): 844.

[90] Barsamian S T, Thornton B S. Phys. Lett., 1985, (107): 414.

[91] Bartenev G M. Relaxation mechanisms in elastomers//Bartenev G M, Zelenev U V. Relaxation Phenomenon in Polymers. Leningrad: Chimia Publications, 1972: 257.

[92] Sackmann E. Physical foundation of molecular organization and dynamics of menbranes//Hope W, Lohmann W, Markl H, et al. Berlin: Springer-Verlag, 1983: 425.

[93] Fukada E, Hara K. J. Phys. Soc., 1969, (26): 777.

[94] Lawrie R E. Meat Saience. Oxford: Pergamon, 1995.

[95] Everson-Pears A G. Histochemistry. London: J&A Churchill Ltd., 1968: 77.

[96] Barsamian S T, Barsamian T K. IEEE Annu. Report Conf. Electr. Insul. Diel. Phenom., Virginia, 1995: 28.

[97] Barsamian S T, Barsamian T K, Thomas G A. Med. Sci. Res., 1996, (24): 483.

[98] White A, Handler P, Smith E, et al. Principles of Biochemistry. New York: Mc Graw-Hill, 1978.

[99] van Brunt R J. IEEE Trans. Diel. Electr. Insul., 1994, (1): 761.

[100] Slayman C L. J. Gen. Physiol., 1965, (49): 93.

[101] Hille B. Ann. Rev. Physiol., 1976, (38): 139.

[102] Atten P. Proc. IEEE 11th Intern. Conf. on Conduction and Breakdown in Dielectric Liquids, Baden-Dättwil, 1993: 20.

[103] Lewis T J, Liewellyn J P, Vander Sluijs M J, et al. Inter. Sci., 1994, (162): 381.

[104] Kaatze U, Henze R, Pottel R. Chemical Physics Liquids, 1979, (25):149.

[105] Ganot G, Wong B, Binstock L, et al. Biochem. Biophys. Acta., 1981, (649): 487.

[106] Chandrasekhar S. Liguid Crystals. Cambridge: Cambridge University Press, 1992.

[107] 陈金周, 郭凯, 郭丽丽, 等. 左旋聚乳酸基驻极体膜材料的研究进展. 中国印刷与包装研究, 2013, 5(2): 1-7.

[108] Brighton C T, Friedenberg Z B, Mitchell E I, et al. Clin. Orthop. Relat. Res., 1977, (124): 106.

[109] Sagawa H, Itoh S, Wang W, et al. Artif. Organs., 2010, 34(6): 491-497.

[110] Tkachenko S S, Rutskii V V, Grachev I R, et al. Voen. Med. Zh., 1992, 80(12): 20-22.

[111] 敖丹婷, 王艳颖, 王萍, 等. 中国组织工程研究, 2012, (16): 5321.

[112] 钟纪根, 龚肖崎, 张亚霏, 等. 第二军医大学学报, 1994, 15(3): 263.

[113] 江键, 王小平, 叶广, 等. 中原工学院学报, 2003, (14): 132.

[114] 邢萱, 江键, 宋诚荣, 等. 中国医学物理学杂志, 2005, 22(5): 665.

[115] 王惠成, 江键, 王振中, 等. 中国医学物理学杂志, 1997, 14(2): 73.

[116] 江键, 钟纪根, 王振中. 第二军医大学学报, 1996, 17(1): 65.

[117] 谢卫, 杨敏杰, 虞俊杰, 等. 江苏临床医学杂志, 2001, 5(4): 292.

[118] Jorgensen S N, Sanders J R. Med. Biol. Eng. Comput., 2016, 54(9): 1.

[119] 郭小伟, 张家平, 黄跃生. 中华损伤与修复杂志, 2016, 11(3): 186.

[120] Rajmicek A M, Stump R F, Robinson K R. Dev. Biol., 1988, 128(2): 290.

[121] Sillman A L, Quang D M. Dermato, 2003, 12(4): 396.

[122] Song B, Zhao M, Forrester J V, et al. Proc. Natl. Acad. Sci. USA, 2002, 99(21): 13577.

[123] Sta Iglesia D D, Vanable J W. Wound Repair Regen, 1998, 6(6): 531.

[124] 郝岚, 张明利, 江键, 等. 实用美容整形外科杂志, 1997, 8(6): 122.

[125] 崔黎丽, 江键, 王振中, 等. 中国医学物理学杂志, 1997, 14(4): 199.

[126] 傅小兵, 孙同柱, 王亚平, 等. 中国修复重建外科杂志, 1996, 10(3): 129.

[127] Li H, Yang L, Zhang Y, et al. Biomed Pharmacother, 2016, 83: 967.

[128] Li Y, Rahmani-Neishaboor E, Jalili R B. J. Invest. Dermatol., 2014, 134(3): 643.

[129] Fitzpatrick R E. Dermatol. Surg., 1999, 25(3): 224.

[130] Huang L, Cai Y J, Lung I, et al. J. Plast. Reconstr. Aesthet. Surg., 2013, 66(9): 251.

[131] Yuan W, Cui L L, Liang H J, et al. Plasma Science and Technology, 2018, (20): 054015.

[132] 方舟, 郭劼, 张晓青. 功能材料, 2013, 75.

[133] 田涛, 郝丽梅, 吴金辉, 等. 中国消毒学杂志, 2010, 27(3): 268.

[134] 杨长顺, 毛尧祥. 烟草科技, 1997, (4): 3.

[135] Prausnitz M R, Langer R. Nat. Biotechnol., 2008, (26): 1261.

[136] Petchsangsai M, Rojanarata T, Opanasopit P, et al. Biol. Pharm. Bull., 2014, (37): 1373.

[137] 江键, 崔黎丽, 程亮, 等. 功能材料, 2007, (38): 1698.

[138] 肖永恒, 江键, 李国栋, 等. 河北大学学报 (自然科学版), 2010, (30): 560.

[139] 王春晓, 郭鑫, 徐立丽, 等. 高电压技术, 2016, (42): 1463.

[140] 刘鸿越, 江键, 马琳, 等. 药学实践杂志, 2012, (30): 440.

[141] 王美玲, 黄平, 梁媛媛, 等. 高电压技术, 2016, 12(40): 3816.

[142] 王美玲, 苑旺, 梁媛媛, 等. 解剖学杂志, 2015, 38(3): 280.

[143] 郭鑫, 石岩, 梁媛媛, 等. 第二医大学学报, 2016, 37(7): 805.

[144] Cui L L, Hou X M, Jiang J, et al. J. Phys.: Conf. Ser., 2008, (142): 012015.

[145] Cui L L, Liang Y Y, Ma L, et al. J. Electrostat., 2013, (71): 224.

[146] Cui L L, Ma L, Liang Y Y, et al. J. Phys.: Conf. Ser., 2013, (418): 012149.

[147] Cui L L, Liang Y Y, Dong F J, et al. J. Phys.: Conf. Ser., 2011, (301): 012027.

[148] Jiang J, Liang Y Y, Cui L L, et al. J. Phys.: Conf. Ser., 2008, (142): 012050.

[149] Jiang J, Liang Y Y, Dong F J, et al. J. Electrostat., 2012, (70): 258.

[150] 董法杰, 梁媛媛, 崔黎丽, 等. 广东工业大学学报, 2011, (28): 91.

[151] Guo X, Liang Y Y, Liu H Y. J. Phys.: Conf. Ser., 2013, (418): 012148.

[152] 黄平, 石岩, 郭鑫, 等. 高电压技术, 2015, (41): 1390.

[153] Zhao M, Pu J, Forrester J V, et al. FASEB J., 2002, 16(8): 857.

[154] 宋诚荣, 江键, 崔黎丽, 等. 第二军医大学学报, 1999, 20(9): 630.

[155] 严羚玮, 伊卫国. 大连交通大学学报, 2009, 30(5): 109.

[156] Shi X Y, Deng B M, Sun C M. Journal of Beijing Institute of Technology, 1997, 6(4): 327.

[157] 宋诚荣, 江键, 王小平, 等. 第二军医大学学报, 2001, 22(5): 412.

[158] Ling M H, Chen M C. Acta Biomaterialia, 2013, 9(11): 8952.

[159] Chen B, Wei J, Iliescu C. Sensors Actuators B: Chemcial, 2010, 145(1): 54.

[160] Wong T W. Journal Drug of Target, 2010, 18(2): 79.

[161] 崔黎丽, 苑旺, 梁媛媛, 等. 高电压技术, 2017, 43(8): 2464.

[162] 江键, 江华, 郭恩覃, 等. 中国医学物理学杂志, 1995, 12(1): 19.

[163] 王信良, 王幼珍, 郑荷华, 等. 中华物理医学杂志, 1997, 19(4): 248.

[164] 王信良, 张志刚, 王岳兴, 等. 中国医学物理学杂志, 1997, 14(1): 7.

[165] 苑旺, 梁媛媛, 崔黎丽, 等. 中国医学物理学杂志, 2015, 32(6): 835.

[166] 蒋耀庭. 农产品加工学刊, 2011, (232): 65.

[167] 黄平, 徐立丽, 梁媛媛, 等. 解剖学杂志, 2017, 40(2): 176.

[168] 梁媛媛, 王美玲, 崔黎丽, 等. 高电压技术, 2014, 40(6): 1909.

第10章　驻极体的应用

电介质的永久带电效应已广泛用于包括工业、生物医学等在内的各部门，其中最重要的实用化器件是驻极体声传感器 (如麦克风、耳机等)，驻极体声传感器的初样是在 1928 年研制成功的[1]。第二次世界大战前后[2]，蜡驻极体麦克风由日本首次应用于舰船通信和战地电话，但是由于这类麦克风的体积大、电荷储存寿命低，其应用受到限制。1962 年 Sessler 和 West[3]首先研制出了以柔性聚合物薄膜为储电层的驻极体麦克风，这类传感器展现出巨大的商业价值和竞争优势。1972 年这类麦克风在日本的年产量就达到了 1000 万只。电子成像是电荷储存性能的另一个重要应用。早在 1930 年，人们已经掌握了多种电子成像方法的基本工艺，即在一个适当的载体上以粉体形式构成确定的电荷图案。几年后，从光电导成像技术发展到了静电复印工艺。与此同时，利用类似的驻极体原理，还发展了文字图像记录、传真和其他信息记录和传递技术。此后诞生了一些新的驻极体系统和器件，包括气体过滤器、驻极体马达和发电机、驻极体继电器开关、光显示系统，以及辐射剂量仪等。正当利用驻极体纤维的静电效应以捕获亚微米级粉尘的空气过滤器投放市场时[4]，利用充电电介质作为定子或转子的驻极体马达也陆续发展起来[5]。驻极体的继电器开关是通过驻极体的外场效应来控制通断的电接触器。借助于离子辐照引起驻极体电荷的衰减或产生辐射感应电导率的辐射剂量仪已被应用于辐照剂量的测量[6]。

驻极体应用的另一个发展方向是利用取向偶极电荷聚合物薄膜的压电和热释电效应，已开发出了若干种新的应用方向和成百种新产品。其中，工作于横向或纵向模式的压电薄膜电–声传感器尤为重要[7,8]。基于这一原理的耳机和其他声–电和电–声传感器及水下器件已得到了广泛的应用。除此之外，压电薄膜电–机传感器、热释电器件、光检测器及光导摄像管 (视像管) 也相继发展起来。20 世纪 80 年代初，为了实现驻极体传感器的微型化、集成化、机敏化以及全自动化生产，与微机械加工技术和平面工艺兼容的 Si 基 SiO_2 和 Si 基 Si_3N_4/SiO_2 驻极体传感器开始发展，并于 1983 年由 Hohm 等首先研制出初样。

生物驻极体也显示出极具吸引力的应用前景。在负电性聚合物驻极体对血液相容性的改善及对病理器官的修复等方面都已取得了振奋人心的成果。人类和动物的骨骼及血管壁驻极体性质的观察与研究、人工驻极体材料在临床医学上的应用等，已引起了生命科学和材料科学界的广泛兴趣。

复合材料驻极体、非线性光学驻极体及生物驻极体的应用未包含在本章内容中，上述内容已在第 7~9 章中分别给予了扼要介绍。

10.1　驻极体传感器[9]

10.1.1　驻极体声–电传感器 (麦克风)

1. 原理

驻极体麦克风是包含永久充电固体电介质的静电传感器。图 10.1 是该传感器的截面结构示意图。它是由镀金属层的上电极的驻极体振膜和被气隙分开的用作下电极的金属板组成的 (图中的垂直方向的尺寸已被大大地放大)。负载电阻 R 被连接在上、下电极间。气隙中的电场 E_1 是由驻极体内长寿命电荷层 (电荷密度 σ_1) 决定的。

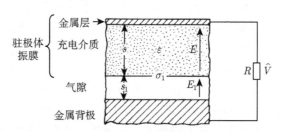

图 10.1　驻极体声–电传感器截面结构示意图

如果声波作用到振膜上，振膜将产生一振幅为 $\hat{s}$ 的偏转量，同时使气隙厚度 s_1 产生变化。在开路条件下，电场和感应电荷保持恒定。因此，从式 (2.121)，输出电压 $\hat{V} = -E_1\hat{s}$ (其中，$s_2 = 0$，$V_0 = 0$)：

$$\hat{V} = \frac{s\hat{s}\sigma_1}{\varepsilon_0 \left(s + \varepsilon_{\mathrm{r}} s_1\right)} \tag{10.1}$$

如果电介质中的电荷密度 σ_1 为正，则产生的电压在相位上与气层的偏转一致。如果 R 为有限值，则式 (10.1) 需乘以因子 $\omega RC/[1 + (\omega RC)^2]^{1/2}$，这里，$C$ 是传感器的电容。假定振膜的恢复力由振膜 (有效厚度 s_0) 和背电极间气隙的弹性及薄膜的张力 X 确定，这时在忽略损耗的条件下，以频率 f (低于谐振频率) 的声压 $\hat{p}$ 所产生的位移量为[10]

$$\hat{s} = \frac{\hat{p}}{\nu_1 p_{\alpha}/s_0 + 8\pi X/A} \tag{10.2}$$

这里，$\nu_1 = \dfrac{c_{\mathrm{p}}}{c_V}$ 是定压比热和定容比热的比值；p_0 是大气压强；A 是振膜的面积。

将式 (10.2) 中 $\hat{s}$ 代入式 (10.1)，则在低于谐振频率时驻极体声–电传感器的灵敏度

$$\rho_{\mathrm{m}} = \hat{V}/\hat{p} = \frac{s\sigma_1}{\varepsilon_0\left(s + \varepsilon_{\mathrm{r}}s_1\right)\left(\nu_1 p_\alpha/s_0 + 8\pi X/A\right)} \tag{10.3}$$

在一般情况下，当 $A\nu_1 p_\alpha \gg 8\pi X s_0$ 时，

$$\rho_{\mathrm{m}} \approx \frac{ss_0\sigma_1}{\varepsilon_0\left(s + \varepsilon_{\mathrm{r}}s_1\right)\nu_1 p_\alpha} \tag{10.4}$$

显然，驻极体声–电传感器的灵敏度和振膜的面积无关。实用的声–电传感器要求的灵敏度为几百 $\mu\mathrm{V/Pa}$。谐振频率 $\omega_0 = [\nu_1 p_\alpha/(s_0 m)]^{1/2}$，通常设计在可闻声频的上限或更高，$m$ 为单位面积薄膜的质量。

2. 驻极体声–电传感器的设计

实际的驻极体声–电传感器 (麦克风) 的设计如图 10.2 所示。典型的驻极体振膜是 $12\mu\mathrm{m}$ 或 $25\mu\mathrm{m}$ 厚的 FEP，PP 或 PCTFE 薄膜，上表面沉积 $50\sim100\mathrm{nm}$ 厚的金属电极 (铝、镍或金)。充电电荷密度为 $20\mathrm{nC/cm^2}$。薄膜驻极体的自由面向下，它和后极板间的气隙间距在 $10\sim30\mu\mathrm{m}$ 内调节。其后电极或者是金属丝网，或者是覆盖金属层的电介质板 (或膜)，且其热胀系数等于或接近于用作驻极体膜的介电材料。为了减小气层 "硬度"，可以降低谐振频率以改善麦克风的灵敏度，即气隙需要通过在后极板上穿凿若干个小孔以连通一个较大的气腔。与传统的固体电介质静电传感器相比[11,12]，由于自偏置，驻极体传感器无须外加直流偏压。理论计算和实验结果指出：具有相应灵敏度的非驻极体声–电传感器需提供外加偏压 $70\sim280\mathrm{V}$。

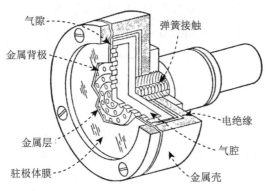

图 10.2 薄膜驻极体声–电传感器的剖面透视图

传感薄膜的机械张力通常应维持在一个较低值 (约 $10\mathrm{N/m}$)，以确保由气隙压缩率来确定其恢复力，因此在驻极体麦克风工作时，应力弛豫导致张力的变化对传感器的灵敏度产生的影响较小，从图 10.2 中可见，为了改善驻极体麦克风的质量指标，在设计上进行了一些重要的修正，其中最重要的是储电膜和振膜分离设

计 (背极式麦克风), 即把 FEP 薄膜储电层粘贴 (或沉积) 在后极板上, 并附加一片 3~6μm 厚的张紧的聚酯薄膜 (单面蒸镀电极) 作为振膜。振膜与储电膜间用气隙分开, 使各自具备的优异的力学和储电性能的聚酯与 FEP 薄膜可能在声–电传感器中充分发挥作用。根据上述原理设计的直径为 8mm, 高为 5.6mm 的电容式驻极体声–电传感器已广泛地用作助听器的受话器[13]。由于振膜的质量小, 所以与尺寸相当的传统振膜式驻极体传感器相比, 这类传感器的振动灵敏度可降低 10~20dB。

3. 电学和力学稳定性

关于在高温和高湿环境中的电荷稳定性对驻极体声–电传感器灵敏度的影响, 已开展大量的相关研究, 结果指出: 具有最好储电性能的有机驻极体材料是氟聚合物 FEP、PTFE 及 PCTFE。从储电及抗湿两方面能力综合考虑, PP 膜也是选材的对象。图 10.3 表示了经电子束充电的 Teflon FEP 薄膜驻极体在极端恶劣的环境和常规条件两种情况下传感器灵敏度的变化的比较。结果说明: 经过约一年半的使用周期, 两者灵敏度的变化都小于 ±1dB[14]。另一研究结果也显示: 基于上述薄膜的测量声–电传感器在使用中, 在所涉及的广泛的温度和湿度区间, 一年的使用周期内其灵敏度的变化大大低于 1dB。通常认为: 对所有经过精心设计的无防护驻极体声–电传感器, 当它们置于 50℃ 和相对湿度 RH = 95% 的恶劣环境中时, 其灵敏度的损失约为 1dB/年。在 −10~50℃ 温区内, 这类传感器的温度系数低于 0.03dB/℃。虽然对无防护麦克风这是一个极好的结果, 但与那些防护型的标准电容式驻极体声–电传感器相比 (0.005dB/℃) 仍然要差得多。

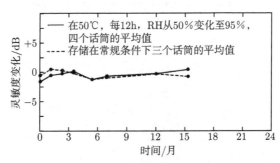

图 10.3 经电子束充电的 25μm 的 Teflon FEP 薄膜驻极体在不同储存条件下传感器灵敏度的变化的比较

驻极体声–电传感器力学稳定性的另一个问题是振膜的静态偏转和电场间的非线性关系。数值计算指出: 圆形振膜解析的结果已精确地描述了观察到的这种偏转的非线性, 并导出了临界稳定点[15,16]。相关研究还对环状薄膜进行了数值分析。

驻极体麦克风背电极的外形设计不仅影响器件灵敏度的稳定性, 而且影响灵敏度的大小。通过控制后极板的轮廓–边缘脊的高度和间距, 以及振膜的厚度和张

力等, 可以让这类传感器在电荷密度减小时, 也能维持灵敏度的稳定性。如前所述,
如能将储电的驻极体层和振膜进行分体设计, 以便分别选择高机械强度的振膜和
长电荷储存寿命的驻极体材料, 是解决它们的力学稳定性的最佳方案。

4. 声学性质

和其他各种类型的声–电传感器相比, 驻极体麦克风具有更多能满足人类需求
的性能指标: 十分宽的频区 (10^{-3}Hz~几百 MHz)、平坦的频率响应、低谐振失真、
低振动灵敏度、良好的冲击响应、对磁场的不灵敏性、设计制作的工艺简单 (廉价)
等。除此之外, 与传统的电容式声–电传感器相比, 它们还有三个明显的优势: 无须
外加直流偏压; 由于利用固体电介质的浅气隙, 单位面积的电容高; 在高湿环境中
使用时, 由声–电换能器凝结水而可能引起的短路效应 (漏电) 不明显。

经精心设计的驻极体声–电传感器, 对 ±1dB 范围, 在声频区内的频响是平坦
的。商品驻极体声–电传感器的灵敏度的典型值是几百 μV/Pa[17]; 而用作精确声级
测量的驻极体声–电传感器 (即测量麦克风), 在 30kHz 频率范围内的响应都是平
坦的, 且灵敏度在 10~200μV/Pa。根据实际应用的需要, 人们已设计出比 10^{-3}Hz
更低的次声波驻极体声–电传感器[18]。这样的转角 (半功率点) 频率在结构上能通
过一个十分小的压力均衡孔 (可调性毛细管) 及带有大的 RC 常数的前置放大器
声–电传感器的组合单元来实现。这种次声波声–电传感器平坦的响应能高达几千
赫兹。

超声波驻极体传感器适用于对液体和固体介质的测量, 可检测的频率高达
200MHz。在这类应用中, 除了驻极体的自偏置外, 还需要施加一定的偏置电压。
外加电压的极性按下列原则确定: 决定传感器灵敏度的气隙电场等于驻极体电场
及外偏置电场之和, 而聚合物的内场则等于这两个电场之差[19]。因此, 完全避免了
聚合物因过高电场导致材料电击穿的可能。

驻极体声–电传感器–前置放大器组合单元的电噪声来自两个方面: 前置放大
器的输入电阻和场效应晶体管 (field-effect transistor, FET)[20,21]。对含有介质或大
尺寸的拾音器的芯座 (直径 1cm 或更大) 的完善设计系统及采用低噪声 FET, 其
噪声基本上是由输入电阻决定的, 并对应于 15dB SPL(声压级)。对微型声–电传感
器, FET 电流噪声变得突出。若拾音器的直径为 2.5mm, 其等效噪声级上升到大
约 30dB SPL[13]。由于单位面积上的电容较大, 其噪声级比那些尺寸相当的普通电
容麦克风要低。

动态区的上限原则上由麦克风的失真来确定[4]。当声压级低于 130dB SPL 时,
其失真小于 1%, 而声压级为 145dB SPL 时, 它已达到 3%。

聚合物薄膜驻极体声–电传感器的一个突出特性是它的振动灵敏度低。从
图 10.4 可知, 驻极体声–电传感器的振动灵敏度比传统电容式传声器小 10~30dB;

而背极式驻极体声–电传感器的振动灵敏度比振膜式驻极体同类传感器又要低
10dB[13]。低振动灵敏度是由于驻极体声–电传感器振膜的质量较小。

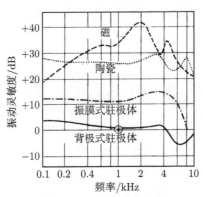

图 10.4　无振动隔离的各类麦克风的振动灵敏度

5. 驻极体声–电传感器的应用

　　驻极体声–电传感器由于具有诸多优点，且结构简单、成本低廉，所以被广泛
地用作研究工具及商业产品[14]。在研究性的应用中，已研制出声光谱仪，用以检测
大气污染和气体反应的动态特性，以及固体的光吸收和声光晶格特性等[22]。由于
驻极体声–电传感器的优异噪声特性，其在用于检测空气污染时的阈值已降低了一
个数量级[22,23]。例如，利用这种声–电传感器已能检测出 $10^7 cm^{-3}$ 的 NO 浓度。驻
极体声–电传感器还可应用于航空动力学及激波管等的研究，是由于它们低的振动
灵敏度和宽频工作区间。此外，它们还可能应用于包括次声的大气研究、固体及液
体的超声研究，以及低温物理的相关研究，例如，用于在 1.2K 时 He_{II} 的一次、二
次和三次声速测量[23]。另外，以驻极体声–电传感器作为基本结构单元的超声阵列
也已应用于声全息摄影[14]。

　　驻极体声–电传感器具有极其重要的商业价值，例如，用作业余、专业录像和
磁带录音等高保真的驻极体声–电传感器。其他的应用还包括声级计、噪声计量仪
和电影录像机等。而小型麦克风通常用于助听器和电话受话器。薄膜驻极体麦克风
在 20 世纪 70 年代初被大规模生产。驻极体声–电传感器在磁带录音和电影录像机
的应用推动了这类器件产量的剧增。

　　在北美洲的电话系统中，薄膜驻极体的声–电传感器最先用于扬声器，而加拿
大的电话交换机的耳机 (受话器) 已引进了抗噪声压差式驻极体声–电传感器。通过
麦克风结构的改进来提高其质量指标及扩大其应用范围已取得了显著的成果，例
如，驻极体电话送话器已从材料、几何形状及相关的电性能参数进行了系统的优
化[24]。经数值计算优化设计出的背极式声–电传感器是以 PET 为振膜，并将它沿

圆边的内脊支撑,当频率为 1kHz,将 6cm^3 耦合器响应于 1V RMS 信号时,这个麦克风产生的 SPL 大约为 90dB。这种薄膜麦克风的尺寸已减小至 3mm×4mm,振膜厚度为 1~2μm,被广泛用于移动电话、声控开关、声控玩具及助听器中。

通过人体皮肤接触测量心音的声–电传感器已改型为血压计。这种声–电传感器的另一类应用是作为编辑文字信息的电子笔记本。它是将两个薄膜驻极体的片状超声传感器沿书写面两边垂直安装。来自脉冲发射的超声记录针 (如连接到铅笔上) 信号被两片麦克风同时接收,则每一个麦克风上接收到脉冲的延迟量正比于由遥控系统确定的铅笔位置 (x, y 坐标)。该系统已应用于计算机输入器件和通过电话线路传输手写信息的通信装置[25]。

10.1.2 指向型声–电传感器

指向型声–电传感器的应用范围从高度专业化的声学测量到各类声传感器的常规应用。大多数指向型薄膜驻极体声–电传感器是根据压差原理,应用具有一次、二次或高次的双向、环形和单向模式设计的传感器[26]。一次声传感器,尤其是那些具有双向或单向模式的声传感器已得到了广泛的应用,在少数的情况下则应用二次声–电传感器。除了压差系统外,直径比波长长的空间型驻极体声–电传感器已应用于超声领域。将振膜的两面都暴露在声场中的声–电传感器称为一次压差式声–电传感器,对这种传感器的设计,需要使空气腔局部开放;然而,全向声–电传感器,除了附加空气均衡孔外,空气腔应该是封闭的。在压差单元内的恢复力是由薄膜的张应力和气腔内的空气柔顺度决定的。因此,对这两类麦克风,它们的灵敏度及谐振频率是不同的。

图 10.5 为三种不同声场中压差式驻极体声–电传感器灵敏度与频率的关系曲线。图中提供了从人工嘴中产生近似球形的声场 (近声源)、消声室 ($\theta = 0°$) 的扬声器及办公室 (随机入射) 产生的远场三种声场。如预想的那样,如果声–电传感器被定位在靠近人工嘴,其低频响应是平坦的,而在 $\theta = 0°$ 和 $\theta = 45°$ 间的灵敏度差约为 3dB;如果传感器置于远场位置,低频响应正比于频率,随机入射声音的灵敏度比 $\theta = 0°$ 方向的灵敏度小 5dB 左右 (其期望值为 4.8dB)。

用 Teflon FEP 作为驻极体储电层并将其覆盖于背电极上形成的小型背极式驻极体声–电传感器已经被广泛地应用[27]。指向性的模式是选择在振膜一边,以管状通道接触声源。这种声–电传感器也已广泛地用于在助听器中作为抗噪声的声–电传感器、在电话交换机上作为电–声传感器和航空通信的声信号传输等[28]。

二次环状声–电传感器透视图如图 10.6 所示。从原理上,它是由两个彼此安装成直角的二次声–电传感器组成。图 10.6(c) 表示该系统呈现出环状指向模式。将单一的驻极体传感膜安装在圆柱体腔体的中央平面 (图 10.6(b)),声场通过 8 个管子取样,4 个位于上腔体,而另外 4 个位于下腔体,以形成要求的"正"和"负"灵敏度。

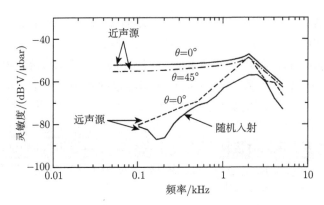

图 10.5　压差式驻极体声–电传感器对近声源 (人工口嘴 1.25cm) 和远声源 (各种入射角度的扬声器) 产生声波的灵敏度曲线

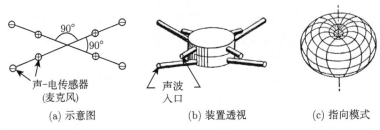

(a) 示意图　　　　　　　　(b) 装置透视　　　　　　　(c) 指向模式

图 10.6　二次环状声–电传感器透视图

10.1.3　Si 基驻极体微型声–电传感器

1983 年, 由于充电的 SiO_2 具有极好的空间电荷储存稳定性, 所以人们对 SiO_2 驻极体传感器开展了研究工作[29]。1984 年首次报道了 SiO_2 驻极体声–电传感器[30]。1990 年左右, 人们对小尺寸的 SiO_2 电荷稳定性所面临的新问题开展了进一步的研究[31-33]。以 Ta_2O_5 覆盖于 SiO_2 表面形成的双层无机介质膜可能改善电荷储存稳定性[34]。相关的研究表明: Si_3N_4/ SiO_2 双层膜系统表现出突出的电荷储存能力。用 Si_3N_4/SiO_2 双层膜作为驻极体振膜, 同时还解决了大的压应力和大的张应力在单层的硅基 SiO_2 和硅基 Si_3N_4 引起基片变形的问题 (应力补偿效应)。实验结果表明: 将 100MPa 的硅基 SiO_2 单层膜的高内应力减弱到 10 MPa 的 Si_3N_4/ SiO_2 双层膜系统的厚度比应为 $SiO_2 : Si_3N_4 = 2.9 : 1$。Si 基驻极体微型声–电传感器可分为以下四类 (表 10.1)。

1. Si 基无机薄膜 (SiO_2 或 Si_3N_4/SiO_2) 驻极体电容式微型声–电传感器

第一个 Si 基微型驻极体声–电传感器是在单晶硅片上经热生长形成的 1μm 厚的 SiO_2 作为驻极体传感膜, 以膜厚为 1.5～2.5μm 的经蒸镀铝电极的 PET 作振膜, 传感芯片尺寸为 2.3mm×2.3mm, 气隙间距约 20μm 的两片组合电容式声–电传感

表 10.1　微机械加工的 Si 基驻极体及相关传感器一览表[35]

作者	年份	传感原理	振膜材料	尺寸/(mm×mm)	响应频率/kHz	灵敏度/(mV/Pa)	等效噪声级/dB	电容或阻抗
Royer	1983	压电 (3μm ZnO)	30μm Si	3.0×3.0	~40	0.25	66	—
Hohm	1985	电容式 (偏置 28V)	0.15μm Si_3N_4	0.8×0.8	>20	4.3	54	1.4pF
Mueller	1987	压电 (0.3μm ZnO)	2μm Si_3N_4	3.0×3.0	7.8	0.05	72	26pF
Franz	1988	压电 (0.2μm AlN)	0.8μm 掺杂 Si	0.8×0.9	45	0.025	68	75pF
Voorthuyzen	1989	驻极体 (1.1μm SiO_2)	2.5μm 聚酯	2.45×2.45	15	19	—	—
Murphy	1989	驻极体 (1.1μm SiO_2) 或 12μm FEP	1.5μm 聚酯	3.0×3.0	>15	4.8	~30	2pF
Bergqvist	1990	电容式 (偏置 16V)	5μm 掺杂 Si	2.0×2.0	4.16	13, 1.4	31.5	3.5pF
Kuehnel	1990	FET	0.15μm 掺杂 Si	0.7×1.3	>20	0.6(1kΩ 时)	—	1kΩ
Kuehnel	1992	电容式 (偏置 28V)	0.15μm Si_3N_4	0.8×0.8	>20	7.3	<34	1.1pF
同济大学	1994	驻极体 (1.0μm SiO_2)	3.0μm 聚酯	3.0×3.0	15	0.42	67	上海市科委 94 鉴定
Schellin	1994	压电 (2.5~3μm)P(VDF/TrFE)	Si_3N_4/ SiO_2	1.0×1.0	16	0.15	60	30~40 pF
Kressmann	1996	压电电容式 P(VDF/TrFE)	Si_3N_4	1.0×1.0	17	0.21	54.6	—

器。其等效噪声级低于 30dB，在整个声频范围内的灵敏度为 4~20mV/Pa。

另一发展起来的由 Si 基 Si_3N_4/SiO_2 双层膜形成的振膜式驻极体声–电传感器 (图 10.7)[36]，是在振膜与后极板组合前进行电晕充电，其优点是：结构简单，微型化，工艺与 IC 平面工艺及微机械加工技术兼容，以及离散电容小。

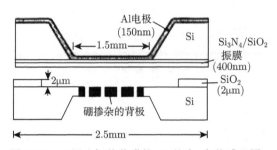

图 10.7 双层驻极体薄膜的 Si 基声–电传感器图

2. 场效应晶体管声–电传感器 (FET 麦克风)

FET 麦克风是另一类电容式微型声–电传感器[35,37,38] (图 10.8)。它是一种两片组合结构：①后极板是一块边缘突起成脊状，包含高 n 掺杂浓度的源区和漏区及一个 p 型沟道的 MOS 晶体管；②振膜片是单面镀电极的 Si_3N_4(用作场效应管的门极)。声场激励振膜的振动调制了门–沟道电容，进而调制漏电流。虽然在振膜和门氧化物间的气隙厚度仅为 2μm，但由于狭窄的源–漏脊宽 (110μm)，从而可以阻止大的气隙阻尼。

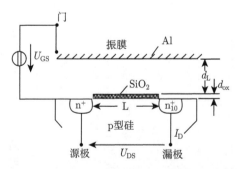

图 10.8 FET 麦克风的源–漏极截面示意图

当频区为 0.1~30kHz 时，这种传感器的实验灵敏度为 5mV/Pa，等效噪声级为 62dB (带负载)。通过埋沟工艺 (buried-chennel technology) 和改变沟道的几何形状，可望明显地降低噪声级。这种器件显示微弱的漏电流，因此具有良好的低频响应[39]。

3. Si 基压电型和压阻型声–电传感器[40-42]

Si 基压电型微型声–电传感器是一种无气隙损耗的单片式 Si 基一体化传感器[40-42]。这种传感器最初研制的芯片材料是以 ZnO，AlN 作为压电层，具有较大的尺寸和较低的灵敏度 (表 10.1)。图 10.9 为一种新结构的 Si 基压电型声–电传感器透视图。$2.5 \sim 3\mu m$ 厚的 PVDF 或 P(VDF/TrFE) 压电层通过旋涂工艺形成在 Si 基上的 $0.2\mu m$ 厚的 SiO_2 薄膜上，或者将 $0.25 \sim 1\mu m$ 厚的芳香族聚脲蒸发在 Si 基 SiO_2 薄膜上[43,44]。经过退火工艺后，以 $100 \sim 200MV/m$ 的电场在 70℃ 时极化 10min。图 10.9 中特殊图案的上电极结构是考虑到薄膜的中心区和边缘区压电层的应变呈现相反符号。同外电极的串联是确保两个区的电压信号的相位相加。在 $0.1 \sim 15kHz$ 的频区内测量 Si 基-P(VDF/TrFE) 微型声–电传感器的灵敏度为 $150\mu V/Pa$，其等效噪声级为 60dB (带负载)。新近研制的同类麦克风的等效噪声级已达 55dB (带负载)。通过将振膜面积分成若干小区，再将它们彼此串联可增加这类传感器的灵敏度 $(920\mu V/Pa)$[45]。但由于电容量的降低，等效噪声级并未得到明显的改善 (57dB，带负载)。

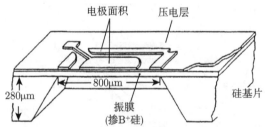

电极面积   压电层   800μm   280μm   振膜(掺B⁺硅)   硅基片

图 10.9 Si 基压电型声–电传感器透视图

另一类压 (电电) 阻型声–电传感器是由四部分多晶硅电阻被定位在厚度为 $1\mu m$，面积为 $1mm^2$ 的振膜上。R_2, R_4 两电阻位于振膜的中心区，而另外两只电阻位于边缘位置 (图 10.10)[46]，并由它们组成 Wheatstone 电桥。由于相反的应变，内部和外部电阻产生相反的压阻效应，从而在相位上相加。为了使得温度影响较小和压阻耦合较高，多晶硅须以浓度为 $10^{19}cm^{-3}$ 的硼离子掺杂处理。

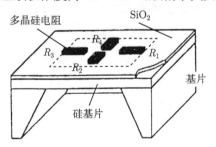

多晶硅电阻 SiO_2 R_4 R_3 R_1 R_2 基片   硅基片

图 10.10 Si 基压阻型声–电传感器

这类麦克风以 6V 的电桥电压产生 $25\mu V/Pa$ 的灵敏度[46]，其谐振频率为 10kHz，频率响应在 0.1~5kHz。等效噪声级为 60dB (带负载)，其性能类似于上述的 Si 基压电型声–电传感器。

4. 光波导声–电传感器

光波导声–电传感器的基本原理是：传播在光波导方向的光波的振幅和相位随波导管的尺寸或波导管邻近区域条件的变化而变化。根据这种效应，利用一个声–电传感器将声信号入射以实现对光波强度或相位的调制。这类声–电传感器已经分别用传统的光波导 (如玻璃纤维) 和微机械加工的光波导研制出[47,48]。图 10.11 是这种光波导 Si 基微型声–电传感器的透视图[47]。该系统由振膜片和波导片组成，光纤将光波导耦合进波导片，一个硅脊把延伸在两片的金层间高 $5\mu m$ 和长 $950\mu m$ 的槽形平板波导管连接起来。通过波导管传递的光，再由硅脊收集并耦合进受光纤维。振膜传来的声波用来调制槽状波导的高度，从而引起光波振幅和相位的变化。这种相位调制由 Mach-Zehnder 干涉仪进行检测。

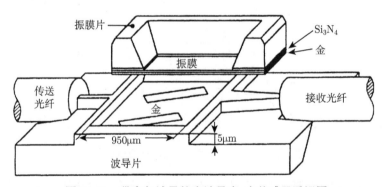

图 10.11　带空气波导的光波导声–电传感器透视图

与传统的分立式聚合物声–电传感器相比，Si 基驻极体声–电传感器体积小 (约 1mm×1mm)，而最小的传统驻极体声–电传感器都大于 4mm×4mm。由于振膜薄而具有十分低的振动灵敏度，并且与微机械加工技术及 IC 平面工艺兼容，所以 Si 基驻极体声–电传感器具有适合于集成化器件生产和低成本等优点。

10.1.4　驻极体电–声传感器 (耳机和扬声器)

根据固体电介质的外偏置电容式电–声传感器的工作原理[11,49,50]，利用驻极体材料已研制出类似结构的自偏置电–声传感器，包括耳机、扬声器和超声源。由于单位面积上的力 F 与外加交流电压间存在平方的依赖关系，因此，传感器振膜的运动呈现非线性，从式 (2.133)，可将其改写为

$$F = -\frac{1}{2}\left(s\sigma_1 + \varepsilon_0\varepsilon_r V\right)^2 / \left[\varepsilon_0\left(s + \varepsilon_r s_1\right)^2\right] \tag{10.5}$$

但是在传感器通常的工作条件下，耳机的非线性问题并不严重，且这类器件具有低成本和优异电声性能，因此颇有商业价值[51]。一个推挽式结构的传感器可能克服上述的非线性问题[52]，其原理如图 10.12 (a) 所示。振膜由两块驻极体组成，这两块驻极体的镀金属膜面彼此接触，在两侧的穿孔电极间含等间距的气隙，从而形成一个对称的夹心系统，并在相反相间提供一信号电压 $\bar{V}$ 至两极上，则在振膜上产生力 F_1 和 F_2 (由式 (10.5) 给出)。如果以 $\pm\bar{V}$ 代替式 (10.5) 中的 V，则在电极间的中心振膜上作用的合静电力为

$$F = F_1 - F_2 = -2\bar{V}\sigma_1\varepsilon s/(s+\varepsilon s_1)^2 \tag{10.6}$$

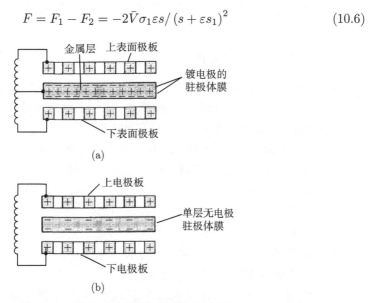

图 10.12　推挽式驻极体耳机截面示意图

由于 $\bar{V}$ 是线性的，式 (10.6) 的 F 和 $\bar{V}$ 呈现基本的线性依赖关系。今天的商品化推挽式驻极体电–声传感器已进行了下述十分重要的修正 (图 10.12(b))：用一片未镀金属电极已沉积单极性空间电荷的驻极体取代上述的双驻极体层。它的优点是，允许在上、下电极与驻极体薄膜间存在大气隙而不明显地减弱气隙电场[14]。因为这时的驻极体内不存在相反极性的补偿电荷 (见图 10.12(a))，所有的电力线来自电极的镜像电荷，终结于驻极体内。这类传感器的气隙间距可达 1mm，因此工作时允许利用大偏转量的振膜，适合于产生大振幅的强信号。根据这一原理研制的耳机[53] 已投放市场。传感系统以大约 50Hz 的低谐振频率设计，从 40Hz 到 20kHz 在 ±3dB 内它们的频响十分平坦；声压级为 104dB 时其谐波失真低于 1%。然而，由于信号输入的要求，这样的耳机必须带微型变压器工作。因为当用作电话受话器 (听筒) 时，需要在人耳中产生 90dB 的声压级。若无变压器，驻极体耳机大约需要 3V 的信号电压才能产生上述量值的声压级[54]。这一苛刻的要求较长时间地阻碍了

驻极体声传感器作为电-声传感器在电话受话器中的应用。

驻极体扬声器也早已设计出。作为直接声能的辐射体，它们的响应应该上升至传感器的谐振频率。为了改善频响，往往采用喇叭形的负载[55]，如一个直径 6cm 的喇叭形负载的推挽式声传感器。用于传感的驻极体膜被沉积在具有固定穿孔的电极上，它们具有较高的频率。在 ±3dB 内的频响区间为 1.5~20kHz。根据狭缝效应 (slot effect)[56]研制出的一种可逆传感器特别适合于驻极体扬声器[57]。其最简单的结构是由两个相邻但极性相反的平板电容器和一个已连接到振膜上的驻极体电介质相连。这种传感器能提供线性传感，它们产生的力在大幅度振动时与位置无关。

10.1.5 驻极体机-电传感器

除了声-电和电-声传感器外，利用电介质的驻极原理还研制出机-电传感器，如留声机的拾音器、接触器和开关传感器 (用于电话键盘打字机、计算器及计算机的输入键盘)、冲击换能器、显示器件和继电器等。

早在 30 年前，用于留声机的驻极体拾音器已经被报道[58]。一个系统中的触针 (记录针) 通过一个凹腔耦合到驻极体麦克风上，凹腔作为声转换器；通过麦克风的传感把大振幅的触针的振动转换成声信号。由于这种拾音器的质量小，所以能够在宽频区内有良好的线性度，同时不受磁场的影响。另一种拾音器[59] 主要由一个接触触针的悬臂和两个驻极体组成。它们组合成一对由悬臂的振动激励构成驻极体麦克风，从而将振动信号转换成电信号的机-电换能器。它们的优点是相当低的内调制失真，其动态区在 100dB，并已投放市场。

利用类似于驻极体声-电传感器的设计原理研制的接触驱动驻极体传感器可用于电话号码输入及数据传递[60,61]。直接接触 (如指压按钮) 或键合动作导致了储电振膜的偏转。这样的传感器产生的输出信号在 10~100V 数量级。

用于环境照明和大尺寸字符显示板的薄膜驻极体光通道启闭器也已研制。在一个含铰链的半透明驻极体 ($\sigma = 10^{-10}C/cm^2$) 和两个宽间距的金属面间作用一个用以开关光发射的光闸门 (图 10.13)。当薄膜驻极体被吸引到其中一个电极时，光发射被关闭 (关闭周期为 50ms)；而当在另一块金属电极上提供约 500V 的反极性电压脉冲时，则可将光闸门打开。它的缺点是需要提供高开关电压，然而电流甚微，而且仅当开关接通时流动，因此仍然是低功率消耗。类似原理的双稳态驻极体装置可用于制作机械继电器[62]。由于这种器件需求的功率比等效的电磁系统低三个数量级，因此驻极体继电器的开发应用引起工程技术界的广泛兴趣[63]。

具有与驻极体麦克风同样设计原理的冲击-敏感型驻极体传感器已用于太空空间站中的检漏测量[64]。驻极体振动传感器则在监控机器和马达的噪声方面得到推广[65]。驻极体线路传感器由充电的 Teflon PTFE (或 FEP) 的同轴电缆组成[66]，电缆的中心导体和外屏蔽层用作两电极，机械激励所产生的沿电缆长度方向任一点屏蔽层的形变用以形成输出信号进行报警。这种传感器可能在整个长度方向上提供连续的灵敏信号，并已在一些安全系统中得以应用。

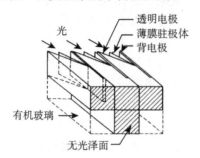

图 10.13　在透明电极和背电极间的驻极体光通道启闭器部分结构

10.1.6　水下传感器

驻极体水下传感器是基于聚合物压电材料的纵向压电效应的应用，它始于 20 世纪 70 年代。10.1.5 节所提到的线路传感器也可用作水听器[66]。已经研制出了基于不同原理的几种驻极体水听器[67-69]。例如，由 Teflon FEP 驻极体和由气隙分隔的背电极组成的水听器，其气隙间距由插入的介质网或金属电极边沿的脊状结构定位。这种水听器的灵敏度可达 $-170\sim-180\mathrm{dB}$ re $1\mathrm{V}/\mu\mathrm{Pa}$。它的灵敏度比压电材料 PVDF 水听器高得多。然而，电极的导入引起阻抗的欠匹配，从而限制了它在相对小的声压级和浅水层中的应用。另一种驻极体水听器是利用电极间的分层结构 (图 10.14)。内层包含了两个平行排列的传感器，它们分别由不同张力模量的驻极体和电介质层组成。系统内无气隙。声波将引起各层的不同形变，从而产生信号输出。这种水听器的灵敏度在 $1\mathrm{Hz}\sim15\mathrm{kHz}$ 内大约为 $-200\mathrm{dB}$ re $1\mathrm{V}/\mu\mathrm{Pa}$，灵敏度变化在 $\pm3\mathrm{dB}$ 内。显然，它的灵敏度低于 PVDF 水听器。然而它适合于检测大振幅信号，并且能够工作于宽静压区。

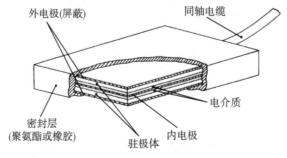

图 10.14　固体电介质水听器的结构示意图

10.1.7　聚合物压电传感器

自从 20 世纪 60 年代末 PVDF 的强压电效应被发现后，这类材料在电声和机电传感器中广泛应用。虽然它们的压电 d 常数和热释电系数 p 比某些陶瓷材料低，可是在传感器应用中最重要的参数是机电耦合系数 $k = (dg/s)^{1/2}$ (这里，s 是弹性顺度)。经单轴拉伸的 PVDF 的两种机电耦合系数 k_{31} 和 k_{33} 分别是 0.16 和 $0.20^{[70]}$，与 PZT-5 的相应值 0.34 和 0.70 相比是相当低的，然而 PVDF 具有极好的机械性质 (如柔韧性和强度)，可制成厚达 1~2μm 的薄膜，还具有成本低等优点，其在压电和热释电传感器的应用中具有较大的吸引力。

压电传感器可以利用纵向效应或横向效应来进行传感。纵向效应压电传感器大多数应用于较高频率 (如超声传感器)，而横向效应则广泛地应用于低频段 (如声频范围)。应用于大气中横向效应的声传感器需要通过力学变换以减小压电材料的高力学阻抗。对陶瓷材料，这种变换通常通过双压电晶片来实现，即以两块晶片组合以产生弯曲运动。这一原理也适用于压电聚合物。由于聚合物良好的柔韧性，应用这一原理显示出更大的优势。如果一个电信号作用到图 10.15(a) 中的平面状聚合物薄膜的两电极间，将引起薄膜的横向振动；另外，通过图 10.15(b) 中的脉动器装置可实现传感器和空气间良好的耦合，如果再将薄膜的两直边钳住，则薄膜将产生柱状或突面的曲变。由薄膜形变的横向运动可转换成和空气强耦合的脉动。

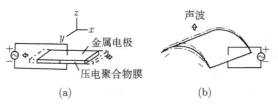

(a)   (b)

图 10.15　(a) 平面状压电聚合物单元的横向运动; (b) 由一个柱状单元将横向运动转换成脉动模

电压和声压间关系可从压电关系方程和振膜运动方程导出[9]。对压电聚合物材料，当工作在横向模式和准静态 (或低频) 时，其关系可近似表达为

$$x_1 = s_{11}X_1 + d_{31}E_3 \tag{10.7}$$

$$D_3 = d_{31}X_1 + \varepsilon_{33}E_3 \tag{10.8}$$

1. 横向压电效应传感器

图 10.16 给出了以压电聚合物材料为传感芯片的压电型耳机剖面透视图[71]。8μm 厚的 PVDF 极化膜被粘贴在聚氨酯的背板上，背板提供了薄膜要求的曲率和足够的机械阻尼以抑制有害的谐振。与静电型驻极体传感器相比，该传感器具有

较大的电容 (1.5nF/cm², 总电容约 0.1μF)。用人工耳已测量出其中一种立体声耳机的频响在 20Hz~12kHz 内, 呈现出平坦的响应。为了实现这个测量, 3V 信号施加到这个传感器上, 在 110dB 声压级时, 其非线性失真不超过 1%。同样的原理已用于设计全向型高频扬声器系统[9,71] (图 10.17)。这时, 一个柱形的 PVDF 单元体用以产生在水平方向的全向辐射。为了使在 2~20kHz 频率内灵敏度的变化小于 ±2dB, 半径分别为 3cm 和 6cm 的两层 PVDF 极化膜单元被同心安装, 同时需施加 2V 电压和附加一个升压变压器以实现在 1m 远处产生 90dB 的声压级。这一传感器系统具有低谐振失真, 并能获得精确的瞬变响应。

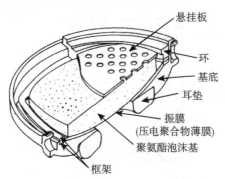

图 10.16 压电聚合物耳机的剖面透视图

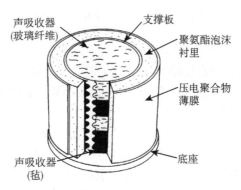

图 10.17 压电聚合物高频扬声器结构

根据弯曲传感模式而设计的压电聚合物麦克风类似于图 10.16 的耳机, 但尺寸小得多[9]。虽然相对声压级 1Pa 时其灵敏度仅在 −60~−50dB, 但麦克风的电容较高 (约 400pF/cm²), 所以等效噪声级低于 10dB SPL。如果采用自支撑式的圆顶型结构, 可进一步简化这类压电型声–电传感器[72]。

自 20 世纪 70 年代末开始, 人们开始研制球形或圆柱形振膜的压电型声–电传感器[73,74]。对自支撑式压电聚合物振膜式声–电传感器, 在假定薄膜呈现完全弹性的条件下, 已对它的灵敏度及谐振频率进行了数值分析, 结果发现: 其灵敏度几乎随振膜的曲率半径增加而上升, 谐振频率却随曲率半径增加而减小, 而这两个量都与张角无关[73]。这项研究成果可以帮助人们优化这类传感器的振膜形状。

利用相反极性的柱形振膜如图 10.18 所示进行安装[74], 将内电极相连, 并从两外电极引出输出信号, 不但可获得约 −72dB re 1V/μPa 的灵敏度 (为单一振膜单元的 2 倍), 而且其振动灵敏度也降低了 20dB。

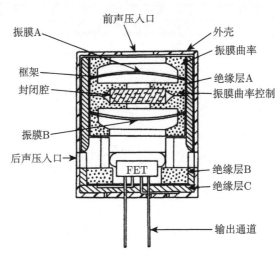

图 10.18　利用两片压电聚合物振膜的抗噪声声-电传感器截面示意图

弯曲振膜压电型声–电传感器的另外两种有代表性的模式是: 将圆形的 PVDF 薄膜周边固定, 当它们的两表面间存在压差时将产生球状形变, 由这种形变产生的压差变化引起沿轴向扫描的声聚焦。这种可调的声聚焦传感器已用于临床医学的超声检测。例如, 以 PVDF 或 P(VDF/TrFE) 作为超声波诊断仪的传感膜, 如果使用 3~10MHz 的超声波, 能对人体的内脏器官进行有效的诊断。由于传感膜与人体组织声阻抗的良好匹配性, 即使在组织或器官的深层也可得到清晰的断层图像。这种传感膜的超声诊断仪特别适合于甲状腺、乳腺、肝脏等部位病变的诊断。而工作在 10~20kHz 频区内的弯曲振膜压电型超声发生器, 当它们被敷设在舰船的壳体上时, 其发出的声辐射波能有效地阻止海洋生物在船体上的沉积和生长。研究表明: 仅需将船体表面的 1% 面积覆盖这样的传感膜, 就能实现整个船体的防污功能。

此外, 双压电晶片模式聚合物横向压电传感器也已被广泛地研究并商品化。例如, 两片 25μm 厚的 PVDF 薄膜经反极性串联, 将直径 6mm 的上述两片膜层压形成自支撑式、边缘受夹的特征结构[75]。这种声–电传感器已应用于电话系统, 其频响和总灵敏度 (含放大器) 都接近于碳粒送话器。弯曲振膜压电型传感器已用于水下声传输[76]。将 PVDF 膜安装在一个可弯曲的圆板上, 这个板不但作为悬臂, 同时还可以确保器件的线性响应。如果将几片 PVDF 串联，并分别安装于两个悬臂上，再将两个悬臂串联，可增加其灵敏度，例如，在 2Hz~1kHz 频区内，由 8 片膜串联的水听器产生的响应灵敏度约为 −200dB re 1V/μPa。

横向压电效应用于机–电传感器的例子有留声机的拾音器[9]。利用 1mm×2mm 的 PVDF 片作为传感元件，形成的响应频率达 4.5kHz 的高柔顺性振动系统拾音器适用于 CD-4 收录机的录音装置。利用聚合物横向压电效应的硬币传感器，与 PZT 相比，不仅灵敏度要高 2~3 倍，而且具有简单的几何形状。利用振动刺激指端触觉的环形压电传感器已用于聋哑人传递语言信号。

2. 纵向压电效应的压电聚合物传感器

聚合物的纵向压电效应在超声传感器和机–电传感器中的应用是极有价值的。用作超声传感器的基本要求是超声波长和传感器芯片厚度的尺寸相当。机–电传感器也是聚合物纵向压电效应的应用方向。

图 10.19 说明，PVDF 在超声频区显示出强压电效应，并随温度的降低而增加 (直至 80K)[77]。将 25μm 和 50μm 厚极化的 PVDF 薄膜胶结到石英棒上进行脉冲–回波测量。结果说明每当薄膜以厚度模式振动时，能显示出特征谐振。这类实验研究的初期，其频率约达 500MHz，但后继的进一步实验证实[78]：经双向拉伸的 PVDF 膜可用以产生和检测频率高达 9GHz 的超声波。这样的超声波能够由安装在一个微波腔内的 12μm 厚未镀电极的 PVDF 薄膜产生和检测，而被置于微波腔内的 PVDF 则被胶结到温度为 1.3K、用作传播介质的刚玉圆柱体上。

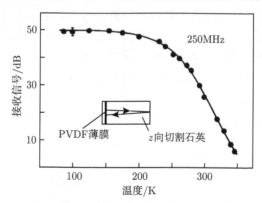

图 10.19 工作在谐振状态的 PVDF 压电膜的接收信号–温度曲线图

由于 PVDF 和水的良好的声阻抗匹配，上述 PVDF 传感器工作在厚度模式并作为水中的能量转换机构是较为理想的[79]。例如，用 200 片平行板电极组成的极化 PVDF 阵列来进行水下成像[80]。利用 PVDF 低声阻抗的另一项应用是声光转换的光偏转器，它是将 PVDF 传感器黏结到 PMMA 的平行管上[81]。在 PMMA

体内传播的光能在足够高的声功率时被超声波完全散射。

将聚合物纵向压电效应用于机–电传感器的元器件包括打字发报机、各种接触按钮开关[82] 和冲击灵敏器件[83]。

10.1.8   聚合物的热释电检测器

几种极性聚合物 (如 PVDF 及其共聚物 P(VDF/TrFE)，以及 PVF 等) 除了压电性能外，还呈现热释电效应[84]。虽然它们的热释电系数比广泛应用的无机晶体或陶瓷 (如硫酸三甘肽 (TGS) 和锆钛酸铅镧 (PLZT) 等物质) 约低一个数量级[85]，但这类聚合物具有极好的机械性能、低热导率、低电容率，以及制作工艺与硅平面加工工艺相兼容，使得它们在热释电器件的应用中仍有很大的吸引力。

和其他检测器不同，热释电材料的电流响应依赖于温度的变化率，而不是温度本身，因此它们对断续电磁辐照特别敏感。当信号的角频率大于器件热弛豫时间 τ_T 的倒数时，它们表现出大的电压响应[86]。带宽从 $\omega_1 = 1/\tau_T$ 扩展到 $\omega_2 = 1/(RC)$，因此，带宽随 R 和 C 的减小而上升，在通频带内的响应则随 R 的增加而增加。最终的上限截止频率由检测器内吸收辐照的热活化率确定。对吸收电极，截止频率由与材料及几何形状相关的热扩散时间 ($10^{-10} \sim 10^{-6}$s) 确定；而对透明电极，能量直接被产生较短弛豫时间的热释电材料吸收。

热释电聚合物适合于在电磁 (特别是红外) 辐照的检测器中应用[87,88]，如作为视像管中的敏感材料[85] 和应用于静电复印工艺[89]。

图 10.20 为 PVDF 热释电检测器示意图[88]。膜厚可达 2μm 的 PVDF 薄膜被胶结到一个金属热潭上。由薄膜的热容及热潭的热导确定热弛豫时间。传感器系统由对入射辐照能量或者呈现高吸收，或者部分透射的面电极组成。实际应用还有其他类型的结构[90]。与 TGS 及其他热释电材料形成的元器件相比，聚合物虽然显示出较差的信噪比，但优点是结构简单和机械性能突出。因此，作为廉价通用的蒸汽阀门和建筑物隔热性能控制的红外与热检测器早已投放市场[91]。以 50 个单元组成的热释电阵列检测器也已商品化[89]。图 10.21 描绘了热释电视像管的截面示意图。来自实物 (景色) 的热 (红外) 辐照，包括即使在夜视场中不同物体的红外辐照，通过一个遮光器入射到已覆盖某种热释电聚合物薄膜的靶电极上，并被记录成像[92]。由热释电响应而形成的温度分布图像在聚合物薄膜的自由面上转换成——对应的电压分布图像，再经扫描电子束 "询访" 而在电极上形成输出信号[85]。由于聚合物的低热扩散系数，所以形成的图像比无机陶瓷的分辨率高。

Mader 和 Meixner[93,94] 已研制出几种有商业价值的不同类型的无支撑 PVDF 红外检测器。一种带有抛物线镜面的反射器，能够将红外辐射束聚焦在 PVDF 薄膜上，已用于印刷品质量检测。反射器具有十分大的孔径比 (直径和焦距比为 1.0/0.3)，窗口和薄膜的吸收涂层将它们的可吸收波长范围限制在 6~16μm 内，因此可见光

和近红外光 (即白炽光) 不引起干涉现象。另一种红外检测器是利用球面反射器产生宽角的红外检测。图 10.22 给出了这种检测器的特征示意图。

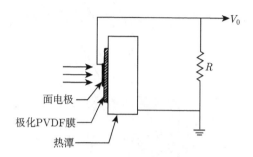

图 10.20　PVDF 热释电检测器示意图

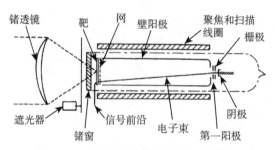

图 10.21　热释电视像管的截面示意图

　　热释电阵列的主要问题是由热扩散现象引起传感膜面的热串扰，从而导致了像模糊。这一效应可利用较薄的热释电传感膜或/和低热导率材料，并将热辐射信号调制到较高的频率来减弱。在这方面，PVDF 比 TGS 或 $LiTa_2O_3$ 显示出明显的优势。

　　另一类是 Si 基红外检测器。Swartz 和 Plummer[95] 首先将 PVDF 粘贴到 Si-MOSFET 上，并应用到传感器阵列系统。热释电聚合物薄膜以环氧树脂胶连到 p 型 Si 基的 SiO_2 电绝缘层上，两个 n 型区在 Si 基上扩散形成 MOS 管的源极和漏极，构成了图 10.22 所示的红外传感器。PVDF 的下电极用作 MOSFET 的门 (极)[96]。

　　将热释电薄膜直接接触到 Si 基片上的主要问题是 Si 基片的高热导率 (1.5W/(cm·K))。这时的 Si 片已成为热释电吸热的有效热潭，从而明显地降低了传感器的灵敏度，并引起了邻近元件间的热串扰。利用超薄的 Si 片 (但其厚度不能无限制减少，因为它同时又是集成电路的基体) 可能改善上述问题。另外的途径是在集成电路的表面利用微机械加工制作的振膜，或形成桥式结构作为热释电的支撑，或在热释电膜和基片间增加一隔热层。

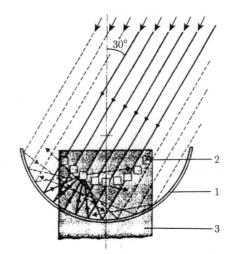

(a) 以斜角入射到球形反射器上的光束路径

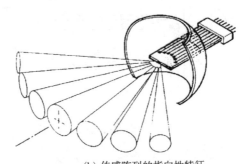

(b) 传感阵列的指向性特征

图 10.22   含线性 PVDF 传感器阵列的宽角红外检测器

10.2   静电复印和静电记录[9]

10.2.1   静电复印

驻极体电荷储存性质的重要应用是静电复印和静电记录。它们都是光电驻极体装置。一些电介质在可见光或其他射线照射后，会显著增加感应电导率。利用辐射感应电导 G^* 的滞后效应，即可能保持一段时间或较长时间的感应电导潜像。将这个感应电导潜像在黑暗环境下储存，就可以用于静电印刷。如果用电晕方法对电导潜像放电，则电导率高的区域保留的电荷少，而电导率低的区域保留的电荷多。如果把某些带颜色的塑料粉末敷撒在这个已有电荷潜像的固体电介质板上，图像就会显示出来。

静电复印成像工艺是：首先将光导绝缘板进行表面充电，并以光学图像照光，从而引起表面光导放电，在含有调色粉末的光导绝缘板上产生一个隐形的静电图像。此后这样的静电图像被转移，并最终定影在复印纸上。

潜像板通常由基板和其表面沉积有非晶态硒或氧化锌之类的薄层光导材料组成[97]。这一光导层由数量级为 $10^{10} \sim 10^{12} \Omega \cdot m$ 的高暗电阻率和曝光指数为 1ASA 或更高的光敏材料形成。为了产生复印功能，光导板首先置于暗室内以电晕放电法进行均匀充电。如果表面是非晶态硒，通常以正电晕充电，而对氧化锌表面则沉积负电荷。如图 10.23(a) 所示：板电势不能超过一定值 (称为可接受电势)，因为光导覆盖层的暗电阻率随电场 (即沉积电荷密度) 的上升而下降。光导绝缘板的感光通常受可接受的表面电势限制。无光照时，光导体的面电荷仅发生 "暗衰减"；对非晶态硒，其衰减的时间常数与电荷极性、电荷密度、几何形状和充电方法相关，其数量级在几秒至若干小时。光照引起的电荷衰减率 (图 10.23(a)) 与光强及光波波长等照光参数相关，而在最大光照时其时间常数为秒的数量级。因此静电潜像可以通过板上的电荷图像表征。这种潜像通过沉积在光导体充电区的调色粉进行显影，显影由较粗载体和较细粉末 (调色剂) 两种组分混合摩擦起电分级显影完成。如果调色

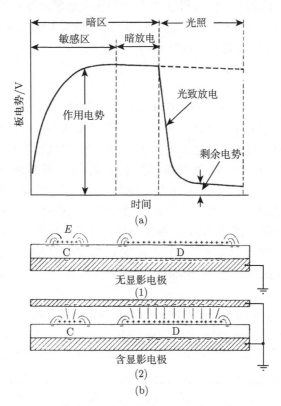

图 10.23   (a) 静电复印板的充放电；(b) 邻近充电区的电场

剂和充电表面极性相反，则它被充电区吸引。因此在高电荷梯度区内调色剂沉积增强 (图 10.23(b)(1))。为了使调色剂的沉积正比于板面的电荷密度，在光导板上安放一块距离靠近的平行显影电极 (像平面) (图 10.23(b)(2))，同时需要提供一定的偏置电压以减小在底板上寄生的调色剂的沉积。

将光导板上的像转移到纸上是通过将纸张放置在粉末像的上方并利用静电作用完成的，即把同极性的电晕放电作为一种感光放电提供到纸的背面。由于静电作用，一旦粉末从光导板上释放，沉积在纸上的电荷就足以将粉末吸引到纸上并被粘住。另一种转移的办法是利用纸上的黏附层将影像板上的粉末 "捡起"。如果是采用易熔调色层，则通过加热可将像固化在纸上 (定影)。其他定影的方式还包括溶剂挥发或直接喷涂到调色像上。

由于潜像的分辨率很高，所以静电复印的图像分辨率取决于显影材料的选择。对分级显影，其典型的分辨率是 1~15 线/mm；而对液体弥散性显影，其分辨率高达 250 线/mm。

静电复印技术的具有重大应用价值的两项发展如下：①用于医疗诊断和非破坏性检测的放射性照相术，它与利用 X 射线的物理辐照成像相关[98]，这种放射性照相术类似于静电复印；②电子传真工艺[99]，这项技术不仅具有成像显影功能，而且也包括定影工序，因此避免了像转移的中间过程。

10.2.2　静电记录

静电记录是用于在载体材料 (如纸张和塑料薄膜) 上记录电信号、数字信息、图文传真或 α-数码字母的一类静电技术[100]。这类技术不再利用照相原理，因此在工艺上与静电复印不同。静电记录属于电子记录法，它包括电解、磁记录等。其中最有用的一种是用电子束将电荷图像沉积于绝缘面上。图像阅读可用电容探头装置，或用检测样品次级发射的小电流的低能电子束扫描来完成。图 10.24 是高速阴极射线印字器的打印原理。将一平面层状材料钳入阴极射线管并通过这个面安装许多彼此绝缘的平行金属丝。面的外侧与涂有高电阻率的介电纸带接触。呈阵列分布的金属丝将电子束电荷传导至介质上沉积下来。根据输入信号对电子束的调控和扫描，产生了具有确定的电荷分布图形的潜像。最后，通过前述的粉末工艺将潜像显影。

在实验中，电子束的作用是将特定的电荷分布图形直接写在电介质上[101]。利用这种技术并通过计算机控制，以电子辉点直径为 0.5μm 的 10keV 的电子束辐照系统，能将 3mm×3mm 检验图形沉积于 25μm 厚的 Teflon 薄膜上。电荷分布的潜像可用不同的方法显影。为了读出潜像，需要用一个低电流 (10^{-12}A) 和低能值 (1keV) 的束电流，并实现了 100 对线/mm 的分辨率。其他一些读出的方法如分级和液体 (电子照相) 显影，其中后者与电子束读出工艺具有相同的分辨率。用 Teflon

薄膜作基片可确保在整个工作时间周期内电荷分布图形的稳定保存。

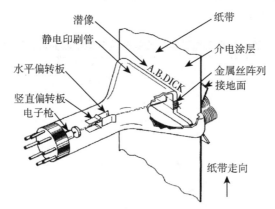

图 10.24 陈列型阴极射线管的高速电子射线印字器的打印原理

10.3 驻极体气体和空气过滤器

粉尘是空气中主要的污染源之一,尤其是在工业区和公共社交场所,其浓度惊人。粉尘中通常带菌 (特别是病房及公共设施场所),它们严重地危及人类的健康,因此必须进行净化;高精度的作业区,如微电子车间的超净室和光学工程车间的空气净化也是必不可少的。近年来,工农业生产高速发展,人类生活环境的污染加剧,人们对生活质量的改善和环境净化的要求十分迫切。

鉴于驻极体气体和空气过滤器具有低流阻、高效率、长寿命、高集尘能力及节省能源等优点,这类气体和空气过滤器的研究发展十分迅速。它于 20 世纪 70 年代起步,90 年代已实现了产业化生产。目前多数的大公司生产的中央和家用空调设备中已较广泛地采用驻极体空气过滤器作为基本的空气净化系统。

机械型气体和空气过滤器仅依赖于机械阻挡作用,即通过对气体中流动粉尘微粒的拦截作用进行过滤,因此只有当过滤纤维十分细并处于夯实状态时才能高效地捕获十分微小的粉尘微粒,表现出高流阻。驻极体气体和空气过滤器除尘的基本原理是利用滤材纤维本身带电和对带电粉尘静电吸引的长程库仑力作用捕获粉尘。其纤维能以低得多的密度形成疏松和开放式的结构,表现出低流阻。在相同的功效时,其流阻仅仅是机械型过滤器的 1/9 左右。表 10.2 给出了驻极体空气过滤器与传统的机械型过滤器的过滤效率及压力损耗比较。由于极化的驻极体纤维上通常带有几百至上千伏电势,而纤维的间隙仅微米至亚微米数量级,从而形成了无数个无源集尘电极。纤维间隙间电场达几十 MV/m 甚至更高,等效面电荷密度高达 $90nC/cm^2$。因此,当气流通过这类过滤器时,静电场的库仑力不仅能有效地吸引气流中的带电粉尘，而且未带电的中性微粒也能被强电场极化 (或电荷重心分离)，最终被过滤纤维捕获[102,103] (图 10.25)。

表 10.2 驻极体空气过滤器与传统的机械型过滤器的过滤参数比较

过滤器	粉尘量/(g/cm³)	效率/%(NaCl 检测)	压力损耗/(mm·W·g)
驻极体过滤器	200	99.4	1.2(低流阻)
中效玻璃纤维过滤器	200	55.0	4.0
高效玻璃纤维过滤器	200	99.1	12.1

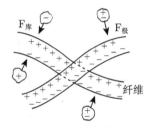

图 10.25　驻极体纤维对粉尘的静电长程吸引力示意图

左: 两带电粒子被库仑力吸引; 右: 两中性粒子被强场极化成偶极子的电极化吸引

　　粉尘通常是细菌和病毒的载体。过滤后的净化空气，随着粉尘浓度的降低，细菌和病毒的浓度也大大减弱。临床试验指出: 驻极体空气过滤器能滤除的细菌浓度高达 95%(如大肠感菌、绿脓杆菌、金黄色葡萄球菌、白葡萄球菌、芽孢杆菌等)，并能杀死 40% 的细菌。其灭菌的主要机理是: 由驻极体的强静电场和微电流刺激细菌使蛋白质和核酸变异，损伤细菌的细胞质及细胞膜，破坏细菌的表面结构，导致细菌死亡。与此同时，驻极体形成的强电场还对各类细菌具有明显的抑制其繁殖的功能。

　　研究指出: 空气中的大多数粉尘都是由亚微米级微粒组成的。图 10.26 中提供了大气中粉尘的不同粒径的数目、表面积和体积 (质量) 分布。它说明了从粉尘的表面积和数目两个角度考虑，亚微米级粉尘的含量均占绝对优势。研究结果证明: 这类亚微米级粉尘特别有害于人类健康。如前所述，癌症主要是由环境因素造成的，如图 10.27 所示，香烟中的尼古丁、工业粉尘中的 ZnO、石棉、石英、玻璃纤维、氯乙烯等亚微米粉尘和微纤维已确信无疑是危险的致癌物质。然而，驻极体空气过滤器中的静电效应对亚微米级的尘埃捕获十分有效。不言而喻，驻极体空气过滤器在环境净化工程中的开发应用无疑具有重要的意义。

　　通用的驻极体过滤材料是聚丙烯 (PP) 无纺纤维。它们的制作工艺之一首先是将 PP 薄膜在特定温度下拉伸以增加其机械强度，再进行电晕充电。由于静电斥力和高温环境，纤维被扩展成丝网状，使 9μm 厚的 PP 薄膜纤维化。图 10.28 表示了驻极体空气过滤器的工业生产流程图。

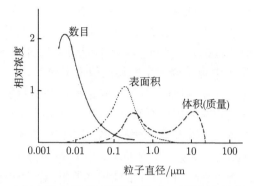

图 10.26 大气中粉尘的不同粒径的数目、表面积和体积 (质量) 分布

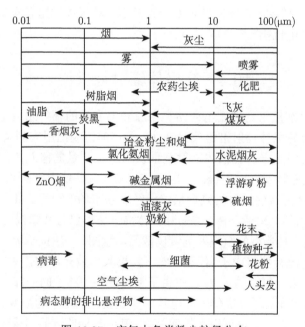

图 10.27 空气中各类粉尘粒径分布

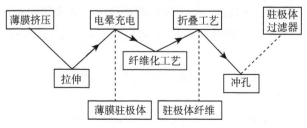

图 10.28 驻极体空气过滤器的工业生产流程图

PP 驻极体滤材具有突出的疏水性、热稳定性和在较高温度下的电荷储存能力。例如，在 70~80℃ 以下的高温及高湿 (RH 达 95%) 环境中可长期工作 (将该纤维储存在 80℃ 温度中 100 天，其过滤效率仅从 99.5% 降低至 92%)。即使将该纤维瞬时地浸入水或酒精中也不会产生明显的放电现象[1]。

超细纤维和卷曲 (羊毛状) 纤维作为新结构的驻极体滤材能大大地改善集尘效率，其平均效率比传统结构的驻极体纤维从 93% 分别上升至 99% 和 99.4%；与此同时，卷曲纤维的使用还大大地改善了滤材的容尘能力，即从 0.48g$_{粉尘}$/g$_{过滤器}$ 到 0.83g$_{粉尘}$/g$_{过滤器}$。这些改善可能源于纤维间自由空间随机分布率的上升，导致容尘场所和过滤机构更加完善；另外，精细纤维驻极体所形成的新结构空气过滤器性能的改善是因为滤材空间结构上表现出较大的容尘空间和较强的电场散度。改性的 PP 和 PC 纤维的研制成功为高效长寿命和低成本驻极体过滤器的商品化提供了较完善的驻极体储电机构[104,105]。

10.4　驻极体辐射剂量仪

驻极体辐射剂量仪是根据电荷储存现象和电介质的辐射感应电导率原理组合设计的。第一台驻极体辐射剂量仪是在 60 多年前研制出用来测量 γ 射线的辐照计量的。后来发展起来的驻极体辐射剂量仪已用于测量危害人体健康的由大气环境中氡 (Rn) 衰变形成的 α 射线。在用于室内和大气环境中 α 射线测量的仪器中，以 PTFE 驻极体为敏感材料的氡剂量仪已经投入市场[106,107]。其他一些用于测量各类辐照如 X 射线、光子、中子等的驻极体离子室也已有文章报道[108-116]。

图 10.29 是一种典型的氡辐射剂量仪截面示意图。一块位于腔体底部的驻极体和位于顶部的过滤装置组成了离子室[106]。如果入口敞开，则室内的氡浓度和大气环境中的平衡。来自氡源的 α 粒子在离子室内产生的离子的一部分被驻极体电荷补偿，通过测量敞开前后驻极体表面电势的变化就能确定氡的浓度。这种仪器既可用于短期测量 (1~7 天)，也可用于长期监测。其中长期监测的剂量仪一般用较薄的驻极体，这是因为，这种驻极体在相同的等效表面电势时含有较高的电荷密度，因此具有补偿较大量电荷的能力。驻极体氡剂量仪的优点是利用电场的变化直接读数、可再生使用、对湿度不敏感性和具有合理的线性响应等，适用于测量水和氚中氡的剂量[114]。

用驻极体电离室分别监测 X 射线和光子剂量及其变化的另外一些驻极体剂量仪也已研制出[110,111]。

中子辐射剂量仪是由一个安装在物体表面的驻极体离子室构成的[108]。它能测量能量为 3eV 的散射 (背散射) 中心。这种通过其表面与物体接触的剂量仪能引起薄层的中性硼内 (n, α) 反应。这种 α 粒子将使室内气体电离化。在电离气体中的适当极性的离子由驻极体表面吸收并引起驻极体的部分放电。通过测量驻极体的表面电势衰减即可确定散射的中子流强度，进而间接测定高达 20MeV 的初始中子流。面对待测物的层状硼能减弱初始中子流冲击入射边，从而避免在测量过程中引起的干扰。这类驻极体剂量仪适用于集成器件和对短寿命放射性物质进行测量。它们的性能比传统的中子辐射剂量仪好得多。

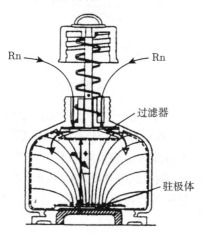

图 10.29 氡辐射剂量仪截面示意图

10.5 驻极体马达和发电机[9]

驻极体马达是一种自偏置的静电装置, 图 10.30 是这种马达的装置示意图。它是利用伺服电机的齿槽效应研制的[117]。马达中含有两个圆盘状电极，各被分成两半，并由一个绝缘片隔开，最后被安置在靠近其直径相等的圆盘状驻极体的上下两边。盘状驻极体也是由带相反极性电荷的两半盘组成的。当电压 V 被提供到两电极上时 (图 10.30), 在驻极体上将作用一力矩[118-120]

$$M = \frac{1 + s_1/s}{1 + \varepsilon_{\mathrm{r}} s_1/s} \sigma \left(r_0^2 - r_{\mathrm{i}}^2 \right) V \tag{10.9}$$

这里, s_1 是驻极体两边的总气隙厚度; s 是驻极体圆盘厚度; ε_{r} 是驻极体材料的相对电容率; σ 是驻极体的等效面电荷密度; r_{i} 和 r_0 分别是电极的内径和外径。

自偏置的齿槽效应马达 (驻极体马达) 具有重要的应用价值。该系统仅需提供 1W 功率, 使用寿命长, 例如, 有报道在使用达两年之后仍完好无损。这种马达最初由蜡驻极体制备, 如果以聚合物驻极体构成自偏置的转子, 不仅能改善电荷的储存寿命, 而且可以明显地减小驻极体的厚度, 大大地改善这种马达的质量指标。

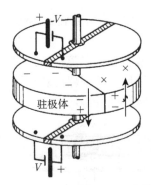

图 10.30　驻极体马达示意图

驻极体发电机的研究也已报道[121-135]，特别是近些年有大量的研究成果发表[134,135]。它们可用于电力工程设备、转速表及低功耗电子器件[122-135]。

已分别从理论和实验两方面对齿槽效应开展了系统的研究[136]，文献中给出了两种不同的理论的响应方程。除了这些基础性研究外，关于驻极体马达和发电机的设计及实验研究已展开了更深入的讨论[137,138]。

10.6　驻极体的其他应用

透明驻极体，如 SiO_2 和 Teflon AF，近几年来已被研究用作 n^+p 和 MIS (metal-insulator-semiconductor) 型太阳能电池 (图 10.31)[139,140]。充电驻极体的钝化层抑制了单晶 Si 片表面的复合效应，因此改善了 Si 太阳能电池的效率。除此以外，驻极体电荷在掺杂基片的表面区还感应出一个反型层 (inversion layer)。该层在不损害 Si 晶格的条件下具有和传统的 n^+ 掺杂的太阳能电池相同的效应。因此，可进一步减小复合损耗[140]，同时降低制作成本。然而这种由驻极体组合的太阳能电池仍然存在某些技术问题待进一步解决[141]。

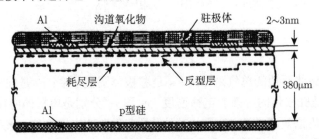

图 10.31　驻极体-MIS 太阳能电池示意图

聚四氟乙烯和聚酰亚胺等高分子聚合物驻极体材料具有选择性透过功能，利用这一特性研制成的高分子半透性薄膜称为高分子分离膜。分离膜以压力差、温度梯度或电势差为动力，使气体混合物、液体混合物或有机物与无机物的溶液分离成单一成分。水是生命之源，但世界上许多地方水源严重不足。人们在寻找淡水源的过程中，把眼光投向海洋，希望通过海水淡化来解决水源问题。海水淡化技术有多种。目前用得最多的是蒸发法，但这种方法能源消耗大，制水成本高；采用分离膜的方法，能源消耗只有蒸发法的 1/4。所以，近年来正逐步采用高分子分离膜技术淡化海水，例如，加外电场 (以电势差为动力) 的分离膜海水淡化技术已获得巨大的效益。

参 考 文 献

[1] Nishikawa S, Nukijama D. Proc. Imp. Acad., Tokyo, 1928, 4: 290.

[2] Bruno W. U. S. Patent, 1942, 2: 284, 039.

[3] Sessler G M, West J E. J. Acoust. Soc. Am., 1962, 34: 1787.

[4] van Turnhout J, van Bochove C, van Veldhuizen G J. Staub. Reinhalt. Luft, 1976, 36: 36.

[5] Jefimenko O D. Electrostatic Motors//Moore A D. Electrostatics and its Application. New York: Wiley, 1973, 131.

[6] Hine G J, Brownell G L. Radiation Dosimetr. New York: Academic Press, 1956.

[7] Fukada E. Proc. 6th Intern. Cong. Acoust., Tokyo, 1968, D-3-1.

[8] Tamura M, Yamaguchi T, Oyaba T, et al. J. Audio Eng. Soc., 1975, 23: 21.

[9] Sessler G M. Electret. 2nd ed. Berlin: Springer-Verlag, 1987.

[10] Morse P M. Vibration and Sound. New York: McGraw-Hill, 1948.

[11] Kuhl W, Schodder G R, Schroeder F K. Acustica, 1954, 4: 519.

[12] Matsuzawa K, J. Phys. Soc. Jpn., 1958, 13: 1553.

[13] Killion M C, Carlson E V. J. Audio Eng. Soc., 1974, 22: 237.

[14] Sessler G M, West J E. J. Acoust. Soc. Am., 1973, 53: 1598.

[15] Warren J E, Hamilton J F, Brzezinski A N. J. Acoust. Soc. Am., 1972, 52: 711.

[16] Fraim F W, Murphy P V, Ferran R J. J. Acoust. Soc. Am., 1973, 53: 1601.

[17] Djuric S V. J. Acoust. Soc. Am., 1972, 51: 129.

[18] Sessler G M, West J E. Proc. 7th Intern. Cong. Acoust., Budapest, 1971: 23E1.

[19] Legros D, Lewiner J. J. Acoust. Soc. Am., 1973, 53: 1663.

[20] van Turnhout J. J. Electrostatics, 1975, 1: 147.

[21] Carlson E V, Killon M C. U. S. Patent 1973, 3: 740, 496.

[22] Farrow L A, Richton R E. J. Appl. Phys., 1977, 48: 4962.

[23] Heiserman J, Hulin J P, Maunard J, et al. Phys. Rev. B, 1976, 14: 2862.

[24] Busch-Vishiniac I J. J. Acoust. Soc. Am., 1985, 78: 398.

[25] McDowell III C B, Oboyle L E. Proc. IEEE Fall Electron. Conf., 1971: 97.

[26] Sessler G M, West J E. IEEE Trans., 1971, AU-19: 19.

[27] Carlson E V, Killion M C. J. Audio Eng. Soc., 1974, 22: 92.

[28] Reedyk C W. J. Acoust. Soc. Am., 1973, 53: 1609.

[29] Hohm D, Sessler G M. Proc. 11th Intern. Congr. on Acoustics, Paris, 1983: 29.

[30] Hohm D, Gerhard-Multhaupt R. J. Acoust. Soc., Am., 1984, 75: 1297.

[31] Guenther P. IEEE Trans. Electr. Insul., 1989, 24: 439.

[32] Olthuis W, Bergveld P. IEEE Trans. Electr. Insul., 1992, 27: 691.

[33] Guenther P, Xia Z F. J. Appl. Phys., 1993, 74: 7269.

[34] Lai H C, Murphy P V, Latour M. Proc. 8th Intern. Symp. on Electrets, Paris, 1994, 949.

[35] Sessler G M. J. Audio Eng. Soc., 1996, 44(1/2): 16.

[36] Thielemann C, Amjadi H, Hess G. Proc Eurosensors, Leuven, 1996.

[37] Kuehnel W. Fortschri, D. Akustik, 1988, (DAGA′88): 509.

[38] Kuehnel W. Sensors and Actuators, 1991, A25-27: 521.

[39] Kuehnel W, Hess G. Sensors and Actuators, 1992, A32: 560.

[40] Royer M, Holmen J O, Wurm M A, et al. Sensors and Actuators, 1983, 4: 357.

[41] Muller R S. Proc. 4th lntern. Conf. on Solid State Sensors and Actuators, 1987: 107.

[42] Franz J. VDI-Ber., 1988, 677: 299.

[43] Schellin R, Hess G, Kuehnel W, et al. IEEE Trans. Electr. Insul., 1992, 27: 867.

[44] Schellin R, Hess G, Kressmann R, et al. J. Micromech. Microeng., 1995. 5: 106.

[45] Ried R P, Kim E S, Hong D M, et al. J. Micromechan. Sys., 1993, 2: 111.

[46] Schellin R, Hess G, Sensors and Actuators, 1992, A32: 555.

[47] Schneider U, Schellin R. Sensors and Actuators, 1994, A41-42: 695.

[48] Pliska P, Lukosz W. Sensors and Actuators, 1994, A41-42: 93.

[49] Sell H, Z. Tech. Phys., 1937, 18: 3.

[50] Sessler G M, West J E. J. Acoust. Soc. Am., 1962, 34: 1774.

[51] Philips. Audio-Information, 1978, 43: 1.

[52] Sessler G M, West J E. Proc. 4th Intern. Cong. Acoust., Copenhagen, 1962: N55.

[53] Griese H J, Kock G. Funkcshau, 1977, 49: 1251.

[54] Reedyk C W. North. Electr. Telesis, 1967, 1: 22.

[55] Sakamoto N, Gotoh T, Atoji N. J. Audio Eng. Soc., 1976, 24: 368.

[56] Morgenstern G. Appl. Phys., 1976, 11: 371.

[57] Morgenstern G. Acustica, 1978, 40: 81.

[58] Kawakami H. Audio Eng. Soc., Preprint, 1969, 693(B3).

[59] Mochizuki Y, Watanabe S, Kobayashi M, et al. Toshiba Rev., 1972, 35.

[60] Seesler G M, West J E, Wallace Jr R L. IEEE Trans., 1973, COM-21: 61.

[61] Seesler G M, Wallace Jr R L, West J E. US Patent 1972, 3: 668, 417.

[62] Perino D, Lewiner J, Dreyfus G. L′onde Electr., 1977, 57: 688.

[63]　Sato R, Takamatsu T. 5th Proc, Intern. Symp. on Electrets, Heidelberg, 1985: 744.

[64]　Scherb M V, Kazokas G P, Zelik J A, et al. NASI-10840, 1972.

[65]　Gubkin A N, Sergienko V F, Torfimenko N M. Prib. Tekh. Eksp., 1961, 2: 166.

[66]　Miller G K. Electret Tape Transducer. GTE Sylvania F30602-75-6-0075.

[67]　Hennion C, Lewiner J. Proc. 9th Intern. Cong. Acoust., Madrid, 1977: Q36.

[68]　Hennion C, Lewiner J. J. Acoust. Soc. Am., 1978, 63: 279.

[69]　Hennion C, Lewiner J. J. Acoust. Soc. Am., 1978, 63: 1229.

[70]　Ohigashi H. J. Appl. Phys., 1976, 47: 949.

[71]　Tamura M, Ogasawara K, Yoshimi T. Ferroelectrics, 1976, 10: 125.

[72]　Sessler G M. Proc Fortschritte der Akustik, Heidelberg, 1976, DAGA′ 78: 81.

[73]　Lerch R. Proc. Fortschritte der Akustik, Buchum, 1978, DAGA′ 78: 661.

[74]　Naono H, Gotoh T, Matsumoto M, et al. Audio Eng. Soc., 1977, 1271(01).

[75]　Carpenter R, Garner G M, Sear J F. IEE Science, Education and Management Division, Digest No. 1975/25, Contrib. No. 10, 1975.

[76]　Sullivan T D, Powers J M. J. Acoust Soc. Am., 1978, 63: 1390.

[77]　Sussner H, Michas D, Assfalg A, et al. Phys. Lett., 1973, 45A: 475.

[78]　Alquie C, Lewiner J, Friedman C. Appl. Phys. Lett., 1976, 29: 69.

[79]　Woodward B. Acustica, 1977, 38: 264.

[80]　Woodward B. Proc. 9th Intern. Cong. Acoust., Madrid, 1977: K40.

[81]　Ohigashi H, Shigenari R, Yokota M. Jpn. J. Appl. Phys., 1975, 14: 1085.

[82]　Murayama N, Nakamura K, Obara H, et al. Ultrasonic, 1976, 14: 15.

[83]　DeReggi A S. Piezoelectric Polymer Transducer for lmpact Pressure Measurement. Rpt, NBS, COM-75-11127, 1975.

[84]　Davis G T, Broadhurst M G. Proc. Intern. Symp. on Electrets and Dielectrics, Rio de Janeiro, 1977: 299.

[85]　Garn L E, Sharp E J. IEEE Trans., 1974, PHP-10: 208.

[86]　Lines M E, Glass A M. Principle and Applications for Ferroelectrics and Related Materials. Oxford: Clarendom Press, 1977.

[87]　Glass A M, McFee J M, Bergman J G. J. Appl. Phys., 1971, 42: 5219.

[88]　McFee J H, Bergman J G, Grane G R. Ferroelectrics, 1972, 3: 305.

[89]　Bergman J G, Crane G R, Ballman A A, et al. Phys. Lett., 1972, 21: 497.

[90]　Liu S T, Long D. Proc. IEEE, 1978, 60: 14.

[91]　Murayama N. U. S. Patent 1975, 3: 872, 328.

[92]　Taylor R G F, Best H A H. Contemp. Phys., 1973, 14: 55.

[93]　Mader G, Meixner H. Sensors and Actuators A, 1990, 22: 503.

[94]　Meixner H. Ferroelectrics, 1991, 115: 279.

[95]　Swartz R G, Plummer J D. IEEE Trans. Electron Dev., 1979, 26: 1921.

[96]　Ruppel W. Sensors and Actuators A, 1992, 31: 225.

[97]　Thourson T L. IEEE Trans., 1972, ED-19: 495.

[98]　Boag J W, Stacey A J, David R. J. Photogr. Sci., 1971, 19: 45.

[99]　Young C J, Graig H G. RCA Rev., 1954, 15: 471.

[100]　Rothgordt U. Philips Tech. Rundsch., 1976/1977, 36: 98.

[101]　Feder J. J. Appl. Phys., 1976, 47: 1741.

[102]　van Turnhout J, Alberts J H M, Adamse J W C, et al. Proc Second World Filter Congress, London, 1979.

[103]　van Turnhout J, et al. J. Electrostatics, 1980, 8: 369.

[104]　de Haan P H, van Turnhout J, Wapenaar K E D. Proc. 5th Intern. Symp. on Electrets, Heidelberg, 1985: 756.

[105]　Baumgartner H, Loeffler F, Umhauer H. Proc. 5th Intern. Symp. on Electrets, Heidelberg, 1985: 772.

[106]　Kotrappa P, Dempsey J C, Ramsey R W, et al. Health Phys., 1990, 58: 461.

[107]　Kotrappa P, Dempsey J C, Stieff L R. Radiation Protect. Dosimety, 1993, 47: 461.

[108]　Seifert H, Dorschel B, Pawelke J, et al. Radiation Protect. Dosimetry, 1991, 37: 13.

[109]　Dua S K, Hopke P K, Kotrappa P. Health Physics, 1995, 68: 110.

[110]　Fallone B G, MacDonald B A, Ryner L R. IEEE Trans. Electr. Insul., 1993, 28: 143.

[111]　Doughty K, Fleming I. Proc. 6th Intern. Symp. on Electrets, Oxford, 1988: 328.

[112]　Mc Donald B A, Fallone B G. Rev. of Scientific Instruments, 1994, 65: 730.

[113]　Fjeld R A, Montague K J, Haapala M H. et al. Health Phys., 1994, 66: 147.

[114]　Surette R A, Wood M J. Health Phys., 1993, 65: 418.

[115]　McDonald B A, Fallone B G, Markovic A. J. Phys. D: Appl. Phys., 1998, 26: 2015.

[116]　Doschel B, Kunzmann S, Prokert P, et al. Radiation Protect. Dosimetry, 1993, 46: 257.

[117]　Jefimenko O, Walker D K. Conf. on Dielctr. Mater., Meas. Appl., 1970, 146.

[118]　Jefimenko O D. Am. J. Phys., 1983, 51: 988.

[119]　Gerhard-Multhaupt R. Am. J. Phys., 1985, 53: 375.

[120]　Jefimenko O D. Am. J. Phys., 1985, 53: 376.

[121]　Nazarov V G. Elektrichestvo, 1954, 7: 60.

[122]　van Turnhout J. J. Electrostat., 1975, 1: 47.

[123]　Ko W C, Tseng C K, Wu W J. et al. E-polymers, 2010, 10:

[124]　Suzuki Y. IEEE Transactions on Electrical and Electronic Engineering, 2011, 6: 101.

[125]　Hillenbrand J, Pondrom P, Sessler G. Applied Physics Letters, 2015, 106: 183902.

[126]　Cheng Y, Wang C, Zhong J, et al. Nano Energy, 2017, 34: 562.

[127]　Feng Y, Yu Z, Han Y. Applied Physics Letters, 2018, 112: 032901.

[128]　Gong S, Wang C, Zhang J. et al. Advanced Sustainable Systems, 2018, 2: 1700178.

[129]　Murotani K, Suzuki Y. Journal of Micromechanics and Microengineering, 2018, 28: 104001.

[130] Tao K, Lye S W, Miao J, et al. Journal of Micromechanics and Microengineering, 2015, 25: 104014.

[131] Wang F, Hansen O. Sensors and Actuators A: Physical, 2014, 211: 131.

[132] Wu Y, Hu Y, Huang Z, et al. Sensors and Actuators A: Physical, 2018, 271: 364.

[133] Zhang Y, Wang T, Luo A, et al. Applied Energy, 2018, 212: 362.

[134] Zhu J, Song W, Ma F, et al. Materials Research Bulletin, 2018, 102: 130.

[135] Zhang X, Sessler G M, Ma X, et al. Journal of Micromechanics and Microengineering, 2018, 28: 065012.

[136] Gerhard-Multhaupt R. J. Phys. D, 1984, 17: 649.

[137] Jefimenko O D, Abazi A. Rev. Sci. Instrum., 1982, 53: 1746.

[138] Tada Y. Proc. 5th Intern. Symp. on Electrets, Heidelberg, 1985: 750.

[139] Guenther P. Proc. 1st World Conf. on Photovoltaic Energy Conversion, Hawaii, 1994.

[140] Guenther P. PhD thesis, Darmstadt, 1993.

[141] Amjadi H, Sessler G M. IEEE Annu. Report, Conf. Electr. Insul. Diel. Pheno., 1995: 668.

第 11 章　压电、铁电和热释电聚合物驻极体

11.1　传统的带本征偶极电荷的聚合物驻极体

11.1.1　压电、铁电和热释电性概述 [1]

从 1880 年 J. Curie 和 P. Curie 兄弟发现了石英和其他一些材料的压电效应之后，直到 1916 年 Langevin 提出压电换能器之前，压电效应没有任何实际应用。虽然有机驻极体的压电和热释电研究早在 1927 年已从理论和实验上取得了进展，但蜡驻极体低劣的机械强度和相当低的灵敏度阻碍了它的商品化。Brain[2] 开创性地研究了第一种聚合物材料纤维素 (cellulose) 的压电效应。此后，Rez 对几种聚合物材料的压电行为从理论上首次进行了较系统的探讨，其中纤维素及羊毛等天然高分子材料的压电效应开始为人们所关注。但它们的压电性相当弱，以及与摩擦带电及接触电势差等材料的起电现象难以区分，在测量技术方面限制了这项研究工作的开展。1955 年 Fukada[3] 发现了木材的正压电效应，并证实了它的负压电效应的存在。之后他又相继在生物高分子及合成高分子的薄膜形成和制备工艺方面开展了研究，并阐明了光学活性高分子的单轴拉伸膜的压电特性 [4]，为这类天然和人工合成材料的早期研究及器件制备作出了特殊的贡献。1969 年 Kawai[5] 报道了 PVDF 具有强压电性，引起国际相关科学技术界的广泛关注。从那时起，PVDF 及其共聚物已成为半个多世纪中在材料制备、结构特征和传感机制研究、各种元器件制备等方面久盛不衰的热门研究课题。事实上，所有的聚合物都表现出不同程度的压电性，这种压电性可能源于不同的物理机制。不同聚合物压电常数量值之差达三个数量级或更高，对极性材料，它们中的最大值为 $2\times10^{-11} \sim 3\times10^{-11}$C/N。

除了 PVDF 家族外，人们还对以聚脲、奇数尼龙 (聚酰胺)、亚乙烯基二氰共聚物为代表的有机压电材料的研制和压电性进行了研究。以这些材料为传感元器件的功能膜呈现出更宽广的应用范围及更强的抗恶劣环境能力，且具有与 PVDF 相当的灵敏度。

本节主要讨论有机聚合物材料的压电和热释电效应的物理概念，以及传统的带有本征偶极电荷的聚合物压电材料，而新型的微孔洞结构压电驻极体 (也称为铁电驻极体) 将在 11.2 节中讨论。

1. 压电和热释电定义

压电和热释电可用热力学的规范形式给出定义 [6]，即压电常数 d_{mj} 是对于电

场矢量 $\boldsymbol{E}$ 和应力张量 $\boldsymbol{X}$ 的吉布斯 (Gibbs) 自由能 G 的二阶偏微商的张量元:

$$d_{mj} = \left[\frac{\partial^2 G(\boldsymbol{E}, \boldsymbol{X}, T)}{\partial E_m \partial X_j}\right]_T \tag{11.1}$$

其中, T 是温度。类似地, 某一材料中的热释电系数 $\boldsymbol{p}$ 矢量中至少一个分量可表述为

$$p_m = \left[\frac{\partial^2 G(\boldsymbol{E}, \boldsymbol{X}, T)}{\partial E_m \partial T}\right]_{\boldsymbol{X}} \tag{11.2}$$

如果压电或热释电系数的测量是基于交变应力, 或在时域内显示弛豫特征, 那么它是一个复数。

对式 (11.1) 和式 (11.2) 中的特征函数 G 求二次偏微商, 并取任意顺序 (微商顺序无关原理), 则可得到

$$d_{mj} = (\partial D_m / \partial X_j)_{T,\boldsymbol{E}} = (\partial x_j / \partial E_m)_{\boldsymbol{X},T} \tag{11.3}$$

单位为 C/N 或 m/V, 这里, $\boldsymbol{D}$ 和 $\boldsymbol{x}$ 分别表示电位移矢量和应变。从物理意义上考虑, 所谓压电效应是指对某一电介质施应力 $\boldsymbol{X}$, 产生了与此应力量相应的极化 (式 (11.3) 的中间表达式); 或对其施加电场, 则产生应变效应 (式 (11.3) 的右式)。前者为正压电效应, 后者为逆压电效应。式 (11.3) 从物理意义上说明了正压电效应和逆压电效应相等。

采用不同的变量, 压电常数的表达式可有不同形式。采用力学量 (应力 $\boldsymbol{X}$ 和应变 $\boldsymbol{x}$) 与电学量 (电场 $\boldsymbol{E}$ 与电位移矢量 $\boldsymbol{D}$), 压电性是电介质的力学性质与电学性质的耦合线性响应系数。独立变量不同时, 相应的压电常数也不同。因此, 除了式 (11.3) 的 $\boldsymbol{d}$ 外, 还有另外三种形式来定义压电常数:

$$e_{mj} = -\left(\frac{\partial D_m}{\partial x_j}\right)_{\boldsymbol{E},T} = -\left(\frac{\partial X_j}{\partial E_m}\right)_{\boldsymbol{x},T} \tag{11.4}$$

单位为 N/(V·m) 或 C/m²;

$$g_{mj} = -\left(\frac{\partial E_m}{\partial X_j}\right)_{\boldsymbol{D},T} = -\left(\frac{\partial x_j}{\partial D_m}\right)_{\boldsymbol{X},T} \tag{11.5}$$

单位为 V·m/N 或 m²/C;

$$h_{mj} = -\left(\frac{\partial E_m}{\partial x_j}\right)_{\boldsymbol{D},T} = -\left(\frac{\partial x_j}{\partial D_m}\right)_{\boldsymbol{x},T} \tag{11.6}$$

单位为 N/C 或 V/m。

式 (11.3)~式 (11.6) 中的 $\boldsymbol{d}$, $\boldsymbol{e}$, $\boldsymbol{g}$, $\boldsymbol{h}$ 分别称为压电应变常数、压电应力常数、压电电压常数和压电刚度常数的向量。这里, 下标 $j = 1, 2, \cdots, 6$; $m = 1, 2, 3$[7]。

而热释电系数：

$$p_m = \left(\frac{\partial D_m}{\partial T}\right)_{\boldsymbol{E}} = \left(\frac{\partial S}{\partial E_m}\right)_T \tag{11.7}$$

单位为 $\mathrm{C}/(\mathrm{m}^2{\cdot}\mathrm{K})$，$S$ 是熵。

众所周知，温度和熵是标量 (零阶张量)；电容率和热胀系数为二阶对称张量，有六个独立分量；电场和电位移是矢量 (一阶张量)；应力和应变是二阶对称张量。由于压电常数是联系二阶对称张量 (应力和应变) 与一阶张量 (电场和电位移) 的三阶张量，故压电常数存在 18 个分量。由于热释电系数联系一阶张量 (电场和电位移) 及零阶张量 (温度和熵)，因此是一阶张量 (即矢量)。而弹性系数联系两个二阶对称张量 (应力和应变)，故是四阶张量，存在 36 个分量。晶体对称性对应于张量的对称性，对称性越高，独立分量数越少。因为坐标反转可以改变符号，所以有对称中心的物质无压电性。在自然界物质的 32 种结晶点群中，20 种有压电性。非极性分子基本上不呈现压电性。然而非极性驻极体材料中空间电荷的非均匀分布也可能引起压电效应[8]，如压电驻极体。我们将在 11.2 节重点讨论压电驻极体。

压电方程中的独立变量可根据实际需要任意选择。上述四类压电常数之间存在着下述转换关系：

$$d/e = s^{\boldsymbol{E}}, \quad g/h = s^{\boldsymbol{E}}, \quad d/g = \varepsilon^{\boldsymbol{X}}, \quad e/h = \varepsilon^{\boldsymbol{x}} \tag{11.8}$$

其中，s 称弹性顺度。机电耦合系数 k 是衡量压电材料在电能与机械能之间相互耦合及转换能力的重要参量：

$$k^2 = \frac{d^2}{\varepsilon^{\boldsymbol{X}} s^{\boldsymbol{E}}} \tag{11.9}$$

因此 k 也是研制压电传感器的重要质量指标。Ohigashi 指出，k 随剩余极化 P_r 增加而增加，PVDF 的 k 仅为 0.2，低于压电陶瓷。P(VDF/TrFE) 的压电特性与 VDF 的物质的量含量 x 有关：$0.5 \leqslant x \leqslant 0.6$ 时，横向压电效应强；$0.6 \leqslant x \leqslant 0.8$ 时，纵向压电效应强；$x = 0.75$ 时，$k = 0.3$。

2. 非极性聚合物驻极体的压电性

一般地说，只要样品产生均匀应变，空间电荷就不能对零电场的压电和热释电响应作贡献。图 11.1 中表示具有均匀电容率 ε，厚度为 s，两面电极被短路连接的电介质薄膜内沉积一层距离背电极为 x 的正电荷层 σ_x。捕获电荷层 σ_x 将在两电极上感应出等值反向的感应电荷，即 $\sigma_x = -(\sigma_s + \sigma_0)$。两电极上的感应电荷量按照电荷层和两电极间的电容量分配。因此，如果电容率是均匀的，则

$$\sigma_{\mathrm{s}} = -\sigma_x \frac{x}{s} \tag{11.10}$$

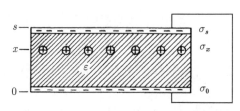

图 11.1 含层状空间电荷的块状驻极体在两电极短路时的电荷分布模型

如果材料产生形变, 则距离 x 和样品厚度 s 分别改变为 $x + \Delta x$ 和 $s + \Delta s$, 则面电荷密度 σ_s 变为

$$\sigma_s' = -\sigma_x \left(\frac{x}{s} \right) \left[\left(1 + \frac{\Delta x}{x} \right) \Big/ \left(1 + \frac{\Delta s}{s} \right) \right] \tag{11.11}$$

如果外加压力或温度变化引起样品的均匀应变, $\Delta x / x = \Delta s / s$, 显然在零电场时无电流流过; 如果材料的性质或和应变是非均匀的, 则样品内的捕获电荷将给出电响应。在 Wada 等 [9] 的模型中, 薄膜沿厚度 x 方向是非均匀的 (图 11.1), 犹如应力与空间坐标相关一样, 空间电荷密度 $\rho(x)$ 和电容率 $\varepsilon(x)$ 也是空间坐标的函数: $\alpha_\varepsilon(x) = \partial \ln \varepsilon(x) / \partial X$, $\alpha_x(x) = \partial \ln x / \partial X$, 这里, $\boldsymbol{X}$ 是机械应力或是由温度变化引起的热应力。如果这个薄膜是多层组分中的一层, 根据式 (11.10) 可表示出面积 A_s 上的总感应电荷:

$$Q_s = \frac{- \displaystyle\int_0^s \rho(x) A_s \mathrm{d}x \int_0^x \mathrm{d}x' / \varepsilon(x')}{\displaystyle\int_0^s \mathrm{d}x' / \varepsilon(x')} \tag{11.12}$$

假定在给定层的总电荷 $\rho(x) A_s \mathrm{d}x$ 随应力变化而维持常数, 则应变量 $\mathrm{d}x'$ 和 $\varepsilon(x')$ 的线性近似能以非应变量 $\mathrm{d}x_0 [1 + \alpha_x(x_0) \mathrm{d}X]$ 和 $\varepsilon(x_0)[1 + \alpha_\varepsilon(x_0) \mathrm{d}X]$ 代替。将 α 展开成一次近似, 则式 (11.12) 改写为

$$Q_s = -\int_0^s \rho(x) A_s \mathrm{d}x \int_0^x \mathrm{d}x_0 / \varepsilon \left\{ 1 + \left[\int_0^x \varepsilon^{-1}(\alpha_x - \alpha_\varepsilon) \mathrm{d}X \mathrm{d}x_0 \Big/ \left(\int_0^x \mathrm{d}x_0 / \varepsilon \right) \right] \right.$$
$$\left. - \left[\int_0^s \varepsilon^{-1}(\alpha_x - \alpha_\varepsilon) \mathrm{d}X \mathrm{d}x_0 \Big/ \left(\int_0^s \mathrm{d}x_0 / \varepsilon \right) \right] \right\} \Big/ \left(\int_0^s \mathrm{d}x_0 / \varepsilon \right) \tag{11.13}$$

这时的 α 和 ε 可理解为和 x_0 相关。将无应变时的 Q_{s0} 代替 Q_s, 并假定样品上仅仅作用一均匀应力 $\mathrm{d}X$, 则上电极上的电荷随应力的变化为

$$A^{-1} \partial Q_s / \partial X$$
$$= -\int_0^s \rho(x) \left\{ \int_0^x [(\alpha_x - \alpha_\varepsilon) - \langle \alpha_x - \alpha_\varepsilon \rangle] \mathrm{d}x_0 / \varepsilon(x_0) \right\} \mathrm{d}x \Big/ \left[\int_0^s \mathrm{d}x_0 / \varepsilon(x_0) \right] \tag{11.14}$$

当机械应力为常数时，对温度偏微商；或当温度不变时，对应力偏微商的一个量的平均值定义为

$$\langle A \rangle = \left[\int_0^s A \mathrm{d}x_0 / \varepsilon(x_0) \right] \bigg/ \left[\int_0^s \mathrm{d}x_0 / \varepsilon(x_0) \right] \tag{11.15}$$

利用分步积分公式和考虑到 $\int_0^s [(\alpha_x - \alpha_\varepsilon) - \langle \alpha_x - \alpha_\varepsilon \rangle] \mathrm{d}x_0 / \varepsilon = 0$, Wada 等将式 (7.14) 表达为

$$A^{-1} \partial Q_\mathrm{s} / \partial X = \left\langle [(\alpha_x - \alpha_\varepsilon) - \langle \alpha_x - \alpha_\varepsilon \rangle] \left[\int_0^x \rho(x_0) \mathrm{d}x_0 \right] \right\rangle \tag{11.16}$$

　　鉴于有限的空间电荷密度，一般地说，由捕获电荷的非均匀性产生的压电响应是相当弱的。Crosnier 等 [10] 发现了 PP 中存在弱压电响应，并指出它的压电活性和储存的电荷密度间存在着线性关系。Ibe[11] 也指出：非极性聚合物的压电响应产生于由材料受到非均匀的应力诱导的材料形变 (如弯曲)。当材料受到应力时，材料内捕获的空间电荷的平均深度相对迁移，并诱导出电极上感应面电荷密度的变化。为了计算这种影响，在该积分号内保留 $\mathrm{d}x$ 对式 (11.14) 进行修正。修正后的方程类似于 Collins 描述的经充电的非极性薄膜驻极体对外加热脉冲信号的电响应 (参见 4.2.4 节中式 (4.36))。Collins 就是利用样品受光照后在趋于热平衡期间热应力的非均匀性而获得驻极体薄膜内电荷分布的信息。Laurenceau 等 [12] 已建议利用非均匀的机械应力的相关实验替代热脉冲以测定沿薄膜厚度的电荷分布轮廓。

　　方程 (11.16) 启发我们可设计出一种优化电荷分布 $\rho(x)$ 和应力随应变及电容率变化的非均匀结构的人工压电体 —— 压电驻极体。图 11.2 就是这种构思的例子。充电聚合物薄膜通过一个气隙和导电电极连接，当一个声波作用于薄膜上时，引起薄膜相对于电极的运动。由于电势的变化，在外电路中产生电流。这是商业上电容式 FEP 驻极体话筒的工作原理 (参见 10.1.1 节)。若将驻极体话筒看作 "黑匣子"，则它具有压电效应。

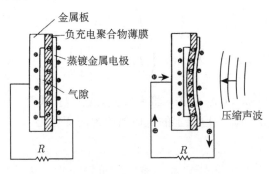

图 11.2　驻极体声传感器的原理示意图

3. 极性聚合物驻极体的压电和热释电效应

图 11.3 表示了驻极体的压电效应原理示意图[1]。由于静压力的增加或温度的降低引起外电路短路的驻极体收缩,电极运动并接近偶极电荷,从而产生了外电路的电流。大多数压电和热释电聚合物驻极体都表现出对应变的敏感效应[13],其特点是:电流方向是按极化场的方向流动,释放的总电荷正比于压力或温度的变化,而回路电流则和压力或温度的变化率相关。这种效应的数学描述如下。

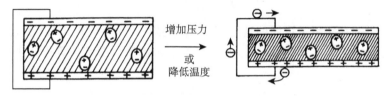

图 11.3 驻极体的压电效应原理示意图

根据式 (2.8),在足够高的温度下,当极性固体电介质变成极性液体时,由极化电场 E_p 产生的极化强度 P_l 为

$$P_l(T) = [\varepsilon_{rl}(T) - 1]\varepsilon_0 E_p \tag{11.17}$$

这里,下标 l 表示极性电介质材料处于液相;$E_P = V/s$,表示平均极化电场。如前所述的热极化程序:在极化过程中维持电场并降温直至取向的分子偶极电荷处于冻结态。当撤去极化电场和忽略体积变化时,其损耗极化强度 P_l 为

$$P_l(T) = [\varepsilon_{rs}(T) - 1]\varepsilon_0 E_p \tag{11.18}$$

这里,下标 s 表示材料处于固相。因此撤去极化场后的剩余极化强度是

$$P_r(T) = [\varepsilon_{rl}(T_l) - \varepsilon_{rs}(T)]\varepsilon_0 E_p = \Delta\varepsilon\varepsilon_0 E_p \tag{11.19}$$

这里,T_l 是材料从固相变为液相时的温度。方程 (11.19) 提供了对线性电介质,当已知极化场和测量出两个特征温度时的相对电容率条件下计算冻结剩余极化强度的方法。为了从分子性质出发计算其压电和热释电系数,我们需要将宏观极化量联系分子参数进行讨论。参阅 2.2.1 节,我们定义极性电介质材料的极化 (单位体积中的偶极矩) 为

$$P = \frac{N}{V}\langle\mu\rangle \tag{11.20}$$

这里,$\langle\mu\rangle$ 是在极化强度 P 方向的平均有效偶极矩。在图 11.4 的极性驻极体模型示意图中,如果取向偶极子的永久偶极矩为 μ_0,利用 Onsager 有效场模型[14](参阅 2.2.1 节),可计算出式 (11.20) 中与总极化强度 P 的方向夹角为 θ 的球形空腔内

偶极子的平均有效偶极矩 $\langle \mu \rangle$，并导出表征极性聚合物驻极体的宏观极化强度 P_{r} 与分子微观参量间的关系式：

$$P_{\mathrm{r}} = (\varepsilon_\infty + 2)N\mu_0\langle\cos\theta\rangle/(3V) \tag{11.21}$$

这里，ε_∞ 是根据 Clausius-Mosotti 关系，与极化率相关的光频相对电容率；P_{r} 是零电场时的极化强度，由于

$$D = \varepsilon_0\varepsilon_{\mathrm{r}}E + P_{\mathrm{r}} \tag{11.22}$$

分别求出 P_{r} 对压力或温度的偏微商，并表示出这两个偏微商与式 (11.3) 及式 (11.7) 的定义量间的关系，利用式 (11.21)，根据上述模型，即可计算出压电和热释电系数。

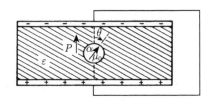

图 11.4　具有偶极矩 μ_0、极化率 α，相对于净极化强度 P 的平均取向角 θ 的驻极体模型

在最简单的情况下，即外电路短路 $(E = 0)$ 和仅当应力或温度是变量时，压电方程和热释电方程分别为

$$\left.\frac{\partial \boldsymbol{D}}{\partial \boldsymbol{X}}\right|_{\boldsymbol{E}=0,T} = \left.\frac{\partial \boldsymbol{P_r}}{\partial \boldsymbol{X}}\right|_{\boldsymbol{E}=0,T} = \left.\frac{\partial (Q/A)}{\partial \boldsymbol{X}}\right|_{\boldsymbol{E}=0,T} \tag{11.23}$$

$$\left.\frac{\partial \boldsymbol{D}}{\partial T}\right|_{\boldsymbol{E}=0,\boldsymbol{X}} = \left.\frac{\partial \boldsymbol{P_r}}{\partial T}\right|_{\boldsymbol{E}=0,\boldsymbol{X}} = \left.\frac{\partial (Q/A)}{\partial T}\right|_{\boldsymbol{E}=0,\boldsymbol{X}} \tag{11.24}$$

这里，Q/A 是单位电极面积上的面电荷。式 (11.23) 和式 (11.24) 仍然忽略了在应变过程中由真实电荷的存在与变化引起 Q/A 的变化，即假定在均匀应变的条件下。由于高分子膜的压电或热释电性在大多数情况下是用固定在膜上的电极来测定的，而电极面积随所加的应变及温度而变化。上述限制条件导致实际测定值和公式定义值间的偏差。因此下面引出了更符合实际的实验定义式以确定压电和热释电系数：

$$d = (1/A)(\partial Q/\partial \boldsymbol{X})_{\boldsymbol{E}=0,T} \tag{11.25}$$

$$p = (1/A)(\partial Q/\partial T)_{\boldsymbol{E}=0,\boldsymbol{X}} \tag{11.26}$$

对聚合物，式 (11.23) 和式 (11.25) 的结果具有明显的差异，某些情况下的数值差达数量级之高。对无机材料，由于温度或应力变化诱导的样品面积变化比聚合物小得多，所以式 (11.23) 和式 (11.25) 间的结果相差甚小。

精确定义式和一般实验式间另外一个差别是: 实际测量时的外加电压是一个非零的较大值, 如果用 X 表示应力或温度, 由式 (11.22), 则电位移的偏微商 (即压电或热释电效应) 应表示为

$$\frac{\partial \boldsymbol{D}}{\partial \boldsymbol{X}} = \frac{\partial \varepsilon_{\mathrm{r}}}{\partial \boldsymbol{X}} \varepsilon_0 \boldsymbol{E} + \varepsilon_{\mathrm{r}} \varepsilon_0 \frac{\partial \boldsymbol{E}}{\partial \boldsymbol{X}} + \frac{\partial \boldsymbol{P}_{\mathrm{r}}}{\partial \boldsymbol{X}} \tag{11.27}$$

与式 (11.23) 和式 (11.24) 相比, 式 (11.27) 增加了两个附加项。如果 E 大, 则包含的电致伸缩项也大。从式 (11.3) 和式 (11.7) 可见, 现在的 d 和 p 都是电场 E 的函数; 如果 E 是常数, 则式 (11.27) 的第二项消失, 然而, 由于假设条件中仅仅是电压 V 保持常数, 而厚度 $s = V/E$ 在测量过程中随温度或应力而变, 必然导致力-电效应的附加贡献, 而右式的第三项是在恒电压条件下测量的。文献 [15] 已讨论了以不同途径产生的电致伸缩和力-电效应时对 p 和 d 的贡献。为了减小上述的不定性, 简单和更直接地比较 p 和 d, 这里利用零电场的测量条件, 并以静水压提供机械应力 (正压提供负应力), 对式 (11.21) 直接微分而得到驻极体的面电荷对温度或压力的偏微商, 给出下式 [16]:

$$A^{-1}(\partial Q/\partial T)_p = -P_{\mathrm{r}}\alpha[\varepsilon_\infty/3 + \phi^2/(2\alpha T) + \gamma\phi^2] \tag{11.28}$$

$$A^{-1}(\partial Q/\partial p)_T = P_{\mathrm{r}}\beta(\varepsilon_\infty/3 + \gamma\phi^2) \tag{11.29}$$

这里, $\alpha = (\mathrm{d}V/\mathrm{d}T)/V$ 为热胀体积系数; $\beta = -(\mathrm{d}V/\mathrm{d}p)/V$ 是体积压缩率; 而 $\gamma = -(V\mathrm{d}\omega/\mathrm{d}V)/\omega$ 是偶极子扭振频率 ω 的 Grueneisen 常数; ϕ^2 是偶极子波动的均方扭振位移。上面的方程指出: 服从这种模型的大部分压电和热释电响应源于体膨胀和体膨胀对 ε_∞ 的影响。图 11.5 的物理模型可用于说明温度变化对压电或热释电效应的附加贡献。虽然偶极子具有固定的平均指向, 但是由于总是存在热运动, 这种热运动的简谐振动的均方幅值近似地正比于温度。因此, 偶极子的温升会降低偶极矩的平均值。这个效应可由 Aslaksen[17] 的 PVDF 热释电性理论来解释。对 PVC, 他估算出这种效应可能引起热释电性降低约 1/3, 并认为其他聚合物也具有大体相同的量值。由于过分复杂的分子实际振动模式及分子结构的贡献, 实际要想测定分子扭振的幅值是十分困难的, 不过根据 X 射线数据, 人们已估算出聚乙烯分子的均方扭振位移约为 $10°$。

上面讨论的情况仅适用于那些极性聚合物驻极体材料及当把它们看作线性电介质时的压电和热释电系数的精确定义式, 以及一般测量条件下 (外加电压是一个非零较大值时) 的一般实验式。对非晶态聚合物, Mopsik 等 [16] 提出了较接近实际的规律, 即当偶极子间存在着相互耦合的协同效应时, 讨论了这类聚合物的实际热释电系数的定义。

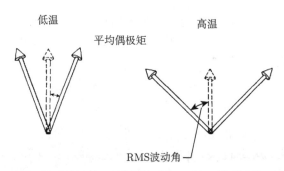

图 11.5　由温度诱导偶极子振动振幅的增加, 引起平均偶极矩下降的模型图

对任意非晶聚合物, 只有当取向偶极子被冻结在 T_g 温度之下时才能呈现热释电效应, 其极化强度 P 与弛豫强度 $\Delta\varepsilon_r$ 间应满足 $P = \varepsilon_0\Delta\varepsilon_r E$。如果材料中的局域场因子及偶极子间的相关性可以忽略, 则 $\Delta\varepsilon_r$ 与偶极子密度及偶极矩间的关系能满足

$$\Delta\varepsilon_r = \frac{N_0\mu^2}{3\varepsilon_0 kT} \tag{11.30}$$

这个式子再次说明: 对敏感性热释电非晶聚合物, 要求分子结构中必须存在大的偶极矩和高浓度的分子偶极电荷。如果 m 个偶极子产生协同耦合, $N_0' = N_0/m$。这时虽然偶极子密度减小, 但是就像介电弛豫强度 $\Delta\varepsilon_r' = m\Delta\varepsilon_r$ 增加一样, 偶极矩也相应增加至 $\mu' = m\mu$。可见, 实现偶极子间的耦合后的协同运动对优化非晶聚合物的热释电效应是重要的。这就要求小心地处理聚合物链间长程 (偶极子–偶极子) 和短程 (化学) 间的相互作用过程。如同 Mopsik 等讨论的那样, 非晶聚合物内热释电性产生于与热运动相联系的偶极子振动 (初级热释电性) 和作为热膨胀效应结果的偶极子密度的减少 (二次热释电效应)。如果忽略了偶极子的振动, 则可得出热释电系数的简化表达式 [16]:

$$p_e = \frac{\alpha(\varepsilon_\infty + 2)}{3}P_r \tag{11.31}$$

这里, α 是热胀系数。Winkelhahn 等 [18] 指出: 考虑到由膨胀和压缩引起偶极子的亲和运动, 式 (11.31) 需修正为

$$p_e = \alpha\left(\frac{\varepsilon_\infty + 2}{3} - \frac{2}{5}\right)P_r \tag{11.32}$$

如果限制聚合物薄膜的膨胀 (如成膜在刚性基片上), 则式 (11.32) 应修正为

$$p_e = \alpha\left(\frac{\varepsilon_\infty + 2}{3} - \frac{2}{5}\right)P_r\frac{1 + \sigma}{1 - \sigma} \tag{11.32'}$$

其中, σ 为泊松比。

对极性非晶态聚合物，分子偶极子仅在 T_g 以上才认为是可动的。如第 2 章所述，平均弛豫时间 $\tau(T)$ 是温度的敏感函数，并遵从 Vogel-Fulcher-Tamann(VFT) 规律；但在低于 T_g 时则服从我们已十分熟悉的 Arrhenius 规律。需要注意的是：体积弛豫和致密化趋于平衡是热动态亚稳态的重要特性，它导致了 $\tau(T)$ 对样品热历史的明显依赖性。如果用 T_f 描述对平衡态的温度偏差 [19]，当 T_f 是时间的显函数时，平均弛豫时间 $\tau(T_f)$ 也与时间直接相关，即 τ 随时间增加而上升，这是物理老化的根据，即通过在极化电场下的老化工艺，可增加非晶态聚合物偶极取向的稳定性。在非晶态聚合物中，由于宽分布的弛豫时间，热释电效应的瞬时稳定性是非指数型的。通常通过 Kohlrausch-Williams-Watts(KWW) 函数或拉长指数规律获得较合理的近似解 [20]：

$$p_e(t) = p_e(t=0) \exp\left[-\left(\frac{t}{\tau(T)}\right)^n\right] \tag{11.33}$$

这里，n 是取值为 0~1 的拉伸参数，类似于式 (2.94)，它描述了对单一指数型函数的偏差。由于对给定温度 T，$\tau(T)$ 随 T_g 的上升而激增。因此，为了获得长寿命的热释电活性，聚合物的玻璃相变温度 T_g 必须尽可能地高。

4. 极性聚合物晶体的对称性和张量分量

晶体的对称性与材料的压电性密切相关。由于应力响应在各个方向相同，一个各向同性的非晶材料在零电场状态下不可能呈现压电或热释电性。然而，如果样品内的分子偶极子进行有序取向和不再存在对称中心，则将出现压电和热释电效应。对聚合物薄膜，尤其是半晶态聚合物，如果沿平行于大分子链方向拉伸，再沿着垂直于拉伸方向及薄膜平面方向极化，则可获得垂直于分子轴取向的偶极子。其结果也改变了存在于未拉伸薄膜的平面内的各向同性状态。图 11.6 是半晶聚合物中的拉伸和极化坐标系统方向的示意图。这类样品的压电和热释电张量的对应分量及符号是

$$\tilde{d} = \begin{pmatrix} 0 & 0 & 0 & 0 & d_{15}^+ & 0 \\ 0 & 0 & 0 & d_{24}^+ & 0 & 0 \\ d_{31}^+ & d_{32}^+ & d_{33}^- & 0 & 0 & 0 \end{pmatrix} \tag{11.34}$$

$$\tilde{p} = \begin{pmatrix} 0 \\ 0 \\ p_3^- \end{pmatrix} \tag{11.35}$$

利用图 11.6 可检查式 (11.34) 和式 (11.35) 中各张量元的分布。+3 方向的应力将增加样品的厚度，因此减小电极上的感应电荷，从而导出 $-d_{33}$；然而在 1、2 方向的应力将减少样品的厚度和增加电极的电荷，从而给出 $+d_{31}$ 和 $+d_{32}$。PVDF 的实验结果和上述分析完全一致 [21]。聚氟乙烯 (PVF) 的 $+d_{31}$ 是正的 [22]，聚氯

乙烯 (PVC) 在静水压应力下的 d 是负的 [23]，也和上述分析一致。需要记住，我们已利用了样品的电极随样品膨胀的假设，所以我们采用了实验定义式 (11.25) 和式 (11.26) 来计算。我们利用式 (11.23) 和式 (11.24) 在 1、2 和 3 的方向对应力给出适当的定义，并希望体积增加，相应极化减少，因此出现了 $-d_{31}$ 分量。

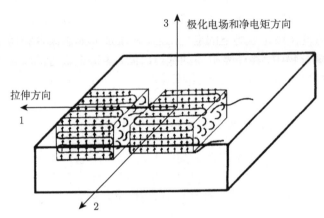

图 11.6   经拉伸和极化的聚合物薄膜的坐标轴示意图

高取向度的聚合物可能会出现一些异常效应。当在 1 方向提供应力时，其泊松比 σ_{31} (即 3 方向的应变对 1 方向的应变) 明显大于 0.5，而 σ_{32} 则明显小于 0.3。然而，如果是各向同性电介质，上述的异常效应消失 [24]。由图 11.6 可见，由正剪力 X_4 环绕 1 轴作用，导致偶极子取向转入 2 轴方向 (+2)；正剪力 X_5 环绕 2 轴作用，则偶极子作用转入 1 轴方向 (+1)，从而分别形成剪力分量 $+d_{24}$ 和 $+d_{15}$；施加于 3 轴方向的剪力 X_6 不会引起位于 3 方向偶极矩的转向，因为取向的偶极子沿 1 和 2 方向无净力矩 ($\mu_1 = \mu_2 = 0$)。温度上升引起体积膨胀，导致极化的衰减，从而产生 $-p_3$。以物理模型建立的非晶态的 $\tilde{d}$ 矩阵显示 C_{2v} 对称性特征。这种对称性已从 PVDF 的极性晶相 [21] 和极性 PVF[25] 得到证实。极性的未取向的聚合物应具有 $d_{31} = d_{32}$ 和 $d_{24} = +d_{15}$[25]，并具有 $C_{\infty v}$ 对称性的压电矩阵特征。

11.1.2   压电、铁电和热释电聚合物材料的结构 [1,40]

利用前面讨论的模型，具有强压电性和热释电性的聚合物必须满足下述四个准则：(I) 材料内必须存在分子偶极电荷，偶极矩越大、偶极子的密度越高越好；(II) 必须通过某些途径使偶极子实现有序排列，有序度越高越好；(III) 取向偶极子必须被低温冻结 (或以空间电荷场束缚)，越稳定越好；(IV) 材料受到应力时可以产生应变，应变越大越好 (某些热释电活性无须应变产生)。半晶态和非晶态聚合物是本小节讨论的基本对象。

1. 非晶态聚合物

PVC 是具有压电和热释电效应的非晶态聚合物 [5,16]。它的重复单元的有效偶极矩约为 $1.1\mathrm{D}(3.6\times10^{-30}\mathrm{C\cdot m})^{[26]}$。PVC 通常是非晶态, 在玻璃相变温度 ($T_\mathrm{g} \approx 80°\mathrm{C}$) 以上的平衡液相, PVC 的热解体已相当显著。而在 T_g 以下, PVC 分子的重新组合的动态特性相当缓慢, 所以形成了非平衡态的非晶固体 (玻璃)。随着温度的降低, 其玻璃态结构弛豫时间迅速上升, 直至室温时已达年的数量级。PVC 能满足压电和热释电的上述全部准则。为了计算 p 和 d, 我们将式 (11.19) 中的 P_r 代入式 (11.28) 和式 (11.29)。由于偶极子十分小, 所以它们的偶极矩和电场的乘积比它们的热能 kT 要小得多, 因此极化强度 P 随电场 E 呈线性变化。非晶态聚合物的热释电系数和压电常数分别为 [27]

$$p = \Delta\varepsilon_\mathrm{r}\varepsilon_0 E_\mathrm{p}\alpha\left[\frac{\varepsilon_\infty}{3} + \phi^2/(2\alpha T) + \gamma\phi^2\right] \tag{11.36}$$

$$d = \Delta\varepsilon_\mathrm{r}\varepsilon_0 E_\mathrm{p}\beta\left(\frac{\varepsilon_\infty}{3} + \gamma\phi^2\right) \tag{11.37}$$

对于 PVC, 我们利用 $\Delta\varepsilon_\mathrm{r} = 10, \varepsilon_\infty = 3^{[26]}, \alpha = 2.34\times10^{-4}\mathrm{K}^{-1}, \beta = 2.58\times10^{-10}\mathrm{m^2/N}^{[23]}, T = 300\mathrm{K}$, 以 $\phi = 15°$ 估算出 $\phi^2 = 0.07\mathrm{rad}^2$, 由于偶极子转动的力常数 (force constants) 大多属于分子内部的作用, 并且对体积无明显的依赖关系, 因此, Grueneisen 常数 γ 应该较小。如果忽略了含 γ 项, 当 $E_\mathrm{p} = 32\mathrm{MV/m}$ 时, PVC 的 $p = -1.0\mu\mathrm{C/(m^2 \cdot K)}$, $d_\mathrm{h} = -0.73\mathrm{pC/N}$, 这个结果和测定值符合得十分好 [28]。$d_\mathrm{h}$ 的下标表示静水压。即使我们不知道介电数据, 我们也能假定 $\varepsilon_\infty = 3$, 通过利用 Onsager 方程 [26] (参见 2.1.1 节) 确定偶极矩, 从而合理地推算出 $\Delta\varepsilon_\mathrm{r}$。Reddish 指出: 从 PVC 的介电数据可说明, 在 T_g 以下, 弛豫链段的长度随温度降低而增加, 以及由于 $\Delta\varepsilon_\mathrm{r}$ 随单位刚性单元中偶极子数的增加而线性上升, 可望实现 PVC 的高极化度。然而在低温条件下的 PVC 极化时并未观察到 p 和 d 的增强, 这种反常效应可能是电介质中空间电荷的影响。

由于式 (11.36) 和式 (11.37) 中的大多数变量对所有聚合物的玻璃态都是类似的, 因此对那些具有大偶极矩的聚合物 (p, d 系数随单位体积偶极矩的平方增加而上升), 通过提高极化电场, 可望获得高 p, d 系数。据此, 具有 4.0D 偶极矩的聚丙烯腈 (PAN) 应该呈现高的 p, d 系数。不过由于 PAN 呈现异常的液相, 液相同偶极子间的作用力阻止了正常极化 [29], 从而和准则 (II) 矛盾。另外, 像 PMMA, 在 T_g 时由于偶极子仍然是可动的 (与准则 (III) 矛盾), 从而影响其相应的电活性的发生。不言而喻, 从热稳定性考虑, 呈现高 T_g 的极性玻璃对压电和热释电效应在高温下的应用无疑是十分有价值的。不过, 迄今为止, 人类已聚合出的敏感型压电和热释电聚合物大多数是半晶态的。

2. 半晶态聚合物和 PVDF 家族

具有压电、铁电和热释电效应的最重要的半晶态聚合物是 PVDF 及其共聚物 P(VDF/TrFE)，以及 PVF 等。奇数尼龙，亚乙烯基二氰的几种共聚物，以及芳香族和脂肪族聚脲是新型的压电聚合物的材料；而亚乙烯基二氰共聚物，聚脲和聚硫脲，聚氨酯等则是新一代的热释电聚合物。本节仅涉及 PVDF 家族的结构特征。上述新一类压电和热释电聚合物将在后续的压电和热释电专节中进行讨论。

PVDF 1944 年由 DuPont 公司研制成功，1960 年由 Pennwalt 公司首先实现商品化。和 PTFE 相比，PVDF 类似于乙烯–四氟乙烯共聚物 (P(E-TFE)) 和乙烯–三氟氯乙烯共聚物 (P(E-CTFE))。PVDF 是透明或半透明的半晶态聚合物。氟含量为 59%，结晶度为 50%~70%，晶体由厚度约 10^{-6}cm 和长约 10^{-5}cm 的层晶组成，重复单元 2000 以上，分子量为 20 万~100 万，其晶态与聚乙烯十分类似。与 PVC 中较大尺寸的氯原子相比，氟原子在尺寸上比较接近氢原子，因此分子结构中的规则排列没有受到太大的干扰。PVDF 和 PVF 中都存在着头–头 (h-h) 和尾–尾 (t-t) "缺陷"。在重复单元中，以反向连接的这种 "缺陷"，在 PVDF 中约占 5%，而在 PVF 中占 25%~32%[30,31]。由于 h-h 单元紧接 t-t 单元，因此 5% 的缺陷抵消了平面锯齿形分子链的 10% 偶极矩。而 PVF 的净力矩只有全反式 PVDF 净力矩的大约 20%。

半晶态 PVDF 以层晶镶嵌于非晶相中，图 11.7 为未取向的半晶态聚合物的球晶示意图，图中分子链轴近似垂直于层晶平面。在较高温度和压力下经较长时间的结晶或退火，能增加层晶的厚度和提高材料的致密性。

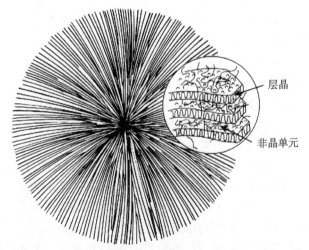

图 11.7　PVDF 或 PVF 半晶态聚合物的球晶形貌特性示意图

已报道的 PVDF 具有五种晶型，即晶型 I，II，III，II_p (或IV) 和 ε 型，它们又

分别称为 $\beta, \alpha, \gamma, \alpha_p$(或 δ) 和 ε 型，其中对 ε 型了解甚少。各种晶型的形貌结构已由红外和 X 射线分析进行了系统的研究。β 晶型具有全反 (all-trans) 式 t-t 构象，是平面锯齿形 (zigzag) 结构。假定立方体单元胞呈现偶极子间的同向排列，形成了非对称中心体的 β 型，具有垂直于链轴的最高偶极矩 [32]，并在五种晶型中显示最强的压电效应。α 型由熔融聚合物冷却而形成，其构象接近于反式–偏转–反式–偏转 (trans-gauche-trans-gauch'e,tgtg')，分子链上相邻基团形成了中心对称的单元胞，导致彼此间的极性抵消，是非极性晶体，形成了零净极化 [33]。室温下的 α 相是最稳定相 [34,35]。在 $E > 130\mathrm{MV/m}$ 的电场作用下，非极性的 α 相围绕分子链轴，使每个单元胞中的第二个支链绕主轴旋转近似 $180°$，导致偶极子的平行取向 [36]。将 α 型转换为 β 型最传统的工艺是在 100°C温区内将 α 型 PVDF 机械拉伸至原长的 3~4 倍，并在一定温度下 (120°C) 受夹退火以释放内应力一定时间，即可形成分子链具有全反构象的 β 型 PVDF，同时呈现自发极化的铁电性 [37]。β 型还能通过高温退火获得 [38]。γ 型的红外谱显示其结构类似于 β 相，其晶体具有 t-t 构象，分子链以非中心对称立构彼此平行地组合，同样形成极性晶体 [39]。而 δ 型和 ε 型也类似于 β 型，即表现为非对称中心，是极性晶体。它们能通过在极化和形成工艺中将 α 型晶体以一定的强场或高温处理使中心对称的极性基团绕主链旋转而形成。通过改变形成条件或极化条件导致晶型的相互转换示意图见图 11.8。图 11.9[40] 表示了 β (I)，α (II)，γ (III) 和 δ (II$_p$) 四种晶型构象在垂直于分子轴平面上的投影示意图。显然，β 型构象的 F 原子都位于分子轴一边。

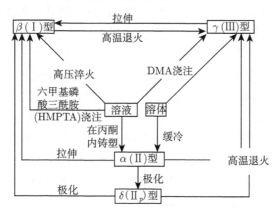

图 11.8 PVDF 各晶型相互转换示意图

研究表明 [41]，在 -40°C附近的温区内，PVDF 呈现液态–玻璃态相变区的过冷液体性质，并表现出 WLF 介电弛豫行为。宽线 NMR(核磁共振)[41] 的力学弛豫数据也显示它的液态–玻璃态的相变弛豫行为。与介电弥散相关的量值及室温下的电容率都随非晶相的含量增加而上升 [41]。沿单轴或双轴方向拉伸的 PVDF 薄膜对它的电容率产生明显的影响。取向度越高，垂直于拉伸方向的极化率就越高。如果将 PVDF 用作电容器介质，这种效应无疑可以增强 PVDF 薄膜的相对电容率。这种效应的产生是由于拉伸引起 "液相" 内分子的取向。因此，围绕非晶态分子轴的转动对增强极化更有效。Davies 等 [42] 认为：由于拉伸取向使层晶沿垂直于拉伸方向排列，而液–晶层平行于外加电场方向，产生的电容率比未经拉伸的样品要高 (因为未经拉伸样品的某些液–晶层垂直于外场，其电容率是串联相加)。

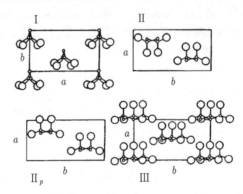

图 11.9　PVDF 的四种主要晶型投影到垂直于分子轴平面的示意图

大圆圈为 F 原子，小圆圈为 C 原子，H 原子忽略

PVF 的晶体结构类似于 PVDF 的 β 相，两种单体 VF 和 VDF 的共混体及共聚物使其结构趋于形成极性的 β 相 [43]。据此计算出的共聚单体单元和 PVDF 中的 h-h 缺陷，以及它们对链结构的电势能的影响结果与实验观察到的数据是一致的 [44]。

假定 PVDF 的重复单元—$(CF_2—CH_2)_x$—具有接近偏氟乙烯单体 $CF_2 = CH_2$ 的偶极矩 2.27D(即 7.56×10^{-30}C·m)。对全反构象的 β 相，垂直于大分子轴的偶极矩分量约为 2.1D(6.9×10^{-30}C·m)；对 α 构象 (tgtg′)，每个重复单元的偶极矩也为 2.27D，利用原子坐标 [39] 得出垂直于长轴的偶极矩 $\mu_\perp^\alpha = 1.21$D(4.03×10^{-30}C·m)，而平行于长轴的偶极矩 $\mu_{//}^\alpha = 1.01$D(3.36×10^{-30}C·m)。

自从 1979 年 Yagi 首次报道偏氟–三氟乙烯共聚物 (P(VDF/TrFE)) 在聚合物材料中具有最大的热释电系数 p 和机电耦合系数 k，并呈现明显的居里温度 T_c 后，对这种共聚物的研究开始受到材料科学、化学和传感器工程界的广泛关注。与 PVDF 相比，在这种共聚物中由于引入了大量的氟原子，以及氟原子的 van der Waals 半径比氢原子大，—$(CF_2—CFH)$— 或 —$(CF_2—CF_2)$— 的旋转势垒阻碍了形成 tgtg′ 的 $\bar{\alpha}$ 相结构，从而直接构成类似于 PVDF 的平面锯齿形的 β 型分子构态。因此无须成膜后在高温下运用机械拉伸工艺，可直接经极化表现出压电和热释电性。

共聚原生膜直接呈现压电、铁电及热释电活性还包括通过 VDF 和 TFE 单体、VDF 和 CTFE 单体共聚形成的 P(VDF/TFE) 和 P(VDF/CTFE) 共聚物[1]，即偏氟-四氟乙烯共聚物和偏氟-三氟氯乙烯共聚物。

P(VDF/TrFE) 共聚物可形成三种晶型：具有全反构象的极性铁电相，它类似于 PVDF 中的 β 相；无序反式分子构象，类似于纯 TrFE 中的无序晶体结构；以及 tttg, tg, tttg′ 和 tg′ 结构，这种结构可能形成与纯 PVDF 中 α 和 γ 相相关的顺电相[45]。上述三种晶相形成取决于 VDF(x) 和 TrFE($1-x$) 的物质的量含量和结晶条件。实验结果指出，VDF 的物质的量含量为 $0.65 \leqslant x \leqslant 0.82$，呈现强压电性和明显的铁电性，机电耦合系数 k 达到 0.3。为了获得理想的 k 值，在高于居里温度 T_c 时退火是最有效的工艺措施，因为退火过程会导致结晶度的突然增加。Ohigashi 指出：高结晶度的 P(VDF/TrFE) 膜具有 β 型层晶厚达 0.1~0.2μm、宽度 5~20μm 的层状单晶，其分子链位于垂直于层晶平面方向，表现出高剩余极化、强压电性和在 T_c 温度附近 DSC 曲线的尖峰[46]。Lando 指出：P(VDF/TrFE) 经 135℃退火 1h 以上，其结晶度增加至 80%，如果 TrFE 含量大于 18%，则这种聚合物能直接结晶成与 β 型 PVDF 相同的分子链结构[32,47]。在拉伸的同时进行电晕极化，β 相的含量会增加。由于较高的氟原子含量，P(VDF/TrFE) 单元胞的 a 和 b 轴比 β 型 PVDF 的相应轴要长[48]。与 β 型 PVDF 相比，这种差异可能是这种共聚物较易实现偶极子取向的原因之一。由于这两种聚合物的晶格结构和偶极子排列类似，加之共聚物的较高结晶度，如果不考虑 TrFE 单体单元较小的偶极矩，它们的极化理应比纯 PVDF 要高[49]。研究结果说明[50-52]：通过提高这两种聚合物的结晶度可改善这类材料的超极化率。在扩展链晶体 (extended chain crystals, ECC) 内分子链交叠的间距比由六方晶体顺电相在正常条件下结晶形成交叠链晶体 (folded chain crystals, FCC) 的间距大得多。对 PVDF，这种六方晶系的顺电相仅当在高温和高压条件下才存在。以这样的工艺条件形成的 PVDF 薄膜表现出最高的机电耦合系数，提高了熔点和加大了声速，尤其是增强了直到 205℃的熔点时的压电稳定性[51]。然而，对共聚物 P(VDF/TrFE)，即使在常压下结晶也能实现扩展链晶体结构[53]。如果沿分子轴上施加一约束的张应力，则可能使结晶畴的尺寸激增，同时导致机电耦合系数的上升和声速的各向异性[54]。通过真空蒸发将 PVDF 的共聚物沉积在适当的基片上，能获得高取向度的薄膜。这时的薄膜总厚度、基片温度、沉积速率及外加电场和基片类型 (金属或 Si(111)) 等将会强烈地影响聚合物分子链在基片上的排列状态。利用在具有高取向度的 PTFE 中间层上沉积 P(VDF/TrFE) 薄膜也能形成高取向度的共聚物的分子链。这就是所谓的聚合物诱导取向 (polymer induced alignment, PIA) 技术[55]。如果加热 P(VDF/TrFE)，将产生从铁电相至顺电相转换的一次相变，而以四氟乙烯单体 (TFE) 形成的共聚物 P(VDF/TFE) 也已观察到这种相变[56]。人们已广泛地利用热法、介电弛豫测量、红外谱、X 射线衍射、同步加速器辐照、力学能谱测量、磁灵敏度和超声吸收等方法研究相变。也已报道压力和辐照对铁电相变的影响，并发现材料缺陷对居里温度 T_c 漂移起着重要的作用 [57]。研究指出 [58]：VDF 含量增加，T_c 上移。对纯的 PVDF，其 T_c 高于熔点 T_m。另外还报道了 [59] 在 T_c 之下，P(VDF/TrFE) 发生了两个铁电相间的转换。文献 [60] 给出了 PVDF 的相关结论和性质的详细综述，而聚合物的铁电性对其结构的依赖性也已讨论。

11.1.3 半晶态极性聚合物的性质

1. 晶体弛豫

对 PVDF 和 PVF 的结晶相中偶极子的转动自由度的研究是理解这类聚合物晶体弛豫规律的关键问题。人们已经掌握了 PVF 和 α 相 PVDF 的丰富介电弛豫数据 [61,62]、力学数据以及 α 相 PVDF 的 TSD 电流谱数据，并了解了在 100Hz 的晶体弛豫峰 α_c 位于 80℃附近。在室温条件下，α_c 的弛豫时间已延长至大约 1s，$\lg \tau_c$ 随 $1/T$ 呈线性变化，其活化能约为 100kJ/mol。β 型 PVDF 的力学晶体弛豫峰位于 110℃(10Hz)[21]。由于 β 型和 γ 型 PVDF 的 ε' 和 ε'' 随温度迅速上升，一般很难观察到介电 α_c 的弛豫。这种行为通常归因于空间电荷效应 [61]。即使对未极化样品，在 TSD 的数据中也出现了十分强的本底电流。在电流谱中存在着峰值位于 80℃的宽峰，总电荷高达 $3\mu C/cm^2$[63]。通过外加一个强直流电场 (电场清洗法) 将大部分空间电荷释放后，才观察到 β 型 PVDF 的 α_c 弛豫发生在 140℃(10Hz)，活化能约在 100kJ/mol。α 型 PVDF 的 α_c 弛豫是晶体弛豫，已由振幅随结晶度而变化和在熔融温度时该弛豫消失等事实所证实。通过电场清洗法处理 PVF，还证实了 α_c 弛豫也同时存在于 β 型 PVDF 中。这类弛豫还可能包括由晶层表面的扭振引起整个层块的转动，这一现象类似于聚乙烯中已被证实的 α_c 机构 [64]。由于扭振必然涉及 C—C 键，因此这些转动可能受到邻近分子的晶体电场的限制。这种刚性棒的模型也已被 α_c 的弛豫参数对分子层厚度的依赖关系的实验结果所支持 [65]。在后续的半晶态聚合物的铁电性讨论中，我们将直接说明在结晶相的 PVDF 中由电场诱导分子转动的证据。为了讨论聚合物晶体在强电场下的非线性效应，需要回顾线性弛豫理论。晶体的弛豫或发生在层晶内沿分子长轴的分子转动，这种转动或者是刚性棒状的转动，或者是扭振 [64]。为了简化计算，这里仍假定像大多数经单轴或双轴拉伸的薄膜那样，其薄片状晶层垂直于聚合物膜面，而由晶体的平均极化 P_c 和液相的平均极化 P_l 形成样品的净极化 [1]：

$$P_r = \Psi P_c + (1 - \Psi)P_l \tag{11.38}$$

这里，Ψ 是晶体的体积系数。由于 $P = (\varepsilon_r - 1)\varepsilon_0 E$，对取向的薄层，晶体内外的电场相等 (即晶–液界面上电场的切向分量连续)，则样品的电容率 ε_s 等于晶相电容

率 ε_{c} 与液相电容率 ε_{l} 的代数和:

$$\varepsilon_{\mathrm{s}} = \Psi \varepsilon_{\mathrm{c}} + (1 - \Psi)\varepsilon_{\mathrm{l}} \tag{11.39}$$

在射频时及玻璃相变温度以上, 样品弛豫强度为

$$\Delta \varepsilon_{\mathrm{s}} = \Psi \Delta \varepsilon_{\mathrm{c}} \tag{11.40}$$

这里, $\Delta \varepsilon_{\mathrm{s}}$ 是弛豫和未弛豫时的 ε_{s} 值之差。为了讨论 $\Delta \varepsilon_{\mathrm{s}}$ 与微观量之间的关系, 我们利用经修正的双阱 (位) 模型 [64] 研究适合于铁电材料的协同效应。假定在晶体内偶极矩为 μ_0 的分子, 在与外场 E 间夹角为 θ 方向具有最大的取向概率。在图 11.10 中, $\theta + \pi$ 方向为第二可能取向 (位置 2), 它的晶格势能比位置 $1(\theta = 0)$ 的势能高 U。则在位置 2 的占有概率为 $f_2 = C \exp[-(2U + 2\mu_0 E \cos\theta)/(kT)]$, 位置 1 的占有概率为 $f_1 = C$。这里的 $C = 1/\{1 + \exp[-(2U + 2\mu_0 E \cos\theta)/(kT)]\}$ 是选定的归一化因子, 所以 $f_1 + f_2 = 1$, 而 $2U + 2\mu_0 E \cos\theta$ 是一个链段从位置 1 运动至位置 2 做的功 [66] (项 $2U$ 包含了将一个分子从位置 1 移动到位置 2 做的功加上剩余分子调节能做的功)。

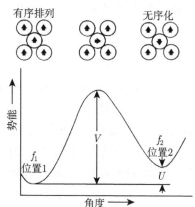

图 11.10　在电场影响下分子偶极子相对邻近分子再取向的双阱 (位) 模型势能图

假定 μ 表示给定晶体内在位置 1 和位置 2 间任意偶极子分布的每个分子的偶极矩, 则该晶体在电场方向的平均偶极矩为

$$\mu \cos\theta = \mu_0[f_1 \cos\theta + f_2(\cos\theta + \pi)] = \mu_0(f_1 - f_2)\cos\theta \tag{11.41}$$

因此,

$$2\mu_0 E(\cos\theta)/(kT) = -2U/(kT) + \ln[1 + \mu/\mu_0)/(1 - \mu/\mu_0)] \tag{11.42}$$

这个模型的协同状态的发生要求在位置 1 的良序等效于位置 2 相同的良序系统。如果位置 1 和位置 2 具有相同的能级布居率, 那么位置 1 和位置 2 必须具有等效

的能量，即能量 U 必然与 f_1 及 f_2 相关。这种依赖关系已应用于铁磁理论，例如，在合金 [67] 内的 Bragg-Williams 有序–无序相变和罗息盐 [68] 的铁电性满足

$$U = U_0(f_1 - f_2) = U_0(\mu/\mu_0) \tag{11.43}$$

当位置 1 被完全填充 $(f_1 = 1, f_2 = 0)$ 时，U_0 表示位置 2 和位置 1 间的晶格能差。将式 (11.43) 中的 U 代入式 (11.42)，在这类晶体中一个偶极子的平均偶极矩和外加电场间存在下列关系：

$$2\mu_0^2 E(\cos\theta)/(kT) = -2U_0\mu/(kT) + \mu_0 \ln(1 + \mu/\mu_0)/(1 - \mu/\mu_0) \tag{11.44}$$

为了求出 $\Delta\varepsilon_s$，需要计算出样品的偶极矩随电场的变化。在 $E = 0$ 时，对式 (11.44) 微分

$$\left(\frac{\partial\mu}{\partial E}\right)_{E=0} = 4f_1f_2[1 - 2f_1f_2\ln(f_1/f_2)/(f_1 - f_2)]^{-1}\mu_0^2(\cos\theta)/(kT) \tag{11.45}$$

这个结果和通常的双阱 (位) 模型的结果不同，是由于协同性引入上式括号内的附加项，以及假定是层晶而不是球晶而忽略了 $3\varepsilon_1/(2\varepsilon_1 + \varepsilon_c)$ 项。以直接方法 [27] 导出的结果为

$$\Delta\varepsilon = \Psi(N/V)4f_1f_2[1 - 2f_1f_2\ln(f_1/f_2)/(f_1 - f_2)]^{-1}m_0^2(\varepsilon_c + 2)^2/(18kT) \tag{11.46}$$

这里，$m_0 = 3\mu_0(\varepsilon_c + 2)^{-1}$ 是包含转动分子链段的真空偶极矩；ε_c 是晶体弛豫时的相对电容率，而与薄膜平面内的链轴相联系的单轴转子的 $\cos^2\theta$ 的平均值是 1/2。其结果的主要特性是：对特定的 f_1，其弛豫振幅比在 $U_0/(kT) = 1$ 趋于无限大时的非协同条件 (U 是常数) 下要大。某些研究指出 [61]：由于空间电荷效应，PVF 和 PVDF 具有十分高的电容率，然而这种效应可以通过对样品提供高直流电场大大减弱 [61,69,70]。在接近居里温度时，ε_s 仍然在增强或许是因为 PVF 和 PVDF 的居里温度 T_c 高于晶体的熔点。因此直至材料熔融时，偶极子仍然维持其有序状态。当晶体存在电导弥散和层晶随机取向时，方程 (11.46) 应该用更一般的方程取代。由于体积系数 Ψ 的原因，测定出的晶相和液相的弛豫振幅比测量各分立相的值要小。测量数据说明 PVDF 和 PVF 是类似的，因此上述模型也适用于描述 PVF。在这种聚合物的层晶中，全反式分子链段约占 40% 的重复单元。因此，由 h-h 缺陷等导致的这种晶体的非极性约占 60%。它们的有效刚性棒偶极矩约为 $16 \times 3.3 \times 10^{-30}$C·m(或 16×1.01D)，单位体积中刚性棒数约为 1.8×10^{22}cm^{-3}，$T = 350$K。

2. PVDF 家族的压电性

PVDF 是强极性材料，它的最大极化可达 10^{-5}C/cm^2，比 PTFE 的储电能力高三个数量级。高极化 (量) 是 PVDF 强压电效应的基础。

    PVDF 的原生膜 (α 型 PVDF) 既无压电效应, 又无热释电效应。这是因为, 在这种极性晶体内的自发极化处于无序状态, 使净偶极矩为零。PVDF 的商业膜通常都是 α 型, 实际应用前需要进行拉伸和极化处理。对 α 型 PVDF 除了利用热极化方法外, 近年来还广泛地使用电晕极化法, 即借助于适当的高温 (如 90~110℃) 的恒压电晕充电使电荷沉积于样品的自由面内的近表面层中, 从而利用沉积的空间电荷自身电场作用使热活化松动的偶极子沿电场方向取向, 并在维持电晕场时冷却至室温, 使取向偶极子冻结。这种方法克服了热极化中薄膜的不均匀或结构缺陷在外加极化场期间的局部击穿而导致极化失败的缺点。PVDF 极化态的实现, 与外加电场、极化温度、极化时间、极化工艺、电极条件、环境气氛和特定样品的结构等多种因素相关。当极化时间足够长时, 极化仅仅是外加电场的函数, 而极化温度仅仅影响极化建立的速率。当电场高达 200MV/m 时, 其极化度与电场呈线性依赖关系, 可实现高于 $2\mu C/cm^2$ 的大极化 (量)。在电晕极化中, 如果电晕电场低于 100MV/m, 极化相当低。电场增强, 极化迅速上升以致可能达到 $12\mu C/cm^2$ 的近似饱和值 [40]。为确定给定材料的压电常数, 可通过正压电效应或逆压电效应来测定。图 11.11[40] 是 α 型 PVDF 利用 5.1:1 的拉伸比在 150° 拉伸成 β 型 PVDF 后, 再在 110℃时以 100MV/m 电场极化 2h 后形成的极化膜的压电常数 d 和热释电系数 p 随温度的变化曲线。这一工艺可能获得在常温或稍高温度下使用的 p 常数和大多数的 d 常数的较高值。图 11.12[40] 则表示压电常数 d_{31} 在不同温度下随时间的衰减关系。当温度高于 100℃时衰减较严重, 因此 PVDF 压电膜使用的极限温度应限制在 80℃以下。PVDF 在常温下的压电和热释电效应的长期稳定是它的突出优点。如在室温下储存一至几年, 它的 d 和 p 仅有微弱的衰减, 而这一衰减还可以通过退火工艺进一步改善, 甚至消除。

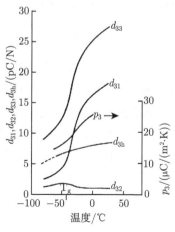

图 11.11　由机械拉伸形成的 β 型 PVDF 的压电和热释电系数的温度函数曲线

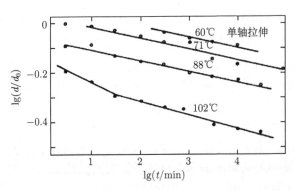

图 11.12　25μm 厚经单轴拉伸的 PVDF 膜 d_{31} 的等温衰减曲线

由此可见，PVDF 压电和热释电系数与结晶晶型、拉伸比及成极条件密切相关。表 11.1 综合了 PVDF 的压电常数和热释电系数及相关参数。经拉伸的样品的 d_{32} 比 d_{31} 小是因为 PVDF 薄膜的各向异性；k_{33} 大于 k_{31} 是由于 PVDF 薄膜的基本压电性是纵向效应，而横向效应则是薄膜的侧向收缩，并取决于泊松比。

表 11.1　PVDF 在室温下的压电常数和热释电系数及相关系数

未拉伸	拉伸	拉伸条件/ (℃—%)	极化 (2h) 的条件/ (℃—MV/m)	d_{31}	d_{32}	d_{33}	d_{3h}	k_{31}	k_{33}	p_3 /(×10^{-9}C/ (m²·K))	$1/s_{11}$ /(kgf/cm²)
				/(×10^{-12}C/N)				/%			
$II_p(\delta)$			111—100	5.3	5.3	−13.6	3	3	4.4	1.3	$1.63×10^4$
	$II_p(\delta)$	167—350	111—100	9.8	2.2	−14.8	2.8	4.5	—	1.4	$2.75×10^4$
	$II_p(\delta)$	167—350	165—100	16.8	—	—	5.8	7.8	—		$1.73×10^4$
I (β)			100—50	4.2	4.2	−15.0	2.7	1.8	3.8	—	$1.67×10^4$
	I (β)	100—400	120—100	17.9	0.9	−27.1	8.3	10.3	12.6	3.0	$3.87×10^4$
	I (β)	75—400	165—100	37	—	—	7.2	14.7	—		$2.14×10^4$
III (γ)			150—90	4.9	4.9	−13.3	3.5	5.3	—	16	$1.63×10^4$
	III (γ)	100—400	110—50	19	—	—	—	7.8	9.6	—	$3.67×10^4$

PVDF 的极化是晶体内偶极电荷的有序取向和两相界面上沉积的空间电荷贡献的共同效应。而材料中晶区和非晶区不同的介电性能和弹性性质则是 PVDF 压电效应的结构根源。下述几种效应可能导致 PVDF 的压电性：①晶区和非晶区电容率对应变的不同依赖关系，当存在极化时，产生材料的压电效应 (电致伸缩贡献)；②晶区和非晶区的不同弹性顺度 (假定偶极子为刚性，不随外加应力而变化)，极化的 PVDF 样品内极化随应变 (膜厚变化) 而变化，例如，厚度减小增加膜面的感应电荷，引起对压电性的贡献 (尺寸效应)；③晶区内极化和应变相关，即剩余极化由于受到应力与温度的影响，形成了晶区内的本征压电性 (晶体贡献)。理论和实验结果都已证明：对压电应变常数 d (或压电应力常数 e)，尺寸效应贡献是主要的；对

横向压电效应 (d_{31}, d_{32} 或 e_{31}, e_{32})，尺寸效应贡献正比于泊松比。

PVDF 的热释电性与压电性具有相同的结构根源，前者与温度相关，后者与应变相关。压电常数与热释电系数的比值约为 $0.005 \mathrm{K \cdot cm^2/N}$。

3. 聚合物的热释电性

聚合物热释电性的发现已有 60 余年历史，但聚合物热释电研究的发展仍然是相当新的领域[71]。自从 Bergman 等[72] 于 1971 年报道 PVDF 具有显著的热释电效应后，虽然当时对聚合物中这一效应的物理机制尚不清楚，但 Glass 等[73] 和 Yakama[74] 已研制出了聚合物热释电红外检测器。而 Bergman 等[75] 则阐明了静电复印工艺的热释电过程。今天，人们对聚合物的热释电性质已经相当了解，并发现了多种非晶、半晶和单晶，以及液晶热释电聚合物。热释电效应除了有重大的应用价值外，它对基础研究，如非晶聚合物的偶极弛豫过程、铁电聚合物的相变、介电材料中空间和极化电荷分布的非破坏性探测等也是十分重要的。

热释电性是材料对温度变化的电响应。如果在极性电介质材料中含有自发极化或冻结取向极化的偶极子，则都具有热释电性。

11.1.1 节已指出，热释电系数 p 定义为：由温度变化引起电介质极化 P 的变化，即 $p = \mathrm{d}P/\mathrm{d}T$。对聚合物热释电系数更适用的定义是实验热释电系数 p_e——由加热或冷却引起单位面积样品的电极上感应电荷 Q 对温度 T 的微商，即 $p_e = (1/A)\,\mathrm{d}Q/\mathrm{d}T$[1]。虽然 Zook 等[76] 指出了实验确定的 p_e 与提供到样品上的约束条件相关，然而我们仍然可能对不同的热释电聚合物的 p_e 进行直接的比较；另外，必须区分一次和二次热释电效应：一次热释电性是指在恒定应变条件下的极化随温度变化，而二次热释电性则发生于样品的热膨胀引起的压电效应。

为了显示热释电效应，聚合物中必须包含有以某种方式取向的偶极子，而偶极子必须是瞬态的和热稳定的。因此，只有在极性聚合物中才能观察到热释电性。

4. PVDF 家族的铁电性

1) 极化反转特性

极化反转特性是铁电材料的基本特性之一。极化的 PVDF 通常是一种铁电体[77]，即它不仅仅是极性晶体，在外加电场下，处于稳定平衡态的极化可能沿着外场方向重新取向。这种由外场诱导的单元胞取向的变化已由 X 射线实验结果所证实[78]，并指出这种反转特性是由于偶极子在 180℃温度下的转向。1977 年，Tomura 首先测定了 PVDF 的电场和电位移间的电滞回线，指出即使在室温下，PVDF 的极化也可因电场而反转[80]。已提出了用以研究在外场作用下偶极子取向的机理及剩余极化形成的几种模型。例如，Kepler 等指出，β 型 PVDF 单元胞具有相对 C 轴的准六方晶体对称性结构，在外场下偶极子可能绕 C 轴以三步的 60℃温度下的转动模式代替一步的 180℃温度下的极化反转 [79]。由这种偶极子的转动图像得到启发，他们认为在晶体内，外场作用引起畴壁的迁移，分子轴发生弯曲并逐步移动引起极化反转 [80,81]，畴壁迁移的方向垂直于晶体内分子链的方向，而由热激发产生分子链的弯曲则支配着整个晶体的取向。另一种模型 [82] 中建议，180℃畴壁是通过与分子链相平行的协同状态运动，通过以一维或二维的畴壁运动的唯象集结和增长模型来描述极化反转 [83]。一种更新的模型 [84] 解释了自发极化的稳定性，认为在晶体界面上存在一些小的、未反向的畴，从而使晶体的内场减弱，导致剩余极化的高稳定性。也就是说，晶体的极化电荷已被另一类偶极性电荷补偿，从而使能量达到最小值。

通过界面上的空间电荷效应来改善铁电聚合物材料剩余极化的稳定性是近年来一个最重要的模型 [85]，当以低于 100MV/m 的外电场极化 PVDF 薄膜时 [86,87]，从电极注入的空间电荷被材料的界面电荷陷阱捕获，它们产生的静电场对取向偶极子 (剩余极化) 有库仑力的作用，库仑力的作用可以增强剩余极化的稳定性。界面陷阱的捕获电荷密度随极化的增强而上升。在极化带内每一个晶体的取向偶极子形成的极化电场可能被上述注入并被陷阱捕获的空间电荷补偿。例如，如果把在 200MV/m 电场下经 5min 极化的 PVDF 薄膜沿平行于表面切割成 2 片或 5 片 20μm 的薄层，实验结果说明这种切割并未减弱极化晶体中局域电荷的中和作用后的极化；而仅当外加电场低于 80MV/m 时的同样时间极化，这种切割才会减弱极化，显示出电荷补偿效应。

为了验证空间电荷注入对剩余极化稳定性改善的影响，Bihler 等 [88] 分别利用阻挡电极和金属电极对 P(VDF/TrFE) 样品进行极化。为了避免从电极上注入空间电荷，将 1.5μm 的 PET 薄膜作为样品和金属电极间的夹芯层 (阻挡层)，以周期为 50ms 的高压脉冲极化样品，并在极化前后将样品维持短路状态以防止外界电荷注入。而选定的高压脉冲周期比 P(VDF/TrFE) 共聚物的 Maxwell 弛豫时间短得多以阻止样品的自身放电。结果指出：在使用阻挡电极时，当外加极化电压取消后，电位移电场大大地减弱，表示它的剩余极化比用金属电极的情况下的稳定性要差得多 [88]。经 5min 后再在短路条件下以 PPS 方法测定剩余极化 [85] 的结果说明：含金属电极的极化的 P(VDF/TrFE) 样品的剩余极化为 0.5mC/m^2，而含阻断电极样品的剩余极化量值要低两个数量级 (图 11.13)[88]。证实了电荷注入对改善 PVDF 及其共聚物剩余极化稳定性的重要性。

从恒压电晕充电获得的结果 [89] 和观察到的空间电荷对开关时间的影响 [90,91]，也能通过电荷捕获模型来加深理解。空间电荷和偶极电荷对 PVDF 压电和热释电性能的影响，已于 1991 年在柏林召开的第七届国际驻极体会议上 (ISE 7) 以专题讨论会形式进行了专门讨论 [92]。

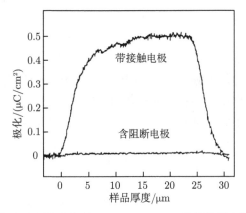

图 11.13 带接触电极和含阻断电极的 P(VDF/TrFE) 沿样品厚度的极化分布 (PPS 法)

2) 开关特性 [93]

显示自发极化和在外场作用下极化反转效应是铁电材料的特性。当外加电场超过矫顽电场 E_c 时,偶极子才能在外场方向均匀取向。这一行为产生了这类材料的 $D \sim E$ 电滞回线。从测量的电滞回线可估算出矫顽电场 E_c 和剩余极化 P_r [94]。人们已经研究和观察了 PVDF 及其共聚物 P(VDF/TrFE) 和 P(VDF/TFE) 的电滞回线的性质 [95-98]。施加强度为 200MV/m,频率为 0.01Hz 的正弦或三角波电场可测量出它们的电滞回线,Furukawa 根据电滞回线确定了在高温下 PVDF 的剩余极化为 6μC/cm², 矫顽电场 $E_c = 50$MV/m。而低温下的 E_c 增大很快,例如,在 -60℃时,$E_c = 120$MV/m [99]。PVDF 的电滞回线的形状是圆弧状。TrFE 和 TFE 含量低于 55% 的两种共聚物的电滞回线是矩形的 [98]。电滞回线的不同形状源于不同的结晶度。如果 TrFE 的含量是 50%,则极化反转表现为两个阶段 (从电滞回线中也能看出) [100]。各阶段的位置强烈地依赖于温度 [100] 和压力 [101],并归因于从铁电相向反铁电相的转变 [102]。如图 11.14 所示,如果对 38μm 厚的 PVDF 薄膜以等值异号的常电场极化,则在样品的厚度方向其极化是反向非均匀的 [103]。如果以 $E = 60$MV/m 经 2140s 进行预极化,并用分辨率为 2μm 的 PPS 方法测定在薄膜中部约 15μm 处形成了剩余极化带,这是由于空间电荷的注入和捕获 [103];如果再以相反极性的同值电场极化同一样品,则极化带减小,同时反极性的第二极化带增加,形成了双层结构,这种双结构层的形成也是由于空间电荷的注入和捕获效应。用适当的低能电子束极化也能观察到类似的现象 [104]。如果以 $E = -60$MV/m 的电场极化样品 $5 \sim 6$h,则形成了均匀预极化的三层结构 PVDF 膜 [103]。而经过 50 次电滞回线循环的回火处理的 PVDF 膜则形成了一种等值反极性极化带的双结构层 [105]。从 PVDF 的共聚物中也已观察到类似的行为。因此,为了避免失误,经电滞实验后检测其极化分布是十分必要的。其他一些作者也报道了经退火的共聚物存在小于 1μm 的铁电畴的检测结果，并通过光探针法研究了单畴的开关时间 [106]。
如果对 65%/35% 的 VDF/TrFE 共聚物在 20℃时提供阶跃电场，发现其 D-lgt 曲
线和 $\partial D/\partial \mathrm{lgt}$-lgt 曲线 (图 11.15)[107] 中电位移和 $\partial D/\partial \mathrm{lgt}$ 随时间急剧上升，表现
出明显的开关过程。电场加强，开关时间变短 (直至 400MV/m 时的 100ns)。说明
在外加足够高的电场时能利用极短的极化时间完成对 P(VDF/TrFE) 的极化；而高
温极化时，由于偶极子的热扰动加强，往往形成较低的剩余极化 [107]。

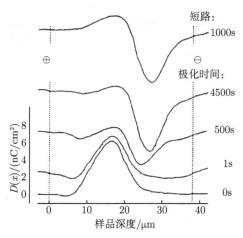

图 11.14   以 $E = \pm 60$MV/m 电场极化 38μm 厚的 PVDF 薄膜形成的双层电荷结构示意图

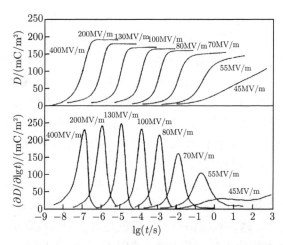

图 11.15   P(VDF/TrFE)(65%/35%) 在 20℃时的开关特性

和 PVDF 相比，铁电相对顺电相的转换温度 T_c 低于熔点温度是 P(VDF/TrFE)
的特点。60%/40% 的 VDF/TrFE 共聚物的 TSD 电流谱的峰温位于 90℃(对应于
铁电相对顺电相的转换)；70%/30% 的这种共聚物出现了相同温位的 TSD 电流峰，

但同时附加了另一个低温峰 (对应于两个铁电相间的转换); 而比值为 50%/50% 的 VDF/TrFE 共聚物, 其铁电相对顺电相的转换温度 T_c 已降至 60°C左右。

3) 极化和极化的热稳定性

在室温下, PVDF 及其共聚物的剩余极化 P_r 的储存寿命可达许多年。但如果将它们加热到相当的高温, 则 P_r 会明显地衰减。在电荷的捕获模型中, 极化衰减是加热将晶体界面陷阱中的捕获电荷激发脱阱, 因为捕获电荷陷阱能级等效于退极化的对应活化能和阱深具有 eV 量级, 从而解释了在室温下呈现高稳定性的剩余极化。通过以常热率加热极化的 PVDF 样品测定其不可逆极化衰减, 可确定其活化能。在同一个加热过程中, 由 PVDF 的热释电性引起 P_r 可逆衰减 [1,108,109], 还可以确定可逆极化衰减的贡献 (热释电)。实际的实验步骤可以利用比较: 经常温极化的样品从 30°C到180°C升温过程中 P_r 的变化, 以及再从 180°C到30°C的冷却过程中的 P_r 变化, 以测定可逆退极化的贡献。与不可逆退极化 (TSD) 相比, PVDF 在高达 150°C温区可逆极化的衰减甚微 [110,111]。但如果极化样品被加热到180°C, 当样品冷却返回室温时, 却能观察到极化的明显上升 [111]。这种上升量是由于晶体部分熔解和再结晶化, 并已通过测量热释电系数得到证实 [93]。

图 11.16 为在 160MV/m 的电场下极化 1min 的 PVDF 和在 60MV/m 时极化 2min 的 P(VDF/TrFE)(65%/35%) 样品的热退极化曲线。这里, 样品经室温下极化后以 2°C/min 的常热率分别加热至其熔点 180°C和150°C, 再用 PPS 法测量其剩余极化–温度曲线 [85]。PVDF 的极化衰减出现在 RT~150°C的宽温区内, 即使在熔点 180°C仍可测得某些剩余极化, 这是捕获电荷陷阱能级宽分布的有力证据 [1]; P(VDF/TrFE) 的极化衰减发生在 RT~100°C的较窄温区内。利用初始上升法已估算出其束缚能级 $A = (2.2 \pm 0.5)$eV。Kuessner 等 [112] 报道了计算 PVDF 束缚能级分布的方法。对仅存在单一键合能级 A, 具有弛豫频率 $\alpha(T)$ 的 Debye 弛豫, 如前所述, 其极化随温度衰减服从 Arrhenius 定律 [1](见式 (3.4)):

$$P_r(T) = P_{r0} \exp\left\{-h\alpha_0 \int_{T_0}^{T} \exp[-A/(kT')]dT'\right\} \tag{11.47}$$

退极化电流:

$$i(T) = \frac{dP_r(T)}{dT}$$
$$= P_{r0}\alpha_0 \exp\left(-\frac{A}{kT}\right) \exp\left[-h\alpha_0 \int_{T_0}^{T} \exp\left(-\frac{A}{kT'}\right) dT'\right] \tag{11.48}$$

当在大分子结构中存在束缚能级分布时, 退极化电流可用不同的束缚能的叠加产生:

$$i(T) = \int_0^\infty g(A)i_A(T)dA \tag{11.49}$$

其中，$g(A)$ 是束缚能分布函数 (参见式 (5.46))。如果以比单一束缚能级的弛豫时间慢得多的速度加热，则在温度 T 时的退极化电流 $i_A(T)$ 可由一狭窄的单峰组成。这个峰比方程 (11.49) 的形状要窄，并可近似地表达为 $i_A(t) \approx \delta(T - T_{\max})$[112]。这里，$T_{\max}$ 是 $i_A(T)$ 曲线上呈现最大值的峰温，并能从方程 (11.48) 导出 [110]:

$$T_{\max} \approx \frac{A}{mk(h\alpha_0)} \tag{11.50}$$

这里，m 是与 h 及 α_0 相关的比例系数，假定退极化电流是分布函数的反映:

$$i(T) = Cmg(mT) \tag{11.51}$$

其中，C 是由分布函数的归一化得到的常数。从方程 (11.48) 的热退极化可能利用 m 作为模拟参数进行数值计算，已分别求出了 PVDF 和 P(VDF/TrFE) 的 $m = 65$ 和 66。在图 11.17 中分别给出了退极化电流 $i(T)$ 和束缚能分布函数 $g(A)$ 的计算结果。PVDF 估算的束缚能位于 $1.63\text{eV} \leqslant A \leqslant 2.52\text{eV}$。对利用蒸发沉积制备的 PVDF 薄膜，陷阱能级的分布值为 $0.46\sim0.72\text{eV}$[113]。与 PVDF 比较，P(VDF/TrFE) 共聚物的能量分布函数则围绕在 2.2eV 上下 [112]，峰形较窄。这和单一束缚能级的假设相当一致。PVDF 和 P(VDF/TrFE) 共聚物束缚能的差别可能是由于它们的不同结晶度。但两种聚合物的电荷束缚能级导致在常温下极化的储存寿命约为 10^5 年数量级 [112]。两者的自然弛豫频率 α_0 都在 10^{26}s^{-1}，这比分子振动频率高 13 个数量级。比较图 11.17 中 P(VDF/TrFE) 退极化电流测量曲线和理论计算曲线可见: 实验曲线的半宽峰较窄，而最大值向较高的峰温漂移，这是由样品的制备工艺、极化电场和上述假设条件的限制导致的。

如果温度高于 T_g，当一静压力作用于垂直于分子链方向，P(VDF/TrFE) 表现出非线性特征。这种性质和分子运动的热激发相关，其非线性特征发生在非晶区及其界面处。

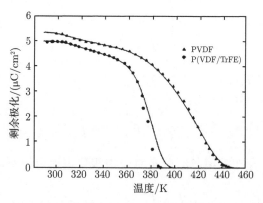

图 11.16　PVDF 和 P(VDF/TrFE) 的剩余极化–温度曲线

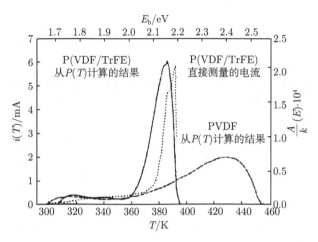

图 11.17 计算出的 PVDF 和 P(VDF/TrFE) 的退极化电流和相应的束缚能分布函数

对 PVDF 的极化建立和时间关系可分两个阶段 [114]:快响应在 1s∼1min 范围,而慢响应则在 1∼2h 内。如果样品在最高电场 (200MV/m) 下,即使在室温下,极化可在几秒钟内发生 [115]。电极的类型及提供载流子的类型也影响极化的均匀性。一般地说,强电场和长极化时间导致均匀的极化 [116]。

5. 半晶态极性聚合物的空间电荷效应

PVDF 家族剩余极化的高稳定性是由晶体内捕获电荷和取向偶极子间的库仑力作用引起的 [85]。电导率随着压力的增加而减小的现象 [117] 说明了在 PVDF 中存在离子电荷的输运。近年来,大量的研究已证实了 PVDF 内空间电荷的存在及其动力学特征。例如,从阴极注入 PVDF 中的电子,由于电化学反应将分子链上的 F^- 解离出来;在阳极,注入空穴而形成了 H^+。F^- 和 H^+ 分别是 PVDF 内电输运过程的电荷载流子,并通过空间电荷的捕获及其电场的建立而改善剩余极化的稳定性。与此同时,部分离子被复合成 HF 并从薄膜中逸出。如果将对 pH 敏感的染料掺入极化的 P(VDF/TrFE) 膜中,若能引起变色,即标志 H^+ 和 F^- 复合效应存在,从而证实了空间电荷的存在、输运及其储存。HF 或 F_2 的产生也可通过在 P(VDF/TrFE) 薄膜表面上覆盖 2nm 厚的铁层,并在上面覆盖 10nm 厚的铝膜以测量 ^{57}Fe Moessbauer 谱的化学效应来证明;在实验中:如果将相同的样品以紫外线辐照,应该可观察到由紫外线导致 HF 和 F_2 气体离子的氟化产生的 ^{57}Fe Moessbauer 谱的化学漂移。然而,在这类实验中并未观察到这种漂移现象。可能的解释是:与辐照的紫外线相比,极化过程中产生的 HF 比紫外线辐照产生的 HF 量值弱得多;由于与 Fe 比较,Al 的反应活性高,极化过程中产生的少量 HF 可能已被 Al 完全反应掉。

而利用外加电场期间测量气体发射则是一种检测聚合物内离子载流子的更直接的方法，这些气体是离子电荷复合产生的。例如，对纤维素 [118] 和尼龙 [57] 薄膜主要是发射 H_2，并显示出质子传导。

由于 PVDF 的低电导率，在极化期间可能仅产生少量 HF 或其他气体，因此需要利用某些十分灵敏的方法，如在超高真空下工作的四极质谱仪就能有效地分析 PVDF 的发射气体 [119]，图 11.18 是通过质谱仪测得对应于 HF 的强质谱峰，从而证实了在 PVDF 极化期间由电化学反应产生的 H^+ 和 F^- 模型。另一些链段中还观察到 CO_2, N_2 和 O_2 等吸收气体。图 11.19 表示了极化时间为 $40\sim720s$ 期间用 PPS 法测得的极化分布沿样品厚度的变化 [85]：经短时间极化，其极化发生在多孔金电极附近；随着极化时间增长，极化强度上升，并使极化带拓宽。压电聚合物空间电荷的测量也是利用 TSD 实验完成的。短路 TSD 电流产生于线性升温时偶极子的消取向和空间电荷衰减。对非晶态和半晶态聚合物驻极体的研究证实：正空间电荷的大部分集结于负电极附近，而负电荷的大部分位于正电极附近。在高温低频条件下对 PVF 和 PVDF 的介电测量显示出异常高的 ε_r 值 [61]，这种现象仍然归因于离子空间电荷的存在。固相 PVDF 的界面极化效应和液相 PVDF 与电极间的界面极化的效应之间的差别，也是液–晶界面的空间电荷极化的结果。如果在提供一定偏压时，对 PVDF 从 20℃到 100℃重复循环地进行 TSD 电流谱的测量，会发现空间电荷效应逐渐并明显地减弱 [62]。

由聚合物薄膜和金属电极间的化学反应和电荷相互作用形成的电动势，可能引起某些异常效应。例如，观察到在高温下 PVDF 薄膜的极强的等温短路电流 [120]，以及由不同金属电极引起的伏安特性曲线的变化 [61]。如果在极性晶体的极化初期发生了铁电开关效应，那么在继续极化过程中必将在具有在较高电导率的液相区产生正电荷趋向负电极和负电荷趋向正电极的电荷流动。在常规的极化温度 (约 100℃) 对 PVDF 极化，电流是时间的函数，材料界面处的极化效应显著 [121]。这时的电荷载流子可能聚集于晶体表面，它们的漂移受到功函数的阻碍。取向的晶体偶极子的电场将驱使它们移动，并在适当的晶–液界面上被陷阱捕获。TSD 电流谱的结果说明：空间电荷的释放温度在多数情况下比偶极弛豫温度高。PVDF 驻极体中空间电荷的脱阱温度大大地高于室温 [122]，在高温下极化的样品，当被冷却至室温时，空间电荷被 “冻结” 和捕获在晶体表面。由于异性空间电荷分别位于刚性晶体的相对自由面上，从而形成了偶极性的空间电荷层，并由材料的非均匀应变产生了压电、热释电响应。必须注意：如果由空间电荷形成的界面极化的极性与分子偶极子的极性相反，则必然减弱了压电和热释电响应。当 PVDF 处于慢极化过程中时，在压电性随时间缓慢增加的同时，由于外加直流电场的作用，空间电荷以类似的速率缓慢地移去 [61,62,121]。由空间电荷的减少而削弱了偶极性空间电荷对分子偶极子的 “屏蔽” 效应；另一方面，当外加极化场移去后，则压电性随时间逐渐减弱，空间电荷部分地恢复。因此，也可用上述的偶极性空间电荷的电荷动力学过程进行类似的描述。

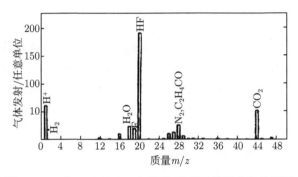

图 11.18　在 100MV/m 电场下 PVDF 薄膜的气体释放

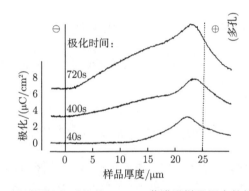

图 11.19　经不同极化时间的 PVDF 薄膜沿样品厚度的极化分布图

或许空间电荷对压电和热释电材料最重要的作用发生在极化过程中，众所周知，空间电荷的注入将在材料中产生一个局部电场，这个电场可能高于或低于外加电场[123]。例如，在聚合物中如果沉积了负空间电荷，则负电极和聚合物内的电势差比未注极样品要低，而聚合物与相应正电极的电势差比未充电样品要高，因此，如果晶体偶极子的有序化使样品的极化随局部电场的上升而增加，那么对负充电的聚合物，相对于负电极附近，在正电极处的极化要大得多。实验测量出的 PVDF 热释电活性分布已证实了在正电极处其活性高得多的事实[116]。而实验结果指出：极化温度越高，极化时间越长，以及极化电场越强，则样品内的压电和热释电活性越均匀。然而，出乎意料的是：经负充电的 PVF 在负电极处呈现较高的极化[124]。如果这种非均匀极化基于体内的空间电荷效应，那么在 PVDF 体内应积累负空间电荷，而 PVF 则应积累正空间电荷。这种不同的充电现象可解释上面的异常规律。而 PVDF 和 PVF 不同的充电现象已通过聚合物和金属电极界面处的功函数的差异 (即不同的分子结构) 得到合理的解释[125]。

空间电荷效应的研究对加深理解聚合物材料的压电和热释电活性，以及偶极与空间电荷相互作用的电荷动力学规律是十分重要的。

6. 半晶态极性聚合物的偶极子模型

晶体畴结构的高取向度是 PVDF 聚合物家族获得强净电偶极矩的结构保证。利用取向的晶体畴结构可以阐明聚合物的压电或热释电活性。一种类似于非晶聚合物畴结构的模型可用于下述的分析[108]。模型假定半晶态聚合物材料是由无数层晶分散于非晶相中组成的。层晶的取向近似地垂直于膜面，形成分子链的有序排列并使偶极矩彼此平行。图 11.20 为这类半晶聚合物结构示意图。晶体偶极矩与膜面法线夹角为 θ_0。空间电荷被捕获在晶体表面，并垂直于偶极矩，由静水压应力或温度的变化 $-\mathrm{d}p$ 或 $\mathrm{d}T$ 在薄膜的表面产生电荷 $\mathrm{d}Q$，则可建立下列的压电或热释电方程[108]：

$$d_{\mathrm{h}} = \frac{1}{A}\frac{\mathrm{d}Q}{\mathrm{d}p} = P_{\mathrm{r0}}\beta_{\mathrm{c}}[(\varepsilon_{\mathrm{c}}-1)/3 + \phi_0^2\gamma/2 + \partial(\ln s_{\mathrm{c}})/\partial(\ln v_{\mathrm{c}})] \tag{11.52}$$

$$p_{\mathrm{e}} = \frac{1}{A}\frac{\mathrm{d}Q}{\mathrm{d}T} = -P_{\mathrm{r0}}\alpha_{\mathrm{c}}\{(\varepsilon_{\mathrm{rc}}-1)/3 + \phi_0^2[\gamma + (2T\alpha_{\mathrm{c}})^{-1}]/2 + \partial[\ln s_{\mathrm{c}}/\partial(\ln v_{\mathrm{c}})]\} \tag{11.53}$$

这里，晶体的偶极子极化为

$$P_{\mathrm{r0}} = \Psi(\varepsilon_{\mathrm{c}}+2)N\mu_0' J_0(\phi_0)\langle\cos\theta\rangle/(3V_{\mathrm{c}}) \tag{11.54}$$

当不存在相反极性空间电荷分布时，晶体长度 s_{c} 可用样品厚度代替。这时可利用下列实验值估算上面方程的 d_{h} 和 p_{e} 的结果：温度 $T = 300\mathrm{K}$；晶体的体胀系数 $\alpha_{\mathrm{c}} = 1.7\times10^{-4}\mathrm{K}^{-1}$[126]，样品的 $\alpha_{\mathrm{s}} = 4.2\times10^{-4}\mathrm{K}^{-1}$；晶体的体积压缩率 $\beta_{\mathrm{c}} = 1.1\times10^{-10}\mathrm{m}^2/\mathrm{N}$，样品的 $\beta_{\mathrm{s}} = 2.39\times10^{-10}\mathrm{m}^2/\mathrm{N}$[127]；$\varepsilon_{\mathrm{c}} = 3$；晶体的体积系数 $\Psi = 0.5$[128]。对 β 型晶体 (真空极化)，$N\mu_0'/V_{\mathrm{c}} = 12\times10^{-6}\mathrm{C}/\mathrm{cm}^2$，$d_{\mathrm{h}}/P_{\mathrm{r0}} = 2\times10^{-6}\mathrm{cm}^2/\mathrm{N}$，$p_{\mathrm{e}}/P_{\mathrm{r0}} = 4.0\times10^{-4}\mathrm{K}^{-1}$。

如果忽略了在晶-液两相界面上的空间电荷分布，则实验结果与计算值极好地一致；而即使考虑到极性晶体两表面分布有与该极性晶体相应平衡量的反极性空间电荷，以模型计算的结果仍是实验观察到 PVDF 功能活性值的 75%。实验已说明：对晶体 (压电或热释电) 功能活性的最大贡献是源于温度或外加应力引起薄膜厚度的变化，这一机理十分类似于 11.1.1 节中所述的非晶态聚合物的机理，同样 $d_{\mathrm{h}}/p_{\mathrm{e}} = 0.005\mathrm{K}\cdot\mathrm{cm}^2/\mathrm{N}$。与实验结果极好的一致性也有力地支持了压电和热释电两种效应源于相同的基本机制，即由 p 和 T 诱导出薄膜尺寸的变化是产生压电或热释电活性的根源。这种类型的压电性称为二次压电性[129]。对照上述的讨论，Kepler 已经分析了在 PVDF 中二次压电性在热释电性中的比重并明确指出：PVDF 中大于 50% 的热释电性是源于二次压电效应[130]。不过他的上述结果仅对经单轴或双向拉伸的 PVDF 薄膜，并在满足各向同性力学性质的条件下才成立。然而，众所周知的半晶聚合物的泊松比呈现明显的各向异性规律[131]。例如，对 β 型 PVDF 晶体计算出的最高极为 $22\mu C/cm^2$ (文献通常引用值 $13\mu C/cm^2$ 仅仅是真空偶极矩的计算值，它忽略了晶体的环境效应的贡献)。而 d_{pmax} 和 P_{emax} 相应的最大值分别是 $44pC/N$ 和 $9nC/(cm^2 \cdot K)$。这些值与经过优化工艺形成的极化样品的实际值的差异，类似于 $BaTiO_3$ 单晶和粉末陶瓷的压电常数和极化的相应值[132]，其原因是多 (聚) 晶样品极化工艺的不充分。

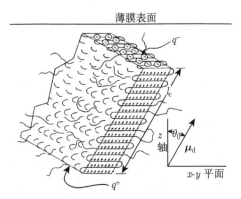

图 11.20　聚合物的极性晶体内偶极子的排列和晶–液界面上偶极性空间电荷分布示意图

在许多应用中，经常碰到单轴应力的变化引起样品厚度上的电响应 (d_{31}, d_{32})。为了改善实际的压电活性，人们往往以一个适当的应力 X_1 或 X_2 去替代静水压 $-p$ 来修正方程 (11.52) 以满足实际应用的需要，这是因为泊松比的灵敏度和方向性密切相关。例如，作用于拉伸方向的应力 X_1 引起的厚度变化比作用于垂直拉伸方向的应力 X_2 引起的厚度变化要大得多。

泊松比 σ 也是非晶态聚合物的敏感函数。当在 T_g 以下 (PVDF 的 $T_g = -40℃$) 时，其泊松比接近于正常值 $(1/3 < \sigma < 1/2)$；当 $T > T_g$ 时，σ 偏离正常值。虽然泊松比 σ 与 PVDF 的压电、热释电活性形成的基本机制 (即对样品的厚度变化) 间有重要的联系[108]，但有关 σ 的数据报道较少。这是因为用常规方法测量膜厚颇为困难，然而人们能通过杨氏模量 $Y_1 \approx Y_2 \approx 2.5 \times 10^9 N/m^2$ 和假定 $\sigma_{31} = 0.6$ 及 $\sigma_{32} = 0.1$ 计算出 $d_{31} \approx 2d_h$ 和 $d_{32} \approx 0.4d_h$。上述的 d_{31} 和 d_{32} 的明显差异已由实验结果所证实[133]。这说明：沿分子轴向的应力导致偶极子的有序排列，从而明显地增强极化。由此说明不同方向厚度的变化差异是引起聚合物的上述活性的重要原因。

有关 PVDF 压电性的其他一些模型还包括：通过外加渐进式应力诱导熔融以推进偶极电荷有序取向晶体的结晶化[134]，通过外加应力在无规的液相内的偶极电荷取向，以及在外加应力下增加分子链排列成平面锯齿形结构等。利用几种模型计算 PVDF 极化的动态特性的研究也已报道 [135]。

11.1.4 其他一些压电聚合物材料 [93]

另外三种聚合物 (奇数尼龙 [136,137]，亚乙烯基二氰 (VDCN) 共聚物 [138]，以及芳香族和脂肪族聚脲 [139]) 的研究表明，它们呈现出和 PVDF 家族类似强度的压电活性，它们都是有机铁电体。

1. 奇数尼龙

1981 年 Newman 等首次报道了经 70~90℃极化的尼龙 11 具有压电性 [136]。后来他们又指出了奇数尼龙的极性反转效应，并指出尼龙 11 的压电性接近于 PVDF 及其共聚物 [136]，而如果在拉伸和极化前进行塑化处理可增强其压电性 [137]。同时发现其压电性随薄膜的含水量的增加而上升 [140]。奇数尼龙的每一单元长度上是由偶数个亚甲基基团及一个酰胺基团构成的 (图 11.21(b))。酰胺基团的偶极矩很大 (3.7D)。在全反构象中，偶极子同向排列从而产生了垂直于分子链的强偶极矩 [141]，并随亚甲基基团数目的减少而增加。奇数尼龙结晶体至少由三个稳定相和两个亚稳定相组成 [142]。在室温下的三斜晶系的 α 相是稳定相，而在高于 95℃时，α 相即转换成六方晶系的 δ 相。如果将尼龙 11 从熔融态淬火在冰水混合物中后，再在室温下拉伸，则形成亚稳态的 δ' 相。由较低分子块组成的 δ' 相的密度比 α 相的密度要低 [143]。经三氟乙酸熔液形成的熔铸膜可获得假立方的 γ 相和亚稳态的 γ' 相；或以 HCl 或 DCl 处理而产生 δ' 相。

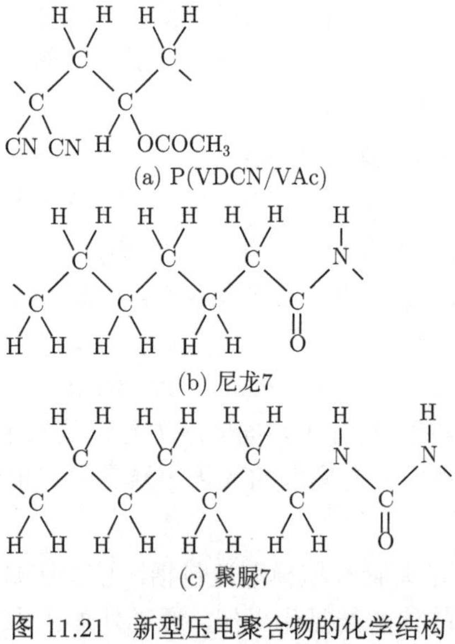

图 11.21 新型压电聚合物的化学结构

有的研究结果指出: α 相的层内的氢键已经取向, 但过去人们认为它的行为类似于 PVDF, 即在 α 相的这些层中具有阻碍偶极子取向的能力。对不同类型的奇数尼龙薄膜, 它们的压电常数的电滞效应 (准静态的 D-E 电滞回线)、开关特性等类似于 PVDF, 因此是新一类的铁电聚合物 [141,142]。另一项研究 [144] 报道了聚酰胺的铁电行为。

尼龙薄膜中的铁电性源于 δ' 相, 而通常认为在 α 和 γ 相内彼此接近的分子链块会阻碍偶极子取向 [145]。极化前, δ' 相内的氢键合层的结构内的偶极子平行于样品表面; 对潮湿的样品, 如果作用到偶极子上的电场 [143,146] 使它们初始转向 90°, 则后继电场的作用将发生反向转动 180° [143,146]; 而对干化的尼龙, 上述第一阶段产生了仅 72° 的转向 [147]; 剩余极化的稳定性或许是由于氢键的作用。研究指出, 具有铁电性的 δ' 相氢键合强度比 α 相的相应值要高, 因此 α 相不具有开关特性, 这个结果已由红外测量的数据所证实。将尼龙薄膜加热至其熔点 (200℃) 甚至更高的温度都未能观察到退极化现象。

随着亚甲基数目的减少, 每个单元长度上的偶极子数增加 (偶极子密度上升), 导致尼龙 11 的剩余极化从 $59\mathrm{mC/m^2}$ 增加到尼龙 5 的 $125\mathrm{mC/m^2}$ [148]。另外, 氢键数目的增加还引起了尼龙 11 的熔点从 180℃ 上升到尼龙 5 的熔点 250℃ [148]。与 PVDF 相比, 在室温下极化的奇数尼龙呈现较弱的压电性, 但如果在 T_g (70℃) 温度以上极化, 压电常数已增加至对应于 PVDF 的较高值。由于即使加热至其熔点, 奇数尼龙的压电性能也并不衰弱 [143], 因此它适合于 200℃ 或更高温度下的压电或铁电应用 (图 11.22) [149]。而我们已经知道, PVDF 驻极体膜的使用温度通常需要低于 80℃。为了在一个执行器中同时利用其低温和高温的压电性, 已研究了尼龙 11/PVDF 双层膜的铁电和压电行为 [149], 这种双层膜的剩余极化和压电活性与单一聚合物膜相比有所增强 (图 11.22)。

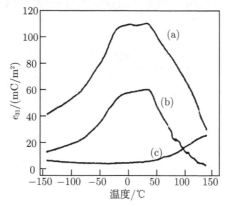

图 11.22　压电常数 e_{31}-温度曲线
(a) 尼龙 11/PVDF 双层膜; (b) PVDF; (c) 尼龙 11

2. 亚乙烯基二氰共聚物

VDCN 共聚物中最重要的一种是亚乙烯基二氰/醋酸乙烯共聚物 P(VDCN/VAc) (图 11.21(a)),1980 年由 Miyata 等首次报道 [138]。它是一种具有良好透明度的非晶态共聚物。VDCN 共聚物具有良好的热稳定性,但在潮湿环境中易于降解。如果和包含各类共聚单体,如醋酸乙烯 (VAc)、乙烯聚醚酯 (VBZ)、甲基丙烯酸酯 (MMA) 等共聚可形成具有非立构规整性的高交替链共聚物 [150]。与 PVDF 及尼龙相比,VDCN 共聚物具有高玻璃相变温度 ($T_g = 170 \sim 180$℃)[150]。由于 C—CN 基团的大偶极矩 (4.0D)[151],VDCN 共聚物应呈现良好的压电性。事实上,对 P(VDCN/VAc),在电场为 $20 \sim 60$MV/m 经 150℃极化后的最高压电性和 PVDF 不相上下,而沿厚度方向的压电活性则优于 PVDF。为了实现分子偶极子的取向,以形成高含量的全反构象的剩余极化 [151],必须进行高温极化。除了 P(VDCN/VAc) 外的其他一些 VDCN 共聚物也呈现压电性,但表现出十分不同的强度,这是由于在玻璃态中偶极子取向的不同活化能,以及与共聚物侧基团相关的不同分子链的迁移率 [152]。文献 [150] 提供了 VDCN 各种共聚物的压电常数和对应的剩余极化。高压电性及剩余极化表明 P(VDCN/VAc) 是一种玻璃态铁电聚合物。但由于高温时电导率太高,而室温时铁电响应太低,迄今仍然没能观察到其 D-E 电滞回线 [153]。在玻璃相变温度以上的介电弛豫强度 $\Delta\varepsilon = 125$[154],反映出与偶极运动相关的协同效应 [154]。像其他铁电聚合物一样,VDCN 共聚物在 150℃时的压电 e 常数显示典型的开关特性 [141]。从介电反常 [153] 和二次介电响应的数据中已研究了这类共聚物的铁电性。这些结果说明:P(VDCN/VAc) 是一种新型的玻璃态铁电聚合物。极化的良好稳定性,以及与 PVDF 相比具有更接近于水和人体的声阻抗 (表 11.2) 等优点使得 VDCN 共聚物成为具有良好应用前景的新型有机介电功能材料。文献报道,P(VDCN/VAc) 作为超声探伤检测器的芯片用材,对它的研究已经系统地开展 [155]。

表 11.2　几种材料的声阻抗比较

材料	声阻抗/(kg/(m²·s))
PVDF	2.3×10^6
P(VDCN/VAc)	1.8×10^6
PZT 陶瓷	23.2×10^6
水	1.6×10^6
人体	1.6×10^6

3. 聚脲

1990 年,Fukada 首次报道了芳香族聚脲 (图 11.21(c)) 和脂肪族聚脲具有压电性 [156,157]。这类聚合物是将二异氰酸酯 (O=C=N—R—N=C=O) 和二元胺

(H_2N—R'—NH_2) 单体经真空蒸发加合聚合而成。其工艺是将单体蒸发在基板上经预聚合后,再在电场下使偶极电荷取向,并进一步聚合化,从而可制作成各种形状、任意面积、一定厚度的单层和多层交替膜。例如,在 $100MV/m$ 的电场下经 100℃极化的薄膜的压电常数和热释电系数分别为 $e = 26mC/m^2$,$p = 20\mu C/(m^2 \cdot K)$。由于是刚性链,其热稳定性可高达 200℃[157]。又由于低介电损耗 $\tan\delta = 0.05$ 以及 $\varepsilon_r = 4.0$,聚脲的热释电品质因数比其他聚合物都高[157]。如上所述的经蒸发工艺获得的聚脲分子结构并不完善,然而高温极化及退火工艺可进一步改善它们的聚合质量。这一特性已被 DSC 和红外测量结果所证实。X 射线分析指出:退火工艺可增加其结晶度 ($\leqslant 30\%$),但对其结晶过程迄今了解甚少。取向的脲键 (—HN—CO—NH—) 呈现 4.9D 的偶极矩 (红外谱已证实)[157,158]。光的二次谐波效应及宽频区的透明度使得聚脲成为一种潜在的非线性光学功能材料[159]。

以传统的凝聚聚合或蒸发沉积聚合制备的奇数 —CH_2 亚甲基基团的脂肪族聚脲的压电性及铁电电滞效应也已被观察到[160]。在这类聚合物中,像奇数尼龙的酰胺键一样,脲键偶极子仅仅和奇数亚甲基基团构成平行取向的排列,其压电常数和热稳定性均随极化温度的上升而增加 (极化温度通常选在 70~150℃),但它的压电性能一般比芳香族聚脲要差。像尼龙一样,分子链取向的稳定性归因于邻近聚合物链间的氢键合[160]。近来,脂肪族聚脲的铁电电滞回线和热释电的研究也已报道。除了在脲基团中氧被硫取代外,它和芳香族聚脲具有类似的分子结构。

聚脲的首次应用是在 Si 基微型驻极体话筒中作为压电传感芯片材料 (见第 10 章)。

含有极性腈 (nitrile) 或酰亚胺 (imide) 基团[161] 的聚合物中也已观察到压电性。各种生物材料,如蛋白质、多糖、含 DNA 的多核甙酸、酶、骨骼、木头、羊毛和头发等都是压电材料或驻极体;液晶弹性体是另一类经优化的压电聚合物[139]。

11.1.5 热释电聚合物材料[162]

1. 非晶态热释电聚合物

1) 氰基 (—CN(cyano)) 基团聚合物 (cyanopolymers)

含氰基基团聚合物 (偶极矩为 3.5D) 是一类重要的非晶态聚合物,Ueda 等[163] 已研究了聚丙烯腈 (PAN) 的热释电效应,并报道了某些聚丙烯腈共聚物的铁电电滞曲线。然而对水和杂质呈现低电阻率是这类材料的弱点。VDCN 共聚物 (图 11.21) 不仅是压电材料,而且是重要的热释电材料。Tasaka 等[150] 研究了 VDCN 共聚物的热释电系数随着极化电场的变化可高达 3 ~ $10\mu C/(m^2 \cdot K)$。P(VDCN/VAc) 是 VDCN 共聚物中最重要的热释电材料,它的偶极子密度 $N_0 = 4 \times 10^{21} cm^{-3}$,每个重复单元的偶极矩 $\mu = 6D$ (4D 来自 VDCN 的极性基团,2D 来自 VAc 基团)。Furukawa 等[154] 指出:P(VDCN/VAc) 之所以在非晶态聚合物中具有最大的弛豫强度 $\Delta\varepsilon = 125$，是由于存在几个重复单元的协同运动。借助于线性和非线性介电测量，他们已估算出有效偶极子密度 $N_0 = 3.4 \times 10^{20} \mathrm{cm}^{-3}$，其有效偶极矩高达 60D，即在每一个有效偶极子中包含了大约 10 个重复单元。Wang 和 Takase 证实，P(VDCN/VAc) 是一种铁电玻璃体，很可能是强耦合的极性驻极体。由于这种共聚物具有十分高的玻璃相变温度 $(T_\mathrm{g} = 180℃)$，其热释电效应的热稳定性极高。不过迄今能够实现的最大热释电系数仍然比 PVDF 要小。

2) 光电 (或光子) 聚合物 (photonics polymers)

由连接非局域 π 电子的受主或施主组成的分子偶极子 (通常是生色团) 是非线性光学聚合物，它们具有较高的偶极矩。这类聚合物最初应用于光学领域。虽然生色团分子的偶极矩十分大，但偶极子的大尺寸使得这类聚合物内偶极子的密度相当低。因此迄今为止研制出的光电聚合物的热释电系数并不突出。Goldberg 等 [164] 和 Carr 等 [165] 已报道了实验热释电系数与极化场间的线性依赖关系，以及热释电系数与 Pockels 系数间的正比关系。由于生色团分子的大尺寸，仅仅观察到二次热释电效应 (偶极子振动相当小)。光电聚合物的典型例子是由分散红 1(DR1) 和聚苯乙烯–马来酐形成的聚合物 P(S-MA)/DR1[166] (图 11.23)。虽然 DR1 具有十分大的偶极矩 $(\mu = 7.5\mathrm{D})$，但由于 DR1 中的偶极基团的大尺寸，染料含量为 90% 的聚合物仅含有相当低的偶极子密度 $(N_0 = 1.8 \times 10^{21} \mathrm{cm}^{-3})$。这种聚合物具有相当高的玻璃相变温度 $(T_\mathrm{g} = 137℃)$ 和较大的弛豫强度 $(\Delta\varepsilon = 20)$[166]。利用 50MV/m 的极化电场，Bauer-Gogonea 已获得了量值为 $7.8\mathrm{mC/m}^2$ 的冻结极化及 $1.3\mu\mathrm{C/(m}^2\cdot\mathrm{K})$ 的实验热释电系数 p_e。虽然 p_e 不是很大，但这种聚合物具有良好的剩余极化的热稳定性。图 11.24 表示出 P(S-MA)/DRI 的电光系数 (EOTA) 和热释电 (PTA) 响应的热稳定性的比较 [167]。如预料的结果那样，直至玻璃相变温度 T_g 时，两种响应几乎维持不变。但当温度接近和超过 T_g 时，它们均以较快的速率消失 (由于 T_g 以上分子偶极子的可动性上升)。Norwood 等 [168] 已研制出一种由氧硝酸盐芪 (oxynitrostilbene) 单元替代 VAc 的 VDCN 共聚物。这是一种具有良好热释电响应的多功能材料。

3) 非晶态氟聚合物 (noncrystalline fluoropolymers)

非晶态氟聚合物的强极性使它们可能呈现强热释电效应。Davies 等 [169] 研究了非晶态 P(BTFMND)，聚 2,3- 二 (三氟甲基正菠二烯)，(poly(2,3-bis(trifluoromethy) norbornadiene) 的热释电性能，估算出 BTFMND 的偶极矩和偶极子密度分别接近 $\mu = 3.7\mathrm{D}$，和 $N_0 = 3.9 \times 10^{21} \mathrm{cm}^{-3}$。当样品中含有 98% 的反式微结构构象时，P(BTFMND) 显示出相当大的弛豫强度 $(\Delta\varepsilon = 40)$。当极化场是 80MV/m 时，热释电系数约为 $4\mu\mathrm{C/(m}^2\cdot\mathrm{K})$；如果极化场为 200MV/m，其热释电系数已上升至 $6\mu\mathrm{C/(m}^2\cdot\mathrm{K})$[169]。相当高的热释电系数及在玻璃态时的低介电损耗使得这类聚合物具有相当好的应用前景。

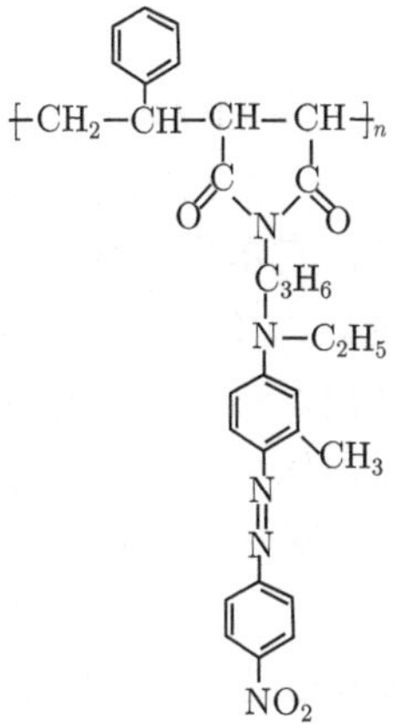

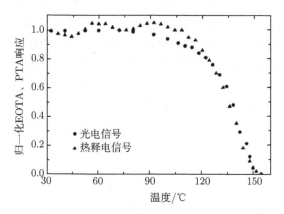

图 11.23 P(S-MA)/DR1

图 11.24 非线性光学支链型聚合物电光系数和热释电响应的热稳定性

通过合成工艺产生的新型非晶态聚合物如果能实现多重复单元的协同运动，则可望改善这类材料的热释电响应和热稳定性。通过这一途径可能形成具有强光学非线性、高压电活性和热释电响应的多功能材料。然而实际应用则希望这类新材料的 T_g 和 $\Delta\varepsilon$ 能接近或大于 P(VDCN/VAc) 的对应参数值。

2. 半晶态热释电聚合物

目前的大多数敏感性热释电聚合物都是半晶态。最重要的半晶态热释电聚合物是氟聚合物，如 PVDF 及其共聚物、聚酰胺 (奇数尼龙)、聚脲、聚硫脲和聚氨酯等。半晶态聚合物的热释电性产生于电致伸缩效应 (逆压电效应)、偶极子振动、晶相和非晶相的尺寸变化、结晶度的可逆变化，以及得以补偿晶体部分极化的空间电荷运动等。由于半晶聚合物形貌特征的复杂性，各种物理机制可能不同程度地对热释电响应作出贡献。

1) 氟聚合物 (fluoropolymers)

虽然 PVDF 偶极矩 (单位重复单元 2.3D) 不是很大, 但 β 型 PVDF 的偶极子密度很高 ($N_0 = 1.9 \times 10^{22}\text{cm}^{-3}$), 从而弥补了其不足。实验测得的剩余极化约是理论计算值 $P = N_0\mu$ 的一半, 表示当 PVDF 的结晶度约为 50%时, 几乎形成了相当完善的晶体偶极子排列。PVDF ($p_e = 25\mu\text{C}/(\text{m}^2\cdot\text{K})$) 和 P(VDF/TrFE) ($p_e = 40\mu\text{C}/(\text{m}^2\cdot\text{K})$) 的热释电系数是聚合物中迄今为止报道的最高值。李国荣和 Ohigashi[170] 测量了 10~300K 宽温区内具有高结晶度的 P(VDF/TrFE)(75/25) 共聚物的比热和热释电系数, 说明一次热释电性是总热释电响应的 70%。一次热释电效应可通过一维及三维声子和光子模型描述。根据在相同温区内 P(VDF/TrFE) 的比热数据, 利用 Debye 和 Einstein 温度确定的测量数据与理论结果之间表现出良好的一致性 [170]。

Kim 等 [171] 指出: P(VDF/TrFE) 共聚物的相变十分复杂, 具有多重铁电相对铁电相, 以及铁电相对顺电相的转变。Ezquerra 等 [172] 通过介电测量和 Faria 等通过 TSP 测量也报道了多重相变规律。近年来, 对 PVDF 及相关聚合物中空间电荷的存在对热释电响应的作用方面已开展了较深入的研究。图 11.25 表示出随着温度周期性的增加和减小的实验热释电响应曲线的演变。在温度远低于居里温度 T_c 时, 热释电系数的减少是不可逆的 (T_c 稍高于熔点 $T_m = 180°C$)。Fedosov 和 Sergeva 重复了这一测量并计算了陷阱中的电荷后指出: 陷阱电荷的释放使极化减少。

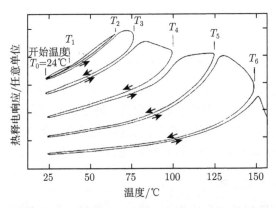

图 11.25 随着温度周期性的增加和减少测得的 PVDF 热释电响应曲线

极性晶体中偶极电荷和局域补偿电荷间的相互作用产生了另一种有意义的结果。Fukada 等 [173] 首先报道: 由于压电常数呈现弛豫规律, 从而用复数表征; 由于这种压电弛豫发生在由晶相和非晶相组成的半晶聚合物的复合机构中, 类比之, 在这类聚合物中热释电效应也应该表现出弛豫特性等类似行为。Kepler 和 Anderson[174]

首先认识到 PVDF 的准静态热释电系数不同于热脉冲激励确定的热释电系数, 这一发现引导出可逆结晶度的概念 [174]。

值得强调的是, P(VDF/TrFE) 作为热释电 (以及压电) 材料表现出更多的优势, 如柔性、易加工成大面积薄膜、用旋涂法可制得 1μm 厚的薄膜, 并显示出很显著的铁电性, 在数百 MHz 的高频时, 具有高 $k_t(0.3)$[175]。Ohigashi [176] 也说明 P(VDF/TrFE) 较 PVDF 有下面四个优点: 无须拉伸, k_t 大, 力学和介电损耗低, 耐热性好 (VDF 为 80% 时耐温达 140℃)。由于 k_t 大和损耗低, 以 P(VDF/TrFE) 制作的传感元器件的往复综合灵敏度比 PVDF 高 10dB; 由于 g 常数大, 与水的声阻抗匹配, 适合于制作超声水听器; 用 P(VDF/TrFE) 研制的超声显微镜可获得高清晰度的图像。

2) 聚酰胺 (奇数尼龙)(polyamides)

聚酰胺通常称为尼龙。在相邻分子链间是具有强分子间氢键 NH···O 作用的一类聚合物 (图 11.21)[177]。尼龙显示出复杂的形貌特征 [178]。尼龙 11 中的酰胺基团具有相当大的偶极矩 ($\mu = 3.4D$) 和偶极子密度 ($N_0 = 6 \times 10^{21} cm^{-3}$)。尼龙 5 和尼龙 7 的偶极子密度更高。经淬火处理的样品已测量出清晰的铁电滞豫曲线, 但仍未观察到铁电相对顺电相的转变。由于强的氢键合, 经退火处理的尼龙大大增强了矫顽电场, 因此抑制了铁电滞豫曲线。

人们对奇数尼龙的热释电性效应的强度和热稳定性进行了研究 [177,179]。1995 年 Esayan 等 [179] 指出它的热释电系数与 PVDF 值相当, 而在这之前报道的尼龙热释电系数的数量级要低得多。

3) 聚脲和聚硫脲 (polyureas, polythioureas)

聚脲和聚硫脲是一类具有强分子间氢键作用的半晶态聚合物材料 (参见 11.1.4 节)。1979 年 Vasudevan 等 [180] 首次报道了聚脲的热释电性。芳香族聚脲可能通过溶液的聚合制备, 但其产品是不可溶解的, 因此, 无法利用旋涂工艺制备薄膜。Wang 等 [181] 指出: 气相沉积法适合于制备如图 11.21 所示化学结构型芳香族聚脲。脲键的偶极矩是 4.9D, 显然比酰胺键要高。蒸发沉积含 4,4-二苯基 (代) 甲烷二异氰酸盐 (4,4-diphenylmethane diisocyanate, MDI) 和 4,4-二氨基二苯基甲烷 (4,4-diaminodiphenylmethane, MDA) 的平衡复合体的聚合化的芳香族聚脲, 在聚脲类中具有最大的热释电系数 ($p = 20\mu C/(m^2 \cdot K)$) (图 11.26)[181], 且表现出突出的热稳定性。不同的化学制备工艺可能有助于改善这类具有竞争优势的热释电材料的热释电活性。Hattori 等报道了脂肪族聚脲 (聚硫脲) 的物理性质类似于脂肪类聚酰胺 (即酰胺键被脲键取代)。尼龙的熔点和玻璃相变温度稍低于聚硫脲的相应值。由于含有较多的离子杂质, 要确定脂肪族聚脲的铁电、压电和热释电性尚存在着相当的难度。

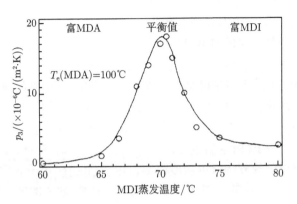

图 11.26　热释电系数作为聚合化组分 MDI 和 MDA 函数图

4) 聚氨酯 (聚氨基甲酸酯)(polyurethanes)

Tasaka 等 [182] 指出：以氢键合的聚氨酯具有与尼龙及聚脲等半晶态聚合物类似的功能结构。脲烷基团的偶极矩是 2.8D，比酰胺基团及脲基团的相应值低。聚氨酯的偶极子密度 $N_0 = 5.3 \times 10^{21} \text{cm}^{-3}$ (图 11.27)。与奇数尼龙及聚脲相比，聚氨酯的氢键合较弱，主要是因为脲烷基团的偶极矩较小。几种奇数聚氨脂已测量出铁电滞豫回线及热释电活性。在室温下，3,7-聚氨酯和氟化聚氨酯的热释电系数分别是 $5\mu C/(m^2 \cdot K)$ 和 $25\mu C/(m^2 \cdot K)$ [182]。

图 11.27　聚氨酯和 DNP-MNP 分子结构示意图

3. 结晶聚合物

如果是单晶，在单晶畴结构中生长出非对称中心聚合物时，无须极化。二基取代联乙炔 (disubstituted diacetylenes) 易于以固态聚合化，是一种有前景的结晶聚合物。Lipscomb 等 [183] 首先开展了联乙炔介电性能的研究。Gruner-Bauer 等 [184,185] 研究出取代联乙炔 1,6-双 (2,4-二硝基苯氧基)-2,4-己乙炔 (the substituted diacetylene 1,6-bis(2,4-dinitro-phenoxy)-2,4-hexadiyne，NDP) 结晶聚合物。这种聚合物已显示出清晰的三临界铁电相对顺电相的转变点 (−46K)，显示出这种晶体聚合物的可应用价值。Strohriegl 等通过热或紫外线诱导和经固态聚合化已研制出二基取代联乙炔 1-(2,4-二硝基苯氧基)-6-(4-甲基-2-硝基苯氧基)-2, 4-已乙炔 (the disubstituted diacetylene 1-(2,4-dinitrophenoxy)-6-(4-methyl-2-nitrophenoxy)-2, 4-hexadiyne, DNP-MNP) 晶体聚合物 [186,187]。这种聚合物是具有高度完善的非中心对称的单晶畴晶体。实验热释电系数 $p_e = 3.2\mu C/(m^2 \cdot K)$ (单晶)，$p_e = 1.2\mu C/(m^2 \cdot K)$ (多晶)。而 Gruner-Bauer 等 [187] 研制出的硝基苯氧基 4-甲基苯脲烷双取代联乙炔 (the nitrophenoxy-4 methylphenylurethane disubstituted diacetylene, NMP) 单晶，其实验热释电系数 $p_e = 8.8\mu C/(m^2 \cdot K)$。虽然它们的热释电系数是 PVDF 的 1/3，但其热稳定性是突出的。因此，这种单晶在红外检测器方面的应用形势看好。

11.1.6 传统压电和热释电聚合物的特性评述

室温下以 PVDF 家族为代表的聚合物薄膜压电和热释电效应的长寿命及其与铁电陶瓷材料相比的优异的力学柔顺性，使得这类聚合物适合于压电应用。鉴于它们的低声阻抗，它们与水及生物材料 (尤其是人体) 声阻抗具有良好的匹配性 (表 11.2)[188]。因此，和陶瓷相比，它们无须附加阻抗匹配层来改善其耦合效率。以 PVDF 为代表的聚合物在应用于传感元器件时还呈现宽频带，可加工成薄膜型 (1 ～ 5μm) 以及工作于谐振模式。使得这类聚合物通常可应用于 1 ～ 15MHz 及以上高频区内的非破坏性的超声技术。虽然这类聚合物用作发射换能器，它们的压电 e 常数比陶瓷低一个数量级，然而如果用作接收 (信号) 换能器，则它的压电 g 常数却比陶瓷高一个数量级。这是因为比压电陶瓷 (如 PZT) 低得多的相对电容率 ε_r，使得 $g = d/\varepsilon_r$ 得到明显的提高。另一方面，当它们作为热释电材料时，以 PVDF 为代表的热释电聚合物的低定容比热、低电容率和较高的热释电系数，使得它们的热释电性能指数 $\eta = p_e/(c_V \varepsilon_r)$ 比 TGS 高 3 倍。又由于它们的低热导率 (比陶瓷材料低一个数量级)，从而能大大地改善热成像传感的分辨率。因此，有机聚合物材料适用于热释电传感。P(VDF/TrFE) 在红外探测和超声传感器的研制方面显示出重要的前景。虽然它的热释电系数比某些功能陶瓷低，但由于 P(VDF/TrFE) 存在着相当强的动态热释电响应 (即使是在低温区) 和可制成柔性大面积薄膜，因此能制成宽温区高性能的单元或阵列热释电元器件。如表 11.2 所示，它的声阻抗与水及人体非常接近，这也使它能研制成用于人体和水下的高效宽频带的超声换能器。

今天，以 PVDF 为代表的极化聚合物作为压电和热释电材料已经得到广泛的应用，而且仍然存在着潜在的应用。它们的最重要应用是电–声、电–机换能器，红外及光学器件。近年来，它们在非线性光学效应及其相关元器件的研究方面也受到人们的关注 (详见第 9 章)。PVDF 等的横向压电效应的弯曲模式通常用于制作频率低于 1MHz 的低频器件 (声频传感器)。利用纵向压电效应可制作超声换能器，表 11.3 列举了 PVDF 及其共聚物的典型应用。

表 11.3　PVDF 及其共聚物的典型应用[40]

器件类型	举例
声频换能器	麦克风、消噪声麦克风、宽界面麦克风、电话送话器和受话器、电–声和声–电开关、双压电晶片换能器、耳机、扬声器、加速度计、振动传感器、医用传感器等
超声和水下换能器	超声发送器和接收器、非破坏性检测换能器、脉冲形状分析仪、高分辨率声场校准微型探针、体波换能器、血液粒子检测计、血栓沉积检测计、血流检测计、水下声摄像、声显微镜、超声实时显像、无损探伤、飞机机翼缺陷检测、表面波换能器、PVDF-MOSFET、声全息、变焦点换能器、瑞利和兰姆波器件、延迟线、声呐、防污换能器
电–机换能器及其器件	唱机拾音器、非接触式开关、电话键盘、打字机和计算机键盘、机械变换器、硬币传感器、碰撞探测器、表面压力分布传感器、冲击分析仪、玻璃破损传感器、微型电扇、自动提吊呼叫器、路面状态监测器、运输车辆重量检测器、球类场地划线机、触针传感器、地应力测试仪芯片、海波和风力发电换能器、运动员身体受力分布检测器、握力器、血压计、机器人 (人工敏感皮肤、压力传感器和机械手阵列传感器) 系统等
红外和光学器件	红外报警器件、火警传感器、入侵传感器、人流 (交通) 监测系统的芯片、热敏开关、抗霜膜、复印机感光板、光纤调制器、变焦镜、红外–可见光转换器、红外摄像管靶材、光电摄像管、激光束轮廓系统、复印机、反射式高温计、水蒸气传感器、外形识别器、激光功率计、光二次谐波发生器和反射系数检测器

11.2　具有微孔结构的聚合物压电驻极体

11.2.1　压电驻极体的历史

压电驻极体是指具有压电效应的含有取向 "宏观电偶极子" 的微孔结构驻极体。压电驻极体中的基体驻极体可以是非极性的电介质材料，也可以是带有本征偶极电荷的极性电介质材料。迄今为止，研究最多的是以非极性电介质材料为基体的空间电荷型压电驻极体。因此，本节的讨论聚焦在多孔空间电荷型压电驻极体。

人们最早研究的多孔空间电荷聚合物压电驻极体是聚丙烯 (PP) 蜂窝状多孔薄膜。20 世纪 80 年，代芬兰的坦佩雷工业大学开发了多孔聚丙烯膜的制备工艺，并于 1989 年首次制备出了聚丙烯空间电荷压电驻极体膜。多孔聚丙烯薄膜一般作为包装材料、隔热材料使用，质地均匀、较柔软，采用一般工业发泡技术即可生产。如果作压电材料使用，通常需要将商品化的多孔聚丙烯薄膜进行结构优化，即通过二次发泡和适当的双轴拉伸，使得薄膜内的孔洞呈双透镜状 (椭圆形)，且孔洞纵向尺度在 10~20μm，横向尺度在 20~100μm。经过高电压极化沉积电荷，多孔聚丙烯薄膜即表现出一定的压电性。经过多年研究，多孔聚丙烯压电薄膜的性能有了较大的提升,其纵向压电常数 d_{33} 高达数百 pC/N,具有很大的实用潜力[189-191]。多孔聚丙烯也成了多年来研究压电驻极体的标准材料,相关的一些应用也是基于该材料开发的。但是,聚丙烯的电荷稳定性有限,一般不适合工作在较高温度的环境下[192,193]。为了解决这个问题,人们尝试了使用其他聚合物制备压电驻极体,包括聚对苯二甲酸乙二酯 (PET)、聚邻苯二甲酸酯 (PEN)、环烯共聚物 (COC)、氟化乙烯丙烯共聚物 (FEP) 等[194-198]。基于这些材料的压电驻极体工作温度得到了提高,但还没有实现工业化生产。由于多孔聚合物薄膜的结构成型过程存在不可控性,所以孔洞的形状和尺寸存在一定的分布,对压电性的均一性产生不利影响[199],同时,制备多孔薄膜对工艺的要求比较高,因此,人们提出了一些制备方法相对简单的层状结构聚合物/气体系统[200-205]。例如,由致密 FEP/多孔 PTFE/致密 FEP 组成的夹层结构,电荷储存在 PTFE/FEP 界面的 PTFE 一侧,而 PTFE 的电荷储存稳定性非常高,同时多孔 PTFE 层非常软,很容易被压缩从而改变电偶极矩。此外还有致密 FEP 层与空气层组成的夹层结构,电荷储存在 FEP 面,通过外加应力使致密 FEP 层弯曲来改变电偶极矩的大小从而实现压电转换。在压电驻极体材料形态不受破坏的前提下,其工作温度取决于驻极体材料储存电荷的热稳定性。很多理论和实验证明,适当提高极化充电温度和必要的热处理能够提高驻极体储存电荷的热稳定性,从而提高压电驻极体的工作温度,这些方法包括提高充电温度、充电前的淬火和充电后的老化等[206-210]。

11.2.2 压电驻极体的物理学原理

1. 工作原理

从材料和结构上看,多孔空间电荷聚合物压电驻极体是一类非极性聚合物薄膜,其内部无序地分布着大量呈双透镜状、在薄膜厚度方向呈封闭的孔洞,如图 11.28 所示。孔洞内含有空气或其他气体,在孔洞内部的聚合物/气体的上、下界面处分别沉积有正、负电荷,并在薄膜的上、下外表面分别镀有金属电极。正、负电荷形成了横贯孔洞厚度方向的电偶极子,表现出一定的电偶极矩,因此在上、下表面电极内产生了补偿电荷以平衡内电场,且补偿电荷的多少与电偶极矩的大小相关。其工作原理如图 11.29 所示,当薄膜在应力作用下厚度发生变化时,由于气体的弹性模量远低于聚合物的弹性模量,系统厚度变化主要发生在孔洞部分,而聚合物部分的厚度变化可以忽略,故电偶极矩发生改变,上、下表面电极内的补偿电荷相应地也发生改变。如果两个电极开路,则在电极之间形成一个电势差 (电压),如果两个电极短路,则产生电流。因此,机械信号 (应力) 转换为电信号 (电压或电流),此即为压电效应。反之,在两个外表面电极间施加电压,则材料厚度发生变化,电信号 (电压) 转换为机械信号 (应变),此即为逆压电性。

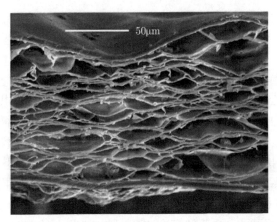

图 11.28　扫描电镜拍摄的典型的压电驻极体薄膜 (聚丙烯材料) 的剖面图

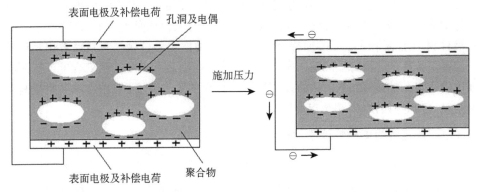

图 11.29　微孔压电驻极体的结构模型和工作原理

2. 模型

1) 层状模型

多孔空间电荷聚合物压电驻极体的压电性可通过基于极化后聚合物/气体层 [191,211-216] 和有限元计算的简化模型分析 [217,218]。如图 11.30 所示，$V_{charging}$ 是施加在样品上下表面电极的电压，σ_i 是第 i 层聚合物/气体界面的电荷密度，ε_1 和 ε_2 分别为聚合物和气体的介电常数，s_{1i}，E_{1i} 和 s_{2i}，E_{2i} 分别是第 i 层聚合物层和气体层的厚度和电场强度，c_{33} 是样品的弹性模量。根据简化的层状模型，压电常数 d_{33} 为

$$d_{33} = \frac{\varepsilon_2 \varepsilon_1 s}{c_{33}} \frac{s_1 \sum_i s_{2i} \sigma_i}{s_2 \left(\varepsilon_2 s_1 + \varepsilon_1 s_2\right)^2} \tag{11.55}$$

其中, $s_1 = \sum s_{1i}$ 和 $s_2 = \sum s_{2i}$ 分别为聚合物层与气体层的总厚度, $s = s_1 + s_2$ 是膜的总厚度。假设每层界面上的电荷密度相等, 即 $\sigma_i = \sigma$, 则有

$$d_{33} = \frac{\varepsilon_2 \varepsilon_1 \sigma}{c_{33}} \frac{s s_1}{(\varepsilon_2 s_1 + \varepsilon_1 s_2)^2} \tag{11.56}$$

s_1 和 s_2 可由样品的面密度推测, 电荷密度 σ 能通过扫描电子显微镜 (SEM) 估算。式 (11.55) 可理论上计算压电常数 d_{33}, 且该常数与沉积的电荷密度和样品弹性模量相关。

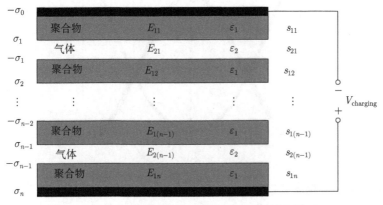

图 11.30 基于极化后聚合物/气体层的简化模型

由于多孔空间电荷聚合物压电驻极体的压电性源于沉积在聚合物/气体界面的空间电荷以及可压缩/回复的多孔结构, 样品在应力作用下的可压缩性对其压电效应至关重要。由式 (11.55) 可知, 压电常数 d_{33} 与样品的弹性模量 c_{33} 成反比。实际上, 多孔空间电荷聚合物压电驻极体的压电活性依赖于多孔结构、弹性模量和其他一些参数。研究显示[195,219], 在压电活性和样品密度之间存在 “U” 形关系, 如图 11.31 所示。具有微小孔洞的样品相对较硬, 则压电活性较小; 通过可控地增加孔洞高度, 能有效降低样品的弹性刚度, 提高压电活性; 若孔洞厚度过高, 如圆形孔洞, 则样品弹性模量会增加, 压电活性会降低。因此, 多孔空间电荷聚合物压电驻极体的微孔一般应呈棱镜形。

2) 弹簧模型

上述压电驻极体还可用弹簧模型进行描述。如图 11.32(a) 所示, k_1 和 k_2 分别为孔洞和聚合物的弹性系数。样品在应力的作用下 (如厚度减小方向的压力), 如果 $k_1 = k_2$, 则样品的孔洞部分和聚合物部分等比例压缩, 样品的电偶极矩 (电偶极子密度) 变为零, 无压电性。只有 $k_1 \neq k_2$, 才存在电偶极矩的变化, 从而表现出压电效应。对于多孔空间电荷聚合物压电驻极体, 由于孔洞的弹性系数远小于聚合物, 故 $k_1 < k_2$, 样品被压缩时电偶极矩减小, 压电常数 d_{33} 为负值。作为对比, 如

图 11.32(b) 所示，PVDF 中分子链内部的弹性系数大于分子链之间的弹性系数，故 $k_1 > k_2$，样品被压缩时电偶极矩增大，压电常数 d_{33} 为正值。因此，多孔空间电荷聚合物压电驻极体的压电常数 d_{33} 与 PVDF 的压电常数 d_{33} 符号相反 (但与压电陶瓷的符号相同)。

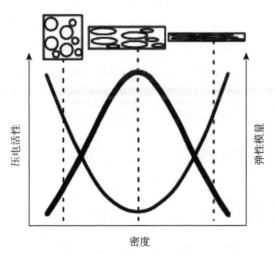

图 11.31　压电活性 (粗线) 和弹性模量 (细线) 与样品密度的关系 [195,219]

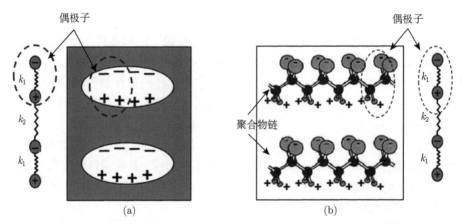

图 11.32　多孔空间电荷聚合物压电驻极体 (a) 和 PVDF (b) 的弹簧模型

11.2.3　压电驻极体的形成方法

1) 膨化

多孔空间电荷聚合物压电驻极体的结构通常是通过物理膨化制备。图 11.33 显示了从致密聚合物膜制备出多孔结构膜的基本流程。

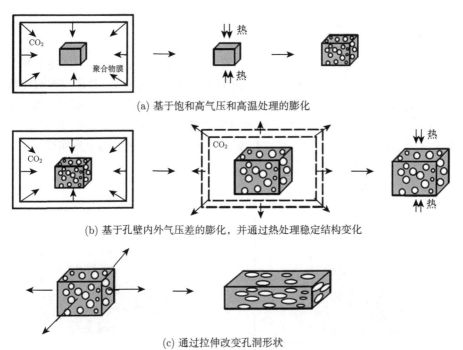

(a) 基于饱和高气压和高温处理的膨化

(b) 基于孔壁内外气压差的膨化，并通过热处理稳定结构变化

(c) 通过拉伸改变孔洞形状

图 11.33 物理膨化制备多孔结构的基本流程 [199]

(1) 将致密聚合物膜样品置于密封腔中，在常温或高温下，施以高压 CO_2 或 N_2 作为膨化介质。一段时间后，样品被渗入超临界态的 CO_2 或 N_2 并达到饱和。此后撤除高压后迅速将样品置于某温度 T 下，且该温度满足 $T_g < T < T_m$，这里 T_g 和 T_m 分别为样品的玻璃相变温度和熔点。在该温度下，CO_2 或 N_2 由超临界态转变为气态，体积突然膨大，在样品中形成大量气泡孔洞。同时，热处理稳定了样品的结构变化。

(2) 经一次膨化的样品中孔洞通常较小，一般为几微米，因此需要二次膨化以增大孔洞尺度。将一次膨化后的样品重新置于密封腔中，操作流程同上。需要注意的是，二次膨化的原因是撤出高气压后样品孔洞内外极大的压力差，而一次膨化的原因是膨化介质的相变。当然，二次膨化的同时也将同时伴有一次膨化。因此，膨化后的样品中将分布有不同尺寸的孔洞。

(3) 二次膨化后的孔洞大多为圆形。根据简化的层状模型分析及图 11.31 所示，含有圆形孔洞的样品弹性刚度较大，压电活性较小，故通常需施加一拉伸过程以形成棱镜形孔洞。拉伸一般在样品的 T_g 以上温度进行。可单轴先后拉伸，也可双轴同时拉伸，比较之，后者效果更好。

需要注意的是，上述流程只是多孔聚合物样品制备的基本方法。在实际操作中，需根据样品的初始状态 (某些商业化聚合物膜已经包含孔洞，如聚丙烯) 和材料性质等决定制备流程和参数。

2) 电极化

不同于 PVDF 等带本征偶极电荷的聚合物压电驻极体，多孔空间电荷聚合物压电驻极体基体一般是非极性材料，其内部无电荷或电偶极子，故需要通过电极化 (充电) 在样品孔洞的聚合物/气体界面处沉积异号的空间电荷，形成 "宏观电偶极子" (macro-scope dipoles)。这类材料的极化通常采用电晕或接触法 (图 11.34)，前者可参见 3.2.1 节，后者一般通过在样品上下表面的电极施加高电压实现。

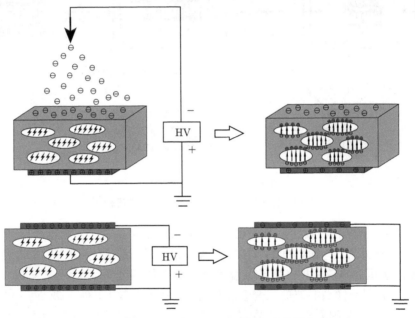

图 11.34　针对多孔结构的电晕极化和接触极化

多孔结构的极化是通过一系列的介质阻挡放电 (dielectric-barrier discharge, DBD)[220-225] 实现的。DBD 是一类在接近大气压条件下的高电压气体放电，其特点是电介质层阻挡了气体放电产生的电荷与电极的接触。在多孔结构中，放电缝隙与电极由聚合物层隔开。

通常认为在 5~200μm 尺度孔洞的多孔聚合物系统中，DBD 由帕邢击穿 (Paschen breakdown) 决定。根据帕邢定律 (Paschen's law)，击穿电压 $V_{\text{breakdown}}$ 和击穿电场 $E_{\text{breakdown}}$ 由孔洞气压 p 和气隙间距 d (即孔洞高度) 的乘积决定：

$$V_{\text{breakdown}} = B \times \frac{p \times d}{C + \ln(p \times d)} \tag{11.57}$$

$$E_{\text{breakdown}} = B \times \frac{p}{C + \ln(p \times d)} \tag{11.58}$$

其中，

$$C = \ln \left(\frac{A}{\ln \left(1 + \dfrac{1}{\gamma} \right)} \right) \tag{11.59}$$

常数 A 和 B 依赖于气体成分；γ 是第二电离系数 (secondary ionization coefficient)。将 $V_{\text{breakdown}}$ 和 $E_{\text{breakdown}}$ 对 $(p \times d)$ 求导并设置为零，可求得帕邢击穿的最低电压和最低电场。

例如，对于空气，$B = 365\text{V}/(\text{cm·torr})$，$A = 15\text{cm}^{-1}\cdot\text{torr}^{-1}$，$\gamma = 0.01$，$C = 1.18^{[226]}$，1atm($1.01325 \times 10^5$Pa) 下的空气帕邢曲线如图 11.35 所示。在恒定气压下，击穿电压随着气隙间距的减小而减小，直至在 $10\mu\text{m}$ 时到达其最小值 (约 300V)，之后随着气隙间距的继续减小而迅速增大。图 11.36 显示了相应的击穿电场与气隙间距的关系。因此，小气隙需要高电场来激发气体击穿。在几微米的小气隙中，所需的击穿电场已高达几百 MV/m，使得气体击穿非常困难。实际上，击穿电场曲线使用得更加广泛。对于 11.2.2 节中的简化层状模型，孔洞中电场和施加在样品两电极间的极化电压的关系为

$$E_{\text{void}} = \frac{V_{\text{charging}}}{\dfrac{\varepsilon_2}{\varepsilon_1} s_1 + s_2} \tag{11.60}$$

其中，ε_1，s_1 和 ε_2，s_2 分别是聚合物层和气体层的介电常数和总厚度。通过多孔结构的几何参数，可估算某一气隙间距的极化电压。

表 11.4 显示了部分气体的相对击穿强度。六氟化硫 (SF_6) 是一种强介电气体，具有高电子俘获能力和高击穿强度。使用 SF_6 替代空气能获得更高的击穿电压和击穿电场。

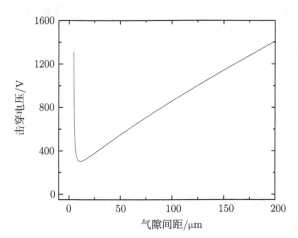

图 11.35　根据帕邢定律的 1atm 下空气的击穿电压与气隙间距的关系

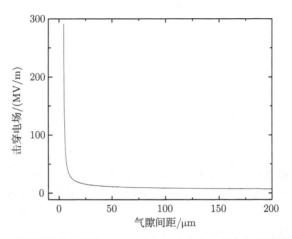

图 11.36　根据帕邢定律的 1atm 下空气的击穿电场与气隙间距的关系

表 11.4　部分气体的相对击穿强度[224]

气体	在均匀直流电场下的相对击穿强度
SF_6	1.00
N_2O	0.44
N_2	0.36
空气	0.30
Ar	0.07

　　值得注意的是，如果极化电压 (或电场) 过高，聚合物可能被电击穿而形成沿样品厚度方向的穿孔损坏样品。聚合物的电击穿取决于材料的介电强度，具有高介电强度的聚合物有更高的击穿电场。对于聚合物，介电强度的量级为几 MV/cm，例如，12.5μm 的聚四氟乙烯 (PTFE) 为 2.2MV/cm，聚酰胺 (PA) 为 0.14MV/cm。通常聚合物的介电强度远比气体的高。综合考虑聚合物和气体的介电强度，可确定能激发气体击穿但不损坏样品的合适的施压范围。

　　DBD 总伴有来自放电气隙的短时光脉冲发射 [227-229]。图 11.37(a) 显示了由交流电压激发的 DBD 所释放的典型光信号 (反向击穿未示)，(b) 显示了聚合物孔洞中气体击穿发光的照片。

　　极化充电后多孔聚合物才表现出压电活性。电极化过程如图 11.38 所示，多孔结构简化成只有一个孔洞的块状聚合物。$V_{charging}$ 是施加在样品电极间的极化电压；E_{local} 是孔洞中的实际电场，来自 $E_{void-ext}$(由电极上极化电压引起的外加电荷所致) 和 $E_{void-int}$ (孔洞内部沉积电荷所致) 的叠加；$E_{breakdown}$ 是由帕邢定律决定的击穿阈值。当施加一极化电压时，孔洞中的实际电场来自电极上极化电压引起的外加电荷 ($E_{void-ext}$)。如果该电场大于阈值，孔洞中发生气体击穿，如图 11.38(a)

所示，产生双极性电荷。在电场驱动下，正、负电荷分别朝相反方向移动直到沉积在气体/聚合物界面[230]。沉积电荷在孔洞中引发了一附加电场 ($E_{\text{void-int}}$)，与电极上外加电荷所引起的电场反向，故减小了孔洞中的实际电场强度，如图 11.38(b) 所示。随着越来越多的电荷聚集在气体/聚合物界面，沉积电荷引发的电场增大，进一步减小了孔洞中的实际电场强度。一旦实际电场不再高于击穿阈值，气体击穿终止 (图 11.38(c))。当极化电压降低或关闭时，孔洞内沉积电荷所引发的电场可能过补偿外加电荷引起的电场，如果此时实际电场强度高于击穿阈值 (反向)，气体击穿再次发生，被称为反向击穿，如图 11.38(d) 所示[222,228,231]。反向击穿破坏了之前沉积的部分电荷，同时减小孔洞中的实际电场。一旦实际电场强度不再高于击穿阈值，反向击穿终止。剩余的电荷就是最终能在孔洞中气体/聚合物界面沉积的电荷，如图 11.38(e) 所示。

3) 表面金属化

为了引出压电信号和/或便于极化充电，样品需要表面金属化，即沉积电极。对于电晕极化，样品通常单面沉积电极，且电极面接地，自由面朝向电晕针。对于接触极化，样品需双面沉积电极，分别连接极化电压和接地。

常用的电极沉积方法有真空物理气相沉积、磁控溅射等。常见的电极材料为铝、金、铂、银等导电性能良好的金属，电极厚度通常为 50~100μm。

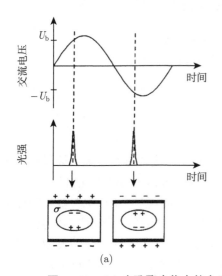

图 11.37　(a) 多孔聚合物中的介质阻挡放电 (反向击穿未示)，自熄微放电 (self-extinguishing microdischarge) 被激发，伴有短时光脉冲和电荷穿越气隙；(b) 多孔聚合物中微放电照片，在电击穿过程中可观察到聚合物孔洞中的发光[225]

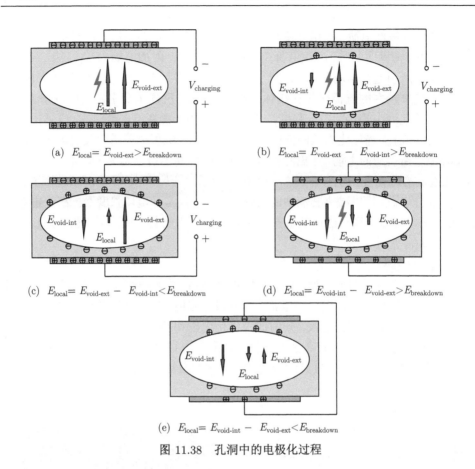

(a) $E_{local} = E_{void-ext} > E_{breakdown}$

(b) $E_{local} = E_{void-ext} - E_{void-int} > E_{breakdown}$

(c) $E_{local} = E_{void-ext} - E_{void-int} < E_{breakdown}$

(d) $E_{local} = E_{void-int} - E_{void-ext} > E_{breakdown}$

(e) $E_{local} = E_{void-int} - E_{void-ext} < E_{breakdown}$

图 11.38　孔洞中的电极化过程

11.2.4　压电驻极体的表征

1. 力学特性

压电驻极体是一种聚合物材料，因此，可以根据温度和时间谱来表征材料的玻璃态、高弹态或黏流态等力学性能。通常压电驻极体被描述为黏弹性材料，用以强调其处于黏性液体和弹性固体间的状态。在低温或高频测量中，压电驻极体的行为类似于玻璃；而在高温或低频的情况下，同样的材料可能类似于橡胶。压电驻极体的力学性能可以用应力 - 应变曲线来表征。但是，由于压电驻极体的典型厚度在 $40\sim500\mu m$，且形变量很小，所以难以用常见的技术 (如动态力学分析 (DMA)) 获得压电驻极体厚度方向的应力–应变曲线，而是通过一种特殊技术来间接测量，后面将会具体阐述。

应力–应变曲线用来确定压电驻极体薄膜横向的弹性模量，其数值是由曲线初始部分的斜率决定的。由于弹性模量依赖于应变，通常在应变不超过 0.5% 的时候获得。图 11.39 显示了利用 DMA (TA 800) 测量的不同温度参数下层压的氟碳聚合物压电驻极体薄膜的横向应力–应变曲线。

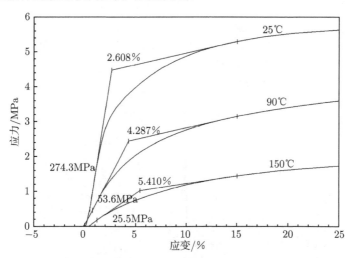

图 11.39 层压薄膜系统在不同温度下的横向应力–应变曲线 [232]

　　压电驻极体是一种多孔结构 (即泡沫) 聚合物材料,在聚合物泡沫材料被压缩过程中,通常会观察到三个阶段的力学行为:第一阶段是线性弹性响应,应力随应变线性增加且应变可恢复;第二阶段的特征是在相对恒定的压力下应变持续增加;最后一个阶段是泡沫致密化,泡沫材料表现出固体材料弹性行为。在这个致密化阶段,泡沫材料内部的孔洞结构已经坍塌,进一步的变形需要对固体聚合物进行压缩。正如上面所提到的,由于压电驻极体的厚度通常很小,所以需要特殊的技术来获得其厚度方向上的应力–应变曲线。Dansachmüller 等 [234] 开发了一种实验技术,可以获得铁电驻极体厚度方向的应力–应变曲线。该方法也可用于获得不含有取向 "宏观偶极子" 的聚合物薄膜材料的应力–应变曲线。实验装置的示意图如图 11.40 所示,样品的应变是由间接方式确定的。样品的应力与电容的关系通过 LCD 测量。泡沫样品是一个简单的带有保护环电极的电容器,泡沫可以由总厚度为 s_1 的串联的聚合物层以及总厚度为 s_2 的气隙层来表示。样品的电容由下式给出:

$$\frac{1}{C(T)} = \frac{s_1}{\varepsilon_0 \varepsilon_A} + \frac{s_2(T)}{\varepsilon_0 A} \tag{11.61}$$

其中,ε_0 是真空介电常数,ε 是聚合物的介电常数,$s_2(T)$ 是机械应力下的电极面积。式 (11.61) 中假设施加的压缩应力 T 只会减小孔洞尺寸。这种假设是合理的,因为多孔 PP 比致密 PP 要柔软得多,而且孔隙比周围的聚合物更容易压缩。在这个假设下,通过与压力相关的电容来计算聚合物的应变 $\Delta S = \dfrac{s_2(T) - s_2(T=0)}{s}$,

即

$$\Delta S = \frac{\varepsilon_0 A}{s} \left\{ \frac{1}{C(T)} - \frac{1}{C(T=0)} \right\} \tag{11.62}$$

其中, $s = s_1 + s_2$ 是薄膜的初始厚度。

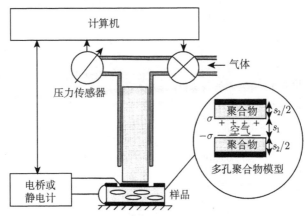

图 11.40　利用压电驻极体简单模型 (内置图) 测量弹性模量 Y 以及多孔压电驻极体长度方向上传感器系数 d_{33} 的实验装置示意图[234]

图 11.41 显示了由上述方法确定的多孔 PP 膜的应力–应变曲线。多孔薄膜的应变表现为一种半瞬时弹性响应, 其应变约为 5%。

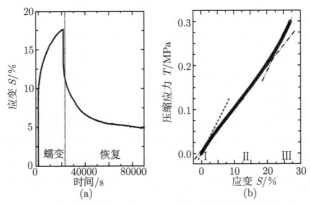

图 11.41　(a) 密度为 330kg/m³ 的多孔 PP 膜时域的蠕变特性和恢复性; (b) 多孔 PP 膜的应变–应力曲线, 存在着三个特征非线性域[234]

2. 压电驻极体的机电性能表征

由于压电驻极体膜的微观机械结构和取向 "宏观偶极子" 具有高度的各向异性, 所以通常压电驻极体的压电常数 d_{33} 比其他压电常数 (如 d_{31} 和 d_{32}) 大两个数量级。因此, d_{33} 值是表征铁电驻极体压电效应的最重要参数。表 11.5 列出了用于测量压电驻极体的压电常数 d_{33} 的常用技术。d_{33} 值由下式给出：

$$d_{33} = \frac{\Delta\sigma}{\Delta P} = \frac{\Delta S}{\Delta E} \tag{11.63}$$

其中，$\Delta\sigma$ 是电荷密度；ΔP 是施加的应力；ΔS 是应变；ΔE 是施加的电场。

表 11.5　压电驻极体压电常数 d_{33} 的测量方法

		示意图
正压电效应	准静态方法	
$d_{33}=\dfrac{\Delta\sigma}{\Delta P}$	动态方法 (振动台激励)	
	声学法 (可闻声和超声激励)	
逆压电效应	轮廓仪和原子力显微镜	
$d_{33}=\dfrac{\Delta S}{\Delta E}$	激光干涉仪	
	声学法 (产生可闻声和超声波)	

1) 正压电效应

采用正压电效应，可以确定压电驻极体的准静态压电常数 d_{33}。可以通过手动或机械方式向样品施加压力或从样品上释放压力，同时利用静电计来测量电极上电荷的变化量。电荷变化量与施加压力的比值 (或电荷密度与压强的比值) 即为准静态压电常数 d_{33}。为了消除施压过程中样品弯曲可能产生的影响，通常在样品上始终施加一静态力。在手动模式下，由于将砝码从样品上移去通常比把砝码施加到样品上更容易控制，因此一般先把砝码施加于样品上并放置较长的时间，然后释放力，并测量这个过程中电极上电荷量的变化。在准静态测量中可以通过压缩空气来向样品施加压力。

通过正压电效应测定动态 d_{33} 时，样品和质量为 m 的振子放在振动台上并通过振动台的振动向样品施加正弦力 [235,239]。因此，样品上有两种压力，即静态力 mg 和动态力 ma，其中 g 是重力加速度，a 是动态加速度。动态加速度可以用加速度计来测量，由此确定动态力的大小。当测量出压电薄膜产生的电荷量时，就可以确定 d_{33}。通过控制振动台输入信号的频率和振幅，并改变振子质量或样品面积，可以测定较大频率范围 (如 10Hz 到几千赫兹) [239] 和压强范围内的 d_{33} 值。

在声学法的测量中同样可以利用正压电效应，它是基于压电驻极体麦克风在一个自由场灵敏度的测试 [240-242]，是一种确定 d_{33} 的间接方法。测量中扬声器被用作声源，在一个宽带频范围内产生声压。如果使用超声声源，也可以确定超声频率范围内的压电常数 d_{33}。音频分析仪记录麦克风在扬声器产生的声场中输出的电压 V。为了确定在压电驻极体麦克风位置的自由场声压 p_{ff}，一般用测试麦克风替代样品麦克风。因此，压电驻极体麦克风的自由场灵敏度为 $M_{\text{ff}} = V/p_{\text{ff}}$。

为了计算动态压电常数 d_{33}，需要对压电驻极体麦克风的灵敏度 M_{p} 进行分析。M_{p} 的表达式为 $M_{\text{p}} = V/p$，其中 p 是实际声压。由于衍射效应，这种声压在较高频率下与自由场值 p_{ff} 不同，但 p 值可以通过自由场校正因子和 p_{ff} 来确定 [241,242]。压电驻极体的动态压电常数 d_{33} 由下式确定 [243]：

$$d_{33} = M_{\text{p}} \cdot C_{\text{F}}/A_{\text{F}} \tag{11.64}$$

其中，C_{F} 是电容；A_{F} 是压电驻极体样品的面积。

由于相同的声压作用于整个压电驻极体膜样品，所以 d_{33} 是一个平均值。

2) 逆压电效应

在低频的情况下，如 10~30Hz，轮廓曲线仪可以用来探测由正弦电压激发的压电驻极体样品的表面振动 [237]。将金刚石探头放置在样品表面，移动样品可以扫面样品的表面轮廓。通过数据分析得到周期性厚度幅值的变化与表面位置的关系，以及厚度变化与施加电压的比值，由此获得逆压电常数 d_{33}。通过该方法可以检测到压电驻极体的局部压电常数 d_{33}。

干涉仪法通过对样品电极施加一个交流电压，用光的干涉测量样品在较小区域内厚度的变化，由此计算出 d_{33} 值 [191]。通常，激光光斑的直径小于 100μm。因此，这种方法可以测量 d_{33} 分布。干涉仪法的频率范围可以从 1Hz 到 400kHz。

利用逆压电效应，压电驻极体样品也可作为声源。在远场轴线对声压进行测量可得到 d_{33}。在交流电压的驱动下，压电驻极体样品发生振动，成为声源，其物理模型可以简化为一个安装在无限大挡板上的圆形活塞 [240,244]。中轴上的声压 $p(r)$

由一个半径为 R、面积为 πR^2 的圆形活塞所产生。在距离为 r 处，$p(r)$ 为

$$p(r) = \frac{1}{2r}\rho_0 R^2 \omega^2 d_{33} V \qquad (11.65)$$

其中，ρ_0 为介质的密度；ω 为角频率；V 为施加的交流电压。因此，可以获得音频和超声频率范围的逆压电常数 d_{33}。

由于压电驻极体特殊的微孔结构和比较粗糙的表面，压电常数 d_{33} 的大小与样品表面位置有关。因此，通过上述几种方法测得的 d_{33} 可能不同，应该谨慎地比较不同测量方法获得的 d_{33} 值。准静态方法主要测量表面突出位置的 d_{33} 值。因此，当突出部分是样品的压电性最灵敏的区域时 (例如，氟化乙丙烯共聚物薄膜 (FEP) [241]，准静态法获得的是最大 d_{33} 值。但是，在相反的情况下，准静态法获得的是最小的 d_{33} 值，如 FEP/多孔聚四氟乙烯 (PTFE) 薄膜 [245])。轮廓仪和干涉测量方法在离散点测量 d_{33} 值，能够获得 d_{33} 的分布。声学法则提供了测量整个样品 d_{33} 平均值的方法 [243]。

3. 压电驻极体压电性的热稳定性

在压电驻极体的应用中，压电常数 d_{33} 的热稳定性是非常重要的。由于压电驻极体中的压电效应源于空间电荷的有序排列和材料的特殊微孔结构，所以空间电荷的热稳定性和多孔聚合物膜的力学稳定性都会影响材料压电性的热稳定性。用来表征压电驻极体热稳定性的最常用的方法是在一定的温度下，测量压电常数 d_{33} 的等温衰减曲线。通常把样品在一定的温度下加热一段时间后取出，并在室温下测量其 d_{33} 值。重复这个两个步骤得到样品的热稳定性的等温衰减曲线。图 11.42 显示氟碳化合物和 PP 压电驻极体膜样品的 d_{33} 在 90°C下的等温衰减曲线 [244]。

4. 压电常数 d_{33} 的压力依赖性

d_{33} 的压力依赖性很重要，因为它不仅揭示了压电效应的线性关系，而且反映了压电驻极体的机械结构 [239,243]。对于具有开放孔洞结构的压电驻极体，在较小的压强范围内，d_{33} 与压强呈线性关系。一个极端的例子如文献 [239] 中所描述的传统的薄膜驻极体麦克风。这种麦克风由相互平行的气隙和带电的聚乙烯薄膜构成，它可以被看成一种具有开放孔洞结构的压电驻极体，其动态 d_{33} 高达 6000pC/N。在小于 100Pa 的压强范围内，d_{33} 值与压强大小无关。但是，当压强超过几百帕时，d_{33} 与压强的倒数成正比。对于被广泛研究的具有封闭孔洞结构的 PP 压电驻极体，由于扁平孔洞和聚合物基体的非线性力学性能，d_{33} 与压强的关系较为复杂 [234,235,239]。

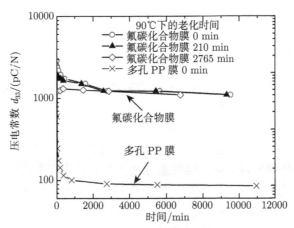

图 11.42　由致密 PTFE 和 FEP 层通过丝网控制的热黏合过程形成的氟碳化合物和 PP 压电驻极体膜样品在 90℃下准静态 d_{33} 随时间的等温衰减曲线 [243]

5. 压电常数 d_{33} 的频率依赖性

在较大频率范围内，d_{33} 的频率依赖性可以通过两种方法获得，即阶跃响应测量和干涉仪测量 [246]。阶跃响应测量是基于准静态方法，利用正压电效应获得压电响应的时域谱，然后通过傅里叶变换得到频域谱。阶跃响应测量方法可以在 10^{-3}Hz 到几赫兹范围内得到有用的数据。对于 1Hz～300kHz，可以使用干涉仪。此外，声学方法还可用来获得在音频和超声波范围内的 d_{33} 的频率依赖性。图 11.43 是从两个膨化的 PP 样品和一个商品孔洞膜样品中获得的数据，结果表明 d_{33} 随着频率的增加持续下降，在接近共振频率 (在 200～300kHz) 时，出现一个峰值。超过共振频率，如预期那样，d_{33} 急剧下降。从低频到共振频率的稳定下降主要是由于材料的杨氏模量随着频率的增加而增大 [246]。

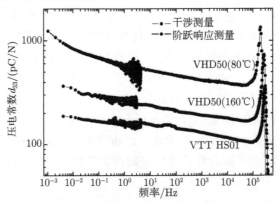

图 11.43　由阶跃响应测量和干涉测量确定的两个分别在 80℃和 160℃下膨化的 PP (类型 VHD50) 样品以及一个商业孔洞膜 (类型 VTT HS01) 样品的压电常数 d_{33} [246]

11.2.5　常见的一些压电驻极体材料

1. 聚丙烯压电驻极体 [247-258]

以廉价的聚丙烯 (PP) 包装膜为原材料可以通过微结构改性和极化处理获得压电驻极体。例如，以 50μm 厚的 PP 包装膜为原材料，首先将 PP 泡沫膜裁剪成 10cm×15cm 的长方形样品，然后采用压缩气体膨化工艺对样品膜进行微结构改性 [214,251]。将样品放置在压强为 1.9MPa，温度为 110℃的高压釜中，保温 3.5h，随即将高压釜内的压强迅速降至环境气压，将样品取出，冷却至室温。图 11.44 为 PP 样品膨化前后的 SEM 对比图，其中图 11.44(a) 为膨化之前 PP 样品的孔洞结构，此时样品的厚度约为 50μm，内部孔洞较紧实，图 11.44(b) 为膨化后的结构，经过压力膨化工艺，PP 膜的微观结构及形貌特征发生改变，厚度增加到 80~90μm，薄膜内部孔洞张开，此种形貌有利于提高 PP 膜的电极化能力和降低膜厚度方向的杨氏模量，进而增强 PP 膜的压电效应 [214,251]。

为了使样品具有压电效应，必须对经过膨化处理的 PP 膜进行极化。极化时，电晕电压和栅网电压分别为 −25kV 和 −10kV，充电时间为 60s。极化处理完成后，即可获得压电驻极体膜。

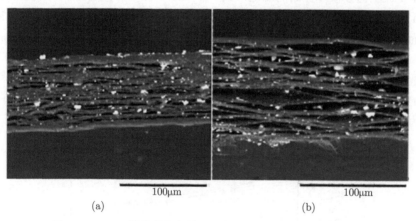

100μm	100μm
(a)	(b)

图 11.44　PP 样品膨化之前 (a) 与膨化之后 (b) 的 SEM 图

压电功能膜的产业化应用要求材料的压电常数在一定压强范围内必须满足良好的线性关系，它也是评价材料压电性能及其应用可能性的重要指标之一。前期研究表明，PP 压电驻极体膜在 1~15kPa 的压强范围内，样品膜的压电常数 d_{33} 随着压强的增大略有增加，这可能与膜表面平整度有关，相关研究也观察到了类似的现象。在 15~35kPa 的压强范围内，压电常数 d_{33} 基本保持不变，说明 PP 压电驻极体膜在这一压强范围内的力学变形属于弹性形变，材料的压电效应具有良好的线性度。图 11.45 为三个 PP 压电驻极体样品的态压电常数 d_{33} 与加载压强的关系曲

线 [259]。

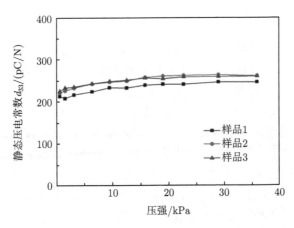

图 11.45   三个 PP 压电驻极体样品的压电常数 d_{33} 的压强特性

利用正压电效应，PP 压电驻极体膜可以用作振动传感器和加速度传感器中的换能器件，而在这些应用中压电膜的压电常数 d_{33} 的频率特性尤为重要。图 11.46 是三个 PP 压电驻极体样品的压电常数 d_{33} 随频率变化的曲线 [259]。从图中可以看出，所有样品压电常数 d_{33} 的频率特性完全一致，即样品的 d_{33} 随着驱动力频率的增大而略有下降。在 2Hz 力的驱动下，样品的压电常数 d_{33} 约为 320pC/N，而在 300Hz 下，压电常数 d_{33} 约为 260pC/N，是 2Hz 下的约 81%。图 11.46 观察到的压电常数 d_{33} 随频率增加而降低的现象是由 PP 膜杨氏模量的变化引起的。聚合物材料的杨氏模量随着频率的增大而增强 [260]，这一现象在多孔聚合物材料中表现得尤为显著 [261]。

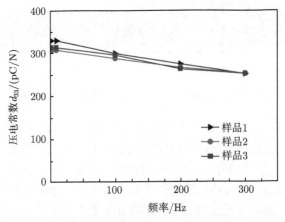

图 11.46   三个 PP 压电驻极体样品的压电常数 d_{33} 的频率特性

　　PP 压电驻极体的声阻抗非常低 (约为 0.025MRayl, 1Rayl=10Pa·s/m), 因此该压电膜在超声波发射–接收系统或脉冲–回波系统中具有明显的优势。品质因数 (FOM) 是压电驻极体材料在超声换能器中应用的重要参数, 其定义式为 $FOM_V = d_{33} \times g_{33}$, 为 PP 压电驻极体膜在超声波发射–接收系统或脉冲–回波系统的性能表征参数。图 11.47 显示了 PP 压电驻极体膜的品质因数与极化峰值电压的关系图 [262]。从图中可以看出, 在 5~7kV 极化电压范围内, 样品膜的品质因数随着极化峰值电压的增加而急剧增强, 但是当极化峰值电压由 7kV 增大到 8kV 时, PP 膜的品质因数基本保持不变。当极化峰值电压为 8kV 时, PP 压电驻极体膜的品质因数为 8.6GPa^{-1}。这一数值比铁电聚合物 PVDF(其品质因数为 0.0091GPa^{-1}[263]) 高出 2 个数量级, 说明 PP 压电驻极体膜在超声波发射–接收系统或脉冲–回波系统中的应用具有明显的优势。

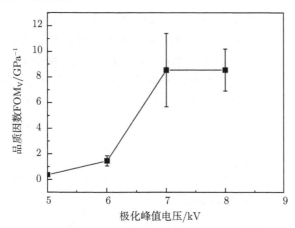

图 11.47　PP 压电驻极体膜的品质因数与极化峰值电压的关系图

　　为了提高 PP 压电驻极体膜压电性的热稳定性, 对多孔 PP 膜的化学改性是通过铬酸以及接下来的氢氟酸处理来实现的。压电常数 d_{33} 在 70℃下的等温衰减结果显示改性后的 PP 压电驻极体呈现出较高的热稳定性以及较高的压电活性。这是由于孔洞内部表层及自由表面层形成了深层陷阱。此外化学改性降低了薄膜的杨氏模量, 进而提高了其压电活性 [264]。

　　还可以采用电子束交联的方法来提高 PP 压电驻极体膜的热稳定性和改善压强特性。图 11.48(a) 所示为交联聚丙烯 (IXPP) 膜在微结构改性前断面的 SEM 图像 [265], 图 11.48(b) 为经过热压过程后 IXPP 膜断面的 SEM 图像。由图 11.48(b) 可以看出, 热压膜的厚度减小到 180μm 左右, 而孔洞的形状由圆形变为扁平的圆盘形。这种孔洞形貌不仅可以增强 IXPP 膜的储电能力, 而且能够降低膜厚度方向的压缩模量, 进而显著提升膜的压电效应 [266-270]。

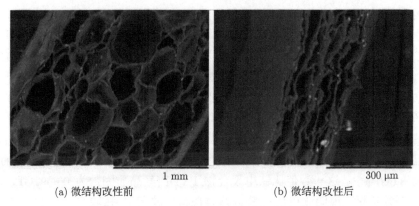

(a) 微结构改性前　　　　　　　　　　　(b) 微结构改性后

图 11.48　交联聚丙烯膜的断面扫描电镜图

两个 IXPP 样品的准静态 d_{33} 的结果如图 11.49 所示，压电常数约为 400pC/N[267]。d_{33} 在 1.6~50kPa 的大范围内具有轻微的压强依赖性。在这个范围内，d_{33} 值的改变小于 5%。这个结果也表明当压力超过 50kPa 时，压电常数有一个显著的下降。这种压力依赖性是由材料在该范围内的致密化引起的。与非交联 PP 压电驻极体膜相比，IXPP 膜在几千帕至 50kPa 的压强范围内 d_{33} 的线性度有明显改善。

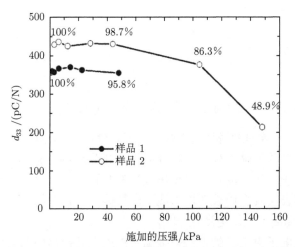

图 11.49　辐照 IXPP 样品 d_{33} 随施加的压强的变化关系曲线

样品的体密度为 558kg/m^3

通过特殊的工艺处理可以赋予 IXPP 压电驻极体良好的弹性，拓展了压电驻极体在可穿戴和机器人电子肌肤方面的应用范围。图 11.50 显示了制备的 IXPP 薄膜在不同拉伸状态下的光学图像[266]。该图清楚地表明这种 IXPP 薄膜具有可拉伸性，并且它们具有大的可变形性和完全的可恢复性。IXPP 薄膜大的可变形性很可能是由于高度柔韧的聚合物链以及交联聚合物链形成的网络结构。当施加到 IXPP 薄膜上的应力释放时，交联分子的熵本质导致延伸链的回缩。

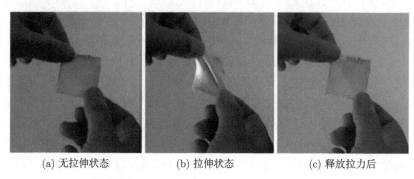

(a) 无拉伸状态   (b) 拉伸状态   (c) 释放拉力后

图 11.50　不同拉伸状态下可拉伸 IXPP 薄膜几何形状的光学图像

测量 IXPP 压电驻极体膜在 90℃下压电常数 d_{33} 随时间的等温衰减，可以研究样品的热稳定性。图 11.51 显示了在 100℃预退火不同时间段的样品的 d_{33} 的标准化衰减 [267]。对于没有任何处理的样品，一天后剩余的 d_{33} 约为 30%，这表明 IXPP 的热稳定性比非交联的 PP 压电驻极体的热稳定性要好，PP 压电驻极体在相同条件下只能保留 17% 的 d_{33}。图 11.51 还显示，样品在高温下的预退火处理可以改善 d_{33} 的热稳定性。一天后，剩余的 d_{33} 分别是等温衰变测量之前在 100℃下退火 30min 和 60min 的样品初始值的 35% 和 65%。

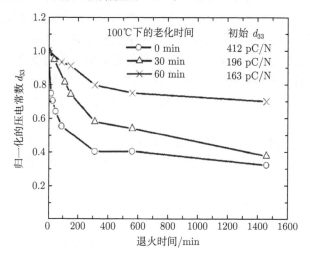

图 11.51　对于在 100℃预退火的样品，在 90℃时归一化的压电常数 d_{33} 随退火时间的变化

关系曲线

2. 聚四氟乙烯

通过烧结工艺可以制备具有孔洞结构的聚四氟乙烯 (PTFE) 膜。经过适当的电晕充电过程，这种孔洞的 PTFE 膜具有压电效应。对于由致密和双轴拉伸的多孔 PTFE 层制成的样品，可以获得高达 250pC/N 的准静态压电常数 d_{33}。

将致密和多孔 PTFE 膜切成 5cm×5cm 的片，然后交替排列三层或五层致密和多孔 PTFE(或纤维网) 叠层。为了去除致密和多孔 PTFE 层的连接表面之间的过量空气，进行了两个过程。一个是在两块金属板之间夹住叠层，然后将其通过压板硫化压机压紧，在室温 (RT) 以及 15MPa 的压强下持续 20min。另一个是叠层置于电晕电场中，堆叠中的每层在电晕电场的静电力下相互吸引。然后将压制的叠层夹在两个金属压板之间并在烘箱中烧结。在 4h 内，烘箱的温度从 RT 线性升高至给定温度，样品在此温度下再烧结 3h。然后将样品冷却至 RT 以完成烧结过程。这里，350℃、360℃、370℃和380℃的烧结温度分别被称为工艺Ⅰ、工艺Ⅱ、工艺Ⅲ和工艺Ⅳ。在烧结过程之后，烧结的 PTFE 样品在 −15kV 或 −20kV 的针电压下常温电晕充电 5min。最后，样品在两个表面上镀上金属电极。图 11.52 中的图片显示了烧结的 PTFE 膜，其由致密结构和孔洞层这样的有序结构构成，整个膜的孔洞在厚度方向闭合。当过程Ⅰ中的烧结温度低时，例如在 350℃时，致密和多孔 PTFE 层之间的大气隙是显而易见的 (图 11.52(a))。随着烧结温度升高到 360℃或更高，各层倾向于非常好地结合 (图 11.52(b) 和 (c))，并且没有观察到可见的气隙。多孔 PTFE 层表面上的大多数 PTFE 纤维熔化成致密的 PTFE 层，即在烧结过程之后，多孔 PTFE 层中的开放孔隙在厚度方向上由致密 PTFE 层封闭。由于这些壁是充电后存储空间电荷的电介质，所以这些部分封闭的孔隙在膜厚度方向上的壁对于烧结膜具有压电性非常重要。由于压电驻极体的热稳定性严重依赖于带电介质的电荷稳定性，所以 PTFE 电介质优异的电荷储存稳定性是这种烧结膜最重要的优点之一，这使得烧结薄膜成为高热稳定性压电驻极体。这种烧结过程也可用于制备具有规则孔隙结构的 PTFE 薄膜 (图 11.52(d))，这有助于定量理解压电驻极体机制 [271]。

通过测量压电常数 d_{33} 的等温衰减来研究由致密 PTFE 和双轴拉伸多孔 PTFE 层制成的烧结 PTFE 压电驻极体的压电常数 d_{33} 的热稳定性 (图 11.53)。这些结果表明，对于烧结的 PTFE 样品，获得了约 250pC/N 的压电常数 d_{33}。所有这些薄膜在常温和 120℃退火的初始阶段表现出快速的衰减。然而，在合适的退火之后，例如在常温和 120℃下放置一天，膜达到相对稳定的压电常数。在常温和 120℃下退火的样品保留的 d_{33} 值约为 175pC/N 和 50pC/N。如果样品在 120℃下退火一天，当暴露于相同温度时，d_{33} 每天的降低小于 2%。在初始退火过程中，d_{33} 的快速衰

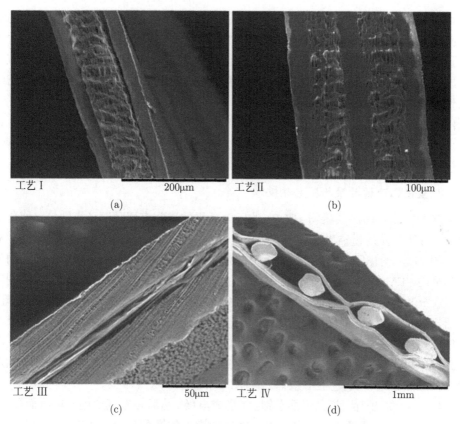

图 11.52　工艺制备的烧结 PTFE 膜的横截面的 SEM 照片

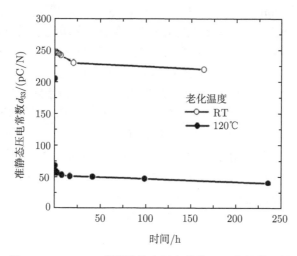

图 11.53　PTFE 薄膜准静态压电常数 d_{33} 的热稳定性

减可能是由于常温处理的 PTFE 薄膜中浅陷阱中空间电荷的释放。在 120℃的退火温度下剩余的约 50pC/N 的稳定压电常数表明,这种 PTFE 压电驻极体在适当的预老化处理后是热稳定的。另外,在高温下充电可进一步提高其热稳定性。应该指出的是,由三层和五层烧结 PTFE 薄膜得到的压电常数 d_{33} 在相同的电晕充电条件下是不同的。主要的实验结果表明,d_{33} 值随着电晕电压在 $-10 \sim -20\text{kV}$ 范围内的增加而增加,并且在相同的电晕充电条件下,三层烧结 PTFE 薄膜的 d_{33} 较高。到目前为止,对于三层和五层烧结 PTFE 薄膜,在施加的压强为 6.24kPa 时,获得的最大 d_{33} 值分别是为 450pC/N 和 225pC/N[272]。

3. 氟化乙丙烯共聚物压电驻极体

基于氟化乙丙烯共聚物 (FEP) 的压电驻极体通常有两种制备方法,一种是模板法,另外一种是超临界法。

图 11.54 给出了平行隧道 FEP 压电驻极体样品制备过程示意图和横截面的一小部分的 SEM 图像[272]。通过在铜板表面上铣出平行的 1mm 宽的 "沟渠" 来制造模板。一个软橡胶垫夹在模板和两个 12.5μm 厚的 FEP 层之间,并进行热压处理。此后,除去软垫,从而获得两个膜-模板结构。然后,将这两个结构夹紧,将整个组件放入烘箱中进行热黏合 (黏合温度为 320℃) 以形成平行隧道样品。从烘箱中取出并取下模板后,将方形样品裁剪成长方形条纹 ($1\sim5\text{cm}^2$,厚度达 350μm),然后通过接触法充电使其变为压电驻极体 (图 11.55)。

如图 11.55 所示,样品表面蒸镀 Al 形成电极,然后在空气中施加电压而极化。图 11.55(a) 所示的理想电荷分布是由空气隧道内的微型放电产生的。取向 "巨型偶极子" 由分别在气隙的上表面和下表面上的相反极性的电荷构成。极化电压形状为三角形,周期为 20ms,如图 11.55(b) 所示。它产生如图 11.55(c) 所示的电滞回线[273]。施加电压约 10s,因此极化经历了许多循环,在极化电压为零时终止,该过程与用于 PVDF 的极化方法类似[273]。外部电极上的感应电荷密度近似等于内表面上的永久电荷密度[274],图 11.55(d) 是三个样品的永久电荷密度与极化电压峰值之间的关系曲线。该图显示,峰值电压为 2kV 时,电荷密度约为 0.4mC/m^2[275],这是空间电荷驻极体电荷密度的典型值[276],但与极性铁电聚合物 (如 PVDF) 相比较小[277]。这些结果也表明样品中的极化确实存在。

测量静态和动态压电常数 g_{31} 的实验装置分别如图 11.56(a) 和 (c) 所示。在静态实验中,在样品的长度方向上施加静电力,用静电计 (Keithley 6514) 测量由横向压电效应引起的开路电压。在图 11.56(b) 中描述了一个典型的结果,由于薄膜的黏弹性,这种信号有一定的时间依赖性。在 10s 产生 $g_{31} = 3\text{Vm/N}$,这对于该系数是相当高的值。

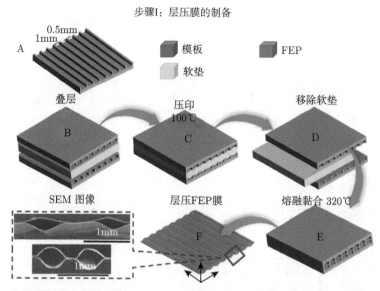

图 11.54 平行隧道 FEP 压电驻极体样品制备过程示意图和横截面的一小部分的 SEM 图像

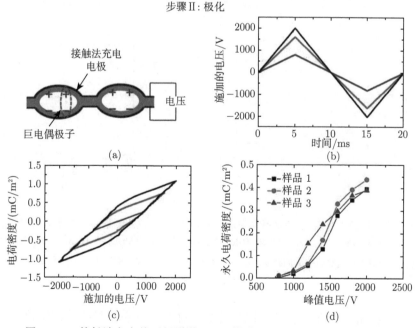

图 11.55 接触法充电使平行隧道 FEP 薄膜具有压电性, 即成为铁电体

(a) 接触法充电过程示意图和平行隧道 FEP 薄膜的电荷分布; (b) 施加到样品的三角电压; (c) 测量到的不同幅值的施加电压的 FEP 样品的磁滞回线; (d) 测量到的外部电极上的永久电荷密度随峰值电压的变化关系

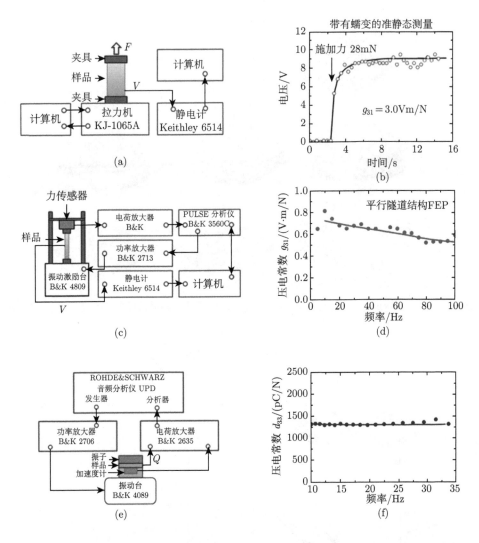

图 11.56　用于确定平行隧道 FEP 薄膜中压电 g_{31} 和 d_{33} 系数的测量装置的示意图和实验结果
(a) 静态 g_{31} 测量装置; (b) 开路中的输出电压作为施加力的持续时间的函数; (c) 动态 g_{31} 测量装置;
(d) 作为频率函数的压电常数 g_{31} 的结果; (e) 在平行隧道 FEP 薄膜中测量动态 d_{33} 的装置; (f) 作为频
率函数的压电常数 d_{33}

用图 11.56(c) 所示的振动激励进行另一样品的动态测量的结果如图 11.56(d) 所示。在频率范围 5~100Hz 内, 获得了 0.8~0.5Vm/N 的动态 g_{31} 结果, 这对能量收集是有意义的。g_{31} 随着频率的增加而下降, 这又是由薄膜的黏弹性特性引起的, 即随着频率的增加, 样品的刚度也在增加。对于极化的 PVDF, 在文献 [278] 中报道的 g_{31} 约为 0.2Vm/N。

根据应用, 不同频率范围包括从静态到动态再到高频域的 g_{31} 是重要的。某些应用中, 如压力传感器, 需要知道前者的系数, 而其他应用, 如能量采集器或声波和超声换能器, 需要在更高频率上知晓这些系数的信息。

图 11.56(e) 中描述了这类氟碳压电驻极体 d_{33} 的测试方法[279], 结果在图 11.56(f) 中。计算公式为 $d_{33} = Q/F$, 其中, Q 是电荷, F 是施加的力, 这些样品的动态 d_{33} 值相当高, 这是因为只有凸起的 (和软的) 隧道部分, 可以更容易地被压缩, 它们贡献了 d_{33} 的值[279]。

用超临界方法也可以制备 FEP 压电驻极体膜。FEP 膜作为起始原料, 采用压制成型的方法制备。FEP 膜的发泡是在两个步骤中进行的, 其中涉及超临界 CO_2 (SCCO$_2$) 发泡以及热处理。

第一步, 在充满 CO_2 气体的高压钢腔中放置非孔洞的 FEP 膜 (SigmanMothes Hochdrucktechnik, 德国)。超临界 CO_2 以其能够相对容易地渗透到几种聚合物并使其塑化的能力而闻名[280]。当施加高于 73bar (1bar=10^5Pa) 的压强和超过 31℃ 的温度时, CO_2 转化为超临界状态[281]。当 FEP 在 CO_2 气体中饱和时, 薄膜在 150~200bar 的压强条件下用 SCCO$_2$ 处理。为此, 首先在 CO_2 作用下将试样加压到 80bar, 然后将压力容器加热到 75℃ 或 90℃。当温度变得稳定时, 压力进一步增加到 150bar 或 200bar 的最终值。FEP 在 SCCO$_2$ 中饱和后, 容器内的高压突然 (在此期间大约 10s) 降低到正常的大气压强。由于压力突然下降, CO_2 膨胀, 容器内温度以及样品温度会明显下降。结果, 打开高压室后在 FEP 膜上观察到干冰 (冷冻的 CO_2)。在快速减压过程中, CO_2 经历了从超临界液体到固态的相变。因此, 在我们处理的第一步中, FEP 薄膜已经被 CO_2 饱和了。

第二步, 热处理对于 FEP 膜中孔洞的形成是必需的。从压力室中除去 CO_2 饱和 FEP 膜后立即在高温下短时间退火。形成孔洞的原因是: 在大气压强下 CO_2 饱和膜的突然加热导致 CO_2 转化成气态, 即聚合物内 CO_2 强烈膨胀。由于与周围大气相比内部压强较高, 因此额外的充气增强了孔洞的形成。为了找到适合热处理的温度范围, 在无孔洞的 FEP 样品上进行差示扫描量热 (DSC) 法。在 255~260℃ 发现了一个熔融峰。FEP 薄膜的物理起泡通过仅持续几秒的热处理来实现, 或者将膜置于两块温度为 200℃ 的加热玻璃板之间, 或者将薄膜浸入 210℃ 的加热荷荷巴油中。使用加热的玻璃板或加热的油以实现 CO_2 饱和 FEP 膜的均匀加热。图 11.57 显示了经过两步发泡的 FEP 膜的横截面的 SEM 图像[282]。

为了使发泡的 FEP 膜具有压电性, 在室温下通过电晕充电在高达 -60kV 的电晕放电电压和充电时间为 60s 条件下, 在多孔膜孔洞中产生宏观电偶极子。来自电晕沉积电荷层的高外部电场导致孔洞内的微等离子体电介质阻挡层放电, 伴随着内部孔洞表面上的电荷分离和电荷俘获。在六氟化硫 (SF$_6$) 中进行充电, 压强为 3bar。SF$_6$ 是一种具有比空气更高的介电击穿强度的气体。SF$_6$ 中的充电可以提供更高的电场穿过薄膜，并因此导致更强的微等离子体放电及在相关孔洞中形成更高的电荷密度和偶极子[224]。

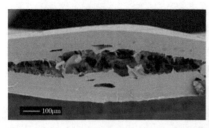

图 11.57　发泡 FEP 膜不同部分 (平均厚度 272μm，平均密度 1.57g/cm³，孔隙率 22.8%) 的 SEM 图像

发泡条件: 在 150bar 条件下进行 CO_2 处理 16h(RT)，然后在 200bar 条件下进行 2h(75℃) 处理，此后在 200℃进行热处理

为了测量它们的正压电活性，在高真空下将 50nm 厚的铝电极沉积在多孔 FEP 膜的两侧。在力幅值为 1N、频率为 2Hz 时的机械激励测试中，从样品电极上的感应电荷量的变化确定压电常数 d_{33}。为了确保样品和装置间良好的电学和机械接触，需要在样品上施加额外的静态偏压力。样品上电极连接到电荷放大器。由于孔洞相当大，FEP 泡沫膜的表面常常不平整。为了从这些样品中获得有意义的结果，在每个样品的有效电极区域的几个相邻区域处进行动态压电测量，并且所报告的压电常数是不少于 5 个测量数据的平均值。

从其他压电驻极体材料也可知，观察到的压电活性取决于静态压力[283]。如图 11.58 所示，各 FEP 膜样品计算的孔隙率分别为 14.9%(三角形) 和 12.9%(正方形)[282]。对每个样品施加 1.5~10N 的静态力，其对应于 16~105kPa 的静态压强。很明显，目前 FEP 泡沫的压电性主要是由较大孔隙的变形引起的。较低的静态力可以使这些较大的偶极子产生较大的变形，从而获得更高的压电活性。例如，在静态压强为 32kPa(3N 的静态力) 下，发泡 FEP 样品的压电常数高达 50pC/N，这取决于制备条件。在 SF_6 中，经尖端电压 −60kV 电晕充电后，可在发泡的 FEP 膜上发现高达 −15kV 的表面电势值和最高的压电常数。

4. FEP 和 PTFE 复合压电驻极体膜

原材料膜为 12.5μm 厚的致密 FEP 薄膜和 12.5μm 厚的多孔 PTFE 薄膜。首先将上述两种薄膜交替层叠，且最外层始终是致密的 FEP 薄膜，然后在高温 280℃下施加 10kPa 的压强将膜系黏合。热压温度被选定在 FEP 的熔点 (260℃) 以上和 PTFE 熔点 (327℃) 以下的温区内[202,284]，是为了使熔融状态下的 FEP 和 PTFE 牢固地黏合在一起，形成孔洞层与致密电介质交替的孔洞结构复合膜。施加的时间则需根据所选择的温度和压强大小确定。在本实验条件下，施加时间选择为 1h，再利用栅控恒压电晕充电系统在室温下对复合膜进行电极化处理，电晕电极与样品表面距离为 4.2cm，栅-膜间距为 3mm，电晕电压为 −30kV，栅电压在 0∼ −10kV 内可调，充电时间设置为 120s。在电晕极化过程中，电荷首先沉积于样品的自由面和近表面，随着沉积电荷密度的增加，膜系孔洞内的电场强度增大，到达临界击穿场强时，气泡中的气体开始电离并产生等量异号电荷，这些电荷在气泡内局域电场的作用下分别向孔洞的上下内表面迁移，最终被俘获在相应孔洞的上下介质层的陷阱中，形成取向的宏观"电偶极子"。由于薄膜内部的气相 (气泡) 和固相存在巨大的力学性能差异，在外力作用下其宏观"电偶极子"相对于薄膜上下表面电极产生位移，诱导出电极上的感应电荷密度的变化，产生压电效应[285]。

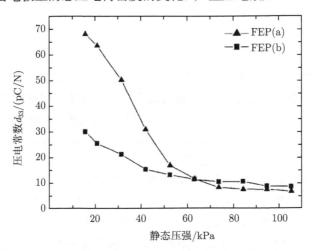

图 11.58 物理发泡 FEP 薄膜的压电常数 d_{33} 随静态压强的变化关系 (动态力/压力振幅为 1N/10.5kPa)

FEP(a): 厚度为 203μm，密度为 1.65g/cm³，在热板上 200℃下热处理，充电电压 −60kV；

FEP(b): 厚度为 258μm，密度为 1.63g/cm³，荷荷巴油在 210℃下热处理，充电电压 −50kV

图 11.59 为压电驻极体复合膜的断面 SEM 照片，由图 11.59 可见，该复合膜的多孔 PTFE 层与致密的 FEP 层交替层叠，层间紧密结合，此外用作压电传感器薄膜需在复合膜的上下表面蒸镀金属电极，为了避免金属粒子沿厚度方向上的开放孔洞进入复合膜的内部孔洞层，引起电荷的损失 (甚至因上下电极导通而丧失压电性)，复合膜内部的孔洞沿薄膜厚度方向是否封闭就成为该复合膜压电驻极体的工艺关键[286]。由图 11.59 复合膜断面的 SEM 照片可见：多孔 PTFE 沿厚度方向开放的孔洞经过与致密 FEP 薄膜黏合，已构成了复合膜厚度方向的封闭结构，而复合膜的不透明性表明其为多孔结构。

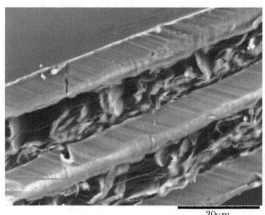

$30\mu m$

图 11.59   PTFE/FEP 复合膜断面 SEM 照片

　　图 11.60 是样品表面电势及压电常数 d_{33} 与栅压之间的关系曲线。由图 11.60 可见，当栅压低于 4kV 时，表面电势与栅压呈线性关系，但这时的复合膜几乎没有压电性 (即 $d_{33} \approx 0$)，然而当栅压大于 4kV 时，随着栅压的增加，虽然样品的表面电势没有明显的增加，但压电常数 d_{33} 却发生了显著的变化：当栅压在 4~5.5kV 时，d_{33} 随栅压的增加仅有小幅度的上升；在 5.5~8kV 内，d_{33} 则随栅压呈指数关系剧增；而在栅压高于 8kV 时，压电常数趋于饱和。这是因为压电驻极体的压电常数 d_{33} 与俘获在复合膜内孔洞壁上的电荷密度成正比。在栅压小于 4kV 时，虽然样品有高的表面电势，由于 d_{33} 几乎为零，由此推断此时复合膜内的孔洞气体因尚未达到阈值击穿电压而未能发生电离，这时的表面电势主要是由沉积在样品表面和近表面的真实电荷所贡献。而由于在测量样品的压电常数时，必须给样品的上下表面分别蒸镀金属电极，部分金属粒子进入样品的近表面，使存储在表面和近表面的真实电荷迅速消失，这显然是零压电活性的根源。然而，当栅压增至 4~5.5kV 时，复合膜孔洞中的空气将发生局部击穿，部分电荷沉积在膜内孔洞层的上下表面，形成宏观电偶极子，从而对其压电常数作出贡献。而当栅压在 5.5~8kV 内时，被击穿的孔洞数量急剧增加和孔洞内气体电离效应加强，使得沉积在孔洞层上下表面的电荷量急剧上升，表现为压电常数 d_{33} 的迅速增加。而在足够高的栅压下，当沉积电荷密度达到饱和时，压电常数 d_{33} 将不再随栅压而变化[287]。

　　采用热压工艺制备的 PTFE/FEP 复合膜表现出了比 PP 压电驻极体好得多的热稳定性。图 11.61 为 PTFE/FEP 复合膜在不同老化温度下压电常数 d_{33} 的等温衰减曲线及 PP 膜的 d_{33} 在 90℃下的衰减曲线。结果显示：在室温环境下，样品经过 20h 的存储，复合膜样品的 d_{33} 几乎没有变化 (其值仍保持在初始值的 95% 以上)；如果将样品放置在 90℃环境中，d_{33} 仍然保持了初始值的 40%，而在 PP 膜

在相同的条件下的 d_{33} 仅为初值的 17%(图 11.61)。

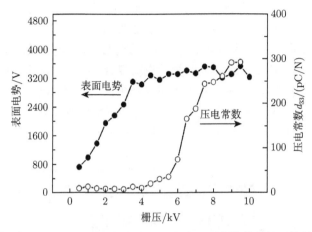

图 11.60 PTFE/FEP 复合膜表面电势及压电常数与栅压的关系

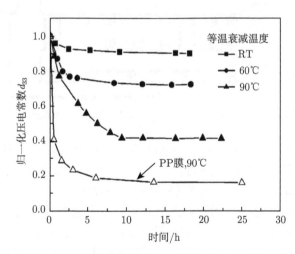

图 11.61 PTFE/FEP 复合膜在不同老化温度下压电常数 d_{33} 的等温衰减曲线及 PP 膜的
d_{33} 在 90℃下的衰减曲线

TSD 电流谱的测量和分析是研究驻极体宏观规律和微观性能的基本手段之
一 [288,289]。由于在电晕充电后样品的两面已蒸镀了金属电极,沉积在薄膜表面和
近表面层的单极性过剩电荷在蒸镀电极的过程中损失,而薄膜内部因 Paschen 击
穿而沉积在孔洞的固体介质与气隙上下两界面的等值异号电荷仍然保留在材料的
陷阱内,所以短路 TSD 电流谱的分析可能用来揭示压电驻极体内部孔洞介质层的
上下表面所沉积两种极性的过剩空间电荷在热激发脱阱后的输运和复合规律 [290]。
图 11.62 是在短路 TSD 实验过程中 PTFE/FEP 复合膜压电驻极体中的电荷输运

模型。由电荷的分布状态可知：如果脱阱的正负电荷沿孔洞介质壁的表面迁移并
与同一孔洞壁上的异性电荷复合，则释放的电荷在短路 TSD 电流谱中表现为正电
流，脱阱正电荷的迁移途径如图 11.62 中的箭头 ① 所示；如果因热激发而脱阱的
负电荷和 (或) 正电荷是在内电场的作用下分别穿越固体电介质层上、下电极方向
迁移，并最终与相邻孔洞壁表面上的异性电荷复合 (或者与电极上的感应的异性电
荷复合)，则在短路 TSD 电流实验中表现为负电流，它们的迁移途径如箭头 ② 所
示。由于实验过程中无法将上述两种机理引起的正负电流贡献分开，所以外电路检
测到的短路 TSD 电流实际上是两种复合效应机理的叠加。

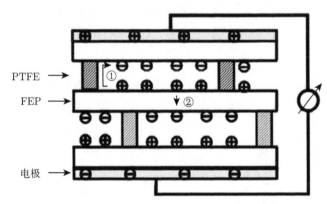

图 11.62   PTFE/FEP 复合膜压电驻极体中的电荷输运模型

　　图 11.63 分别给出了 PTFE/FEP 复合膜和 PP 膜两类压电驻极体的短路 TSD
电流谱。结果显示，复合膜样品的短路 TSD 电流谱是由峰温位于 125℃的正电流
峰和峰温位于 210℃附近的负电流峰构成的。曲线说明：在 125℃峰位处对应的脱
阱电荷的输运途径主要是沿着孔洞上下介质层的表面迁移，并最终与同一孔洞内
的异性电荷复合；而在 210℃附近对应的深能阱空间电荷受激脱阱后的输运途径则
主要是穿越固体介质层与相邻孔洞内的异性电荷复合。沿着介质层的表面迁移与
同一孔洞内的异性电荷复合。这一迁移特性与多孔 PP[291] 及辐照交联 PP[292] 压
电驻极体的不同，可能源于差异颇大的材料性能、孔洞结构，以及驻极体电场的分
布。比较图 11.63 中两类压电驻极体的短路 TSD 电流谱发现，PTFE/FEP 复合膜
压电驻极体具有比孔洞 PP 压电驻极体好得多的热稳定性。例如，PTFE/FEP 复
合膜的电流谱中含有 210℃高温峰；而 PP 膜在 165℃时材料就已经开始融化了。

5. 环烯共聚物压电驻极体 [293]

　　采用 SCCO$_2$ 辅助宏观组装方法制备了具有高热稳定性和显著压电性的环烯
共聚物 (COC) 铁驻极体，压电常数 d_{33} 大于 1000pC/N。该工艺利用强的 COC-

CO_2 相互作用，与大体积和表面玻璃化转变温度相关的强凹陷。COC 压电驻极体在 120℃下 (低于玻璃化转变温度 60℃下) 成功组装，具有良好的结构保真度和连接强度 (> 1.8MPa 通过搭接剪切测量)，这个技术因此克服了通过熔融黏合法制备压电驻极体的一些具有挑战性的问题，因为熔融黏合法通常用于制造高温铁驻极体，如氟聚合物压电驻极体。由于熔融结合涉及图案化结构的部分熔化，结构变形是一个值得关注的问题。此外，所需的高温 (230~240℃用于研究中使用的 COC 6017) 对处理材料提出了相当大的挑战，同时避免了潜在的氧化，这对电荷存储稳定性不利，并且增加了介电损耗 [293-295]。

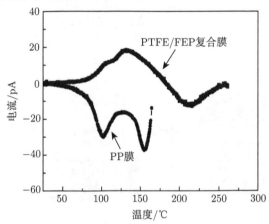

图 11.63　PTFE/FEP 复合膜和 PP 膜压电驻极体的短路 TSD 电流谱

　　所制备的压电驻极体是五层结构的组装体 (图 11.64(b) 步骤 2)，由三个 COC 膜和两个具有矩形阵列的图案化的 COC 膜组成，它们是通过激光加工制备的 (图 11.64(b) 步骤 1)。五层膜系统通过 CO_2 键合 (在 120℃和 10MPa CO_2 压强下) 组装而成，具有良好的结合强度 (1.8MPa)。在键合过程中，聚合物界面经历界面润湿、扩散和随机化以形成键合界面 [296]。上述条件下的压电驻极体的组装是可能的，因为控制聚合物键的基本物理过程由 CO_2 大大促进，CO_2 可以在 COCS 中大量溶解。这显著地增强了聚合物链的迁移率和扩散，降低了聚合物链间扩散所需的温度和键合界面的产生。事实上，我们已经计算了 COC-CO_2 系统的玻璃化转变温度 (图 11.64(c)) 来指导键合条件的选择。采用 Sanchez-Lacomb 状态方程 (SL-EoS) [297,298]，并应用 Gibbs-DiMarzio 热力学标准进行玻璃化转变，计算玻璃化转变温度分布，遵循 Condo 等开发的热力学框架 [299]。在 10MPa CO_2 压强下，所选择的结合温度略低于 COC-CO_2 溶液的体 T_g，从而防止了聚合物链运动被抑制而导致的预定义结构的整体变形。另一方面，表面 T_g 可以大大低于体 T_g[300]，并且表面附近的聚合物链具有明显更高的迁移率和扩散性。因此，聚合物链间扩散很容易进行接合。类似的原则被用于制造微米和纳米尺度的聚合物组件 [301-303]。

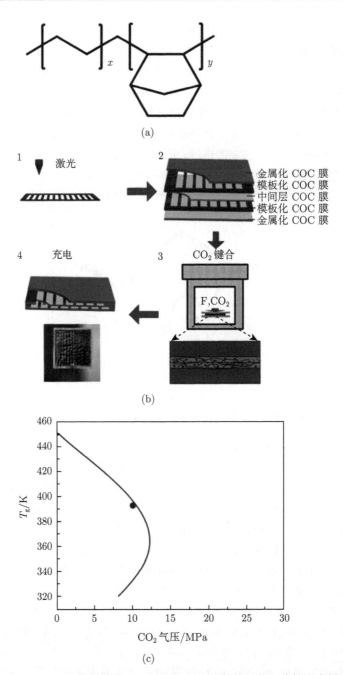

图 11.64　(a) COCS 的化学结构；(b) COC 压电驻极体组装工艺的示意图；(c) COC
6017-CO_2 体系的玻璃化转变温度 (T_g) 和键合条件的选择

图中的点表示所选择的键合条件；为了防止整体结构的变形，黏接温度略低于体 T_g；由于表面聚合物链段
迁移率的增加和较低的表面 T_g，链间扩散很容易促进键合界面的发展

图 11.65(a) 显示了不同结构参数的 COC 压电驻极体膜的 d_{33}，可以看出它们在 $10^2 \sim 10^3$pC/N 的范围内，比以前达到的 15pC/N 高出 1~2 个数量级[304-307]。为了比较，制作了没有上述偏移结构的压电驻极体 ($W = 3$mm)，通过在垂直方向上对准两个图案化膜的各自几何特征 (矩形空腔和脊)，使弯曲机制失效。还测量了该压电驻极体的 d_{33}，如图 11.65(a) (填充方形) 所示，$d_{33} = 10$pC/N，相比之下，具有相同几何设计的压电驻极体，但具有弯曲机械结构 (开放方形，图 11.65(a)) 显示在整个压力范围内 $d_{33} \approx 1000$pC/N，这是对新设计的一个有力的证据。

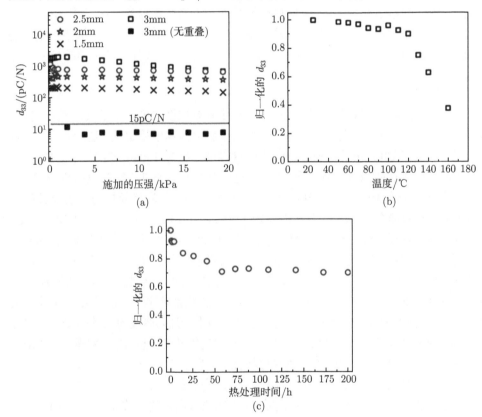

图 11.65   (a) 不同结构参数的 COC 压电驻极体膜的 d_{33}，实线 (15pC/N) 表示文献报道的 COC 压电驻极体的性能水平 [304-307]；(b) 作为退火温度函数的 COC 压电驻极体的归一化压电常数 (短期实验)，测量样品在指定的温度下退火 1h；(c) 在 120℃退火时，作为时间函数的压电驻极体的归一化压电活性 (长期测试)

压电常数 d_{33} 几乎与所施加的压强无关，但对于宽网格 ($W = 3$mm)，由于结构稳定性降低，在较高压强下发生了偏离线性定标的偏差。因此，在 COC 压电驻极体设计中需要注意平衡强压电活性和结构稳定性。

通过测量样品在一系列温度下退火后的 d_{33}，检验了 COC 压电驻极体短期的热稳定性。如图 11.65(b) 所示，COC 压电驻极体表现出优异的热稳定性，即使在 120℃下，d_{33} 值仍保持在初始值的 90%，由于热激发放电过程在高于 120℃的温度下加速，但与其他聚合物压电驻极体相比，仍然相对较慢。即使被加热到 160℃，d_{33} 仍保持初始值的 35% 以上。

在 110℃(长期热稳定性实验) 下我们还研究了 COC 压电驻极体的压电常数 d_{33} 的等温衰减，如图 11.65(c) 所示。COC 压电驻极体压电常数 d_{33} 的初始衰减可能是由于老化的联合效应，包括材料的弹性和不稳定电荷的平衡 [308]。d_{33} 在退火 50h 后达到稳定值，此后基本保持不变。在 110℃下 200h 后，d_{33} 保持初始值的 70%。证明了 COC 压电驻极体的优越性：高压电活性和优异的长期热稳定性。

6. 聚萘二甲酸乙二醇酯压电驻极体

聚萘二甲酸乙二醇酯 (PEN) 是一种高性能热塑性聚酯。由于其结构稳定性，双苯环结构在分子水平上提高了 PEN 的机械稳定性和电稳定性，这使得 PEN 成为一种较好的压电驻极体基材。我们的原材料由厚度为 100μm、密度为 $1.45g/cm^3$ 的 Teonex Q51 PEN 薄膜 (均匀的，即没有空隙) 组成。通过在实验室条件下的"孔洞化 + 膨化 + 拉伸"过程来制备泡沫 PEN 膜 [199]。首先将最初均匀的膜暴露于 $SCCO_2$ 直至聚合物饱和 (压力室由德国 Sigmar Mothes Hochdrucktechnik 提供)。减压后立即对样品在高于玻璃化转变温度 $T_g(122℃)$，但低于其熔化温度 $T_m(269℃)$ 的温度下进行热处理。超临界流体在其相变时突然的体积增加导致膜的物理起泡，热处理可稳定结构的改变。接下来，通过膨化以优化孔洞尺寸：为此，将孔洞样品暴露于高压 CO_2 气体直至孔洞饱和。当环境高压突然降低时，由于孔洞和周围大气之间的压强差较大，样品及其孔洞会膨胀。如上所述，通过随后的热处理，泡沫几何形状的变化再次稳定。此后，在聚合物的玻璃化转变温度 T_g 下双轴拉伸 (Karo IV，BrücknerGmbH) 产生所需的透镜形状孔洞。为了充电 (极化)，将 50nm 厚的铝电极沉积在泡沫膜的两个表面上，并且将平均强度为 $8×10^7V/m$ 的 DC 场施加到其电极上。图 11.66 显示了一个典型的 PEN-泡沫压电体的横截面 SEM 图像 [309]。

聚合物泡沫压电驻极体的压电活性强烈依赖于施加应力期间的可压缩性以及减小应力时的可逆性，可通过动态方法研究其灵敏度对应力大小和应力周期数的依赖关系。图 11.67 显示了对于一个典型 PEN 泡沫压电驻极体，其 d_{33} 作为的静态应力的函数。应力从 10.5kPa 增加到 105kPa，并逐步降低到 10.5kPa，并在每次应力变化 2min 后测定 d_{33}。可以看到，泡沫结构对施加的应力敏感，并且随着应力增加 d_{33} 显著减小。这是因为施加的静态应力压缩了多孔结构，因此增加了样品的弹性模量，导致 d_{33} 减小 [310-312]。压力循环的前进和后退方向之间没有显著差异，这意味着在目前的条件下，在外力卸载后 2min 内 PEN 泡沫可以反弹回它的最初形式。图 11.68 显示了典型的 PEN 泡沫压电驻极体的机械疲劳测试结果,其中进行了每分钟 3 次测量循环的连续动态测量。随着测量循环次数的增加,d_{33} 会减小。然而,在约 1000 次重复之后,d_{33} 变得相当稳定,并且在高达 1800 次循环中,d_{33} 的数值仍高于初始值的 80%。

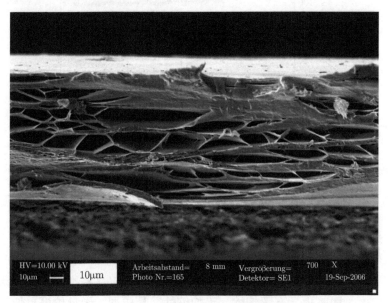

图 11.66 典型 PEN 泡沫压电驻极体横截面的 SEM 图像

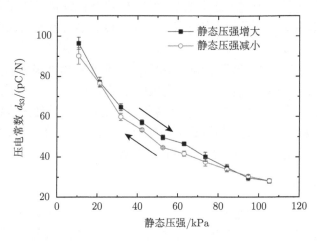

图 11.67 在典型的 PEN 泡沫压电驻极体的动态测量过程中,d_{33} 作为静态应强的函数图

d_{33} 在应力变化 2min 后测量

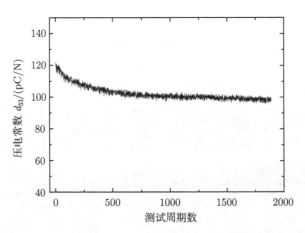

图 11.68 典型的 PEN 泡沫压电驻极体的机械疲劳特性曲线

每分钟进行 3 次测量循环，静态应力为 31.5kPa，频率为 2Hz 时动态应力为 10.5kPa(峰–峰值)

其他的压电驻极体还有以 CYTOP 为基体材料的空间电荷型压电驻极体[313]，以及以 PVDF 为基体的含有固有偶极电荷的压电驻极体膜[314,315]。

11.2.6 压电驻极体的应用

压电驻极体材料作为一类新型人工功能材料，不仅具有类似于压电陶瓷的高压电常数 d_{33}，同时也具有柔韧性、可伸缩性、易成型、无毒价廉、低声阻抗等优点。在压电驻极体应用的发展过程中，压电驻极体薄膜电–声换能器是一个重要的应用方向，包括基于这一原理的电–声和声–电换能器以及水下器件等。除此之外，压电驻极体薄膜在场效应管、柔性薄膜力传感器等方面的应用也逐渐发展起来。

近年来，随着人们对于绿色能源的不断追求，使用压电驻极体功能膜进行微能量采集的研究已经取得了进展。通过利用压电驻极体薄膜的压电效应，可以将环境中的振动能量或其他被忽略的振动能量转化为电能，为低功耗无线传感器提供能源。基于压电驻极体的能量采集器目前尚处于发展阶段，其在医疗、传感器供能领域中的应用已经引起了相关研究人员的广泛兴趣。

1. 声–电换能器

压电驻极体声–电换能器的基本工作原理主要是基于材料本身纵向模式振动来实现声信号和电信号之间的相互转化。相比较于传统的压电陶瓷和铁电聚合物材料，压电驻极体薄膜具有高的压电活性和与空气相匹配的声阻抗等优点，在空气耦合声–电换能器领域有着极大的应用潜力。R. Kressmann 于 2001 年首次研制出由聚丙烯 (PP) 压电驻极体制备的空气耦合和水声换能器[316]。图 11.69 展示了该换能器的剖面结构示意图。它仅由压电驻极体膜与起保护作用的绝缘层和屏蔽层构成，相比于驻极体式声–电换能器，该类型换能器无需气隙，结构更加简单。

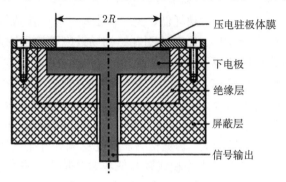

图 11.69　压电驻极体声–电换能器剖面结构示意图 [1]

当压电驻极体用作接收器件时，声波作用在压电驻极体膜的表面，会使得薄膜内部的固体介质层发生偏转并压缩内部的气隙层厚度。在低频范围内，压电驻极体膜声–电换能器的接收灵敏度 M 只与样品本身的压电常数 d_{33} 及厚度相关，与频率无关 [317]：

$$M = d_{33} \frac{s_1 + \varepsilon s_2}{\varepsilon \varepsilon_0} \tag{11.66}$$

其中，s_1 和 s_2 分别是 PP 压电驻极体膜的固体层和气隙层厚度；ε 和 ε_0 分别是相对介电常数和真空介电常数。

当用作发声器件时，该换能器可以视作一个无限大障板上的活塞声源，在远场范围内，其轴线方向上的辐射声压 p 可以由下式给出 [316]：

$$p = \frac{1}{2r} \rho R^2 \omega^2 d_{33} V \tag{11.67}$$

其中，R，r，ρ，V 分别为发声器的半径、测量距离、传播介质的密度以及驱动电压。当工作频率低于材料本身的谐振频率时，该换能器的辐射声压与频率的平方成正比。

此后，多个课题组相继开始了基于压电驻极体声–电换能器的性能及特性研究，关于此类声–电换能器的应用也陆续见诸报道。R. Lerch 等于 2003 年开始了对压电驻极体声–电换能器的研究，并 2011 年报道了由两个压电驻极体接收器和一个压电驻极体发射器组装而成的人工仿生蝙蝠头超声定位装置 [318]。J. Ealo 和 V. Bovtun 两个课题组则分别于 2010 年和 2013 年报道了利用 PP 压电驻极体换能器阵列来对纺织物和复合材料进行无损检测 [319,320]。目前，基于压电驻极体的声–电换能器的实际应用尚处于发展阶段，呈现出广阔的前景和巨大的潜力。

2. 场效应晶体管

场效应晶体管 (FET) 是一类利用控制输入回路的电场效应来控制回路电流的半导体器件，具有输入阻抗高、功耗低、无二次击穿、易于集成等特点。近年来，随着柔性电子设备的不断发展，原有的刚性结构场效应管越来越无法满足人们的需求，柔性场效应管也逐渐成了当下热门的研究方向。2006 年，Graz 等[321] 研究了一种新型的场效应管结构，即压电驻极体场效应管。该器件由硅薄膜晶体管 (thin-film transistor, TFT) 和压电驻极体贴合在聚酰亚胺基板上制备而成，可以依靠压电驻极体来产生足够大的电场，从而调制晶体管源漏极间的电导率。因此，该类型场效应管可以用于压敏开关、触觉传感器及麦克风等方面。除此之外，基于压电驻极体的场效应管还具有可大面积成膜与低成本的特点，在大面积柔性电子肌肤、柔性电子屏幕、大面积传感器阵列等领域也极富竞争力。

3. 微能量采集器

最近，随着低功耗电子器件和自主无线传感系统的发展，能量收集技术得到了越来越多的关注。作为一类新型压电功能材料，振动能量采集器也是压电驻极体的一个重要应用方向。压电驻极体膜的品质因数 (FOM, $d_{33}g_{33}$) 远高于前面压电陶瓷材料和铁电聚合物材料，在振动能量采集领域具有明显的优势[322]。

压电驻极体膜应用于振动能量收集时主要有两种工作模式：纵向模式和横向模式。其中，由于压电驻极体材料的高 d_{33} 活性，纵向模式的能量采集器的研究发展迅速，基于不同基底材料的压电驻极体能量采集器相继见诸报道[323-325]。在纵向模式下，压电驻极体能量采集器的输出功率 P 为[323]

$$P = \frac{m^2 d_{33}^2 a^2 R_l \omega^2}{[(\omega^2/\omega_0^2 - 1)^2 + 4\zeta_m^2 (\omega/\omega_0)^2][1 + (R_l/R_c)^2]} \tag{11.68}$$

其中，ω_0, a, m, ζ_m 分别是材料的谐振圆频率、加速度、振子质量和材料的机械阻尼；R_l 和 R_c 分别是负载电阻和材料的内阻。近期的文献报道中，以聚丙烯 (PP) 或氟化乙丙烯共聚物 (FEP) 为基底材料的压电驻极体能量采集器的输出能量大约为 $10\mu W/g^2$[323-325]。

横向模式的压电驻极体振动能量采集器由 Zhang 等[326] 于 2016 年首次提出并实现。图 11.70 展示了 {3-1}模式压电驻极体能量采集器结构示意图。在 {3-1}工作模式中，具有 d_{31} 活性的有序结构 FEP 压电驻极体在 $1g$ 加速度环境下，仅需要 $0.03g$ 的振子，就能够获得 $57\mu W$ 的输出功率，是目前压电驻极体能量采集器技术中具有最高能量输出的方法[272]。

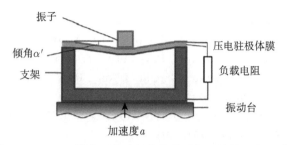

图 11.70   {3-1}模式压电驻极体能量采集器结构示意图 [326]

4. 压电驻极体的其他应用

空化效应感应器: 超声波清洁是一种工业上广泛应用的技术, 其核心原理是利用超声波空化作用来达到清洁的目的。压电驻极体材料作为一类机电换能材料, 可以有效地将作用于材料表面的力学量转化成电学参量。相比于原有的空化作用探测器件 (如水听器等), 基于 PP 基压电驻极体制备的空化效应感应器在使用中不会改变超声波声场的分布, 从而可以更为准确地测量出物体表面实际受到的空化效应的影响 [318]。

体征信号传感器: PP 基压电驻极体材料不仅具有高的压电常数 d_{33}, 还具有良好的弹性顺度、低密度以及易于形成复杂形状等特点, 因此利用此类材料研制的相关传感器非常适用于医疗诊断、生命科学和可穿戴设备等领域。如用于心跳、肢体动态等多项人体或动物器官的动态参数测量, 以及人体的血压和呼吸监控, 病人或老年人的运动信号和体征信号监控等 [327-329]。目前, 基于此类传感器的智能床垫、智能地毯等家居产品已经成功地实现了商品化。

除了上述的几种应用之外, 压电驻极体材料还可以应用于各类冲击传感器、地层运动规律检测、建筑物结构运动检测等诸多方向。随着压电驻极体材料应用领域的不断开拓, 应用开发的不断深入, 压电驻极体材料的应用前景会越来越广阔。

参 考 文 献

[1] Broadhurst M G, Davis G T. Piezo- and pyroelectric properties//Sessler G M. Electrets. Berlin: Springer, 1987.

[2] Brain K R. Proc. Phys. Soc., 1924, 36: 81.

[3] Fukada E. J. Phys. Soc. Jpn., 1955, 10: 149.

[4] Fukada E. Adv. Biophys., 1974, 6: 121.

[5] Kawai H. Jpn. J. Appl. Phys., 1969, 8: 975.

[6] Berlincourt D A, Curran D R, Jafee H. Physical Acoustics. New York: Academic Press, 1964.

[7]　钟维烈. 铁电体物理学. 北京: 科学出版社, 1996.

[8]　Kuenstler W, Xia Z, Weinhold T, et al. Appl. Phys. A, 2000, 70: 5.

[9]　Wada Y, Hayakawa R. Jpn. J. Appl. Phys., 1976, 15: 2041.

[10]　Crosnier J J, Micheron F, Dreyfus G, et al. J. Appl. Phys., 1976, 47: 4798.

[11]　Ibe T. Jpn. J. Appl. Phys., 1974, 13: 197.

[12]　Laurenceau P, Dreyfus G, Lewiner J. Phys. Rev. Lett., 1977, 38: 46.

[13]　Adoms E P. J. Franklin Inst., 1927, 204: 469.

[14]　Onsager S. J. Amer. Chem. Soc., 1936, 58: 1486.

[15]　Oshiki M, Fukada E. J. Matls. Sci., 1975, 10: 1.

[16]　Mopsik F I, Broadhurst M G. J. Appl. Phys., 1975, 46: 4204.

[17]　Aslaksen E W. J. Chem. Phys., 1972, 57: 2358.

[18]　Winkelhahn H J, Winter H H, Neher D. Appl. Phys. Lett., 1994, 64: 1347.

[19]　Mc Kenna G B. Glass formation and glassy behavior//Booth C, Price C. Polymer Propertie. Oxford, UK: Pergamon, 1989.

[20]　Williams G. IEEE Trans. Electr. Insul., 1985, 20: 843.

[21]　Fukada E, Sakurai T. Polym. J., 1971, 2: 657.

[22]　Fukada E, Nishiyama K. Jpn. J. Appl. Phys., 1972, 11: 36.

[23]　Broadhurst M G, Malmberg C G, Mopsik F I, et al. Charge storage and transport in dielectrics//Perlman M M. Electrets. New York: The Electrochemical Soc., 1973.

[24]　Sussner H. Phys. Lett., 1976, 58A: 426.

[25]　Natta G, Bassi I W, Allegra G. Atti Accad. Nazl. Lincei Rend., Classe Sci. Fis. Mat. Nat., 1961, 31: 350.

[26]　Reddish W. J. Polym. Sci., Pt. C, 1966, 14: 123.

[27]　von Hipple A. Dielectric Matls and Application. New York: Technology Press of MIT and Wiley, 1954.

[28]　Davis G T, Broadhurst M G. Proc. Intern. Symp. on Electrets and Dielectrics, Rio de Janeiro, 1977: 299.

[29]　Olf H G. North Carolina State University (Private Communication).

[30]　Wilson III C W, Santes Jr E R. J. Polym. Sci., Pt. C, 1965, 8: 97.

[31]　Stallings J P, Howell S G. Polymer Eng. Sci., 1971, 11: 507.

[32]　Tashiro K, Kobajashi M, Tadokoro M, et al. Macromolecules, 1980, 13: 691.

[33]　Bachman M A, Lando J B. Macromolecules, 1981, 14: 40.

[34]　Hopfinger A J. Conformational Properties of Macromolecules. New York: Academic Press, 1973.

[35]　Banik N C, Boyle F P, Sluckin T J, et al. Phys. Rev. Lett., 1979, 43: 456.

[36]　Davis G T, Mokinney J E, Broadhurst M G, et al. J. Appl. Phys., 1978, 49: 4998.

[37]　Lando J B, Olf H G, Peterin A. J. Polym. Sci. A-1, 1966, 4: 941.

[38]　Prest Jr W M, Lura D J. J. Appl. Phys., 1975, 46: 4136.

[39] Hasegawa R, Takahashi Y, Chatani Y, et al. Polymer J., 1972, 3: 600.

[40] Sessler G M. J. Acoust. Soc. Am., 1981, 70(6): 1596.

[41] Osaki S, Ishida Y. J. Polym. Sci., Polym. Phys., 1974, 12: 1727.

[42] Davies G R, Killey A, Rushowrth A, et al. Proc. Organic Coatings and Plastics Chemistry, Anaheim, CA, 1978, 38: 257.

[43] Natta G, Allegra G, Bassi I W, et al. J. Polym. Sci., 1965, A3: 4263.

[44] Farmer B L, Hopfinger A J, Lando J B. J. Appl. Phys., 1972, 43: 4293.

[45] Tashiro K, Takano K, Kabayashi M, et al. Ferroelectrics, 1984, 75: 297.

[46] 黄维垣, 闻建勋. 高技术有机高分子材料进展. 北京: 化学工业出版社, 1994.

[47] Davis G T, Furukawa T, Lovinger A J, et al. Macromolecules, 1982, 15: 329.

[48] Lovinger A J. Macromolecules, 1985, 18: 910.

[49] Tajitsu Y, Ogura H, Chiba A, et al. Jpn. J. Appl. Phys., 1987, 26: 554.

[50] Hattori T, Hirosaka M, Ohigashi H. Polymer, 1996, 37: 85.

[51] Hattori T, Hikosaka M, Ohigashi H. J. Appl. Phys., 1996, 79: 2016.

[52] Lefbvre H, Bauer F. Ferroelectrics, 1995, 171: 259.

[53] Hikosaka M, Sakurai K, Ohigashi H, et al. Jpn. J. Appl. Phys., 1993, 32: 2029.

[54] Ohigashi H, Omote K, Gomyo T. Appl. Phys. Lett., 1995, 66: 3281.

[55] Fischer G, Krueger J K, Bohn K P, et al. J. Polym. Sci. B: Polym. Phys., 1995, 33: 237.

[56] Tachiro K, Kaito H, Kobayashi M. Polymer, 1992, 33: 2915.

[57] Kim K J, Kim G B, Valencia C L, et al. J. Polym. Sci. B: Polym. Phys., 1994, 32: 2435.

[58] Teyssedre G, Bernes A, Lacabanne C. J. Polym. Sci. B: Polym. Phys., 1995, 33: 879.

[59] Faria R M, Neto J M G, Jr Olivera O N. J. Phys. D: Appl. Phys., 1994, 27: 611.

[60] Balta Calleja F J, Gonzales Arche A, Ezqurerra T A, et al. Adv. Polym. Sci., 1993, 108: 1.

[61] Osaki S, Uemura S, Ishida Y. J. Polym. Sci., 1971, A-2: 9, 585.

[62] Abkowitz M, Pfister G. J. Appl. Phys., 1975, 46: 2559.

[63] Kepler R G, Beeson P M. Bulletin APS, Series II, 1974, 19: 265.

[64] Hoffman J D, Williams G, Passaglia E. J. Polym. Sci., 1966, C14: 173.

[65] Nakagawa K, Ishida Y. J. Polym. Sci., 1973, A-211: 1503.

[66] Broadhurst M G, Davis G T. Ferroelectrics, 1981, 32: 177.

[67] Bragg W L, Williams E J. London: Proc. R. Soc., 1934, A145: 699.

[68] Mason W P. Phys. Rev., 1947, 72: 854.

[69] Broadhurst M G, Mopsik F I. J. Chem. Phys., 1970, 52: 3634.

[70] Kobayashi M, Tashiro K, Tadokoro H. Macromolecules, 1975, 8: 163.

[71] Lang S B. Sourcebook of Pyroelectricity. London: Gordon & Breach Science Pubilshers, 1974.

[72] Bergman J B, McFee J H, Crane G R. Appl. Phys. Lett., 1971, 18: 203.

[73] Glass A M, McFee J H, Bergman Jr J B. J. Appl. Phys., 1971, 42: 5219.

[74] Yakama E. Natl. Tech. Re., 1972, 18: 141.

[75] Bergman Jr J B, Crane G R. Appl. Phys. Lett., 1972, 21: 497.

[76] Zook J D, Liu S T. J. Appl. Phys., 1978, 49: 4604.

[77] Nakamura K, Wada Y. J. Polym. Sci., 1971, A-29: 161.

[78] Kepler R G, Anderson R A. J. Appl. Phys., 1978, 49: 1232.

[79] Hayashi S I, lmamura A. J. Polym. Sci. B, 1992, 30: 769.

[80] Costa M M, Giacometti J A. Appl. Phys. Lett., 1993, 62: 1901.

[81] Dvey-Aharon H, Sluckin T J, Taylor T L. Phys. Rev. B, 1980, 21: 3700.

[82] Ren D H, Mazur K J. Polymer, 1985, 26: 821.

[83] Furukawa T, Date M, Ohuchi M, et al. J. Appl. Phys., 1984, 56: 1481.

[84] Pertsev N A, Zembilgotov A G. Sov. Phys. Solid State, 1991, 33: 165.

[85] Eisenmenger W, Haardt M. Solid State Comm., 1982, 41: 917.

[86] Sessler G M, Berraissoul A. Ferroelectrics, 1987, 76: 489.

[87] Bihler E, Holdik K, Eisenmenger W. IEEE Trans. Electr. Insul., 1989, 24: 541.

[88] Bihler E, Neumann G, Eberle G, et al. Annu. Report, Conf. Electr. Insul. Diel. Pheno., Piscataway, 1990: 140.

[89] Arkhipov V I, Fedosov S, Khramchemkov D V, et al. J. Electrost., 1989, 22: 177.

[90] Giacometti J, DeReggi A S. J. Appl. Phys., 1993, 74: 3357.

[91] Guy I L, Das-Gupta D K. J. Appl. Phys., 1991, 70: 5691.

[92] Sessler G M, Das-Gupta D K, DeReggi A S, et al. IEEE Trans. Electr. Insul., 1992, 27: 872.

[93] Eberle G, Schmidt H, Eisenmanger W. IEEE Trans. Dielectrics EI, 1996, 3: 624.

[94] Sawyer C B, Tower C H. Phys. Rev., 1930, 35: 269.

[95] Furukawa T. IEEE Trans. Electr. Insul., 1989, 24: 375.

[96] Hicks J C, Jones T E, Logan J C. J. Appl. Phys., 1978, 49: 6092.

[97] Wen J X. Polym. J., 1985, 17: 399.

[98] Murata Y, Koizumi N. Ferroelectrics, 1989, 92: 73.

[99] Furukawa T, Date M, Fukada E. J. Appl. Phys., 1980, 51: 1135.

[100] Koizumi N, Murata Y, Tsunashima H. IEEE Trans. Electr. Insul., 1986, 21: 543.

[101] Koizumi N, Murata Y. Ferroelectrics, 1987, 76: 411.

[102] Oka Y, Koizumi N. J. Polym. Sci. Polym. Phys., 1986, 24: 2059.

[103] Eberle G, Dehlen B, Eisenmenger W. Ultrasonics Symp. Proc., 1993, 1: 529.

[104] Gross B, Gerhard-Multhaupt R, Berraissoul A, et al. J. Appl. Phys., 1987, 62: 1429.

[105] Becker A, Stein M, Jungnickel B J. Ferroelectrics, 1995, 171: 111.

[106] Liu Y, Zhao J, Gamo H, et al. Integr. Ferroelectr., 1993, 3: 259.

[107] Furukawa T. Proc. 6th lntern. Symp. on Electrets, Oxford, 1988: 182.

[108] Broadhurst M G, Davis G T, Mckinnley G E, et al. J. Appl. Phys., 1978, 49: 4992.

[109] Purvis C K, Taylor P L. J. Appl. Phys., 1983, 54: 1021.

[110] Eberle G, Eisenmenger W. Proc. 7th Intern. Symp. on Electrets, Berlin, 1991: 477.

[111] Eberle G, Eisenmenger W. Annu. Report, Conf. Electr. Insul. Diel. Pheno., 1992: 178.

[112] Kuessner B, Dehlen B, Eberle G. et al. Proc. 8th Intern. Symp on Electrets, Paris, 1994: 594.

[113] Chand S, Bhatheja R C, Sharma G D, et al. Appl. Phys. Lett., 1994, 64: 2507.

[114] Murayama N, Oikawa T, Kaito T, et al. J. Polym. Sci., Polym. Phys., 1975, Ed13: 1033.

[115] Southgate P D. Appl. Phys. Lett., 1976, 28: 250.

[116] Day G W, Hamilton C A, Peterson R L, et al. Appl. Phys. Lett., 1974, 24: 456.

[117] Ieda M. IEEE Trans. Electr. Insul., 1984, 19: 162.

[118] Murphy E J. Can. J. Phys., 1963, 41: 1022.

[119] Bihler E, Holdik K, Eisenmenger W. IEEE Trans. Electr. Insul., 1987, 22: 201.

[120] Baise A I, Lee H, Oh B, et al. Appl. Phys. Lett., 1975, 26: 428.

[121] Yano S, Tadano K, Aoki K, et al. J. Polym. Sci., Polym. Phys., 1974, Ed12: 1875.

[122] van Turnhout J. Polym. J., 1971, 2: 173.

[123] Bloomfield P E, Lefkowitz I, Aronoff A D. Phys. Rev. B, 1971, 4: 974.

[124] Phelan Jr R J, Peterson R L, Hamilton C A, et al. Ferroelectrics, 1974, 7: 375.

[125] Duke C B, Fabish T J. J. Appl. Phys., 1978, 49: 315.

[126] Nakagawa K N, Ishida Y L, Kolloid Z Z. Polym., 1973, 251: 103.

[127] Doll W W, Lando J B. J. Macromol. Sci. Phys., 1968, B2: 219.

[128] Nakagawa K, Ishida Y. J. Polym. Sci., Polym. Phys. Ed., 1973, 11: 2153.

[129] Cady W G. Piezoelectricity. New York: McGraw Hill, 1946.

[130] Kepler W G, Anderson R A. J. Appl. Phys., 1978, 49: 4490.

[131] Sussner H. Phys. Lett., 1976, 58A: 426.

[132] Berlincourt D, Krueger H H. J. Appl. Phys., 1959, 30: 1804.

[133] Ohigashi H. J. Appl. Phys., 1976, 47: 949.

[134] Kepler R G, Anderson R A. J. Appl. Phys., 1978, 49: 4918.

[135] Salomon R E, Labes M M. Natl. Bur. Stds., U. S. Interagency Rpt. 75-760, 1975.

[136] Newman B A, Chen P, Pae K D, et al. J. Appl. Phys., 1981, 51: 5161.

[137] Mathar S C, Newman B A, Scheinbeim J I. J. Polym. Sci. B, 1988, 26: 447.

[138] Miyata S, Yokshikawa M, Takasa S, et al. Pdym. J., 1980, 12: 857.

[139] Fukada E. IEEE Trans. Electr. Insul., 1992, 27: 813.

[140] Newman B A, Kim K G, Scheinbeim J I. J. Mater. Sci., 1990, 25: 1779.

[141] Furukawa T. Key Engineering Materials, 1994, 92-93: 15.

[142] Slichter W P. J. Polym. Sci., 1959, 36: 259.

[143] Scheinbeim J I, Lee J W, Newman B A. Macromolecules, 1992, 25: 3729.

[144]　Koizumi N. Ferroelectrics, 1995, 171: 57.

[145]　Takase Y, Lee J W, Scheinbeim J I, et al. Macromolecules, 1991, 24: 6644.

[146]　Newman B A, Scheinbeim I I, Lee J W, et al. Ferroelectrics, 1992, 127: 229.

[147]　Mei B Z, Scheinbeim J I, Newman B A. Ferroelectrics, 1995, 171: 177.

[148]　Mei B Z, Scheinbeim J I, Newman B A. Ferroelectrics, 1993, 144: 51.

[149]　Su J, Ma Z Y, Scheinbeim J I, et al. J. Polym. Sci. B, 1995, 33: 85.

[150]　Tasaka S, lnagaki N, Okutani T, et al. Polymer, 1989, 30: 1639.

[151]　Tasaka S, Miyasatao K, Yoshikawa M, et al. Ferroelectrics, 1984, 57: 267.

[152]　Sakurai M, Ohta Y, Chujo R. Polym. Comm., 1991, 32: 297.

[153]　Wang T T, Takase Y. J. Appl. Phys., 1987, 62: 3466.

[154]　Furukawa T, Date M, Nakajima K, et al. Jpn. J. Appl. Phys., 1986, 25: 1178.

[155]　Seo I. Ferroelectrics, 1995, 171: 45.

[156]　Fukada E. ULVAC. Tech. J., 1990, 24.

[157]　Fukada E. Key Engineering Materials, 1994, 92-93: 143.

[158]　Ukishima S, lida K, Takahashi Y, et al. Ferroelectrics, 1995, 171: 351.

[159]　Nalwa H S, Watanabe T, Kakuta A, et al. Nonlin. Opt. Princ. Mat. Phen. Dev., 1994,
　　　　8: 157.

[160]　Tasaka S, Shouko T, Inagaki N. Jpn. J. Appl. Phys., 1992, 31: L1086.

[161]　Hall Jr H K, Macromol J. Sci-Chem., 1988, A25(5-7): 729.

[162]　Bauer S, Lang S B. IEEE Trans. Dielectrics EI, 1996, 3: 647.

[163]　Ueda H, Carr S H. Polymer J., 1984, 16: 661.

[164]　Goldberg H A, East A J, Kalnin I L, et al. Mater. Res. Soc. Symp. Proc., 1990, 175:
　　　　113.

[165]　Carr P L, Davies G R, Ward L M. Polymer, 1993, 34: 5.

[166]　Ahlheim M, Lehr F. Macromol. Chem. Phys., 1994, 195: 361.

[167]　Bauer S, Ren W, Yilmaz S, et al. Nonlinear Optics, 1995, 9: 251.

[168]　Norwood R A, Findakly T, Goldberg H A, et al//Hornak L A. Polymers for Lightwave
　　　　and Integrated Optics. New York: Marcel Dekker, 1992.

[169]　Davies G R, St H V, Hubbard A, et al. Polymer, 1995, 36: 235.

[170]　Li G R, Ohigashi H. Jpn. J. Appl. Phys., 1992, 31: 2495.

[171]　Kim K J, Kim G B, Valencia C L, et al. J. Polym. Sci. B: Polym. Phys., 1944, 32:
　　　　2435.

[172]　Ezquerra T A, Kremer F, Balta-Calleja F J, et al. J. Poiym. Sci. B: Polym. Phys.,
　　　　1994, 32: 1449.

[173]　Fukada E, Date M, Emura T. J. Soc. Mat. Sci. Japan, 1968, 17: 335.

[174]　Kepler R G, Anderson R A. J. Appl. Phys., 1978, 49: 4918.

[175]　Kimura K, Ohigashi H. J. Appl. Phys., 1987, 61: 4796.

[176]　Ohigashi H. Oyobuturi, 1991, 60: 268.

[177] Litt M H, Hsu C H, Basu P. J. Appl. Phys., 1977, 48: 2208.

[178] Nalwa H. S. Ferroelectric Polymers: Chemistry, Physcs and Applications. New York, Basel: Marcel Dekker, 1995.

[179] Esayan S. Scheinbeim J I, Newman B A. Appl. Phys. Lett., 1995, 67: 623.

[180] Vasudevan P, Nalwa H S, Taneje K L. J. Appl. Phys., 1979, 50: 4324.

[181] Wang X S, Iijima M, Takahashi Y, et al. Jpn. J. Appl. Phys., 1993, 32: 2768.

[182] Tasaka S, Shouko T, Asami K, et al. Jpn. J. Appl. Phys., 1994, 33: 1376.

[183] Lipscomb G F, Garito A F, Wei T S. Ferroelectrics, 1980, 23: 161.

[184] Gruner-Bauer P, Dormann E. J. Phys.: Condens. Matter, 1992, 4: 5599.

[185] Nemec G, Dormann E. J. Phys.: Condens. Matter, 1994, 6: 1417.

[186] Gruner-Bauer P, Dormann E. Ber. Bunsenges. Phys. Chem., 1991, 95: 491.

[187] Gruner-Bauer P, Strohriegl P, Dormann E. Ferroelectrics, 1989, 92: 15.

[188] 吴兴惠. 敏感元件及材料. 北京: 电子工业出版社, 1992.

[189] Räisänen L, Kirjavainen K, Korhonen K, et al. High Technology Finland, 1995: 164-165.

[190] Sessler G M, Hillenbrand J. Applied Physics Letters, 1999, 75(21): 3405-3407.

[191] Hillenbrand J, Sessler G M. IEEE Transactions on Dielectrics and Electrical Insulation, 2000, 7(4): 537-542.

[192] Taylor D M, Fernández O. IEEE Transactions on Dielectrics and Electrical Insulation, 2005, 12(4): 768-778.

[193] Mellinger A, Wegener M, Wirges W, et al. Ferroelectrics, 2006, 331: 189-199.

[194] Lekkala J, Paajanen M. Proceedings of the 10th International Symposium on Electrets, Delphi, Greece, 1999: 743-746.

[195] Wegener M, Wirges W, Gerhard-Multhaupt R. Advanced Engineering Materials, 2005, 7(12): 1128-1131.

[196] Saarimäki E, Paajanen M, Savijarvi A M, et al. IEEE Transactions on Dielectrics and Electrical Insulation, 2006, 13(5): 963-972.

[197] Wirges W, Wegener M, Voronina O, et al. Advanced Functional Materials, 2007, 17(2): 324-329.

[198] Fang P, Wegener M, Wirges W, et al. Applied Physics Letters, 2007, 90(19): 192908.

[199] Fang P, Wirges W, Wegener M, et al. E-polymers, 2008: 043.

[200] Altafim R A C, Dias C, Neto L G, et al. Annual Report of the Conference on Electrical Insulation and Dielectric Phenomena, Albuquerque, USA, 2003: 225-228.

[201] Altafim R A C, Basso H C, Altafim R A P, et al. IEEE Transactions on Dielectrics and Electrical Insulation, 2006, 13(5): 979-985.

[202] Zhang X, Hillenbrand J, Sessler G M. Applied Physics A: Materials Science & Processing, 2006, 84(1-2): 139-142.

[203] Basso H C, Altafim R A P, Altafim R A C, et al. Annual Report of the Conference on Electrical Insulation and Dielectric Phenomena, Vancouver, Canada, 2007: 453-456.

[204] Altafim R A P, Qiu X, Wirges W, et al. Journal of Applied Physics, 2009, 106(1): 014106.

[205] Fang P, Wang F, Wirges W, et al. Applied Physics A: Materials Science & Processing, 2011, 103(2): 455-461.

[206] Perlman M M, Unger S. Applied Physics Letters, 1974, 24(12): 579-580.

[207] Seggern H, West J E. Journal of Applied Physics, 1984, 55(7): 2754-2757.

[208] Xia Z, Ding H, Yang G, et al. IEEE Transactions on Dielectrics and Electrical Insulation, 1991, 26(1): 35-41.

[209] Fang P, Wirges W, Zirkel L, et al. Proceedings of the 13th International Symposium on Electrets, Tokyo, Japan, 2008: 104.

[210] Fang P, Qiu X, Wirges W, et al. IEEE Transactions on Dielectrics and Electrical Insulation, 2010, 17(4): 1079-1087.

[211] Paajanen M, Välimäki H, Lekkala J. Proceedings, 10th International Symposium on Electrets Delphi, Greece (IEEE Service Center, NJ, USA), 22-24 September, 1999: 735-738.

[212] Sessler G M, Hillenbrand J. Proceedings, 10th International Symposium on Electrets Delphi, Greece (IEEE Service Center, Piscataway, NJ, USA), 22-24 September, 1999: 261-264.

[213] Paajanen M, Lekkala J, Välimäki H. IEEE Trans. Dielect. Electr. Insul., 2001, 8(4): 629-636.

[214] Zhang X, Hillenbrand J, Sessler G M. J. Phys. D: Appl. Phys., 2004, 37: 2146-2150.

[215] Hillenbrand J, Sessler G M, Zhang X. J. Appl. Phys., 2005, 98(6): 064105.

[216] Zhang P, Xia Z, Qiu X, et al. Chin. Phys. Soc., 2006, 55(2): 904-909.

[217] Tuncer E, Wegener M, Gerhard-Multhaupt R. J. Electrostat., 2005, 63(1): 21-35.

[218] Tuncer E. J. Phys. D: Appl. Phys., 2005, 38(3): 497-503.

[219] Wegener M, Wirges W, Fohlmeister J, et al. J. Phys. D: Appl. Phys., 2004, 37(4): 623-627.

[220] Savolainen A, Kirjavainen K. Electromechanical film. J. Macromol. Sci., Part A: Pure Appl. Chem., 1989, A26: 583-591.

[221] Neugschwandtner G S, Schwödiauer R, Vieytes M, et al. Appl. Phys. Lett., 2000, 77(23): 3827-3829.

[222] Kogelschatz U, Salge J. Fundamental aspects and applications//Hippler R, Pfau S, Schmidt M, et al. Low Temperature Plasma Physics. New York: Wiley VCH, 2001: 331-357.

[223] Neugschwandtner G S, Schwödiauer R, Bauer-Gogonea S, et al. J. Appl. Phys., 2001, 89(8): 4503-4511.

[224] Paajanen M, Wegener M, Gerhard-Multhaupt R. J. Phys. D: Appl. Phys., 2001, 34(16): 2482-2488.

[225] Lindner M, Bauer-Gogonea S, Bauer S, et al. J. Appl. Phys., 2002, 91(8): 5283-5287.

[226] Bazelyan E M, Raizer Y P. Spark Discharge. Boca Raton: CRC Press, 1998: 32.

[227] Wegener M, Paajanen M, Wirges W, et al. Proceedings, 11th International Symposium on Electrets, New Jersey, USA, 1-3 October 2002, Melbourne, Australia, IEEE Service Center, Piscataway, 2002: 54-57.

[228] Qiu X, Mellinger A, Wegener M, et al. J. Appl. Phys., 2007, 101(10): 104112.

[229] Zhukov S, von Seggern H. J. Appl. Phys., 2007, 101(8): 084106.

[230] Sessler G M. Electrets. 3rd ed. Morgan Hill: Laplacian Press, 1998: 54-57, 60-66.

[231] Qiu X, Mellinger A, Wirges W, et al. Appl. Phys. Lett., 2007, 91: 132905.

[232] Sun Z, Zhang X, Xia Z, et al. Appl. Phys. A, 2011, 105(1): 197-205.

[233] Ouellet S, Cronin D, Worswick M. Polymer Testing, 2006, 25: 731-743.

[234] Dansachmüller M, Schwödiauer R, Bauer-Gogonea S, et al. Appl. Phys. Lett., 2005, 86: 031910.

[235] Kressmann R. J. Appl. Phys., 2001, 90: 3489-3496.

[236] Gerhard-Multhaupt R, Künstler W, Görne T, et al. IEEE Trans. Dielectr. Electr. Insul., 2000, 7(4): 480-488.

[237] Künstler W, Xia Z, Weinhold, et al. Appl. Phys. A, 2000, 70(1): 5-8.

[238] Zhang X, Cao G, Sun Z, et al. J. Appl. Phys., 2010, 108: 064113

[239] Hillenbrand J, Sessler G M. IEEE Trans. Dielectr. Electr. Insul., 2004, 11: 72-79.

[240] Kressmann R. J. Acoust. Soc. Am., 2001, 109(4): 1412-1416.

[241] Zhang X, Hillenbrand J, Sessler G M, et al. Appl. Phys. A, 2012, 107: 621-629.

[242] Zhang X, Zhang X W, Sessler G M, et al. J. Phys. D, 2014, 47: 015501.

[243] Zhang X, Hillenbrand J, Sessler G M. J. Appl. Phys., 2007, 101: 054114.

[244] Sessler G M, Hillenbrand J. Appl. Phys. Lett., 2013, 103: 122904.

[245] Lou K, Zhang X, Xia Z. Appl. Phy. A, 2012, 107: 613-620.

[246] Zhang X, Hillenbrand J, Sessler G M. Appl. Phys. Lett., 2004, 85: 1226-1228.

[247] Klempner D, Frisch K C. Handbook of Polymeric Foams and Foam Technology. Muchen: Hanser Publisher, 1991.

[248] Lekkala J, Poramo R, Nyholm K, et al. Med. Biol. Eng. Comput., 1996, 34: 67-69.

[249] Bauer S, Gerhardmulthaupt R, Sessler G M. Physics Today, 2004, 57(2): 37-43.

[250] Lindner M, Hoislbauer H, Schwodiauer R, et al. IEEE Transactions on Dielectrics & Electrical Insulation, 2004, 11(2): 255-263.

[251] Zhang X, Hillenbrand J, Sessler G M. Applied Physics Letters, 2004, 85(7): 1226-1228.

[252] 张晓青, 黄金峰, 王飞鹏, 等. 物理学报, 2008, 57(3): 1902-1907.

[253] 张鹏锋, 夏钟福, 邱勋林, 等. 物理学报, 2006, 55(2): 904-909.

[254] Zhang X, Hillenbrand J, Sessler G M, et al. Applied Physics A: Materials Science & Processing, 2012, 107(3): 621-629.

[255] You Q, Lou K, Zhang X, et al. Proceedings of the 2011 Symposium on Piezoelectricity, Acoustic Waves, and Device Applications, NJ USA, IEEE Operations Center, 2011: 395.

[256] Graz I, Kaltenbrunner M, Keplinger C, et al. Applied Physics Letters, 2006, 89(7): 528.

[257] Hillenbrand J, Sessler G M. Journal of the Acoustical Society of America, 2004, 116(116): 3267-3270.

[258] Kressmann R J. Acoust. Soc. Am., 2004, 109: 1412.

[259] 张欣梧, 张晓青. 物理学报, 2013, 62(16): 167702-167706.

[260] Lagakos N, Jarzynski J, Cole J H, et al. Journal of Applied Physics, 1986, 59(12): 4017-4031.

[261] Gibson L J, Ashby M F. Cellular Solids. London: Cambridge University Press, 1997.

[262] 张添乐, 黄曦, 郑凯, 等. 物理学报, 2014, 63(15): 157703-157703.

[263] Sessler G M, Hillenbrand J. Applied Physics Letters, 2013, 103(12): 93-397.

[264] An Z, Zhao M, Yao J, et al. Applied Physics A, 2009, 95(3): 801-806.

[265] 武丽明, 张晓青. 物理学报, 2015, 64(17): 320-327.

[266] Zhang X, Zhang X W, You Q, et al. Macromolecular Materials & Engineering, 2014, 299(3): 290-295.

[267] Zhang X, Huang J, Chen J, et al. Applied Physics Letters, 2007, 91(18): 37-43.

[268] Zhang X, Pan D, Wang X, et al. J. Electrostact, 2011, 69: 554.

[269] Zhang X, Wang X, Huang J, et al. Journal of Materials Science, 2009, 44(10): 2459-2465.

[270] Wu L, Zhang X W, Zhang X. Ceramics International, 2015, 41: S218-S222.

[271] Zhang X, Wang X, Cao G, et al. Applied Physics A, 2009, 97(4): 859-862.

[272] Zhang X, Pondrom P, Sessler G M, et al. Nano Energy, 2018, 50: 52-61.

[273] Bauer F. IEEE Transactions on Ultrasonics Ferroelectrics & Frequency Control, 2002, 47(6): 1448-1454.

[274] Zhang X, Hillenbrand J, Sessler G M, et al. Applied Physics A: Materials Science & Processing, 2012, 107(3): 621-629.

[275] Zhang X, Pondrom P, Wu L, et al. Applied Physics Letters, 2016, 108(19): 67-27.

[276] Yang Y, Guo W, Pradel K C, et al. Nano Letters, 2012, 12(6): 2833.

[277] Ghosh S K, Sinha T K, Mahanty B, et al. Energy Technology, 2016, 3(12): 1190-1197.

[278] Ohigashi H. Journal of Applied Physics, 1976, 47(3): 949-955.

[279] Zhang X, Hillenbrand J, Sessler G M. Journal of Applied Physics, 2007, 101(5): 850-150.

[280] Arora K A, Lesser A J, McCarthy T J. Macromolecules, 1999, 31(14): 4614-4620.

[281] Jacobs M A. Circulation, 2004, 122(15): 1456-1463.

[282] Voronina O, Wegener M, Wirges W, et al. Applied Physics A, 2008, 90(4): 615-618.

[283] Wegener M. Ferroelectrics, 2006, 331(1): 189-199.

[284] 张晓青, 黄金峰, 王飞鹏, 等. 物理学报, 2008, 57(3): 1902-1907.

[285] 王学文, 张晓青, 黄金峰, 等. 交联聚丙烯压电功能膜的制备和性能研究. 全国电介质物理、材料与应用学术研讨会, 2008.

[286] 张晓青, 黄金峰, 王学文, 等. 物理学报, 2009, 58(5): 3525-3531.

[287] Zhang P F, Xia Z F, Qiu X L, et al. Acta Physica Sinica, 2005, 54(1): 397-401.

[288] Sessler G M. Electrets. Berlin Heidelberg: Springer-Verlag, 1987.

[289] 夏钟福. 驻极体. 北京: 科学出版社, 2001.

[290] Zhang X, Hillenbrand J, Sessler G M. Journal of Applied Physics, 2007, 101(5): 850-150.

[291] 王飞鹏, 夏钟福, 张晓青, 等. 物理学报, 2007, 56(10): 6061-6067.

[292] 王学文, 张晓青, 黄金峰, 等. 压电与声光 (增刊), 2008, 1 60 223.

[293] Chen Z H, Zeng C, Zhang C, et al. Journal of Applied Polymer Science, 2012, 126(3): 1121-1128.

[294] Liu M O, Lin H F, Yang M C, et al. Polymer Degradation & Stability, 2006, 91(7): 1443-1447.

[295] Yang C K, Lin S Y, Chuang T H. Polymer Degradation & Stability, 2002, 78(3): 525-532.

[296] Kline D B, Wool R P. Polym. Eng. Sci., 1988, 28: 52.

[297] Sanchez I C, Lacombe R H. J. Phys. Chem., 1976, 80(21): 2352-2362.

[298] Sanchez I, Lacombe R. Macromolecules, 1978, 11: 1145.

[299] Condo P D, Johnston K P. Macromolecules, 1992, 25(23): 6119-6127.

[300] Jones R A. Nature Materials, 2003, 2(10): 645.

[301] Yang Y, Zeng C, Lee L J. Adv. Mater., 2004, 16: 560.

[302] Yang Y, Liu D, Xie Y, et al. Adv. Mater., 2007, 19: 251.

[303] Yang Y, Xie Y B, Kang X H, et al. Journal of the American Chemical Society, 2006, 128(43): 14040-14041.

[304] Wegener M, Paajanen M, Voronina O, et al. IEEE 12th Int. Symp. Electrets (ISE12), 2005: 47.

[305] Savijärvi A M, Paajanen M, Saarimäki E, et al. IEEE 12th Int. Symp. Electrets (ISE 12), 2005: 75.

[306] Saarimäki E, Paajanen M, Savijärvi A M, et al. IEEE Trans. Dielectr. Electr. Insul., 2006, 13: 963.

[307] Saarimäki E, Paajanen M, Savijärvi A M, et al. IEEE 12th Int. Symp. Electrets (ISE 12), 2005: 220.

[308] Mellinger A, Wegener M, Wirges W, et al. Applied Physics Letters, 2001, 79(12): 1852-1854.

[309] Fang P, Holländer L, Wirges W, et al. Measurement Science & Technology, 2012, 23(3): 35604-35612(9).

[310] Wegener M, Wirges W, Gerhard-Multhaupt R. Advanced Engineering Materials, 2010, 7(12): 1128-1131.

[311] Wegener M, Wirges W, Gerhard-Multhaupt R, et al. Appl. Phys. Lett., 2004, 84: 392-394.

[312] Wegener M, Wirges W, Mellinger A, et al. Proc. 12th Int. Symp. on Electrets (Salvador, Bahia, Brazil, 11–14 September 2005), Piscataway, NJ, IEEE Service Center, 2005: 141-144.

[313] Lu J, Suzuki Y. Soft X-ray charged multilayered piezoelectret with embedded electrode for push-button energy harvesting. MEMS2018, Belfast, Northern Ireland, UK, 2018: 646-648.

[314] Ghosh S K, Sinha T K, Mahanty B, et al. Energy Technology, 2015, 3: 1190-1197.

[315] Ghosh S K, Biswas A, Sen S, et al. Nano Energy, 2016, 30: 621-629.

[316] Kressmann R. Journal of the Acoustical Society of America, 2001, 109: 1412-1416.

[317] Hillenbrand J, Gerhard M. Sessler. IEEE Transactions on Dielectrics and Electrical Insulation, 2000, 7(4): 537-542.

[318] Rupitsch S J, Lerch R, Strobel J, et al. IEEE Transactions on Dielectrics and Electrical Insulation, 2011, 18(1): 69-80.

[319] Ealo J, Camacho J, Seco F, et al. Review of Progress in Quantitative Nondestructive Evaluation Volume 29, 2010, 1211(1): 933-940.

[320] Gaal M, Bartusch J, Dohse E, et al. Air-coupled ultrasonic testing of metal adhesively bonded joints using cellular polypropylene transducers. 40th Annual Review of Progress in Quantitative Nondestructive Evaluation: Incorporating the 10th International Conference on Barkhausen Noise and Micromagnetic Testing, 2014, 1581(1): 471-478.

[321] Graz I, Kaltenbrunner M, Keplinger C, et al. Applied Physics Letters, 2006, 89(7): 73501.

[322] Xu R. Figures of Merits of Piezoelectric Materials in Energy Harvesters. Power MEMS 2012 Atlanta, GA, USA, 2012: 464-467.

[323] Pondrom P, Hillenbrand J, Sessler G M, et al. Applied Physics Letters, 2014, 104(17): 172901.

[324] Anton R A, Farinholt K, Erturk A. Journal of Intelligent Material Systems and Structures, 2014, 25(14): 1681-1692.

[325] Zhang X Q, Sessler G M, Wang Y J. Journal of Applied Physics, 2014, 116(7): 74109.

[326] Zhang X Q, Pondrom P, Wu L, et al. Applied Physics Letters, 2016, 108(19): 193903.

[327] Sorvoja H, Kokko V M, Myllylä R, et al. IEEE Transactions on Instrumentation and Measurement, 2005, 54(6): 2505-2512.

[328] Heikkinen L M, Panula H E, Lyyra T, et al. Scandinavian Journal of Laboratory Animal Science, 1997, 24(2): 85-92.

[329] Fang P, Ma X, Li X, et al. IEEE Sensors Journal, 2018, 18(1): 401-412.

本书的主要参考资料

1. Sessler G M. Electrets (Topics in Appl. Phys. 33). 2nd ed. Berlin: Springer-Verlag, 1987.

2. Hilczer B, Molecki J. Warszawa, Amsterdam, Oxford, New York: Electrets, PWN-Polish, Scientific Publisher, 1986.

3. van Turnhaut J. Turnhaut Thermally Stimulated Discharge of Polymeric Electret. Amsterdam: Elsevier, 1975.

4. Sessler G M, Barsamian S T, Barsamian T K. IEEE Trans. on Dielectrics and Electrical Insulation, 1997, 4(5): 14, 607.

5. Konsta A A, Vassilikou-Dova A, Vartzeli-Nikaki K. Proc. 10th Intern. Symp. on. Electrets (Proc. ISE 10), 99CH36256, Delphi, Greece, 1999.

6. Xia Z F, Zhang H Y. Proc. 9th Intern. Symp. on Electrets (Proc. ISE 9), 96CH35808, Shanghai, China, 1996.

7. Kressmann R, Sessler G M, Guenther P, et al. IEEE Trans. on Dielectrics and Electrical Insulation, 1996, 3(5): 607, 624, 647, 677, 706.

8. Karol Mazur. Electret and Piezoelectric Properties of Multiphase Dielectric Systems. ZIELONA GORA, 1998.

9. Nalwa H S. Ferroelectric Plymer. New York: Marcel Dekker, Inc., 1995.

10. Lewiner J, Morisseau D, Alquie C. Proc. 8th Intern. Symp. on Electrets (Proc. ISE 8), 94CH3029-6, Paris, France, 1994.

11. Gerhard-Multhaupt R, Kuenstler W, Brehmer L, et al. Proc. 7th Intern. Symp. on Electrets (Proc .ISE 7), 91CH3029-6, Berlin, Germany, 1991.

12. Das-Gupta D K. Pattullo A W. Proc. 6th Intern. Symp. on Electrets (Proc. ISE 6) 88CH2593-2, Oxford, UK, 1988.

13. Sessler G M, Gerhard-Multhaupt R. Proc. 5th Intern. Symp. on Electrets (Proc. ISE 5),85CH2116-7, Heiderburg, Germany, 1985.

14. Seanor D A. Electcal Properties of Polymer. New York: Academic Press, 1982.

《现代物理基础丛书》已出版书目

(按出版时间排序)

彩 图

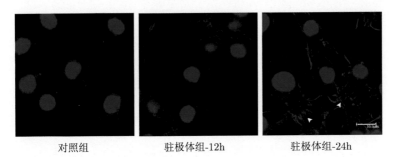

对照组   驻极体组-12h   驻极体组-24h

图 9.39　驻极体作用于巨噬细胞 12h、24h 后细胞形态改变 (红色为肌动蛋白)